Business Cases mit SAP HANA®

 PRESS

SAP PRESS ist eine gemeinschaftliche Initiative von SAP und Galileo Press.
Ziel ist es, Anwendern qualifiziertes SAP-Wissen zur Verfügung zu stellen.
SAP PRESS vereint das fachliche Know-how der SAP und die verlegerische
Kompetenz von Galileo Press. Die Bücher bieten Expertenwissen zu techni-
schen wie auch zu betriebswirtschaftlichen SAP-Themen.

Bjarne Berg, Penny Silvia
Einführung in SAP HANA
2., akt. und erweiterte Aufl. 2013, 550 S., geb.
ISBN 978-3-8362-2556-4

Schneider, Westenberger, Gahm
ABAP-Entwicklung für SAP HANA
2013, 602 S., geb.
ISBN 978-3-8362-1996-9

Haun, Hickman, Loden, Wells
Implementing SAP HANA
2013, 837 S., geb.
ISBN 978-1-59229-856-3

Miroslav Antolovic
Einführung in SAPUI5
2014, 446 S., geb.
ISBN 978-3-8362-2753-7

Bönnen, Drees, Fischer, Heinz, Strothmann
OData und SAP Gateway
2014, 681 S., geb.
ISBN 978-3-8362-2538-0

Aktuelle Angaben zum gesamten SAP PRESS-Programm finden Sie unter
www.sap-press.de.

Michael Mattern, Ray Croft

Business Cases mit SAP HANA®

Galileo Press

Bonn • Boston

Liebe Leserin, lieber Leser,

vielen Dank, dass Sie sich für ein Buch von SAP PRESS entschieden haben.

Als Lektorin bei SAP PRESS habe ich es in der Regel mit technischen Handbüchern, Programmier-Workshops, Spracheinführungen oder Projektleitfäden zu tun. Dieses Buch ist anders. Das werden Sie gleich feststellen, wenn Sie Norbert begegnen, einem IT-Berater und Held einer fiktiven Rahmenhandlung, der sich auf seinen Reisen durch die Welt mit den »großen Fragen« zu Big Data beschäftigt.

Unsere Autoren Michael Mattern und Ray Croft berichten in diesem Buch nicht nur von den technischen Möglichkeiten, die Ihnen SAP HANA bietet. Anhand von acht ausgearbeiteten Fallbeispielen aus verschiedenen Branchen zeigen sie, welche Problemstellungen die In-Memory-Technologie lösen kann, die ohne die hohe Rechenleistung und schnelle Datenverarbeitung von SAP HANA nicht lösbar wären. Ob es um die Auswertung unstrukturiert vorliegender Daten, um die Echtzeit-Anpassung von Modellen an sich ändernde Rahmenbedingungen oder die Prognose schwer kalkulierbarer Entwicklungen geht – lassen Sie sich von der Fülle der Beispiele inspirieren und entwickeln Sie Ideen, wie Ihr Unternehmen von SAP HANA profitieren kann.

Wir freuen uns stets über Lob, aber auch über kritische Anmerkungen, die uns helfen, unsere Bücher zu verbessern. Scheuen Sie nicht, mich zu kontaktieren. Ihre Fragen und Anmerkungen sind jederzeit willkommen.

Ihre Janina Schweitzer
Lektorat SAP PRESS

Galileo Press
Rheinwerkallee 4
53227 Bonn

janina.schweitzer@galileo-press.de
www.sap-press.de

Auf einen Blick

Der Name Galileo Press geht auf den italienischen Mathematiker und Philosophen Galileo Galilei (1564–1642) zurück. Er gilt als Gründungsfigur der neuzeitlichen Wissenschaft und wurde berühmt als Verfechter des modernen, heliozentrischen Weltbilds. Legendär ist sein Ausspruch *Eppur si muove* (Und sie bewegt sich doch). Das Emblem von Galileo Press ist der Jupiter, umkreist von den vier Galileischen Monden. Galilei entdeckte die nach ihm benannten Monde 1610.

Lektorat Janina Schweitzer
Korrektorat Osseline Fenner, Troisdorf
Einbandgestaltung Mai Loan Nguyen Duy
Titelbild shutterstock: 115449772 © Stefan Schurr
Fotografien im Innenteil Silke Mattern
Typografie und Layout Vera Brauner
Herstellung Kamelia Brendel
Satz III-satz, Husby
Druck und Bindung Beltz Bad Langensalza GmbH, Bad Langensalza

Gerne stehen wir Ihnen mit Rat und Tat zur Seite:
janina.schweitzer@galileo-press.de bei Fragen und Anmerkungen zum Inhalt des Buches
service@galileo-press.de für versandkostenfreie Bestellungen und Reklamationen
thomas.losch@galileo-press.de für Rezensionsexemplare

Bibliografische Information der Deutschen Nationalbibliothek
Die Deutsche Nationalbibliothek verzeichnet diese Publikation in der Deutschen National-bibliografie; detaillierte bibliografische Daten sind im Internet über http://dnb.d-nb.de abrufbar.

ISBN   978-3-8362-2673-8

© Galileo Press, Bonn 2014
1. Auflage 2014

Inhalt

3 SAP-Branchen und -Geschäftsprozesse mit SAP HANA 163

4 Planung flexibel gestalten 191

11 Service Level Management automatisieren 535

12   Potenziale entdecken, Architekturen gestalten 565

Einleitung

Big Data, die Sammlung, Verarbeitung und Auswertung gigantischer Datenmengen, ist in aller Munde. Kaum ein Tag vergeht, an dem das Thema nicht seinen Weg in Tageszeitungen, Blogs oder Magazine fände. Einige Autoren vertreten die Ansicht, Big Data werde uns auf einer schnurgeraden Datenautobahn direkt in die Überwachungshölle führen, einen totalitären *Precog-Staat* (benannt nach den *Precogs*, den mit hellseherischen Fähigkeiten begabten Mutanten im Film *Minority Report*), in dem wir sogar für Verbrechen bestraft werden, die wir (noch) nicht begangen haben und vielleicht auch nie begehen würden. Andere lobpreisen die segensreiche neue Welt der »Großen Daten« (so die wörtliche Übersetzung) als den Königsweg in ein irdisches Paradies, in dem es zukünftig weder Verkehrsstaus noch unheilbare Krankheiten geben wird.

Aus dieser großen Aufmerksamkeit lässt sich schließen, dass es sich bei Big Data um eine Technologie handelt, die uns alle irgendwie betreffen wird oder vielleicht sogar schon in größerem Maß betrifft, als wir glauben. Das allein wäre Anlass genug, sich eingehender mit Big Data zu beschäftigen.

Für SAP-Kunden gibt es aber noch einige gute Gründe mehr:

> Big Data und
> SAP HANA

- ▶ 2010 hat die SAP AG ihr eigenes Big-Data-Produkt SAP HANA – seinerzeit noch losgelöst von anderen SAP-Produkten – vorgestellt.

- ▶ Schon ein Jahr später berichtete der damalige Co-CEO Jim Hagemann Snabe, SAP HANA habe sich zum wachstumsstärksten Innovationsschwerpunkt der SAP AG entwickelt.

- ▶ Seit April 2012 bietet SAP seine Data-Warehousing-Lösung SAP Business Warehouse (BW) unter dem Label *SAP BW powered by SAP HANA* auf einer HANA-Plattform an.

- ▶ Anfang 2013 verkündete die SAP AG, dass nun auch die ersten Kernanwendungen der SAP Business Suite auf SAP HANA laufen.

Big Data – ein Schlüsselthema Wer die News auf der Unternehmens-Website (*http://www.sap.com/ news-reader/index.epx*), die Keynotes der Topmanager und die Berichte in den einschlägigen Foren der SAP AG verfolgt, kommt an SAP HANA nicht vorbei. Ganz offensichtlich entwickelt sich Big Data (und damit SAP HANA) – neben Cloud und Mobile Computing – auch für die SAP-Community zu einem *der* IT-Schlüsselthemen im laufenden Jahrzehnt. Wichtig genug jedenfalls, um die großen Beratungshäuser zu bewegen, massiv in entsprechendes Know-how zu investieren. Das Unternehmen Accenture beispielsweise kündigte im Oktober 2013 gegenüber der Zeitschrift *Computerwoche* an, in den kommenden zwölf Monaten allein im deutschsprachigen Raum 1.000 Berater neu in Sachen SAP HANA auszubilden (*http:// www.computerwoche.de/a/hana-ist-bald-ein-pflichtfach,2547538*).

Zweck dieses Buches

Informationsflut zu SAP HANA Informationen über Big Data bzw. über SAP HANA sind kein knappes Gut; das Internet wimmelt nur so davon. Es gibt eine eigene Website der SAP AG zum Thema (*http://www.saphana.com/welcome*). Darüber hinaus haben die SAP-Hilfeseite (*http://help.sap.com/in_ memory*) und das SAP Community Network (SCN, *http://scn.sap.com/ community/hana-in-memory*) eigene HANA-Bereiche, und auch auf dem SAP Service Marketplace findet sich eine Fülle an Informationen. Eine Google-Suche nach »SAP HANA« liefert satte fünf Millionen Treffer, und im E-Book-Shop des Buchgroßhändlers Libri (*http:// www.ebook.de*, um nur einen E-Book-Anbieter beispielhaft zu nennen) erscheinen für den Suchbegriff »Big Data« 200 Werke.

Informationsdefizite in puncto Nutzen Warum also nun noch ein Buch zum Thema? Aus drei Gründen glauben wir, dass es vor allem im Bereich Nutzenpotenzial Informationsdefizite gibt:

▸ Die meisten Fundstellen im Internet konzentrieren sich auf die Frage nach dem »Wie?« – also z.B. »Wie migriere ich ein klassisches BW auf eine HANA-Datenbank?« –, nicht aber auf die Frage nach dem »Was?« – also z.B. »Welche Geschäftsprozesse in Ihrer Branche werden durch SAP Business Suite powered by SAP HANA effizienter?«.

▸ Viele HANA-Erfolgsgeschichten im Internet (siehe z.B. *www. saphana.com/community/learn/customer-stories/*) befassen sich nur am Rande mit dem kaufmännischen Nutzen der Lösung. Wenn

Fragen der Kapitalverzinsung (*Return on Investment*) überhaupt angesprochen werden, wird oft nur eine möglichst große, beeindruckende Zahl in den Raum gestellt. Eine pauschale und summarische Betrachtung wird aber den wenigsten Vorständen reichen, um einem Programmmanager grünes Licht für eine Millioneninvestition in Hardware, Software und Services zu geben.

▸ Konkrete Anwendungsbeispiele im Internet (es gibt einen entsprechenden Bereich im SCN: *http://scn.sap.com/community/ hana-in-memory/use-cases*) konzentrieren sich oft auf sehr spezielle Fälle mit eher »spielerischem« Charakter (wie z. B. die Vorhersage des nächsten Followers auf Twitter mit SAP Predictive Analysis (*http://scn.sap.com/community/developer-center/hana/blog/ 2013/09/02/predicting-my-next-twitter-follower-with-sap-hana-pal*). Dergleichen ist sicher unterhaltsam und liefert auch wertvolle Einsichten in die Möglichkeiten und die Handhabung von SAP HANA, lässt sich aber nur selten dazu nutzen, Chancen in Ihrem konkreten Umfeld zu identifizieren – es sei denn, die Zahl der Follower auf Twitter wäre für Ihr Unternehmen eine wesentliche Leistungskennzahl (*Key Performance Indicator*).

Aufbau dieses Buches

Das vorliegende Buch soll diese Lücke füllen. Wie genau, das verraten wir Ihnen in einem kurzen Ausblick. Und damit Sie aus Ihrer Investition in das Buch (in Form des Kaufpreises und vor allem Ihrer wertvollen Lesezeit) den größtmöglichen Nutzen ziehen und schnell zu den für Sie wichtigen Themenbereichen finden können, erhalten Sie gleichzeitig eine Übersicht über den Aufbau dieses Buches. So gerüstet für die Reise in die Welt der »Großen Daten«, können Sie dann entscheiden, ob Sie sich dem Thema »Business Cases für SAP HANA« lieber systematisch Schritt für Schritt nähern oder erst einmal an der einen oder anderen Stelle »naschen« wollen.

Wie Sie dieses Buch am besten nutzen

In **Kapitel 1**, »Big Data: Mehr als eine Performancefrage«, beschäftigen wir uns mit der Frage, was genau eigentlich die Idee hinter oder die Innovation bei Big Data ist. Wir werden in diesem Zusammenhang feststellen, dass Big Data zwar mehr darstellt als nur alten Wein in neuen Schläuchen, dass aber weder die SAP noch deren Mitbewerber das Rad neu erfunden haben. Einige der Konzepte hinter SAP HANA – wie z. B. die In-Memory-Technologie – existieren schon län-

Was ist neu an Big Data?

ger und wurden auch in älteren Produkten (beispielsweise im SAP BW Accelerator, BWA) eingesetzt. Neu ist primär, dass bislang unabhängig voneinander existierende Konzepte – wie z.B. die Möglichkeiten der induktiven Statistik in Verbindung mit sehr schnellen Datenbanken – integriert und verschmolzen werden. SAP HANA geht in dieser Hinsicht – nicht zuletzt dank der Breite der SAP-Produktpalette – weiter als andere Big-Data-Lösungen. Wir werden aufzeigen, warum und wie die Bündelung von Werkzeugen ganz neue Perspektiven schafft, Perspektiven, die weit darüber hinausgehen, einen Kostenstellenbericht nun in einigen Sekunden statt erst eine halbe Stunde nach dem Drücken der Enter-Taste zu erhalten.

Welche Funktionen bietet SAP HANA?

Aufbauend darauf, werden wir in **Kapitel 2**, »Was kann SAP HANA? Möglichkeiten und Grenzen«, einen genaueren Blick auf die technischen Ressourcen unter der HANA-Flagge werfen. Bei dieser Gelegenheit gehen wir auch auf Unterschiede zwischen Big Data und SAP HANA ein. Im weiteren Verlauf klären wir, was SAP HANA im Kern (konzeptionell, nicht technisch) ist und wofür HANA-basierte Lösungen eingesetzt werden können. Haben Sie die Funktionen von SAP HANA verstanden, ist die Grundlage geschaffen, um auch die Darstellung der konkreten Nutzenpotenziale im folgenden Kapitel zu verstehen. Schließlich runden wir Ihr Grundlagenwissen ab, indem wir Ihnen einige spezielle Herausforderungen bei der Einführung und Nutzung von SAP HANA aufzeigen, Ihnen eine Orientierung zu den heute am Markt verfügbaren Einsatzszenarien von HANA-Lösungen geben und einige subjektive Gedanken zu Trends und zukünftigen Entwicklungsperspektiven äußern.

Wie werden aus Funktionen Nutzenpotenziale?

Die Nutzenpotenziale von SAP HANA können branchen- bzw. geschäftsprozessneutral oder aber nur in bestimmten Branchen und Geschäftsprozessen realisierbar sein. In **Kapitel 3**, »SAP-Branchen und -Geschäftsprozesse mit SAP HANA«, gehen wir zunächst auf branchen- und geschäftsprozessneutrale Nutzenpotenziale ein. Bei der branchen- und geschäftsprozessspezifischen Betrachtung orientieren wir uns dann an den im SAP Solution Explorer (*https:// rapid.sap.com/se/*) verwendeten *Value Maps*. Wir schauen uns im Detail einige branchenspezifische Geschäftsprozesse und Werttreiber an und erläutern, wie und wieso SAP HANA helfen kann, Aktionärswert (*Shareholder Value*) zu generieren. Schließlich erklären wir, unter welchen Gesichtspunkten die in den darauffolgenden **Kapiteln 4 bis 11** verwendeten Fallbeispiele ausgewählt wurden.

Ausgehend von acht (fiktiven, aber nicht realitätsfernen) Szenarien, die unterschiedliche Geschäftsprozesse in diversen Branchen abbilden, werden wir die zuvor identifizierten Nutzenarten bzw. -kategorien »anfassbar« machen. Hierbei geht es – anders als bei den bereits erwähnten, im Internet zu findenden HANA-Erfolgsgeschichten – nicht um die Betrachtung von Einzelfällen. Uns ist vielmehr wichtig, die den Szenarien zugrunde liegenden Prinzipien herauszuarbeiten. Bei der Betrachtung der einzelnen Fallbeispiele gehen wir jeweils nach dem folgenden Schema vor:

▸ **Ausgangssituation**
Wir beschreiben zunächst ausführlich den vorliegenden Fall (den Case), das heißt die Situation, um die es im jeweiligen Beispiel geht.

▸ **Probleme und Chancen**
Basierend auf dieser Darstellung, definieren wir das konkrete Problem oder die Chance, die in diesem Szenario steckt. Dabei kommt es uns darauf an, Probleme bzw. Chancen durch die kaufmännische Brille zu betrachten, das heißt unser Augenmerk nicht vorzugsweise auf technische, sondern auf wirtschaftlich bedeutsame Sachverhalte zu richten.

▸ **Lösungswege**
Nachdem das Problem bzw. die Chance herausgearbeitet wurde, gehen wir auf mögliche Lösungen ein. Die Frage der Implementierung spielt dabei zunächst einmal keine Rolle. Wichtig ist für uns vielmehr, einen vorstellbaren Lösungsansatz und den daraus resultierenden Nutzen zu beschreiben. Außerdem gehen wir auf die hieraus resultierenden Werttreiber ein. Auf diese Weise möchten wir auch Ihre eigene Kreativität anregen und Ihre Ideenfindung stimulieren.

▸ **Warum SAP HANA? – Technische Aspekte**
Abschließend geht es jeweils um die Frage, wie und warum SAP HANA im vorliegenden Fall als Werkzeug bei der Umsetzung der Lösung eingesetzt werden kann. Wir betrachten (fallspezifische) technische Besonderheiten, z.B. hinsichtlich der Datenarchitektur, und geben Ratschläge für Implementierungsprojekte.

Natürlich können wir Ihnen zu keinem der dargestellten Fälle konkrete Zahlen liefern. Wenn Zahlen auftauchen, haben wir uns diese zur Veranschaulichung bei einem Glas Pinot Noir selbst ausgedacht.

Sie sollen abstrakte Darstellungen lebendig werden lassen und Sie auf entsprechende Analysen in Ihrem eigenen Umfeld vorbereiten.

Erkenntnisse aus den Fallbeispielen Die Fallstudien in den Kapiteln 4 bis 11 dienen uns dazu, die in Kapitel 3, »SAP-Branchen und -Geschäftsprozesse mit SAP HANA«, dargestellten Erkenntnisse zu überprüfen und neue allgemeingültige Einsichten aus den jeweiligen Einzelfällen zu gewinnen. **Kapitel 12**, »Potenziale entdecken, Architekturen gestalten«, fasst diese Erkenntnisse noch einmal zusammen und stellt Ihnen Werkzeuge zur Verfügung, mit denen Sie Nutzenpotenziale für SAP HANA in Ihrer eigenen Arbeitsumgebung aufspüren und bewerten können:

▸ **Datenarchitektur**
Nachdem Sie sich ausführlich mit Spezialfällen beschäftigt haben, geben wir Ihnen einige Hinweise zur Datenarchitektur an die Hand – über Branchen und Geschäftsprozesse hinweg.

▸ **Entscheidungsmatrix**
Sie finden eine Entscheidungsmatrix, die Ihnen dabei hilft, das jeweils passende Implementierungsszenario für SAP HANA für einen Business Case auszuwählen.

Hinweise zur Lektüre In diesem Buch finden Sie mehrere Orientierungshilfen, die Ihnen die Arbeit mit dem Buch erleichtern sollen. In hervorgehobenen Informationskästen sind Inhalte zu finden, die wissenswert und hilfreich sind, aber etwas außerhalb der eigentlichen Erläuterung stehen. Damit Sie die Informationen in den Kästen sofort einordnen können, haben wir die Kästen mit Symbolen gekennzeichnet:

[+] Mit diesem Symbol werden *Hinweise* markiert, die Ihnen weiterführende Informationen zu dem besprochenen Thema geben.

[»] Begriffserklärungen und Definitionen werden mit diesem Symbol gekennzeichnet.

[zB] *Beispiele*, durch dieses Symbol kenntlich gemacht, weisen auf Szenarien aus der Praxis oder Fallbeispiele aus der Wirtschaft hin.

[◉] Mit diesem Symbol markierte Textstellen fassen wichtige thematische Zusammenhänge für Sie noch einmal auf einen Blick zusammen.

Rahmenhandlung Damit auch in diesem Buch die Unterhaltung nicht zu kurz kommt (Stichwort Infotainment), haben wir unsere Betrachtungen mit einer fiktiven Rahmenhandlung garniert. Als Protagonist dieser Geschichte möchten wir Ihnen den Senior Consultant Norbert vorstellen, dessen Nöte Ihnen vielleicht in manchen Fällen bekannt vorkommen. Norbert reist um die Welt und gelangt dabei zu fast schon philosophischen Einsichten zum Thema Big Data und SAP HANA.

Danksagung

»Der Erfolg hat viele Väter. Der Misserfolg ist ein Waisenkind.«

Entsprechend diesem Aphorismus des englischen Ökonomen Richard Cobden (1804–1865) möchten wir uns bei einigen »Vätern« bedanken und im übrigen für alle Fehler oder Unvollständigkeiten die Verantwortung »adoptieren«. Große Teile dieses Buches sind im Rahmen von Aufenthalten in idyllisch gelegenen Klöstern entstanden. Insbesondere danken wir den Zisterziensern der Southern Star Abbey in Takapau, den Brüdern des Kapuzinerklosters Rapperswil (und dort ganz besonders Bruder Remigi Odermatt), den Mönchen der Prieuré de Ganagobie, den Missionsbenediktinern der Erzabtei St. Otilien (dort speziell Pater Augustinus Pham) sowie den Benediktinern der Buckfast Abbey für Gastfreundschaft und die eine oder andere Inspiration in Sachen »Achtsamkeit«.

Der Mut, dieses Buch anzupacken, geht auf einige Gespräche bei Kaffee und/oder Bier mit Sonja Schwarzl von der SAP Deutschland und Thomas Schmischke von der Firma return on concept zurück. Kraft bei der Überwindung von Schreibblockaden hat Beatrice Sigrist gespendet; wertvolle Beiträge bei der Entwicklung wichtiger Konzepte und Strukturen verdanken wir Diskussionen mit unserem Freund und Mentor Hans Klott, unserer Kontributorin Marcia E. Walker (von der große Teile des Kapitel 10, »Betrug und Diebstahl automatisch erkennen«, stammen) und Wayne Pohe von Xelocity.

Abschließend gilt ein besonderer Dank Silke Mattern (sowohl für die Bereitstellung der Fotografien am Beginn eines jeden Kapitels als auch für Duldsamkeit und Verpflegung während anstrengender Schreibphasen), unserem Birmakätzchen Gina (für die Hilfe beim Entspannen nach dem Schreiben) und schließlich auch noch der Lektorin Janina Schweitzer bei SAP PRESS für die Toleranz gegenüber vielen Nachträgen und später als geplant ankommenden Kapiteln.

*»Realität ist nur eine Illusion, allerdings eine
sehr hartnäckige.«*

Albert Einstein zugeschrieben (1879–1955)

1   Big Data: Mehr als eine Performancefrage

*Der Mistral hatte wieder eingesetzt. Norbert winkelte die Beine an und
rückte ein wenig in die Sonne. Der eisige Wind fegte schon seit Anfang
der Woche von den schottischen Highlands das Rhônetal hinab bis in die
Provence. Trotzdem war es hier unten fast windstill. Im Schutz der steilen
Talflanken und des Kreuzgangs erschien es ihm fast absurd, dass es erst
Anfang März war. In Brüssel wirbelte der Feierabendverkehr jetzt nas-
sen Schneematsch auf Passanten, die aus den Büros durch Nieselregen zu
den Straßenbahnen hasteten; hier wärmte die Abendsonne sein Gesicht.*

Abbildung 1.1 Lichtspiel im Kloster Sénanque, Département Vaucluse, Frankreich

*Er war noch nie um diese Zeit im Kreuzgang gewesen, und vielleicht war
ihm deshalb noch nie das eigenartige Lichtbild aufgefallen, das die tief
stehende Sonne durch die Arkaden auf den Sandstein warf. Norbert
stand auf und ging zu der Wand hinüber. War das wirklich eine Prozes-*

sion von Mönchen mit übergezogener Kapuze oder bildete er sich das nur ein? Denkbar war schon, dass die Steinmetze vielleicht einen pfiffigen Weg gefunden hatten, die Bauvorschriften der Zisterzienser auszutricksen. Bernhard von Clairvaux, Vater des Ordens, hatte die Ablenkung durch Bilder verboten, und so verzichtete man in den Klöstern auf Ornamente und auf Farben. Oder nahm er Figuren in Kapuzen wahr, wo nur strukturlose Lichtgebilde waren, einfach weil ihn der Gedanke amüsierte?

Norbert kam die Sitzung zur Investitionsplanung vor zwei Wochen in den Sinn. Der CFO einer Großmolkerei hatte herausgefunden, dass man in Excel mit der Funktion FTEST die Streuung von zwei Stichproben vergleichen konnte, und eine entsprechende Formel dann auf alle Datensätze losgelassen, die er im Data Warehouse fand. So war er schließlich zu der Erkenntnis gelangt, dass das Werk in seiner Heimatstadt Charleroi (in der er in Kürze für den Gemeinderat kandidieren wollte) in puncto Herstellqualität eine – wie er sich ausdrückte – »signifikant geringere Streuung« aufwies als alle anderen Produktionsstätten des Unternehmens. Daher müsse das Werk unbedingt auch die neueste Produktlinie – einen Joghurt mit Brausepulver – übernehmen und alsbald erweitert werden.

Der Produktionsleiter Stephane van Leeuwen, verantwortlich für ein Werk im flämischen Teil des Landes und maßgeblich an der Entwicklung von »Kitzel-Ghurt« (der Projektname für den neuen Joghurt) beteiligt, hatte erwidert, die Stabilität sei tatsächlich beeindruckend: Das Werk in Charleroi liefere stets konstant lausige Qualität, und selbst dieses niedrige Qualitätsniveau werde nur gehalten, weil man dort ausschließlich H-Milch – den allersimpelsten Artikel – erzeuge. Man solle eher darüber nachdenken, das Werk zu schließen oder wegen des negativen Einflusses auf das Firmenimage zumindest die Ortsangabe von den Verpackungen tilgen. Jedermann in Europa wisse ja schließlich, dass Charleroi gerade in einer repräsentativen Umfrage den Ehrentitel »hässlichste Stadt der Welt« erhalten habe. Der CFO hatte darauf noch kurz etwas über Lenin und gefälschte Statistiken gemurmelt, das Meeting mit hochrotem Kopf verlassen und war schnurstracks zum CEO geeilt, um mit diesem über die berufliche Zukunft von Monsieur van Leeuwen zu diskutieren. Norbert hatte fassungslos auf seinem Stuhl gesessen und versucht, sich nicht vorzustellen, welche revolutionären Kopfgeburten hier wohl nach der anstehenden Einführung von SAP Predictive Analysis auf einer In-Memory-Datenbank (SAP HANA) entstehen würden. Er gruselte sich bei dem Gedanken an die ersten Meetings nach dem Produktivstart.

Allzu gern lassen wir uns – in gutem Glauben – bei der Analyse von Daten auf voreilige Schlüsse ein, nur weil diese perfekt in unsere Denkschablonen passen. Und im Fall des Milchverarbeiters dürfte Big Data in dieser Hinsicht kaum zu Verbesserungen führen. Ganz im Gegenteil wird die Möglichkeit entstehen, auf 80 Prozessorkernen Irrtümer wesentlich schneller und in größerer Anzahl als bislang hervorzubringen und diese fixer in Fehlentscheidungen umzusetzen. In diesem Kapitel möchten wir zunächst definieren, was genau Big Data aus unserer Sicht eigentlich bedeutet. Wichtig ist uns, dass zu Big Data mehr gehört als viele Prozessorkerne und schnelle Datenbanken und dass es bei Big Data um mehr als nur um mehr Rechenleistung geht. Anschließend möchten wir Ihnen einige Anhaltspunkte dafür geben, *wie* (und unter welchen Voraussetzungen) Big-Data-Lösungen Nutzen schaffen können, *wo* (das heißt, in welchen Geschäftsprozessen) solcher Nutzen auftreten und wie sich dieser Nutzen in bare Münze (sprich: in *Aktionärswert*) umsetzen lässt. Dabei erläutern wir auch den Begriff Aktionärswert und gehen darauf ein, über welche Faktoren (oder *Werttreiber*) aus Nutzen Aktionärswert wird. Basierend auf den drei Dimensionen Nutzen, Geschäftsprozesse und Aktionärswert, schlagen wir Ihnen im letzten Abschnitt dieses Kapitels ein Vorgehen vor, das Sie sowohl für die Evaluation existierender Projektvorschläge als auch für die Suche nach neuen Ideen nutzen können. Dieses Gerüst werden wir auch in unseren Fallstudien verwenden.

Richtige Auswertung entscheidet

1.1   Was heißt Big Data?

In einer Studie des Branchenverbands BITKOM aus dem Jahr 2012 wird Big Data wie folgt definiert:

> »*Big Data unterstützt die wirtschaftlich sinnvolle Gewinnung und Nutzung entscheidungsrelevanter Erkenntnisse aus qualitativ vielfältigen und unterschiedlich strukturierten Informationen, die einem schnellen Wandel unterliegen und in bisher ungekanntem Umfang zu Verfügung stehen. Big Data spiegelt den technischen Fortschritt der letzten Jahre wider und umfasst dafür entwickelte strategische Ansätze sowie eingesetzte Technologien, IT-Architekturen, Methoden und Verfahren.*«

Big Data beschreibt also keine spezifische technische Lösung, sondern ist ein Sammelbegriff für *Technologien, Architekturen, Methoden* und *Verfahren*, die alle auf ein Ziel ausgerichtet sind: entscheidungsrelevante Erkenntnisse wirtschaftlich sinnvoll zu gewinnen und zu nutzen.

Innovation bei
Big Data

Aber was genau soll dann an Big Data neu sein? Dienten R/3, R/2, dessen Vorgänger »R1« oder – noch früher (ab 1973) – die allererste Software RF der SAP AG nicht auch der »wirtschaftlich sinnvollen Gewinnung von entscheidungsrelevanten Erkenntnissen«? Einen Hinweis darauf, dass es sich bei Big Data nicht nur um graduelle Verbesserungen, sondern um eine Revolution handelt – eine Revolution hinsichtlich der Art, wie Daten verarbeitet werden können –, liefern vier weitere Stichworte aus der BITKOM-Definition: *qualitativ vielfältiger und unterschiedlich strukturierte Informationen, schneller Wandel, bisher ungekannter Umfang* und *technischer Fortschritt*. Bei den ersten drei dieser Stichworte geht es um neue Herausforderungen, das vierte verweist darauf, dass jetzt neue technische Lösungen existieren, um diesen Herausforderungen zu begegnen.

▸ **Qualitativ vielfältige und unterschiedlich strukturierte Informationen**

Bei Big Data geht es um die Analyse sehr heterogener, oft unstrukturierter Datenbestände (Text, Sprache, Bilder, Videos). Seit den Anfangstagen der IT hat sich der Mensch (als der Flexiblere von beiden) stets dem Rechner angepasst. Unsere Eingabemöglichkeiten waren begrenzt auf Bildschirmmasken; beim Ausfüllen von maschinenlesbaren Formularen mussten wir darauf achten, jeden Buchstaben einzeln sorgfältig in einem kleinen Kästchen zu platzieren. Aber ein Reiseveranstalter, der sich heute immer noch darauf beschränkt, nur das auszuwerten, was Menschen freiwillig in Feedback-Bögen schreiben, bemerkt nicht, wenn 80 von 100 Kunden auf *http://www.holidaycheck.de/* über das 5-Sterne-plus-Hotel *Mosquito Beach* lästern und das Flaggschiff im neuen Katalog als eine »von Kakerlaken durchseuchte Absteige« beschreiben. Geschieht dies regelmäßig, sind die Tage des Unternehmens – oder zumindest die des Marketingchefs – wohl gezählt.

▸ **Schneller Wandel**

Die Rahmenbedingungen, unter denen wir (datenbasiert) Entscheidungen treffen müssen, ändern sich nicht mehr jährlich, monatlich oder täglich, sondern jede Minute oder Sekunde. Was gerade noch eine prima Idee gewesen sein mag, kann kurz darauf längst veraltet sein. Wer schon einmal auf *http://www.amazon.de/* ein gebrauchtes Buch verkauft hat, weiß, dass das System beim Anlegen des Angebots mitteilt, was das gleiche Buch aktuell beim günstigsten Anbieter kostet. Und wenn das 5 € sind, stellen Sie als cleverer Verkäufer natürlich Ihr eigenes Buch für 4,99 € ein. Dumm nur, wenn das die anderen Anbieter (z.B. durch eine automatische Benachrichtigung via Google Alert, siehe *http://www. google.de/alerts*) bemerken und direkt nach Aktivierung Ihres Angebots den eigenen Preis auf 4,98 € reduzieren.

▸ **Bisher ungekannter Umfang**
Daten liegen heute in Mengen vor, von denen man zu Zeiten von R1 nicht einmal zu träumen wagte. In den Anfangstagen der SAP AG hatten Großrechner einen Arbeitsspeicher von etwa ein bis vier Megabytes. Das ist ungefähr ein Tausendstel dessen, was Ihnen heute in einem iPhone 5s zur Verfügung steht. Und wenn Sie ein mit dem iPhone aufgenommenes Video zu Analysezwecken in den Arbeitsspeicher laden möchten, reichen vier Megabytes (je nach Komprimierungsrate) für gerade einmal 0,1 bis 0,4 Sekunden Filmmaterial. Einem Artikel der *Welt* vom 16. Juli 2013 zufolge verdoppelt sich alle zwei Jahre das weltweite Datenvolumen; große Unternehmen rechnen bei der Kapazität ihrer Data Warehouses nicht mehr in Gigabyte oder Terabyte, sondern eher in Petabyte.

▸ **Technischer Fortschritt**
Ungefähr gegen Mitte des letzten Jahrzehnts ist eine neue Art von Datenbanksystemen in den Fokus gerückt, mit deren Hilfe zeitkritische Analysen und Auswertungen auch auf sehr großen Datenbeständen schneller als je zuvor erstellt werden können. Gemeint sind sogenannte *In-Memory-Datenbanken* (hauptspeicherresidente Datenbanken), die die für Berichte benötigten Daten nicht von der Festplatte, sondern direkt aus dem Arbeitsspeicher beziehen.

Anfangs wurden bei der In-Memory-Technologie lediglich die auf Festplatten gespeicherten Daten in den Hauptspeicher gespiegelt (*Caching*). Auf diesem Prinzip basierte z.B. der ab 2007 verfügbare SAP Business Warehouse Accelerator (BWA). Zwischenzeitlich ist man aber dazu übergegangen, den Hauptspeicher als primäres

Entwicklung der In-Memory-Datenbanken

Medium für die Datenablage zu nutzen. Qualitätsverbesserungen und Preissenkungen bei Speicherbausteinen, die Überwindung von Kapazitätsgrenzen beim Arbeitsspeicher durch das *verteilte Rechnen*, die Möglichkeit, Daten in mehrfach redundanten, hochverfügbaren Systemen zu replizieren und neue Ansätze beim Logging haben die Voraussetzungen hierfür geschaffen. Heutzutage genügen auch hauptspeicherresidente Datenbanken für die im kommerziellen Betrieb unverzichtbaren sogenannten *AKID-Anforderungen* (Atomität, Konsistenz, Isoliertheit, Dauerhaftigkeit).

[»]

Verteiltes Rechnen

Verteiltes Rechnen, auch *paralleles Rechnen*, *verteilte Umgebungen* oder *verteilte Systeme* genannt, ist ein Ansatz, bei dem rechenintensive Aufgaben nicht durch nur eine Maschine bearbeitet, sondern durch eine spezielle Software aufgeteilt und von einem mehr oder weniger lose gekoppelten Verbund von Computern erledigt werden. Dieser Verbund – auch als *Cluster* oder *Grid* bezeichnet – wird dadurch zu einem virtuellen Supercomputer.

Mooresches Gesetz

Auch In-Memory-Datenbanken profitieren vom Mooreschen Gesetz, demzufolge sich die Leistung neuer Computerchips etwa alle 20 Monate verdoppelt. *SAP HANA Appliances* nutzen beispielsweise Mehrkernprozessoren mit 64-Bit-Architekturen und entsprechend schnelle Hauptspeicherbausteine.

Wenn der Hauptspeicher zur Datenbank wird, lassen sich nicht nur schnellere Abfragen, sondern auch höhere Schreibgeschwindigkeiten realisieren. Außerdem müssen veränderte Daten nicht erst persistent abgelegt und in den Hauptspeicher repliziert werden. Neue Daten stehen sofort für das Berichtswesen zur Verfügung. Bei Abfragen in der SAP Business Suite beispielsweise spricht SAP von einem 3.600 Mal schnelleren Zugriff (Stand Oktober 2013); bei Schreibvorgängen wie etwa der Aktivierung von Daten in DataStore-Objekten (DSO) ist von einer etwa 100-fachen Beschleunigung die Rede.

1.1.1 In-Memory-Datenbanken als Schlüsseltechnologie

In-Memory-Datenbanken sind also eine *der* Schlüsseltechnologien für Big Data. Aus diesem Grund möchten wir an dieser Stelle klären, was genau unter einer In-Memory-Datenbank zu verstehen ist. Unter einer In-Memory-Datenbank verstehen wir ein Datenbanksystem, das seine Daten (zunächst einmal) nicht auf konventionellen Festplatten oder Halbleiterlaufwerken, sondern im Arbeitsspeicher ablegt. Das theoretische Grundprinzip von In-Memory-Datenbanken besteht also darin, nur in den Hauptspeicher zu schreiben und bei Lesevorgängen nur auf Daten aus dem Hauptspeicher zuzugreifen.

Um aber die bereits erwähnten AKID-Anforderungen an Datenbanksysteme erfüllen zu können (und den IT-Verantwortlichen schlaflose Nächte zu ersparen), wird dieses Grundprinzip zumindest heute noch in mehrerlei Hinsicht durchbrochen. Bei Verwendung des Hauptspeichers als primäres Speichermedium muss ein besonderes Augenmerk auf das »D« in der Abkürzung AKID (die Dauerhaftigkeit) gerichtet werden. Wertvolle Unternehmensdaten sollen schließlich auch bei Hard- oder Softwarefehlern, Stromausfällen oder Naturkatastrophen erhalten bleiben. Deshalb arbeiten auch In-Memory-Datenbanken mit einer ergänzenden, persistenten Datenablage. Insgesamt existieren bei diesen Datenbanken in der Regel die folgenden »Sicherheitsnetze«:

Ergänzende persistente Datenablage

▸ **Redundanz**
Durch mehrfache Redundanzen auf unterschiedlichen Ebenen wird gewährleistet, dass die eingesetzten Systeme hochverfügbar gehalten werden. Unter *Hochverfügbarkeit* versteht man dabei heutzutage eine Verfügbarkeit von über 99,99 % (99,99 % entsprechen – auf ein Jahr gerechnet – immer noch einer möglichen Stillstandszeit von knapp 53 Minuten).

▸ **Persistenz/Backups**
Änderungen an den Daten werden nicht nur im Hauptspeicher vorgenommen, sondern immer auch in persistente (Delta-)Logs fortgeschrieben. Zudem werden periodisch (zum Zeitpunkt sogenannter *Savepoints*) auch noch persistente, in sich konsistente Abbilder der Datenbank erstellt. Schließlich werden (mit konventionellen Tools) unterschiedliche Backups der Daten erstellt (z.B. Backups der Logs).

▸ **Alles aus einer Hand**
In-Memory-Datenbanken werden oft in Form von *Appliances* – Kombinationen aus Hard- und Software – ausgeliefert. Wenn alle beteiligten Komponenten aus einer Hand stammen und aufeinander abgestimmt sind, verringert sich (theoretisch) die Gefahr von

Unverträglichkeiten oder Problemen beim Zusammenwirken von
Soft- und Hardware und damit die Ausfallwahrscheinlichkeit.

▸ **Sonstige Maßnahmen**
Abgesehen davon werden natürlich auch für In-Memory-Datenbanken in puncto Datensicherheit die gleichen Maßnahmen wie
für alle IT-Systeme (räumliche Redundanz, Entmaschung, kein
Single Point of Failure etc.) ergriffen.

[»]

Appliance

Eine Appliance (wie z. B. SAP HANA) ist ein integriertes Produkt aus Soft-
und Hardware, das entwickelt wurde, um eine oder mehrere spezifische
Funktionen auszuführen. Anders als bei traditionellen Hardwarelösungen
und Softwarepaketen sind bei einer Appliance der Austausch einzelner
Bausteine oder spätere Modifikationen des Quellcodes – z. B. durch die
IT-Abteilung eines Unternehmens – nicht vorgesehen.

In diesem Sinn ähnelt eine Appliance einem Haushaltsgerät (engl. *House-
hold Appliance*), z. B. einem Herd, der typischerweise versiegelt ist und
durch seinen Eigentümer nicht verändert, umprogrammiert oder gewartet
wird. Vorteile einer Appliance sind einfache Bedienbarkeit, Zuverlässigkeit und hohe Performance; der wesentliche Nachteil liegt in der Abhängigkeit vom Hersteller. In gewissem Sinn bewegt man sich mit der Idee
der Appliance daher wieder zurück zu den Anfängen der IT-Industrie. In
der Welt der Großrechner beispielsweise stammten Hardware, Betriebssystem und Peripherie normalerweise vom selben Anbieter. Die Firma
Apple beispielsweise hat diese Philosophie – was das Betriebssystem
betrifft – bis heute beibehalten. Nicht zuletzt deshalb gelten Apple-Pro-
dukte wohl auch als besonders sicher – aber auch als relativ teuer.

Andere Beispiele für Appliances sind:

▸ IBM Netezza

▸ Cisco UCS

▸ Oracle Exadata

▸ Fluke Networks Visual TruView

Von diesen Beispielen für Appliances sind übrigens IBM Netezza und
Oracle Exadata hinsichtlich ihrer Einsatzbereiche mit SAP HANA vergleichbar, Cisco UCS und Fluke Networks Visual TruView dienen speziel-
leren Zwecken im Bereich Infrastruktur.

**Virtuelle
Speicherverwaltung** Nicht aus Sicherheitsgründen, sondern weil der Preis für ein Gigabyte Hauptspeicher heute noch etwa 100 Mal höher ist als die Kosten für die gleiche Menge klassischer Festplattenkapazität, werden
außerdem auch bei In-Memory-Datenbanken Daten auf persistente

Speichermedien ausgelagert (virtuelle Speicherverwaltung). Daten, auf die selten zugegriffen wird (sogenannte *kalte* Daten), werden auf Festplatten gespeichert, *heiße* Daten, bei denen es auf kurze Zugriffszeiten ankommt, verbleiben im Hauptspeicher. Gelegentlich werden ausgelagerte Daten noch feiner in kalte und *warme* Daten unterteilt; kalte Daten landen dann auf konventionellen Festplatten, warme auf Halbleiterfestplatten (Kosten pro Gigabyte etwa zehn Mal höher als bei konventionellen Festplatten, dafür Zugriffszeiten nur etwa ein Hundertstel der Werte konventioneller Festplatten).

Alternative Bezeichnungen für In-Memory-Datenbanken	[«]
In-Memory-Datenbanken werden gelegentlich auch als *Echtzeitdatenbanken* (Realtime Databases, RTDB), *In-Memory-Datenbanksysteme* oder *Hauptspeicherdatenbanken* (Main Memory Databases, MMDB) bezeichnet.	

Die Idee, Suchen und Analysen durch die Ablage größerer Datenbestände im Hauptspeicher zu beschleunigen, entstand nicht erst Mitte des letzten Jahrzehnts. Schon 1990 gab es erste Versuche in dieser Richtung, und auch SAP hat schon 1999 damit begonnen, diverse In-Memory-Lösungen mit – im Vergleich zu SAP HANA – eingeschränktem Funktionsumfang zu entwickeln (SAP liveCache, Text Retrieval and Information Extraction (TREX), Business Intelligence Accelerator (BIA)/Business Warehouse Accelerator (BWA)). Eine detaillierte Übersicht finden Sie in Jeffrey Words E-Book *SAP HANA Essentials*.

Erste Schritte

Die außergewöhnlich hohe Geschwindigkeit von In-Memory-Datenbanken geht nicht allein auf technische Fortschritte zurück. Den meisten In-Memory-Datenbanken gemeinsam sind zudem einige konzeptionelle Ansätze:

Konzeptionelle Besonderheiten

▶ Die Daten in In-Memory-Datenbanken werden üblicherweise spaltenorientiert und komprimiert abgelegt. Das spart (relativ teuren) Hauptspeicher und beschleunigt den Zugriff.

▶ Beim Schreiben von Daten landen diese zunächst in einem separaten, für Schreibvorgänge optimierten Speicherbereich. Dieser sogenannte *Delta Storage* wird dann periodisch oder bei Bedarf in den komprimierten, spaltenweise abgelegten Datenbestand aufgenommen. So können einerseits einzelne Datensätze schnell geschrieben werden, ohne andererseits bei jedem Schreibvorgang die spaltenorientiert abgelegten Daten reorganisieren zu müssen.

▸ Bei der Organisation der Datenablage wird zur Beschleunigung der Zugriffe auf zeitliche und räumliche Lokalität geachtet. Das Konzept der räumlichen Lokalität erstreckt sich dabei – im Zeitalter der Globalisierung – übrigens nicht nur auf den Adressraum des Hauptspeichers, sondern auch ganz konkret auf die Frage, wo die Daten sich geografisch befinden.

▸ Die Paketierung entsprechender Lösungen als Appliances dient nicht nur dazu, die Ausfallwahrscheinlichkeit zu verringern. Durch eine optimale Abstimmung der Komponenten aufeinander und ein längerfristiges Feintuning kann auch die Performance erhöht werden.

Einige der genannten Ansätze sind nicht neu und auch bei vielen klassischen, persistenten relationalen Datenbankmanagementsystemen implementiert (Caching).

1.1.2 Was Sie sonst noch für Big Data brauchen

Big Data ist mehr als nur Technik

Das gleichzeitige Auftreten neuer Herausforderungen und technischer Fortschritte ist sicher mit verantwortlich dafür, dass sich Big Data in den letzten Jahren zu einem bedeutenden Thema entwickelt hat. Allerdings reichen superschnelle Schreib- und Lesezugriffe allein nicht aus, um unstrukturierte Daten, raschen Wandel und große Datenmengen in den Griff zu bekommen. Ergänzend braucht es – wie schon die BITKOM-Definition nahelegt – spezielle *Verfahren* bzw. *Methoden* und *Architekturen*.

Verfahren

In puncto Verfahren sind vier Wissensgebiete für Big Data von besonderer Bedeutung.

▸ **(Induktive) Statistik (z.B. Zeitreihenanalyse)**
Gegenstand der *deskriptiven Statistik* ist es, Datenbestände (z.B. »Nettoeinkommen und Wohnorte aller deutschen Arbeitnehmer in den letzten 50 Jahren«) durch Kennzahlen (»Durchschnittseinkommen Arbeitnehmer je Bundesland und Jahr«) zu beschreiben. Die *induktive Statistik* (manchmal auch *mathematische*, *schließende* oder *Inferenzstatistik* genannt) geht einen Schritt weiter. Sie hilft dabei, neue Zusammenhänge in Datenbeständen (z.B. Abhängigkeiten zwischen Einkommen und Wohnort) zu entdecken, bereits vermutete Wechselbeziehungen zu verifizieren oder Prognosen zu entwickeln (»Durchschnittseinkommen bayerischer Arbeitnehmer

im nächsten Jahr«). Zusammenhänge und Vorhersagen sind dabei kein Selbstzweck, sondern dienen Unternehmen und Organisationen als Grundlage für in die Zukunft gerichtete Entscheidungen (»In welchem Bundesland sollen wir zukünftig wie viele neue Bio-Supermärkte eröffnen?«).

▸ **Computerlinguistik (z.B. Spracherkennung und Text Mining)**
Computer, mit denen man reden kann, existieren längst nicht mehr nur in Science-Fiction-Filmen. Schon seit einigen Jahrzehnten gibt es Lösungen, die einfache Spracheingaben (einzelne Wörter aus einem sehr kleinen Wortschatz) verarbeiten können. Vermutlich durften Sie schon einmal am Kundentelefon einer Fluglinie oder Telefongesellschaft persönlich von den Segnungen dieser Technik profitieren. Auch Diktiersysteme, die gesprochene in geschriebene Sprache umwandeln, sind nicht ganz neu; das erste (TANGORA 4) wurde 1991 von IBM auf der CeBIT vorgestellt. Und wenn heute ein Nutzer etwas Zeit in das Training einer Lösung wie *Dragon* investiert, lassen sich durchaus brauchbare Ergebnisse erzielen.

▸ *Spracherkennung*
Eine ganz andere Herausforderung für eine Maschine ist es, natürlich gesprochene Sprache (also mehr als nur ein paar Worte) beliebiger Sprecher niederzuschreiben oder für die Steuerung von Systemen zu verwenden. Der Rechner muss dann mit unterschiedlichsten Stimm- und Stimmungslagen, Dialekten, Sprechgeschwindigkeiten, Wortschätzen und Satzmustern zurechtkommen. Was in dieser Hinsicht dank weiterentwickelter Algorithmen und gesteigerter Rechnerleistung heute möglich ist, wird für jeden von uns (be-)greifbar, wenn wir auf unserem Android-Tablet die Spracheingabefunktion von Google Now oder auf Apple-Geräten die Software Siri nutzen.

▸ *Text Mining*
Das Text Mining geht noch einen Schritt weiter als die reine Spracherkennung. Beim Text Mining geht es darum – innerhalb gewisser Grenzen –, die Bedeutung von Texten zu verstehen. Wenn der bereits erwähnte Reiseveranstalter auswerten möchte, was z.B. auf Facebook und Twitter, in Blogs und Reiseportalen über die Luxusherberge Mosquito Beach geschrieben wird, könnte er ein Team damit beauftragen, das Internet kontinuierlich im Drei-

Schicht-Betrieb zu durchforsten. Das wäre aber sehr arbeitsintensiv und teuer, und selbst mit einem gigantischen Personaleinsatz gelänge dies noch nicht einmal bei Twitter (mehrere Millionen Tweets pro Tag in den *Public Streams*, dem für jedermann zugänglichen und über spezielle Schnittstellen auch automatisch abgreifbaren Teil der Kurznachrichten auf Twitter). Computer tun sich mit dem systematischen Durchforsten gewaltiger Datenmengen wesentlich leichter. Für Maschinen liegt die Herausforderung eher darin, menschliche Meinungsäußerungen beispielsweise nach den Gesichtspunkten »positiv« und »negativ« zu sortieren. Denken Sie einmal darüber nach, wie Sie Ihrem Desktop die Idee von Sarkasmus nahebringen könnten. Auch in dieser Hinsicht wurden in den letzten Jahren und Jahrzehnten erhebliche Fortschritte erzielt. Maßgeblich hierfür war die Weiterentwicklung statistischer Verfahren (*Data Mining*) und selbstlernender Systeme, die aber andererseits erst dank einer massiv gesteigerten Rechenkapazität in der Praxis einsetzbar geworden sind.

▶ **Geodaten (z. B. Flottenmanagement)**
Wenn uns jemand fragte, welche Innovationen der letzten 20 bis 30 Jahre den größten Einfluss auf unser Alltagsleben hatten, dann ist – neben der mobilen Kommunikation – das *Global Positioning System* (GPS; offiziell NAVSTAR GPS) des US-Militärs sicher eine dieser Innovationen. Die Idee, Positionsdaten zu erfassen und zu nutzen, ist schon einige Tausend Jahre alt, und z. B. hinsichtlich der Schifffahrt ist GPS eigentlich nur eine Weiterentwicklung von Astrolabium, Sextant oder Funknavigation. Allerdings gibt es einige markante Unterschiede, die sich wiederum aus dem Zusammenspiel verschiedener neuer Techniken ergeben:

▶ Heute dauert eine Positionsbestimmung – dank schnellerer Central Processing Units (CPU) – nicht mehr mehrere Stunden oder Minuten, sondern nur Bruchteile von Sekunden.

▶ Die Raumfahrt hat es durch die Platzierung der Bezugspunkte im Orbit ermöglicht, mit wenigen Ausnahmen (Tunnel, Keller, Gebäudeschluchten) die Position von Objekten immer und überall und (durch die Verwendung elektromagnetischer Wellen) anders als beim Sternenhimmel wetterunabhängig zu ermitteln.

▶ Dank sehr ganggenauer Uhren können wir heute die Position von Schiffen, Flug- und Fahrzeugen oder Geräten bis auf einige Meter (mit dem neuen europäischen Navigationssystem Galileo ab voraussichtlich 2014 auf einige Zentimeter genau) bestimmen.

▶ Die mobile Kommunikation bietet uns die Möglichkeit, die so gewonnenen Daten kontinuierlich und »in Echtzeit« an ein Analysesystem zu übertragen und eventuell auch vom Analysesystem ein Feedback oder Anweisungen zu senden, die sich aus der Positionsbestimmung ergeben.

▶ **Bildverarbeitung (z. B. Bilderkennung)**
Wir sind heute in der Lage, sowohl stehende als auch bewegte Bilder ähnlich wie Text auf ihren Inhalt hin zu analysieren. Und da Menschen offensichtlich von Natur aus exhibitionistisch sind, lassen sich aus den Millionen im Internet geposteten (und oft mit Geodaten angereicherten) Bilddateien vielerlei Informationen generieren (z. B. anhand von Gesichtserkennung auf Urlaubsfotos: Wer reist gern in welche Länder?). Und während Handykunden noch gegen den Verkauf ihrer Bewegungsdaten durch ihre Mobilfunkanbieter protestieren, existieren schon längst Videosysteme für die Laufwegeanalyse oder Schaufensterpuppen, die unser Geschlecht, unser Alter und sicher auch in Kürze unsere Stimmungen erkennen können (*http://www.tagesanzeiger.ch/wirtschaft/ unternehmen-und-konjunktur/Die-Schaufensterpuppe-als-Spionin/story/ 11592882*). Wie gut selbst allgemein zugängliche Bilderkennungssysteme heute schon funktionieren, können Sie anhand der Bildersuche auf Google selbst testen, bei der Sie einfach ein Bild in das Suchfeld ziehen können (siehe *https://support.google.com/ websearch/answer/1325808?hl=de*).

Neben diesen eher allgemeinen Betätigungsfeldern spielen zahlreiche speziellere Disziplinen, bei denen es sich teilweise, aber nicht immer, um Teilbereiche der vorgestellten Verfahren und Methoden handelt, in Big-Data-Lösungen eine Rolle. Beispiele hierfür sind *Fraud Detection* (die Aufdeckung von Betrugsfällen z. B. bei Kreditkartentransaktionen durch Erkennung ungewöhnlicher Muster), *Sentiment Detection* (die maschinelle Analyse von Texten mit dem Ziel, diese in positive und negative Aussagen zu kategorisieren) oder die *medizinische Diagnostik* (in der Expertensysteme oder statistische

Weitere Wissensbereiche für Big Data

Verfahren eingesetzt werden, um von bestimmten Symptomen und Befunden auf eine Diagnose zu schließen). Die induktive Statistik ist dabei ein eigenes, wichtiges Fach, bildet aber gleichzeitig sozusagen das Fundament für alle übrigen hier beschriebenen Anwendungsbereiche.

Methoden

Big Data lebt aber nicht nur von Rechnerleistung und ausgeklügelten, meist auf mathematisch-statistischen Verfahren aufsetzenden Analyse-Tools, sondern auch von (relativ) neuen methodischen Gedanken. Hierzu gehören insbesondere neue Vorgehensweisen bei der Gestaltung von Datenverarbeitungssystemen und beim *Software Engineering*. Eine vollständige Liste dieser Methoden zu erstellen und alle zu diskutieren würde den Umfang dieses Buches überschreiten.

Agile BI

Ein – mehr oder weniger repräsentatives – Beispiel in diesem Zusammenhang ist die *agile Business Intelligence* (agile BI). Der Begriff agile BI leitet sich vom etwa zehn Jahre alten Begriff der agilen Softwareentwicklung ab, deren Grundgedanke es war, Software nicht in klar voneinander abgegrenzten Phasen, sondern in einem iterativen, eher schwächer strukturierten Prozess zu entwickeln. Sinn dieses Vorgehens ist es, die Funktionen von Software enger auf die Bedürfnisse der Benutzer abzustimmen und schneller auf Veränderungen reagieren zu können. Mit agiler BI wird dieser Gedanke auf den Bereich Business Intelligence übertragen. Die Fachabteilung soll ihre Berichtsanforderungen demnach nicht im Detail formulieren, bevor die IT-Abteilung überhaupt mit der Arbeit beginnt. Vielmehr soll eine schrittweise Annäherung an die tatsächlichen Auswertungsbedürfnisse erfolgen. In letzter Konsequenz bedeutet agile BI auch, dass die IT-Abteilung nicht mehr umsetzt (das tut der Anwender selbst), sondern nur noch den Rahmen für die Umsetzung bereitstellt. Agile BI ist ein Big-Data-Thema, weil der Ansatz nur unter bestimmten Voraussetzungen sinnvoll ist:

▸ Wenn es mehrere Minuten oder Stunden dauert, eine Analyse auszuführen, wird es sehr umständlich und zeitaufwendig, Anforderungen iterativ zu entwickeln. Agile BI ist also auf schnelle Analysen praktisch ohne Wartezeiten angewiesen.

▸ Wenn man für die Anwendung selbst einfachster statistischer Verfahren zunächst (wie in der BW-integrierten Planung) aufwendige

Planungsmodelle bauen und Prozessketten entwickeln muss, bleibt agile BI eine Illusion. Die Integration der Statistiksprache R in SAP HANA oder Lösungen wie SAP Predictive Analysis – bei allen Vorbehalten bezüglich des Fachwissens der Anwender – eröffnen diesbezüglich ganz neue Wege.

▸ Es müssen Werkzeuge zur Verfügung stehen, die es dem Anwender sehr einfach ermöglichen, Auswertungen zu erstellen und zu modifizieren. Traditionelle BI-Werkzeuge (wie der BEx Query Designer) hatten in dieser Hinsicht noch deutliche Defizite, aber die neueren Entwicklungen bei *SAP BusinessObjects* weisen genau in diese Richtung.

Und schließlich sind für die Implementierung von Big-Data-Lösungen meist auch neue Denkansätze in Sachen Datenarchitektur erforderlich. Die Notwendigkeit, existierende Architekturen zu überarbeiten, ergibt sich aus drei Gründen: **Architekturen**

▸ Die Architekturen vieler bestehender Business-Intelligence-Implementierungen streben danach, z.B. durch eine schichtenweise Aggregation von Daten, die Performance von Berichten zu optimieren. Im Big-Data-Umfeld kann oft auf solche *Voraggregationen* (und damit auf einzelne Schichten) verzichtet werden.

▸ Bestimmte Objekttypen (z.B. *OLAP-Würfel*, ein Konstrukt, bei dem Daten für eine bessere Abfrageperformance in den Dimensionen eines mehrdimensionalen Würfels gespeichert werden) wurden nur kreiert, weil klassische Datenbanken nicht die Leistung liefern konnten, die man für flexible Abfragen auf aggregierten Daten benötigte. Mit dem Einsatz schneller In-Memory-Datenbanken entfallen diese Restriktion und damit – zumindest in bestimmten Bereichen – der Bedarf an solchen Objekten und den Datenflüssen, die diese Objekte versorgen.

▸ Neue Ansätze in der Aufgabenverteilung zwischen zentraler IT und dezentralen Benutzern führen zu neuen Prioritäten bei der Strukturierung von Systemen. Durch weniger Schichten und weniger persistente Objekte und Datenflüsse lässt sich einerseits die Datenarchitektur verschlanken. Andererseits stellt sich die Frage, wie bei immer mehr Virtualisierung, Flexibilität und Dezentralisierung die Richtigkeit und Konsistenz von Berichten gewährleistet werden kann. Auch das ist eine Frage der Datenarchitektur.

SAP hat diesen Anforderungen z.B. durch ein neues BW-Architekturmodell – die *erweiterte Layered Scalable Architecture* (LSA++), die die klassische Layered Scalable Architecture (LSA) ersetzt –, aber auch durch die Entwicklung neuer Werkzeuge für das *Enterprise Information Management* (EIM) Rechnung getragen. Auf LSA++ werden wir in Kapitel 12, »Potenziale entdecken, Architekturen gestalten«, eingehen.

Analyse ist nur der erste Schritt

Damit haben wir den Begriff Big Data nun ein wenig abgerundet. Bislang drehen sich alle unsere Überlegungen darum, dass irgendeine Art von Daten ausgewertet, analysiert oder interpretiert werden soll. Das Beispiel zum Buchverkauf auf Amazon verdeutlicht aber, dass Verfahren, Methoden und Architekturen für schnelle Analysen nur die halbe Miete sind. Was haben wir davon, wenn unser Rechner oder unser Handy weiß, dass wir mitten in der Nacht auf Amazon unter- oder auf eBay überboten wurden? Richtig stimmig wäre das Bild erst dann, wenn unser Handy uns um 2 Uhr in der Nacht wecken und auffordern könnte, den Preis nach unten anzupassen. Oder – förderlicher für unseren Erholungsschlaf – wenn das Smartphone das gleich selbst für uns erledigte. Wir werden in Abschnitt 1.3, »Wo entsteht der Nutzen von Big Data?«, noch genauer darauf eingehen, dass schnelles *Agieren* der entscheidende Faktor ist, um die Nutzenpotenziale von Big-Data-Lösungen wirklich zu erzielen. Aufgrund dieser Einsicht und für die weitere Lektüre definieren wir Big Data aber jetzt schon anders.

[»] **Big Data – erweiterte Definition**

Leicht abweichend von der BITKOM-Definition und teilweise ergänzend hierzu fassen wir zusammen: Big Data ist der Sammelbegriff für alle Techniken (z.B. In-Memory-Datenbanken), Architekturen, Ansätze (z.B. spalten- statt zeilenorientierte Datenablage), Methoden (z.B. agile Business Intelligence) und Verfahren (z.B. Text Mining), die eingesetzt werden können, um sehr große Mengen heterogener und/oder unstrukturierter Informationen zu analysieren und zu verarbeiten. Ziel dieser Analysen ist es, neue Erkenntnisse zu gewinnen, bessere Entscheidungen zu treffen und auf dieser Basis geschickter und/oder schneller zu agieren.

Die erweiterte Definition spricht mit dem Wort *Agieren* einen Aspekt an, auf den wir in Abschnitt 1.2.3, »Erkennen, entscheiden und vor allem handeln!«, noch zu sprechen kommen werden. Mit der Frage, was SAP bzw. SAP HANA in puncto Techniken, Methoden und Verfahren bietet, werden wir uns in Kapitel 2, »Was kann SAP HANA? Möglichkeiten und Grenzen«, noch genauer beschäftigen.

1.1.3 Geht es nur um Performance?

Die Hochglanzprospekte der Anbieter im Big-Data-Umfeld strotzen nur so vor beeindruckenden Leistungskennzahlen. Zugriffszeiten, Datenraten, Speicherkapazitäten und immer mehr Prozessorkerne – die Art der Diskussionen erinnert ein wenig an die glänzenden Spielzeuge großer Jungs, an Beschleunigungswerte, Drehmomente, Hubräume und Pferdestärken.

Geschwindigkeit ist nur Mittel zum Zweck

Absatzbericht	[zB]

Jochen Kleinschmied, Controller bei einem mittelständischen Hersteller von Sitzringen (vulgo: Klobrillen) erstellt einmal monatlich (immer am fünften Werktag eines Monats für den Vormonat) eine Übersicht über die an Großhandel, Handwerker und Baumärkte abgesetzten Produkte. Nachdem er die Zahlen geprüft hat, druckt Herr Kleinschmied den Bericht aus und sendet ihn per Hauspost an das Sekretariat des Chief Financial Officers (CFO). Jeden Monat um die Monatsmitte trifft sich die Geschäftsleitung mit den Verantwortlichen in Produktion und Vertrieb; bei dieser Gelegenheit werden die von Herrn Kleinschmied gelieferten Zahlen diskutiert und etwaige Maßnahmen abgeleitet.

Herr Kleinschmied ist schon seit seiner Lehre für das Unternehmen tätig; im Lauf von 45 Berufsjahren hat er schon viele Technologiewechsel mitgemacht. In den 1960er-Jahren wurden die Verkaufszahlen bei den einzelnen Vertretern telefonisch eingeholt, mit einer mechanischen Addiermaschine aufsummiert und handschriftlich in vorgedruckte Formulare eingetragen. Irgendwann wurde dann die Addiermaschine durch einen elektronischen Tischrechner, der Tischrechner durch einen Personal Computer (PC) mit selbst entwickelter Software und diese Software dann schließlich durch eine ERP-Lösung (Enterprise Resource Planning) für mittelständische Unternehmen abgelöst. Da der Bericht relativ komplex ist, benötigt der Aufruf im System meist einige Minuten, Zeit genug für Herrn Kleinschmied, sich rasch mit einem Fencheltee für seinen bei der Durchsicht der Zahlen immer angespannten Magen zu versorgen.

Seit einiger Zeit aber ist der Arbeitsrhythmus von Herrn Kleinschmied aus dem Takt geraten. Im März letzten Jahres war der IT-Leiter des Unternehmens auf der CeBIT nach einem anstrengenden Ausstellungstag am Stand eines Anbieters von Data-Warehousing-Lösungen gelandet. Schuld waren vielleicht die zwei Gläser Rotwein oder auch die fulminante Präsentation der Standbetreuerin Tanja Tausendschön – jedenfalls war noch auf der Messe die Entscheidung für eine größere Investition in ein Data

Warehouse mit neuester In-Memory-Technologie, mehr als 20 Terabytes Hauptspeicher und 160 CPU-Kernen gefallen. Die Implementierung verlief schnell und reibungslos, Mitte des Jahres ging das neue Data Warehouse in Betrieb. Ergebnis: Der Vertriebsbericht ist jetzt nach einigen Millisekunden auf dem Bildschirm, der IT-Leiter hat nun sehr viel Freizeit, und die Verdauung von Herrn Kleinschmied ist – mangels Zeit für den Tee – komplett entgleist.

Geschwindigkeit ist nicht Aktionärswert

Das kleine (natürlich erfundene) Szenario mag ein wenig flapsig wirken, soll aber deutlich machen: Die Tatsache, dass in Big-Data-Lösungen Berichte Zigtausend Mal schneller als je zuvor auf dem Bildschirm erscheinen, erzeugt noch keinen Aktionärswert (auf das Thema »Aktionärswert« gehen wir in Abschnitt 1.4, »Wie aus Nutzen Aktionärswert wird«, noch etwas genauer ein). Erst recht nicht dann, wenn diese superschnellen Berichte erst einen Monat nach den relevanten Ereignissen erstellt und sowieso frühestens 14 Tage später von den Empfängern wahrgenommen werden. Zugegeben: Der Aufruf sehr komplexer Berichte in der SAP Business Suite und sogar in SAP BW (ohne BWA oder SAP HANA) kann sehr lange dauern. Wir haben in unserer über 20-jährigen Beratertätigkeit Reports gesehen, die nicht einige Minuten, sondern erst Stunden nach dem Drücken der Enter-Taste auf dem Bildschirm erschienen. Bei einem großen Konzern beispielsweise standen die Absatzzahlen des Vortages aufgrund langer Ladeprozesse und Berichtslaufzeiten den Mitarbeitern immer erst kurz vor Feierabend zur Verfügung. Aber trotz aller mehr oder weniger berechtigten Kritik an der Performance der SAP Business Suite ist das nicht der Regelfall. Und für viele Geschäftsprozesse spielt es keine Rolle, ob ein Bericht, der über Nacht im Batch läuft, nun fünf Minuten oder eine fünftel Sekunde braucht.

Nun wäre es natürlich denkbar, die Geschäftsleitung nicht mehr per Hauspost, sondern elektronisch und unterstützt durch SAP Business-Objects Dashboards mit den Daten zu versorgen. Oder den Bericht nicht monatlich, sondern täglich aufzurufen bzw. die Verkaufszahlen für alle Mitarbeiter in Vertrieb und Produktion via Tweet oder Liveticker sekündlich aktualisiert auf Tablets zu übertragen. Aber welchen Vorteil soll das bringen, und was genau sollen Produktionsleiter und Außendienstler mit diesen Echtzeitdaten tun?

1.2 Wie entsteht der Nutzen von Big Data?

Ist Big Data also eigentlich gar nicht *die* disruptive Innovation des Jahrzehnts oder Jahrhunderts, *das* Werkzeug, das die Spielregeln aller Branchen und Unternehmen verändert, *der* perfekte Sturm, der alle, die sich nicht um Big Data scheren, wie welkes Laub im Herbst von den Märkten fegen wird? Werfen wir doch einfach kurz einen Blick auf zwei Player, die schon seit einigen Jahren virtuos auf der Klaviatur von Big Data spielen.

Erfolg mit Big Data

Der Internethändler Amazon (gegründet 1994) hat in den letzten zwei Jahrzehnten den Handel mit Büchern weltweit aufgemischt. In den USA läuft im Verlagswesen nichts mehr ohne Amazon. Und man darf wohl davon ausgehen, dass sich die Vorherrschaft des Handelsriesen bald nicht nur auf die ganze Welt, sondern auch auf alle anderen Medien und generell auf alle Produkte im Einzelhandel und auf die gesamte Wertschöpfungskette ausdehnen wird.

Beispiel: Amazon

Amazon ist ein Pionier im Bereich Big Data und, nebenbei bemerkt, auch in den Bereichen verteiltes Rechnen und Cloud Computing. Wie Amazon große Datenmengen – abgesehen von persönlichen Buchempfehlungen – analysiert und einsetzt, wollen wir hier nicht weiter vertiefen, das lässt sich im Internet gut recherchieren (suchen Sie einfach mit Google nach »amazon« und »big data«, und überspringen Sie die ersten Ergebnisse in der Liste – bezeichnenderweise Bücher zum Thema auf Amazons Website). Nicht umsonst hat sich SAP entschieden, neben diversen anderen Lösungen auch SAP HANA in Amazons Cloud bereitzustellen (*http://aws.amazon.com/de/sap/*).

Ein anderer Gigant im Internet ist Google (entstanden um 1998). Die Presse berichtet regelmäßig darüber, dass Google unsere E-Mails und Daten systematisch ausforscht und die so gewonnenen Erkenntnisse entweder verkauft oder an die National Security Agency (NSA) der Vereinigten Staaten weiterleitet. Aber die Wahrscheinlichkeit, dass Sie bei einer Suche im Internet Google nutzen, liegt trotzdem bei über 90 %. Und mal ehrlich: Erinnern Sie sich noch an die Namen einst hochgehandelter Suchmaschinen wie Excite, Lycos oder AltaVista? Oder gehören Sie zu dem traurigen Häuflein von 0,9 %, das sich bei Recherchen im Internet auf den einstigen Star Yahoo! verlässt?

Beispiel: Google

Details der Indizierung und des Suchalgorithmus sind bei Google ein streng gehütetes Betriebsgeheimnis. Allerdings ist bekannt, dass laut Angaben von Google mehr als 200 Faktoren in die Bewertung einer Seite einfließen. Nun kann zwar die Bewertung von Seiten im Batch vorgenommen werden (wobei es auch hier auf Aktualität ankommt), aber für die Auswertung von Suchanfragen, bei denen die Suchhistorie des Benutzers, sein Standort und Text Mining eine Rolle spielen, geht es um Echtzeitanalysen. Ziehen wir zusätzlich in Betracht, dass Google inzwischen schätzungsweise mehrere Billionen URLs indiziert hat, wird klar: Allein schon die Idee, das mit herkömmlichen relationalen Datenbanksystemen und ohne spezielle mathematische Verfahren und Big-Data-Architekturen bewältigen zu können, ist schlicht absurd.

Wie »big« die Datenbestände und Verarbeitungskapazitäten von Google zwischenzeitlich geworden sind, lässt sich an der Tatsache ablesen, dass das Unternehmen langsam in Richtung Nordpol unterwegs ist, um seine gigantischen Rechenzentren dort mit eisigem Meerwasser zu kühlen. Abgesehen davon gehört Google auch zu den Pionieren bezüglich der Ansätze, die das Unternehmen verfolgt. Das von Google eigens entwickelte *MapReduce*-Programmiermodell gilt als einer der Standardansätze im Zusammenhang mit Big Data.

[»] | **MapReduce-Programmiermodell**

MapReduce ist ein von Google entwickeltes und inzwischen patentiertes Programmiermodell, das dazu dient, große Datenmengen in vielen parallelen Prozessen auf einem Cluster zu verarbeiten. MapReduce-Algorithmen existieren unter anderem in den Programmiersprachen *Erlang*, *Java* oder *Python*.

MapReduce ist eines der wichtigsten Modelle bei der Entwicklung von verteilten Systemen; das Programmiermodell ist auch Bestandteil von *Apache Hadoop* (einem freien, in Java geschriebenen Framework für die Speicherung sehr großer Datenmengen).

Marktführerschaft oder Magenweh? Warum genau sind einige Unternehmen in der Lage, mit dem Werkzeug Big Data innerhalb weniger Jahre die Weltherrschaft in ihren Märkten an sich zu reißen, während Big Data für andere nichts als Magenweh bedeutet? Wir sind seit vielen Jahren in der Informationsverarbeitung und im Sektor Business Intelligence tätig. Im Lauf dieser Zeit haben sich für uns drei Wege herauskristallisiert, auf denen Big Data Nutzen erzeugen kann. Diese drei Wege stellen wir Ihnen in diesem Abschnitt vor. Unsere Aufzählung ist sicher nicht erschöpfend und lässt sich auf jeden Fall für Ihre Bedürfnisse noch feiner untergliedern, hilft Ihnen aber vielleicht bei der Ideenfindung.

1.2.1 Neue Erkenntnisse gewinnen, bessere Entscheidungen treffen

Wenn Sie mithilfe von Big Data Einsichten gewinnen, die Sie zuvor nicht hatten, können Sie auf dieser Basis bessere Entscheidungen treffen. Und wenn Sie etwas vielleicht schon selbst wussten, kann Big Data Ihnen dabei helfen, Ihre Vermutungen zu verifizieren oder deren Gültigkeit zu überwachen.

Mehr über Ihre Kunden wissen

Bessere Entscheidungen durch neue Erkenntnisse   [◉]

Big Data kann – muss aber nicht – zu besseren Entscheidungen führen, einerseits durch die Gewinnung neuer Erkenntnisse aus Ihren Daten, andererseits durch die fortlaufende Überprüfung von Annahmen, auf denen Ihre Entscheidungen basieren.

Mehr Querverkäufe ohne Einbußen bei der Marge   [zB]

Sie stellen z.B. fest, dass Kunden, die in Ihren Märkten immer Nackenkoteletts (Stückpreis: 1 €, davon 10 % Marge) kaufen, mit einer 65-prozentigen Wahrscheinlichkeit auch zu den in der Nähe platzierten hausgemachten Grillsaucen (Stückpreis: 5 €, davon 30 % Marge) greifen. Wenn Sie in einer Sonderaktion den Preis für Nackenkoteletts um 25 % senken und dadurch den Absatz um 30 % erhöhen, verlieren Sie bei den Koteletts 15 € auf 100 Stück, anstatt je 100 Koteletts 10 € Marge zu erzeugen. Auf die statt 100 jetzt 130 verkauften Koteletts sind das 32,50 € weniger Marge. Gleichzeitig verkaufen Sie nun aber auch 84,5 statt nur 65 Einheiten Grillsauce (65 % x 130 = 19,5); bei den Grillsaucen steigt Ihre Marge also um *19,5 x 1,50 € = 29,25 €*. Die verbleibende Differenz (*32,50 € – 29,25 € = 3,25 €*) lässt sich durch eine (für die Kunden kaum spürbare) Preiserhöhung bei den Grillsaucen um 0,04 € oder 0,8 % leicht abfangen. Sie können also Ihre Absätze sowohl bei Koteletts als auch bei Grillsaucen erhöhen, ohne Abstriche am Deckungsbeitrag hinzunehmen. Dies ist vielleicht nicht besonders nett gegenüber Ihren Kunden, aber auf jeden Fall ein einträgliches Geschäft.

Unter Umständen haben Sie den Zusammenhang zwischen dem Verkauf von Koteletts und Grillsaucen auch ohne Big Data schon längst erkannt und passende Schlussfolgerungen daraus gezogen. Aber was, wenn der Zusammenhang vielleicht plötzlich nicht mehr stimmt, weil der Discounter nebenan Sie durchschaut hat und Ihnen mit supergünstigen Grillsaucen einen Strich durch die Rechnung macht? Wenn Sie das erst einen Monat später merken, haben Sie schon jede Menge Geld verloren. Big Data kann Ihnen dabei helfen, Ihre Vermutung fortlaufend zu überwachen und informiert zu werden, wenn sie der Realität nicht mehr entspricht.

1.2.2 Anspruchsvolle Werkzeuge (richtig) nutzen

Werkzeuge
richtig nutzen

In Abschnitt 1.1.2, »Was Sie sonst noch für Big Data brauchen«, haben wir erläutert, dass es nicht *ausschließlich* auf Speicherplatz oder möglichst viele Prozessoren ankommt. Zu Big Data gehören zahlreiche, teilweise sehr anspruchsvolle Verfahren und Methoden, die Außerordentliches leisten, Sie aber auch ganz ordentlich in die Irre führen können.

Typisch für Big-Data-Anwendungen ist, dass eine oder mehrere der in Abschnitt 1.1.2 genannten Verfahren zum Einsatz kommen. Wenn Sie mit Aufgaben konfrontiert sind, bei denen beispielsweise statistische Prognoseverfahren dienlich sein könnten oder für die Sie geschriebene oder gesprochene Sprache verarbeiten müssen, könnte Big Data vielleicht helfen, neue Nutzenpotenziale zu erschließen.

[◉] **Big Data nutzt anspruchsvolle Werkzeuge**

Big Data erschließt Ihnen die Möglichkeit, z.B. mathematische Verfahren einzusetzen, für die früher einfach nicht genug Rechenleistung zur Verfügung stand. Dies umfasst sowohl Verfahren, die ohne Big Data weder im Batch noch in Echtzeit nutzbar wären (z.B. Text Mining), als auch solche, die vielleicht in Ihrem Unternehmen nicht neu sind, aber bisher nur im Batch verwendet werden konnten.

[zB] **Kundensegmentierung**

Ein Beispiel für eine HANA-Lösung, die ein schon länger existierendes Verfahren auf eine neue Art und Weise nutzt, ist die Rapid Deployment Solution *SAP HANA Customer Segmentation*. Kundensegmente können in SAP Customer Relationship Management (CRM) seit Langem gebildet werden. Die hierzu benötigten *Clustering-Algorithmen* waren selbst zu unseren Studientagen – das heißt schon vor einigen Jahrzehnten – nicht mehr neu. Aufgrund der Leistungsfähigkeit der HANA-basierten Lösung kann jetzt aber wesentlich schneller und auch untertägig segmentiert werden; dadurch bietet sich die Chance, auch auf plötzliche, kurzfristige Änderungen im Kundenverhalten mit passenden Angeboten zu reagieren.

Die Tatsache, dass Sie im Bereich Big Data oft mit relativ neuen, sehr leistungsfähigen Verfahren arbeiten, birgt aber auch Gefahren. Wenn auf dem Cover des Buches *Einführung in SAP HANA* von SAP PRESS ein Rennwagen abgebildet ist, dann ist dies vielleicht nicht nur ein Hinweis auf die Geschwindigkeit der Appliance, sondern ebenso ein Fingerzeig bezüglich der Anforderungen an den »Fahrer«. Auch ein Führerscheinneuling kann in einem Formel-1-Boliden schneller vorankommen als in einem Opel Corsa. Gleichzeitig verringert sich mit 750 PS auf der Autobahn aber auch seine Lebenserwartung. In Sachen Big Data lauern vor allem zwei große Risiken auf unbedarfte Anwender:

Risiken für unbedarfte Anwender

- ▶ **Statistik ist nicht trivial**

  In gängigen Statistiklehrbüchern oder im Internet finden sich viele Beispiele dafür, wie man aus (mathematisch durchaus korrekt ermittelten) statistischen Ergebnissen falsche Schlüsse ziehen kann. Stichworte in diesem Zusammenhang sind *Scheinkorrelation* (die statistische Abhängigkeit zweier Größen wird fälschlicherweise als Kausalzusammenhang interpretiert) und *Scheinregression* (zwei Größen sind nur deshalb statistisch abhängig, weil sie einem gemeinsamen Trend folgen).

  In der Praxis können Sie davon ausgehen, dass die meisten Ihrer Wettbewerber regelmäßig in eine dieser Fallen tappen werden. Wenn Sie nicht auf Scheinkorrelation und Scheinregression hereinfallen, haben Sie schon zwei Nasenlängen Vorsprung.

- ▶ **Einfache Bedienbarkeit plus Geschwindigkeit täuscht Harmlosigkeit vor**

  Viele Produkte im Bereich Big Data werden mit dem Versprechen angepriesen, anspruchsvollste statistische Analysen gäbe es jetzt für jedermann auf Knopfdruck. Auch SAP wirbt damit, dass Prognosen mit SAP Predictive Analysis powered by SAP HANA dank Drag & Drop zum Kinderspiel werden (*http://www.saphana.com/community/learn/solutions/predictive-analysis*). Mag sein, nur mit Drag & Drop könnte auch ein gut dressierter Schimpanse umgehen, aber wenn es um eine Vorhersage unseres Krebsrisikos geht, wäre uns wohl doch ein Arzt lieber, der das zumindest theoretisch auch mit Papier und Bleistift durchrechnen könnte (»theoretisch«, weil er hierfür vielleicht einige Jahrhunderte bräuchte). Ebenso gibt es gute Gründe dafür, dass jeder Pilot, der heute einen voll automatisierten A380 steuert, seine Ausbildung auf einem klapprigen einmotorigen Flieger begonnen hat. Bevor man einem Flugkapitän knapp 1.000 Passagiere anvertraut, möchte man doch sicherstellen, dass er auch ohne GPS, Autopilot und Bordcomputer einen Zielflughafen ansteuern kann.

[◉] **Big Data kann großen Schaden anrichten**

Der (erfolgreiche) Einsatz von Big Data setzt voraus, dass Sie die hierzu notwendigen Techniken, Architekturen, Ansätze, Methoden und Verfahren in Ihrem Unternehmen souverän beherrschen. Ist das nicht der Fall, können die resultierenden Schäden für Sie noch viel »bigger« werden.

Fachliche Anforderungen

Eine kurze und übersichtliche Darstellung der fachlichen Anforderungen in Sachen Big Data finden Sie z.B. in dem Buch *Big Data für IT-Entscheider* von Pavlo Baron (S. 40 ff.). Die neuen technischen Möglichkeiten haben zwischenzeitlich auch zur Entstehung ganz neuer Berufsbilder geführt. Eines davon ist der sogenannte *Data Scientist*, ein Spezialist, der neben Programmier- und Methodenkenntnissen über eine solide Wissensbasis in allen für Big-Data-Lösungen relevanten Fachgebieten (siehe Abschnitt 1.1.2, »Was Sie sonst noch für Big Data brauchen«) verfügt.

1.2.3 Erkennen, entscheiden und vor allem handeln!

Nicht nur wissen, sondern auch tun

Johann Wolfgang von Goethe hat vor knapp 200 Jahren eine der entscheidenden Einsichten in Sachen Business Intelligence Analytics formuliert:

> »Es ist nicht genug, zu wissen, man muss auch anwenden; es ist nicht genug, zu wollen, man muss auch tun.«
>
> (Wilhelm Meisters Wanderjahre, 1821/1829)

[◉] **Handeln ist entscheidend**

Big Data kann nützlich sein, wenn aus schnelleren Erkenntnissen schnellere Entscheidungen und vor allem schnelleres Handeln resultieren. Nur dieses schnellere Handeln (von Mitarbeitern, Lieferanten oder Kunden), und nicht die Erkenntnisse oder Entscheidungen, kann – muss aber nicht – Aktionärswert generieren.

Kaufentscheidung hervorrufen

Erfolgreiche Online-Händler leben davon, Muster im Kaufverhalten von Kunden zu erkennen und auf dieser Basis Empfehlungen zu generieren. Der iTunes Store gibt Ihnen auf Basis Ihrer Titel in der Rubrik »Hörer kauften auch« Musikempfehlungen. Bei Amazon gibt es für diesen Zweck – nicht nur für Bücher, sondern kreuz und quer durch alle Warenkategorien – gleich mehrere Empfehlungsarten (»Weitere Artikel für Sie«, »Wird oft zusammen gekauft« und »Kunden, die diesen Artikel gekauft haben, kauften auch«). So kann es sein, dass Ihnen mit dem Kauf des Tuning Kits für Ihren Golf GTI gleich auch noch der aktuelle Bußgeldkatalog angeboten wird. Nur: Wenn Kunden die Buchempfehlungen von Amazon immer ignorierten (weder zu neuen Wünschen noch zu Kaufentscheidungen kämen), wäre das alles vergebliche Liebesmüh.

Amazon könnte seinen Kunden Buchempfehlungen auch drei Wochen nach dem Kauf per Post zustellen, aber der Anreiz zu kaufen (sprich: zu handeln) ist wahrscheinlich deutlich höher, wenn die Empfehlungen gleich nach der Auswahl eines Titels (und noch vor Abschluss der Transaktion an der Kasse) erscheinen. Wenn die Kunden die Empfehlungen zur Kenntnis nähmen und auch zu der Entscheidung kämen, ein weiteres Buch zu kaufen, dies aber – vielleicht, weil nebenan das Baby schreit – dann doch nicht tun, hat die Funktion ihren Zweck verfehlt.

1.3   Wo entsteht der Nutzen von Big Data?

Neben der Frage, *wie* Big Data Aktionärswert generieren kann, stellt sich auch die Frage, *wo* denn dieser Nutzen möglicherweise entstehen kann. In Kapitel 3, »SAP-Branchen und -Geschäftsprozesse mit SAP HANA«, und den sich daran anschließenden Fallstudien werden wir hierauf im Detail eingehen. Wir möchten Ihnen aber schon jetzt – unabhängig von SAP HANA und ganz allgemein für Big Data – einen ersten Eindruck davon vermitteln, wo Sie sich auf die Suche nach Nutzenpotenzialen begeben könnten. Die Überlegungen hier sind als »Gaumenkitzler« gedacht: Sie sollen Ihren Appetit anregen und Ihre Neugierde im Hinblick auf weiterführende Gedanken wecken.

1.3.1   Echtzeit vs. Batch

Im Zusammenhang mit Big Data ist viel von *Echtzeit* oder *Fast-Echtzeit* die Rede. Aber die Vorteile von Big Data entstehen nicht nur dann, wenn Erkenntnisse unmittelbar zu Handlungen und Entschei-

Big Data kann auch im Batch von Nutzen sein

47

dungen führen sollen. Ein gutes Beispiel hierfür ist der Indizierungs- und Ranking-Prozess von Google. Der Benutzer erwartet zwar eine sofortige Antwort auf seine Suchanfrage, es ist ihm aber in der Regel gleichgültig, wenn die Erfassung von Websites und die Erstellung von Hitlisten über Nacht im Hintergrund ablaufen. Durch eine sinnvolle Trennung der Verarbeitung stellt Google zwar sicher, dass Nachrichten oder Tweets praktisch jederzeit aktuell sind, bei regulären Websites kann es aber durchaus einmal länger dauern, bis Änderungen auf der Website auch bei Google nachgezogen sind.

Warum braucht man dann bei Batch-Prozessen überhaupt Big Data? Nun, haben Sie schon einmal versucht, ohne typische Big-Data-Ansätze (bei Google wäre dies z.B. die Verteilung basierend auf dem MapReduce-Algorithmus) fünf Billionen URLs aus einer persistenten, relationalen Datenbank zu lesen, die Seiten zu besuchen, in eine Rangfolge zu bringen und dann Daten über diese fünf Billionen URLs in Ihre Datenbank zurückzuschreiben? Es gibt auch im Batch Anwendungen, die ohne Big Data praktisch nicht realisierbar wären.

Ein anderes Beispiel hierfür wäre das maschinelle Lernen. Wenn Apple die Spracherkennung von Siri auf der Basis erkannter Fehler verbessern will, kann das durchaus auch im Batch geschehen und eine Woche dauern. Ohne entsprechende Rechenkapazitäten, Ansätze (bei der Spracherkennung wäre das z.B. die Aufgliederung von Texten in N-Gramme) und Verfahren würden sich aber die Verarbeitungszeiten in der Größenordnung von Jahren bewegen, sprich: Die Anwendung wäre gar nicht implementierbar.

[◉] **Hohe Rechenleistungen**

Wir halten fest: Nutzenpotenziale für Big-Data-Lösungen finden sich dort, wo für Analysen hohe Rechenleistungen benötigt werden, unabhängig davon, ob es sich um Echtzeit-, Fast-Echtzeit- oder Batch-Prozesse handelt.

1.3.2 Existierende Geschäftsprozesse verbessern

Den meisten Unternehmen fallen – wenn es um Anwendungsgebiete für Big Data geht – natürlich erst einmal existierende Geschäftsprozesse ein. Existierende Geschäftsprozesse können Sie mit Big Data auf mindestens zwei Arten optimieren. Sie können Sie effizienter gestalten oder schnellere Reaktionszeiten implementieren.

Existierende Geschäftsprozesse effizienter machen

Oft sind allein schon neue Erkenntnisse zu existierenden Geschäftsprozessen bares Geld wert. Ein schönes Beispiel dafür gibt es bei der
Paketfirma UPS. Vor einigen Jahren hat UPS erkannt, dass (in den
USA, das heißt in einem Land mit Rechtsverkehr) nach links abzubie-
gen viel Zeit und Treibstoff kostet. Der Fahrer muss an der Kreuzung
auf den Gegenverkehr warten, und wenn das Auto nicht mit einer
Start-Stopp-Automatik ausgestattet ist, läuft währenddessen auch der
Motor. Mithilfe von Anpassungen an den Systemen für Navigation
und Routenplanung vermeiden UPS-Fahrzeuge schon seit etwa 2004
daher systematisch Wege, auf denen sie oft links abbiegen müssten.
Allein durch diese simple Maßnahme wurden nach Angaben des
Unternehmens bislang fast 40 Millionen Liter Treibstoff und 186
Jahre Wartezeit an Kreuzungen eingespart.

Mehr über Ihre Geschäftsprozesse wissen

Der Korrektheit halber sei darauf hingewiesen, dass UPS diese Einsichten schon 2004 gewonnen hat, also einige Jahre vor dem Aufkommen von Big-Data-Lösungen. Allerdings geht es hierbei um die
Analyse von Daten aus der Routenverfolgung von Fahrzeugen, was
wiederum heutzutage ein typischer Einsatzbereich für Big Data ist.

Fortschritte bei der Ortung von Personen und Objekten, in der Sensorik und in der mobilen Kommunikation führen dazu, dass uns
heute enorme Mengen an Zustandsdaten zur Verfügung stehen –
weit mehr als UPS vor zehn Jahren. Es liegt auf der Hand, dass sich
aus diesen Daten Erkenntnisse gewinnen lassen, die vor zehn Jahren
noch unzugänglich waren. Es hätte uns hierzu einerseits an den
Daten, andererseits aber vor allem auch an der Technik gefehlt, solche Datenmengen überhaupt auszuwerten – gleichgültig, ob nun in
Echtzeit oder im Batch.

Auf Basis der Zustandsdaten aus Ortung und Sensorik lassen sich
aber auch Optimierungsanwendungen denken, die nur in Echtzeit
funktionieren können. UPS liefert nicht nur Sendungen aus, sondern
holt auch Pakete bei seinen Kunden ab. Man könnte also zu jedem
beliebigen Zeitpunkt (anhand der Standorte aller Fahrzeuge, der Ver-
kehrssituation auf ihrer Route und den vom jeweiligen Fahrzeug
noch abzuliefernden Paketen) entscheiden, welcher Fahrer zur
Abholung zu welchem Kunden fahren sollte. Die Antwort auf diese
Frage wird aber schon zehn Minuten später anders lauten. Vielleicht
stehen einige Fahrzeuge jetzt im Stau, die vorher noch in Bewegung

Flexible Daten-auswertung

waren. Vielleicht sind neue Aufträge hinzugekommen oder ein Fahrer hatte einen Unfall.

Es liegt auf der Hand, dass sich hier erhebliche Nutzenpotenziale erschließen lassen. Und wenn es nicht sinnvoll ist, die Planung eines Fahrers mehrmals in einer Sekunde zu verändern, können Batch-Prozesse an dieser Stelle nicht weiterhelfen.

[◉] **Rechenleistungen und Verfahren nutzen**

Big-Data-Lösungen können (aufgrund ihrer Rechenleistung und der zugänglichen mathematischen Verfahren) helfen, Verbesserungspotenziale in existierenden Geschäftsprozessen aufzudecken – entweder durch Batch-Analysen oder durch eine Optimierung in (Fast-)Echtzeit.

Schneller reagieren in existierenden Geschäftsprozessen

Extrembeispiel Hochfrequenz-handel

Manchmal reicht es aber nicht aus, Einsichten durch Batch-Analysen zu gewinnen und mit einem gewissen Zeitverzug umzusetzen. Sicher haben Sie schon vom Hochfrequenzhandel an den Finanzmärkten gehört. Computeralgorithmen handeln Wertpapiere und wickeln Transaktionen in winzigen Sekundenbruchteilen ab. Im elektronischen Handelssystem der Deutschen Börse, Xetra, läuft bereits ungefähr die Hälfte des Handelsvolumens über Algorithmen ab.

Dabei sind die Verarbeitungsgeschwindigkeiten so hoch, dass für die beteiligten Unternehmen nicht nur Rechnerleistung eine Rolle spielt; auch die Entfernung zum Handelsplatz und die Art der Datenübertragung (Leitung oder Richtfunk beispielsweise) können »kriegsentscheidend« werden. Sie sind sogar so wichtig, dass Millionenbeträge in interkontinentale Kabel mit minimaler Länge oder in neue Funkstrecken investiert werden, nur um einige Milli- oder Mikrosekunden zu gewinnen. Entwickler in diesem Segment dürften deshalb auch für die Performancedaten gängiger Big-Data-Lösungen nur ein müdes Lächeln übrig haben.

Finanzmärkte betreffen alle Branchen

Aber auch wenn Ihr Geschäftsmodell nicht darauf basiert, mit Aktien, Anleihen oder Derivaten zu spekulieren: Kein international tätiges Unternehmen kann sich heutzutage vom Finanzmarkt abkoppeln. Wechselkurse, Rohstoffpreise und kurzfristige Zinsen können sich – nicht zuletzt aufgrund des Handels durch Maschinen – in kürzester Zeit deutlich ändern. Mit der Entscheidung der schweizerischen Nationalbank im September 2011, einen Minimalkurs von

1,20 Schweizer Franken (CHF) pro Euro (EUR) mit allen Mitteln durchzusetzen, ist beispielsweise der EUR:CHF-Wechselkurs sprunghaft um über 8 % gestiegen. Stellen Sie sich einmal vor, was das für ein in Deutschland ansässiges Unternehmen bedeuten kann, das primär in die Schweiz liefert und dessen Umsatzrendite nur 5 % beträgt. Natürlich können Sie solche politischen Entwicklungen (der Philosoph und Mathematiker Nassim Nicholas Taleb spricht in diesem Zusammenhang von »Schwarzen Schwänen«, wir gehen später noch auf diesen Begriff ein) auch mit SAP Predictive Analysis kaum prognostizieren. Aber die passende Big-Data-Lösung versetzt Sie vielleicht in die Lage, schneller deren Auswirkungen auf Ihr Geschäft abzuschätzen, unterschiedliche Strategien durchzurechnen und Verteidigungsmaßnahmen früher als Ihre Wettbewerber einzuleiten.

Etwas genauer betrachtet, betrifft das Thema Geschwindigkeit in Geschäftsprozessen eigentlich zwei unterschiedliche Aspekte, und zwar einerseits *Antwortzeiten* und andererseits *Liegezeiten*. Unter der Antwortzeit verstehen wir hier die Zeit, die in Online-Geschäftsprozessen zwischen einem Ereignis (z.B. einem neuen Wechselkurs oder dem Drücken der Enter-Taste) und der Reaktion des Systems hierauf (z.B. dem Auslösen von Devisenkauf- oder -verkaufsaufträgen oder der Anzeige eines Berichts auf dem Bildschirm) verstreicht. Wie im Wechselkursbeispiel geschildert, kann die Verkürzung dieser Zeit um einige Sekundenbruchteile viel Geld wert sein. Und auch wenn es nur um die Benutzerfreundlichkeit geht, führen (wahrnehmbar) kürzere Antwortzeiten meist zu einer höheren Akzeptanz der Software.

Antwortzeiten verkürzen

Bei Liegezeiten handelt es sich um ein anderes Problem. Wenn der Aufruf einer komplexen Auswertung Stunden dauert, wird der Anwender nicht gebannt auf den Bildschirm starren und auf das Ergebnis warten. Der Report wird dann entweder als Hintergrundprozess gestartet, oder der Anwender öffnet alle paar Stunden das Fenster mit der Query und schaut nach, ob sich etwas getan hat. In der Zwischenzeit widmet er sich anderen Aufgaben. Beides führt dazu, dass das Ergebnis (wenn es denn endlich vorliegt) nicht sofort wahrgenommen und in Entscheidungen oder Handlungen umgesetzt wird, sondern zunächst einmal eine Weile – im Extremfall vielleicht mehrere Tage – liegen bleibt. Diese Zeitdauer zwischen der Antwort des Systems und der Wahrnehmung/Reaktion durch den Anwender nennen wir darum Liegezeit.

Liegezeiten eliminieren

Wenn es zu Liegezeiten kommt, wird der zugehörige Geschäftsprozess oft so gestaltet, dass alle Abläufe die technische Einschränkung im Zentrum berücksichtigen. Der Prozess basiert dann nicht mehr auf einem sinnvollen Geschäftsprozessdesign, sondern degeneriert zur »Flickschusterei«. Big Data kann helfen, die Antwortzeiten in solchen Fällen so drastisch zu verkürzen, dass solche Liegezeiten komplett entfallen.

[◉]
Schnell auf unerwartete Entwicklungen reagieren

(Fast-)Echtzeitlösungen mit Big Data können Ihnen helfen, Risiken in Ihren Geschäftsprozessen früher zu erkennen, besser informiert und fundierter auf unerwartete Entwicklungen zu reagieren, Gegenmaßnahmen schneller zu ergreifen und Chancen rascher zu nutzen.

1.3.3 Neue Geschäftsprozesse implementieren

Spannender (und möglicherweise auch lohnender) als die Verbesserung historisch gewachsener Geschäftsprozesse ist natürlich die Entwicklung völlig neuer Geschäftsprozesse oder sogar Geschäftsmodelle, die ohne Big-Data-Lösungen gar nicht möglich wären. Hierbei geht es so gut wie immer um Echtzeit- oder Fast-Echtzeitlösungen, die neuen Kundennutzen bieten und eventuell sogar neue Märkte schaffen.

Kunden individuell bedienen

Maßgeschneiderte Massenprodukte

Effizientere Produktionsprozesse und neuere Herstellertechnologien, wie z.B. die sogenannten *3-D-Drucker* – Geräte, die auf Basis von CAD-Daten Werkstücke schichtweise aufbauen, also gleichsam »drucken« können –, ermöglichen es, Kundenwünsche wesentlich individueller als jemals zuvor zu bedienen. Kleine und mittlere Unternehmen haben als erste den Trend zur *kundenindividuellen Massenproduktion* aufgegriffen, und so gibt es jetzt im Internet das persönliche Müsli (*http://www.mymuesli.com/*) und die individuelle Schokolade (*http://www.myswisschocolate.ch/*).

Mehr Optionen, mehr Planungsaufwand

Das Problem ist nur: Je mehr konfigurierbare Varianten eines Produkts existieren und je kürzer die Herstellzyklen werden, umso komplexer werden Produktions- und Bedarfsplanung im Werk. Es ist kein Zufall, dass SAP gerade bei SAP Advanced Planning and Optimization (APO) zum ersten Mal produktiv mit der Bereitstellung großer

Datenmengen im Hauptspeicher (SAP-liveCache-Technologie) gearbeitet hat – die Optimierung der Kapazitätsplanung ist selbst bei langen Lieferzeiten und stark standardisierten Produkten sehr anspruchsvoll. Die Anzahl möglicher Produktionsszenarien und Beschaffungsoptionen steigt exponentiell mit der Anzahl der konfigurierbaren Merkmale. Und wenn Kunden dann noch erwarten, dass ihr eigenes Produkt innerhalb kürzester Zeit verfügbar ist, haben wir es mit einem ähnlichen Szenario zu tun wie bei der bereits beschriebenen Routenoptimierung für die Abholung von Paketen.

Maßgefertigte Produkte sind nichts Neues. Wer es sich leisten konnte, ließ sich im alten Rom seine Toga oder später in der Londoner Saville Row Hemden, Anzüge oder Schuhe auf den Leib schneidern – oder den neu gekauften Airbus zum fliegenden Palast umbauen. Und auch weniger betuchte Kunden haben sich daran gewöhnt, ihre Autos oder PCs (innerhalb gewisser Grenzen) individuell zu konfigurieren. In einer Welt, in der einerseits alles immer ähnlicher und austauschbarer wird, entwickelt sich offenbar andererseits ein immer stärkeres Bedürfnis, sich selbst von der Masse abzuheben, sei es durch den Fuchsschwanz an der Antenne, den Zopf des weißhaarigen Modedesigners oder durch gigantische Piercings zur Dehnung der Ohrläppchen. Neu ist nur die Möglichkeit, dass dieses Kundenbedürfnis jetzt – dank Big Data in der Echtzeitoptimierung – von den Anbietern wesentlich kosteneffizienter befriedigt werden kann. Und wenn dann noch globale Beschaffungsketten im Internet für den Endkunden direkt zugänglich werden, wird das maßgeschneiderte Hemd aus Hongkong für jedermann erschwinglich (*http://www.shirtsmyway.com/*).

Selbst wenn es weder um neue Produkte noch um neue Kundenschichten geht, kann Big Data dazu beitragen, Kundenerfahrungen radikal zu verändern. Der Boom von Selbstbedienungsprozessen bei der Bahn oder bei Fluglinien (Reiseauskunft, Ticketkauf, Check-in) hat zwar beim Dienstleister zu Kostensenkungen geführt, letztendlich aber diese Kosten in Form von Zeitaufwand und Frustration nur »externalisiert«, das heißt auf die Kunden abgewälzt (was diesen allmählich auch bewusst wird). Stellen Sie sich doch einmal vor, Sie müssten sich beim Kauf einer Bahnfahrkarte nicht mit schlecht programmierten Benutzerschnittstellen am Automaten, mit unübersichtlichen Websites, endlosen Warteschleifen am Telefon oder langen Schlangen am Schalter auseinandersetzen, sondern könnten

Benutzerschnittstellen revolutionieren

einfach Ihr Smartphone beauftragen, das für Sie zu erledigen. Wären Sie nicht auch bereit, Ihrem Mobilfunkanbieter für einen solchen Service einen geringfügig höheren Tarif zu zahlen?

[◉] **Potenzial für bessere Produkte**

Die Beispiele zeigen: Big Data kann dabei helfen, neue Produkte anzubieten, mit bereits existierenden Produkten neue Kundenschichten zu erschließen oder bestehende Kunden besser zu bedienen.

Kundenverhalten erfassen, verstehen, prognostizieren und steuern

Mehr Daten über Kunden als je zuvor

Klassische Unternehmenslösungen wie SAP ERP erfassen mehr oder weniger Daten über das Verhalten Ihrer Kunden. Wann hat wer was bestellt? Hat der Kunde rechtzeitig gezahlt? Gibt es eine kundenseitige Reklamation? Schon seit einigen Jahrzehnten haben Sie die Möglichkeit, diese Daten in Echtzeit (von kleinen Verzögerungen im Verbucher einmal abgesehen) zu berichten. Nicht umsonst stand das »R« in SAP R/3 für Realtime also für Echtzeit. Im Lauf der Jahre hat die Bandbreite der gesammelten Daten immer weiter zugenommen. Im Customer Relationship Management (SAP-seitig z.B. abgedeckt durch SAP CRM Sales) schaut man nicht nur auf den Kauf- und Lieferprozess, sondern auch auf vorgelagerte Aktivitäten. Und mit dem Hinzukommen neuer Datenkanäle (Internet plus Analyse-Tools wie Google Analytics, Ortungsdaten von Smartphones, Daten von RFID-Transpondern oder Sensoren, Laufwegeverfolgung mit Kameras etc.) ist das Volumen der theoretisch auswertbaren Daten ins Unermessliche gewachsen.

SAP-ERP-Lösungen oder Erweiterungen zu diesen können solche Daten sammeln, aggregieren und berichten, stellen aber in der Regel keine Werkzeuge für deren Analyse bereit. Wenn es darum geht, das Kundenverhalten im weitesten Sinn nicht nur zu erfassen, sondern auch zu analysieren und zu verstehen, ist man auf andere Produkte (in der Regel Data Warehouses und dafür konzipierte Analysesoftware) angewiesen. Im Regelfall werden Daten aus dem ERP-System periodisch im Batch an ein Data Warehouse (z.B. SAP BW) übertragen und dort dann »in der Rückschau« ausgewertet. Das heißt, man weiß im besten Fall, wie sich Kunden in der Vergangenheit (z.B. in den letzten vier Wochen oder zwölf Monaten) verhalten haben, nicht aber, wie diese sich zukünftig verhalten werden.

Nun stellen diverse Data Warehouses Ihnen auch einfache Prognose-funktionen zur Verfügung (bei SAP die Planungsfunktion Prognose innerhalb von BW-IP). Abgesehen davon, dass diese nur sehr grund-legende Modelle (wie z.B. eine lineare Regression) anbieten, arbei-ten sie auch immer unter der Prämisse, dass sich das Verhalten Ihrer Kunden aus den alten Daten in die Zukunft fortschreiben lässt. Das wird aber – wie das Grillsaucen-Beispiel zeigt – nur dann funktionie-ren, wenn Ihre Mitbewerber eher verschlafen sind und nicht versu-chen, Ihnen durch spontane Aktionen das Wasser abzugraben. In puncto Prognosen stehen Sie heute vor zwei Herausforderungen:

Prognose in klassischen Data Warehouses

- ▸ Wettbewerbsvorteile können Sie heute nur generieren, wenn Ihre Prognosemodelle zu Einsichten führen, die über das hinausgehen, was ein BWL-Student im ersten Semester nach dem Statistikgrund-kurs auch mit dem Taschenrechner schaffen würde.

- ▸ Sie müssen darauf gefasst sein, dass Modelle, die über Jahre per-fekt funktionierten, von heute auf morgen obsolet sind, und die Muster, denen Ihre Kunden folgen, sich blitzschnell verändern können.

Mit Big Data können Sie in Sachen Kundenverhalten sogar noch einen Schritt weiter gehen. Weil Sie Reaktionen von Kunden sehr zeitnah analysieren können, können Sie auch feststellen, wie Kun-den auf welche Maßnahmen reagieren. So könnten Sie als Fluggesell-schaft beispielsweise 1 % der Besucher Ihrer Website um 10 % höhere Tarife anbieten und messen, ob und wie stark hierdurch die Nachfrage sinkt. Sie müssen folglich die Preiselastizität der Nach-frage nicht mehr mit verqueren ökonomischen Theorien schätzen oder von hoch bezahlten externen Dienstleistern schätzen lassen, sondern können diese experimentell ermitteln und – wenn Sie möchten – sofort in Ihre Preisbildung einfließen lassen.

Nicht studieren, ausprobieren!

Neue Möglichkeiten der Kundeninteraktion

Mit Big Data können Sie die Interaktion mit Ihren Kunden radikal verän-dern. Anstatt Ihren Kunden etwas anzubieten, dann darauf zu warten, wie diese reagieren und hinterher zu versuchen, die Reaktion irgendwie zu interpretieren, können Sie in einen Echtzeitdialog mit Externen (Kunden, Mitarbeitern, Lieferanten) treten und deren Verhalten zeitnah, zukunfts-gerichtet und wesentlich zielgenauer in die von Ihnen gewünschte Rich-tung lenken.

1.4   Wie aus Nutzen Aktionärswert wird

Nutzen allein reicht nicht

Sie wissen nun, wofür Big Data steht und wie bzw. an welcher Stelle der Nutzen von Big-Data-Lösungen entsteht. Außerdem haben Sie einige Schlüsselfaktoren kennengelernt, die bestimmen, ob sich ein Nutzenpotenzial realisieren lässt oder nicht. Allerdings fragen Sie sich vielleicht mit Recht, ob die Erwähnung von Nutzenpotenzialen allein ausreicht, um höherrangige Führungskräfte für eine Big-Data-Lösung zu gewinnen. Unsere Erfahrung lehrt uns, dass Sie in den meisten Organisationen schon noch etwas konkreter werden müssen, damit größere Implementierungsprojekte genehmigt werden.

Nutzen bewerten

In Abschnitt 1.5, »Business Cases bewerten«, gehen wir noch ein wenig genauer darauf ein, wie Business Cases in einer professionellen Umgebung bewertet werden sollten. Einer der wichtigsten Bausteine in diesem Zusammenhang ist das Wertversprechen des Business Cases. Ein solches Wertversprechen basiert normalerweise auf dem Aktionärswert (*Shareholder Value*) des Business Cases, deshalb werden wir uns in diesem Abschnitt diesen Begriff etwas genauer anschauen und überlegen, wie Sie mit Big Data Aktionärswert schaffen können. Das Schlagwort Shareholder Value kennen Sie sicher aus Nachrichten und kritischen Hintergrundberichten über Finanzheuschrecken. Politik und Weltanschauung aber außen vor gelassen, steckt hinter der Idee des »Aktionärswerts« ein spannendes Gedankengebäude.

Wenn Sie dieses Buch als Mitarbeiter einer betriebswirtschaftlichen Fachabteilung oder mit einem betriebswirtschaftlichen Hintergrund lesen, sind Ihnen Konzepte wie »Aktionärswert« oder »Werttreiber« längst vertraut. Diesen Abschnitt können Sie dann beim Lesen einfach überspringen. Unsere Überlegungen zum Aktionärswert richten sich primär an Leser, deren Ausbildung oder Erfahrungen nicht in erster Linie kaufmännisch bzw. ökonomisch geprägt sind, z.B. an IT-Experten, Naturwissenschaftler oder Ingenieure.

Aber auch wenn Sie wissen, was Werttreiber sind und welche Bedeutung diese für den Aktionärswert haben, möchten Sie eventuell Ihr Wissen auffrischen, und vielleicht finden Sie in diesem Abschnitt auch die eine oder andere neue Anregung. Haben Sie schon einmal darüber nachgedacht, warum Finanzmärkte auf vieles euphorisch reagieren, was dem Unternehmen längerfristig sogar schadet? Ein Grund hierfür (auf den wir in diesem Abschnitt noch eingehen werden): Beim Aktionärswert kommt es nicht auf den letztendlichen finanziellen Nutzen einer Maßnahme an. Was zählt, ist allein die aktuelle Wahrnehmung der Anteilseigner.

1.4.1 Konzept »Aktionärswert«

In der klassischen ökonomischen Theorie existiert ein Unternehmen nur, um Geld für seine Anteilseigner zu verdienen. Dieses Geld findet auf zwei Arten seinen Weg in die Taschen der Anteilseigner – in Form höherer Aktienkurse oder als Dividenden. Ergo sollte ein Projekt *nur dann* angegangen werden, wenn es (jetzt oder in der Zukunft) zu höheren Aktienkursen oder zu höheren Dividenden führt, wenn es also Aktionärswert generiert (siehe *http://de.wikipedia.org/wiki/Shareholder_Value*). Ebenso sollte *jedes* Projekt, das Aktionärswert erzeugt, auch durchgeführt werden; Beschränkungen hinsichtlich finanzieller und anderer Ressourcen spielen in diesem Ansatz keine Rolle. Vereinfacht ausgedrückt, könnte das Unternehmen für finanziell sinnvolle Projekte jederzeit Geld aufnehmen und diese Mittel dann verwenden, um die Ressourcen zu beschaffen, die für die Durchführung des Projekts erforderlich sind.

Im Mittelpunkt steht der Anteilseigner

Aktionärswert (Shareholder Value)

[«]

Für ein börsennotiertes Unternehmen ist der Aktionärswert genau das, was der Begriff besagt: die Bewertung der Anteile durch die Anteilseigner, das heißt der aufsummierte Marktwert aller Anteile oder die Erhöhung dieses Marktwertes um einen bestimmten Betrag.

Bei nicht börsennotierten Unternehmen kann auf ein ähnliches Konzept zurückgegriffen werden; der einzige Unterschied liegt darin, dass es keinen »Markt« gibt, auf dem die Anteile bewertet werden. Stattdessen wäre der Aktionärswert dann die Summe aller Mittel, die den Anteilseignern in Form von Renditen, Dividenden oder sonstigen Vermögenszuwächsen (insgesamt oder durch Ihr Projekt) zufließen/zufließen werden.

In beiden Fällen spielen die *Wahrnehmung* und die *Erwartungen* der Anleger eine wichtige Rolle. Niemand weiß, welchen Wert die Anteile eines börsennotierten Unternehmens morgen haben werden oder welche Dividenden es in der Zukunft ausschütten wird. Anleger sind – ebenso wie die meisten von uns – nicht allwissend. Sie treffen ihre Entscheidungen auf Basis ihrer subjektiven Wahrnehmung, ihrer sich daraus ergebenden Erwartungen und ihrer persönlichen

Wahrnehmung und die Erwartungen der Anleger

Vorlieben. Bei nicht börsennotierten Unternehmen kommt erschwerend hinzu, dass kein transparenter Markt existiert. Einzelne Anleger haben keinen publizierten Marktwert, den sie als Bezugsgröße für ihre persönlichen Einschätzungen verwenden könnten.

Leistungs-
kennzahlen

Für Regierungsstellen oder nicht gewinnorientierte Organisationen kann der Aktionärswert durch den politischen oder sozialen Wertbeitrag, den diese für eine Gemeinschaft erbringen, oder durch ihren Erfolg bei der Erreichung vorgegebener Ziele ersetzt werden. Dazu muss lediglich der Begriff *Werttreiber* (siehe Abschnitt 1.4.2) gegen den Begriff *Leistungskennzahl* ausgetauscht werden (auf *http://en. wikipedia.org/wiki/Performance_indicator#Government* finden sich einige Beispiele). Solche Key Performance Indicators (KPIs) haben oft keinen Bezug zu finanziellen Zielen. Deshalb fällt es meist schwerer zu beurteilen, ob ein Aufwand x für eine Verbesserung von y bei einem KPI eher gerechtfertigt ist als in einem kommerziellen Umfeld. Die Entscheidung beispielsweise, ob eine Reduktion der Zahl der Schulabbrecher oder minderjährigen Mütter um 10 % zehn Millionen Dollar wert ist, ist eine rein politische Angelegenheit.

Trotzdem sind die einzusetzenden Werkzeuge ähnlich. Wir bitten Sie daher, immer dann, wenn wir von Aktionärswert sprechen, gedanklich den Begriff »politischer oder sozialer Wertbeitrag« hinzuzufügen. Und jedes Mal, wenn wir von Werttreibern sprechen, denken Sie einfach auch an »Leistungskennzahlen in einer nicht gewinnorientierten Umgebung« oder vielleicht sogar an den Teilhaberwert (*Stakeholder Value*), sofern in Ihrem spezifischen Umfeld anwendbar und messbar. Und wenn wir »Unternehmen« oder »Firma« sagen, soll dies auch Regierungsstellen oder nicht gewinnorientierte Organisationen umfassen.

Zweischneidiges
Schwert

Manch einer mag einwenden, dass der Aktionärswert ein viel zu enges Konzept für die Messung menschlichen Glücks ist (ebenso wie das Bruttoinlandsprodukt (BIP) für eine Volkswirtschaft als Ganzes). Stattdessen sollten nicht nur Regierungsorganisationen, sondern auch Unternehmen, die auf einer kommerziellen Basis arbeiten, das Wohl aller Beteiligten und nicht nur ihrer Anteilseigner in Betracht ziehen. Es wird auch behauptet, dass die Kurzsichtigkeit des Aktionärswerts mitverantwortlich für das maßlose Eingehen von Risiken und damit für viele der jüngsten Finanzkrisen verantwortlich war. Tatsächlich: Geld zu sparen und sich bei der Abwasserreinigung auf die gesetzlichen Minimalforderungen im Umweltschutz zu beschränken (oder durch Lobbying an der Heraufsetzung von Grenzwerten zu arbeiten) kann zu höheren Dividenden führen und gleichzeitig die lokale Bevölkerung ihrer Hauptquelle für Trinkwasser berauben.

Trotzdem ist der Aktionärswert immer noch das wichtigste Kriterium bei der Bewertung von Projekten oder Investitionsoptionen im geschäftlichen Bereich. In vielen Gesetzgebungen ist die Unternehmensführung sogar verpflichtet, sich auf die Interessen der Anteilseigner zu konzentrieren. Ein in Frankfurt stationierter CEO, der sich entschließt, einige Hundert Millionen zu investieren, um die Interessen ortsansässiger Farmer und Fischer in Nigeria zu schützen, findet vielleicht schon bald heraus, dass er sich hierbei auf einem schmalen Grat zwischen verantwortungsvollem Verhalten und einer fünfjährigen Gefängnisstrafe nach § 266 (»Untreue«) des deutschen Strafgesetzbuches bewegt. Für dieses Buch nehmen wir daher einfach an, dass alles, was Aktionärswert schafft, gut, und alles, was diesen reduziert, schlecht sei. Die ethische Diskussion über das Konzept des Aktionärswerts sollte (ebenso wie diejenige hinsichtlich der moralischen Aspekte von Big Data) dort stattfinden, wo sie hingehört: in die breitere Öffentlichkeit und in politische Foren.

Trotzdem hohe Verbreitung

1.4.2 Werttreiber

Aber wie um alles in der Welt sollen Sie (im Voraus!) wissen, ob irgendeine Aktivität den Aktienkurs oder die Dividenden eines Unternehmens jetzt oder in der Zukunft raketenhaft ansteigen oder ins Bodenlose fallen lässt? Und woher wissen Sie, wie sich Aktienkurs und Dividenden ohne Ihr Projekt entwickeln würden?

Was schafft Aktionärswert?

Nun, die Wahrheit ist: Sie wissen nichts von alldem. Was Sie allerdings trotz dieser Unwissenheit tun können, ist nach Faktoren oder Parametern (sogenannten Werttreibern) Ausschau zu halten, die zum einen leichter vorherzusagen oder zu beeinflussen sind als der Aktionärswert und für deren Einfluss auf den Aktionärswert Ihnen zum anderen statistische Belege vorliegen (z. B. Korrelationen).

> **Korrelation**
>
> Der Begriff *Korrelation* bezeichnet eine Wechselbeziehung zwischen zwei Größen. Eine Korrelation zwischen Merkmalen oder Parametern besteht, wenn diese in irgendeiner Weise voneinander »abhängig« sind. Dabei ist

[«]

es unerheblich, welcher Art diese Abhängigkeit ist oder ob wir irgendetwas über die Hintergründe der Wechselbeziehung wissen. Es spielt also z. B. keine Rolle, ob eine Kausalbeziehung zwischen den Parametern besteht.

Ein gutes Beispiel für Korrelationen mit unklarer Wirkungsweise sind Bauernregeln. Jahrhundertealte, kalendergebundene Klimaregeln sind bei der Prognose längerfristiger Wettertrends erstaunlich treffsicher; trotzdem bleiben die ursächlichen Zusammenhänge zwischen den Beobachtungen der Landbevölkerung und nachfolgenden Wetterphänomenen oft rätselhaft. Nur in wenigen Fällen (z. B. beim Tierverhalten: »Wenn die Schwalben niedrig fliegen, werden wir bald Regen bekommen.«) ist der Wissenschaft klar, was es damit auf sich hat.

Keine Ursache-Wirkungs-Beziehung Die Tatsache, dass es eine (hohe) Korrelation z. B. zwischen einem Werttreiber und dem Aktionärswert gibt, sagt nichts über irgendeine Art von Ursache-Wirkungs-Beziehung zwischen den beiden aus.

[zB] | **»Ungewöhnlicher« Werttreiber**

So könnte beispielsweise eine starke Korrelation zwischen der Körpergröße Ihres CEOs und dem Aktienkurs Ihres Unternehmens bestehen. Wenn dem so wäre, ist es überflüssig, darüber nachzudenken, *warum* dem so ist. Sie würden einfach nur Ihre Vorstandsmitglieder unter früheren Spielern der LA Lakers rekrutieren, sich einzig und allein auf die Größe konzentrieren und sich keine Gedanken zu überflüssigem Schnickschnack wie akademischen Titeln oder Berufserfahrung machen.

Sie müssten sich allerdings sicher sein, dass eine solche Beziehung besteht, selbst wenn diese allein auf unbewussten Verhaltensmustern Ihrer (vorwiegend weiblichen) Anteilseigner beruht. Denken Sie daran, dass es da draußen auch statistische Trugbilder wie beispielsweise Scheinkorrelationen gibt! Und behalten Sie im Hinterkopf, dass Ihre Anteilseigner vielleicht eindrucksvolle CEOs mögen, aber gleichzeitig auch keine Strohköpfe in Ihrem Vorstand sehen möchten (in diesem Fall hätten Sie es mit zwei separaten Werttreibern zu tun, die möglicherweise gegenläufig sind).

Während also der Aktionärswert Ihr Ziel darstellt, sind Werttreiber operationale Parameter, die Ihnen – wie ein Kompass – helfen, sich in die richtige Richtung (das heißt auf Ihr Ziel zu) zu bewegen. Diese Betrachtungsweise ist ein wenig allgemeiner als das klassische Konzept des Börsenwerts; sie lässt sich daher ebenso gut auf Regierungsorganisationen anwenden, bei denen sowohl Werttreiber als auch Ziele interne Parameter ohne Bezug zu finanziellen Größen sind.

Ein einfaches Beispiel mag Ihnen vielleicht dabei helfen, die Vielseitigkeit dieses Konzepts zu verstehen. Nehmen Sie einmal an, Sie hätten ein persönliches Ziel – wie z. B. einen niedrigeren Blutdruck. Die meisten von uns können ihren Blutdruck nicht mit reiner Willenskraft steuern. Eine Senkung Ihres Blutdrucks kann daher nur indirekt erreicht werden, indem Sie Ihren Salzkonsum verringern, jeden Morgen einen strammen Spaziergang unternehmen, daran denken, Ihre Betablocker einzunehmen oder morgens zwei Esslöffel Leinsamen über Ihren Joghurt streuen (sehr empfehlenswert, sofern dies Ihrem Geschmack entspricht). Wenn also die Senkung Ihres Blutdrucks zu einer Erhöhung Ihres Aktionärswerts führt (in diesem Fall wären Sie selbst der einzige »Aktionär«), könnten Sie mit den folgenden Werttreibern arbeiten:

Werttreiber großzügig interpretiert

- die Menge an (sichtbarem und verstecktem) Salz, die sie täglich zu sich nehmen
- die Anzahl von Trainingseinheiten pro Tag
- ob Sie täglich Ihre Dosis an Medikamenten eingenommen haben
- die Menge an Leinsamen, die Sie mit Ihrem Joghurt gegessen haben

Vielleicht ist Ihnen aufgefallen, dass wir in diesem Beispiel unterschiedliche Arten von Werttreibern verwendet haben. Die Trainingseinheiten sind etwas, das messbar ist, und wir nehmen an, mehr seien besser als weniger. Mit den Medikamenten führen wir stattdessen eine Art »binären« (oder *dichotomen*) Werttreiber ein, der einen der zwei Werte »ja« oder »nein« annimmt, denn wahrscheinlich ist es keine gute Idee, Ihre tägliche Dosis ohne Konsultation Ihres Arztes zu verändern. Diese unterschiedlichen Arten von Werttreibern (oder sogenannten *Skalenniveaus*) werden wir in Abschnitt 1.4.3, »Wie Sie Werttreiber identifizieren«, noch genauer erklären.

Werttreiber erscheinen in vielerlei Formen

Wie im Beispiel mit der Körpergröße Ihres CEOs muss der Ursache-Wirkungs-Zusammenhang zwischen Werttreiber und Aktionärswert nicht unbedingt erkennbar sein. Bei den Blutdrucktabletten, die Sie einnehmen, könnte es sich um Placebos handeln, was es sehr erschweren würde, die zugrunde liegende Ursache-Wirkungs-Beziehung zu entdecken oder zu verstehen. Trotzdem könnte deren Einnahme ein gültiger Werttreiber sein, solange es zwischen Einnahme und Blutdruck eine nachweisbar (hohe) Korrelation gibt. Manche Werttreiber sind materiell, andere sind immateriell, aber alle sind entweder subjektiv oder objektiv beobachtbar (wenn auch nicht immer messbar).

Andere betriebswirtschaftliche Konzepte (wie z. B. die *Prozesskostenrechnung*) verwenden Parameter mit ähnlichen Bezeichnungen (wie z. B. *Kostentreiber*), die – auf den ersten Blick – gewisse Gemeinsamkeiten mit Werttreibern aufweisen. Daher ist es wichtig, den Unterschied zwischen Kostentreibern und (kostenbezogenen) Werttreibern zu verstehen. Kosten straff zu überwachen führt nicht immer zu einer Erhöhung des Aktionärswerts; Werttreiber dagegen (vorausgesetzt, Sie arbeiten mit den richtigen und haben keine übersehen) wirken direkt auf den Aktionärswert. Wir haben einmal für einen Hersteller von IT-Hardware gearbeitet; die Firma befand sich auf dem absteigenden Ast und konzentrierte sich so sehr auf Kostentreiber, dass die Anzahl der Mitarbeiter im Rechnungswesen, die mit der Kostenüberwachung befasst waren, größer wurde als der Personalbestand im Vertriebsinnen- und -außendienst. Das Unternehmen existiert nicht mehr.

Daher schauen wir bei der Bewertung der Business Cases in diesem Buch primär auf Werttreiber und nicht nur auf Umsätze oder Kosten. Obwohl einige Werttreiber natürlich einen Bezug zu Kosten und damit zu Kostentreibern aufweisen, ist das Konzept des Aktionärswerts und der Werttreiber doch tendenziell ganzheitlicher als eine ausschließliche Fokussierung auf Kosten; hohe Kosten ohne einen entsprechenden Gegenwert können den Aktionärswert auch verringern.

Natürlich sind Werttreiber sehr organisationsspezifisch. Für Sie geht es darum, diejenigen zu identifizieren, die in Ihrem Umfeld wichtig sind. Wir versuchen unser Bestes, Ihnen durch einige allgemeingültige oder fallspezifische Beispiele Anregungen dafür zu bieten, wonach Sie suchen müssen. Als Ergänzung zu diesem Buch stellen wir Ihnen auf *www.sap-press.de* ein Beispiel für eine Werttreiberdatenbank zur Verfügung. Sie können diese Datenbank verwenden, um Ihre eigene Kreativität anzuregen oder sie Ihren Bedürfnissen entsprechend anzupassen.

Abgrenzung zu Kostentreibern

Werttreiber sind branchen-/ firmenspezifisch

Wie Sie sich vorstellen können, haben viele Projekte nicht nur positive Auswirkungen auf den Aktionärswert. Die meisten geschäftlichen Unternehmungen haben einen Preis. Ein Projekt kann zu einer Verringerung Ihrer flüssigen Mittel führen, Ihren Verschuldungsgrad erhöhen oder Ihren Ruf schädigen, zu Personalabgängen führen etc. Am Ende liegt es bei der Unternehmensführung, zu beurteilen, ob die positiven oder negativen Effekte überwiegen und welche Auswirkungen sich per Saldo für den Aktionärswert ergeben werden. Eine solche Analyse kann sich auf einfache statistische Werkzeuge (beispielsweise *multiple lineare Regression*) oder hochkomplexe Modelle und Simulationen stützen (z. B. unter Einsatz von SAP Enterprise Performance Management (EPM) bzw. Business Planning and Consolidation (BPC)). Gelegentlich ist es auch gar nicht möglich, Zahlen für Werttreiber in Geldbeträge zu übersetzen. In diesem Fall muss das Management positive und negative Effekte gegeneinander abwägen, ohne dass ein saldierter Effekt auf den Aktionärswert berechnet werden könnte.

Positive und negative Effekte

1.4.3   Wie Sie Werttreiber identifizieren

Obwohl Werttreiber sehr organisationsspezifisch sind, können wir Ihnen einige Anhaltspunkte dafür nennen, wie Sie einen Werttreiber erkennen, wenn er Ihnen über den Weg läuft. Grundsätzlich gibt es eine Vielzahl von Faktoren, die einen Einfluss auf den Aktionärswert haben könnten. Es gibt allerdings einige Faustregeln oder Merkmale, die Ihnen dabei helfen können, die Spreu vom Weizen zu trennen. Für nicht börsennotierte oder gewinnorientierte Organisationen gelten diese Überlegungen größtenteils analog.

Faustregeln für Werttreibersuche

▸ **Längerfristig messbar**
Sie sollten als Werttreiber nur Parameter in Betracht ziehen, die mehr oder weniger durchgängig beobachtet oder gemessen werden können. Wenn ein Faktor nicht durchgängig beobachtet werden kann, können Sie unmöglich wissen, ob er sich bei einer Veränderung des Aktionärswerts ebenfalls verändert hat.

▸ **Skalierbar oder dichotom**
Werttreiber müssen nicht notwendigerweise auf einer *Verhältnisskala* gemessen werden können. Auch *ordinale* Merkmale kommen in Betracht, und selbst für einfache, dichotome (»0/1« oder »ja/nein«) Werttreiber gibt es statistische Instrumente, wie z. B. die *punktbiseriale Korrelation*.

Erinnern Sie sich in puncto dichotome Werttreiber einfach an das Beispiel zum Blutdruck; die Frage, ob Sie Ihre Tabletten eingenommen haben oder nicht, wäre ein dichotomer Werttreiber.

▶ **Intern und extern zugänglich**

Werttreiber sind normalerweise Parameter, die für Personen innerhalb und außerhalb der Organisation zugänglich sind. Wenn nicht zufällig ein Großteil der Anteilseigner auch Insider sind, kann man sich kaum vorstellen, dass Faktoren, die den Marktteilnehmern nicht zugänglich sind, die Preisbildung am Markt beeinflussen. Umgekehrt bedeutet das aber nicht, dass sich die Akteure am Markt der Faktoren bewusst sein müssen, die ihr Verhalten steuern (denken Sie an unsere Bemerkung zu Placebos).

Eine Ausnahme von der Regel, dass Werttreiber auch für Außenseiter sichtbar sein sollten, bilden Parameter, die zwar den Anteilseignern nicht zugänglich sind, trotzdem aber Auswirkungen auf andere, sichtbare Faktoren haben. Die Anteilseigner haben vielleicht keine Ahnung, wie hoch die Raumtemperatur im Bürogebäude einer Organisation ist; trotzdem könnte die Klimatisierung Auswirkungen auf die Mitarbeiterfluktuation und diese dann wiederum auf den Aktionärswert haben.

Der nächste Punkt erklärt, warum – in diesem speziellen Beispiel – die Raumtemperatur dennoch einen besseren Werttreiber abgeben könnte als die Anzahl der Mitarbeitenden, die das Unternehmen verlassen.

▶ **Subjektiv wirksam**

Werttreiber müssen nicht wirklich den Wert eines Unternehmens erhöhen. Es reicht aus, wenn sie als ein Faktor für die Erhöhung des Aktionärswerts *wahrgenommen* werden (was Wasser auf die Mühlen derjenigen ist, die den Aktionärswert als kurzsichtig und oberflächlich kritisieren).

▶ **Steuerbar**

Wenn Sie nach Werttreibern Ausschau halten, sollten Sie nach Faktoren suchen, die Sie selbst in der Hand haben und steuern können. Eine Organisation kann sehr wenig tun, um Personalabgänge direkt zu beeinflussen (ebenso wie Sie Ihren Blutdruck nicht direkt ändern können). Sie kann aber an Punkten arbeiten, die einen Einfluss auf die Zufriedenheit ihrer Mitarbeiter haben (Raumtemperatur, Vergütungsschemata, Regeln für die gleitende Arbeitszeit oder die Menüauswahl im Personalrestaurant).

Deshalb ist es sinnvoller, Projekte nach ihrem Beitrag hinsichtlich dieser Aspekte zu bewerten, als sich darüber den Kopf zu zerbrechen, ob und wie ein bestimmtes Projekt die Anzahl der Mitarbeiter beeinflussen könnte, die das Unternehmen verlassen.

▸ **Stabiler Wirkzusammenhang**
Werttreiber und ihr Einfluss auf den Aktionärswert sollten über die Zeit stabil bleiben. Es nützt Ihnen nichts zu wissen, dass positive Beiträge in einem genau bezeichneten Blog einen positiven Effekt auf den Aktionärswert des Unternehmens hatten, wenn dieses Blog im nächsten Jahr abgeschaltet wird. Und wenn die Menüauswahl in Ihrem Personalrestaurant erst vor einigen Tagen verändert wurde, wären Sie kaum in der Lage zu beurteilen, ob dies einen Einfluss auf die mittelfristige Zufriedenheit Ihrer Mitarbeiter oder auf die Anzahl der monatlichen Kündigung haben wird.

Für die Erkennung möglicher Werttreiber benötigen Sie klare und ausreichende Beweise. Da Sie (unter Verwendung statistischer Tests) überprüfen müssen, ob Werttreiberkandidaten wirklich einen Einfluss auf den Aktionärswert haben, brauchen Sie also eine ausreichende Menge historischer Daten (eine hinreichend große Stichprobe). In dem von Ihrer Stichprobe abgedeckten Zeitraum sollten sich weder maßgebliche Rahmenbedingungen noch das Verhalten Ihres Werttreibers ändern (was manchmal nicht ganz einfach festzustellen ist). Mathematisch-statistisch spricht man in diesem Zusammenhang auch von *Stationarität*.

▸ **Hoher Erklärungswert**
Ihre Werttreibersammlung sollte für den Betrachtungszeitraum einen angemessenen *Erklärungswert* aufweisen. Das bedeutet, dass Veränderungen bei den Werttreibern maßgeblich dazu beitragen, Veränderungen beim Aktionärswert zu verstehen/vorherzusagen (was keineswegs impliziert, dass hier ein Ursache-Wirkungs-Zusammenhang besteht!). Stattdessen geht es um das Ausmaß der Abhängigkeit zwischen Werttreiber und Aktionärswert.

Das Essen und die Raumtemperatur haben vielleicht einen Einfluss auf die Mitarbeiterfluktuation (und somit auf den Aktionärswert), aber deren kombinierter Effekt ist vernachlässigbar, wenn Ihr wichtigster Mitbewerber kürzlich die Beträge vervierfacht hat, die er Headhuntern dafür zahlt, Mitarbeiter aus Ihrer Organisation herauszulocken. In diesem Fall sollten Sie eher die Personalbeschaffungskosten als Werttreiber in Betracht ziehen, diese hätten dann einen höheren Erklärungswert.

65

▶ **Nur Korrelation zählt**

Setzen Sie sich bei der Suche nach Werttreibern keine Scheuklappen auf (indem Sie nach kausalen Zusammenhängen suchen), und verschwenden Sie keine Zeit darauf, über Ursache-Wirkungs-Beziehungen nachzudenken.

Stattdessen sollten Sie von den folgenden Punkten überzeugt sein bzw. diese verstanden haben:

▶ Ihr Aktionärswert ist *statistisch abhängig* von Ihrem Werttreiber. Statistisch abhängig bedeutet, dass Veränderungen beim Werttreiber mit Veränderungen des Aktionärswerts einhergehen, nicht aber, dass irgendeine Art von Ursache-Wirkungs-Zusammenhang besteht.

▶ Diese Abhängigkeit ist stark. Erklärt der Werttreiber fast 100 % aller Veränderungen beim Aktionärswert, oder ist er nur ein kleiner Faktor unter vielen anderen?

▶ Wie verändert sich der Aktionärswert, wenn der Werttreiber steigt oder fällt? Bewegt sich der Aktionärswert in dieselbe Richtung? Reagiert er linear oder exponentiell?

▶ Gibt es eine direkte Verbindung zwischen Ihrem Werttreiber und dem Aktionärswert, oder fallen Sie auf statistische Trugbilder herein, das heißt, sollten Sie besser einen beiden Parametern zugrunde liegenden Faktor als Werttreiber verwenden?

▶ **Vorsicht vor Scheinkorrelationen**

Einerseits dürfen Sie sich nicht auf nachvollziehbare Ursache-Wirkungs-Zusammenhänge beschränken. Andererseits: Lassen Sie sich nicht von statistischen Effekten wie Scheinkorrelationen in die Irre führen. Scheinkorrelation und Scheinregression verleiten Sie vielleicht dazu zu glauben, dass zwischen zwei Parametern eine Beziehung besteht, während diese in Wirklichkeit nur indirekt über einen dritten verbunden sind.

Ein klassisches Beispiel in der Statistik ist die Korrelation zwischen der Anzahl von Störchen, die in einer Region nisten, und der Anzahl dort (immer noch von Frauen) geborenen Babys. Diesem Beispiel ist übrigens sogar eine eigene Website gewidmet: *http://www.storchproblem.de/*. Ein Politiker, der Familien durch die Wiederansiedlung von Störchen in der Stadtmitte Berlins zum Kinderreichtum ermutigen möchte, wird wahrscheinlich scheitern (nicht nur, weil viele der Störche vielleicht überfahren werden). Stattdessen lässt sich der gewünschte Effekt vielleicht erzielen, indem man es jungen Familien erleichtert (z.B. durch entsprechende Arbeitsplätze), in ländlichen Regionen anstatt in großen Städten zu leben. Warum? Ein Faktor, der beiden Zahlen in diesem Beispiel zugrunde liegt, ist die Ländlichkeit der Region (andere wären die Jahreszeit und die Wetterbedingungen neun Monate vor der Erhebung).

Organisationen investieren eine Menge Aufwand darin, mehr über ihre eigenen Werttreiber zu erfahren. Größere Beratungsunternehmen (wie Bain & Company, Horváth & Partner, McKinsey & Company) und auch SAP selbst (über die global tätigen *Business-Transformation-Services-Teams*) bieten in diesem Bereich unternehmensübergreifend branchenspezifisches Expertenwissen an. Wenn es darum geht, Werttreiber für Ihre eigenen Projekte zu identifizieren, sollten Sie schrittweise vorgehen:

Ihr Werttreiberverzeichnis

1. **Vorhandene Werttreiberverzeichnisse nutzen**
   Bevor Sie viel Zeit investieren, um selbst herauszufinden, welche Werttreiber im Zusammenhang mit Ihrem Projekt relevant sind, fragen Sie zunächst einmal nach, ob es in Ihrer Organisation eine Art *Werttreiberverzeichnis* gibt. Bereits definierte Werttreiber zu verwenden spart nicht nur Zeit; wenn Sie Werttreiber verwenden, die vom Management schon geprüft und genehmigt wurden, wird es wahrscheinlich auch einfacher, einen Sponsor für Ihr Projekt zu finden und interne Widerstände zu überwinden.

2. **Nutzen evaluieren**
   Wenn noch keine Werttreiber identifiziert wurden oder wenn diejenigen, die zur Verfügung stehen, durch die HANA-Lösung, die Sie einführen möchten, nicht berührt werden, denken Sie zunächst einmal genauer über den Nutzen Ihres Projekts nach. Was möchten Sie liefern, und über welche potenziellen Werttreiber wird Ihr Projekt einen positiven Beitrag in Sachen Aktionärswert liefern? Was sind die negativen Effekte Ihres Vorhabens (jedes Projekt verursacht auch Kosten; zumindest müssen Sie die Zeit in Betracht ziehen, die Sie damit verbringen, darüber nachzudenken), und über welche potenziellen Werttreiber verringern diese den Aktionärswert?

3. **Werttreiber prüfen**
   Vergewissern Sie sich, dass es sich bei Ihren Kandidaten wirklich um Werttreiber handelt. Wenn Sie alle Schritte abarbeiten, liegen

Ihnen nicht nur die Ergebnisse der entsprechenden statistischen Tests vor; nebenbei erstellen Sie auch ein ordentliches mathematisches Modell, das die Beziehung zwischen Ihren Werttreibern und dem Aktionärswert beschreibt.

Ein Wort der Warnung: Die statistischen Tests im Zusammenhang mit Werttreibern sind alles andere als trivial. Sie benötigen eine solide Wissensbasis auf den Gebieten der deskriptiven und induktiven Statistik, und Sie müssen die Fallgruben kennen, in die Sie bei Anwendung der jeweiligen Werkzeuge tappen können. Sie können sich von Firmen, die sich auf solche Fragen spezialisiert haben, professionell unterstützen lassen. Das Gute ist: Wenn Sie schon Zugang zu einem HANA-System haben, können Sie bei Ihrem Vorhaben dessen Leistungsfähigkeit und die Möglichkeiten der Statistiksprache R nutzen. Sie können also ein HANA-System und dessen Statistikwerkzeuge verwenden, um Werttreiber für andere Big Data Business Cases zu identifizieren. Die Systemarchitektur, die Sie hierfür benötigen, ähnelt stark derjenigen, die wir in Kapitel 4, »Planung flexibel gestalten«, beschreiben; letztendlich ist es gleichgültig, ob Sie die Abhängigkeit zwischen Werttreiberkandidaten und dem Aktionärswert oder die Abhängigkeit zwischen Input- und Output-Werten eines Planungsmodells verifizieren möchten.

Generische Werttreiber

Abgesehen von den fallspezifischen Werttreibern, über die wir in unseren Business Cases sprechen, gibt es einige generische Werttreiber, die in vielen Big-Data-Projekten eine Rolle spielen. Diese stellen wir in den folgenden Abschnitten vor.

Aufwände verringern, Erträge erhöhen

Zwei Faktoren, die bei der Beurteilung fast jeden IT-Projekts eine Rolle spielen, sind *Aufwände* und *Erträge*. Einerseits führen IT-Projekte selbst stets zu Aufwänden (und manchmal auch zu Erträgen), andererseits liegt der Zweck solcher Projekte meist darin, längerfristig Aufwände zu verringern oder Erträge zu erhöhen.

[»] **Aufwände und Erträge**

Wir ignorieren an dieser Stelle einige Feinheiten des Rechnungswesens und nehmen uns die Freiheit, Aufwände/Kosten/Ausgaben/Auszahlungen einerseits und Erträge/Erlöse/Einnahmen/Einzahlungen andererseits jeweils als Synonyme zu verwenden. Streng betriebswirtschaftlich gesehen, wären z.B. nur diejenigen Aufwände, die sich auf das betriebsnotwendige Vermögen beziehen, auch Kosten. Die genauen Unterschiede zwischen diesen Begriffen können Sie z.B. auf *http://de.wikipedia.org/wiki/Kosten* nachlesen.

Für Zwecke der Bewertung von Business Cases ist es aber mehr oder weniger gleichgültig, ob ein Projekt nun das Geldvermögen oder das betriebsnotwendige Vermögen erhöht; für uns zählt letztendlich immer das Gesamtvermögen. Abhängig davon, ob es um gewinnorientierte oder nicht gewinnorientierte Organisationen geht, haben Aufwände und Erträge ein unterschiedliches Gewicht.

Aufwand und Ertrag sind nicht als Werttreiber, sondern eher als Kategorien von Werttreibern zu verstehen. Aufwands- oder ertragsbezogene Werttreiber sollten nicht abstrakt, sondern spezifisch sein. Beispiele sind:

Aufwand und Ertrag sind Werttreiberkategorien

- ▸ Kosten für die Fernsehwerbung zu bestimmten Zeiten auf einem bestimmten Sender
- ▸ Ausgaben für das Sponsoring einer Fußballmannschaft
- ▸ Entwicklungskosten im Produktdesign
- ▸ Margen einzelner Produktgruppen oder Produkte
- ▸ Erlöse aller Filialen in einer Stadt oder in einem Land
- ▸ aus Kundensicht angemessener Preis für ein Produkt

Ungewissheit reduzieren, Mittelzuflüsse beschleunigen, Mittelabflüsse verlangsamen

Ebenso wie meine Großmutter mir hat die Ihrige Ihnen vielleicht beigebracht, dass der Spatz in der Hand mehr wert ist als die Taube auf dem Dach. Geboren im Jahr 1900 und nach zwei Weltkriegen und schweren Wirtschaftskrisen davor und danach, dachte sie wahrscheinlich, man solle nicht gierig sein, sondern bescheiden und zufrieden mit dem, was man hat. Aber abgesehen von der Prägung durch das Umfeld (die zu Entscheidungen führt, die eher auf Erfahrungen und weniger auf Überlegungen und Herleitungen gründen) gibt es auch gute logische Gründe dafür, warum viele Individuen und Unternehmen ihren Standpunkt teilen würden. Die Anzahl Tauben auf dem Dach, die jemand gegen einen Spatz in der Hand eintauschen würde, mag dabei personenspezifisch sein. Trotzdem gilt die grundlegende Aussage wohl für die meisten von uns (Spielsüchtige einmal ausgenommen).

Also: Warum ist ein Spatz in der Hand mehr wert als eine Taube auf dem Dach? Zunächst einmal besteht natürlich die Gefahr, dass der Spatz in der Hand wegfliegt, wenn man die Hand öffnet, um nach der Taube zu greifen, und Sie für heute oder die ganze Woche ohne ein Mittagessen bleiben. Normalerweise ziehen wir sichere gegenüber risikobehafteten Optionen vor – im Bespiel durch die Tatsache illustriert, dass wir einen fetten Vogel für ein doch recht mageres Exemplar, dessen wir aber sicher sein können, seiner Wege ziehen lassen.

Darüber hinaus könnte der Spatz in der Hand ohne größere Umstände oder Verzögerungen in eine Mahlzeit verwandelt werden, während es Sie vielleicht eine oder zwei Stunden kosten wird, die Taube überhaupt erst einmal zu fangen. Die meisten von uns ziehen die unmittelbare Befriedigung eines Bedürfnisses der verzögerten Bedürfnisbefriedigung vor (die offenkundige Kapitulation selbst gekochter Mahlzeiten gegenüber den Fertiggerichten ist ein schlagender Beweis).

Für ein geschäftliches Umfeld lassen sich diese Einsichten folgendermaßen formulieren:

▸ Allgemein ziehen Menschen und Organisationen Optionen, die mit weniger Unsicherheit behaftet sind, solchen vor, die riskanter wären.

▸ Die Einstellung eines Individuums oder einer Organisation zum Risiko (auch als *Risikoaversion* bzw. *Risikofreude* bezeichnet) kann durch die Anzahl von Tauben auf dem Dach gemessen werden, für die er/sie den Spatz in der Hand hergäbe. Übrigens: Wenn man sich wirklich ernsthaft damit beschäftigt, wird die Messung der Risikoeinstellung von Personen oder Organisationen schnell vertrackt und in sich widersprüchlich. In seinem Bestseller *Schnelles Denken, Langsames Denken* schüttet der Nobelpreisträger Daniel Kahnemann ein wahres Füllhorn an lehrreichen Beispielen aus.

▸ Außerdem ziehen Menschen und Organisationen in der Regel einen Dollar heute einem Dollar morgen vor. Eine Möglichkeit, die zeitlichen Präferenzen eines Individuums oder einer Organisation im Zusammenhang mit dem Zufluss von Geldbeträgen zu messen, läge darin, nach dem Zinssatz zu fragen, den er/sie in einem Umfeld ohne Inflation für eine sichere Investition verlangen würde (»sichere Investition«, weil wir den Effekt des Risikos auf die Rendite eliminieren wollen, und »ohne Inflation«, um die Kompensation auszuschließen, die man für den Verlust an Kaufkraft erwartete).

Wenn Anteilseigner sich ebenso verhalten wie der Rest von uns, sollten sie gewillt sein, mehr für die Anteile von Unternehmen zu zahlen, die weniger Risiken ausgesetzt sind, Mittelzuflüsse beschleunigen und Mittelabflüsse verzögern.

Risiken und Mittelzuflüsse

▸ **Weniger Risiko = höherer Aktionärswert**
Die Wahrscheinlichkeit nachteiliger Ereignisse zu reduzieren oder die Wahrscheinlichkeit vorteilhafter Ereignisse zu erhöhen schafft Aktionärswert. Anleger, die nach Investitionsmöglichkeiten suchen, würden mehr Spatzen in der Hand (= Barmittel) pro Taube auf dem Dach (= Anteile) hergeben, wenn Sie der Taube die Flucht erschweren könnten. Das Ergebnis wären steigende Aktienkurse und glückliche Anteilseigner (außer wenn – wie gesagt – potenzielle Käufer spielsüchtig sind und einen unnatürlichen Hang zum Risiko einfach um des Risikos willen hätten.)

▸ **Schnellerer Zufluss = höherer Aktionärswert**
Mittelzuflüsse näher an die Gegenwart heranzurücken oder Mittelabflüsse weiter in die Zukunft zu verschieben schafft Aktionärswert. Anleger, die nach Investitionsmöglichkeiten suchen, würden erneut mehr Spatzen in der Hand (= Barmittel) pro Taube auf dem Dach (= Anteile) hergeben, wenn Sie eine neue Taubenfang- und -verarbeitungstechnik entwickelt hätten, die die Zeit, die es braucht, um die Tauben auf dem Dach in ein Mittagessen zu verwandeln, um 50 % reduziert. Das Ergebnis wären noch einmal steigende Aktienkurse und glückliche Anteilseigner (außer wenn potenzielle Käufer eine masochistische Sehnsucht hätten, länger hungrig zu bleiben als nötig).

Wir betonen diese Punkte auch deshalb, weil die Reduktion von Ungewissheit, die Beschleunigung von Mittelzuflüssen und die Verlangsamung von Mittelabflüssen typische Nutzenpotenziale von Big-Data-Lösungen wie SAP HANA sind. Wenn meine Oma das noch erlebt hätte: Ihre einfachen Lebensweisheiten werden zu einer wesentlichen Triebkraft hinter Big-Data-Projekten.

Risiko und Geschwindigkeit

Wahrnehmungen, Erwartungen und Vorlieben

Anleger sind nicht
allwissend

Wir haben schon bei der Definition des Aktionärswerts angedeutet, dass Anleger allwissend sein müssten, um den *wahren* Wert von Unternehmensanteilen zu kennen. Für die Wertermittlung bräuchte man nämlich alle bewertungsrelevanten Daten und Fakten jetzt und in der Zukunft, und bewertungsrelevant sind dabei auch politische Entscheidungen, Marktdaten, das Seelenleben jedes einzelnen Anlegers und vieles mehr.

[zB]

Bewertungsrelevante Sachverhalte

Auch politische Rahmenbedingungen, Liebesaffären oder sogar der Aberglaube können einen Einfluss auf den Aktionärswert haben.

▸ Entscheidet ein Staat sich, Dividenden höher und Kapitalgewinne gar nicht zu besteuern, werden Anteile von Unternehmen, die keine Dividenden zahlen, dafür aber hohe Wertsteigerungen erwarten lassen, besonders attraktiv.

▸ Wenn ein Großinvestor frisch verliebt ist und sich demnächst scheiden lassen möchte, entwickelt er (Stichwort: Zugewinnausgleich) vielleicht einen Appetit auf Papiere, bei denen er kurzfristig mit Kursverlusten und längerfristig mit umso höheren Kursgewinnen rechnet.

▸ In den Flugzeugen der Lufthansa fehlen – mit Rücksicht auf furchtsame Passagiere – die Sitzreihen 13 und 17 (die 17 gilt in Brasilien und Italien als Unglückszahl). Wenn eine Fluglinie so ihren Sitzladefaktor verbessern kann (und dies auch allfällige Mehrkosten in der Systementwicklung aufwiegt), werden sich nicht nur abergläubische Anleger für deren Anteile interessieren.

In allen drei Beispielen ergibt sich bei den Unternehmensanteilen ein Einfluss auf Angebot und Nachfrage und damit auf den Aktionärswert.

Subjektive Sicht der
Anleger zählt

Ob Anleger allwissend sind, spielt also gar keine Rolle, der Aktionärswert resultiert allein aus den *Wahrnehmungen*, *Erwartungen* und *Vorlieben* der Investoren. Völlig gleichgültig ist, ob diese Wahrnehmungen, Erwartungen und Vorlieben irgendeinen Bezug zur Realität besitzen. Genau deshalb kann auch die Frage, ob es an Bord ihrer Maschinen die Sitzreihen 13 und 17 gibt, für eine Airline ein gültiger (dichotomer) Werttreiber sein. Andere Beispiele für vielleicht weniger exotische, aber dennoch nicht monetäre Werttreiber sind:

▸ Haltbarkeit der eigenen Produkte

▸ Kundenzufriedenheit

▸ Begehrtheit des eigenen Unternehmens als Arbeitgeber

Diese Beispiele zeigen auch, dass nicht nur die Wahrnehmungen, Erwartungen und Vorlieben der Anteilseigner, sondern auch z.B. diejenigen der Kunden, Lieferanten oder Mitarbeiter eine Rolle für den Aktionärswert spielen. Dies allerdings nicht direkt, sondern immer aufgrund der Wirkungen, die die Anteilseigner sich davon erwarten. Wenn also die Zufriedenheit Ihrer Kunden sehr hoch ist, ist das für den Aktionärswert nur dann von Nutzen, wenn Ihre Aktionäre dies einerseits wahrnehmen und andererseits auch würdigen.

1.5 Business Cases bewerten

Die Matrix in Abbildung 1.2 fasst die Erkenntnisse aus den Abschnitten Abschnitt 1.2, »Wie entsteht der Nutzen von Big Data?«, und Abschnitt 1.3, »Wo entsteht der Nutzen von Big Data?«, noch einmal übersichtlich zusammen und nennt einige exemplarische Werttreiber (die Abkürzung DB steht hier für *Deckungsbeitrag*).

Abbildung 1.2 Nutzen-Werttreiber-Matrix

Die Darstellung ist dabei wie folgt zu verstehen: In Abschnitt 1.2, »Wie entsteht der Nutzen von Big Data?«, haben wir erläutert, dass Big Data Nutzen schaffen kann, indem neue Erkenntnisse gewonnen und bessere Entscheidungen getroffen werden, anspruchsvolle Werkzeuge zum Einsatz kommen oder schneller als bislang gehandelt werden kann. Diese vier Wege, Nutzen aus Big-Data-Lösungen zu ziehen, sind in Abbildung 1.2 auf der vertikalen (»Wie?«-)Achse eingetragen.

In Abschnitt 1.3, »Wo entsteht der Nutzen von Big Data?«, wurde dargestellt, dass Sie Big Data einsetzen können, um entweder bereits *existierende* Geschäftsprozesse zu verbessern oder um völlig *neue* Geschäftsmodelle/-prozesse zu entwerfen, die ohne Big Data gar nicht realisierbar wären. Diese zwei Varianten finden sich in Abbildung 1.2 auf der horizontalen (»Wo?«-)Achse.

Damit ergeben sich insgesamt acht Kombinationsmöglichkeiten aus »Wie« und »Wo«, das heißt z.B. »neue Erkenntnisse in existierenden Geschäftsprozessen« oder »anspruchsvolle Werkzeuge in neuen Geschäftsprozessen«. Die acht Zellen in der Abbildung stehen für diese acht Kombinationen. Für jede der genannten Kombinationen ist wiederum eine Vielzahl von Big-Data-Einsatzbeispielen denkbar; und für jedes dieser Einsatzbeispiele gäbe es einen oder mehrere Werttreiber mit einer (hoffentlich positiven) Wirkung auf den Aktionärswert. In Abbildung 1.2 haben wir für jede der acht Kombinationen jeweils zwei Werttreiber (z.B. »Wertberichtigungen auf Forderungen« oder »Erlöse aus Telematik«) aufgeführt; hinter jedem dieser Werttreiber steht ein konkretes Einsatzbeispiel für Big Data.

Nutzung der Matrix Einige dieser Einsatzbeispiele/Werttreiber werden wir im Folgenden noch ein wenig genauer erläutern. Sie sollen Ihnen als Anregung für die Suche nach eigenen Ideen dienen. Diese Matrix können Sie für sich auf zwei unterschiedliche Arten verwenden:

▸ **Ideenfindung**
Nutzen Sie die Matrix als Basis für die Entwicklung eines *morphologischen Kastens*. Die zwei Beispieldimensionen »Wie« und »Wo« können Sie ergänzen oder weiter verfeinern. In die Zellen der Matrix tragen Sie dann an Stelle der Werttreiber denkbare Anwendungsfälle ein. Wenn Ihre Dimensionen operationalisierbar und Ihre Anwendungsfälle hinreichend konkret sind, fällt es auch nicht allzu schwer, passende Werttreiberkandidaten zu finden.

▶ **Bewertung von Business Cases**

Sie können sich für einen konkreten Fall in Ihrem Umfeld überlegen, auf welche Art und Weise hier Nutzen entstehen soll (die Dimension »Wie«) und welchem Anwendungsbereich (die Dimension »Wo«) eine diesbezügliche Big-Data-Anwendung zuzuordnen wäre. Die Zellen in der Matrix liefern Ihnen dann einen Hinweis darauf, welche Werttreiber Sie zur Bewertung Ihres speziellen Business Cases heranziehen können. In den einzelnen Fallstudien werden wir immer wieder auf dieses Schema zurückkommen und es Schritt für Schritt mit exemplarischen Werttreibern ergänzen.

Morphologischer Kasten   [«]

Der morphologische Kasten (auch *Zwicky Box*) dient als Werkzeug für eine Kreativitätstechnik, die auf den Schweizer Astrophysiker Fritz Zwicky (1898-1974) zurückgeht.

1. Um beispielsweise neue Business Cases für Big-Data-Lösungen zu entwickeln, sammeln Sie zunächst einmal unterschiedliche Dimensionen/Merkmale/Attribute solcher Lösungen. Wir haben mit den Dimensionen »Wie« und »Wo« zwei denkbare Merkmale ausführlich beschrieben, es sind aber viele weitere Attribute denkbar (z. B. »Beteiligte Partnerrollen«, »Betroffene Produkte/Dienstleistungen« oder »Funktionsbereiche (Herstellung, Verwaltung, Vertrieb etc.)«).

   Wichtig ist, dass Ihre Dimensionen (weitestgehend) untereinander unabhängig (für unsere Nutzen-Werttreiber-Matrix in Abbildung 1.2 ist das sicher nicht immer 100-prozentig der Fall!) und praxisrelevant/operationalisierbar sind. In Kunden-Workshops kommen wir in der Regel ohne viel Mühe auf 10-20 weitestgehend überlappungsfreie Dimensionen.

2. Anschließend schreiben Sie dann für jede Dimension alle Ausprägungen auf, die Ihnen einfallen. Für eine Dimension »Beteiligte Partnerrollen« könnten das beispielsweise »Kunden«, »Lieferanten« oder »Mitarbeiter« sein.

3. Nun wählen Sie eine Ausprägung für jede Dimension aus; lassen Sie diese Kombination (Beispiel: »Schnelleres Handeln in bestehenden Geschäftsprozessen bezogen auf Lieferanten«) auf sich wirken, und versuchen Sie, sich einen Business Case vorzustellen, auf den diese Beschreibung passen könnte. Meist entsteht zu jeder Kombination von Merkmalsausprägungen mehr als nur eine Idee.

Der morphologische Kasten eignet sich besonders gut für die Ideenfindung in Meetings und Gruppen. Auf Wikipedia (*http://de.wikipedia. org/wiki/Morphologische_Analyse_%28Kreativit%C3%A4tstechnik%29*)

---

finden Sie am Beispiel »Entwicklung eines neuen Tisches« ein Beispiel dafür, wie der morphologische Kasten zu neuen, bislang noch nicht berücksichtigten Ideen führen kann. Dadurch, dass für die gefundenen Merkmale alle denkbaren Ausprägungen aufgeschrieben werden, entstehen auch Lösungen mit Merkmalskombinationen, die Ihnen vielleicht im ersten Schritt nicht in den Sinn gekommen wären.

Beispiele für Werttreiber

Im Folgenden erläutern wir die in Abbildung 1.2 erwähnten exemplarischen Werttreiber (und die dazu denkbaren Szenarien). Für jedes der Beispiele nennen wir auch die zugehörigen generischen Werttreiber aus Abschnitt 1.4.3, »Wie Sie Werttreiber identifizieren«.

Treibstoffkosten Fahrzeugflotte

Fahrverhalten und Rahmenbedingungen

Ein Unternehmen sammelt nicht nur sehr detaillierte Positions- und Routendaten, sondern auch Informationen aus unterschiedlichsten Sensoren zum Fahrverhalten und zugehörigen Rahmenbedingungen (Beschleunigung/Verzögerung, Straßenbeschaffenheit, Kraftstoffverbrauch, Verkehrslage, Wetter etc.). Diese Daten werden mit dem Ziel analysiert, den Kraftstoffverbrauch der Fahrzeugflotte zu reduzieren. Die Kraftstoffkosten sinken, und der Aktionärswert steigt (generischer Werttreiber: Aufwände verringern).

Personalkosten Kundendienst

Daten aus Außeneinsätzen

Eine Firma, die Haushaltsgeräte herstellt und repariert, sammelt Daten zu den Einsätzen ihrer Techniker. Hierzu gehören nicht nur Geodaten, sondern auch Daten zu besuchten Kunden, Aufträgen, betroffenen Geräten, Problemursachen, Ersatzteilbeständen im Fahrzeug, Mehrfachbesuchen etc. Auf Basis dieser Daten wird überlegt, wie das gleiche Auftragsvolumen bei gleichbleibender Servicequalität mit weniger Technikern bewältigt werden kann. Hierdurch sinkt der Personalaufwand, was sich wiederum positiv auf den Aktionärswert auswirkt (generischer Werttreiber: Aufwände verringern).

Wertberichtigungen auf Forderungen

Echtzeitdaten zur Bonität

Wenn zeitnah mehr (relevante) Daten zur jetzigen und zukünftigen Bonität von Kunden vorliegen, kann im Verkaufsprozess besser und genauer über Zahlungsbedingungen (z.B. Vorauskasse) entschieden werden. Dadurch lassen sich Forderungsausfälle reduzieren, und das wiederum erhöht den Aktionärswert (generische Werttreiber: Aufwände verringern, Ungewissheit reduzieren).

Deckungsbeitrag aus (Produkt- oder Preis-)Segmentierung

Kunden oder Märkte werden segmentiert, um segmentspezifische Produkte und/oder zu segmentspezifischen Preisen anbieten zu können. Mehr dazu lesen Sie in Kapitel 5, »Reisekosten und Reisezeiten reduzieren« (generischer Werttreiber: Erträge erhöhen).

Haltung/Meinung der Kunden zum Unternehmen

Durch Text Mining und Sentiment Detection lässt sich beobachten, wie Kunden über bestimmte Produkte oder das eigene Unternehmen als Ganzes denken und auch wie diese Haltungen durch bestimmte Informationen (z.B. Berichte über Arbeitsbedingungen bei Zulieferern) beeinflusst werden. Eine positive Meinung bestehender und potenzieller Kunden zum eigenen Haus hat Auswirkungen auf den Aktionärswert (generische Werttreiber: Wahrnehmungen, Erwartungen und Vorlieben – in diesem Fall nicht primär der Anteilseigner, sondern zunächst einmal der Kunden).

Textauswertungsverfahren

Materialeinsatz (verdorbene Ware)

In der Nahrungsmittelindustrie und bei chemischen Produkten spielen Transport- und Lagerbedingungen ebenso wie Transport- und Lagerdauern eine große Rolle. Rohtabak beispielsweise verliert während einer zu langen Lagerung in trockener Luft an Volumen und Gewicht. Wenn eine Vielzahl von Geodaten und Daten von Sensoren (Temperatur, Feuchtigkeit, Erschütterung etc.) fortlaufend überwacht und analysiert werden kann, lässt sich das Risiko verringern, dass Einsatzmaterialien, Zwischen- oder Endprodukte Schaden nehmen. Hierdurch verringern sich Materialeinsatz und Materialkosten, was ebenfalls positiv auf den Aktionärswert wirkt (generischer Werttreiber: Aufwände verringern).

Geo- und Sensordaten überwachen

Finanzaufwand/-ertrag aus Kursverlusten/-gewinnen (Währungen)

Lesen Sie hierzu auch Kapitel 4, »Planung flexibel gestalten« (generische Werttreiber: Aufwände verringern, Erträge erhöhen, Ungewissheit reduzieren).

Deckungsbeitrag aus zeitlicher Segmentierung

Wenn die Segmentierung sehr schnell erfolgen kann, können Sie nicht nur zeitnaher, sondern auch innerhalb der Zeitdimension segmentieren. In Kapitel 5, »Reisekosten und Reisezeiten reduzieren«, erläutern wir dies anhand eines Fallbeispiels (generischer Werttreiber: Erträge erhöhen).

Erlöse aus genetischer Diagnose/Beratung

Rechenintensive gentechnische Analysen

Gentechnische Analysen und Diagnosen sind extrem rechenintensiv und erfordern entsprechend leistungsfähige Systeme. Mit Big Data vergrößert sich der Kreis derjenigen (Kliniken, Ärzte etc.), die darauf basierende Beratungsleistungen anbieten und hierdurch (mit geringeren Kosten als zuvor) Erträge erzielen können. Das hat Auswirkungen auf deren Aktionärswert (generische Werttreiber: Aufwände verringern, Erträge erhöhen).

Erlöse aus Technologie-Benchmarking (kollaborativ)

Anonymisierte Vergleichsdaten

In vielen Bereichen existieren Anbieter, die kollaborative Benchmarking-Dienstleistungen offerieren. Hierbei werden anonymisiert Daten aus vielen Unternehmen gesammelt und (in oft monatelangen Auswertungen) miteinander verglichen. Mit Big Data erhalten beispielsweise die Hersteller von Druckmaschinen die Möglichkeit, detaillierte Leistungsdaten ihrer Produkte in Echtzeit zu erheben, zu analysieren und – ebenfalls in Echtzeit – ihren Kunden zugänglich zu machen. Kunden können diese Daten zur Verbesserung ihrer eigenen Prozesse nutzen. Hierdurch lassen sich für den Hersteller der Druckmaschinen höhere Erträge erzielen; entweder können diese Dienstleistungen separat verkauft werden, oder sie erhöhen die Attraktivität der eigenen Produkte. Schon die Tatsache, dass eine solche Lösung angeboten wird, dürfte positive Auswirkungen auf den Aktionärswert haben (generische Werttreiber: Erträge erhöhen, Wahrnehmungen, Erwartungen und Vorlieben).

Plan-Ist-Abweichungen (Planungsgenauigkeit)

Für viele Unternehmen spielt die Genauigkeit von Prognose- und Plandaten eine große Rolle. Wie wir noch in der Fallstudie in Kapitel 4, »Planung flexibel gestalten«, sehen werden, bilden Prognosen und

Pläne die Basis für eine Vielzahl unternehmerischer Entscheidungen. (generische Werttreiber: Aufwände verringern, Erträge erhöhen, Ungewissheit reduzieren).

Erlöse aus Telekardiologie

Unter Telekardiologie versteht man die mobile Übertragung bestimmter, für die Herzfunktion relevanter Parameter (EKG, Gewicht, Blutdruck) an behandelnde Ärzte. Mehr hierzu lesen Sie in Kapitel 9, »Gesundheitsvorsorge als Dienstleistung« (generischer Werttreiber: Erträge erhöhen).

Erlöse aus Telematik (zum Beispiel TMC Pro)

Anbieter wie Navteq oder TomTom sammeln mit Bewegungsdaten von Handys und Sensoren an Straßenbrücken Daten zur Verkehrslage, die sie zahlenden Kunden im privaten und professionellen Bereich für die Routenplanung zur Verfügung stellen. Die Tatsache, dass praktisch alle modernen Smartphones über Ortungsfunktionen verfügen, führt zu einem raschen Anschwellen der hierbei zu verarbeitenden Datenströme. Gleichzeitig bieten immer bessere Algorithmen die Möglichkeit, Staugefahren immer früher und immer präziser vorherzusagen und selbst noch nicht vorhandene Verkehrsstörungen mit in die Routenplanung einzubeziehen. Die jetzt schon existierenden Dienstleistungen dürften erst der Anfang einer ganzen Palette von Services sein, mit denen sich Verkehrslagedienste neue Ertragsmöglichkeiten erschließen und ihren Aktionärswert steigern (generischer Werttreiber: Erträge erhöhen).

Verkehrslage vorhersagen

Erlöse aus mobilen Preisvergleich-Apps

Seit der Einführung der neuen Amazon-Shopping-App gilt der amerikanische Online-Handelsriese den meisten traditionellen Einzelhändlern – nicht ganz zu Unrecht – als Inbegriff des Bösen. Beim Bummel durch die Fußgängerzone am Samstag halten Teenager einfach ihr Handy kurz an den Strichcode der Ware und erfahren sofort, bei wem sie die Schuhe, die sie gerade anprobieren, günstiger kaufen können. Der Umsatz landet dann in den meisten Fällen beim Online-Händler (und nicht zuletzt bei Amazon); dem Einzelhändler vor Ort bleiben allein Ladenmiete, Personalaufwand und die Kosten für die Lagerhaltung.

Echtzeitpreisvergleich

Aus Sicht von Amazon entstehen hierdurch Erträge, die es ohne die Möglichkeit des Echtzeitpreisvergleichs (wahrscheinlich) nicht gäbe oder die zumindest später entstünden. Während sich viele Einzelhändler verzweifelt und teils sogar mit illegalen Störsendern gegen einen solchen Geschäftsprozess wehren, schafft dieser zweifelsohne Wert für die Amazon-Anteilseigner (generische Werttreiber: Erträge erhöhen, Mittelzuflüsse beschleunigen).

Schritte bei der Bewertung von Business Cases

Matrix auf eigene Business Cases anwenden

Wenn Sie die Matrix in Abbildung 1.2 verwenden möchten, um Business Cases zu bewerten, sollten Sie hierbei wie folgt vorgehen:

1. Schauen Sie sich zunächst die hier im Buch vorgeschlagenen Werttreiber für Ihren Business Case an. Passen diese zu Ihrem Fall? Sind sie spezifisch genug?

2. Sammeln Sie ergänzend eigene Werttreiber. Nutzen Sie dazu die Hinweise in Abschnitt 1.4.3, »Wie Sie Werttreiber identifizieren«.

3. Denken Sie neben den nutzenbezogenen Werttreibern auch an solche, die durch Ihren Business Case negativ beeinflusst werden (Sie werden wahrscheinlich Geld in Hard- und Software investieren müssen und Implementierungs- und Schulungsaufwände haben).

4. Versuchen Sie, den Einfluss Ihres Business Cases auf die entsprechenden Werttreiber zu quantifizieren und zu ermitteln, was dies für Ihren Aktionärswert bedeutet. Dies ist der weitaus schwierigste Schritt bei der Bewertung von Business Cases. Sie sind allerdings nicht nur bei Big-Data- oder IT-Projekten, sondern bei jeder geschäftlichen Entscheidung mit dieser Frage konfrontiert. Insofern sollte Ihr Unternehmen über Werkzeuge hierfür verfügen.

5. Denken Sie daran, beim Einfluss auf Werttreiber und Aktionärswert die zeitliche Dimension zu berücksichtigen. Wann erwarten Sie positive und negative Einflüsse? Für diese Betrachtung benötigen Sie zumindest einen rudimentären Projektplan.

6. Bereiten Sie Ihren Business Case entsprechend auf. Sie brauchen eine Präsentation, die nicht zu technisch ist und anhand derer Sie den kaufmännischen Nutzen klar kommunizieren können.

7. Machen Sie sich nicht verrückt. Es geht nicht darum, dass Sie alle Effekte Ihres Business Cases jetzt schon abschätzen können. Wichtiger ist vielmehr, dass Sie den Anwendungsfall nicht nur in tech-

nischer, sondern auch in finanzieller Hinsicht gründlich durchdacht haben und das auch belegen können.

Zu guter Letzt noch vier allgemeine Tipps zum Umgang mit Business Cases:

▶ Ein Business Case besteht nicht nur aus finanziellen Betrachtungen. Sie müssen eine überzeugende Geschichte erzählen, Aussagen zur Umsetzung machen, einen Projektplan parat haben und technische Fragen beantworten. Wir konzentrieren uns in diesem Buch und besonders in den Fallstudien hauptsächlich auf die Frage der Bewertung von Business Cases.

▶ Überlegen Sie sich, wie Ihr Business Case zu strategischen Vorhaben in Ihrem Haus passt. In den meisten größeren Unternehmen gibt es eines oder mehrere längerfristig orientierte *Programme* (Portfolios von Projekten), die auf Initiative der Unternehmensleitung gestartet wurden und die der mittel- bis langfristigen Ausrichtung des Unternehmens dienen. Wenn Sie Ihr Projekt einem oder mehreren dieser Programme zuordnen können, haben Sie weitaus bessere Chancen, Unterstützung für Ihre Pläne zu finden.

▶ Ähnlich wie bei der Konzeption des Datenmodells für ein Data Warehouse gilt auch bei Business Cases im Bereich Big Data das von SAP einmal als »Schachanalogie« bezeichnete Vorgehen: Strategisch denken, taktisch handeln. Versuchen Sie nicht schon mit dem allerersten Big-Data-Projekt, alle Probleme in Ihrem Haus zu lösen. Wenn Ihr Projekt einen hohen Ressourcenbedarf hat und erst nach Jahren Nutzen liefert, ist die Gefahr hoch, dass die Führung die Geduld verliert und Sie für »politische Gegner« angreifbar werden. Besser ist es, mit einem kleinen Projekt (das zwar ein Baustein eines großen Ganzen ist, aber trotzdem auch gut für sich alleinstehen kann) schnell deutlich erkennbare Vorteile zu generieren. Wenn Sie erst einmal die Chancen von Big Data unter Beweis gestellt haben, wird das Management eher bereit sein, dem Thema eine hohe Priorität zu geben.

▶ Es gibt auch andere Quellen, die Ihnen bei der Suche nach Inspiration in Sachen Business Cases helfen können. Auf *http:// www.saphana.com/community/learn/customer-stories/* finden sich Beispiele dafür, wie Kunden die Big-Data-Lösung einsetzen, und diverse Berater (einschließlich SAP selbst) halten *Business Case Repositories* für Sie bereit. Solche Verzeichnisse mögen hilfreich sein, Sie sollten hierbei aber zwei Einschränkungen im Hinterkopf behalten:

▸ Wenn Sie sich daran orientieren, wie andere Unternehmen in Ihrer Branche Big Data nutzen, werden Sie hieraus – per definitionem – keine *Wettbewerbsvorteile* ableiten können. Eine *Me-too-Strategie* im Hinblick auf Big Data hilft Ihnen bestenfalls dabei, nicht ins Hintertreffen zu geraten und im rauer werdenden Konkurrenzwind zumindest noch eine kleine Überlebenschance zu haben. Das ist auch die Achillesferse aller *Best-Practice-Ansätze*.

▸ Sie können diese und andere Quellen nutzen, um Ihre Kreativität in Schwung zu bringen. Wenn Sie sich aber wirklich einen Vorsprung sichern wollen, führt kein Weg daran vorbei, in eigenen Arbeitstagungen (SAP spricht hier von *Value Discovery Workshops*) Einfälle für Ihr Unternehmen und Ihr Umfeld zu entwickeln.

[◉]

> ### Sie müssen nicht hellsichtig sein
>
> Bei der kaufmännischen Bewertung von Business Cases geht es nicht darum, eine 100-prozentig sichere Prognose über die Auswirkungen des von Ihnen vorgeschlagenen Projekts abzugeben. Niemand kann in die Zukunft schauen, und weder Sie noch Ihr Management wissen, mit welchen Rahmenbedingungen Ihr Unternehmen heute, morgen oder in einem Jahr konfrontiert sein wird.
>
> Die Bewertung von Business Cases dient nicht dem Zweck, deren Aktionärswert absolut treffsicher zu prophezeien. Wenn Sie Aktionärswerte und damit Aktienkurse vorhersagen könnten, säßen Sie schon längst nicht mehr in Ihrer Arbeitsnische, sondern auf einer Jacht vor den Marquesas oder mit einem Sundowner an der »Road to Hana« (kurvenreiche Küstenstraße zum Ort Hana auf Hawaii). Stattdessen geht es um Folgendes:
>
> ▸ belegen, dass Sie über diese Fragen nachgedacht haben
> ▸ Sonnen- und Schattenseiten Ihres Projekts gründlich erforschen
> ▸ eine Vorstellung davon entwickeln, welche Faktoren den wirtschaftlichen Erfolg oder Misserfolg Ihrer Initiative bestimmen
> ▸ Ihre vielleicht eher technischen Ideen in die Sprache der Entscheider (Aktionärswert) übersetzen
> ▸ Lücken in Ihrer Argumentation rechtzeitig erkennen und sich auf Fragen und kritische Anmerkungen vorzubereiten
> ▸ einen Satz von Parametern (die Werttreiber) parat haben, den Sie im weiteren Projektverlauf beobachten und an dem Sie den Erfolg Ihres Business Cases fortlaufend messen können

»Der Babelfisch ist klein, gelb und blutegelartig... Der praktische Nutzeffekt der Sache ist, dass man mit einem Babelfisch im Ohr augenblicklich alles versteht, was einem in
irgendeiner Sprache gesagt wird.«

Douglas Adams, »Per Anhalter durch die Galaxis« (1978)

2 Was kann SAP HANA?
Möglichkeiten und Grenzen

*Es war kalt. Norbert zog den Schal ein wenig enger. Feiner Flugsand löste
sich aus seinen Haaren und rann ihm den Nacken herab in den Kragen.
Sie waren jetzt schon gut zwei Stunden im Sossusvlei unterwegs, einer
staubtrockenen Einöde in der ältesten aller Wüsten. Um der Touristen-
herde zuvorzukommen, hatten sie im Nationalpark übernachtet und sich
schon frühmorgens um vier auf den Weg gemacht. Norbert sah nach
rechts. Bald würde der Horizont sich färben und den eisenhaltigen Sand
für einen kurzen Fotomoment zum Glühen bringen. Die Ostflanke der
Düne 45 wäre dann feuerrot, durch eine messerscharfe, geschwungene
Kammlinie getrennt vom dunklen Hang im Westen. Eine Art natürlicher
Wegweiser für alle Tage ohne morgendlichen Küstennebel.*

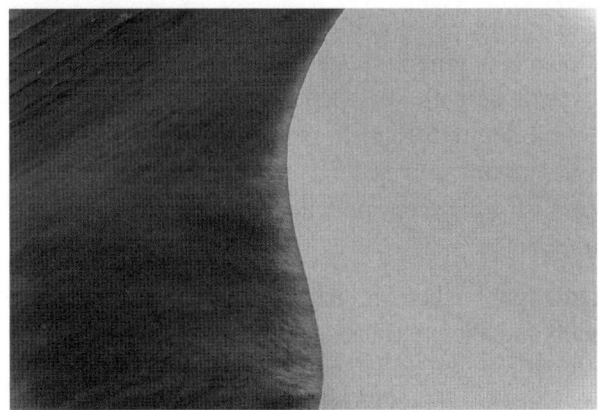

Abbildung 2.1 Düne bei Sonnenaufgang, Namib-Naukluft-Nationalpark, Namibia

Hell und dunkel, Ost und West: Das Spiel der Farben war fotogen, konnte aber auch als Kompass dienen. Die ersten Menschen mögen vor vielleicht 150.000 Jahren hier unterwegs gewesen sein. Wahrscheinlich hatten sie kein GPS im Rucksack, und trotzdem haben sie wohl Wege durch die Eintönigkeit gefunden. Vielleicht mithilfe des Spiels von Licht und Schatten, sicher aber auch, weil sie Himmelsrichtungen und Erhebungen mit Namen versehen und ein gedankliches Raster darüber legen konnten. Zugvögel haben einen Magnetsinn, aber wir Menschen brauchen Fixpunkte, Ortsnamen und Schablonen, um uns zurechtzufinden.

Heute zog sich ein dichtes Koordinatennetz über den Planeten, die Sandberge waren sogar (nach Straßenkilometern) durchnummeriert. Weiter südwestlich am Deadvlei hatten einige Erhebungen etwas poetischere Bezeichnungen: Big Daddy und Big Mama gehörten zu den größten Dünen auf dem Planeten. Ob irgendwo eine Düne Big Data heißen könnte? Und wäre SAP HANA dann ein Synonym dafür oder ein Unterbegriff für die westliche oder die östliche Hälfte des Berges?

Norbert kamen hier in diesem uferlosen Sandmeer all die neuen SAP-Produkte und -Begriffe in den Sinn, die in den letzten Monaten aus Foren und Newslettern auf seinen Bildschirm gerieselt waren. Er sehnte sich nach Ordnung und nach einer Klassifikation, die ihm Orientierung bot. Oder besser noch nach einem Babelfisch, der sich in seinem Ohr festsaugen und ihm all die Kürzel und blumigen Namen nicht nur übersetzen, sondern auch irgendwie strukturieren könnte.

Koordinatensystem für Big Data

Ob Sie sich nun vorgenommen haben, in den nächsten Monaten die Wüste Namib zu durchqueren oder einfach nur Ihr Data Warehouse zu renovieren: Ein Koordinatensystem, auf dessen Grundlage Sie navigieren bzw. planen können, steigert Ihre Überlebenschancen ganz erheblich. Genau deshalb versehen Menschen Flüsse, Berge, Schluchten und Sternbilder mit Namen, genau deshalb gibt es schon seit der Antike Systeme mit Längen- und Breitengraden, und genau deshalb existieren auch Vorgehensmodelle, Modellierungssprachen und Rahmenarchitekturen.

SAP HANA einordnen

Im vorangehenden Kapitel haben Sie sich ein wenig in der Welt von Big Data umgesehen und alles, was dazugehört, in ein gedachtes Raster aus Technik, Verfahren, Methoden und Architekturen einsortiert. Weil der Titel dieses Buches aber nicht »Business Cases für Big Data«, sondern »Business Cases für SAP HANA« lautet, geht es jetzt darum, die Bestandteile der HANA-Welt in dieser Struktur zu lokalisieren und zugleich Ihr »Koordinatensystem« zu verfeinern. Wie verhält sich SAP HANA zu Big Data? Ist beides das Gleiche und HANA nur die SAP-Handelsmarke für Big Data? Kann SAP HANA mehr oder weniger als Big-Data-Lösungen anderer Hersteller?

Hierzu schauen wir zunächst einmal beide Welten unter dem Mikroskop an und erläutern, welche Elemente von Big Data nicht Bausteine von SAP HANA sind und umgekehrt. Im Anschluss schauen wir uns einige Besonderheiten von SAP HANA (vor allem die Integration mit anderen SAP- und Nicht-SAP-Lösungen) an. Die Aufzählung von Einzelfunktionen allein reicht aber nicht aus, um das Potenzial von SAP HANA vollständig zu erfassen. Wir beschäftigen uns daher mit einigen *Implementierungsszenarien*, ein SAP-Begriff für das, was im *TOGAF* (The Open Group Architecture Framework) *Systemarchitekturen* hieße. Unser Hauptinteresse gilt dabei zwei Fragen: Welcher Zusatznutzen ergibt sich aus dem Zusammenspiel der Komponenten, und welches Szenario sollte wann zum Einsatz kommen? Schließlich gehen wir noch kurz auf (jetzt schon erkennbare) Trends ein und passen unsere Überlegungen hinsichtlich der Nutzenpotenziale von Big Data an Ihr neu erworbenes Wissen zu SAP HANA an.

Funktionsumfang von SAP HANA

In diesem Zusammenhang noch einige Hinweise dazu, auf welche Art und Weise wir Sie mit den Funktionalitäten von SAP HANA vertraut machen werden. Wir haben schon in der Einleitung dieses Buches erwähnt, dass es inzwischen jede Menge Informationen über SAP HANA gibt. SAP verfolgt bezüglich SAP HANA eine ähnliche Strategie wie Apple mit dem App Store: Technische Informationen werden großzügig und oft sogar kostenlos zugänglich gemacht, um kleine und große Entwickler weltweit möglichst schnell in die Lage zu versetzen, Anwendungen für SAP HANA zu kreieren.

HANA-Know-how ist frei verfügbar

Diese Informationen sind aber für den Einsteiger oft schwer erschließbar. Eben deshalb gibt es ergänzend inzwischen auch einige gute Bücher zu den technischen Details von SAP HANA. Uns geht es aber hier nicht um Bedienung, Konfiguration oder Administration der Lösung (also z. B. um die Frage, wie eine *analytische Sicht* – wir gehen in Kapitel 4, »Planung flexibel gestalten«, noch auf diesen Begriff ein – angelegt werden kann). Technische Details schauen wir uns gemeinsam mit Ihnen nur durch die Brille fachlicher Anforderungen an. So möchten wir herausfinden, wie Sie die Funktionen von SAP HANA nutzen können, um in Ihrem spezifischen Umfeld neue Einsatzgebiete für Big Data zu erschließen.

Ziel: Orientierung geben

Konzentration auf
Software

Wie ebenfalls schon erwähnt, wird SAP HANA von SAP gemeinsam mit Partnern als Appliance angeboten. Das bedeutet, die Hardware und deren Abstimmung auf die Software ist aus Kundensicht nicht transparent. Obendrein ändern sich fast schon täglich die Hardwareleistungsdaten in Sachen Arbeitsspeicher und Maximalzahl von Prozessorkernen. Aus diesem Grund gehen wir überhaupt nicht auf das Thema Hardware ein. Entsprechende Informationen (vor allem auch zum *Sizing* und zu Werkzeugen hierfür) finden Sie z.B. im bei SAP PRESS erschienenen Buch *Einführung in SAP HANA* von Berg/Silvia.

2.1 Big Data und SAP HANA

Technik,
Verfahren,
Methoden,
Architekturen

In Abschnitt 1.1, »Was heißt Big Data?«, haben wir erläutert, dass Big-Data-Lösungen als Ganzes aus mehr bestehen als nur einer In-Memory-Datenbank, die auf einem Cluster aus schnellen Servern mit jeder Menge Arbeitsspeicher und sehr vielen Prozessorkernen läuft. Zu Big Data gehören Technik (Hardware, aber auch Sprachen und Plattformen), Verfahren, Methoden und Architekturen. Um Big Data und SAP HANA gegeneinander abzugrenzen, klären wir zunächst, welche Technik und welche Verfahren, Methoden und Architekturen Big-Data-Lösungen verwenden, die ohne SAP HANA auskommen oder vor SAP HANA entstanden sind. Danach gehen wir genauer auf SAP HANA ein.

2.1.1 Big Data ohne bzw. vor SAP HANA

Open-Source-
Lösungen

Big Data außerhalb der Systemgrenzen von SAP HANA entsteht meist auf einem Fundament aus ganz gewöhnlicher, mehr oder weniger standardisierter Hardware. Auf diesem Fundament wird dann eine Vielzahl von *Open-Source-Plattformen* und -Produkten zu *Werkzeugketten* zusammenfügt.

Unter Open-Source-Software versteht man Software, die frei bzw. öffentlich zugänglich ist und ohne Lizenzgebühren verwendet, verändert und verbreitet werden darf. Den Begriff Werkzeugkette (oder englisch *Tool Chain*) haben wir von Baron (*Big Data für IT-Entscheider*, 2013) übernommen, der diesen seinerseits vielleicht vom GNU-Projekt aufgegriffen hat. Eine Werkzeugkette ist eine Kombination voneinander unabhängiger IT-Werkzeuge (Plattformen, Datenbanken, Programmiersprachen etc.), die wie die Glieder einer Kette mehr oder weniger nahtlos ineinander greifen. Jedes Werkzeug übernimmt hierbei den Output eines anderen Werkzeugs als Input, erledigt eine spezielle Aufgabe innerhalb eines Prozesses und reicht seine Ergebnisse an das nächste Werkzeug weiter.

Damit Sie bei den im Folgenden eingeführten Begriffen nicht die Orientierung verlieren, verwenden wir unser bereits in Abschnitt 1.1.2, »Was Sie sonst noch für Big Data brauchen«, vorgestelltes Big-Data-Raster (Technik, Verfahren, Methoden, Architekturen).

Technik (Hardware)

Die Hardwarebausteine der mächtigsten Big-Data-Lösungen stammen meist nicht nur von einem Anbieter. Big-Data-Pioniere wie Amazon oder Google nutzen nicht Appliances oder exotische Supercomputer für ihre verteilten Systeme, sondern verknüpfen hochwertige, aber marktgängige, standardisierte Hardware unterschiedlicher Anbieter miteinander. Eine Verwaltungssoftware koordiniert dann das Zusammenspiel dieser Komponenten.

Hardware »von der Stange«

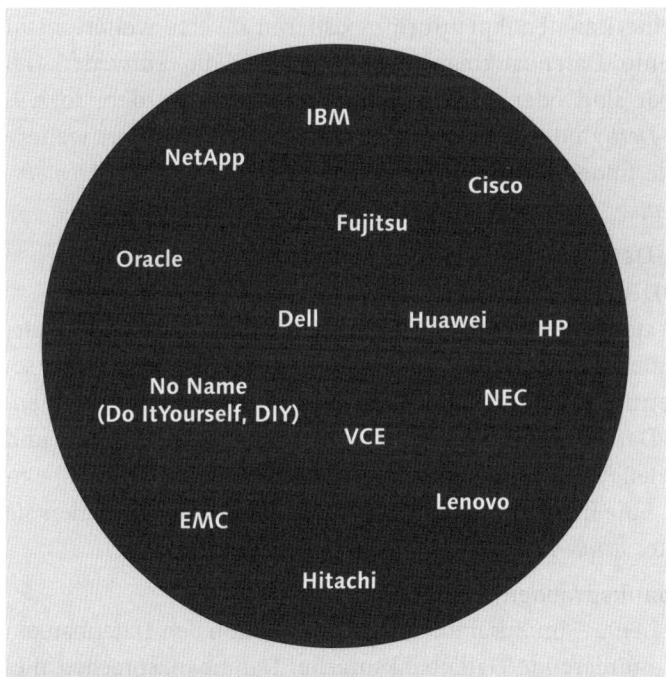

Abbildung 2.2 Big-Data-Hardware

Diese Vorgehensweise, sprich die Verwendung einer großen Anzahl standardisierter Hardwarekomponenten zum Aufbau leistungsfähiger Systeme für das verteilte Rechnen, wird oft auch als *Commodity Computing* bezeichnet, die entsprechende Hardware heißt *Commodity Hardware* (von englisch *Commodity* = Massenartikel oder Rohstoff). Abbildung 2.2 zeigt eine keineswegs vollständige Liste von Hardwareanbietern, deren Produkte in Big-Data-Lösungen zum Einsatz kommen können.

Technik (Sprachen/Plattformen)

Werkzeugketten für Big Data

Nicht nur in puncto Hardware, sondern auch im Hinblick auf Datenbankmanagementsysteme, Sprachen und Plattformen koppeln Big-Data-Lösungen eine Vielfalt unterschiedlicher Produkte miteinander. Solche Werkzeugketten könnten die folgenden Glieder enthalten (siehe auch Baron 2013):

▶ **In-Memory-Datenbanken (wie SAP HANA)**
Viele Big-Data-Applikationen stützen sich bei der Datenablage auf In-Memory-Datenbanken. Neben SAP HANA (was mehr ist als »nur« eine Datenbankplattform) existieren diverse weitere nicht persistente Datenbankmanagementsysteme, die entweder frei verfügbar sind oder kostenpflichtig angeboten werden, so z.B. *Apache Derby* oder *IBM Informix Warehouse Accelerator*; weitere Beispiele finden Sie unter *http://de.wikipedia.org/wiki/In-Memory-Datenbank*.

▶ **NoSQL-Datenbanken wie Apache Cassandra, CouchDB, MongoDB oder OrientDB**
NoSQL steht für *Not only SQL* und bezeichnet nicht relationale, »schemalose« Datenbanken, die mit sehr vielen Schreib- und Leseanforderungen und sehr großen Datenmengen umgehen können. NoSQL-Datenbanken werden oft in verteilten Umgebungen und für spezielle Zwecke (Ablage von Dokumenten oder Graphen) eingesetzt. Eine Liste von Einsatzbereichen und Produkten finden Sie z.B. unter *http://de.wikipedia.org/wiki/NoSQL*.

▶ **Datenbanksprachen wie SQL**
SQL ist heute – im Zusammenhang mit relationalen Datenbanken – die dominierende Datenbanksprache. Datenbanksprachen dienen auf der einen Seite dazu, Datenstrukturen innerhalb einer Datenbank (also z.B. Tabellen) zu definieren, auf der anderen Seite

zum Zugriff auf die in diesen Strukturen abgelegten Daten (Lesen, Schreiben, Ändern, Löschen). Ebenso wie bei vielen klassischen Datenbanken bildet SQL auch bei In-Memory-Datenbanken (und auch für SAP HANA) die Schnittstelle zwischen Datenbank und Anwendung. Andere Datenbanksprachen – abgesehen von speziellen OLAP-Werkzeugen wie *MDX* – spielen gegenüber SQL eher eine untergeordnete Rolle (eine Liste von Datenbanksprachen finden Sie unter *http://en.wikipedia.org/wiki/Database_language*).

▶ **Programmiersprachen wie Python, R, Java und Erlang**

  ▸ *Python* ist eine Programmiersprache, die man z.B. zum Abgreifen von Tweets einsetzen kann. Ein HANA-Beispiel hierzu finden Sie unter *http://scn.sap.com/community/developer-center/ hana/blog/2013/09/02/predicting-my-next-twitter-follower-with-sap-hana-pal*. Im Bereich Big Data ist die Sprache unter anderem deshalb wertvoll, weil für Python eine leistungsfähige Computerlinguistik-Plattform existiert, die für das Text Mining oder die Sentiment Detection genutzt werden kann (das *Natural Language Toolkit*, kurz NLTK).

  ▸ *R* ist eine Sprache speziell für statistische Anwendungen. Die Sprache steht auf den Betriebssystemen Unix, MacOS und Windows zur Verfügung und kann von diversen Servern weltweit kostenlos heruntergeladen werden (*http://cran.r-project. org/mirrors.html*). Für SAP-Kunden ist R interessant, weil SAP HANA den Einsatz der Sprache in *Datenbankprozeduren* unterstützt. Sehr gut lesbare Einstiege in R bieten die Bücher *Statistik mit R* (Doli? 2003) und *R Cookbook* (Teetor 2011).

  ▸ *Java* dürfte wohl die bekannteste Open-Source-Programmiersprache sein. Für Java existiert eine Vielzahl an Bibliotheken für alle möglichen Zwecke (z.B. auch für MapReduce, siehe Abschnitt 1.2, »Wie entsteht der Nutzen von Big Data?«). Auch SAP setzt im *SAP NetWeaver Application Server* neben dem altbekannten ABAP schon seit Längerem auf Java.

  ▸ *Erlang* ist eine nach dem dänischen Mathematiker Agner Krarup Erlang benannte, ursprünglich bei Ericsson entwickelte Programmiersprache. Sie wurde für den Bereich Telekommunikation entwickelt, wo sie immer noch sehr weit verbreitet ist. Mittlerweile wird Erlang aber auch gerne in verteilten Umgebungen mit hohen Anforderungen an die Systemverfügbarkeit – und damit auch im Sektor Big Data – eingesetzt.

▶ **Speicherlösungen wie Apache Hadoop**
(Apache) Hadoop ist ein in Java entwickeltes Gerüst, das im Wesentlichen aus einem Dateisystem zur Speicherung sehr großer Datenmengen (*Hadoop Distributed File System*, HDFS) sowie aus konfigurierbaren Klassen für Googles MapReduce-Programmiermodell besteht. Im Zusammenhang mit SAP HANA sieht auch SAP Hadoop als *die* Speicherlösung für praktisch unlimitierte Datenmengen an.

▶ **ETL-Werkzeuge wie Pentaho Data Integration, SQL Server Integration Services (SSIS) und SAP Data Services**
Auch wenn Big Data in Sachen Architektur dazu führt, dass sich die Zahl der Schichten in einem Datenmodell tendenziell verringert, müssen doch auch für Big-Data-Lösungen Daten aus unterschiedlichsten Quellen beschafft, bereinigt und angereichert werden. Genau das bewerkstelligen ETL-Werkzeuge (Extraktion, Transformation, Laden) wie SAP Data Services oder die in SAP BW »eingebauten« ETL-Funktionen. Unerheblich ist dabei, ob die Transformationen in diesen ETL-Werkzeugen zwischen persistenten (z.B. Datenbeständen in klassischen relationalen Datenbanken) oder flüchtigen Datenspeichern (also z.B. In-Memory-Datenbanken) stattfinden oder vielleicht sogar nur zwischen virtuellen Datenablagen liegen (wie z.B. *InfoSources* in SAP BW).

▶ **Darstellungswerkzeuge wie Tableau oder Produkte aus der SAP-BusinessObjects-Reihe**
Die Ergebnisse hochkomplexer Analysen und Algorithmen müssen aus drei Gründen in einer für Menschen verdaubaren Form aufbereitet werden:

▶ Big-Data-Lösungen sollen nicht immer eigenständig handeln. Manchmal sollen sie auch nur die Grundlage für menschliche Entscheidungen und daraus resultierende Handlungen liefern.

▶ Auch den leistungsfähigsten Algorithmen bleiben gelegentlich Zusammenhänge verborgen, die sich unserer menschlichen Intelligenz auf Anhieb erschließen.

▶ An den grafisch aufbereiteten Ein- und Ausgabedaten eines Algorithmus lässt sich oft erkennen, ob man einem Fehlschluss, einer statistischen Fata Morgana (siehe Abschnitt 1.2.2, »Anspruchsvolle Werkzeuge (richtig) nutzen«) aufgesessen ist.

In allen drei Fällen braucht man leistungsfähige Präsentationswerkzeuge, die mehr können, als Microsoft Excel zu bieten hat. Die Zahl der Anbieter in diesem Bereich ist mittlerweile praktisch unüberschaubar. Fast jeder Hersteller von Data Warehouses hat Präsentationslösungen im Angebot; daneben existieren zahllose kostenfreie oder kostenpflichtige, teilweise online nutzbare Lösungen im Internet. Auch Sprachen wie R oder Spezialwerkzeuge wie *SAP Predictive Analysis* (PAL) bieten entsprechende Funktionen.

Das für den jeweiligen Zweck am besten geeignete Werkzeug ergibt sich aus der gewünschten *Darstellungsform*; diese zu definieren ist Aufgabe von *Data Artists* (dieses neue Berufsbild stellen wir im folgenden Abschnitt »Verfahren« vor). Abbildung 2.3 stellt die wichtigsten dieser Begriffe zusammen, ohne Rücksicht darauf, zu welcher Kategorie (Plattformen, Sprachen etc.) sie gehören. Einige dieser Begriffe werden wir im weiteren Verlauf dieses Buches noch aufgreifen.

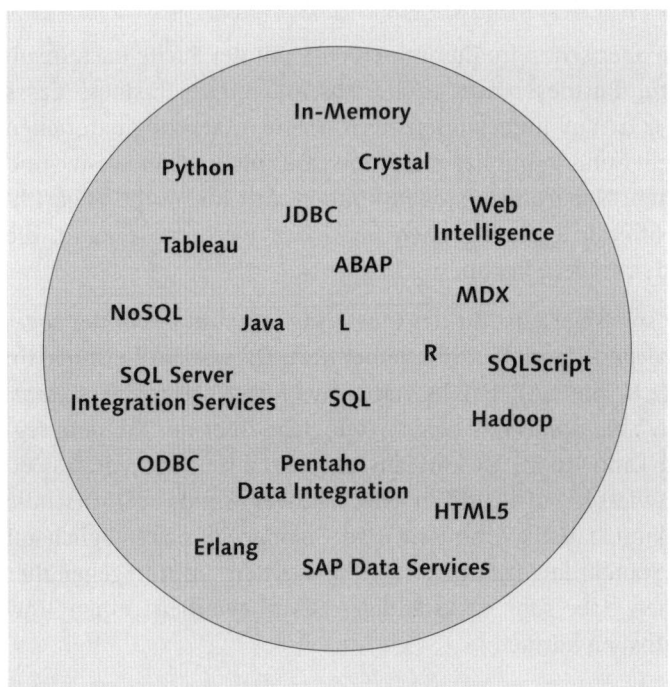

Abbildung 2.3 Big-Data-Sprachen und -Plattformen

Während für viele Kunden in Sachen Hardware die Entscheidung für das Commodity Computing unter Kostenaspekten fällt, kommen bei den genannten Sprachen und Plattformen Open-Source-Lösungen vor allem deshalb zum Einsatz, weil kaum ein einzelner Hersteller die ganze Bandbreite an erforderlichen Instrumenten im Angebot hat oder – wenn doch – zumindest nicht bei allen Bausteinen gleichzeitig die jeweils bestmögliche Lösung bieten kann.

Vorteil Open Source

Verfahren

Auch im Hinblick auf Verfahren, Methoden und Architekturen bedienen sich gängige Big-Data-Anwendungen gerne aus sehr vielen öffentlichen bzw. freien Quellen. Speziell für die Entwicklung von Verfahren gibt es aber auch noch eine andere sehr interessante Alternative: das *Crowdsourcing*, auf das wir in diesem Abschnitt zu sprechen kommen.

In Abschnitt 1.1.2, »Was Sie sonst noch für Big Data brauchen«, haben wir einige Wissensgebiete aufgezählt, die für Big-Data-Lösungen von besonderer Bedeutung sind. In jedem dieser Wissensgebiete existiert eine Vielzahl mathematischer, statistischer, heuristischer oder sonstiger Verfahren. Die meisten sind aus Forschung und Lehre hervorgegangen und somit ebenfalls Allgemeingut.

Wir haben aber schon im Zusammenhang mit der Suche nach Inspirationen für Business Cases (siehe Abschnitt 1.5, »Business Cases bewerten«) darauf hingewiesen, dass Sie in Marketingmaterialien der Hersteller und in publizierten Showcases nicht auf exklusive und revolutionäre Neuerungen stoßen können. Mit Ideen und Algorithmen aus öffentlich zugänglichen Bereichen werden Sie kaum die Welt aus den Angeln heben.

Standard-
algorithmen sind
nicht innovativ

In PAL beispielsweise ist für das Clustering unter anderem der sogenannte *k-Means-Algorithmus* implementiert. Diverse Fallbeispiele im Internet (z. B. die SAP HANA Academy, *http://www.saphana.com/community/hana-academy/*) zeigen, wie man hiermit Kunden segmentieren kann. Indes ist k-Means ein Verfahren, das vor fast 60 Jahren entwickelt wurde und an jeder halbwegs seriösen Hochschule im Grundkurs Statistik vermittelt wird. Solange Sie sich lediglich auf derartige Standardalgorithmen stützen, werden Sie nur gegenüber sehr kleinen oder sehr rückständigen Wettbewerbern einen Vorsprung aufbauen können.

Zugegeben: Der Nachholbedarf vieler Unternehmen in Sachen Datenanalyse ist so gewaltig, dass Sie auch schon mit kleineren Verbesserungen viel erreichen können; wenn Sie aber Geschäftsprozesse grundlegend umkrempeln, das Potenzial von Big Data wirklich massiv nutzen und mit neuen Angeboten die Führerschaft übernehmen wollen, braucht es mehr.

Data Scientists/
Data Artists

Zwei Maßnahmen, mit denen Sie wirklich Boden gutmachen können: Beschaffen Sie sich gut ausgebildete Data Scientists und Data Artists, und betreiben Sie Crowdsourcing. Den im Entstehen begriffenen neuen Beruf des Data Scientists haben wir schon in Abschnitt 1.2.2, »Anspruchsvolle Werkzeuge (richtig) nutzen«, erwähnt. Ein *Data Artist* befasst sich demgegenüber nicht mit Datenarchitekturen und Datenanalysen, sondern damit, wie Daten »gehirngerecht« aufbereitet werden können. Aufgabe eines Data Artists ist es, Darstellungsformen jenseits von Linien- und Balkendiagrammen zu entwickeln. Das Ziel sind bildhafte Repräsentationen von Daten, die es Ihnen erleichtern, Zusammenhänge, Trends oder Muster zu entdecken. Der Data Artist braucht daher – anders als der Data Scientist – z.B. auch Kenntnisse in Bereichen wie Kommunikationsdesign und kognitiver Psychologie. Ohne entsprechendes Know-how in Ihrem Unternehmen – Data Scientists und Data Artists plus entsprechend erfahrene externe Berater – werden Sie bestenfalls »Me-too-Big-Data-Lösungen« auf die Beine stellen.

Wenn Sie über entsprechend qualifizierte Ressourcen verfügen, sollten Sie diese nicht oder zumindest nicht ausschließlich damit beschäftigen, neue Verfahren selbst zu entwickeln. Viel produktiver sind diese Ressourcen, wenn Sie sie für die Definition, Lenkung und Auswertung von Crowdsourcing-Projekten einsetzen. Es ist nicht sinnvoll, sich in Sachen Verfahren allein auf bereits existente Algorithmen zu verlassen. Crowdsourcing bietet eine hochinteressante Möglichkeit, neue Algorithmen nicht von den zufällig bei Ihnen beschäftigten Experten, sondern von den weltweit besten Köpfen zu beziehen. Wir glauben, dass erfolgreiche Unternehmen – gerade was Big-Data-Anwendungen betrifft – zukünftig nicht mehr daran vorbeikommen werden, sich mit diesem Ansatz auseinanderzusetzen.

Crowdsourcing als Quelle für Spitzenwissen

Crowdsourcing [«]

Der Begriff Crowdsourcing ist eine Wortschöpfung aus den Bestandteilen *Crowd* (engl. für Menge) und *Outsourcing*. Unter Outsourcing versteht man die meist zeitlich und inhaltlich klar begrenzte Auslagerung interner Aufgaben, Prozesse und Projekte an externe Dienstleister. Crowdsourcing unterscheidet sich vom Outsourcing dadurch, dass Arbeiten nicht an einen Vertragspartner, sondern an eine mehr oder weniger anonyme Menge von Personen ausgelagert werden. Hierzu werden die Aufgaben in puncto Inhalt, Dauer, Zielsetzung, Entlohnung etc. genau definiert und dann über Crowdsourcing-Portale einer mehr oder weniger beschränkten Anzahl von Interessenten zugänglich gemacht.

Eines der größeren Crowdsourcing-Portale ist Amazons Mechanical Turk (*https://www.mturk.com/*), benannt nach dem mechanischen Schachspieler in Edgar Allan Poes Essay *Maelzels Schachspieler*. Andere Beispiele sind *http://crowdflower.com/* und *http://www.ideaconnection.com/*.

Die Idee des Crowdsourcings geht über eher »mechanische« Arbeiten oder reine Auktionsportale für Arbeitsleistungen (wie z.B. *http://www.my-hammer.de/*) hinaus. Im Crowdsourcing arbeiten oft mehrere Einzelpersonen oder Teams parallel und in Konkurrenz zueinander an derselben Aufgabe. Zwischen Auftraggeber und Auftragnehmer besteht meist nur eine sehr lockere, durch das jeweilige Portal vermittelte Beziehung. Die erforderlichen Leistungen werden in der Regel nicht vor Ort beim Auftraggeber, sondern mithilfe moderner Informations- und Kommunikationstechnik (insbesondere des Internets) aus der Ferne erbracht.

Arbeitender Kunde Vom Konzept des *arbeitenden Kunden* (den Trend zur Verlagerung von wertschöpfenden Tätigkeiten auf Kunden, z.B. durch die Selbstbedienung oder das Aufräumen in der Systemgastronomie oder den Selbst-Check-in beim Fliegen) unterscheidet sich Crowdsourcing unter anderem dadurch, dass beim Crowdsourcing das klare Verhältnis Auftraggeber/Auftragnehmer »öffengelegt« wird und üblicherweise eine Entlohnung des Auftragnehmers stattfindet. Die Bezahlung wiederum stellt auch einen Unterschied zum Open-Source-Ansatz dar. Bei Open Source existiert kein Auftraggeber im engeren Sinn. Demzufolge werden Leistungen bestenfalls später durch Kunden, nicht aber durch einen Auftraggeber bezahlt. Eine Liste aktueller und früherer Crowdsourcing-Projekte finden Sie auf *http://en.wiki pedia.org/wiki/List_of_crowdsourcing_projects#I*.

[+] **Crowdsourcing-Portale**

Ein Beispiel für ein Crowdsourcing-Portal, das primär der Lösung von Big-Data-bezogenen Problemen dient, ist Kaggle (*http://www.kaggle.com/*). Bei einem Blick auf die Website und die aktuell laufenden Projekte wird Ihnen auffallen, dass hier nicht nur Forschungsinstitute und Universitäten, sondern auch sehr respektable Branchenriesen wie General Electric (GE) mit Aufgabenstellungen vertreten sind.

Als dieses Buch verfasst wurde, suchte GE (neben Rolls Royce ein wichtiger Hersteller von Flugtriebwerken) z.B. nach einem Algorithmus für die Optimierung von Flugrouten in der kommerziellen Luftfahrt – ein geradezu mustergültiges Big-Data-Thema angesichts der vielen dynamischen Einflussfaktoren (wie Wetter, Verkehrslage, Vorgaben der Flugverkehrskontrolle) und eingedenk der Tatsache, dass eine Optimierung nur in Echtzeit sinnvoll ist.

Übrigens unterhält auch die SAP AG unter dem Namen *SAP Idea Incubator* (*https://ideas.sap.com/ct/c_ent_homex.bix?a=OD5268&level_id=36F0B80C -DFFF-42D4-8400-9FBBDD6EFAE5*) ein Crowdsourcing-Portal, auf dem Ideen – nicht nur für SAP HANA – gehandelt werden.

Um im Crowdsourcing mitzuspielen, müssen Sie nicht unbedingt die Dienste eines Portals in Anspruch nehmen. Ein eigener Bereich auf Ihrer Website, den Sie in geeigneten sozialen Medien bewerben und auf dem Sie Ihre Aufgaben und die versprochenen Belohnungen präsentieren, genügt vollauf. Worauf Sie aber nicht verzichten können, sind Experten, die Probleme auf sinnvolle Art und Weise formulieren und resultierende Projekte in diesem Umfeld steuern können.

Obwohl Sie für echte Veränderungen nicht umhin kommen werden, eigene Algorithmen zu entwickeln, haben wir Ihnen in Abbildung 2.4 einige Klassiker zusammengestellt, die Ihnen im Zusammenhang mit Big Data immer wieder begegnen werden. Die Begriffe im Diagramm bezeichnen nicht einzelne Verfahren, sondern Oberbegriffe für Verfahren.

Unternehmens-eigenes Portal

Klassische Algorithmen für Big Data

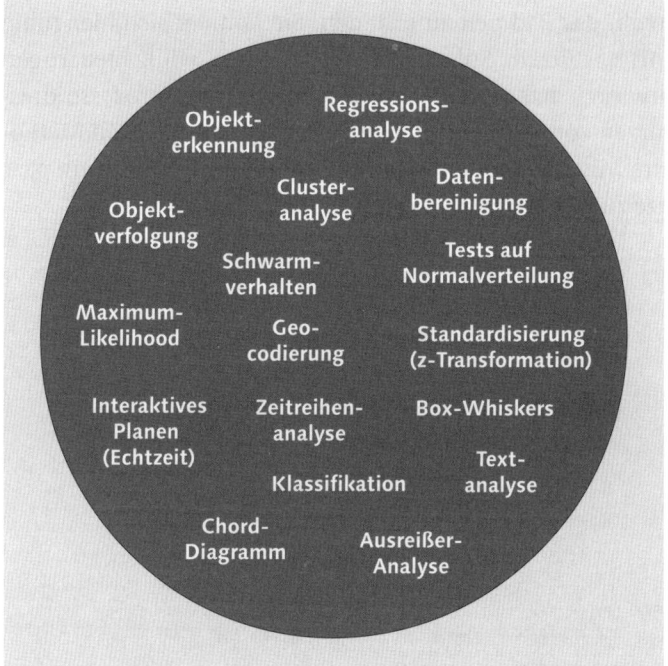

Abbildung 2.4 Big-Data-Verfahren

Statistische Tests **[zB]**

In Abbildung 2.4 sind *statistische Tests* erwähnt. Allein schon die Programmiersprache R stellt für die Frage, ob ein bestimmter Parameter normalverteilt ist oder nicht (im Standard oder über Pakete), sechs unterschiedliche statistische Tests zur Verfügung.

Einige der hier erwähnten Verfahrensgruppen spielen für unsere Fallstudien eine Rolle; diese werden wir später genauer erklären. Abbildung 2.4 dient aber primär dazu, Ihnen einen Eindruck von der Bandbreite an Algorithmen zu vermitteln, mit denen Sie sich für Big Data auseinandersetzen müssen.

Methoden

In puncto Methoden haben wir bereits agile Business Intelligence (BI) oder das MapReduce-Programmiermodell erwähnt, ein anderes Beispiel sind schemalose Datenbanken (also der NoSQL-Ansatz) und prinzipiell alle Arbeitsweisen, die bei der parallelen Verarbeitung in verteilten Systemen zum Einsatz kommen.

Methoden sind nicht lösungs-spezifisch

Anders als in Sachen Verfahren ist es im Hinblick auf Methoden nicht sinnvoll, das Rad neu zu erfinden. Sie können sich hier ruhig auf Bewährtes stützen. Solange Sie nicht einen völlig neuartigen Ansatz entwickelt haben, mit dem Sie Entwicklungsprozesse drastisch verkürzen können, spricht nichts dagegen, die gleichen Methoden wie Ihre Mitbewerber einzusetzen. Abbildung 2.5 listet ein paar Schlagworte zu Methoden und Ansätzen auf.

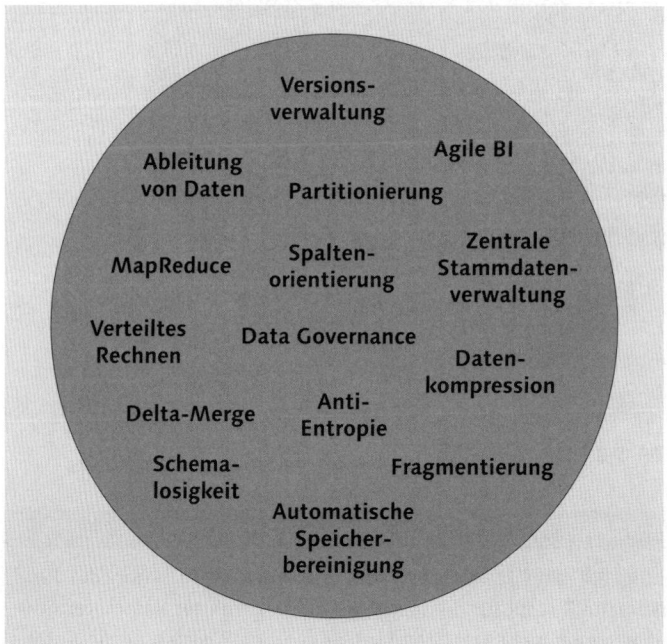

Abbildung 2.5 Big-Data-Methoden

Architekturen

Architekturansätze speziell für Big Data existieren – außer LSA++ von SAP – bislang noch recht wenige. Weil aber die meisten Big-Data-Lösungen auf Clustern oder Grids implementiert sind, greift man gern auf die Referenzarchitekturen für verteilte Systeme zurück (Beispiel: *ereignisgesteuerte Architektur*, Event-driven Architecture, EDA). Abbildung 2.6 verweist auf die Architekturen bzw. Architekturbausteine, die für Big Data eine Rolle spielen.

Architekturen sind nicht lösungs-spezifisch

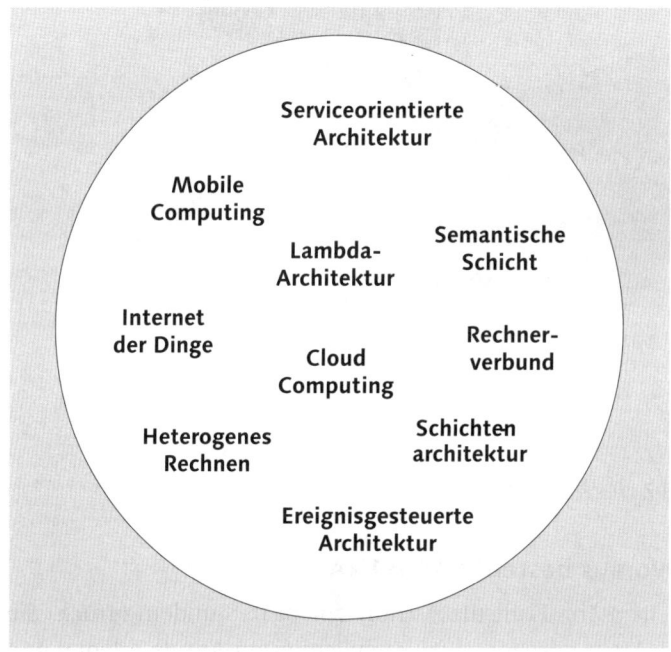

Abbildung 2.6 Big-Data-Architekturen

In Abbildung 2.2 bis Abbildung 2.6 haben wir nur eine kleine Teilmenge der »Zutaten« aufgelistet, die Ihnen für eine Big-Data-Lösung zur Verfügung stehen. Basierend auf dem speziellen Business Case, wird jede Organisation aus diesen und anderen Ingredienzien ihre eigene »Rezeptur« entwickeln. Wenn Sie sich Ihre Big-Data-Lösung einmal als süditalienischen Teigfladen vorstellen, entsteht der Genuss – ganz so wie bei einer guten Quattro Stagioni – nicht durch eine einzelne Zutat, sondern durch das Zusammenspiel der Beläge. Mit Hardware, Sprachen/Plattformen, Verfahren, Methoden und Architekturen hat Ihre Big-Data-Pizza dann sogar fünf Jahreszeiten (Segmente), und alle fünf sollten Sie für Ihr Topmanagement anspre-

Big-Data-Rezeptur

chend arrangieren, gut durchgebacken und betörend duftend ausgelegt auf einem knackig-knusprigen Business Case.

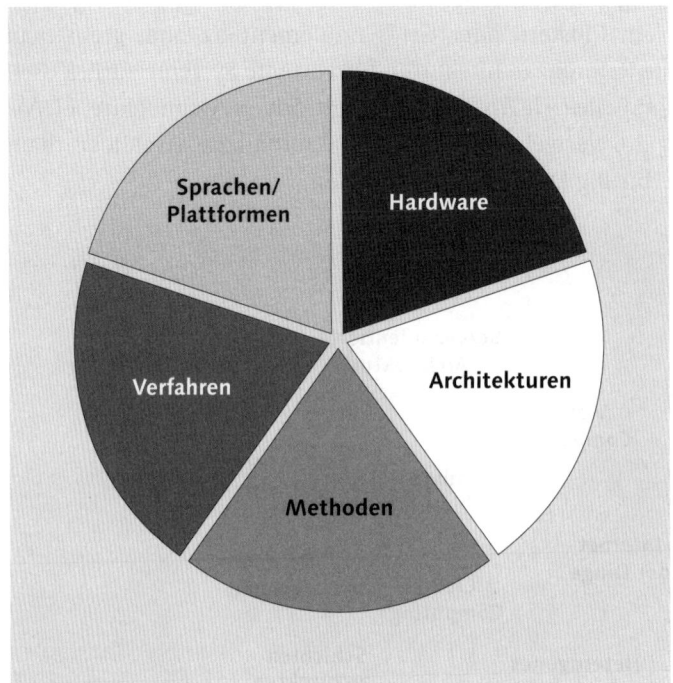

Abbildung 2.7 Ihre Big-Data-Lösung

2.1.2 Woraus besteht SAP HANA?

SAP HANA ist keine Instant-Lösung Vielleicht liegt Ihr Frühstück schon ein paar Stunden zurück. Sie haben Ihre Mails durchgesehen, die wichtigsten Anrufe erledigt und sich dann am Vormittag einige Stunden Zeit für dieses Buch genommen. So langsam regt sich Ihr Appetit aufs Mittagessen. Aber die Anzeige auf Ihrer Badezimmerwaage am frühen Morgen hat Sie bewogen, sich heute auf zwei Äpfel, eine Orange und ein paar Nüsse zu beschränken. Gut für uns, denn wenn Ihr Magen knurrt, können wir vielleicht Ihre Aufmerksamkeit noch ein wenig länger mit der Pizzametapher fesseln.

Wenn Sie sich eine Big-Data-Lösung als Cinque Stagioni vorstellen, ist SAP HANA nicht einfach eine Fertigpizza aus der Kühltheke und auch mehr als nur eine Sammlung von Rezepten. Zunächst einmal versorgt SAP Sie in Sachen Big Data mit einem Portfolio an Anwendungsideen und Business Cases. Dieses Portfolio – z. B. die Customer

Success Stories auf *http://www.saphana.com/community/learn/custo mer-stories/* – können Sie als kulinarische Inspirationsquelle betrachten. Sie gewinnen so einen Eindruck von der Bandbreite möglicher Lösungen und lernen, dass man einen Pizzaboden nicht nur mit Hefe, sondern auch weniger kompliziert mit Backpulver als Quark-Öl-Teig zubereiten kann.

Wenn Ihnen so gar nicht nach Backen zumute ist, gibt es bei SAP HANA sowohl fertige Teigmischungen (SAP Rapid Deployment Solutions, RDS, siehe auch *http://marketplace.saphana.com/Package-Solutions/ SAP-Rapid-Deployment-Solutions/c/1063* oder *http://global.sap.com/ swiss/solutions/rapid-deployment/solutions-by-business.epx*) als auch komplett belegte und gewürzte Tiefkühlpizzen, die Sie nur noch in den Ofen schieben müssen (auf dem SAP HANA Marketplace unter *http://www.saphana.com/community/learn/customer-stories/*). Sie finden aber auch alles zwischen diesen beiden Extremen. So könnten Sie etwa auch den Boden selbst zubereiten (sprich: Ihren eigenen Business Case mit einem morphologischen Kasten entwickeln, siehe Abschnitt 1.5, »Business Cases bewerten«) und für den Belag Dosentomaten (sprich: die fertig implementierten Verfahren in PAL) verwenden.

Sie wählen den Individualisierungs-grad

Aber mal Hand aufs Herz: Sie haben auf Facebook den Partner fürs Leben entdeckt, und es ist Ihnen tatsächlich gelungen, aus der virtuellen in die echte Realität zu wechseln und ein Date zu organisieren. Werden Sie Ihre Traumfrau/Ihren Traummann dann zum Pizza Hut im nächstgelegenen Einkaufscenter schleppen bzw. bei der Zubereitung des Candle-Light-Dinners daheim die Plastikfolie von der gefrorenen Pizza schälen oder mit dem Büchsenöffner herumhantieren? Eben. Eher würden Sie sich wohl auf die Suche nach einem Virtuosen machen, der seine Pizzaböden nach dem Originalrezept seiner neapolitanischen Urgroßmutter zusammenknetet und der für seinen Sugo täglich frische Ramallet-Tomaten von den Balearen einfliegen lässt.

Innovation gibt es nicht aus der Dose

Parallel dazu sollten Sie sich bei einer Big-Data-Projektpräsentation für die Führungsebene nicht auf einen Anwendungsfall stützen, mit dem Ihr wichtigster Wettbewerber schon seit zwei Jahren auf Messen und Kongressen hausieren geht, oder als Höhepunkt Ihres Vortrags vorschlagen, den bereits erwähnten k-Means-Algorithmus in der Kundensegmentierung einzusetzen.

SAP als
»Feinkostladen«

Wenn wir beim Pizzagleichnis bleiben, ist SAP HANA weder ein Tiefkühlgericht noch ein Kochbuch ohne greifbare Substanz. Eher schon so etwas wie eine Sortimentsgruppe in einem italienischen Feinkostladen, der sich auf alles spezialisiert hat, was Sie für die Zubereitung von Pizzaböden und die Zusammenstellung von Pizzabelägen brauchen. Bei manchen Zutaten (z.B. der Hardware) ist das Sortiment ein wenig eingeschränkt (vielleicht, um den Preis hochzuhalten, vielleicht aber auch, um eine gewisse Mindestqualität zu garantieren); bei anderen (z.B. bei Verfahren) bietet Ihnen SAP eine Auswahl an Eigenmarken (sprich: Implementierungen) an, ermöglicht es Ihnen aber auch (über offene Schnittstellen), sich anderweitig einzudecken.

SAP HANA im
Gesamtportfolio
von SAP

Da man für die Pizzazubereitung auch ein Nudelholz, einen Pizzaschneider, vielleicht einen Backstein oder sogar noch einen Pizzaofen braucht (und später ein Glas Montepulciano dazu trinken will), hat sich der Feinkostladen »Alimentari SAP« gleich neben diversen Fachgeschäften angesiedelt. Diese sind bequem über Passagen erreichbar; Sie müssen das Gebäude nicht verlassen und können gleich auch noch Küchenzubehör (SAP NetWeaver Application Server), Elektrogroßgeräte (SAP Business Suite) und feine Weine (SAP BusinessObjects) kaufen.

Einbettung in die
Open-Source-Welt

Während die direkten Nachbarn zwar ausschließlich Erzeugnisse unter dem SAP-Label anbieten, liegt das ganze Ensemble dennoch im Herzen von Little Italy. Produkte, die SAP nicht herstellt (z.B. Speicherlösungen wie Hadoop oder Programmiersprachen wie Python) oder bei denen Sie partout eine andere Marke verwenden wollen – weil Sie z.B. ein Chord-Diagramm (manchmal auch radialer Aufriss oder – nach einem Softwarepaket – Circos-Diagramm genannt) brauchen, das sich mit SAP BusinessObjects Dashboards nicht ohne Weiteres generieren lässt –, sind manchmal direkt nebenan (z.B. R-Funktionen innerhalb von HANA-Prozeduren, wir gehen hierauf noch ein) oder zumindest in Gehweite zu haben.

Technik (Hardware)

Hardwarepartner
für SAP HANA

SAP HANA wird als Appliance angeboten. Sie sind daher bei der Hardware gewissen (harten) Einschränkungen unterworfen. Stand Oktober 2013 haben Sie die Auswahl aus zehn Hardwarelieferanten (die URLs in Klammern verweisen auf die HANA-Bereiche auf den Websites der jeweiligen Hersteller):

- Cisco (*http://www.cisco.com/en/US/netsol/ns1160/index.html*)
- Dell (*http://www.dell.com/learn/de/de/rc1077931/by-service-type-application-services-business-intelligence-sap-hana*)
- Fujitsu (*http://www.fujitsu.com/de/solutions/high-tech/solutions/datacenter/sap/hana/*)
- Hitachi (*http://www.hds.com/products/hitachi-unified-compute-platform/business-analytics.html?WT.ac=us_inside_rm_busnssnly*)
- Huawei (*http://enterprise.huawei.com/en/solutions/IT-solutions/server-application/hw-266849.htm*)
- HP (*http://h22168.www2.hp.com/us/en/partners/sap/index.aspx#tab=TAB2*)
- IBM (*http://h22168.www2.hp.com/us/en/partners/sap/index.aspx#tab=TAB2*)
- Lenovo
- NEC (*http://www.nec.com/en/global/prod/express/related/sap_certified.html*)
- VCE (*http://www.vce.com/products/specialized/sap-hana*)

Bildhaft umgesetzt, sehen Ihre Optionen also aus, wie in Abbildung 2.8 dargestellt.

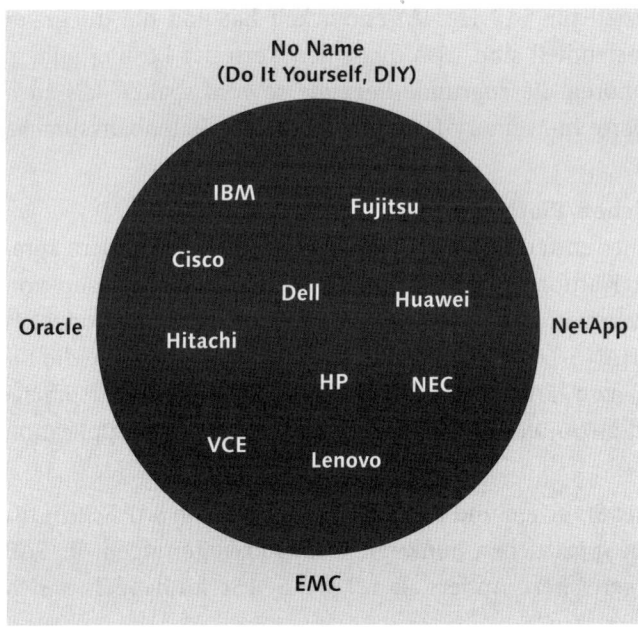

Abbildung 2.8 SAP-HANA – Hardwarepartner

Da SAP fortlaufend neue Allianzen begründet, ist auch die Liste möglicher Hardwarelösungen im Fluss. Derzeit sind Sie bei der Auswahl der Hardware auf die Partner beschränkt, die sich innerhalb des roten Kreises befinden.

Aktuelle Infos zu Hardwareoptionen

Auf welche Hersteller Sie aktuell setzen können, verraten Ihnen die SAP-Website (*http://www.sap.com/pc/tech/in-memory-computing-hana/ partners.html*) und eine Übersicht auf dem SAP Service Marketplace (*https://websmp209.sap-ag.de/~sapidb/011000358700000701932011E*). Die beste und zuverlässigste Quelle für entsprechende Informationen ist die *Product Availability Matrix* (PAM), zu finden unter *http:// service.sap.com/pam*.

Technik (Sprachen/Plattformen)

Offene und proprietäre Plattformen

Im Hinblick auf Sprachen und Plattformen ist die Beschreibung des Umfangs von SAP HANA ein wenig komplexer als bei der Hardware. Hier gibt es aufgrund der Offenheit von SAP HANA keine »harten« Abgrenzungen. Unsere Übersicht aus Abschnitt 2.1.1, »Big Data ohne bzw. vor SAP HANA«, lässt sich in Bezug auf SAP HANA in vier Kategorien unterteilen (siehe auch Abbildung 2.9):

▸ **HANA-Sprachen/Plattformen**
   Zunächst einmal gibt es Sprachen und Plattformen, die SAP selbst (ganz speziell für SAP HANA) entwickelt hat und die integraler Produktbestandteil sind, also quasi den Kern der Lösung bilden. Hierzu gehören die zugrunde liegende sowohl spalten- als auch zeilenbasierte In-Memory-Datenbank oder die Datenbanksprache SQLScript.

▸ **SAP-Sprachen/Plattformen**
   Etwas weiter entfernt vom »HANA-Kern« finden sich andere Sprachen und Plattformen, die ebenfalls dem Produktportfolio von SAP entstammen und SAP HANA als Datenbank nutzen oder als Basis für HANA-Lösungen dienen. In diese Klasse gehören die BI-Lösungen von SAP BusinessObjects, die Programmiersprache ABAP und die Anwendungsplattform SAP NetWeaver Application Server.

   Viele dieser Sprachen und Plattformen werden von SAP Schritt für Schritt mit spezifischen Funktionen und Erweiterungen für SAP HANA angereichert. Anders als z.B. bei SQLScript handelt es sich hierbei aber um Produkte, die schon vor SAP HANA und unabhängig davon existierten bzw. existieren.

▶ **Unterstützte Sprachen/Plattformen**
Ergänzend hierzu stehen Ihnen für HANA-basierte Big-Data-Lösungen Sprachen und Plattformen zur Verfügung, die entweder von anderen Herstellern stammen oder frei verfügbar sind, deren Zusammenwirken mit SAP HANA aber von SAP, vom jeweiligen Hersteller oder von der Open-Source-Gemeinschaft auf unterschiedliche Art und Weise gefördert wird. Hierzu gehören die Programmiersprachen L und R (die in HANA-Prozeduren verwendet werden können), die Speicherlösung Apache Hadoop (für deren Intel-Distribution SAP selbst als Wiederverkäufer auftritt) und auch die Datenbanksprache SQL, auf der SQLScript basiert.

▶ **Sonstige Sprachen/Plattformen**
Übrig bleiben andere Sprachen und Plattformen, die zwar mehr oder weniger gut mit SAP HANA kooperieren können, auf HANA-Daten jedoch meist über mehr oder weniger komfortable Schnittstellen zugreifen müssen. In dieser Kategorie befinden sich z.B.:

  ▶ die Programmiersprache Python, die HANA-Datenbanken unter anderem über das *Open Data Protocol* (OData) ansprechen kann (OData ist ein von Microsoft entwickeltes, HTTP-basiertes Zugriffsprotokoll für die Ausführung von Datenbankoperationen)

  ▶ die Microsoft-ETL-Lösung SSIS, die über das Microsoft-.NET-Framework an HANA-Daten gelangen kann

Die Position der Begriffe in Abbildung 2.9 verdeutlicht deren »Nähe« zu SAP-Lösungen bzw. zu SAP HANA. Die Komponenten im zentralen Kreis sind integrale Bestandteile von SAP HANA, bei denjenigen im ersten Ring (von der Mitte aus gezählt) handelt es sich um Produkte von SAP, die aber nicht mehr zu SAP HANA gehören. Danach folgen im nächsten Ring Komponenten, die nicht aus dem Hause SAP stammen, aber von SAP HANA im Standard unterstützt werden, und schließlich im äußersten Ring Sprachen bzw. Plattformen, die zwar in Werkzeugketten mit SAP HANA eingesetzt werden können, für die es allerdings keine spezielle Anbindung an SAP HANA gibt (z.B. in Form standardisierter Schnittstellen).

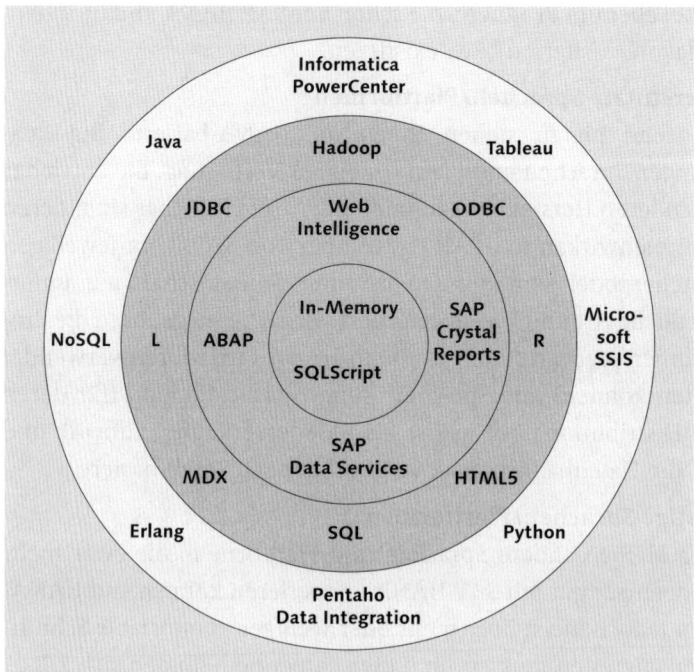

Abbildung 2.9 Sprachen/Plattformen für SAP HANA

Verfahren

Fertig implementierte Verfahren

Wir haben schon darauf hingewiesen, dass die meisten der für Big Data benötigten Verfahren entweder frei verfügbar sind oder speziell für die jeweilige Lösung entwickelt werden müssen. Nach unserem Kenntnisstand gibt es daher keine (bedeutenden) mathematisch-statistischen Algorithmen (z.B. für die Klassifikation), die SAP selbst »erfunden« und von Grund auf neu entwickelt hätte und die somit nur HANA-Kunden zur Verfügung stünden. In SAP HANA oder in hierauf basierenden Produkten (wie PAL) sind jedoch viele gängige Verfahren und Algorithmen bereits fertig *implementiert* verfügbar.

Diese lassen sich – wie schon die Sprachen und Plattformen – je nach Abstand zum Kern der Lösung wieder in vier Gruppen einteilen (siehe auch Abbildung 2.10):

▶ **Verfahren in SAP HANA selbst**
Einige Verfahren sind in SAP HANA selbst implementiert. Hierzu gehört z.B. die (ab HANA-Plattform SPS 6 Revision 60 verfügbare) Textanalyse, die auch grundlegende Funktionen für die Sentiment Detection umfasst (z.B. über die Option EXTRACTION_CORE_VOICEOFCUSTOMER).

▶ **Verfahren in HANA-basierten Lösungen**
Andere Algorithmen werden in HANA-basierten Lösungen (z.B. PAL) bereitgestellt, so z.B. Verfahren für die Ausreißer- (Funktion ANOMALYDETECTION) und Cluster-Analyse (Funktion KMEANS).

▶ **Verfahren in Nicht-SAP-Lösungen**
Noch breiter wird das Spektrum durch Sprachen oder Plattformen (z.B. R oder Hadoop), die SAP explizit unterstützt. In R gibt es eine Vielzahl statistischer Testverfahren (z.B. die in Abschnitt 2.1.1, »Big Data ohne bzw. vor SAP HANA«, erwähnten Tests auf Normalität hin) oder Grafikfunktionen (z.B. der gerne für den Vergleich von Verteilungen verwendete *Box-and-Whiskers-Plot*). Die Liste der außerhalb des Standards von R in Paketen von der Entwicklergemeinschaft bereitgestellten Funktionen ist fast unüberschaubar. Eine aktuelle Übersicht aller Pakete finden Sie auf *http://cran.r-project.org/web/packages/available_packages_by_name.html*.

▶ **Eigenentwicklung bleibt ein Thema**
Trotzdem bleiben natürlich etliche mehr oder weniger komplexe Fälle übrig, in denen Sie Algorithmen mit SAP-Mitteln (also z.B. ABAP-basiert) oder in anderen Sprachen bauen oder wenigstens anpassen müssen. Dies betrifft nicht nur neue, spezifische Entwicklungen, sondern auch bereits bekannte Verfahren. Beispiele wären Algorithmen für die Erkennung und Verfolgung von Objekten (um Laufwege von Kunden in Geschäften zu analysieren) oder Optimierungsverfahren wie die *simulierte Abkühlung* (Simulated Annealing) oder das *stochastische Tunneln*. Die simulierte Abkühlung ist ein heuristisches Verfahren, das beispielsweise bei der Einsatzplanung von Ressourcen (Techniker, Flugzeuge) zum Einsatz kommt. Das stochastische Tunneln ist ein Verfahren zur glo-

balen Optimierung, das z. B. beim Design von integrierten Schalt-
kreisen eine Rolle spielt.

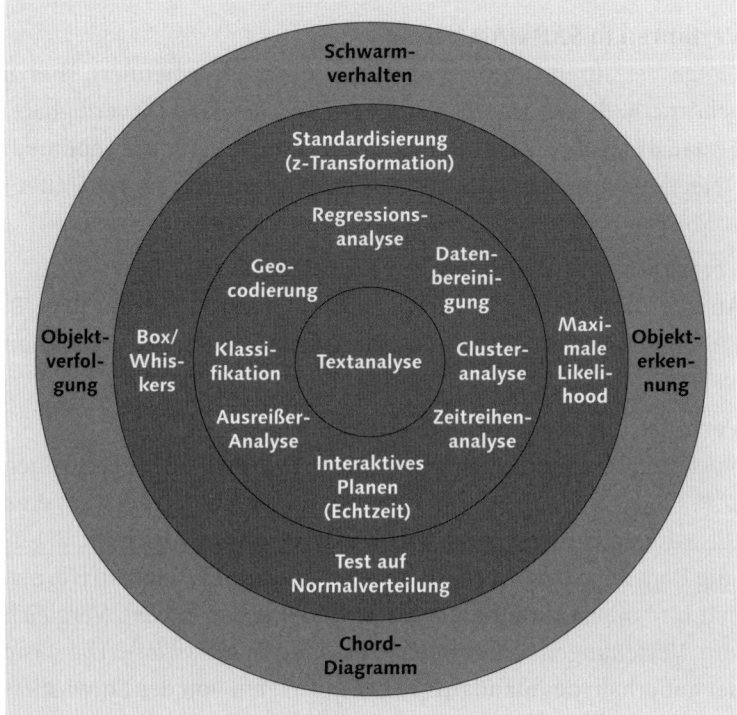

Abbildung 2.10 Verfahren für SAP HANA

Funktionsumfang
ist releasespezifisch

Genau wie die verfügbare Hardware ändert sich natürlich auch der
Umfang der implementierten Algorithmen beinahe mit jedem neuen
Release oder Service Pack. Den aktuellen Stand bezüglich der in
Abbildung 2.4 genannten Verfahren aus Sicht von SAP HANA zeigt
Ihnen Abbildung 2.9.

[+]

Vor- und Nachteile fertig implementierter Algorithmen

Der große Vorteil fertig implementierter Verfahren ist: Sie haben sofort
und ohne Entwicklungsaufwand Zugriff auf eine Vielzahl von Algorithmen. Letztendlich kommen Sie jedoch nicht darum herum, den jeweils
passenden Algorithmus auszuwählen, die erforderlichen Einstellungen
vorzunehmen und das Verfahren mit Eingabedaten zu versorgen. Diese
drei Schritte erfordern im Bereich Big Data deutlich mehr mathematisch-
statistisches Spezialwissen als das klassische SAP-Customizing. Außerdem
können Sie hier deutlich mehr Schaden anrichten als durch ein falsch
bebuchtes Materialaufwandskonto.

Methoden und Architekturen

Natürlich beinhaltet SAP HANA als Lösung zahlreiche sehr innovative Ansätze und Methoden (wie beispielsweise den Gedanken, Schreiboperationen nur in einem separaten Speicherbereich durchzuführen und später asynchron über einen Delta-Merge mit den übrigen Daten zu konsolidieren). Aber SAP hat mit SAP HANA das Rad nicht neu erfunden und bedient sich in Sachen Methoden und Architekturen – ebenso wie alle anderen Big-Data-Anbieter – aus einem großen, allgemein und frei verfügbaren Pool. Abbildung 2.11 stellt dies bildhaft dar.

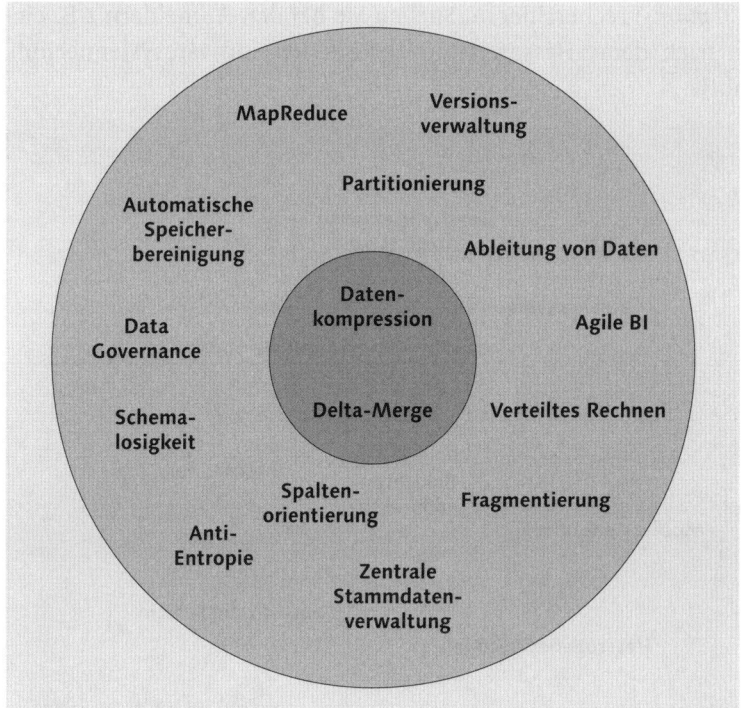

Abbildung 2.11 Methoden für SAP HANA

Einige dieser allgemein verfügbaren methodischen Ansätze hat SAP einfach nur implementiert, z.B. die Funktionen für die Partitionierung großer Datenbanktabellen über *Hash* oder *Round Robin*. Hash und Round Robin bezeichnen Partitionierungsverfahren, mit deren Hilfe man eine gleichmäßige Verteilung der Daten auf die Partitionen sicherstellen kann. Andere Ansätze (z.B. die Spaltenorientierung

Allgemein verfügbare Methoden

in der Datenbank) wurden erweitert und flexibler ausgestaltet (so gibt es in SAP HANA die Möglichkeit, Daten sowohl spalten- als auch zeilenorientiert abzulegen).

HANA-Patente   Darüber hinaus gibt es auch einige HANA-eigene Methoden, die auch patentrechtlich geschützt sind. Hierzu gehören z. B. Ansätze für die performante Analyse von OLTP-Daten, was im Patent als »ETL-loses null-redundantes System und Verfahren zum Melden von OLTP-Daten« bezeichnet wird, unter anderem entwickelt von Alexander Zeier, einem der Vordenker in der HANA-Welt. Wenn Sie mehr über SAP-eigene Innovationen in SAP HANA erfahren möchten, können Sie über die Patentsuche von Google (*https://www.google.de/?tbm=pts*) recherchieren. Suchen Sie bei den Anmeldern z. B. einfach nach dem »Hasso-Plattner-Institut für Softwaresystemtechnik GmbH«.

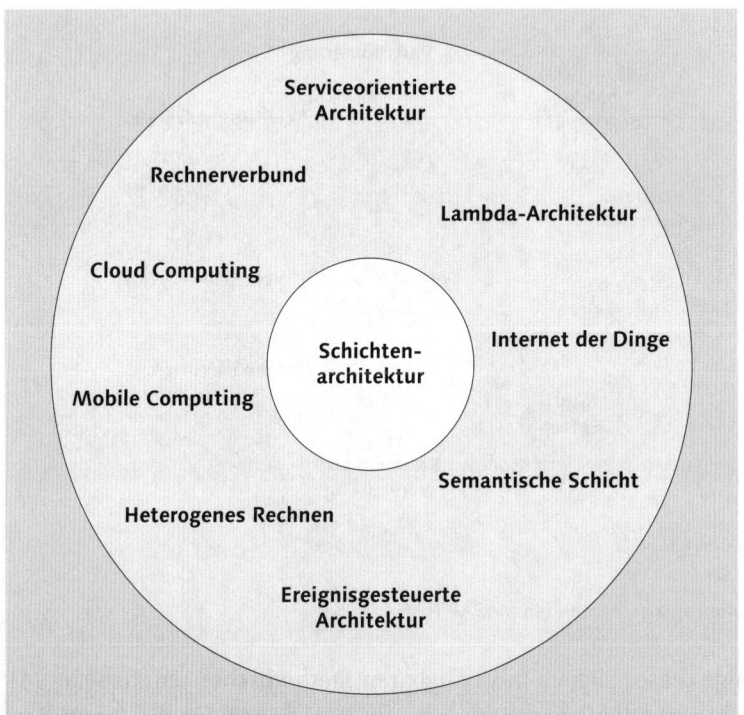

Abbildung 2.12 Architekturen für SAP HANA

SAP-Varianten von Referenz-architekturen   Ganz ähnlich stellt sich die Situation im Hinblick auf Architekturen dar (siehe Abbildung 2.12). Es existieren einige SAP-spezifische Ansätze (wie z. B. die LSA++-Referenzarchitektur für SAP BW); letztendlich aber stützen sich die Architekturmodelle von SAP auf allgemein verfügbares, gelegentlich SAP-seitig ergänztes Gedankengut.

Der SAP-Werkzeugkasten für serviceorientierte Architekturen, das *SAP Enterprise Architecture Framework* (EAF), baut im Wesentlichen auf dem *The Open Group Architecture Framework* (TOGAF) auf und erweitert dieses lediglich in einigen Punkten. Und für die Entwicklung von Echtzeitlösungen, die autonom agieren können, wird man wohl auch mit SAP HANA als Basis auf neue, aber nicht SAP-spezifische Ansätze wie die sogenannte *Lambda-Architektur* zurückgreifen (ein Zweischichtenmodell für Big-Data-Echtzeitsysteme; siehe »Big Data: Principles and Best Practices of Scalable Realtime Data Systems«, Marz/Warren 2014 bzw. *http://www.manning.com/marz/*).

2.1.3 Abgrenzung von SAP HANA und Big Data

Nachdem wir bis zu diesem Punkt SAP HANA quasi als Teilmenge von Big Data betrachtet haben, werden wir uns nun mit einigen besonderen Charakteristika der SAP-Lösung beschäftigen. Es geht uns dabei um Eigenschaften, Möglichkeiten, Nutzen und Vorteile, die über das bislang Gesagte hinausgehen.

SAP HANA als Teilmenge von Big Data

Lassen Sie uns aber vorher noch unsere Einsichten aus den Abschnitten Abschnitt 2.1.1, »Big Data ohne bzw. vor SAP HANA«, und Abschnitt 2.1.2, »Woraus besteht SAP HANA?«, zusammenfassen:

▸ **SAP HANA ist (grundsätzlich) offen**
Im Prinzip können Sie beim Aufbau HANA-basierter Big-Data-Lösungen alle Techniken, Verfahren, Methoden und Architekturen einsetzen, die Ihnen auch sonst in der großen weiten Big-Data-Welt zur Verfügung stehen.

▸ **Einschränkungen: Hardware und Datenbank**
Gegenüber einer Big-Data-Lösung auf Open-Source-Basis oder den proprietären Produkten anderer Hersteller ergeben sich allerdings zwei Einschränkungen:

  ▸ *Hardwareauswahl*
  Sie sind bei der Auswahl der Hardware nicht völlig frei. Diese Einschränkung wird aber durch vier Überlegungen relativiert:

    – Der Kreis der Hardwarepartner ist in Bewegung, und viele wichtige Anbieter (vom Erzrivalen Oracle einmal abgesehen) sind ohnehin schon in diesem Kreis vertreten.

- Bei anderen proprietären Angeboten (z. B. bei Oracle Exadata) ergeben sich ebenfalls (teilweise noch gravierendere) Einschränkungen in puncto Hardware.

- Aufgrund der engen Partnerschaft von Hard- und Softwareanbietern sind weniger Kompatibilitätsprobleme zu erwarten. In Sachen Leistungsfähigkeit können Hard- und Software besonders gut aufeinander abgestimmt werden.

- Die Erfahrung am PC-Markt (Apple vs. Microsoft) zeigt, dass selbst Endverbraucher Stabilität, Komfort und Performance honorieren und bereit sind, für die Hardware gegebenenfalls auch etwas tiefer in die Tasche zu greifen.

▶ *(Relationales) Datenbanksystem*
Hauptbestandteil von SAP HANA ist eine (SQL-basierte) In-Memory-Datenbank mit den zugehörigen Verwaltungs-Tools. Ergo sind Sie mit SAP HANA auch in dieser Hinsicht festgelegt. Zumindest dürfte es unter Effizienzgesichtspunkten (Betrieb, Wartung) wenig Sinn ergeben, für Ihre Big-Data-Lösungen nebenher noch andere relationale (In-Memory-)Datenbanksysteme zum Einsatz zu bringen. Parallel hierzu und für bestimmte Aufgabenbereiche könnte es aber durchaus sinnvoll sein, auch noch mit NoSQL-Datenbanken zu arbeiten.

▶ **Algorithmen »aus der Dose«**
Diverse gängige und für Big Data wichtige Ansätze sind in SAP HANA oder in darauf basierenden Lösungen implementiert. Der Aufwand für die Entwicklung eigener Lösungen, für die Sie z.B. Textanalyse oder Klassifikationsverfahren brauchen, wird dadurch deutlich geringer. Diese Aussage gilt primär für die Versorgung mit implementierten Verfahren und Algorithmen. Die Bereitstellung von Methoden und Architekturen steht eher im Hintergrund. Abgesehen davon müssen Sie natürlich berücksichtigen, dass diese fertig implementierten Verfahren nur einfachere und keine exotischen Fachanforderungen befriedigen können.

▶ **Apps für spezielle Anforderungen**
SAP verfolgt in puncto Applikationen einen ähnlichen Ansatz wie Apple mit seinem App Store. Entwicklern wird es relativ leicht gemacht, Apps für SAP HANA zu programmieren. Die dafür erforderlichen Entwicklungsumgebungen und Informationen stellen SAP und deren Partner entweder kostenlos oder gegen relativ geringe Gebühren bereit. Das lässt erwarten, dass auch Apps für

speziellere Algorithmen auf SAP HANA entstehen werden. Und schließlich spricht ja auch nichts dagegen, auf Crowdsourcing-Portalen die Entwicklung von fertig implementierten Apps für SAP HANA auszuschreiben. Nicht zuletzt hierfür hat wohl auch SAP selbst ein Crowdsourcing-Portal eingerichtet.

SAP HANA für Entwickler   **[zB]**

Die folgenden drei Angebote sind Beispiele dafür, wie Entwickler zu relativ geringen Kosten auf SAP HANA zugreifen können:

▸ **Amazon Web Services**
Auf *http://aws.amazon.com/de/sap/* bietet Amazon diverse SAP-Lösungen – darunter auch SAP HANA One (die reine Datenbank ohne ERP-, Data-Warehousing- oder BI-Funktionen) – zur Nutzung in seiner Cloud-Umgebung an.

▸ **SAP HANA Developer Edition**
Speziell für Entwickler gibt es auf *http://scn.sap.com/docs/DOC-31722* ein eigenes Lizenzmodell. Für die nicht produktive Nutzung erhalten Entwickler Zugriff auf SAP HANA One in diversen Partnerumgebungen.

▸ **SAP BW powered by SAP HANA – Trial Offer**
Für den, der nicht nur SAP HANA One, sondern auch eine Data-Warehousing-Umgebung auf SAP HANA sehen möchte, bietet sich ein anderes Testangebot an: ein vollständiges SAP BW powered by SAP HANA inklusive Beispielszenarien und SAP-BusinessObjects-Frontend für bis zu 30 Tage, zu finden unter *http://www.saphana.com/docs/DOC-3954*.

Auch die Palette dieser Angebote ist ständig in Bewegung.

Wenn wir also auf unsere Pizzametapher zurückkommen, ergibt sich das in Abbildung 2.13 gezeigte Bild. Im Bereich Hardware müssen Sie gegenüber Open-Source-Lösungen wie Apache Derby geringfügige Einschränkungen hinnehmen, bei den Sprachen und Plattformen sowie den Verfahren haben Sie gegenüber generischen Big-Data-Lösungen Vorteile durch vorimplementierte Algorithmen. In Sachen Methoden und Architekturen leistet SAP HANA keine wesentlichen Beiträge, erlegt Ihnen aber auch keine Restriktionen auf.

SAP-Sortiment für Big Data

Bislang haben wir SAP HANA primär aus der Perspektive von Big Data betrachtet und uns genauer angeschaut, welche Big-Data-Komponenten in SAP HANA enthalten sind. Nun kann man den Spieß auch umdrehen und sich fragen, ob SAP HANA Funktionen, Bausteine oder Vorteile liefert, die in generischen Big-Data-Anwendungen zwar auch, aber nur mit sehr viel mehr Aufwand zu haben wären.

Mehrwert von SAP HANA analysieren

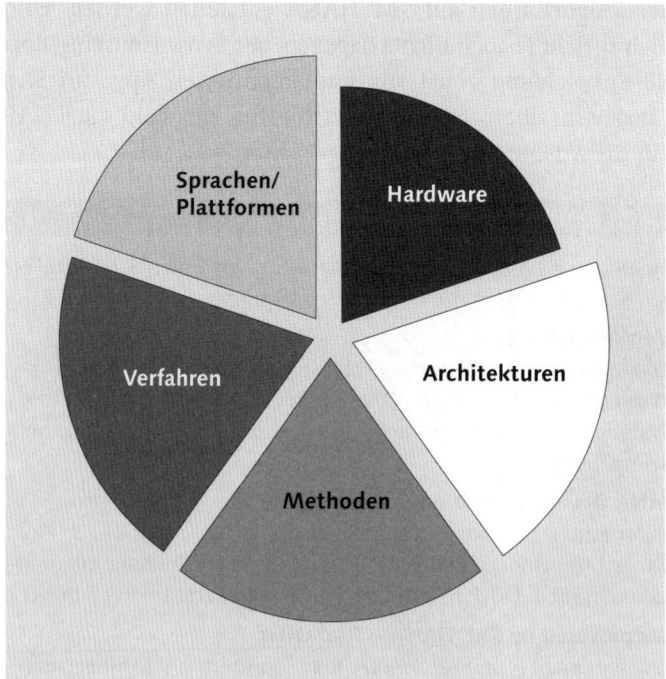

Abbildung 2.13 Ihre SAP-HANA-Lösung

Aus unserer Sicht kann man hierbei auf den folgenden vier Gebieten fündig werden:

- **Spezifische (vorimplementierte) Funktionen**
  Was kann die HANA-Datenbank, das andere In-Memory-Lösungen nicht oder nicht so gut können?

- **Anwendungslogik in der Datenbankschicht**
  Welche Möglichkeiten ergeben sich daraus, dass in SAP HANA die strikte Trennung zwischen Datenbank- und Anwendungsschicht aufgehoben ist?

- **Integration mit SAP-Produkten**
  Welche Vorteile ergeben sich daraus, dass SAP HANA eines von vielen SAP-Produkten ist?

- **Integration mit Nicht-SAP-Produkten**
  Wie offen ist SAP HANA? Lassen sich Werkzeugketten mit SAP HANA leichter bauen als mit korrespondierenden Open-Source-Produkten?

Wovon wir an dieser Stelle absehen wollen, sind Performancemessungen und Leistungsvergleiche. Einerseits verfügen wir weder über das hierfür erforderliche Know-how und Equipment, andererseits gelten solche Messungen immer nur für ganz spezifische Architekturen und Volumina. Und wenn in Ihrem Hause irgendein Anbieter gesetzt ist, wird es sowieso schwer werden, Ihren CIO mit nicht unternehmensspezifischen Leistungsvergleichen davon zu überzeugen, dass er hierbei einen schweren Fehler gemacht hat. Sie stünden dann auf dünnem Eis, und genau das wollen wir mit diesem Buch verhindern.

Performancevergleiche sind schwierig

Spezifische (vorimplementierte) Funktionen

Obwohl SAP HANA einige Innovationen enthält, besteht der Nutzen gegenüber kostenlos verfügbaren Alternativen (z.B. R-Bibliotheken statt PAL) nicht in haushoch überlegenen technischen Lösungen. Interessant ist vielmehr, dass in SAP HANA und benachbarten Produkten vieles implementiert ist, was Sie sich in Python oder R entweder aufwendig zusammenklauben oder selbst umsetzen müssten.

Implementiert sind »gängige« Algorithmen

Auf diesem Weg gelangen Sie zwar nicht an Applikationen, die alle Ihre Wettbewerber durch ihre reine Existenz vom Markt fegen (der Wettbewerber kann im Zweifel auch PAL erwerben). Bei (statistischen) Standardverfahren ersparen Sie sich aber viel Implementierungsaufwand. Letztendlich wird sich dadurch die Vorstellung davon verändern, was eigentlich unverzichtbarer Standard ist. Und wahrscheinlich werden Sie es sich selbst als mittelgroßes Unternehmen nicht leisten können, hinter diesem Minimum zurückzubleiben.

Mindestanforderungen neu definiert

Schneller, günstiger, weniger Risiko [◉]

Insbesondere im Bereich gängiger und bewährter Standardverfahren – die aber dennoch beileibe nicht in allen Branchen Usus sind – können Sie sich mit SAP HANA durch vorimplementierte Algorithmen einen Vorsprung sichern. Den Nutzen Ihres Business Cases können Sie so schneller, mit weniger Aufwand und mit weniger Risiko erreichen.

Anwendungslogik in der Datenbankschicht

Eine der Besonderheiten von SAP HANA liegt darin, die Grenzen zwischen Applikation und Datenbank zu verwischen. Die Integration von Verarbeitungslogik in die Datenbank über SQLScript war der

Fließende Grenze

erste Schritt auf diesem Weg. SQLScript ist im Gegensatz zu klassischem SQL nicht nur eine rein deklarative Programmiersprache, sondern enthält auch diverse imperative Elemente.

[»] **Deklarative und imperative Programmiersprachen**

Deklarative Programmiersprachen dienen dazu, ein Problem und nicht den Weg zu dessen Lösung zu beschreiben. Es wird also das *Was* definiert; der Weg dorthin – das *Wie* – wird automatisch von der Programmiersprache ermittelt. Zu den deklarativen Programmiersprachen gehören Erlang, Prolog oder SQL.

Imperative Programmiersprachen bestehen stattdessen aus Anweisungen an einen Rechner, bestimmte Aufgaben auszuführen. Wenn mit einer imperativen Programmiersprache ein Ergebnis ermittelt werden soll, wird mittels dieser Anweisungen definiert, *wie* dies geschehen soll. Beispiele für eher imperative Programmiersprachen sind alle Assembler-Sprachen, FORTRAN oder Pascal, tendenziell also eher ältere Sprachen.

Die meisten neueren Sprachen wie C++ oder Java stellen Mischformen dar, enthalten also sowohl deklarative als auch imperative Elemente. Zudem besteht die Möglichkeit, SQL-Aufrufe in andere Programmiersprachen einzubetten (z.B. via *Java Database Connectivity*(JDBC) in Java).

[»] **Java Database Connectivity (JDBC)**

JDBC ist eine Datenbankschnittstelle für Java, die die folgenden Zwecke erfüllt:

▶ Verbindungen zu Datenbanken verschiedener Hersteller aufbauen

▶ SQL-Abfragen an diese Datenbanken senden

▶ die Ergebnisse dieser Abfragen entgegennehmen

▶ diese Ergebnisse Java zur Verfügung stellen

Neue Programmiersprache: RDL In Sachen Vermischung von Datenbank und Anwendungslogik und in puncto deklarative Programmierung dürften zusätzliche Erweiterungen folgen. So dient z.B. auch die neue SAP-Metasprache *River Definition Language* (RDL, siehe Abschnitt 2.3.1, »Technologietrends«) dazu, Lösungen auf der Datenbankebene zu implementieren und diese Implementierung durch Beschreibung des »Was« anstelle des »Wie« weiter zu vereinfachen.

Vorteile Im Vergleich zu Big Data allgemein ergeben sich aus diesem Ansatz mehrere Vorteile:

▸ **Anwendung und Datenbank aufeinander abgestimmt**
Wenn Anwendung und Datenbank zusammenwachsen und Teile
der Anwendungslogik (z.B. der SAP Business Suite) in die Datenbank wandern, erscheint es weniger sinnvoll, beide Teile voneinander zu trennen und von unterschiedlichen Anbietern zu beziehen.

Für Kunden der SAP Business Suite wird es also zunehmend un-
attraktiver, andere In-Memory-Datenbanken als SAP HANA zu
nutzen. Und für HANA-Kunden wird es immer interessanter, ihre
Standardgeschäftsprozesse mit der SAP Business Suite abzuwi-
ckeln. Wenn Sie also bereits eine SAP-Strategie fahren, dürfte SAP
HANA aufgrund der Integration von ERP-Lösung und Datenbank
als In-Memory-Datenbank für Sie gegenüber Lösungen anderer
Anbieter oder Open-Source-Produkten vor allem auf längere Sicht
erhebliche Vorteile bieten. Der Preis für diese Vorteile ist natürlich
eine höhere Abhängigkeit.

▸ **Keine Einschränkungen für eigene Anwendungen**
Von der Abstimmung zwischen Datenbank und Anwendung profitieren primär die zwei Bereiche (Standard-)Geschäftsanwendun-
gen und (relationale) Datenbank und weniger die Gebiete, auf
denen SAP keine oder keine führenden Lösungen im Programm
hat (siehe Abschnitt 2.1.2, »Abschnitt 2.1.2) – also insbesondere
nicht Ihre Nicht-ERP-Anwendungen und Ihre unternehmensspezifischen Big-Data-Algorithmen. Wie wir bereits erläutert haben,
können Sie derartige Apps entweder in ABAP, JavaScript oder R
auf SAP HANA oder auch unter Nutzung von HANA-Datenbestän-
den in anderen Sprachen wie Python entwickeln. Ebenso können
Sie zur Visualisierung der Daten in SAP HANA die SAP-Business-
Objects-Produktreihe, R oder Open-Source-Lösungen verwenden.
Die erwähnte Abhängigkeit schränkt Sie also bei der Entwicklung
eigener Anwendungen nicht weiter ein.

▸ **Anwendungsentwicklung aus fertigen Komponenten**
Bei der Verschmelzung von Anwendung und Datenbank geht SAP
aber noch einen Schritt weiter. Anwendungen sollen – unter Verwendung der Metasprache RDL – eher durch die Beschreibung
von Eingabe- und Ausgabedaten als durch klassische Programmierung der dazwischenliegenden Logik entstehen. SAP verfolgt –
z.B. auch mit SAP EAF – schon länger diesen Ansatz und stellt hierfür auch einige Instrumente (System Landscape Directory (SLD),

SAP-Prozessmodell in ARIS) bereit. Deren Verbreitung im Markt ist bislang aber beschränkt geblieben.

Wenn es SAP mit HANA längerfristig gelingt, solche Werkzeuge am Markt zu etablieren, resultiert hieraus ein Paradigmenwechsel in der Anwendungsentwicklung, vergleichbar mit dem Unterschied zwischen dem Errichten eines Hauses aus vielen kleinen Ziegelsteinen und dem Systembau. Und wenn man bei diesem Bild bleibt: Es wird dann zwar immer Bauherren geben, die spezielle Wünsche und genug Kleingeld für extrem individuelle Lösungen haben, die Masse der gewerblichen und auch viele private Bauprojekte dürften aber auf die günstigere und risikoärmere Systembauweise wechseln.

▶ **Optimierung verteilter Anwendungen**
Noch ein Vorzug dieser »Systembau«-Philosophie liegt darin, dass Bauelemente parallel gefertigt werden können. Die Dachdecker müssen dann nicht mehr auf die Wände warten, sondern können den separat erstellten Dachstuhl bereits in der Halle eindecken. Und wenn den Dachdeckern dabei nicht das »Wie«, sondern nur das »Was« vorgegeben wird, können sie minimale Einflussfaktoren in ihrem eigenen Bereich in ihre Arbeitsplanung mit einbeziehen und ihren Fertigungsfluss unabhängig von zentralen Vorgaben optimieren.

In genau diesem Sinn eignen sich deklarative Strukturen auf der Datenbankebene für eine besonders effiziente Arbeitsorganisation in verteilten Systemen. Ohne dass Programmierer sich viele Gedanken um die Architektur verteilter Systeme machen müssen, zerlegen diese nur noch das »Was« anstelle des »Wie«. Die darunterliegenden Systeme generieren hieraus dann das »Wie« und lösen die Frage der Aufgabenverteilung autonom.

▶ **Metadatentransparenz**
Ein weiterer Vorteil der Verlagerung von Logik auf die Anwendungsebene und einer deklarativen Vorgehensweise ist die Transparenz der Verarbeitung. Wenn in einer imperativen Sprache Aufgaben verteilt werden, fällt es oft schwer, den Zusammenhang einzelner Anweisungen oder Funktionsbausteine zum »großen Ganzen« herzustellen. Bei einer deklarativen Sprache in einer Datenbank fällt dies deshalb leichter, weil die Zwischenergebnisse (z.B. in Form von *Berechnungssichten* in SAP HANA, wir gehen auf

diesen Begriff in Kapitel 4, »Planung flexibel gestalten«, noch ein) stets transparent sind.

Begriffe aus SAP BW   **[«]**

DataStore-Objekte (DSO) dienen in SAP BW der persistenten Ablage großer Datenmengen. Sie bestehen aus mehreren relationalen Datenbanktabellen und werden dann eingesetzt, wenn es mehr auf die Schreib- als auf die Leseperformance eines Verarbeitungsschritts ankommt. In langen, komplexen Datenflüssen dienen sie oft als »Zwischenablage« für die Daten zwischen zwei Transformationen.

Eine *InfoSource* in SAP BW fungiert als eine nicht persistente Zwischenablage für Daten. Sie verbindet ebenfalls zwei Transformationen und ist damit quasi der nicht persistente Zwilling des DSOs.

Transformationen werden innerhalb von Datenflüssen verwendet, um Daten zu verändern, zu löschen oder neue Daten zu erzeugen. Sie können auch der Datenanreicherung oder Datenbereinigung dienen und erfüllen in Datenflüssen eine ähnliche Funktion wie Transformationen in SAP Data Services, sind aber technisch nicht mit diesen identisch.

Eine *Startroutine* ist eine innerhalb einer Transformation implementierte Programmlogik, die die Daten *vor* der eigentlichen Transformation bearbeitet. Sie verändert also den Datenbestand, der letztendlich bei der Transformation ankommt. Technisch ist eine Startroutine eine lokale ABAP-Klasse.

Endroutinen sind – ebenso wie Startroutinen – innerhalb von Transformationen implementiert, verändern aber stattdessen die Daten *nach* der Bearbeitung durch die Transformation. Eine Endroutine ist – ebenso wie eine Startroutine – eine lokale ABAP-Klasse.

Funktionsbausteine sind ABAP-Programmbausteine, die aus anderen ABAP-Programmen aufgerufen werden können. Sie dienen also der Kapselung und Wiederverwendung allgemeiner Funktionen (z.B. finanzmathematischer Berechnungen).

Extraktoren dienen der Beschaffung von Daten für SAP BW aus SAP-Quellsystemen. Wichtigster Bestandteil eines Extraktors ist ein Funktionsbaustein, der Daten aus dem Quellsystem liest und an SAP BW weitergibt.

Kennen Sie SAP BW, wissen Sie: Partitionierte Datenflüsse mit vielen persistenten oder virtuellen Zwischenergebnissen (z.B. DataStore-Objekte oder InfoSources) und ohne ABAP-Code in Start- und Endroutinen sind auch mit wenig Dokumentation wesentlich leichter zu durchschauen und besser parallelisierbar als komplexe, monolithische, in die Funktionsbausteine von Extraktoren eingebaute Programmlogiken. Außerdem lässt sich die Logik von Datenflüssen

Programmcode ist eine Black Box

ohne eingebauten Programmcode in Form von *Metadaten* abbilden. ABAP-Programme sind aus Metadatensicht eine Art Black Box.

[»] **Metadaten**

Metadaten sind Daten über Daten. Der Begriff lässt sich ganz gut am Beispiel einer Bibliothek erläutern:

▶ Eine Bibliothek enthält Bücher.

▶ Wenn die Bibliothek eine Datenbank wäre, wären die Texte in diesen Büchern die Daten in dieser Datenbank.

Nehmen wir einmal an, die Bibliothek enthält unter anderem den Text *Per Anhalter durch die Galaxis* von Douglas Adams. Über diesen Text (also diese Daten) könnte man nun vielerlei Metadaten sammeln:

▶ In welcher Form steht der Text in der Bibliothek bereit (als Taschenbuch, als gebundene Ausgabe, als E-Book)?

▶ Wie viele Exemplare stehen jeweils zur Verfügung?

▶ An welchem Standort (Raum, Regal etc.) befinden sich diese Exemplare?

▶ Seit wann befinden sich diese Exemplare in der Bibliothek?

▶ Wie oft wurden sie zwischenzeitlich ausgeliehen? Wann und von wem zuletzt?

▶ In welchen anderen Texten wird *Per Anhalter durch die Galaxis* zitiert, oder wo finden sich Anspielungen darauf?

Nutzenpotenzial | Der Nutzen, der sich aus der Verlagerung der Anwendungslogik in die Datenbankschicht ergibt, lässt sich wie folgt zusammenfassen. Sie können um SAP HANA herum schnellere Big-Data-Anwendungen schneller entwickeln und zügiger anpassen, ohne bei rasanten Veränderungen den Überblick zu verlieren. Das führt nicht zu komplett neuen Business Cases, aber zu einer schnelleren, günstigeren und risikoärmeren Realisierung des angestrebten Aktionärswerts.

(Meta-)Datenintegration mit SAP-Produkten

SAP HANA im SAP-Portfolio | SAP HANA ist eines von vielen SAP-Produkten. Neben den Geschäftsanwendungen der SAP Business Suite bietet SAP unter anderem auch Lösungen für Data Warehousing, Business Intelligence, Enterprise Information Management (EIM), das Rechnen in der Cloud oder das mobile Rechnen sowie diverse Technikplattformen und Dienstleistungen (Hosting, Beratung etc.) an.

Viele dieser Lösungen sind – isoliert und als einzelnes Produkt betrachtet – nicht die Crème de la Crème in der jeweiligen Produktkategorie. Jeder erfahrene SAP-Anwender weiß, dass die Benutzeroberfläche der Kernanwendung SAP ERP ein Kind der 1980er-Jahre ist und weit hinter dem Komfort der meisten Apps auf seinem Tablet zurückbleibt. Auch SAP kennt diese Kritik; nicht zuletzt deshalb gibt es Initiativen wie *SAP Fiori*.

Die Stärke von SAP liegt und lag nie nur in den Einzellösungen, sondern in der Bandbreite des Portfolios und in der Abstimmung der Produkte aufeinander. In vielen der von SAP bedienten Produktkategorien gibt es zwar Anbieter mit überlegenen Lösungen, aber gleichzeitig ist kaum ein Anbieter mit einer gleich großen Angebotsbandbreite und einem ähnlich hohen Integrationsgrad zwischen den Lösungen am Markt. Bestenfalls Oracle wäre hier noch zu nennen. Abbildung 2.14 zeigt das SAP-Produktuniversum zum heutigen Stand aus unserer Sicht.

Bandbreite und Integration

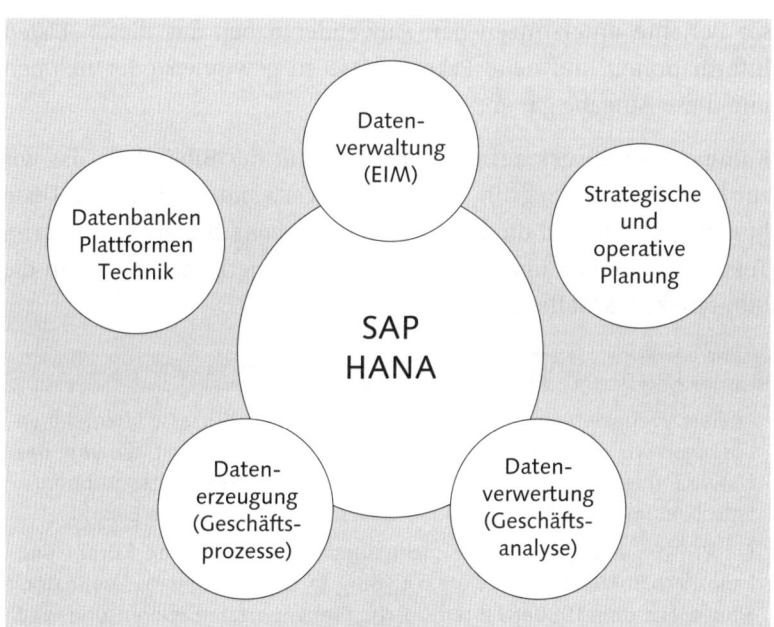

Abbildung 2.14 SAP HANA und das SAP-Universum

SAP strukturiert sein Produktportfolio fortlaufend neu, den jeweils aktuellen Stand finden Sie auf *http://global.sap.com/germany/solutions/index.epx*. Letztendlich besteht das Angebot von SAP aus fünf

Vier Produktkategorien

Produkt- bzw. Leistungskategorien, die wir in den folgenden Abschnitten beschreiben.

Produkte zur Datenerzeugung (Datensammlung, Datenverarbeitung)

Daten sammeln und verarbeiten

Die SAP Business Suite (auf der SAP-Website im Bereich »Lösungen« aktuell unter »Geschäftsprozesse« zusammengefasst) und die korrespondierenden Produkte für kleinere und mittelgroße Unternehmen dienen der Erzeugung (Sammlung und Verarbeitung) von Daten. Produkte zur Datenerzeugung erfüllen die folgenden Aufgaben:

▸ Daten sammeln, die für Geschäftsprozesse relevant sind

▸ diese Daten verarbeiten

▸ aus diesen Daten weitere Daten generieren (durch Verarbeitung)

Die meisten Produkte bieten auch umfangreiche Berichtsfunktionen an, wobei der Großteil dieser Berichte relativ simpel gestrickt ist. Berichte in Produkten zur Datenerzeugung geben oft nur Daten – einzeln oder aggregiert – in Form von Listen aus. Die wenigsten dieser Berichte unterstützen den Anwender dabei, aus diesen Listen Informationen und neue Erkenntnisse zu gewinnen oder nehmen ihm diese Aufgabe gar ab.

Kommen wir zurück auf unser Beispiel mit der Bibliothek, das wir zur Definition des Begriffs »Metadaten« verwendet haben. Die Texte in den Büchern sind die Daten. _Datenerzeugung_ besteht dann darin, Texte zu schreiben und Bücher zu drucken, herzustellen und in die Bibliothek zu schaffen.

[+] **SAP ERP ist mehr als Datenerzeugung**

In einer Welt weitgehend automatisierter Geschäftsprozesse übernehmen Lösungen wie die SAP Business Suite heute auch Aufgaben, die über das Datensammeln hinausgehen: Sie treffen – mehr oder weniger autonom – Entscheidungen und _handeln_ ohne wesentliche menschliche Eingriffe.

Ein ERP-System verfügt zwar nicht über einen physischen Körper und kann deshalb auch nicht wie ein Cyborg in den bekannten Terminator-Filmen aus den 1980er-Jahren durchs Firmenportal spazieren und wild um sich schießen. Es sendet aber – ganz so wie das Computernetzwerk Skynet in dieser Filmreihe – Nachrichten und Anweisungen an andere Systeme oder an Menschen und ist damit in der Lage, über »Agenten« oder »Handlanger« in der physischen Realität wirksam zu werden. Aus Gründen der Übersichtlichkeit gehört für uns auch dieser Aspekt zur Kategorie »Produkte zur Datenerzeugung«.

Logistikzentrum **[zB]**

In großen Logistikzentren werden Artikel durch Regalbediengeräte oder durch Menschen eingelagert, entnommen und versandt. Was aber genau wo abgelegt wird, wann und in welcher Reihenfolge Artikel aus dem Lager entnommen und auf welchem Transportweg diese an wen versandt werden, entscheiden nicht die Mitarbeiter im Lager, sondern Lagerverwaltungs- und Transportmanagementsysteme wie *SAP Extended Warehouse Management* (EWM) oder *SAP Transportation Management* (TM). Die Menschen im Lager haben (im Regelfall) keine diesbezüglichen Befugnisse und stellen Anweisungen, die sie über Tablets oder ähnliche Geräte erhalten, auch nicht in Frage.

Rein theoretisch werden die »Entscheidungen« des Systems natürlich durch Mitarbeiter in der Distribution überwacht und kontrolliert, ganz so, wie auch die Crew im Cockpit eines Verkehrsflugzeugs den Autopiloten überwacht. In der Praxis ist das aber aus Effizienz- und Kapazitätsgründen kaum noch der Fall; man verlässt sich auf die »höhere Intelligenz« des Systems. Und mal ehrlich: Sie glauben doch nicht wirklich, dass bei Ihrem letzten Urlaubsflug ins neblige San Francisco der Kapitän vorne im Cockpit den Flieger selbst gelandet hat? Landungen bei sehr schlechten Sichtverhältnissen (sogenannte CAT-III-Landungen) dürfen – von wenigen Ausnahmen abgesehen – heute nicht mehr manuell, sondern nur noch durch den Autopiloten der Maschine durchgeführt werden.

Nun mag man solche Entwicklungen begrüßen oder als endgültige Machtergreifung der Maschinen über den Menschen fürchten: Tatsache ist jedenfalls, dass Big-Data-Lösungen diesem schon lange erkennbaren Trend deutlich mehr Durchschlagskraft und Reichweite verleihen werden. Mithilfe von Big Data wird es nämlich möglich, mehr und komplexere Entscheidungen als bisher in Echtzeit zu automatisieren und dabei eine sehr viel höhere Entscheidungsqualität zu erreichen.

Der große Unterschied zu bestehenden Systemen (die auf Basis eines starren Customizings oder starrer Regeln automatisch handeln) ist, dass die *Entscheidungsregeln* selbst fortlaufend in Echtzeit vollautomatisch überprüft und angepasst werden können. Wir nähern uns also mit raschen Schritten der Vision sich selbst programmierender Maschinen. Der IT-Experte ist in dieser Welt nicht mehr für das Customizing, sondern für eine Art »Meta-Customizing« (für die Steuerungsmechanismen, die ihrerseits wieder neue Regeln generieren) zuständig.

Big Data ermöglicht flexible Regeln

[zB] Orderbuch und Quotierungen

SAP ERP kann im Modul Einkauf (MM-PUR) automatisch Bezugsquellen für Materialbedarfe (z.B. für Bestellanforderungen) ermitteln. Zwei von vielen Faktoren, die hierbei eine Rolle spielen, sind Quotierungen und das Orderbuch. Das Orderbuch definiert, welche Artikel wann bei welchen Lieferanten bestellt werden sollen, Quotierungen legen (für Materialien mit mehreren Bezugsquellen) fest, welcher Anteil des anfallenden Bedarfs über welche Quelle beschafft werden soll. Denkbar wäre es nun, Orderbuch und Quotierungen nicht mehr manuell zu pflegen, sondern vom System automatisch pflegen zu lassen. Und zwar – und das ist der entscheidende Unterschied – nicht auf Basis (ebenfalls wieder starrer) Regeln, sondern anhand eines selbstlernenden Systems, das fortlaufend eine Vielzahl von Kennzahlen (z.B. aus der Lieferantenbeurteilung) analysiert, Zusammenhänge zwischen Bestellmengen und der Leistung eines Lieferanten erkennt und auf dieser Basis die Einstellungen im System fortlaufend optimiert. Das Interessante dabei: Man braucht nicht zu wissen, ob überhaupt ein Zusammenhang zwischen Bestellmenge und Lieferantenperformance besteht und wie genau dieser aussieht; intelligent eingerichtet, wird das System dies selbst herausfinden.

Das hierbei gelegentlich auch etwas schiefgehen kann, zeigen die Erfahrungen mit automatisierten Handelssystemen im Finanzbereich. Die entsprechenden Entwicklungen dürften hierdurch vielleicht gehemmt und verzögert, aber nicht aufgehalten werden.

Produkte zur Datenverwaltung (Datenlogistik, Metadaten)

Datenlogistik Produkte zur Datenverwaltung kümmern sich um die Bereiche Datenlogistik und Metadatenmanagement. Wer viele unterschiedliche Lösungen (gleichgültig, ob von einem oder mehreren Herstellern) einsetzt, muss Daten zwischen diesen Lösungen hin und her bewegen (oder zumindest die Daten einer Lösung für die anderen Lösungen sichtbar machen). Auf dem Weg von A nach B werden Daten dabei häufig umformatiert, umgeschlüsselt, angereichert und bereinigt.

Manchmal wird auch deren Qualität gemessen und/oder verbessert. Derlei Aufgaben werden unter dem Begriff *Datenlogistik* zusammengefasst und gemeinhin unter anderem von den ETL-Werkzeugen übernommen. Ebenfalls zur Datenlogistik gehören aus unserer Sicht Lösungen für die Datenreplikation (z.B. *SAP Replication Server*, vormals Sybase Replication Server).

Umbenennungen von Sybase-Produkten **[+]**

Anfang 2014 hat SAP einige Produkte aus dem Sybase-Portfolio umbe-
nannt. In den neuen Bezeichnungen entfällt der Namenszusatz Sybase.

Wenn sehr viele Daten gehalten und bewegt werden, fallen neben
diesen Daten auch Metadaten an. Wo liegen welche Daten, von wo
nach wo fließen sie? Die Verwaltung dieser Metadaten ist der zweite
Teil der Datenverwaltung, wir nennen diesen Bereich Metadatenmanagement. Das Metadatenmanagement wird von sogenannten
Metadaten-Repositories (bei SAP z.B. *SAP Information Steward*) übernommen. Ein Metadaten-Repository ist eine Datenbank, die Daten
zur Beschreibung von Daten enthält, also z.B. Informationen zum
Format, zu Herkunft, Bedeutung und Weiterverarbeitung eines Feldes
in einer Datenbanktabelle. Um wieder auf unsere Analogie zurückzu-
kommen: Eine Bibliothek hätte für die Datenlogistik Mitarbeiter,
Bücherwagen, ein Rohrpost- oder ein Schienensystem und als Metadaten-Repository einen Katalog zur Verfügung. Auf der SAP-Website
finden sich Werkzeuge für die Datenverwaltung sowohl im Bereich
GESCHÄFTSANALYSE als auch unter DATENBANKEN UND TECHNOLOGIE.

*Metadaten-
management*

Enterprise Information Management (EIM) **[«]**

Das Enterprise Information Management beschäftigt sich nicht mit den
Daten einer Organisation, sondern vielmehr damit, wie eine Organisation
mit ihren Daten umgeht. Operative Ziele des Enterprise Information
Managements sind:

▶ Datenqualität und Messung der Datenqualität

▶ Datenkonsistenz und Messung der Datenkonsistenz

▶ Metadatenqualität und deren Messung

▶ Metadatenkonsistenz und deren Messung

Aus strategischer Sicht betrachtet, dienen diese Ziele zwei Zwecken:

▶ Transparenz und Nachvollziehbarkeit von Datenflüssen und Datenverarbeitung (Stichwort: Compliance)

▶ Ermächtigung der Endanwender in Sachen Data Science, Dezentralisierung von Datenexploration und Datenanalyse

SAP bietet unterschiedliche Lösungen für das Enterprise Information
Management an. Details finden Sie auf *http://global.sap.com/germany/
solutions/analytics/enterprise-information-management/solutions-over-
view.epx*.

Produkte zur Datenspeicherung (und zur Datenvorverarbeitung)

Daten lagern und vorbereiten

Ebenso wie eine Bibliothek ihre Bücher lagern muss (im Regelfall in Regalen), müssen Daten irgendwo (im Regelfall in Datenbanken) gespeichert werden. SAP bietet für die Datenspeicherung Datenbanken und Data Warehouses (die ihrerseits wieder Datenbanken nutzen) an; die diesbezüglichen Angebote von SAP sind auf der SAP-Website im Bereich DATENBANKEN UND TECHNOLOGIE zu finden. Eine dieser Datenbanken ist SAP HANA, wobei diese nicht nur der Datenspeicherung dient, sondern Daten auch schon wie ein Data Warehouse vorverarbeiten kann.

Die Verarbeitung von Daten durch ein Bibliotheksregal ist schwer vorstellbar (es sei denn, es handelt sich um eine virtuelle Bibliothek), insofern kommen wir an die Grenzen unseres Bibliotheksbeispiels.

Produkte zur Datenverwertung

Aktionärswert aus Daten schaffen

Bei der Datenverwertung geht es darum, Daten zu analysieren und hieraus (vollautomatisch oder durch die Aufbereitung der Daten für menschliche Nutzer) neue Erkenntnisse zu gewinnen. Diese Erkenntnisse führen möglicherweise dazu, dass Menschen (oder Maschinen) bestimmte Handlungen ausführen oder unterlassen. Idealerweise sind dies Handlungen, die den Aktionärswert Ihres Unternehmens erhöhen.

[zB] **Manuelle Verarbeitung der Kundenklassifikation**

Ein Mitarbeiter aus dem Vertrieb stellt bei einer Analyse von Weblogs und Verkaufsdaten fest, dass eine hohe Korrelation zwischen der Verweildauer von Kunden auf Ihrer Website und den mit diesen Kunden in den folgenden zwölf Monaten erzielten Umsätzen besteht. Sie entscheiden sich daher, Ihre Kunden zukünftig nach Verweildauer auf der Website in 20 Kundenklassen einzuteilen und diese Information im Feld KNA1-KUKLA (Pflege über Transaktion XD02) im Kundenstammsatz abzulegen. Auf Basis der Daten in diesem Feld steuern Sie verschiedene Marketingaktivitäten (z. B. den Versand von Quartals-Newslettern mit individuellen Sonderangeboten).

Um die Information im Kundenstamm zu aktualisieren, wird einmal monatlich ein Klassifizierungsbericht in *SAP Crystal Reports* (einer Berichtslösung aus dem SAP-BusinessObjects-Portfolio) aufgerufen. Dieser Bericht liefert die aktuelle Zuordnung von Kunden zu Kundenklassen. Das Berichtsergebnis wird heruntergeladen und dient als Basis für einen *Batch-Input* (eine Methode zur Massendatenpflege in SAP) mit der bereits erwähnten Transaktion XD02.

Das geschilderte Beispiel entspricht einem Datenfluss System-Mensch (das Erkennen der Korrelation anhand einer freien Recherche), Mensch-System (das Erstellen des Klassifikationsberichts), System-Mensch (das Ausführen und Herunterladen des Klassifikationsberichts), Mensch-System (das Hochladen der neuen Klassifikationsdaten), Mensch-System (das Ausführen von Marketingaktivitäten auf Basis der aktuellen Kundenklassifikation). Es ergibt sich also in Summe eine recht aufwendige Kette mit vielen Schnittstellen, Brüchen und manuellen Aktivitäten.

Aufwendiger
Datenfluss

Automatisierung von Datenfluss und Folgeaktivitäten

[zB]

Einige der genannten Schritte ließen sich natürlich – auch ohne Big-Data-Lösungen – leicht eliminieren. Der Klassifikationsbericht könnte den Kundenstamm direkt und ohne Herunterladen und Hochladen aktualisieren (Klasse CMD_EI_API), Marketingaktivitäten auf Basis der Kundenklassifikation könnten automatisch (z.B. einmal monatlich) und ohne weiteren menschlichen Eingriff angestoßen werden.

In unserem Beispiel würde sich dann die Verarbeitungskette (nach erstmaliger Analyse und einmaliger Einrichtung) auf System-System reduzieren, menschliche Eingriffe wären nicht mehr erforderlich, der Prozess wäre effizienter und weniger fehleranfällig. Nun ist das nicht wirklich neu, ein entsprechender Prozess ließ sich mit SAP-Lösungen schon vor 20 Jahren realisieren (in diesem Fall nicht über die Klasse CMD_EI_API, sondern z.B. über den Funktionsbaustein SD_CUSTOMER_MAINTAIN_ALL).

Zwei große Nachteile bleiben aber auch im Fall eines vollständig automatisierten Prozesses bestehen:

Lange Liegezeiten
und veraltete
Regeln

- Die Kundenklassifikation würde periodisch und in einem Batch-Verfahren aktualisiert. Das veränderte Surfverhalten eines Kunden heute würde sich eventuell erst einen Monat später auf seine Stammdaten auswirken und dann im ungünstigsten Fall erst nach vier Monaten (bei der ersten Marketingaktion nach Aktualisierung der Stammdaten) zu einer Anpassung in der Kommunikation führen. Bis dahin hätte Ihr Kunde wohl längst bei Ihren Wettbewerbern eingekauft.

- Das Verhalten Ihrer Kunden könnte sich ändern. Vielleicht hat die Verweildauer von Kunden auf Ihrer Website nach einer Weile gar keinen maßgeblichen Erklärungswert mehr für deren Kaufneigung. Und während Ihre Mitbewerber längst erkannt haben, dass die Bestellfrequenz ein viel aussagefähigerer Indikator für zukünftige Umsätze ist, erstellt Ihr System tapfer jahrein, jahraus seine Kundenklassifikation nach längst unbrauchbaren Regeln.

Qualitativer Sprung mit Big Data

Genau an dieser Stelle kommt Big Data ins Spiel: Wie bereits im Beispiel im vorangegangenen Abschnitt »Produkte zur Datenerzeugung (Datensammlung, Datenverarbeitung)« dargestellt, können Sie das Problem durch die Kombination aus Verarbeitungsgeschwindigkeit und anspruchsvollen Verfahren lösen.

Echtzeitanalyse und Echtzeitverifikation

Einerseits könnten Sie Ihren Klassifikationsbericht (der vielleicht früher drei Stunden lang lief) nun alle zehn Sekunden oder quasi permanent ausführen lassen. Anstatt Kundenstammdaten zu ändern, könnte der Klassifikationsbericht (der dann kein »Bericht« mehr wäre, sondern ein *Bolt* in einem *Storm-Cluster*) Sofortnachrichten mit Kaufbotschaften an Ihre Kunden versenden. Hierdurch lösen Sie das Problem der langen Liegezeiten.

[»] **Storm-Cluster und Bolt**

Storm ist eine frei verfügbare Plattform für den Aufbau verteilter Echtzeitlösungen. Ein Storm-basierter Cluster beherbergt eine oder mehrere sogenannte *Topologien*. Topologien sind Rechenprozesse, die bestimmte Aufgaben übernehmen und theoretisch unendlich lang (bis sie angehalten werden) laufen. Topologien bestehen aus *Spouts* und *Bolts*. Spouts sind Datenströme, die den Input für Bolts liefern und die oft über Messaging-Systeme wie *Apache Kafka* oder *RabbitMQ* versorgt werden. Bolts sind Prozesse, die eine beliebige Anzahl von Spouts als Input verwenden und einen oder mehrere Spouts als Output liefern. Bolts sind in diesem Zusammenhang die eigentlichen Träger der Rechenlogik, das heißt, hier finden die eigentlichen Rechenoperationen statt.

Ein typisches Einsatzbeispiel für einen Storm-Cluster wäre die Verarbeitung von Informationen aus Nachrichtendiensten wie Twitter mit dem Ziel, aus diesen Messaging-Strömen Informationen herauszufiltern, die für Ihr Unternehmen relevant sind. Funktional ergeben sich gewisse Ähnlichkeiten mit dem *Complex Event Processing* von SAP bzw. dem *SAP Event Stream Processor* (ESP); Details zu Storm finden Sie auf *http:// storm-project.net/*.

Gleichzeitig könnte ein ebenfalls quasi permanent durchgeführter t-Test fortlaufend prüfen, ob Ihre Annahme bezüglich einer hohen

Korrelation zwischen Verweildauer und Umsatz immer noch gültig ist, und Sie warnen, wenn sich hier Veränderungen ergeben. Die Kür wäre ein System, das diese Veränderungen selbstständig erkennen und den Klassifikationsmechanismus automatisch anpassen kann. Auch das wäre machbar.

t-Test	[«]

Der t-Test ist ein statistisches Verfahren, mit dessen Hilfe überprüft werden kann, ob zwischen zwei Merkmalen (statistisch, nicht kausal) eine Abhängigkeit besteht. Er gehört – ebenso wie diverse andere statistische Tests für ähnliche Zwecke – zum Standardrepertoire der Sprache R. Welcher Test unter welchen Umständen zum Einsatz kommen sollte, hängt von diversen mathematischen Überlegungen ab, z. B. davon, ob davon ausgegangen werden kann, dass die zwei untersuchten Merkmale normalverteilt sind.

Diese Überlegungen werden wir in der Fallstudie in Kapitel 4, »Planung flexibel gestalten«, noch ausbauen. Der Gedanke, die Regeln für die Steuerung von Geschäftsprozessen nicht mehr manuell festzulegen, sondern automatisch anpassen zu lassen, mag Ihnen ein gewisses Unwohlsein bereiten. Aber wie bereits am Beispiel des Autopiloten erläutert, sind viele Prozesse, z. B. die instrumentengestützte Landung eines Flugzeugs bei dichtem Nebel, heute so anspruchsvoll, dass sie nur noch von Systemen gesteuert werden können. Und erscheinen Ihnen die Risiken wirklich außergewöhnlich hoch, wenn Sie andererseits bedenken, dass Sie mit Frau und Kind (z. B. an den Flughäfen Düsseldorf, Frankfurt und Zürich oder in der S-Bahn in Singapur) bedenkenlos in führerlose Züge einsteigen? *Analogie: Fahrerlose Verkehrssysteme*

Auf der Website von SAP sind Lösungen zur Datenverwertung im Bereich GESCHÄFTSANALYSE zusammengefasst; allerdings finden sich dort auch Anwendungen, die nicht in diese Kategorie gehören (z. B. die Produkte für das Enterprise Information Management). Zwei Beispiele für Lösungen zur Datenverwertung sind *SAP Smart Meter Analytics* speziell für Verbrauchsanalysen im Energiesektor und SAP Predictive Analysis. In einer Bibliothek finden all diese Prozesse in den Köpfen der Benutzer statt.

Produkte für die Strategie und Planung
Die SAP-Produkte für die strategische und operative Planung lassen sich nur schwer den Grundkategorien Datenerzeugung, Datenver- *Strategieentwicklung und Planung*

waltung, Datenspeicherung und Datenverwertung zuordnen. Eine Planungslösung wie *SAP Business Planning and Consolidation* (BPC) dient der Erzeugung von (Plan-)Daten, ebenso aber auch der Verwaltung dieser Daten (z. B. in Planversionen). Ähnliches gilt für eine andere, speziellere Planungslösung, *SAP Sales and Operations Planning* (SOP). Planungslösungen wie BPC oder SOP stellen – allein oder in Verbindung z. B. mit PAL – auch anspruchsvollere Datenverwertungsfunktionen, z. B. eine Trendanalyse zur Ermittlung zukünftiger Plandaten aus historischen Ist-Daten, zur Verfügung und können (so wie BPC) auch auf SAP HANA implementiert werden.

In den Bereich der strategischen Werkzeuge gehören Produkte wie *SAP Strategy Management*, *SAP Profitability and Cost Management* und *SAP Spend Performance Management*. Einige dieser Lösungen sind sehr stark auf die Analyse vorhandener Daten und weniger auf zukünftige Entscheidungen fokussiert. Sie lassen sich auch als Produkte für die Datenverwertung betrachten.

[◉]

»HANA-sierbarkeit« von Produkten

Grundsätzlich gilt: Je mehr ein Produkt der Erzeugung, Verwaltung oder Verwertung strukturiert abgelegter Daten dient, umso enger ist dessen aktuelle oder zukünftig zu erwartende Integration mit SAP HANA. Für die reine Datenspeicherung (z. B. für die schemalose Archivierung unstrukturierter Daten) und für die Modellierung von Strategien (wie in SAP Strategy Management) verspricht eine enge Anbindung an SAP HANA (zumindest kurzfristig) weniger Potenzial.

Sonstige Produkte (Datenbanken, Plattformen, Technik, Dienstleistungen)

Datenbanken, Plattformen etc.

Daneben bietet SAP noch eine ganze Reihe anderer Produkte und Leistungen an, die zwar teilweise auch einen Bezug zu SAP HANA aufweisen (wie z. B. die SAP-Hosting-Lösung *SAP Enterprise Cloud*), deren Integration mit SAP HANA jedoch wesentlich weniger eng ist als bei den Produkten für Datenerzeugung, -verwaltung und -verwertung.

Sie können sich vorstellen, dass die Organisation von Datenerzeugung, -verwaltung, -speicherung und -verwertung umso aufwendiger wird, je heterogener die hierzu verwendeten Produkte sind. Mit Big Data wird dieses Problem noch gravierender. Einerseits entfallen persistente Zwischenschritte in Datenflüssen (man hat es also mit mehr virtuellen, flüchtigen Objekten zu tun), andererseits nehmen Volumen und die Heterogenität der zu verarbeitenden Daten zu.

Vorteile durch die Integration mit SAP-Produkten [◉]

Genau hier liegt für SAP-Bestandskunden der große Vorteil von SAP HANA gegenüber anderen In-Memory-Datenbanken. Die SAP-Produkte zur Datenerzeugung, -verwaltung, -speicherung und -verwertung sind aufeinander abgestimmt und können in zunehmendem Umfang auch auf die Metadaten der jeweils anderen Produktgruppen zugreifen.

Gleichzeitig minimiert die Abstimmung der Produkte aufeinander die Anzahl erforderlicher Schnittstellen. Hierdurch wird die Architektur flexibler, und Sie können schneller auf Veränderungen in den Verarbeitungsstrukturen reagieren. Die Möglichkeit, Prozesse ohne viel Aufhebens neu modellieren zu können, ist ein wertvoller Vorteil. Leider wird dieser in der Praxis durch chaotische Systemstrukturen auch in homogenen Umgebungen häufig verschenkt.

Zugegeben: Viele Produkte sind durch Zukäufe (BusinessObjects, Sybase etc.) in das Portfolio von SAP gelangt. Die auf der SAP-Website präsentierte Produktlandschaft ist alles andere als homogen (z.B. in puncto Benutzerschnittstellen oder Administration). Aber SAP arbeitet natürlich intensiv daran, die Einheitlichkeit mit jedem neuen Release jedes einzelnen Produkts zu erhöhen. Außerdem stellt SAP bei anwendungsübergreifenden Lösungen (z.B. Datenintegration oder Enterprise Information Management) sicher, dass diese mit allen wesentlichen SAP-Lösungen kommunizieren können.

Integrationsgrad wird fortlaufend erhöht

Das erleichtert insbesondere die Datenverwaltung ganz enorm. Anhand einiger Beispiele erläutern wir Ihnen, wie dieses Ziel technisch umgesetzt wird. Die wichtigsten SAP-Lösungen für Datenerzeugung (SAP Business Suite), Datenspeicherung (SAP BW) und Datenverwertung (SAP BusinessObjects Explorer, SAP Lumira) können als »powered by SAP HANA«-Variante auf einer HANA-Datenbank implementiert werden. Auch andere Produkte (z.B. BPC) stehen in einer HANA-Variante zur Verfügung.

Integration: technische Umsetzung

Die Migration bereits existierender Datenbestände in SAP Business Suite und SAP BW ist relativ einfach und wird durch diverse Werkzeuge (z.B. die *Database Migration Option* (DMO) des *Software Update Managers* (SUM), siehe *http://www.saphana.com/docs/DOC-2932*) unterstützt.

Migration

(Meta-)Daten-
integration

SAP HANA kann auf verschiedenen Wegen mit Daten z.B. aus der Business Suite versorgt werden:

▶ Echtzeitintegration via *SAP HANA Database Shared Library* (DBSL), *SAP HANA Direct Extractor Connection* (DXC) oder *SAP Event Stream Processor* (ESP)

▶ Fast-Echtzeitintegration mit *SAP Landscape Transformation* (SLT) *Replication Server*

▶ Fast-Echtzeitintegration mit *SAP Replication Server* (für SAP Business Suite weniger zu empfehlen, hier wäre der *SLT Replication Server* die Standardlösung)

▶ periodische Extraktion der Daten mit *SAP Data Services*

▶ Echtzeit, Fast-Echtzeit oder periodische Extraktion über die ETL-Funktionen von SAP BW in das HANA-basierte SAP BW

Obendrein ist es möglich, reine Metadaten zu Datenbeständen in der SAP Business Suite via SAP Data Services oder Objekte aus SAP BW direkt nach SAP HANA zu importieren.

Metadaten-
Repository-
Integration

Nun ist die Möglichkeit, Daten und Metadaten mit relativ wenig Aufwand zwischen Datenbanken und Applikationen auszutauschen, an sich schon eine feine Sache. Die Erfahrung lehrt jedoch: Je einfacher es wird, Datenflüsse zu modellieren, umso mehr Datenflüsse werden längerfristig in Ihrem Unternehmen entstehen.

SAP Information
Steward

Nun haben wir schon erläutert, dass Metadaten-Repositories ein Weg sind, um dieses Problem in den Griff zu bekommen. Das SAP-eigene Metadaten-Repository nennt sich SAP Information Steward und erfüllt im Wesentlichen vier Aufgaben:

▶ Er sammelt Metadaten aus unterschiedlichen Quellen und führt diese in einem zentralen Verzeichnis zusammen.

▶ Er erstellt statistische Auswertungen über den Datenbestand im zentralen Verzeichnis und durchsucht diesen nach Beziehungen (zwischen Datenfeldern oder Datensätzen).

▶ Er bewertet die Qualität der Daten anhand festgelegter Regeln.

▶ Er stellt – z.B. in Berichten – Informationen zur *Datenabstammung* (Data Lineage) bereit, das heißt, man kann sich zu einer Zahl in einem Bericht anzeigen lassen, wie diese Zahl (über Systemgrenzen hinweg) in den Bericht gelangt ist.

Dabei kann der SAP Information Steward Metadaten nicht nur aus SAP-Systemen (also z.B. aus SAP BW), sondern auch aus vielen anderen Lösungen beziehen. Die Datenbeschaffung erfolgt dabei über sogenannte *Metadatenintegratoren*, über die Sie im Standard Zugriff auf Daten aus den folgenden Formaten bzw. Quellen haben:

Metadaten für SAP- und Nicht-SAP-Systeme

- ▸ SAP BusinessObjects
- ▸ SAP Business Warehouse (BW)
- ▸ SAP HANA
- ▸ *Common Warehouse Metamodel* (CWM), ein vom Konsortium *Object Management Group* (OMG) entwickelter, herstellerunabhängiger Standard für die Beschreibung von Metadaten in und deren Austausch zwischen Data Warehouses
- ▸ SAP Data Services
- ▸ diverse relationale Datenbanken
- ▸ *Meta Integration Model Bridge* (MIMB), eine von Meta Integration Technology, Inc. entwickelte Plattform für den Austausch von Metadaten zwischen unterschiedlichen Anwendungen
- ▸ *SAP PowerDesigner*, ein Werkzeug zur Erstellung von Daten- und Informationsmodellen

Via Export in *Extensible Markup Language* (XML) kann der SAP Information Steward auch Metadaten an beliebige andere XML-fähige Lösungen weitergeben. Details über den SAP Information Steward finden Sie z.B. im entsprechenden Administrator Guide auf *http://help.sap.com/businessobject/product_guides/sboIS42/en/is_42_admin_en.pdf*.

Weitergabe an andere Metadaten-Repositories

Extensible Markup Language (XML)	[«]

XML ist eine Auszeichnungssprache (siehe auch Abschnitt 2.3, »Trends und zukünftige Weiterentwicklungen«), die es ermöglicht, hierarchisch strukturierte Daten in Textform darzustellen.

Sie dient dem system- und plattformübergreifenden Austausch von Daten zwischen unterschiedlichen Anwendungen und wird vor allem für die Kommunikation zwischen Anwendungen über das Internet eingesetzt. Details und einige Beispiele zu XML finden Sie unter *http://de.wikipedia.org/wiki/Extensible_Markup_Language*.

Die Integration von SAP HANA mit der SAP-Welt in Sachen Daten und Metadaten führt dazu, dass Daten leichter aus SAP-Anwendungen beschafft und dorthin übergeben werden können als beim Einsatz einer In-Memory-Datenbank eines anderen Anbieters. Hinzu kommt, dass SAP HANA in Bezug auf die Organisation der Datenablage (spalten- *und* zeilenorientiert) sowohl für das *Online Transaction Processing* (OLTP) – also für Produkte zur Datenerzeugung, wie z. B. die SAP Business Suite – als auch für das *Online Analytical Processing* (OLAP) – also für Produkte zur Datenverwertung, wie z. B. SAP BW – optimiert ist. Viele andere In-Memory-Datenbanken sind primär für die Verwendung im BI-Bereich gedacht und arbeiten daher ausschließlich spaltenorientiert. SAP HANA bietet im Gegensatz dazu ein Biotop, in dem sich OLTP und OLAP heimisch fühlen können.

Das versetzt Sie in die Lage, einen in sich geschlossenen Kreislauf aus Datenerzeugung, Datenverwaltung, Datenspeicherung und Datenverwertung zu entwerfen, der sich in einer Art Aufwärtsspirale kontinuierlich weiterentwickelt. Diese Perspektive geht weit über den Gedanken hinaus, hochperformante Big-Data-Anwendungen mit viel Schweiß in Stein zu meißeln, während Ihre Wettbewerber sich schon auf der nächsten Ebene des Wettrüstens befinden.

Neben den Vorteilen Geschwindigkeit, Kosten- und Risikoreduktion kommt hier also noch die zeitliche Dimension ins Spiel. Sie können Business Cases entwickeln, die mehr als nur Schnappschüsse und von vornherein auch längerfristig und strategisch angelegt sind.

(Meta-)Datenintegration mit Nicht-SAP-Produkten

Dank der Möglichkeit, SAP HANA über den SAP Replication Server und SAP Data Services mit Daten zu versorgen, gibt es kaum einen Datenbestand, den Sie nicht als Datenquelle für SAP HANA verwenden könnten.

Datenbeschaffung mit SAP Replication Server

Der SAP Replication Server beschafft unter anderem Daten aus folgenden Quellen:

- *SAP Adaptive Server Enterprise* (ASE), einer von Sybase entwickelten, relationalen Datenbank
- *Oracle Database*, der relationalen Datenbank von Oracle
- *DB2*, einem unter anderem auf Großrechnern verbreiteten Datenbanksystem von IBM

SAP Data Services kann unter anderem auf die folgenden Quellen zugreifen (die Liste erhebt keinen Anspruch auf Vollständigkeit und ändert sich mit jedem neuen Release):

Datenbeschaffung mit SAP Data Services

- *Attunity*, ein Werkzeug für die Datenlogistik
- DB2
- Hadoop
- *HP Neoview*, ein seit 2011 nicht mehr angebotenes Data Warehouse von Hewlett Packard
- *Informix*, ein Datenbanksystem von IBM
- *JDEdwards*, eine ERP-Anwendung von Oracle
- *Microsoft SQL Server*, ein Datenbanksystem von Microsoft
- *MySQL*, ein teilweise frei verfügbares Datenbanksystem von Oracle
- *Netezza*, eine Data Warehousing Appliance von IBM
- *Open Database Connectivity* (ODBC), ein generischer, von Microsoft entwickelter Standard für den Zugriff auf viele Datenbanken
- Oracle Database
- *Oracle E-Business Suite*, eine ERP-Lösung
- *PeopleSoft*, eine ERP-Lösung von Oracle
- *Salesforce.com*, eine internetbasierte CRM-Lösung (für das Management von Kundenbeziehungen)
- *SAP Customer Relationship Management* (CRM), die CRM-Lösung von SAP
- SAP ERP
- SAP HANA
- SAP BW
- SAP R/3
- *SAP Supplier Relationship Management* (SRM), eine Lösung für das Management von Lieferantenbeziehungen und die Beschaffung
- SAP Adaptive Server Enterprise
- *SAP IQ*, eine Business-Intelligence-Lösung
- SAP Replication Server

- ► *SAP SQL Anywhere*, eine Lösung für die Synchronisation (mobiler) Datenbestände

- ► *Siebel*, eine CRM-Lösung von Oracle

- ► *Teradata*, ein Datenbanksystem

Datenexport zu Fremd-anwendungen   Auch was die Weitergabe von Daten an andere Anwendungen anbelangt, ist SAP HANA extrem offen. Neben der Möglichkeit, hier ebenfalls SAP Data Services einzusetzen, stehen – primär für das Berichtswesen – auch die folgenden Optionen für den Zugriff auf HANA-Daten zur Verfügung:

- ► *Business Intelligence Consumer Services* (BICS), primär gedacht für SAP BusinessObjects Explorer und andere SAP-BusinessObjects-Lösungen

- ► *Multidimensional Expressions* (MDX) für alle MDX-fähigen Berichts- und Visualisierungswerkzeuge

- ► *OLAP Business Application Programming Interface* (BAPI) für den Zugriff durch andere Anwendungen via *Remote Function Call* (RFC)

- ► SQL, z.B. für einen Zugriff durch andere Programmiersprachen

- ► SAP HANA XS, ein einfacher Applikationsserver, auf den direkt über *HTTP* zugegriffen werden kann. Durch SAP HANA XS wird es möglich, direkt aus einem Browser heraus auf HANA-Daten zuzugreifen, die entsprechenden Zugriffe verwenden dann den Standard *OData* (*http://www.odata.org/*).

Zu guter Letzt besteht, wie schon erwähnt, auch die Möglichkeit, Metadaten aus der Nicht-SAP-Welt mit dem SAP Information Steward zu verwalten. Das allerdings ist keine Fähigkeit, die SAP HANA mitbringt, sondern vielmehr eine Funktionalität des SAP Information Stewards. SAP HANA könnten Sie allerdings verwenden, um Ihr Metadaten-Repository statistisch zu analysieren. Auf dieses Szenario gehen wir in einer Fallstudie ein (siehe Kapitel 8, »Sensordaten auswerten und Metadaten automatisch erheben«).

Vorteile der Integration mit Nicht-SAP-Produkten   Die Tatsache, dass sich SAP HANA dank der jetzt im SAP-Portfolio befindlichen Lösungen von Sybase und BusinessObjects mit praktisch allem zusammenspannen lässt, was in der großen weiten Welt der Datenbanken sowie ERP- und CRM-Anwendungen so kreucht und fleucht, kann Ihnen Ihr Leben enorm erleichtern.

Bei einer Big-Data-Lösung, die Sie sich selbst aus Open-Source-Komponenten zusammenbauen, müssen Sie Schnittstellen (z.B. zu Ihrem ERP-System) nicht nur konfigurieren, sondern vielleicht erst einmal schreiben. Und dazu müssen Sie z.B. wissen, wie dort die logischen Zusammenhänge zwischen den relationalen Datenbanktabellen modelliert sind. Wenn Sie z.B. mit SAP Data Services Daten von *Salesforce.com* nach SAP HANA laden wollen, müssen Sie die Schnittstelle nicht schreiben, sondern nur aktivieren und konfigurieren. Und wenn Ihre Bedürfnisse sich ändern, ist die Anpassung einer Konfiguration – zumal in einem grafischen Modellierungs-Tool – meist einfacher als die Überarbeitung von Programmcode.

Vorteile von SAP HANA gegenüber generischen Big-Data-Lösungen [◉]
Zusammenfassend lässt sich sagen: SAP HANA ist zwar einerseits eine Art Teilmenge von Big Data, bietet Ihnen aber andererseits einige spezifische Vorteile:
▸ Es gibt in SAP HANA spezielle Funktionen, die Sie in anderen Lösungen erst entwickeln müssten.
▸ SAP HANA ist gut mit anderen SAP-Produkten integriert (in puncto Daten und Metadaten).
▸ Für SAP HANA existieren EIM-Lösungen, die gut auf das SAP-Portfolio abgestimmt sind.
▸ SAP HANA lässt sich (unter anderem dank SAP Data Services) auch sehr gut (als Sender oder Empfänger) im Zusammenspiel mit anderen Datenbeständen einsetzen. Schnittstellen zum Rest der Welt sind fix und fertig und müssen nur konfiguriert, nicht aber geschrieben werden.

2.2 Implementierungsszenarien für SAP HANA

Grundsätzlich unterscheidet SAP drei Gruppen von *Implementierungsszenarien*, in denen SAP HANA eine Rolle spielen kann:

▸ Replikationsszenarien (*Side-By-Side Scenarios*)

▸ integrierte Szenarien (*Integrated Scenarios*)

▸ Transformationsszenarien (*Transformation Scenarios*)

Implementierungsszenarien sind Rahmenarchitekturen. Abhängig vom Inhalt Ihres Business Cases, werden Sie sich für ein Implementierungsszenario oder eine Kombination aus mehreren Szenarien

Drei Gruppen von Implementierungsszenarien

Rahmenarchitektur

entscheiden und diese dann mit Leben füllen. »Mit Leben füllen« heißt, dass Sie z. B. für das *App-Szenario* (eines der Replikationsszenarien) bestimmte, auf dem SAP HANA Marketplace angebotene Apps auswählen oder eigene Apps entwickeln (lassen) müssen. Diese Entscheidungen und die sich daraus ergebenden Einschränkungen führen dann Schritt für Schritt zu einer konkreten Anwendungs- und Datenarchitektur für einen oder mehrere Business Cases.

In den Kapiteln zu Fallstudien 4, »Planung flexibel gestalten«, bis 11, »Service Level Management automatisieren«, gehen wir noch genauer darauf ein, wovon die Entscheidung für ein Implementierungsszenario abhängt und wie diese Grundsatzentscheidung Ihre weiteren Wahlmöglichkeiten innerhalb des jeweiligen Szenarios beeinflusst; bei dieser Gelegenheit werden wir dann auch Beispiele für Anwendungsarchitekturen diskutieren. Erst einmal geht es uns aber darum, die Unterschiede zwischen den Szenarien verständlich zu machen. Wir betrachten daher die drei Szenariogruppen und die darin enthaltenen Einzelszenarien. Bei der detaillierten Diskussion wird Ihnen auffallen, dass die Übergänge zwischen den Szenarien fließend sind; in der Praxis wird es also auch Mischformen geben.

Unsere Definitionen der Implementierungsszenarien und die zugehörigen Darstellungen lehnen sich an Architekturdiagramme von SAP an. Wir haben diese Diagramme vereinheitlicht und in einigen Punkten auch modifiziert.

2.2.1 Replikationsszenarien

Spiegelung von Daten nach SAP HANA
Anstelle einer wörtlichen Übersetzung des SAP-Terminus *Side-By-Side Scenarios* verwenden wir den Begriff *Replikationsszenarien*. In Replikationsszenarien werden Datenbestände aus anderen Datenbanken nach SAP HANA repliziert. Es findet also auf der einen Seite eine redundante Datenhaltung statt, auf der anderen Seite ist der Datenfluss von persistenten, relationalen Datenbanken nach SAP HANA (mehr oder weniger) eine Einbahnstraße. Je nachdem, welche Daten für den jeweiligen Business Case benötigt werden, wird entweder nur ein Teil der Daten oder werden alle Daten gespiegelt bzw. redundant gehalten. Die Replikationsszenarien sind die historisch ältesten Varianten für die Nutzung von SAP HANA.

Die Gruppe der Replikationsszenarien beinhaltet ihrerseits wiederum sechs Einzelszenarien, auf die wir in den folgenden Abschnitten eingehen: das Data-Mart-Szenario, das App-Szenario, das Inhalteszenario, das Beschleunigerszenario, das Cloud-auf-HANA-Szenario und das Business-One-Analysen-Szenario.

Eine Übersicht über diese Szenerien geben Abbildung 2.15 und Abbildung 2.16.

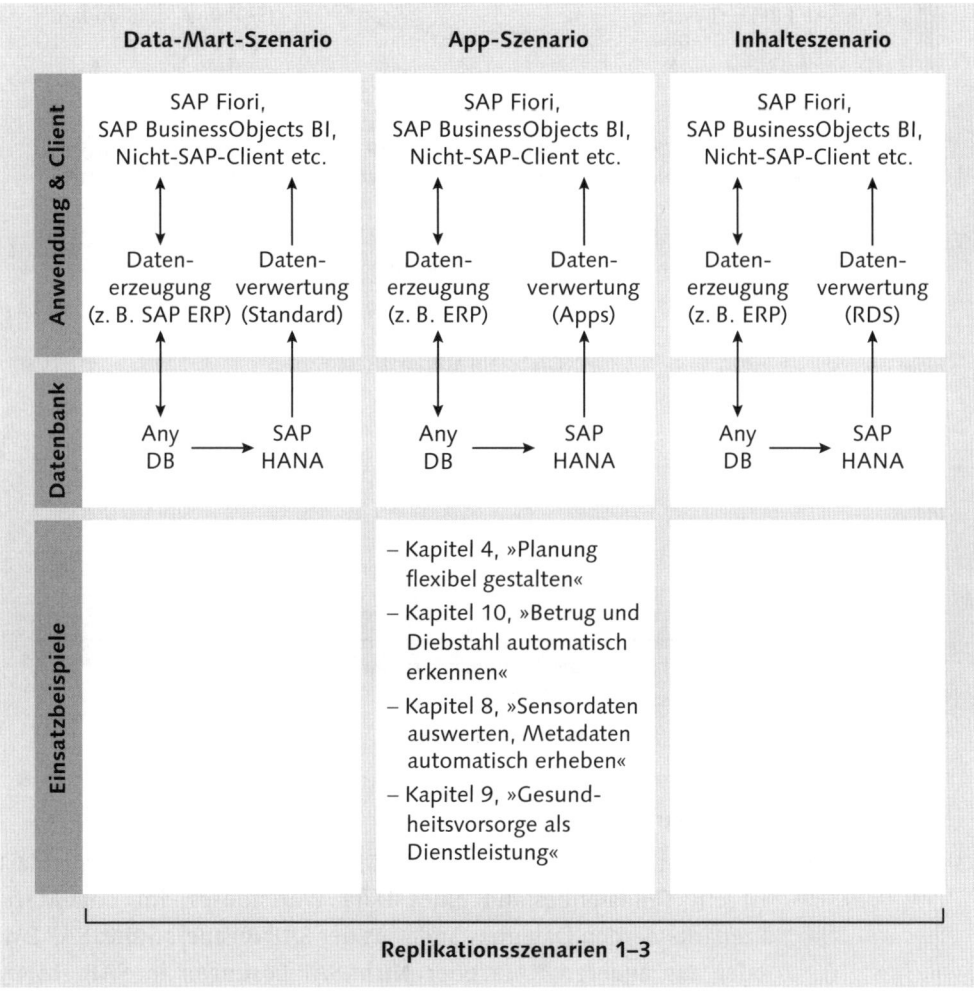

Abbildung 2.15 Replikationsszenarien (I)

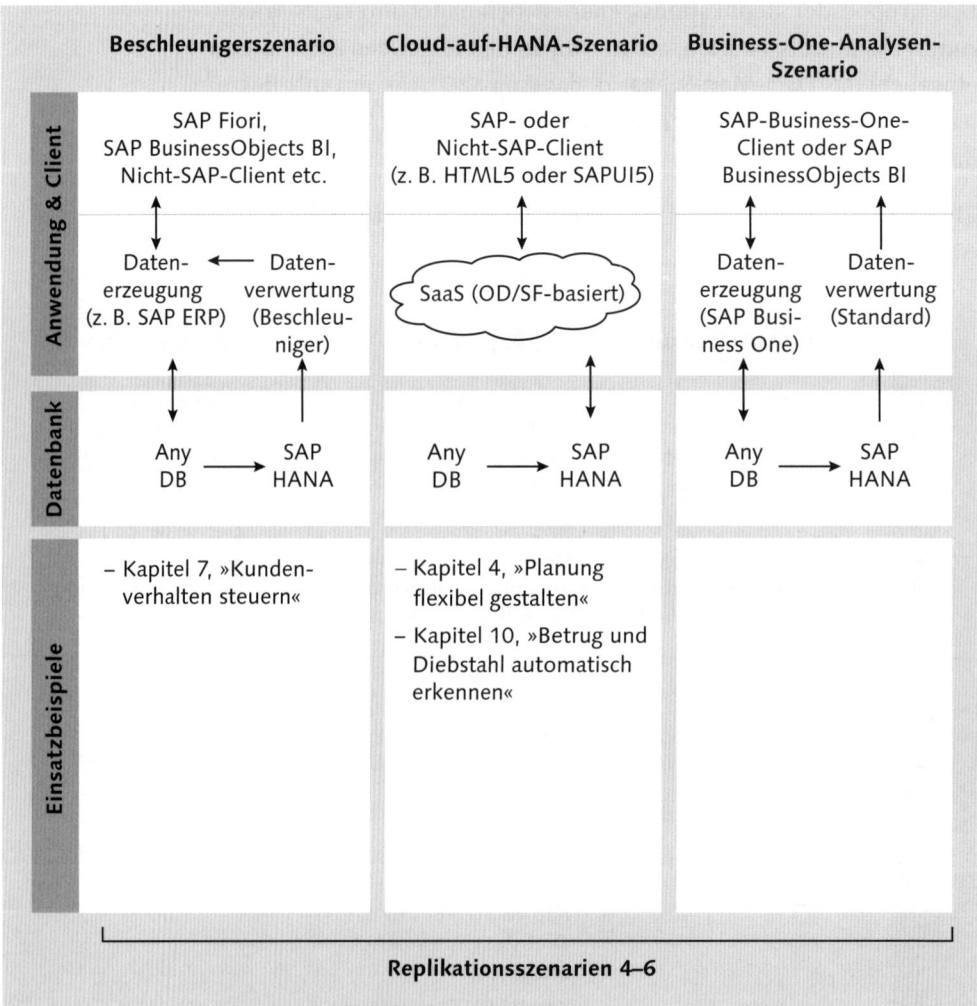

Abbildung 2.16 Replikationsszenarien (II)

Data-Mart-Szenario

SAP HANA als Data
Mart für agile BI

In diesem Szenario fungiert SAP HANA als *Data Mart*. Ein Data Mart
ist ein Teildatenbestand eines Data Warehouses. Im Data-Mart-
Szenario werden Datenbestände aus der SAP Business Suite, SAP BW
oder aus anderen SAP- oder Nicht-SAP-Lösungen in SAP HANA
zusammengeführt. Diese Daten werden dann in SAP-Business-
Objects-Produkten oder über andere Frontend-Lösungen für speziellere Anforderungen analysiert. Bei einem Data Mart geht es um
schnelle Auswertungen und die Möglichkeit, im Sinn von agiler BI

mit den vorhandenen Daten »spielen« zu können, ohne minuten- oder stundenlang auf eine Antwort des Systems warten zu müssen. Aus diesem Grund wird das Data-Mart-Szenario gelegentlich auch *agiles Data-Mart-Szenario* genannt. Die Datenverwertung erfolgt mit Standardwerkzeugen.

Eine Gefahr dieses Szenarios liegt darin, dass aufgrund der Freude der Benutzer an einer schnellen und unkomplizierten Realisierung und der hohen Geschwindigkeit stetig neue Anforderungen an ein Data Mart herangetragen werden. Aus dem Data Mart wird dann rasch eine Art »Schatten-Data-Warehouse«. Hieraus resultieren dann nicht nur Redundanzen und Inkonsistenzen, sondern auch die Aushebelung aller Bemühungen um Sicherheit und Qualität im Data Warehouse. Durch die Hintertür Big Data wird dann die Data Governance ausgehebelt.

Entgegenwirken kann man dieser Gefahr, indem man SAP HANA als echtes Data Mart betreibt und tatsächlich nur über das Data Warehouse mit Daten versorgt. Eine andere Möglichkeit wäre die Implementierung eines starken Metadaten-Repositorys. Wir werden in der genannten Fallstudie noch genauer auf Metadaten-Repositories eingehen.

Sicherheitsrisiko

Metadaten-Repository als Gegenwaffe

App-Szenario

Das App-Szenario ist – vereinfacht formuliert – das Data-Mart-Szenario plus Echtzeit, weswegen es bei SAP auch manchmal als *Operational Data-Mart-Szenario* bezeichnet wird. Im Data-Mart-Szenario spielt die Aktualität der Daten – insbesondere dann, wenn die Versorgung über mehrere Schritte etwa via Data Warehouse erfolgt – keine so große Rolle. Das ist beim App-Szenario anders.

Data Mart plus Echtzeit

Im App-Szenario geht es darum, Datenströme auszuwerten und auf Ereignisse sofort zu reagieren. Ein Beispiel hierfür wäre die Sentiment Detection. Ein Kunde hinterlässt auf einem Portal, in einem Blog, in einem sozialen Netzwerk oder über einen Kurznachrichtendienst ein negatives Feedback über Ihre Dienstleistungen. Wenn Sie hiervon sofort erfahren, kann Ihre eigene Task Force reagieren, dem Kunden rasch eine Lösung anbieten und vermeiden, dass sich die Meinung des unzufriedenen Kunden viral im Internet verbreitet. Die Datenverwertung erfolgt hier nicht mit Standardwerkzeugen, sondern mit speziell entwickelten Apps.

Beispiel: Sentiment Detection

Data Warehouse nicht erforderlich

Die Zwischenschaltung eines Data Warehouses ist in diesem Szenario aus zwei Gründen wenig sinnvoll. Einerseits würde hierdurch wertvolle Zeit verstreichen. Wenn Ihr Data Warehouse täglich im Batch aktualisiert wird und diese Daten ebenfalls nur einmal täglich nach SAP HANA fließen, vergehen im ungünstigsten Fall bis zu 48 Stunden zwischen einem Ereignis und Ihrer Chance, darauf zu reagieren. Andererseits möchten Sie vielleicht Millionen von Kundenkommentaren im Internet scannen und auswerten, diese aber nicht notwendigerweise längerfristig in Ihren eigenen Datenbeständen speichern. Nicht alles, was z. B. mit Hadoop technisch machbar ist, muss unbedingt auch kaufmännisch sinnvoll sein. Beim App-Szenario kann es gelegentlich auch sinnvoll sein, SAP HANA nicht nur aus der Datenbank, sondern auch direkt aus der Anwendung selbst mit Daten zu versorgen (nicht alles, was die Anwendung zur Laufzeit »weiß«, wird notwendigerweise auch in die Datenbank geschrieben).

Von dem in Abschnitt 2.2.3, »Transformationsszenarien«, beschriebenen Szenario der neuen HANA-Apps unterscheidet sich das App-Szenario dadurch, dass die Apps hier lediglich der Auswertung von Daten dienen, also nur Daten lesen, aber keine Daten nach SAP HANA oder in andere Datenbanken schreiben.

Inhalteszenario

Data Mart plus App für SAP Business Suite

Das Inhalteszenario ist (im Hinblick auf die Architektur) eine Kombination aus Data-Mart- und App-Szenario (das heißt, Hauptmotiv für die ergänzende Nutzung der HANA-Datenbank können sowohl agile BI-Anforderungen als auch das Thema »Echtzeit« sein).

Der Unterschied zwischen beiden Szenarien liegt darin, dass die erforderlichen Datenflüsse und Berichte bereits fertig von SAP bereitgestellt werden. Genau deshalb ist aber auch die Einsatzbreite des Inhaltesszenarios auf Daten aus SAP-Anwendungen (der SAP Business Suite) beschränkt. Solche fertigen Datenflüsse sind z. B. in der Rapid Deployment Solution (RDS) SAP HANA Operational Reporting enthalten. Die Datenverwertung erfolgt ebenfalls mit RDS-Bausteinen.

[+] **Abgrenzung Inhalte- und Beschleunigerszenario**

In den Dokumentationen von SAP werden Inhalte- und Beschleunigerszenario manchmal miteinander vermischt. Einige RDS lassen sich beiden Szenarien zuordnen.

Beschleunigerszenario

In allen bislang vorgestellten Szenarien wurden Daten aus SAP- oder Nicht-SAP-Anwendungen nach SAP HANA kopiert, um Benutzern Daten für Analysen via SAP HANA komfortabler, flexibler oder schneller zur Verfügung zu stellen. Der einzige Unterschied zwischen den drei Szenarien lag darin, mit welchen Werkzeugen diese kopierten Daten verwertet wurden.

Im Beschleunigerszenario sind nicht Benutzer, sondern Anwendungen der Adressat für Analysen aus SAP HANA. SAP HANA allein oder Apps auf Basis von SAP HANA werden eingesetzt, um große Datenmengen sehr schnell auszuwerten und die Resultate dann an eine Anwendung weiterzugeben. Ziel dieses Datenflusses kann hierbei die Lösung sein, aus der die von SAP HANA analysierten Daten ursprünglich stammten. Es ist aber auch denkbar, dass die von SAP HANA ermittelten Ergebnisse in anderen Anwendungen verarbeitet werden. Ein direktes Schreiben in Datenbanken (unter Umgehung der Anwendung) ist teilweise technisch möglich, erscheint aber riskant und ist unter normalen Umständen nicht empfehlenswert.

Szenario bedient Anwendungen statt Benutzer

Das Beschleunigerszenario ist also vergleichbar mit einem *Kunden-Exit* (Customer-Exit), der von einer SAP-Anwendung an einer genau definierten Stelle aufgerufen wird und dort ergänzend zum SAP-Standard spezielle Zusatzaufgaben übernimmt. Eine solche Zusatzaufgabe könnte darin bestehen, beim Anlegen eines Kundenstammsatzes das (Reserve-)Feld KATR1 in der Tabelle KNA1 (Kundenstamm, allgemeiner Teil) mit einer automatisch ermittelten Kundengruppe zu füllen. Kunden-Exits dienen dazu, den SAP-Standard zu erweitern und durch kundenspezifischen Code zu ergänzen, ohne hierbei die Releasefähigkeit des Systems massiv zu beeinträchtigen. Sie wurden zwischenzeitlich zunächst durch *klassische Business Add-ins* (BAdI, ab Release 4.6d) und später durch Business Add-ins (ab Release 7.0 des SAP NetWeaver Application Servers ABAP (SAP NetWeaver 2004s)) abgelöst, sind aber trotzdem in der SAP-Welt noch sehr verbreitet.

Beschleuniger vs. Kunden-Exit/BAdI

Die Beschleuniger im Beschleunigerszenario unterscheiden sich in vier Punkten konzeptionell von Kunden-Exits:

Unterschiede

▸ Kunden-Exits stellen eine Art »Umleitung« für die Anwendung dar. Sie machen diese also nicht schneller, sondern tendenziell eher langsamer. Beschleuniger dienen ganz im Gegenteil dazu, die Anwendung zu entlasten, sie schneller zu machen und Ergebnisse bereitzustellen, die eine (nicht verteilte) Anwendung aus Performancegründen gar nicht sinnvoll errechnen könnte.

▶ Kunden-Exits laufen innerhalb eines bestimmten Programms und nicht unabhängig hiervon (asynchron). Beschleuniger können theoretisch (z.B. bei einer kundenspezifischen Kreditlimitprüfung) aus der Anwendung heraus gerufen werden (und diese dann auf ein Ergebnis warten lassen), häufiger dürfte aber eine asynchrone Verarbeitung sein, das heißt, der Beschleuniger läuft periodisch oder kontinuierlich im Hintergrund und stellt unabhängig von einzelnen Transaktionsaufrufen Daten bereit.

▶ Die von Kunden-Exits generierten Daten landen meist in den Tabellen der Anwendung und gelegentlich in kundenspezifischen Tabellen, seltener aber in ganz anderen (z.B. Nicht-SAP-)Anwendungen. Beschleuniger sind schon vom Ansatz her nicht in die rufende Anwendung eingebettet, sie können auch in sehr heterogenen Architekturen eine Rolle spielen.

▶ Wenn ein Kunden-Exit Daten generiert, spiegeln diese Daten immer die Situation zur Laufzeit des Kunden-Exits wider. Diese entspricht mehr oder weniger der Laufzeit des rufenden SAP-Programms. Die durch Kunden-Exits generierten Daten sind also in dieser Hinsicht konsistent. Beschleuniger sind definitionsgemäß in einer verteilten Umgebung implementiert und unterliegen damit den Einschränkungen des *CAP-Theorems*.

[»] ▎ **CAP-Theorem (Brewers Theorem) und BASE-Anforderungen**

Das CAP-Theorem, auch bekannt als *Brewers Theorem*, besagt, dass es in verteilten Umgebungen unmöglich ist, gleichzeitig *Konsistenz* (Consistency), *Verfügbarkeit* (Availability) und *Partitionstoleranz* (Partition Tolerance) sicherzustellen.

Konsistenz wäre in einem verteilten System dann gegeben, wenn alle Knoten zu allen Zeitpunkten dieselben Daten sehen. Konsistenz gemäß CAP-Theorem meint dabei nicht nur die Konsistenz der Daten innerhalb eines Datensatzes, sondern die Konsistenz von Daten über Datensätze hinweg. Sie unterscheidet sich insofern von der Konsistenz der AKID-Anforderungen (siehe Abschnitt 1.1, »Was heißt Big Data?«). Konsistenz nach AKID wird manchmal auch *interne Konsistenz*, Konsistenz nach CAP dementsprechend *externe Konsistenz* genannt.

Verfügbarkeit bedeutet, dass alle Anfragen an das System stets beantwortet werden. Partitionstoleranz bedeutet, dass das System auch beim Ausfall einzelner Elemente (Partitionen, Netzknoten, Nachrichten) weiterarbeiten kann.

In verteilten Umgebungen geht man deshalb das Thema Anforderungen ein wenig anders an:

▸ Hinsichtlich der Datenkonsistenz strebt man in verteilten Systemen oft nach schwächeren Varianten, z.B. nach der sogenannten *schlussendlichen Konsistenz* (Eventual Consistency). Schlussendliche Konsistenz bedeutet, dass Daten irgendwann einmal – nach einer hinreichend langen Zeit ohne Schreibvorgänge und Fehler – über alle Knoten hinweg konsistent sein werden.

▸ An die Stelle der Verfügbarkeit tritt die *prinzipielle Verfügbarkeit* (Basically Available), die darauf verzichtet, einzelne Knoten garantiert ausfallsicher zu machen, und sich vielmehr damit begnügt, durch Verteilung bzw. Redundanz einen Ausfall des Gesamtsystems und einen kompletten oder teilweisen Datenverlust sehr unwahrscheinlich werden zu lassen.

▸ Schließlich akzeptiert man die Tatsache, dass Daten nicht dauerhaft abgelegt sind, sondern (z.B. durch Ablage im Hauptspeicher) eine beschränkte Lebensdauer haben (und notfalls aus Sicherungen wiederhergestellt werden müssen). Dies wird durch den Begriff *weicher Zustand* (Soft State) zum Ausdruck gebracht.

Basically Available, Soft State und Eventually Consistent zusammen ergeben dann die sogenannten *BASE-Anforderungen* für verteilte Systeme (BASE, zu Deutsch Base im Gegensatz zu ACID, zu Deutsch Säure). Die BASE-Anforderungen sind im Gegensatz zu den AKID-Anforderungen trotz des erweiterten Konsistenzbegriffs mit dem CAP-Theorem kompatibel und damit auch in verteilten Systemen erfüllbar.

Weitere Informationen zum CAP-Theorem und auch ein Beweis hierfür finden sich auf *http://de.wikipedia.org/wiki/CAP-Theorem*.

Ein Beispiel für das Beschleunigerszenario wäre die bereits in Abschnitt 1.2.2, »Anspruchsvolle Werkzeuge (richtig) nutzen«, erwähnte RDS für die Kundensegmentierung. Bei der Kundensegmentierung geht es ja nicht nur darum, Kundensegmente in der Rückschau bilden zu können. Vielmehr kann eine fortlaufende, begleitende Kundensegmentierung auch dazu beitragen, dass sofort auf Änderungen im Kundenverhalten reagiert werden kann. Dies setzt aber voraus, dass auch die operativen Systeme die Ergebnisse des jeweils letzten Segmentierungslaufs kennen.

Beispiel: Kundensegmentierung

Die Tatsache, dass sich eine Anwendung dabei – aufgrund des erläuterten CAP-Theorems – gegebenenfalls bei zwei gleichzeitig gestarteten, aber auf den Daten unterschiedlicher Knoten basierenden Kundentransaktionen jeweils anders verhält (also z.B. einmal dem

Kunden einen Sonderpreis anbietet und einmal nicht), nimmt man bewusst in Kauf.

Cloud-auf-HANA-Szenario

Software als Dienstleistung

Das Cloud-auf-HANA-Szenario steht für eine Architekturvariante, in der eine (überschaubare) Softwarelösung, die Daten aus einer HANA-Datenbank liest, in einer öffentlichen oder privaten Cloud-Umgebung bereitgestellt wird. Die Nutzung dieser Softwarelösung ist dabei oft kostenlos. Falls nicht, wird meist nutzungsbasiert (*On-Demand-Modell*, OD) oder über ein Abonnement (*Subscription-Fee-Modell*, SF) abgerechnet. In beiden Fällen zahlt der Kunde nicht mehr für eine Lizenz, sondern für eine Dienstleistung (*Software as a Service*, SaaS).

[zB]

Recalls Plus

Ein Beispiel für eine solche – in diesem Falle kostenlose – Lösung ist *Recalls Plus* von SAP. Recalls Plus bietet Eltern die Möglichkeit, über Facebook oder Tablets auf umfassende Datenbanken mit Produktwarnungen und Produktrückrufen zuzugreifen und sich entweder noch vor dem Kauf über Produkt und Hersteller zu informieren oder bereits gekaufte Produkte mithilfe von Kontrolllisten im Auge zu behalten.

Maßgeblich für das Cloud-auf-HANA-Szenario ist die Tatsache, dass eine oder mehrere Anwendungen in einer Cloud laufen. Es ist also irrelevant, ob auch die zugrunde liegende HANA-Datenbank in einer Cloud beheimatet ist (obwohl auch das denkbar wäre). Ebenfalls irrelevant ist die Frage, ob neben einer HANA-Datenbank auch noch andere Datenquellen verwendet werden.

Unterschiede zu integrierten Szenarien

Das Cloud-auf-HANA-Szenario sollte von cloudbasierten integrierten Szenarien unterschieden werden. Mit dem Cloud-auf-HANA-Szenario ist ein Szenario gemeint, in dem nicht die komplette Business Suite oder *SAP Business One* (B1) via SAP HANA Enterprise Cloud und Amazon Web Services, sondern eher kleinere Analyselösungen (SAP oder nicht SAP) in einer Cloud laufen.

Mit cloudbasierten integrierten Szenarien ist Folgendes gemeint: SAP bietet viele Produkte wahlweise komplett cloudbasiert oder als hybride Lösungen (teilweise lokal installiert, teilweise cloudbasiert) an. Unter dem Label SAP HANA Enterprise Cloud stehen z.B. sowohl die SAP Business Suite als auch SAP BW in einer skalierbaren und stabilen Cloud-Umgebung zur Verfügung (Details finden Sie unter *www.sap.com/bin/sapcom/downloadasset.sap-hana-enterprise-cloud-pdf .html* und *http://www.saphana.com/community/about-hana/deploy ment-options/sap-hana-managed-service*). Zusätzlich haben wir bereits in Abschnitt 2.1.3, »Abgrenzung von SAP HANA und Big Data«, auf das via Amazon Web Services zur Verfügung stehende SAP-Portfolio verwiesen. Aus Architektursicht sind dies aber integrierte Szenarien (siehe Abschnitt 2.2.2), die eben einfach nur statt lokal installiert in einer Cloud on Demand angeboten werden.

Ebenfalls unterschieden werden muss das Cloud-auf-HANA-Szenario von den Transformationsszenarien. Auch Transformationsszenarien enthalten häufig cloudbasierte oder hybride Elemente (siehe Beispiel zu einer Architektur für die Flugroutenoptimierung in Abschnitt 2.2.3, »Transformationsszenarien«). Der Unterschied liegt darin, dass im Cloud-auf-HANA-Szenario nur ein lesender Zugriff der HANA-Datenbank auf die Anwendungsdatenbanken erfolgt; die Cloud-basieren Applikationen können aber durchaus auch Daten in die HANA-Datenbank schreiben. Außerdem werden im Unterschied zu den bislang diskutierten Szenarien an der Benutzerschnittstelle nur begrenzte Funktionalitäten bereitgestellt; deshalb kommen hier in der Regel auch nur Clients mit einem beschränkten, speziellen Funktionsumfang und kein vollständiges *SAP Graphical User Interface* (GUI) zum Einsatz.

Unterschiede zu Transformations-szenarien

Business-One-Analysen-Szenario

Das Business-One-Analysen-Szenario entspricht in seiner Intention dem Inhalteszenario. Berichte einer ERP-Lösung beziehen ihre Daten nicht aus der Datenbank der Lösung selbst, sondern aus einem gespiegelten Datenbestand, der auf einer HANA-Datenbank liegt. Sie erreichen so eine deutlich höhere Performance.

SAP HANA für Business-One-Kunden

Der wesentliche Unterschied zwischen beiden Szenarien liegt in der betroffenen Lösung. Im Inhalteszenario ist dies die SAP Business Suite, im Business-One-Analysen-Szenario ist es SAP Business One. Ebenso wie beim Inhalteszenario geht es auch im Business-One-Analysen-Szenario nur um einen lesenden Zugriff. Mit SAP HANA als primärer Datenbank der Lösung wären wir im Business-One-auf-HANA-Szenario (siehe Abschnitt 2.2.2, »Integrierte Szenarien«).

Werkzeuge für die Replikationsszenarien

Datenbank der
Anwendung führt

In allen Replikationsszenarien übernimmt die Datenbank der Anwendung (also nicht SAP HANA!) die Führungsrolle; SAP HANA enthält lediglich ein Abbild einiger oder aller Daten. Im Data-Mart-,
App- und Inhalteszenario gibt es auch keinen Datenfluss von SAP
HANA zum ERP-/SAP-Business-Suite-System. Daten werden entweder aus der Datenbank von Business-Suite-Anwendungen oder von
den Business-Suite-Anwendungen selbst an SAP HANA übergeben,
fließen von dort aber nicht in die SAP Business Suite zurück, auch
nicht für die Versorgung von Berichten.

In den übrigen drei Szenarien (Beschleuniger-, Cloud-auf-HANA- und
Business-One-Analysen-Szenario) gibt es zwar – durch lesende Zu-
griffe der Anwendung – einen Datenfluss von SAP HANA in die
Anwendung; diese Daten gelangen allerdings nur zur Laufzeit an die
Applikation, sie werden nicht dauerhaft in deren Datenbank abgelegt.
Auch in diesen drei Szenarien schreibt die Anwendung Daten nur in
ihre eigenen, persistenten Datenbanken, nicht aber nach SAP HANA.

Werkzeuge für die
Replikation

Die Spiegelung oder – fachlich präziser – *Replikation* der Daten findet
über Werkzeuge wie den SAP Replication Server oder SLT statt; für
komplexere Transformationen zwischen den Quelldatenbanken und
SAP HANA kann auch SAP Data Services eingesetzt werden. Letzteres zieht allerdings Einschränkungen in Sachen »Echtzeit« nach sich.

Wenn Daten direkt aus der Anwendung (SAP Business Suite) nach
SAP HANA gelangen sollen, wäre die SAP HANA Direct Extractor
Connection (DXC) eine Lösung. Für den Fall, dass Sie die HANA-
Datenbank direkt über einen AS ABAP in der SAP Business Suite
aktualisieren möchten, könnten Sie die SAP HANA Database Shared
Library (DBSL) verwenden. Auf Details dieser Produkte und deren
Einsatzmöglichkeiten gehen wir hier nicht weiter ein, sondern zei-
gen Ihnen lediglich einige denkbare Lösungswege auf.

2.2.2   Integrierte Szenarien

SAP HANA als
einzige
Datenbank

In integrierten Szenarien fungiert SAP HANA als einzige Datenbank
für ein ERP-System, ein Data Warehouse oder andere (gegebenenfalls auch nach SAP HANA schreibende) Lösungen. Letzteres macht
den Unterschied zwischen integrierten Szenarien und dem App-Szenario aus (siehe Abschnitt 2.2.1, »Replikationsszenarien«).

SAP HANA enthält in integrierten Szenarien keine Kopie der Daten, sondern ist ein vollwertiger Ersatz für ein klassisches, persistentes, relationales Datenbankmanagementsystem wie Informix, Oracle Database oder SAP MaxDB. Es wird also aus SAP HANA gelesen und nach SAP HANA geschrieben. Die Gruppe der integrierten Szenarien beinhaltet drei Szenarien: Business Suite auf HANA, Business One auf HANA und BW auf HANA. Die ersten beiden Szenarien unterscheiden sich nicht in den Datenflüssen, sondern nur in den eingesetzten Applikationen (Datenerzeugung und Benutzerschnittstelle).

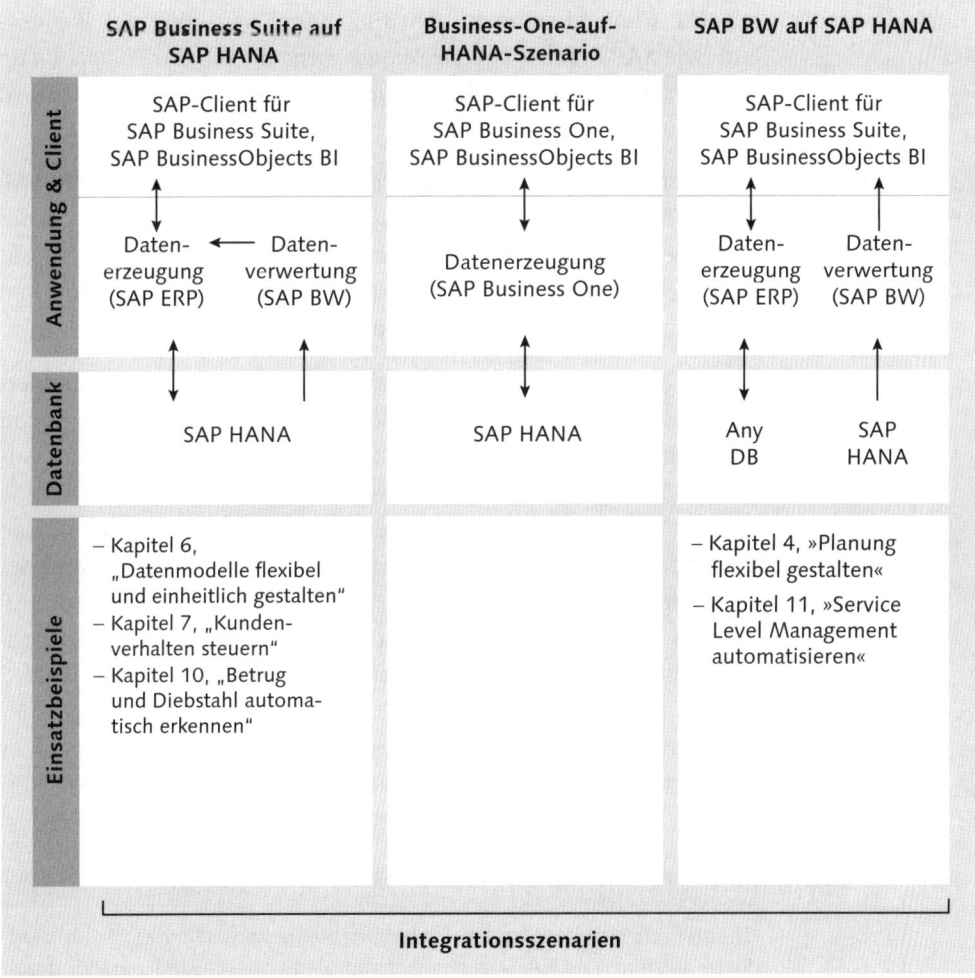

Abbildung 2.17 Integrationsszenarien

SAP Business Suite auf HANA

Business Suite bleibt datenbankneutral

Die SAP Business Suite mit ihren Kernbestandteilen wie SAP ERP und SAP Customer Relationship Management (CRM) kann schon seit vielen Jahren auf Datenbanksystemen unterschiedlicher Hersteller (IBM, Microsoft, Oracle etc.) eingesetzt werden. Mit SAP HANA ist nun eine weitere Datenbank hinzugekommen. Seit 2013 können sich Kunden auch für die SAP Business Suite powered by SAP HANA entscheiden, das heißt für Business-Suite-Lösungen mit der In-Memory-Datenbank anstelle klassischer, persistenter Datenbanken. Bislang steht SAP HANA als Datenbank allerdings nur für SAP ERP und SAP CRM, aber noch nicht für andere Bausteine der Business Suite wie *SAP Product Lifecyle Management* (PLM), *SAP Supply Chain Management* (SCM) und *SAP Supplier Relationship Management* (SRM) zur Verfügung.

Kombination mit anderen Szenarien

Die resultierende Anwendungsarchitekturvariante bezeichnet SAP als SAP Business Suite auf HANA. Bedingt durch die Offenheit der zugrunde liegenden SAP-NetWeaver-Plattform lässt sich dieses Implementierungsszenario sehr gut mit anderen hier geschilderten Rahmenarchitekturen kombinieren.

Allerdings ist eine Kombination mit den meisten bislang geschilderten Szenarien (z.B. mit dem Inhalteszenario) wenig sinnvoll: Wenn Sie für Ihre SAP Business Suite eine primäre HANA-Datenbank verwenden, bringt es keinen weiteren Geschwindigkeitsvorteil, eine bereits verteilte Lösung zu duplizieren, die gut skaliert. Für eine Steigerung der Performance würden Sie zunächst einmal die Anzahl der Knoten in Ihrem Cluster erhöhen. Und wenn Sie ergänzend zur SAP Business Suite auf HANA das Data-Mart-Szenario umsetzen möchten, stellt sich die Frage, ob hierfür eine komplett neue HANA-Datenbank aufzubauen wäre oder ob die Anforderungen in der bereits vorhandenen umgesetzt werden können. Hierbei geht es dann nicht nur um Verarbeitungskapazität, sondern auch um Sicherheit und Data Governance.

[+] **Business Suite auf HANA ohne BW auf HANA**

Theoretisch ist es denkbar (aber inhaltlich wenig sinnvoll), die SAP Business Suite auf einer HANA-Datenbank zu implementieren und parallel dazu weiterhin ein »traditionelles« SAP BW auf einer persistenten Datenbank zu betreiben. Einerseits sprechen Performanceüberlegungen dagegen, andererseits ist die Migration eines bestehenden BW nach SAP HANA in der

Regel weniger aufwendig als die Migration Ihrer kompletten ERP-Umgebung. Mit der Migration der Business Suite auf SAP HANA haben Sie also schon den schwierigsten Teil des Migrationspfades hinter sich.

Hinzu kommt, dass ein ganz wesentlicher Vorteil von SAP HANA ja in der Möglichkeit liegt, das operative mit dem strategischen Reporting zu verschmelzen und hierdurch ganz neue Einsichten zu gewinnen. Durch die Verwendung einer einheitlichen Datenbank für beide Bereiche wird dies wesentlich erleichtert. Aus diesen Gründen haben wir die Datenarchitektur unter der Annahme gezeichnet, dass Sie parallel zur Business Suite auf SAP HANA auch SAP BW auf HANA betreiben. Ein Muss ist dies aber nicht.

SAP Business One auf HANA

Nicht nur große, multinationale Konzerne, sondern auch kleine und mittelgroße Unternehmen können HANA-basierte Lösungen nutzen. Die SAP-KMU-Lösung (kleine und mittelständische Unternehmen) SAP Business One steht als *SAP Business One, version for SAP HANA* als vollwertiges ERP-System auf einer HANA-Datenbank zur Verfügung. Die HANA-Datenbank tritt hierbei einfach an die Stelle des bei SAP Business One sehr verbreiteten Microsoft SQL Servers. Aus Architektursicht heißt dieses Implementierungsszenario SAP Business One auf HANA.

HANA-basiertes ERP für kleinere Unternehmen

Business One und SAP BW [+]

Theoretisch könnten Sie – wie im vorangehenden Szenario – natürlich auch hier ein HANA-basiertes SAP BW einsetzen. Da SAP BW aber unter Business-One-Kunden nicht so stark verbreitet ist wie unter den Nutzern der SAP Business Suite, haben wir es hier nicht berücksichtigt. Wir gehen davon aus, dass Sie für die Datenverwertung ausschließlich Funktionalitäten von Business One nutzen (diese fallen dann in den Baustein »Datenerzeugung«). Allerdings steht Ihnen auch unter dieser Annahme SAP BusinessObjects als Option für die Benutzerschnittstelle zur Verfügung.

SAP BW auf HANA

Auch die Data-Warehousing-Lösung SAP BW kann auf einer HANA-Datenbank implementiert werden – unabhängig davon, ob zuliefernde Systeme (also z.B. die SAP Business Suite) eine HANA-Datenbank verwenden. Die entsprechende Variante von SAP BW heißt *SAP BW powered by SAP HANA*, das Implementierungsszenario wird als *BW auf HANA* bezeichnet.

Data Warehousing mit SAP HANA

Dabei gibt es – parallel zur SAP Business Suite – drei Varianten, Daten und/oder Strukturen des SAP-Data-Warehouses in SAP HANA bereitzustellen:

▸ Sie können Ihr komplettes SAP BW auf eine HANA-Datenbank migrieren. Ihr HANA-basiertes Data Warehouse funktioniert danach im Wesentlichen genauso wie zuvor – nur schneller. Die Migration funktioniert übrigens relativ problemlos, es sind allerdings einige wenige Besonderheiten zu beachten (so sind z.B. *Aggregate*, eine persistente, aggregierte Sicht auf die Daten in einem InfoCube, in SAP HANA überflüssig und werden nicht unterstützt, ebenso wenig wie die für die Aktualisierung von Aggregaten benötigten *Prozesstypen*). *InfoCube* ist der Name für OLAP-Würfel in SAP BW. Prozesstypen sind Typen von Verarbeitungsschritten in Batch-Prozessen in SAP BW.

▸ Sie können im *SAP HANA Studio* – dem Verwaltungs- und Entwicklungswerkzeug von SAP HANA – einzelne Objekte direkt aus SAP BW übernehmen.

▸ Sie können lediglich Metadaten aus SAP BW in SAP HANA übernehmen, das heißt, Sie haben dort Kopien Ihrer BW-Objekte, nicht aber deren Inhalt zur Verfügung.

Mit dem Szenario BW auf HANA ist die erste dieser drei Varianten gemeint. Auf eine Berücksichtigung von *Retraktionsdatenflüssen* haben wir verzichtet. Retraktion bezeichnet in der SAP-Welt das Schreiben von Daten aus einer Analyseanwendung wie SAP BW in eine ERP-Anwendung (wie SAP ERP). Das Szenario BW auf HANA entspricht im Hinblick auf die Datenflüsse dem Data-Mart-Szenario bei den Replikationsszenarien. Der wesentliche Unterschied zum Data-Mart-Szenario liegt darin, dass hier ein komplettes Data Warehouse und nicht nur einzelne Data Marts aufgebaut werden und dass als Data-Warehousing-Lösung nicht irgendwelche Applikationen, sondern SAP BW zum Einsatz kommt. Zudem erfolgt die Replikation der Daten nach BW hier im Regelfall nicht auf Datenbankebene, sondern über den *Business Content* (also über SAP-seitig ausgelieferte Extraktorprogramme, in denen z.B. Abhängigkeiten zwischen Datenbanktabellen bereits berücksichtigt sind), und damit von der Applikation nach SAP BW. Das Schreiben in die BW-Datenbank übernimmt dann SAP BW.

| BW auf HANA ohne Business Suite auf HANA | **[+]** |

Anders als beim Szenario Business Suite auf HANA ist es bei einer Migration von SAP BW nach SAP HANA durchaus denkbar, nicht nur andere ERP-Applikationen, sondern auch Ihre SAP Business Suite zunächst weiterhin auf der alten Datenbanklösung zu betreiben.

Ob dies für Sie sinnvoll ist, hängt vom Umfang allfälliger Migrationsprojekte und von Ihren Anforderungen bei der Analyse operativer, granularer Daten ab.

Auswirkungen von SAP HANA auf die Anwendungen

Bei allen drei Szenarien ist davon auszugehen, dass der Einsatz von SAP HANA als Datenbank längerfristig auch zu größeren Anpassungen bei den hierauf basierenden Lösungen führen wird. Die Geschwindigkeit der Datenbankschicht und die Tatsache, dass die Datenbankschicht anders als die Applikationsschicht nur sehr schlecht skalierte, war früher einer der klassischen Engpässe in SAP-Systemen. In den von SAP ausgelieferten wie auch in kundenspezifischen ABAP-Programmen wurde jede Menge Code entwickelt, dessen einziger Zweck es war, mit diesem Engpass umzugehen und den Benutzer möglichst wenig hiervon spüren zu lassen. Mit SAP HANA entfällt die Notwendigkeit für viele dieser Umgehungslösungen. Obendrein können Berechnungen in die Datenbank verlagert und damit die Applikation verschlankt und entlastet werden.

Verschlankung der Anwendungen

Beides zusammen dürfte längerfristig dazu führen, dass SAP Business One, SAP BW und die SAP Business Suite nicht nur aufgrund der Geschwindigkeit der In-Memory-Datenbank, sondern auch aufgrund der Abstimmung auf die in Abschnitt 2.1.3, »Abgrenzung von SAP HANA und Big Data«, genannten Funktionen schlanker und schneller werden. SAP ist sich sicher der Tatsache bewusst, sich so einen »Heimvorteil« für SAP HANA als Datenbanklösung sichern zu können.

»Heimvorteil« für SAP

Längerfristig mag sich SAP durchaus dafür entscheiden, die SAP Business Suite oder SAP BW auch auf Basis anderer In-Memory-Datenbanken anzubieten: Wahrscheinlich aber wird es für den Kunden trotzdem noch Vorteile haben, seine SAP-Lösungen auf einer HANA-Datenbank zu betreiben. Ein Schelm, wer böses dabei denkt, oder um es mit einem Bill Gates zugeschriebenen Zitat aus der Anfangszeit der Browser zu sagen: »Windows ist nicht fertig, solange Netscape problemlos darauf läuft.«

2.2.3 Transformationsszenarien

SAP HANA als Basis
neuer Lösungen

Bei Transformationsszenarien geht es um komplett neue Anwendungen, also weder um die SAP Business Suite noch um SAP BW oder um Apps, die an eines dieser beiden Produkte angelehnt sind. Ebenso wie in den integrierten Szenarien spielt SAP HANA bei den Transformationsszenarien die Rolle der primären oder sogar der einzigen Datenbank. Im Unterschied zum App-Szenario bei den Replikationsszenarien schreibt die App aber auch Daten in die HANA-Datenbank.

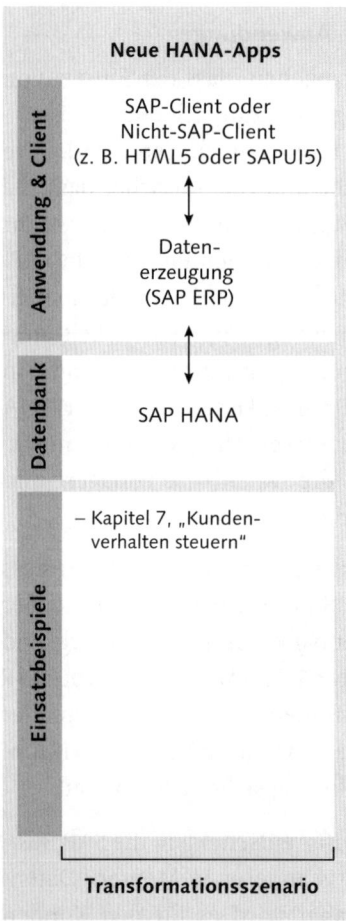

Abbildung 2.18 Transformationsszenario

Disruptive
Anwendungen

Der Unterschied zu den integrierten Szenarien liegt darin, dass diese Datenbank nicht Basis für ein ERP-System, ein Data Warehouse oder unterstützende Apps ist. In Transformationsszenarien bildet SAP

HANA vielmehr das Fundament gänzlich neuer, idealerweise disruptiver Anwendungen. Unter *disruptiven Anwendungen* verstehen wir – analog zu disruptiven Technologien – Anwendungen, die die Spielregeln in einem Markt verändern und das Potenzial haben, bestehende Technologien, Produkte oder Leistungen mit neuen Angeboten vollständig zu verdrängen. Die Gruppe der Transformationsszenarien beinhaltet derzeit nur ein Szenario namens *Neue HANA-Apps* (siehe Abbildung 2.18).

Neue HANA-Apps

Im Szenario der neuen HANA-Apps laufen eine oder mehrere Apps eigenständig (und nicht etwa nur als Beschleuniger zur Unterstützung einer ERP-Lösung) auf einer HANA-Datenbank. Die Anwendungslogik dieser Apps kann teilweise in der Datenbank selbst (also z.B. in Prozeduren) oder außerhalb der Datenbank implementiert sein. Diese Apps können Analysen im Batch durchführen oder in Echtzeit auf Ereignisse reagieren, sie können Informationen an andere Anwendungen übergeben, aber auch selbst in die HANA-Datenbank schreiben.

Anwendungen jenseits des SAP-Horizonts

Die Besonderheit dieses Szenarios liegt darin, dass es um *neue* Apps geht, also um Apps, deren Funktionsumfang maßgeblich über den der Standardlösungen im SAP-Portfolio hinausgeht. Kern der Idee ist, dass diese Apps zwar zum einen Standardlösungen ergänzen können, zum anderen aber in einem nennenswerten Maß auch eigenständig »neues Terrain« erschließen.

SAP Smart Meter Analytics

[zB]

SAP sieht seine App SAP Smart Meter Analytics als eine App im Rahmen dieses Szenarios; wir halten SAP Smart Meter Analytics aber noch für eine relativ konventionelle Anwendung. Aus unserer Sicht bewegt sich SAP Smart Meter Analytics im Dunstkreis des Replikationsszenarios App-Szenario. Zweifellos handelt es sich um eine anspruchsvolle Lösung, aber letztendlich doch »nur« um ein mehr oder weniger klassisches Analyse-Tool.

Wir können uns vorstellen, dass aufgrund der Offenheit des architektonischen Ansatzes hier wesentlich bahnbrechendere Ideen auftauchen werden. Bahnbrechend aus unserer Sicht wäre z.B. eine App, die die Grundlage für die Steuerung einer Flotte autonomer Lieferdrohnen bildet und damit den gesamten Logistikbereich revolutionieren könnte.

Mobile und hybride Architekturen

Die Apps für Transformationsszenarien können nicht nur in ABAP oder Java auf SAP NetWeaver, sondern auf etlichen Plattformen und in vielen Programmiersprachen entwickelt werden. So sind z.B. auch native Lösungen auf mobilen Geräten denkbar, z.B. auf iPads oder Android-Tablets. Solche Lösungen könnten auf Apples mobilem Betriebssystem iOS in *Objective-C* (eine objektorientierte Erweiterung der Programmiersprache C, die von Apple für iOS und MacOS verwendet wird) bzw. auf Android in C++ oder Java entwickelt werden.

Besonders interessant finden wir die Idee, hybride Anwendungen zu konzipieren, deren Applikationslogik teilweise in SAP HANA selbst, teilweise in einer Cloud-Lösung und teilweise auf mobilen Geräten implementiert ist. Eine solche Architektur bräuchte man wahrscheinlich auch für die schon erwähnte Echtzeitoptimierung von Flugrouten.

[zB] **Hybride Architektur**

Ein Flugzeug verfügt über jede Menge Sensoren, die beständig Daten jedweder Art einsammeln. Eine einzelne Maschine hat aber nicht alle Daten aller momentan in der Luft befindlichen Flüge an Bord. Und sie weiß auch nichts über planungsrelevante Rahmenbedingungen (z.B. den Status eines Vulkanausbruchs 500 km abseits der Route, die dort vorherrschenden Windrichtungen und den daraus resultierenden Ascheflug). Auf Basis der im einzelnen Flugzeug verfügbaren Daten kann daher kein globales Optimum ermittelt werden.

Nun wäre es zwar theoretisch denkbar, allen Flugzeugen all diese Daten als Grundlage für weitere Berechnungen zu übermitteln. Ein solcher Ansatz wäre aber nicht nur unpraktisch und unsicher (hat wirklich jeder Flug die gleichen Daten erhalten?), sondern auch kaum umzusetzen. Zur Verarbeitung der Daten müsste dann auch jede Maschine eine Big-Data-Lösung im Frachtraum haben und hierzu nicht nur das zusätzliche Gewicht mit sich herumtragen, sondern die Server auch noch mit Energie versorgen.

Sinnvoller wäre wohl eine hybride Architektur, bei der Bestandteile der erforderlichen Rechenlogik an Bord, andere in einer am Boden befindlichen Cloud und wieder andere in dem von der Cloud genutzten Datenbanksystem implementiert sind. Das Flugzeug sendet also vorgefilterte, vorverdichtete und vorverarbeitete Daten an einen Knoten, und dieser Knoten versorgt das Flugzeug mit Angaben über Routenoptionen, unter denen dann an Bord eine Feinauswahl stattfindet.

Wie wir im folgenden Abschnitt 2.3, »Trends und zukünftige Weiterentwicklungen«, noch beleuchten werden, stellt für uns das Zusammenwachsen der (aus SAP-Sicht auch strategisch priorisierten) Bereiche Big Data, Cloud Computing und mobiles Rechnen die Schlüsselperspektive für SAP HANA dar.

Strategische Ziele von SAP

2.3   Trends und zukünftige Weiterentwicklungen

Wir wissen nichts darüber, was in den streng geheimen Laboratorien und Entwicklungszirkeln der SAP AG vor sich geht. Noch weniger ahnen wir, mit welchen neuen Initiativen der für die SAP immer noch wichtige Innovationstreiber Hasso Plattner, sozusagen Vater von SAP HANA (das Akronym HANA wurde anfangs auch scherzhaft als »Hassos neue Appliance« interpretiert), die SAP-Gemeinde in den nächsten Jahren überraschen wird. Und selbst wenn wir entsprechende Kenntnisse hätten, dürften wir Sie wahrscheinlich nicht daran teilhaben lassen. Man kann aber auch ohne großen Lauschangriff oder geheimdienstliche Methoden Erkenntnisse darüber gewinnen, wohin sich Big Data und SAP HANA im Zusammenspiel mit anderen Innovationen weiterentwickeln werden.

»Spekulative« Überlegungen

2.3.1   Technologietrends

SAP hat vielfach öffentlich erklärt, dass für das Unternehmen aktuell drei Bereiche strategisch besonders wichtig sind:

Strategisch wichtige Bereiche für SAP

- Cloud Computing
- In-Memory-Datenbanken
- mobiles Rechnen

Hinzu kommt (vielleicht) ein vierter Bereich, den der SAP-Aufsichtsratsvorsitzende Plattner in einem Interview mit der *Wirtschaftswoche* im Juli 2013 in den Vordergrund gestellt hat: die Benutzerfreundlichkeit bzw. das Kundenerlebnis – orientiert am Vorbild Apple. Ergebnis solcher Bestrebungen sind Initiativen wie SAP Fiori und die SAP-eigene Version der Auszeichnungssprache HTML5 namens *SAPUI5*.

[»] **Hypertext-Auszeichnungssprache (Hypertext Markup Language)**

Der Begriff *Auszeichnungssprache* (HTML steht für *Hypertext Markup Language*, also deutsch etwa »Übertext-Auszeichnungssprache«) stammt ursprünglich aus dem Druckgewerbe. Auszeichnungen waren Informationen für die Setzer, aus denen sich ergab, wie bestimmte Textteile darzustellen waren. Heutzutage dienen Auszeichnungssprachen nicht mehr nur zur Beschreibung von Textformatierungen; sie werden auch verwendet, um Verfahren zu beschreiben, wie mit bestimmten Inhalten umzugehen ist.

Hypertext ist Text, der dazu dient, Informationen durch Querverweise miteinander zu verknüpfen (uns allen durch die *Hyperlinks* im Internet wohlbekannt, die durch Hypertext funktionieren).

Moderne Hypertext-Auszeichnungssprachen können weit mehr als nur Texte formatieren und Fundstellen verknüpfen. Sie sind zwischenzeitlich fast zu einer Art Programmierwerkzeug für webbasierte Benutzerschnittstellen geworden.

Zusammenwirken der Trends

Cloud Computing, In-Memory-Datenbanken, mobiles Rechnen und Benutzerfreundlichkeit in einen Topf geworfen, mit ein wenig Hintergrundrauschen aus Medien und Konferenzen abgelöscht, gut durchrührt und auf kleiner Flamme gemächlich eingekocht, ergibt ungefähr das im Folgenden beschriebene Bild.

Cloud-Akzeptanz steigt

Auf SAP HANA basierende Lösungen werden zukünftig immer seltener in Form lokaler Installationen bereitgestellt. Dank dem Informanten Edward Snowden wissen wir, dass selbst das Diensthandy der deutschen Kanzlerin alles andere als abhörsicher ist. Vor diesem Hintergrund schwinden in den meisten Unternehmenszentralen sowohl die Hoffnungen, lokale Firmendaten gegenüber dem Rest der Welt abschotten zu können, als auch die Vorbehalte gegen eine Datenspeicherung in der Cloud. Und weil es für alle unter 30 ohnehin gang und gäbe ist, intimste Geheimnisse auf den Servern von Facebook und Twitter zu hinterlegen, steigt die Akzeptanz für die Nutzung cloudbasierter Anwendungen und Datenablagen.

Speicherung in der Cloud: Platzersparnis

Natürlich sprechen auch praktische Überlegungen für die Cloud: Warum soll ein im iTunes Store gekaufter James-Bond-Streifen deutschlandweit mehrere Millionen Mal fünf Gigabytes auf Heimcomputern belegen, wenn man ihn stattdessen auch aus der Apple Cloud streamen lassen kann? Warum soll jedes Unternehmen auf seinen Servern – für die Verifikation der Lieferadressen neuer Kunden – alle gültigen Adressen von eineinhalb Milliarden Chinesen speichern, wenn man diese auch in ein weltweit zentrales Adressbuch legen kann? Natürlich, Apple weiß im ersten Fall, wie oft und zu welchen Tageszeiten Sie sich Daniel Craig oder Pierce Brosnan zu Gemüte führen; und im Fall der Adressdaten ist dem Hosting-Anbieter – wenn er gut ist – bekannt, wessen Adresse Sie wann abfragen und wer somit vielleicht Kunde Ihres Unternehmens ist. Aber ähnlich wertvolle Erkenntnisse könnten Ihre Mitbewerber auch gewinnen, wenn sie (oder eine Webcam) auf der Straße vor Ihrem Werksportal postieren und auf einer Strichliste Anzahl und Herkunft der Sie beliefernden Lkws erfassen.

Ähnliche Überlegungen gelten für die Anwendungslogik: Wir haben zwar ausdrücklich darauf hingewiesen, dass Big-Data-Lösungen Aktionärswert nicht zuletzt dank überlegener Algorithmen schaffen, aber das bedeutet nicht, dass 100 % Ihrer Anwendungslogik streng vertraulich sind. Der Quellcode von SAP ERP Financials auf Ihren Rechnern dürfte (wenn Sie nicht abenteuerlustig genug waren, diesen massiv zu ändern) mehr oder weniger identisch mit der Source auf den Maschinen Ihres Hauptwettbewerbers sein.

Standardlösungen sind nicht geheim

Wie schon erwähnt, erfordern viele zukunftsträchtige Big-Data-Lösungen hybride Architekturen (also die Verteilung von Daten und Anwendungslogik über mehrere Clouds, Smartphones, Tablets oder an das Internet angebundene Kühlschränke, Toaster und Kaffeemaschinen). Exklusiv und firmenindividuell sind dann vielleicht nur die Rezepturen Ihrer Produkte oder die eine Killer-App, die all diese Komponenten koordiniert und Ihre Wettbewerbsvorteile generiert. Und selbst diese Rezepturen und diese App residieren dann aus praktischen Gründen physisch in einer – wenn auch privaten (unternehmenseigenen) – Cloud.

Kernanwendungen/ -daten als Spezialfall

Vor dem Hintergrund all dieser Überlegungen ist es sicher kaum ein Zufall, dass SAP mit der Enterprise Cloud nach einer längeren Pause nun (wieder) ins Hosting-Geschäft eingestiegen ist. Wir rechnen – auch was die Nutzung von SAP-Lösungen betrifft – nicht nur mit Cloud-Anwendungen und Cloud-Datenspeicherung, sondern vermehrt auch mit cloudbasierten Lizenzmodellen für SAP HANA und darauf basierenden Produkten.

SAP ist (wieder) Hosting-Anbieter

Anwendungen (also z.B. In-Memory-Datenbanken) sind in einer hybriden Welt umso interessanter, je flexibler und schneller sie sich mit anderen Bausteinen zusammenspannen lassen. Wir denken bzw.

Offenheit ist Trumpf

vermuten und hoffen daher, dass SAP – ähnlich wie mit der Programmiersprache R bereits geschehen – die Nutzung von Open-Source-Lösungen aus der Big-Data-Welt fortlaufend vereinfachen wird. Bei einigen (wie Hadoop) ist dies bereits geschehen, bei anderen (z.B. Storm) wären noch weitere Integrationsschritte denkbar.

Manche Innovation ist nur in der Cloud denkbar

Wenn immer mehr Anwendungen und Geräte einerseits umgebungsbezogene Daten sammeln und diese andererseits ins Internet weiterleiten können (*Internet der Dinge*), wächst natürlich auch die Menge der insgesamt verfügbaren Daten. Neben dieser rein quantitativen Erhöhung der Datenmenge führt das zu einem qualitativen Sprung: Das Internet bzw. die Cloud oder der zentrale Daten-Pool wissen weit mehr als jedes Gerät für sich genommen, und es werden neue Anwendungen denkbar, die sich rein konzeptionell *ausschließlich* in der Cloud realisieren lassen (denken Sie an unser Beispiel mit der Flugroutenoptimierung). Aktuell stehen wir erst am Anfang dieser Entwicklung.

[»] **Internet der Dinge**

Der Ausdruck *Internet der Dinge* beschreibt das allmähliche Zusammenwachsen der realen, physischen Welt mit der virtuellen Welt des Internets. Nicht nur Smartphones, sondern auch andere Objekte werden zunehmend einerseits mit Sensoren und andererseits mit festen oder mobilen Internetzugängen ausgestattet. Smartphones können jetzt schon Nähe (zum Gesicht), Bewegung/Beschleunigung, Umgebungslicht und Lage im Raum (über einen gyroskopischen Sensor) messen. Assistenzsysteme in Autos erfassen die Umwelt mit 3-D-Kameras, Radar und Ultraschall. Neue Fahrzeuge in der Europäischen Union werden ab 2015 mit *eCall*, einer von der EU-Kommission vorangetriebenen Notruflösung unterwegs sein, die auch Standortdaten übermittelt. Die wichtigsten Hausgerätehersteller arbeiten laut einem Bericht der *Welt* vom Oktober 2013 bereits an einer gemeinsamen Softwareplattform für die Systemvernetzung. Und die Steuerung des eigenen Hauses über das Internet ist in der Gebäudetechnik längst Realität.

Benutzerfreundlich heißt unsichtbar

Wirklich benutzerfreundlich ist eine Mensch-Maschine-Schnittstelle dann, wenn der Benutzer sie gar nicht wahrnimmt. Ganz so wie ein guter englischer Butler, der bei vertraulichen Gesprächen wie ein Schatten im Hintergrund verschwindet, aber sofort zur Stelle ist, um Sherry nachzuschenken. Das Prinzip »benutzerfreundlich = unsichtbar« gilt nicht nur für Hard-, sondern auch für Software. Eine Spracherkennung, die stundenlanges Training braucht, oder eine Nachrichten-Website, die wir erst nach unseren Vorlieben konfigurieren müssen, sind nicht sonderlich benutzerfreundlich. Big-Data-Anwendungen werden also auch zunehmend dazu dienen, unsere Präferenzen zu prognostizieren und Systeme (sei es nun der Fernseher, das Smartphone oder der Kühlschrank) selbstständig an diese Präferenzen anzupassen.

Je komplexer unsere Welt wird, umso mehr sind wir für die Steuerung von Systemen auf wieder andere Systeme (quasi Metasysteme) angewiesen. So entstehen immer mehr Ebenen oder Metaebenen, über die wir indirekt mit den für uns tätigen Lösungen kommunizieren. Zwei diesbezügliche Perspektiven in der Welt von SAP HANA (die erste bereits entwickelt, die zweite noch Zukunftsmusik) sind die neue River Definition Language (RDL) als primäre Entwicklungssprache für HANA-Anwendungen oder Assistenten für die Auswahl von Verfahren.

Systeme und Metasysteme

River Definition Language (RDL) [«]

RDL ist eine Art Metasprache für die Entwicklung HANA-basierter Anwendungen. Während HANA-Lösungen bislang ausschließlich in L, R oder SQLScript bzw. unter Verwendung von *SAP HANA Extended Application Services* (XS) in JavaScript entwickelt werden konnten, ist RDL eine neue, bequemere Option.

Gleichzeitig verschiebt RDL den Fokus der Entwicklung vom »Wie« auf das »Was«. So kann RDL zum Bespiel aus der Beschreibung eines Datenmodells die zugehörigen Objekte in einer HANA-Datenbank (Tabellen) und den Code für den Zugriff auf die Inhalte dieser Objekte (Lesen, Schreiben etc.) erzeugen. RDL wird übrigens letztendlich nach JavaScript oder SQLScript kompiliert, existierender Code in einer dieser beiden Sprachen kann problemlos wiederverwendet werden.

Erste allgemeine Informationen zu RDL finden Sie unter *http:// www.saphana.com/community/blogs/blog/2012/11/15/introducing-rdl- the-river-definition-language*, ein ausführliches Programmierbeispiel auf *http://scn.sap.com/community/developer-center/hana/blog/2013/11/22/ a-first-look-at-river*.

Assistent für die Auswahl von Verfahren [+]

Wir haben schon einige Male darauf hingewiesen, dass mächtige Werkzeuge wie PAL eine Gefahr darstellen. Nicht zuletzt deshalb geht auch das Buch *Predictive Analysis with SAP* (SAP PRESS 2014) von John McGregor ausführlich auf die Auswahl des richtigen Algorithmus, die Stärken und Schwächen der Verfahren und die jeweils erforderlichen Parameter ein.

Viele statistische Verfahren liefern aber als Ergebnis auch ihre eigenen Qualitätskennzahlen gleich mit. Beispiele für solche Qualitätskennzahlen sind der Korrelationskoeffizient bei der linearen Regression oder das Konfidenzintervall bei statistischen Tests. Obendrein können Annahmen, die dem Einsatz bestimmter Verfahren zugrunde liegen, mit wieder anderen statistischen Werkzeugen überprüft werden. Außerdem können – aufgrund der Leistungsfähigkeit von Big Data – Verfahren mehrfach (mit unterschiedlichen Eingangsdaten) oder mehrere Algorithmen parallel eingesetzt werden.

Es liegt also nahe, parallel zu Metasprachen so etwas wie Meta-Algorithmen zu entwickeln. Meta-Algorithmen können bei der Auswahl des richtigen Verfahrens helfen und dazu beitragen, voreilige Fehlschlüsse zu vermeiden. Im Hochfrequenzhandel gehören solche Meta-Algorithmen längst zum Tagesgeschäft.

2.3.2 Ideen werden zum kritischen Erfolgsfaktor

Wettrüsten bei Hard- und Software

Wenn mächtige Verfahren als Instant-Lösung vorgefertigt und implementiert zur Verfügung stehen, wenn deren Nutzung in der Cloud aufwandsbasiert verrechnet wird und generell günstiger zu haben ist, wenn Know-how zu SAP HANA von SAP kostenlos global gestreut wird, man Spitzenalgorithmen auf Ideenmarktplätzen einkaufen kann und es sowohl in puncto Hardware (Anzahl CPU-Kerne, Anzahl Knoten) als auch bei der Software (Meta-, Meta-Meta-, Meta-Meta-Metasprachen und -Algorithmen) zu einem Rüstungswettlauf kommt, dann bleiben Ihnen nur zwei Alternativen:

- Entweder Sie sitzen auf einer prall gefüllten Kriegskasse und behalten deshalb beim Wettrüsten die Nase vorn.

- Oder Sie haben die besseren Ideen und konzentrieren all Ihre Kräfte auf den Bau von einigen »Maschinengewehren«, während Ihre Gegner immer noch dabei sind, ganze Wälder für die Herstellung von Pfeilen und Bögen abzuholzen.

Branchengrenzen lösen sich auf

Die erste von beiden Alternativen ist selbst für große Unternehmen längerfristig kaum durchzuhalten. Der Gigant Amazon bietet zwischenzeitlich nicht nur Bücher, sondern längst auch Lebensmittel an – überhaupt Waren jedweder Art, und obendrein Experten, Finanzdienstleistungen und Rechenkapazität. Die Branchengrenzen »Buchhandel« oder »Handel« hat Amazon längst überschritten. Wie lange wird es dauern, bis auch Ihr Geschäftsmodell ins Visier eines Kolosses mit tiefen Taschen wie Amazon, Apple oder Google gerät?

Wenn Sie also nicht über unbegrenzte finanzielle Ressourcen verfügen, müssen Sie bessere Ideen für Big Data entwickeln, diese Ideen präziser bewerten, schneller in Architekturen umsetzen und rascher implementieren als Ihre Mitbewerber. Wobei der Begriff »Mitbewerber« – wie gesagt – weit gefasst ist. Wahrscheinlich gehören auch Amazon, Apple und Google zu Ihren Mitbewerbern. Einige Möglichkeiten, wie Sie Einsatzszenarien für Big Data entwickeln und bewerten können, haben wir in Kapitel 1, »Big Data: Mehr als eine Performancefrage«, erläutert. Natürlich gibt es diesbezüglich noch weitere Optionen.

Ideen sind Ihre »Geheimwaffe«

In diesem Kapitel sind wir ausführlich darauf eingegangen, welche Werkzeuge und Rahmenarchitekturen SAP HANA für die Umsetzung Ihrer Business Cases bereitstellt. Anhand einiger Fallstudien werden wir beide Aspekte zusammenführen. Bevor wir das tun, vermitteln wir Ihnen aber im folgenden Kapitel noch einen Überblick darüber, in welchen Bereichen (orientiert an der Struktur der Lösungen von SAP) Big-Data-Lösungen besonders schnell und effizient Aktionärswert schaffen können.

»Aus der Ferne besehen ist alles schöner.«

Tacitus, »Annalen« (110–120 n. Chr.)

3 SAP-Branchen und -Geschäftsprozesse mit SAP HANA

Norbert hatte die Autobahn wegen eines chronischen Staus bei Birmensdorf verlassen. Seit mehr als einer Stunde kroch er mit dem Rest der Blechlawine durch eine Gewerbeeinöde aus Werkhallen, Tankstellen, Schnellrestaurants und dem einen oder anderen neonrot beleuchteten Dorfbordell. Bislang hatte er für die Reise zum Technologiepark von Sophia Antipolis immer die kürzere Autoroute du Soleil genommen, aber wegen des Ferienendes in Frankreich und auch, weil er noch nie dort gewesen war, hatte er dieses Mal vier Stunden Umweg über die Schweiz eingeplant. Keine gute Idee.

Abbildung 3.1 Stellisee mit Matterhorn, Kanton Wallis, Schweiz

Als Reiseziel war ihm die Eidgenossenschaft immer viel zu teuer gewesen. In seiner Vorstellung handelte es sich um eine Idylle aus blauen Seen und majestätischen Gebirgsmassiven, unter denen verschwiegene Gnome in riesigen Höhlen märchenhafte Schätze hüteten. Saftige Almwiesen lagen an

den Flanken der Berge, kernige Senner verwandelten unter einem kristallklaren Himmel Milch in Käse und jodelten nach getaner Arbeit in die untergehende Sonne. Die grauen Gesichter in den Wagen vor und hinter ihm sahen weder nach Bergluft noch nach volkstümlichen Liedern aus.

Im nächsten Stau bei Kölliken fiel ihm ein großes, flaches Gebäude links neben der Autobahn auf. Weil es eh nicht voranging, googelte er mit seinem Smartphone »Kölliken«; gleich oben in der Ergebnisliste stand etwas über eine Sondermülldeponie. Die riesige Halle diente der Sanierung achtlos abgekippter, hochgiftiger Hinterlassenschaften schweizerischer Chemiekonzerne. Kölliken, so las er weiter, lag im Aargau, dem »Atomkanton«; vier der fünf noch aktiven Atomkraftwerke der Schweiz hatten ihren Standort hier oder gleich an der Kantonsgrenze, unter ihnen Beznau I, der dienstälteste Reaktor der Welt. Und beim Stichwort Atomkraft und Schweiz las er dann noch, dass am Ufer der Broye, die er irgendwann nach all den Staus noch überqueren würde, in einer mit Beton versiegelten Felskaverne keine Schätze, sondern die verstrahlten Überreste eines Versuchsreaktors lagerten; bei Lucens hatte es 1969 – lange vor Harrisburg, Tschernobyl und Fukushima – die erste partielle Kernschmelze überhaupt gegeben, nicht unbedingt ein Grund für patriotisch verzückte Hymnen auf das Vaterland.

Ihm kamen ein Asterix-Heft und der Schweizer Schriftsteller Peter Bichsel in den Sinn. In »Asterix bei den Schweizern« sieht ein römischer Grenzlegionär nach Helvetien und zitiert Tacitus: »Aus der Ferne besehen ist alles schöner.« Und Bichsel hatte einmal geschrieben, seine Landsleute seien das einzige Volk der Welt, das an die schönen Lügen aus den eigenen Fremdenverkehrsprospekten glaube. In seinem Rücken hupte es ungeduldig. Norbert hatte nicht bemerkt, dass der Wagen vor ihm ein paar Meter weitergefahren war. Es würde noch sieben oder acht Stunden dauern, die Ödnis im offiziell hässlichsten Schweizer Kanton gegen die sterile Eintönigkeit von Sophia Antipolis einzutauschen.

Vor gut einer Woche war er noch mitten in der Namib-Wüste gewesen, weit und breit keine Häuser, Autos oder havarierte Kernkraftwerke. Aber morgen würde er einigen Mitarbeitern seines französischen Kunden erklären müssen, wie all seine neuen Ideen in die »gewachsene« Architektur ihrer Systemumgebung passen könnten. Aus der Ferne und im hellen Licht Afrikas war alles klar und eindeutig erschienen: Big Data, Ideenfindung, Nutzen, Werttreiber und Implementierungsszenarien. Aber der Kunde in der Nähe von Antibes dachte in Produkten und Modulen, sprach von Tabellen und Feldern; es würde alles andere als einfach sein, seine Inspirationen in den Arbeitsalltag hinüberzuretten.

In Kapitel 1, »Big Data: Mehr als eine Performancefrage«, sind wir darauf eingegangen, wie (das heißt, über welche Wirkmechanismen) und wo (das heißt, in welchen Geschäftsprozessen) Big-Data-Lösungen Nutzen und Aktionärswert schaffen können. In Kapitel 2, »Was kann SAP HANA? Möglichkeiten und Grenzen«, haben wir unsere bis dahin eher abstrakte Darstellung von Big Data mit konkreten Details (Technik, Verfahren, Methoden, Architekturen) angereichert. Auf dieser Ebene haben wir erläutert, wie sich SAP HANA und Big Data zueinander verhalten. Dabei haben wir vier Punkte hervorgehoben: spezifische (vorimplementierte) Funktionen, Anwendungslogik in der Datenbankschicht, Integration mit SAP-Produkten und Integration mit Nicht-SAP-Produkten.

Big Data und SAP HANA

In diesem Kapitel werden wir unsere allgemeine Darstellung zu den Nutzenpotenzialen von Big-Data-Lösungen um spezifische Potenziale von SAP HANA erweitern. Wir werden uns also zunächst fragen, welche *zusätzlichen* Nutzenpotenziale sich aus den genannten vier Punkten ergeben. Anschließend erweitern wir dann die bislang betrachteten zwei Achsen »Wie« und »Wo« unserer Nutzen-Werttreiber-Matrix (siehe Abbildung 1.2) um eine dritte Dimension – die *Branche*. Wir werden Ihnen ein Gefühl dafür vermitteln, welche Nutzenpotenziale von SAP HANA branchenneutral bzw. branchenspezifisch sind und welche der in Abbildung 1.2 beispielhaft erwähnten acht Kombinationsmöglichkeiten aus »Wie« und »Wo« in welchen Branchen anzutreffen sind. Dabei werden wir die Vogelperspektive verlassen und ein wenig näher an die SAP-Welt »heranzoomen«. Hierbei erheben wir natürlich keinerlei Anspruch auf Vollständigkeit; es geht uns – wie schon erwähnt – primär darum, Ihnen dabei zu helfen, auf Grundlage dieser Überlegungen ein Gespür für Nutzenpotenziale zu entwickeln.

Zusätzliche Nutzenpotenziale von SAP HANA

Um SAP-spezifischer zu werden, verwenden wir als Grundlage für die Brancheneinteilung die Wertmatrizen (*Value Maps*) im *SAP Solution Explorer* (*https://rapid.sap.com/se/executive#!/home*). Abbildung 3.2 zeigt die Einstiegsseite des SAP Solution Explorers; rechts oben auf dieser Einstiegsseite können Sie zwischen einer Darstellung nach Value Maps oder nach Lösungen wählen; wir verwenden hier ausschließlich die Gliederung nach Value Maps.

Value Maps

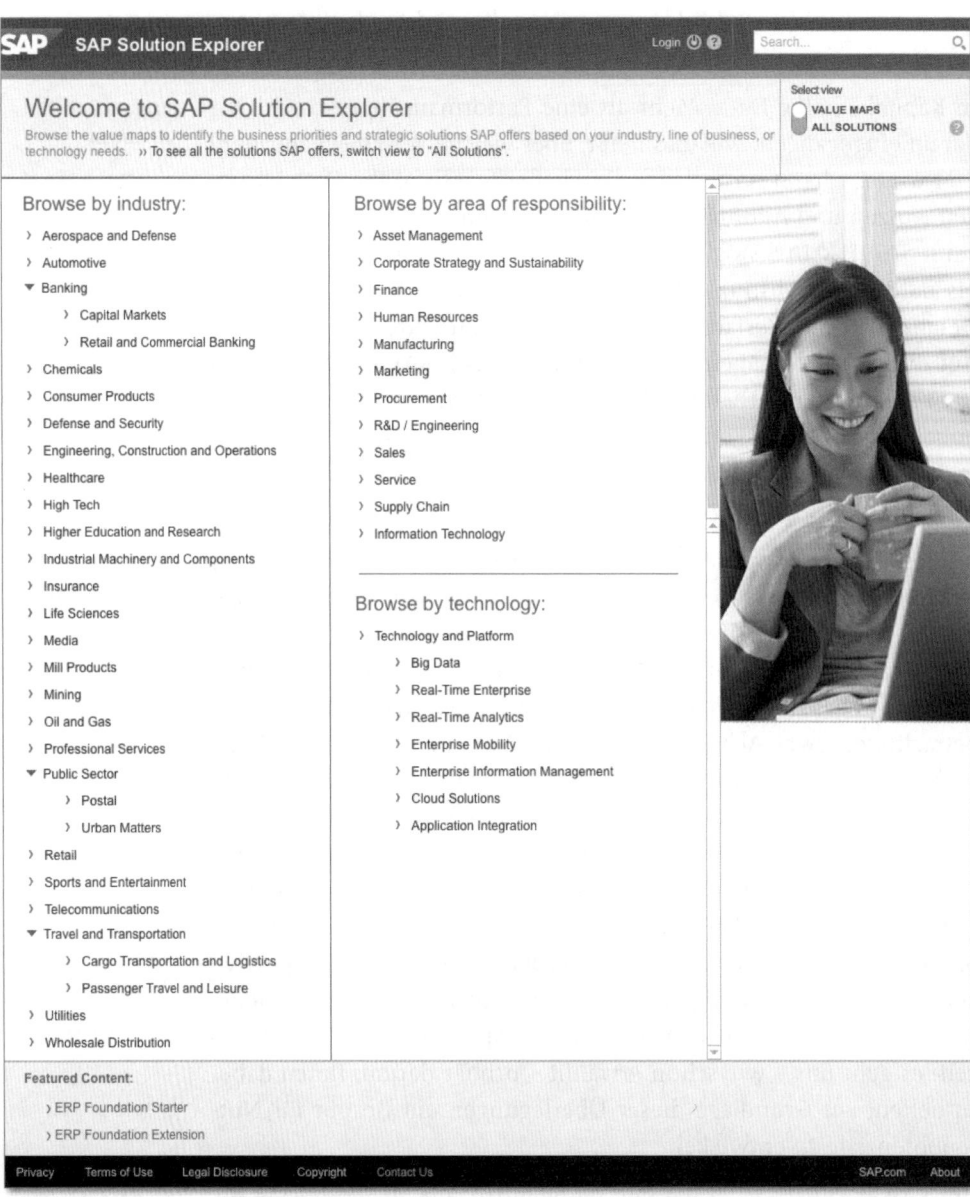

Abbildung 3.2 SAP Solution Explorer

[»] **Lösung**

Ebenso wie SAP unterscheiden wir zwischen *Lösungen* (Solutions) und *Produkten*. Eine Lösung dient dazu, die Anforderungen eines Business Cases zu befriedigen. Sie stellt den gesamten hierzu erforderlichen Funktionsumfang zur Verfügung und verwendet normalerweise mehrere Produkte. Ein Produkt ist demgegenüber ein einzeln verkauftes Softwarepaket oder eine einzelne Dienstleistung.

Die Bestandteile einer Lösung werden also durch fachliche Anforderungen definiert; Produkte ergeben sich aus technischen Strukturen oder aus dem Lizenzmodell des Anbieters. Stellen Sie sich vor, Sie bräuchten eine »Lösung« zur Erkennung betrügerischer Kreditkartentransaktionen. In der SAP-Welt könnte eine solche Lösung z.B. aus den folgenden Produkten bestehen:

- Teile der SAP Business Suite (z.B. die Zahlungskartenabwicklung in SAP CRM)

- SAP HANA als Datenbank für weitere Analysen (Implementierungsszenarien: Data-Mart-Szenario, App-Szenario oder SAP Business Suite auf HANA)

- SAP PAL (z.B. zum Aufspüren von Anomalien)

- Bibliotheken der Statistiksprache R (mit weiteren Verfahren zur Entdeckung von Ausreißern)

- SAP BusinessObjects (für die Erstellung entsprechender Berichte und das Auslösen von Alarmen)

Abhängig vom Business Case, können Lösungen also SAP-Produkte (wie SAP PAL) und auch Nicht-SAP-Produkte (wie R) umfassen. In den Wertmatrizen des Solution Explorers verwendet SAP zusätzlich noch einen Oberbegriff, der mehrere Lösungen zusammenfasst (die sogenannte *End-to-End-Solution*, durchgängige Lösung). Außerdem sind Lösungen und Rapid Deployment Solutions (RDS) getrennt aufgelistet.

Wertmatrix (Value Map)   [«]

Für eine fachliche, lösungsorientierte Sicht auf Ihre Produkte greift SAP schon seit einiger Zeit auf sogenannte *Value Maps* zurück. Allerdings hat sich das, was genau unter so einer Wertmatrix zu verstehen ist, im Lauf der letzten Jahre verändert und weiterentwickelt.

Aktuell stehen die Value Maps des SAP Solution Explorers für eine strukturierte Darstellung von durchgängigen Lösungen, denen in einer bestimmten Branche oder für bestimmte Funktionen im Unternehmen besondere Bedeutung bei der Schaffung von Aktionärswert zukommt. Sie bieten also – auf der Ebene der End-to-End-Lösung – eine fachliche, prozess- und lösungsorientierte Sicht auf das Produktportfolio von SAP. Wir werden die Value Maps in Abschnitt 3.2, »SAP HANA in unterschiedlichen Branchen«, umfassender erläutern.

Basierend auf den Value Maps von SAP, werden wir in Abschnitt 3.3, »SAP HANA in (SAP-)Geschäftsprozessen«, auch die »Wo«-Dimension der Nutzen-Werttreiber-Matrix in Abbildung 1.2 verfeinern. Hierbei orientieren wir uns ebenfalls an Strukturen im SAP Solution Explorer.

Einordnung der Fallbeispiele

Abschließend – und als Einstieg in die Fallstudienkapitel – werden wir in Abschnitt 3.4, »Ausgewählte Fallbeispiele« unsere Fallbeispiele im Raster der SAP Value Maps (Branchen, Geschäftsprozessgruppen) lokalisieren. Auch hier geht es nicht um Vollständigkeit, wir möchten lediglich klären, wo genau wir uns mit den Fallbeispielen innerhalb der SAP-Welt bewegen. Dieses Buch soll Ihnen als Orientierungshilfe und »Ideengenerator« dienen; mit der Einordnung der Fallstudien in die SAP-Welt möchten wir sicherstellen, dass Sie auch bei den Fallbeispielen stets genau wissen, an welcher Stelle im tiefen Dschungel von Lösungen, Modulen und Komponenten Sie gerade unterwegs sind.

3.1 Mit SAP HANA Aktionärswert schaffen

Bei der Beantwortung der Frage, ob und wie SAP HANA mehr oder anderen Nutzen (und damit mehr Aktionärswert) als generische Big-Data-Lösungen schaffen kann, betrachten wir noch einmal die bereits in der Einleitung erwähnten vier Bereiche:

- ▶ spezifische (vorimplementierte) Funktionen und Verfahren
- ▶ Verlagerung von Anwendungslogik in die Datenbankschicht (plus neue, deklarative Programmierwerkzeuge)
- ▶ Integration mit SAP-Produkten (Daten und Metadaten), Zusammenwachsen von OLTP- und OLAP-Welt
- ▶ Integration mit Nicht-SAP-Produkten (Daten und Metadaten)

Diese vier Bereiche lassen sich wiederum in zwei Gruppen zusammenfassen, und zwar abhängig davon, ob sie primär quantitative Vorteile (siehe Abschnitt 3.1.1, »Schnellere und kostengünstigere Implementierung«) oder qualitativ neue Möglichkeiten (siehe Abschnitt 3.1.2, »Echtzeitautomatisierung«) nach sich ziehen.

3.1.1 Schnellere und kostengünstigere Implementierung

Die Tatsache, dass SAP HANA vorimplementierte Verfahren bereitstellt (siehe Abschnitt »Spezifische Funktionen« in Abschnitt 2.1.3) und sich – dank ergänzender SAP-Produkte – gut mit vielen anderen Systemen außerhalb des SAP-Universums integrieren lässt (siehe Abschnitt »(Meta-)Datenintegration mit Nicht-SAP-Produkten« in Abschnitt 2.1.3), hat für Big-Data-Projekte zwei Konsequenzen:

Schnelle Resultate

▸ **Geringere Aufwände**
Der Aufwand für die Entwicklung entsprechender Lösungen verringert sich deutlich. Damit können auch Business Cases, deren Umsetzung mit generischen Komponenten nicht sinnvoll wäre, kaufmännisch interessant werden. Dieser Vorteil wirkt sich nicht nur auf Entwicklungsaufwände, sondern letztendlich auf praktisch alle implementierungsbezogenen Werttreiber aus. Beispiele für betroffene Werttreiber sind: Schulungsaufwände, Opportunitätsaufwände in der Fachabteilung durch Freistellung von Experten, Raum- oder Infrastrukturaufwände für das Projektteam oder auch Test- oder – bei unternehmenskritischen Lösungen – Auditierungsaufwände.

Ob diese Vorteile die gegenüber Open-Source-Produkten höheren Investitionen beim Einstieg rechtfertigen, lässt sich pauschal nicht sagen. Letztendlich kommt es natürlich darauf an, wie intensiv die vorgefertigten Funktionen genutzt werden. Aber auch bei Big Data kommt der Appetit beim Essen. Wenn es Ihnen gelingt, mit kleinen Projekten und überschaubaren Aufwänden rasch messbaren Nutzen zu generieren, dürften zusätzliche Bedarfe nicht lange auf sich warten lassen.

Und genau das – schnelle Resultate – lässt sich mit einer Lösung wie SAP HANA einfacher erreichen als mit generischen Komponenten, in denen Sie Verfahren erst implementieren müssten. Eine Analogie aus dem Bereich der Betriebssysteme: Wer von Ihnen Linux im privaten Einsatz hat, weiß, dass Sie mit Commodity-Hardware und Open Office (also Open-Source-Produkten) sehr günstig an ein sehr leistungsfähiges System kommen können. Die Systempflege ist dann aber – für unbedarfte Anwender – ein wenig anspruchsvoller als z.B. bei einem Apple-Computer mit Mac OS X oder bei einem iPad mit proprietärer Software.

▶ **»Versuch und Irrtum« wird machbar**
Wenn Ihnen relativ viele Verfahren (z.B. in SAP Predictive Analysis (PAL) oder über die Sprache R) »auf Knopfdruck« zur Verfügung stehen, liegt die Schwelle dafür, einfach mal etwas auszupro-
bieren, deutlich niedriger. Ihre Data Scientists können mit wenig
Aufwand testen, ob sich entweder der k-Means-Algorithmus oder
selbstorganisierende Karten (*Self-Organizing Maps*, SOM oder
Kohonennetze) besser für die Analyse eines bestimmten Datenbestandes eignen oder welche Initialwerte für k und welche Methoden zur Distanzermittlung bei k-Means zu den besten Ergebnissen
führen. Berücksichtigt man bei Kunden der SAP Business Suite, die
ihre Umgebung bereits nach SAP HANA migriert haben, zusätzlich
die nahtlose Anbindung operationaler Daten (und damit die Tatsache, dass praktisch kein Aufwand für die Datenbeschaffung entsteht), verringert sich der Aufwand weiter.

Es liegt auf der Hand, dass sich durch mehr Versuche bei gleichem
Aufwand die Chancen verbessern, Muster in Datenbeständen zu
entdecken. Auch lässt sich hierfür sehr schnell ein Crowdsourcing-
Projekt (z.B. in Mechanical Turk, siehe Abschnitt »Verfahren« in
Abschnitt 2.1.2) aufsetzen. Weil aber im Voraus – ähnlich wie bei
Forschungsprojekten – nicht klar ist, was genau gefunden werden
kann, welcher Nutzen sich hieraus ergibt und auf welche Werttreiber dieser Nutzen dann möglicherweise wirkt, ist es selbst im speziellen Einzelfall praktisch unmöglich, den resultierenden Nutzen
zu quantifizieren. Auch in dieser Hinsicht läuft die Entscheidung
für oder gegen SAP HANA also letztendlich auf strategische, praktisch nicht messbare Überlegungen hinaus.

3.1.2 Echtzeitautomatisierung

HANA-Sphäre Wir haben schon mehrmals darauf hingewiesen, dass einer der interessantesten Aspekte von SAP HANA darin liegt, bislang scharfe
Grenzen aufzulösen. Die Chance, sowohl spalten- als auch zeilenbasierte Strukturen aufzubauen, verwischt die bislang strikte Trennung
zwischen Applikation (OLTP) und Data Warehouse (OLAP, siehe
Abschnitt »Sonstige Produkte (Datenbanken, Plattformen, Technik,
Dienstleistungen)« in Abschnitt 2.1.3); zudem wird durch die Implementierung von Anwendungslogik in die Datenbankebene die
Grenze zwischen Datenbank und Anwendung immer durchlässiger

(siehe Abschnitt »Anwendungslogik in der Datenbankschicht« in Abschnitt 2.1.3).

Längerfristig – unter Berücksichtigung des Trends hin zu deskriptiven Sprachen – bestehen große Teile von Anwendungen vielleicht nur noch aus »Rohdatensammlern« und Auswertungssichten auf diese Daten. Abbildung 3.3 verdeutlicht, dass die Untergliederung in OLTP und OLAP – ebenso wie die Untergliederung in Anwendung und Datenbank – in einer HANA-Welt zunehmend an Bedeutung verliert und die bislang klar voneinander getrennten Bereiche in einer Art »HANA-Sphäre« aufgehen.

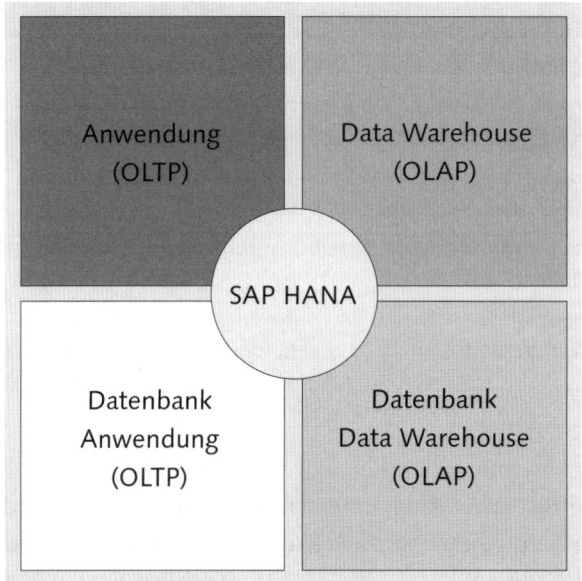

Abbildung 3.3 Verschmelzung von OLTP/OLAP und Anwendung/Datenbank

Das hat jenseits rein technischer Überlegungen weitreichende Konsequenzen.

Konsequenzen

▶ **Geschwindigkeit**
Wenn OLTP und OLAP eine Einheit bilden, wird es wesentlich leichter, aus komplexen, strategischen Analysen (OLAP) zeitnah Schlüsse für das operative Geschäft zu ziehen.

▶ **Flexibilität**
Wenn solche Schlüsse nicht nur Änderungen an Customizing-Parametern, sondern Anpassungen in der Anwendungslogik nach sich

ziehen, lassen sich diese Anpassungen wesentlich schneller und konsistenter umsetzen.

▶ **Echtzeitszenarien**
Damit werden genau die Voraussetzungen geschaffen, die man für die in Abschnitt 2.1.3 unter den Überschriften »Produkte zur Datenerzeugung (Datensammlung, Datenverarbeitung)« und »Produkte zur Datenverwertung« diskutierten Echtzeit-Automatisierungsszenarien braucht.

Aus der Auflösung traditioneller Strukturen ergeben sich aber auch neue Herausforderungen, beispielsweise für die Datenverwaltung.

[◉] **Zusatznutzen durch SAP HANA**

Zusammenfassend lässt sich also sagen: Mit SAP HANA können Sie:
▶ Big-Data-Lösungen mit weniger Aufwand als bei Verwendung generischer Open-Source-Bausteine implementieren
▶ bei gleichem oder geringerem Aufwand mehr Optionen durchspielen und damit zu mehr/besseren Einsichten gelangen
▶ leichter Systeme entwickeln, die sich selbst in Echtzeit auf neue Gegebenheiten einstellen
▶ notwendige Anpassungen schneller und mit weniger Aufwand vornehmen und damit insgesamt schneller auf veränderte Rahmenbedingungen reagieren

In den folgenden Abschnitten werden wir uns genauer mit der Frage beschäftigen, wie SAP HANA in unterschiedlichen Branchen und Geschäftsprozessen eingesetzt werden kann. Hierzu erweitern wir unseren Fokus nach diesem kurzen Exkurs zum *speziellen* Nutzen von SAP HANA wieder auf *alle* Nutzenpotenziale von Big Data (inklusive SAP HANA). Es geht also nicht nur um den gerade diskutierten HANA-spezifischen Zusatznutzen, sondern daneben auch um alle anderen bereits in Kapitel 1, »Big Data: Mehr als eine Performancefrage«, besprochenen Gesichtspunkte (so auch um die in Abbildung 1.2 dargestellten acht Nutzenszenarien).

3.2 SAP HANA in unterschiedlichen Branchen

SAP-Branchengliederung
Branchen lassen sich nach allen möglichen Kriterien strukturieren. In unserer Werttreiberdatenbank, die zum Download auf *www.sap-*

press.de bereitsteht, verwenden wir beispielsweise auch die *Statistische Systematik der Wirtschaftszweige in der Europäischen Gemeinschaft* (Nomenclature statistique des activités économiques dans la Communauté européenne, kurz NACE-Klassifikation). Weil sich dieses Buch aber primär an SAP-Kunden und -Interessenten richtet, verwenden wir hier die Branchengliederung aus dem SAP Solution Explorer. Diese Branchengliederung finden Sie auf der linken Seite der Startseite des SAP Solution Explorers (siehe Abbildung 3.2 unter BROWSE BY INDUSTRY).

Umfang des SAP Solution Explorers	**[+]**
Der SAP Solution Explorer bezieht sich nicht nur auf Potenziale von SAP HANA in einzelnen Branchen und Geschäftsprozessen. Er deckt vielmehr das gesamte Produktspektrum von SAP ab und bezieht aber SAP HANA an verschiedenen Stellen mit ein.	

In einigen Value Maps findet man im Bereich TECHNOLOGY AND PLATFORM (siehe Abbildung 3.4) ein grünes Kästchen mit der Aufschrift BIG DATA (die grünen Kästchen stehen nicht für End-to-End-Lösungen, sondern für sogenannte *Business Priorities* (Geschäftsprioritäten)). Die unter der Business Priority BIG DATA hinterlegten Informationen sind aber leider nicht branchenspezifisch, sondern beschreiben ganz allgemein, wie Big Data (bzw. SAP HANA) verwendet werden kann.

Informationen in den Value Maps

3.2.1 Mit dem SAP Solution Explorer arbeiten

Für jede der im SAP Solution Explorer aufgeführten Branchen können Sie mit einem Klick auf den jeweiligen Hyperlink die zugehörige Value Map aufrufen (Abbildung 3.4 zeigt dies beispielhaft für die chemische Industrie).

Die Value Maps bestehen aus blauen oder grünen Rechtecken. Jedes der blauen Rechtecke repräsentiert eine End-to-End-Solution, die (aus SAP-Sicht) in der jeweiligen Branche Nutzen/Aktionärswert schaffen kann. Ein Klick auf eine dieser End-to-End-Lösungen führt zu diesbezüglichen Details (Erfolgsgeschichten, Kundenvideos) und listet in der linken Spalte zugehörige *Einzellösungen* und eventuell vorhandene RDS auf. Hinter den grünen Rechtecken verbergen sich die Business Priorities, die ihrerseits wieder über mehrere Ebenen hinweg untergliedert sind.

Aufbau der Value Maps

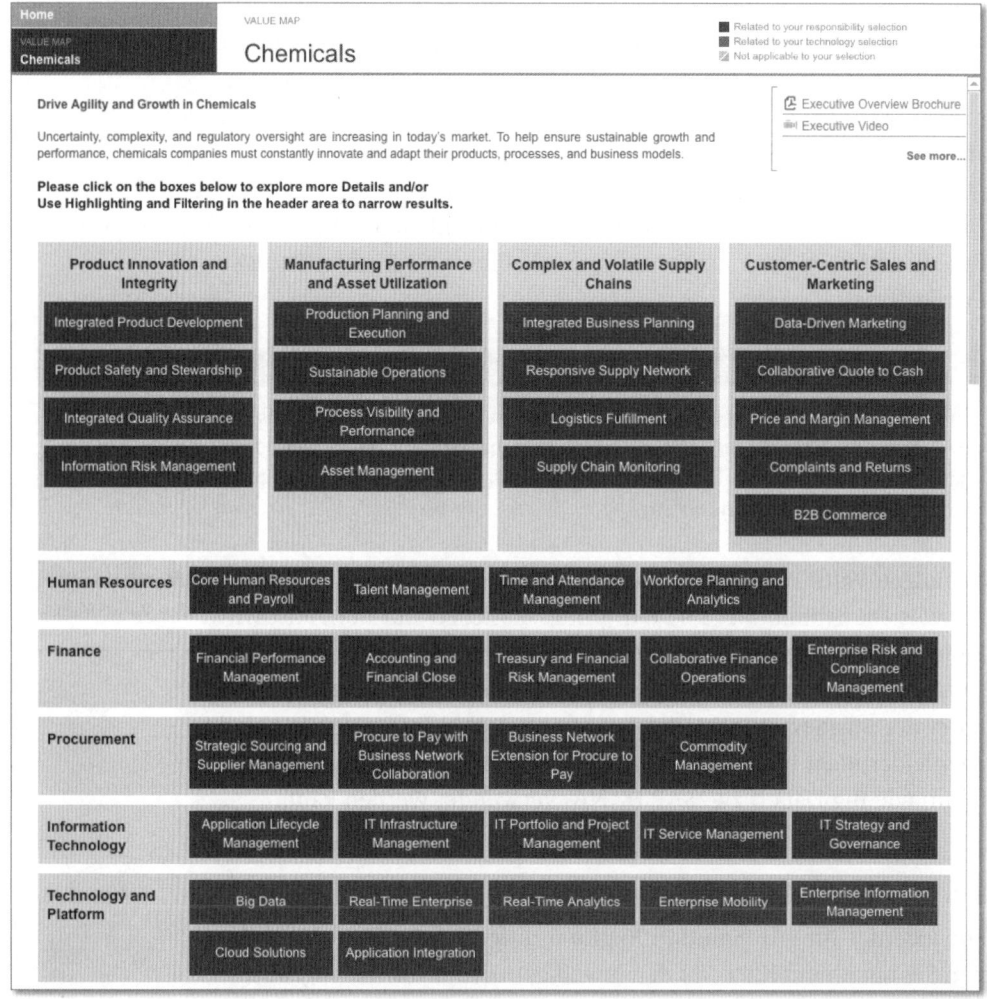

Abbildung 3.4 Wertmatrix »Chemicals«

Detailansicht der End-to-End-Solution Abbildung 3.5 zeigt die Ansicht, die Sie durch einen Klick auf die End-to-End-Solution Treasury and Financial Risk Management (Finanzdisposition und Finanzrisikomanagement) erhalten. Rechts oben können Sie einem Link zu einer Informationsbroschüre folgen (Solution in Detail Brochure), unter Customer Proof finden Sie Erfolgsgeschichten bestehender Kunden, der Link im Bereich Supporting Material führt Sie in den Bereich für Finanzlösungen auf der SAP-Website. In der Navigationsleiste links sind unter der Überschrift Includes verschiedene Einzellösungen und unter Rapid-

Deployment Solutions mehrere RDS zur End-to-End-Lösung SAP Commodity Risk Management aufgeführt.

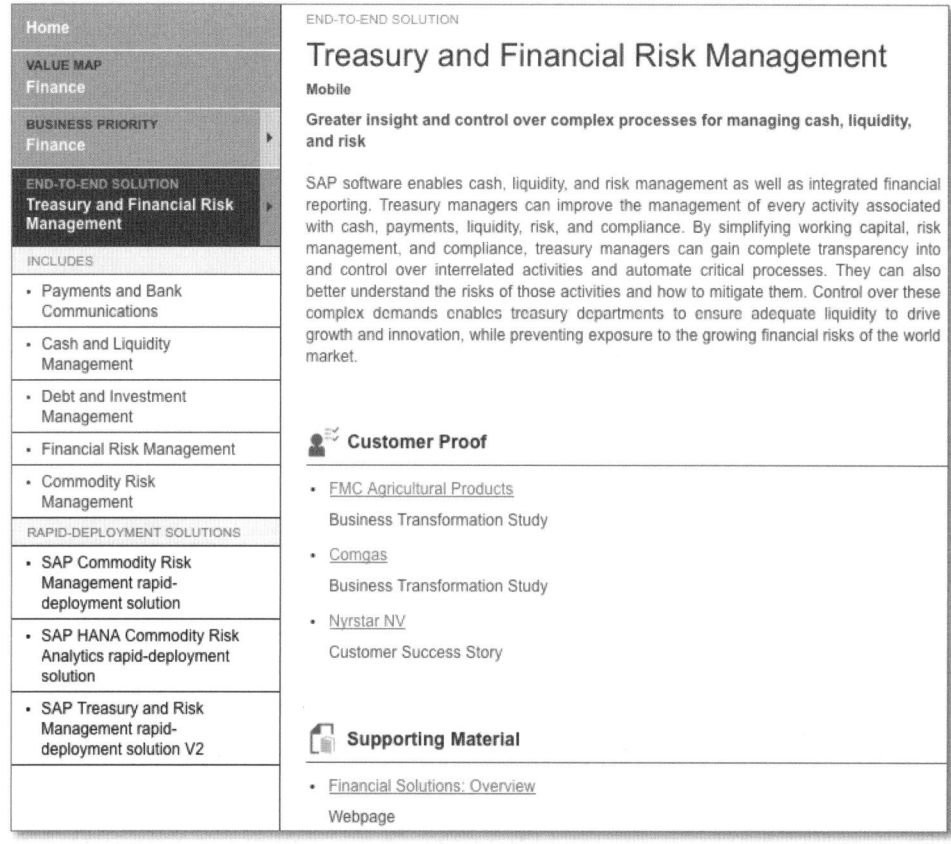

Abbildung 3.5 Detailansicht der End-to-End-Solution »Treasury and Financial Risk Management«

Wenn Sie eine dieser Einzellösungen auswählen, erfahren Sie, wel- **Einzellösungen** che Werttreiber in diesem Zusammenhang relevant sind und welche SAP-Produkte Bestandteile der jeweiligen Lösung wären. Abbildung 3.6 zeigt einen Ausschnitt der Einzellösung Commodity Risk Management (Rohstoff-Risikomanagement) aus der End-to-End-Lösung Financial Risk Management in der Value Map Chemicals. Abbildung 3.7 zeigt einen Ausschnitt der korrespondierenden RDS für das Rohstoff-Risikomanagement.

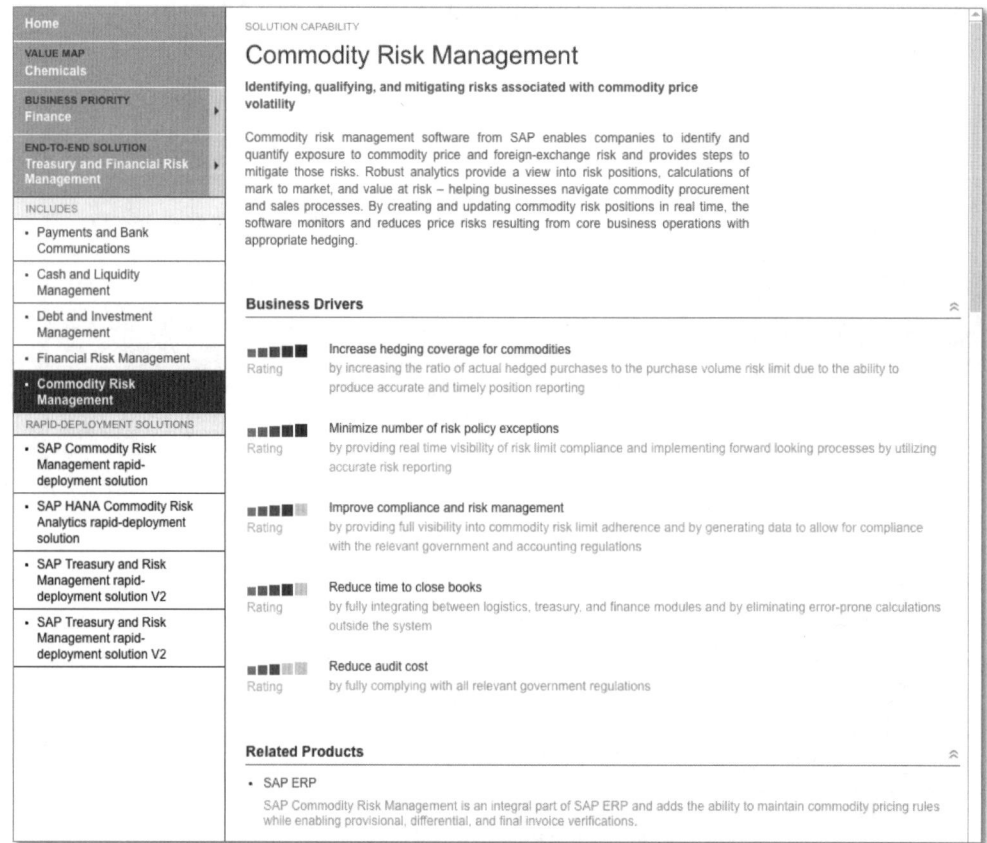

Abbildung 3.6 Einzellösung »Commodity Risk Management«

Werttreiber, benötigte Lösungen, RDS

Sie erkennen in Abbildung 3.6, dass aus SAP-Sicht z. B. der Werttreiber INCREASE HEDGING COVERAGE FOR COMMODITIES (Absicherungsrate für Rohstoffe vergrößern) für das Rohstoff-Risikomanagement eine Rolle spielt und dass man für das Rohstoff-Risikomanagement SAP ERP benötigt. In Abbildung 3.7 sehen Sie, dass für die entsprechende RDS unter anderem zusätzlich noch der SAP Solution Manager 7.1 benötigt wird.

Sie haben also – nach vielleicht zehn Minuten branchenbezogener Recherche – schon ein paar Ideen für Business Cases (einen je Einzellösung), eine Liste passender Werttreiber und eine Vorstellung von den für die Lösung benötigten Produkten, die Ihnen dabei helfen wird, sich für ein Implementierungsszenario zu entscheiden – nicht schlecht, oder?

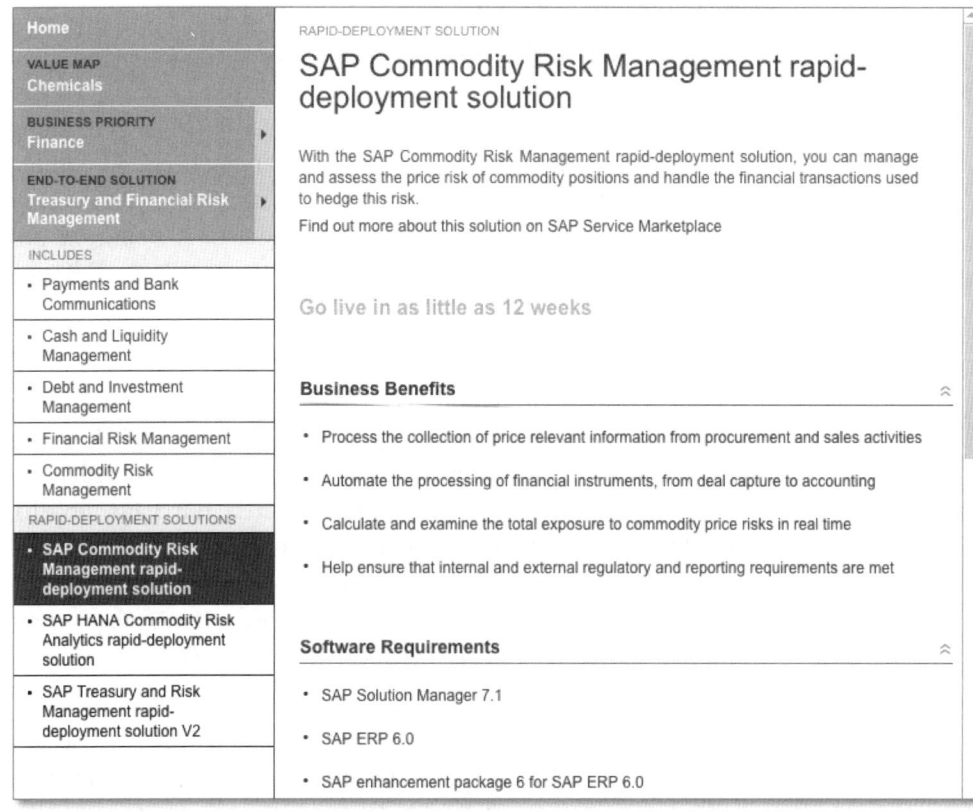

Abbildung 3.7 RDS »SAP Commodity Risk Management«

3.2.2 Branchenspezifische Potenziale

Der SAP Solution Explorer stellt für den Bereich Big Data zwar teilweise (bei den Geschäftsprioritäten) nur generische Lösungen vor. Trotzdem können Sie ihn für folgende Zwecke einsetzen:

▶ Sie können den SAP Solution Explorer ergänzend zur Nutzen-Werttreiber-Matrix (siehe Abbildung 1.2) für die Ideenfindung verwerten.

▶ Sie können mithilfe des SAP Solution Explorers erste Anhaltspunkte für Ihr Implementierungsszenario und Ihre Architektur erhalten.

Wie Sie hierbei genau vorgehen, erläutern wir anhand des im vorangehenden Abschnitt gewählten Beispiels.

Beispiel: Ideenfindung mit dem SAP Solution Explorer

Anwendungs-
beispiel in den
Value Maps Nehmen wir an, Ihr Unternehmen ist im Bereich der chemischen Industrie tätig. Sie öffnen den SAP Solution Explorer und gelangen über die Value Map für die chemische Industrie (siehe Abbildung 3.4) zur Lösung SAP Commodity Risk Management (siehe Abbildung 3.6). Im Bereich DEMOS finden Sie unter SPEED DEMO COMMODITY RISK MANAGEMENT FOR A COMMODITY CONSUMER OF ALUMINIUM AND WHEAT ein Beispiel, das im Wesentlichen aus zwei Transaktionen besteht:

- Ein Unternehmen kauft Aluminium zu einem variablen Preis. Hierfür wird eine Bestellung erfasst. Wenn Ware nicht zu einem im Voraus bekannten Preis, sondern zum Tagespreis bei Lieferung bestellt wird (in der chemischen Industrie bei Edelmetallen für Katalysatoren oder bei Kunststoffgranulaten durchaus üblich), besteht für Käufer und Verkäufer ein Preisänderungsrisiko. In der Demo werden etwaige Preisänderungsrisiken des Käufers durch ein Swap-Geschäft an der *Londoner Metallbörse* (LME) abgesichert (*http://www.lme.com/en-gb/trading/contract-types/lmeswaps/*).

- Ein Unternehmen, das Weizen verarbeitet, sichert Preisänderungsrisiken für Weizen, der im ersten Halbjahr 2013 beschafft werden soll, durch ein Termingeschäft mit einer Bank ab. Die Preisänderungsrisiken ergeben sich dabei nicht – wie im ersten Fall – im Zusammenhang mit einer schon im System vorhandenen Bestellung, sondern aufgrund prognostizierter Beschaffungsmengen. Diese Beschaffungsmengen sind im SAP-System noch nicht hinterlegt, sondern werden als summarische Mengen je Monat aus einer Microsoft-Excel-Datei hochgeladen.

Beispiel für verwen-
dete Lösungen Für beide Transaktionen werden in der Demo Funktionen aus *SAP Treasury and Risk Management* (TRM), einer Komponente des *Financial Supply Chain Managements* (FIN-FSCM) in SAP ERP verwendet:

- Die Engagements (*Exposures*), das heißt die Bestellung und die prognostizierten Weizenmengen, werden den abgeschlossenen *Sicherungsgeschäften*, das heißt dem Swap bzw. dem Termingeschäft, zugeordnet (es werden sogenannte *Hedge-Beziehungen* angelegt).

- Diese Hedge-Beziehungen werden dann mithilfe statistischer Verfahren auf ihre Wirksamkeit hin geprüft, das heißt, es wird – z.B. durch Berechnung von Korrelationskoeffizienten – geprüft, ob sich Engagement und Sicherungsgeschäft genau gegenläufig verhalten, sprich: ob das Sicherungsgeschäft Verluste durch Preissteigerungen bei den beschafften Gütern zuverlässig abfängt.

Auch wenn Ihr Unternehmen weder Aluminium noch Weizen verarbeitet, fällt Ihnen bei der Durchsicht der Beispiele auf, dass in Ihrem Haus ähnliche Fragestellungen bestehen. So wissen Sie beispielsweise, dass der Beschaffungspreis vieler Materialien, die Sie verarbeiten, vom Rohölpreis abhängt und daher der Einkauf dieser Materialien durch geeignete Optionsgeschäfte abgesichert (*gehedgt*) wird. Außerdem ist Ihre Produktion sehr energieintensiv; Ihre Treasury-Abteilung schließt im Zusammenhang mit dem Einkauf von Strom schon seit einiger Zeit Termingeschäfte an der *European Energy Exchange* (EEX) in Leipzig ab. Die Verwaltung und Bewertung dieser Geschäfte findet aber in einer von einem Treasury-Mitarbeiter entwickelten Microsoft-Excel-Arbeitsmappe statt.

Übertragung auf eigene Unternehmenssituation

Um solche Geschäfte zukünftig in Ihrem SAP-System abwickeln zu können, brauchen Sie natürlich die entsprechenden Produkte. In der Navigationsleiste links haben Sie gesehen, dass eine RDS für das Rohstoff-Risikomanagement existiert; diese Lösung fußt auf SAP ERP 6.0 EHP6 sowie auf dem SAP Solution Manager 7.1. Mit der Implementierung dieser RDS könnten Sie – laut SAP Solution Explorer – in etwa zwölf Wochen mit dem Rohstoff-Risikomanagement produktiv gehen.

Über einen Link zum SAP Service Marketplace (FIND OUT MORE ABOUT THIS SOLUTION ON SAP SERVICE MARKETPLACE) ganz oben im Solution Explorer machen Sie sich anhand einer dort hinterlegten Präsentation (*http://service.sap.com/rds-commodity-risk*, klicken Sie dort auf SOLUTION DISCOVERY • SAP COMMODITY RISK MANAGEMENT SOLUTION DETAILS) im Detail damit vertraut, welche Geschäftsprozesse Ihr SAP-System anschließend unterstützen würde (z. B. Handel mit Rohstoff-Swaps, Rohstoffterminkontrakte, Rohstoffoptionen). Diese Geschäftsprozesse sind bei Ihnen schon seit einiger Zeit im Fokus. In Zusammenarbeit mit dem CFO haben Sie auch schon detaillierte Prozessmodelle in *Microsoft Visio* entwickelt, die Sie sich jetzt noch einmal ansehen.

Links zu weiterführenden Informationen

Weil aber Ihr Unternehmen bereits vor einigen Monaten SAP ERP komplett auf eine HANA-Datenbank umgestellt hat, stellen Sie sich die Frage, ob Sie nicht vielleicht auch diese Prozesse mit einer Big-Data-Lösung ganz anders gestalten könnten. Auch erscheint Ihnen das im Beispiel des SAP Solution Explorers aufgezeigte manuelle

Potenziale von SAP HANA analysieren

Hochladen von Engagements aus einer Microsoft-Excel-Datei nicht sonderlich zeitgemäß.

Genau an dieser Stelle kommt die Nutzen-Werttreiber-Matrix aus Abschnitt 1.5, »Business Cases bewerten«, (Abbildung 1.2) zum Einsatz. Anhand der Matrix können Sie nämlich analysieren, welche der weiteren Nutzenpotenziale in bestehenden Geschäftsprozessen (Ihren eigenen Geschäftsprozessen in den Visio-Diagrammen bzw. denjenigen in SAP TRM) oder in neuen, bislang noch nicht betrachteten Geschäftsprozessen durch neue Erkenntnisse, bessere Entscheidungen, anspruchsvolle Werkzeuge und schnelleres Handeln erschlossen werden können.

Beispiele für Werttreiber | Ihre Überlegungen zu den Werttreibern könnten z.B. folgendermaßen aussehen:

▸ **Exposures kennen, um Preisrisiken abzusichern**
Um die dargestellten Preisrisiken absichern zu können (und um kostspielige und eventuell auch gefährliche Überabsicherungen zu vermeiden), brauchen Sie offensichtlich möglichst zuverlässige und möglichst aktuelle Informationen zu bestehenden Gefahrenpotenzialen. Hier wäre vielleicht ein Einsatz von SAP HANA im Data-Mart-Szenario (siehe Abbildung 2.15 in Abschnitt 2.2.1, »Replikationsszenarien«) interessant. Denkbare Werttreiber wären z.B. der Verlust/Ertrag aus Preisänderungen und der Aufwand für Sicherungsgeschäfte. In der Nutzen-Werttreiber-Matrix entspräche dies den zwei Quadranten auf der linken Seite oben (BESTEHENDE GESCHÄFTSPROZESSE/NEUE ERKENNTNISSE und BESTEHENDE GESCHÄFTSPROZESSE/BESSERE ENTSCHEIDUNGEN).

▸ **Exposures voraussehen**
Es ist aber nicht nur wichtig, bestehende Exposures zu kennen. Je früher Ihnen genaue Daten zu zukünftigen Engagements vorliegen, umso besser (und oft auch kostengünstiger) können Sie die hieraus erwachsenden Risiken absichern. SAP PAL (als Produkt zur Datenverwertung ebenfalls in einem Data-Mart-Szenario, siehe Abbildung 2.15) könnte Ihnen dabei helfen, die Qualität der Exposure-Prognosen zu verbessern. Das wirkt auf dieselben Werttreiber (Verlust/Ertrag aus Preisänderungen, Aufwand für Sicherungsgeschäfte) und erschließt Ihnen neben den zwei Quadranten oben links in der Nutzen-Werttreiber-Matrix auch noch den Bereich BESTEHENDE GESCHÄFTSPROZESSE/ANSPRUCHSVOLLE WERKZEUGE.

▸ **Frühwarnsystem**

Auch die besten Entscheidungen und Prognosen können durch aktuelle Ereignisse überrollt werden. Nützlich wäre daher vielleicht ein Frühwarnsystem, das Ihnen mitteilt, wenn Ihre Absicherungsstrategien z.B. aufgrund einer deutlich erhöhten Volatilität der für Sie relevanten Rohstoffpreise oder Devisenkurse nicht mehr ausreichend sind. Auch hier geht es wieder um dieselben Werttreiber. Da wir hier von einer Echtzeitanwendung sprechen, befinden wir uns in dem Implementierungsszenario App-Szenario und in der Nutzen-Werttreiber-Matrix in den zwei Quadranten unten links (BESTEHENDE GESCHÄFTSPROZESSE/ANSPRUCHSVOLLE WERKZEUGE und BESTEHENDE GESCHÄFTSPROZESSE/SCHNELLERES HANDELN).

▸ **Risiken bei kombinierten Absicherungsmethoden bewerten**

Bei den meisten Engagements gibt es mehr als nur eine Variante zur Absicherung der sich aus ihnen ergebenden finanziellen Risiken. So könnte in dem in der Demo genannten Beispiel (Einkauf von Aluminium) alternativ zu einem Rohstoff-Swap-Geschäft auch eine Kaufoption auf Aluminium erworben oder ein Terminkontrakt abgeschlossen werden. Und die Option könnte nicht nur an der LME, sondern auch an der *New York Commodities Exchange* (COMEX) erworben werden. Ein menschlicher Händler ist mit der Abwägung aller denkbaren Alternativen und der Analyse der jeweils resultierenden Risikoprofile rasch überfordert. Hier wäre – abhängig davon, ob man existierende Funktionalitäten aus SAP TRM nutzen kann oder will – eine Lösung in den Szenarien Business Suite auf HANA oder Neue HANA-Apps denkbar; in beiden Fällen ginge es aber wohl um einen neuen Prozess, also um einen von drei Quadranten rechts in der Nutzen-Werttreiber-Matrix (BESSERE ENTSCHEIDUNGEN/NEUE GESCHÄFTSPROZESSE, ANSPRUCHSVOLLE WERKZEUGE/NEUE GESCHÄFTSPROZESSE, SCHNELLERES HANDELN/NEUE GESCHÄFTSPROZESSE). Ob dabei bessere Entscheidungen (durch Prüfung von mehr Alternativen), anspruchsvolle Werkzeuge (z.B. Eigenentwicklung oder Crowdsourcing) oder schnelleres Handeln (eine Prüfung der Alternativen ist wegen sich ständig ändernder Kurse und Preise nur in Echtzeit sinnvoll) im Vordergrund stehen, hängt von Ihren individuellen Gegebenheiten ab. Der gesamte Nutzen wirkt aber wieder auf dieselben Werttreiber.

Und schließlich fällt Ihnen vielleicht noch auf, dass SAP zusätzlich sogar eine HANA-spezifische RDS anbietet (siehe Abbildung 3.8).

HANA-spezifische RDS

Auch für diese RDS gibt es weitere Informationen im SAP Service Marketplace (*http://service.sap.com/rds-cra*, dort unter SOLUTION DISCOVERY auf eine der Präsentationen klicken). Im Kern dient die RDS dazu, Exposures vollständig, zeitnah und übersichtlich darzustellen und so die Datenbasis (und einige Berichte) für ein effizientes Rohstoff-Risikomanagement bereitzustellen. Das passt gut zu den Überlegungen, die Sie bereits auf Basis der Nutzen-Werttreiber-Matrix angestellt haben.

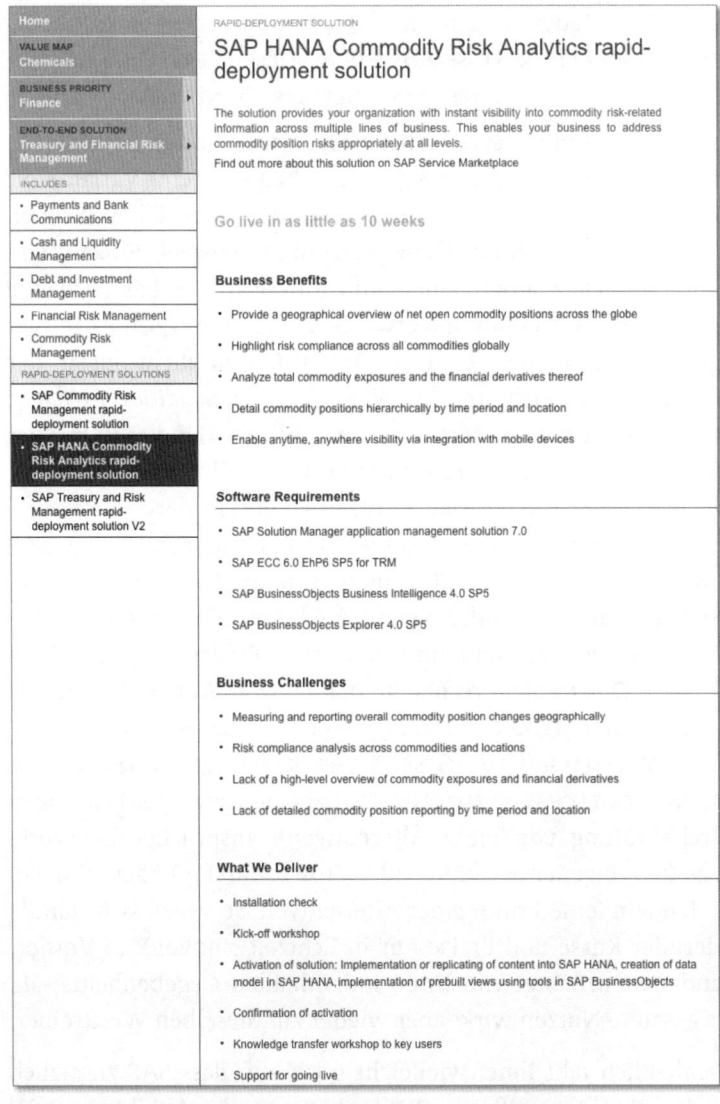

Abbildung 3.8 RDS »SAP HANA Commodity Risk Analytics«

Auch wenn in diesem speziellen Fall der SAP Solution Explorer die Brücke zu SAP HANA schlägt, ist das nicht immer so; schließlich könnte es für Sie ja auch sinnvoll sein, selbst eine neue Lösung in SAP HANA zu entwickeln. Wir empfehlen Ihnen daher, den SAP Solution Explorer zunächst nur für die Suche nach den für Ihre Branche wichtigen Geschäftsprozessen und nicht für das Aufspüren bereits fertig verfügbarer Lösungen in SAP HANA zu verwenden. Diese Geschäftsprozesse können Sie dann so wie in unserem Beispiel auf Big-Data-Potenziale durchleuchten. Wenn Sie dabei zufällig auch auf eine SAP HANA-Lösung im SAP Solution Explorer stoßen: umso besser.

Werttreiber sind bei den RDS im Regelfall nicht aufgeführt. Da die RDS meist einer Lösung zugeordnet sind (in unserem Fall der Lösung Commodity Risk Management), kommen die Werttreiber dieser Lösung zum Tragen. Ergänzend zu den Bausteinen der RDS für SAP TRM brauchen Sie hier z.B. SAP ECC 6.0 EHP6 SP5 für TRM, SAP BusinessObjects Business Intelligence 4.0 SP5 und SAP BusinessObjects Explorer 4.0 SP5.

Werttreiber für die RDS

Preisänderungsrisiko in anderen Branchen	**[+]**

Ähnliche Fragestellungen ergeben sich nicht nur in der chemischen Industrie, sondern auch in vielen anderen Branchen. Wenn Sie z.B. landwirtschaftliche Produkte verarbeiten, schwankt möglicherweise nicht nur der Preis, sondern obendrein auch noch die Qualität Ihrer Rohstoffe, was zusätzliche Fragen aufwirft. Als Markenhersteller von Zigaretten, Champagner oder Whisky wollen Sie ja sicherstellen, dass Ihr Endprodukt in jedem Jahr gleich schmeckt.

Architektur mit dem SAP Solution Explorer

In allen genannten Beispielen (also sowohl bei den RDS von SAP als auch bei den Ideen, die wir anhand der Nutzen-Werttreiber-Matrix entwickelt haben) sind wir – sozusagen en passant – zu ersten Einsichten bezüglich denkbarer Lösungsarchitekturen gelangt. Bei Lösungen aus dem SAP Solution Explorer sind im Regelfall die erforderlichen SAP-Bausteine aufgeführt, hieraus lässt sich wiederum auf die denkbaren Implementierungsszenarien schließen. Bei Lösungen, die wir selbst entwickelt haben, resultiert das Implementierungsszenario aus der Anforderung, also z.B. aus der Frage, ob eine Echtzeitlösung benötigt wird oder nicht. Im Anschluss müssen Sie dann Ihre Anforderungen (an Produkte zur Datenerzeugung, Datenverwertung etc.)

mit dem Funktionsprofil der korrespondierenden SAP-Produkte abgleichen. So können Sie entscheiden, welche SAP- oder Nicht-SAP-Produkte in dem zu Ihrem Business Case passenden Implementierungsszenario bzw. in Ihrer Lösungsarchitektur zum Einsatz kommen sollen. Weitere Überlegungen zur Auswahl von Implementierungsszenarien finden Sie in Abschnitt 2.2, »Implementierungsszenarien für SAP HANA«.

3.2.3 Branchenübergreifende Potenziale

Neben den branchenspezifischen Value Maps enthält der SAP Solution Explorer auch branchenunabhängige Value Maps. Diese orientieren sich an Verantwortungs- und Funktionsbereichen (BROWSE BY AREA OF RESPONSIBILITY) und an Technologien (BROWSE BY TECHNOLOGY) und sind über die entsprechenden Links rechts auf der Startseite des SAP Solution Explorers (siehe Abbildung 3.2) zu erreichen.

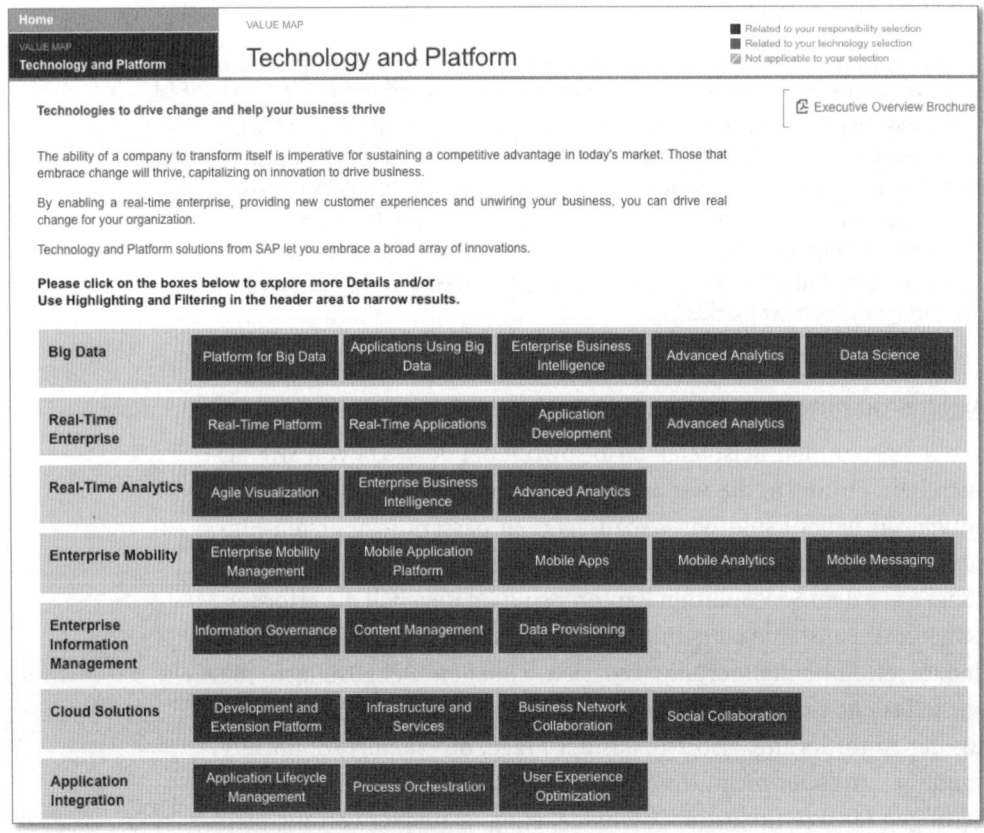

Abbildung 3.9 Value Map »Technology and Platform«

Für die Verantwortungs- und Funktionsbereiche ist je Hyperlink eine Value Map hinterlegt; die Hyperlinks unter BROWSE BY TECHNO-LOGY führen alle auf ein und dieselbe Wertmatrix, in Abbildung 3.9 wiedergegeben.

Value Map »Technology and Platform«

Ein Beispiel für eine branchenübergreifende Lösung ist die RDS für das *Demand Signal Management*(Bedarfssignal-Management), zu finden unter TECHNOLOGY AND PLATFORM • REAL-TIME ENTERPRISE • REAL-TIME APPLICATIONS • SAP DEMAND SIGNAL MANAGEMENT RAPID-DEPLOYMENT SOLUTION. Die RDS findet sich an dieser Stelle, weil es für praktisch jedes Unternehmen von Nutzen ist, die Nachfrage nach seinen Produkten oder Dienstleistungen möglichst treffsicher vorhersagen zu können. Ein Big-Data-Thema ist diese Aufgabenstellung aber tendenziell vor allem dann, wenn Sie Daten aus Transaktionen mit vielen Tausend oder Millionen von Kunden auswerten wollen.

3.3   SAP HANA in (SAP-)Geschäftsprozessen

Wir nehmen uns nun noch die »Wo«-Dimension unserer Nutzen-Werttreiber-Matrix vor und zeigen, in welchen SAP-Geschäftsprozessen SAP HANA potenziell Mehrwert generieren kann. Der SAP Solution Explorer als frei im Internet zugängliches Werkzeug bildet zwar End-to-End-Lösungen und Einzellösungen zu allen SAP-Produkten ab. Er zeigt aber keine Details zu SAP-spezifischen oder kundenspezifischen Geschäftsprozessen (also z.B. Prozessmodelle).

Werkzeuge zur Geschäftsprozess-modellierung

Geschäftsprozesse können – ERP-abhängig oder -unabhängig – in unterschiedlichen Lösungen modelliert werden, z.B.:

▶ Microsoft Visio

▶ ARIS

▶ Oracle Business Process Management Suite

▶ *SAP Solution Manager*

▶ *SAP Business Process Management* (BPM)

Das Modellierungs-Tool SAP NetWeaver BPM bietet SAP in einem Paket namens *SAP Process Orchestration* (PO) zusammen mit *SAP Business Rules Management* (BRM) und *SAP Process Integration* (PI) an. Die Werkzeuge sind nahtlos an den SAP Solution Manager und die dort hinterlegten SAP-Referenzmodelle angebunden.

Wir können an dieser Stelle nicht im Detail auf die Funktionen dieser Produkte eingehen. Wer sich für die Geschäftsprozessmodellierung mit SAP interessiert, findet Details z.B. in den Büchern *Business Process Management mit SAP NetWeaver BPM* von Heilig/Möller (SAP PRESS 2014) oder *SAP Solution Manager* von Schäfer/Melich (SAP PRESS 2011). Hinweisen möchten wir lediglich darauf, dass sich SAP in Sachen Prozessmodellierung zunehmend an den im SAP Enterprise Architecture Framework (EAF) definierten Standards – und damit an einer *serviceorientierten* Darstellung von Prozessen – orientiert.

[»]

SAP Enterprise Architecture Framework (EAF)

Das SAP Enterprise Architecture Framework ist eine auf dem *The Open Group Architecture Framework* (TOGAF) basierende Sammlung von Methoden, Verfahren und Werkzeugen für die Entwicklung von (Unternehmens-)Architekturen. Das EAF erweitert das Repertoire von TOGAF im Hinblick auf vorgefertigte Softwarelösungen und SAP-spezifische Bausteine sowie Werkzeuge von SAP. So enthält z.B. TOGAF keine Referenzmodelle, das EAF dagegen umfasst auch die SAP-Referenzmodelle.

[»]

Serviceorientierte Architektur (Service-oriented Architecture, SOA)

Eine serviceorientierte Architektur ist ein Architekturmuster, das sich stark an Geschäftsprozessen orientiert und vorwiegend in verteilten Systemen zum Einsatz kommt. Serviceorientierte Architekturen werden gelegentlich auch als »dienstorientierte« Architekturen bezeichnet, denn einer ihrer wichtigsten Bausteine sind sogenannte *Dienste* (Services). Unter einem Dienst versteht man eine Art Black Box, die zusammengehörige Funktionalitäten bündelt und über klar definierte Schnittstellen zur Verfügung stellt. Die wichtigsten Charakteristika eines Dienstes sind:

- ▸ Ein Dienst ist klar definiert.
- ▸ Ein Dienst bietet fachliche Funktionen an.
- ▸ Ein Dienst ist technisch autark.

Ein Beispiel für einen Dienst wäre eine Funktion, die Kreditwürdigkeitsdaten für einen Kunden aus einer Auskunftei abruft. Der Dienst erhält (z.B. von einer ERP-Anwendung) über eine klar definierte Schnittstelle Daten zur Identifikation des Kunden und antwortet der Anwendung z.B. mit einer ebenso klar definierten Bonitätseinstufung (z.B. eine Einstufung in die Kategorien »A«, »B« oder »C«) für diesen Kunden. Ein Dienst, der in einem Netzwerk bereitgestellt wird, wird auch als *Webservice* bezeichnet.

Wie gehen Sie nun vor, wenn Sie nicht branchenorientiert, sondern geschäftsprozessorientiert nach Einsatzchancen für Big Data suchen?

Nutzenpotenziale erarbeiten

1. Definieren Sie zunächst Ihren Handlungsspielraum, das heißt den oder die zu betrachtenden Geschäftsprozesse. Hierbei spielen nicht selten »politische« Überlegungen eine Rolle. Verbesserungen – unabhängig davon, wie viel Nutzen diese auch immer stiften mögen – sind nicht immer durchsetzbar, und manche Geschäftsprozesse stehen in Ihrem Unternehmen mehr im Fokus als andere.

2. Unter diesen Geschäftsprozessen wählen Sie dann den- oder diejenigen mit dem größten Wertbeitrag aus. Welcher Geschäftsprozess ist am wichtigsten für Ihren Aktionärswert (bzw. bei welchem Geschäftsprozess können Sie mit möglichst geringem Aufwand möglichst viel Aktionärswert schaffen)? Um eine solche Auswahl treffen zu können, müssen Sie natürlich wissen, welcher Geschäftsprozess über welche Werttreiber Ihren Aktionärswert wie beeinflusst. Das ist aber kein Thema im Zusammenhang von Big Data, sondern ganz allgemein eine strategische Herausforderung für jedes Unternehmen.

3. Betrachten Sie den Geschäftsprozess mithilfe des bei Ihnen eingesetzten Modellierungs-Tools. Konzentrieren Sie sich dabei auf Punkte, an denen – durch Software oder durch Menschen – *Entscheidungen* getroffen werden. Identifizieren Sie die zugehörigen Werttreiber (als Anregung können Sie auf die auf *www.sap-press.de* bereitgestellte Werttreiberdatenbank zurückgreifen), und verfahren Sie wie in Abschnitt 1.5, »Business Cases bewerten«, beschrieben.

Entscheidungen zu treffen bedeutet, eine oder mehrere aus (mindestens) zwei Alternativen auszuwählen. Diese Auswahl erfolgt auf der Grundlage eines Plans bzw. gestützt auf Ideen über die Zukunft, das heißt, sie beruhen auf *Prognosen* und *Modellen* (siehe auch Abschnitt 4.1, »Was ist Planung?«). Big-Data-Lösungen sind sehr gut darin, solche Prognosen und Modelle zu verbessern (vielleicht mit ein Grund dafür, dass viele Partnervermittler ähnliche Verfahren einsetzen). Somit tun sich dort, wo Entscheidungen zu fällen sind, häufig die in den Zeilen unserer Nutzen-Werttreiber-Matrix erwähnten Potenziale auf (siehe Abbildung 1.2):

Nutzenpotenziale in Entscheidungsszenarien

▸ **Neue Erkenntnisse**
Neue Erkenntnisse über Ihre Geschäftsprozesse führen oft zu einem revidierten Geschäftsprozess. Vielleicht können Entschei-

dungen entfallen (weil sich herausstellt, dass sie keinen wesentlichen Wertbeitrag leisten), vielleicht müssen mehr Entscheidungsalternativen in Betracht gezogen werden, oder es sind zusätzliche Entscheidungsschritte erforderlich.

Ein Beispiel wäre eine Kreditwürdigkeitsprüfung bei relativ kleinen Zahlbeträgen. Wenn Sie mithilfe einer entsprechenden Analyse feststellen, dass der (im Schnitt) zu erwartende Schaden unterhalb einer bestimmten Schwelle geringer ist als die Kosten einer Kreditwürdigkeitsanfrage, könnten Sie – betragsabhängig – auf diese Entscheidung verzichten oder die Durchführung des Entscheidungsschritts von einer vorgelagerten Entscheidung (Betragshöhe) abhängig machen.

▶ **Bessere Entscheidungen**
Vielleicht können Sie eine Big-Data-Lösung einsetzen, um bislang manuell zu treffende Entscheidungen zu automatisieren oder den Entscheider mit besseren Informationen zu versorgen. Sie werten z.B. Twitter-Streams aus, um frühzeitig zu erfahren, ob bei Rohstoffen, die für Ihr Unternehmen essenziell sind, Lieferengpässe – z.B. aufgrund der Wetterlage in einem wichtigen Erzeugerland – zu erwarten sind.

▶ **Anspruchsvolle Werkzeuge**
Wenn Entscheidungen bereits automatisiert sind (und z.B. nach festen Regeln ablaufen), führen bessere und anspruchsvollere Algorithmen vielleicht zu besseren Entscheidungen. Viele Systeme für die Betrugsprävention im Kreditkartenbereich nutzen bewährte Regeln, um Verdachtsfälle zu identifizieren und zu melden. Aber menschliches Verhalten ändert sich, und auch Verbrecher lernen dazu. Möglicherweise ist es sinnvoll, einerseits die Erkennungsgenauigkeit dieser Regeln (durch eine Metaregel) permanent zu überwachen und andererseits den Zusammenhang zwischen Transaktionsmuster und Betrugsverdacht (durch entsprechende selbstlernende Algorithmen) kontinuierlich zu aktualisieren.

▶ **Schnelleres Handeln**
Immer dann, wenn der Faktor Mensch bei einer Entscheidung ins Spiel kommt, stellt sich die Frage, ob nicht entweder – z.B. durch ein Frühwarnsystem – der Nutzer in die Lage versetzt werden könnte, schneller zu reagieren oder ob vielleicht sogar der Entscheidungsprozess an sich nicht komplett automatisiert werden könnte.

Ein Beispiel hierfür sind zu erwartende Verzögerungen in der Materialbeschaffung. Wenn Sie in der Lage sind, die Warenströme Ihrer Zulieferer zu verfolgen und die Informationen über die momentane Position einer Lieferung mit Daten über die aktuelle Straßenverkehrs- oder Seewetterlage auf der geplanten Route zu kombinieren, können Sie auf Engpässe vielleicht schon Stunden – oder sogar Tage – reagieren, bevor diese auftreten.

3.4 Ausgewählte Fallbeispiele

Das in den ersten drei Kapiteln dieses Buches erworbene Wissen wollen wir in insgesamt acht Fallstudien gründlich vertiefen. Die Fallstudien sind fiktiv, basieren jedoch auf einigen Jahrzehnten Erfahrung in der SAP-Welt; das eine oder andere Szenario wird Ihnen daher bestimmt vertraut erscheinen. In der SAP-Branchenklassifikation des SAP Solution Explorers sind unsere Fallstudien in den in Tabelle 3.1 in der linken Spalte aufgeführten Branchen angesiedelt. In jeder Fallstudie werden wir kurz auf die jeweilige Value Map des SAP Solution Explorers eingehen. In Tabelle 3.1 haben wir jeweils auch die NACE-Klassifikation der Branchen zu den Fallstudien genannt, weil unsere zum Download bereitgestellte Werttreiberdatenbank SAP-neutral ist und daher auf der NACE-Gliederung basiert.

Fallstudien verschiedener Branchen

Branche im SAP Solution Explorer	Kapitel	Beispiel- unternehmen	NACE- Klassifikation
Automotive	4, »Planung flexibel gestalten«	Reifenhersteller	C, Manufacturing
	8, »Sensordaten auswerten und Metadaten automatisch erheben«	Automobil- industrie	
Healthcare	9, »Gesundheitsvorsorge als Dienstleistung«	Alten- und Pflegeheime	Q, Human Health Activities

Tabelle 3.1 Einordnung der Fallbeispiele in die Branchenschemata nach SAP Solution Explorer und NACE

189

Branche im SAP Solution Explorer	Kapitel	Beispielunternehmen	NACE-Klassifikation
Mining	10, »Betrug automatisch erkennen«	Bergbau	B, Mining and Quarrying
Professional Services	5, »Reisekosten und Reisezeiten reduzieren«	Unternehmensberatung	M, Professional Activities
	11, »Service Level Management automatisieren«	IT-Dienstleister	J, Information and Communication
Retail	6, »Datenmodelle flexibel und einheitlich gestalten«	Elektronikeinzelhandel	G, Wholesale and Retail Trade
	7, »Kundenverhalten steuern«	Lebensmitteleinzelhandel	

Tabelle 3.1 Einordnung der Fallbeispiele in die Branchenschemata nach SAP Solution Explorer und NACE (Forts.)

»Planung bedeutet, Zufall durch Irrtum zu ersetzen.«

Samuel Goldwyn zugeschrieben (1882–1974),
Gründer von MGM

4   Planung flexibel gestalten

Der Eingang der Schlucht lag etwa fünf Kilometer Fußmarsch vom Klos-
ter entfernt, und von dort aus war Norbert schon gute zwei Stunden
durch das ausgetrocknete Bachbett bergauf gewandert. Inzwischen hatte
er die sechste Mühle erreicht, und der Schatten der Steineiche erschien
ihm wie geschaffen für ein Picknick. Nachdenklich betrachtete er den
Mahlgang: den bis auf den Stahlring abgeschliffenen Bodenstein, die
Reste des zerbrochenen, beweglichen Läufers und das verrostete Mühl-
eisen, das auf seiner hölzernen Antriebswelle immer noch im Auge des
Mühlsteinpaares steckte. In seinem Wanderführer las er, dass ein gewis-
ser Aymar d'Astouaud schon im 16. Jahrhundert das Wasser des Véron-
cle gestaut hatte; im Lauf der Zeit waren dann insgesamt zehn Mühlen
entstanden, die letzte hatte bis 1910 ihren Dienst verrichtet.

Abbildung 4.1 Mahlgang in der Véroncle-Schlucht, Département Vaucluse,
Frankreich

Aber wie die Sénancole, die früher wohl einmal die Abtei, in die er sich ein-
quartiert hatte, mit Frischwasser versorgte, war auch der Véroncle seit

Langem ausgetrocknet. Kleinere Erdbeben hatten den Lauf unterirdischer Flüsse im Karst verändert und den Betrieb der Mühlen immer weiter erschwert. Die Müller hatten versucht, mit der Wasserknappheit zurechtzukommen und dazu viele kleine Dämme und Schleusen als Puffer angelegt. Außerdem hatten sie vertikale Antriebswellen in ihre Mühlen eingebaut, hiermit ließ sich auch bei geringen Wassermengen ein leidlicher Wirkungsgrad erzielen. Aber letztendlich hatten Mühe, Kreativität und Investitionen keine Früchte getragen; das Wasser war aus der Schlucht verschwunden und mit ihm das Handwerk der Müller aus diesem Winkel der Provence. Geblieben waren Staubecken, Mauern und Mühlsteine, die jetzt als pittoreske Ruinen Touristen in die Gegend lockten.

Loszulassen schien nicht nur Individuen, sondern auch Unternehmen schwerzufallen. Eine Weisheit der Dakota besagte, man solle absteigen von einem toten Pferd. Aber Norberts Erfahrungen aus der IT-Beratung lehrten ihn, dass die meisten Organisationen zunächst prüften, ob man das Problem nicht durch eine Optimierung des Zaumzeugs oder die Überarbeitung der Stellenbeschreibung für Pferd und Reiter lösen könnte. Dabei war doch das Wasser hier im Tal nicht von gestern auf heute versiegt. Sicher hätte man durch aufmerksame Beobachtung die Zeichen der Zeit früher wahrnehmen und vielleicht sogar den Zusammenhang zwischen Erdbeben und reduzierter Wassermenge erkennen können. Der erste Müller, dem dies aufgefallen wäre, hätte für seinen Betrieb noch einen guten Preis erzielen und den Erlös dann in eine moderne Dampfmühle stecken können. Wenn man die Gültigkeit von Planungsprämissen (Prognosen) und Planungsmodellen fortlaufend überwachte, könnte man Prognose- und Planungsfehler viel früher als andere wahrnehmen und besser hierauf reagieren. Aber den Leiter des Controllings davon zu überzeugen wäre eine andere Geschichte; und auch in den übrigen Unternehmensbereichen gab es viele altgediente Experten, die davon nichts würden wissen wollen und lieber darauf setzten, tote Pferde zu reiten oder an ausgetrockneten Bachbetten Wassermühlen zu betreiben.

Planung und Big Data

Planung spielt in unserem Leben eine wichtige Rolle. Die meisten von uns planen – bewusst oder unbewusst –, bevor sie handeln, und in Organisationen sind kurz-, mittel- und längerfristige Planung zentrale Funktionen. In diesem Kapitel beschäftigen wir uns ausführlich damit, welche Einsatzmöglichkeiten sich für Big-Data-Lösungen wie SAP HANA im Planungsbereich ergeben. Hierzu klären wir zunächst den Begriff »Planung« und erläutern, welche Rolle Prognosen und Modelle für die Planung spielen. Zur Verdeutlichung dient uns ein

ganz simples Beispiel (Tee kochen). Die Einsichten aus diesem Beispiel übertragen wir dann auf den geschäftlichen Bereich.

Im Anschluss daran stellen wir ein – fiktives, aber realistisches – Planungsszenario vor. Ein Unternehmen erstellt – basierend auf Prognosen und mithilfe von Modellen – eine Absatz-, Ergebnis-, Produk-
tions- und Finanzplanung und macht sich Gedanken darüber, was im
Zusammenhang mit dieser Planung so alles missglücken könnte, welche Konsequenzen sich daraus ergäben und welche Lehren man aus
derlei Überlegungen ziehen kann. Die Erkenntnisse aus diesem Szenario führen uns schließlich zu fachlichen Anforderungen an eine
Lösung und zu der Frage, mit welchen Werkzeugen diese Anforderungen bewältigt werden können. Wir gehen auch darauf ein, welche Vorteile bezüglich des Aktionärswertes eine solche Lösung schaffen könnte.

Beispielszenario

Schließlich diskutieren wir, welches der in Abschnitt 2.2, Implementierungsszenarien für SAP HANA«, vorgestellten Implementierungsszenarien zum Einsatz kommen könnte, welche konkreten SAP-
Komponenten innerhalb der Rahmenarchitektur der Lösung eingesetzt werden könnten und welche Richtlinien beim Aufbau der
Datenarchitektur beachtet werden sollten. In dieser ersten Fallstudie
in diesem Buch werden wir auf die Struktur des Beispielszenarios,
dessen Aufbau dem der folgenden Fallbeispiele entspricht, etwas
ausführlicher als in den folgenden Fallstudien eingehen. Wir führen
in diesem Zusammenhang wichtige Grundbegriffe wie Modell oder
Prognose ein, auf die wir in anderen Fallstudien immer wieder
zurückkommen.

4.1   Was ist Planung?

Eine Radtour vom Nordkap nach Catania, ein Abendessen bei unserem Lieblingsfranzosen oder auch nur eine Tasse Tee im Büro – wir
können nicht handeln, ohne vorher geplant zu haben.

Für eine 4.000 Kilometer lange Fahrradtour braucht es ein gewisses
Maß an *Planung*. Wir müssen über die Routenführung, über Fahr-
pläne für Züge, Busse oder Fähren, über das Wetter und über die passende Kleidung nachdenken. In gleicher Weise können Sie ein Täss-
chen Tee nur dann genießen, wenn Sie zuvor gewisse Aktivitäten

Nichts geht ohne
Planung

ausführen. Aktivitäten, die – zumindest bei oberflächlicher Betrachtung – gar nicht direkt in Verbindung mit dem gewünschten Ergebnis (eine Tasse Tee zu genießen) stehen.

[»] **Planung**

> Wikipedia (siehe *http://de.wikipedia.org/wiki/Planung*) definiert Planung so: »*Planung ist als menschliche Fähigkeit die gedankliche Vorwegnahme von Handlungsschritten, die zur Erreichung eines Zieles notwendig scheinen.*«

Sie müssen sich von Ihrem Platz erheben, den Raum verlassen, hinüber in die Küche laufen, den Wasserkocher holen, füllen und einschalten, eine saubere Tasse und einen Löffel zur Hand nehmen, einen Teebeutel suchen, eventuell Zucker aus dem Schrank und Milch aus dem Kühlschrank nehmen, den Beutel in die Tasse hängen, diese mit heißem Wasser füllen, den Tee 90 Sekunden ziehen lassen, Milch und Zucker hinzugeben und sich auf den Rückweg zu Ihrem Schreibtisch machen.

Planung basiert auf Modellen

Aber warum öffnen wir überhaupt den Schrank? Wir wollen doch einen Tee und glauben wohl kaum, dort eine frisch gebrühte Tasse vorzufinden. Und warum schalten wir den Wasserkocher ein? Nun, in beiden Fällen stützen wir uns auf ein Modell, das uns vermuten lässt, welche Aktivitäten unter welchen Rahmenbedingungen zum gewünschten Ergebnis führen. Den Schrank öffnen wir, weil unser Modell besagt, dass wir für die Zubereitung von Tee gewisse Zutaten brauchen, und diese Zutaten hoffen wir im Schrank zu finden. Den Schalter des Wasserkochers legen wir um, weil wir – basierend auf Erfahrung oder Hörensagen – annehmen, dass wir so das Wasser zum Kochen bringen werden (was nur dann funktionieren dürfte, wenn das Gerät voll funktionstüchtig und eingestöpselt ist, wenn die Stromrechnung bezahlt wurde, wenn in unserem Stadtteil der Strom nicht gerade ausgefallen ist etc.).

[»] **Modell**

> Ein Modell ist laut Wikipedia (*http://de.wikipedia.org/wiki/Modell*) »*ein beschränktes Abbild der Wirklichkeit*«. Einerseits verwenden wir Modelle, weil wir die Wirklichkeit nicht kennen oder diese uns als Entscheidungsgrundlage zu kompliziert erscheint. Andererseits erwarten wir aber von Modellen, dass sie sich in den für uns entscheidenden Punkten ebenso wie die Wirklichkeit verhalten; denn anderenfalls wären sie für die Planung völlig wertlos.

Und warum glauben wir, dass im Schrank noch genug Tee vorhanden und die Stromrechnung bezahlt ist? Wir stützen uns auf Annahmen und Prognosen.

Prognose   [«]

Unter Prognose versteht man laut Wikipedia (*http://de.wikipedia.org/ wiki/Prognose*) »*eine Aussage über Ereignisse, Zustände oder Entwicklung in der Zukunft*«, die sich »*von anderen Aussagen über die Zukunft (z.B. Prophezeiungen) ... durch ihre Wissenschaftsorientierung*« unterscheidet.

Prognosen bilden also den Input für Modelle und das Fundament der Planung; nur wenn wir eine Vorstellung davon haben, welche Rahmenbedingungen wir in der Zukunft vorfinden werden, können wir entscheiden, welche Handlungen zur Erreichung unserer Ziele erforderlich sind.

4.1.1 Zusammenspiel von Prognose, Modell und Planung

Planung setzt also voraus, dass wir eine Vorstellung (Prognose) von der Zukunft haben. Auf Basis dieser Prognose überlegen wir uns (basierend auf Modellen), welche Handlungen zur Erreichung unserer Ziele sinnvoll wären. Und so führt uns das Nachdenken über eine Tasse Tee zu drei wichtigen Einsichten zum Thema »Planung«:

▸ **Planung ist überlebenswichtig**
Ohne die Fähigkeit, Handlungsschritte gedanklich vorwegzunehmen, wären wir nicht einmal in der Lage, zu überleben (wir wüssten beispielsweise nicht, wie und wo wir uns Wasser oder Nahrung beschaffen könnten). Erst recht könnten wir keine komplexeren Abenteuer in Angriff nehmen – wie z.B. 4.000 Kilometer mit dem Fahrrad zu reisen.

▸ **Planung basiert auf Prognosen und Modellen**
Prognosen beziehen sich auf bestimmte Umweltparameter (im Kühlschrank werden wir Milch und hinter den Schranktüren Zucker finden). Mit diesen Umweltparametern als Input füttern wir Modelle, die im Wesentlichen aus Annahmen über Zusammenhänge zwischen Ursache und Wirkung (wenn wir den Wasserkocher einschalten, wird das Wasser heiß) bestehen. Unsere Modelle liefern uns (als Output) theoretische Ergebnisse. Anhand dieser Ergebnisse erkennen wir, welche Aktivitäten für die Erreichung unserer Ziele sinnvoll sind.

▸ **Falsche Prognosen/Modelle sollten möglichst früh korrigiert werden**

Unsere Prognosen (Tee ist noch da, frische Milch befindet sich im Kühlschrank) und Modelle (Schalter umlegen – Wasser wird heiß) können richtig oder falsch sein. Super, wenn wir damit richtig liegen. Wenn nicht – nun, dann wäre es wohl besser, hiervon zumindest so früh wie möglich zu erfahren.

Hätten Sie z.B. gewusst, dass das Kameradenschwein von einem Kollegen in der Bürozelle gleich gegenüber vor fünf Minuten den letzten Teebeutel verbraucht hat, hätten Sie schnell einen Beutel aus der Küche im nächsten Stockwerk geklaut.

Ergo gibt es zwei Dinge, die beim Planen schiefgehen *können* (und gemäß Murphys Gesetz zwangsläufig schiefgehen *werden*): Unsere Prognosen sind vielleicht unrichtig, und unsere Modelle bilden statt der Realität nur Wünsche, Fantasien oder Wahnvorstellungen ab.

4.1.2 Planung im geschäftlichen Bereich

Kernfunktion in Unternehmen

Planung findet nicht nur in unserem privaten Umfeld statt. Sicher kennen Sie den Begriff »Planung« auch von Ihrer Arbeit, und einige von Ihnen (diejenigen, die mit den Lehren der Comicfigur Dilbert von Douglas Adams vertraut sind – sofern Sie Dilbert noch nicht kennen, können Sie auf *http://dilbert.com/* von seinen weisen Einsichten profitieren) sind vielleicht schon zu der Ansicht gelangt, dass große Organisationen einen Großteil ihrer Zeit und ihrer Ressourcen darauf verwenden, alles Mögliche ständig neu zu planen. Trotzdem: Ohne irgendeine Vorstellung davon, was zukünftig geschehen wird (Prognosen) und welche Handlungen welche Art von Konsequenzen nach sich ziehen (Modelle), wären die meisten Unternehmungen nicht überlebensfähig.

Prognosen und Modelle als Basis

Neben vielen anderen Dingen müssen Unternehmungen planen, welche Güter oder Dienstleistungen sie wo in welcher Menge herstellen und auf welchen Märkten absetzen wollen. Und wie in unserem Privatleben gelten unsere Einsichten zum Thema Planung auch im geschäftlichen Umfeld:

▸ Planung ist eine Schlüsselfunktion in Unternehmungen

▸ Pläne basieren immer auf:

▸ vorhergesagten Fakten oder Umweltbedingungen (Prognosen)

▸ Annahmen über Ursache-Wirkung-Beziehungen (Modelle)

▸ Je früher wir herausfinden, dass, warum und in welcher Hinsicht wir falsch liegen, umso mehr Zeit bleibt uns, korrigierend einzugreifen (und uns z. B. um eine neue Stelle zu bewerben, bevor der Geschäftsführer davon erfährt oder – wenn wir selbst der Geschäftsführer sind – bevor die Aktionäre etwas wittern).

4.2 Szenario: Absatz und Ergebnisplanung eines international tätigen Reifenherstellers

In diesem Kapitel gehen wir darauf ein, wie Sie Prognosen und Modelle (durch eine entsprechende Datenarchitektur) sauber voneinander trennen und wie Sie eine auf SAP HANA basierende Big-Data-Lösung als Frühwarnsystem für Prognose- und Modellierungsfehler nutzen können. In der folgenden Fallstudie betrachten wir ein Unternehmen, dessen Produktions- und Finanzplanung – neben anderen Faktoren – auf Wechselkursprognosen beruht. Anhand eines Zahlenbeispiels zeigen wir auf, welche weitreichenden Folgen es hat, wenn diese Wechselkursprognosen sich als unzutreffend erweisen und – noch schlimmer – wenn das zu spät erkannt wird. Vor diesem Hintergrund werden wir erläutern, wie und warum mehrschichtige, flexible Planungsmodelle in SAP HANA Ihnen helfen können, fehlerhafte Prognosen zu erkennen und adäquate Maßnahmen früher einzuleiten.

SAP HANA als Frühwarnsystem

Das (fiktive) Unternehmen RunFlat Tyres Inc. (RFT) ist ein in den USA beheimateter Hersteller von Reifen für alle Arten von Fahrzeugen (Pkws, Lkws, Traktoren, Muldenkipper für den Bergbau, Motorräder, Fahrräder, Schubkarren etc.). Abgesehen vom Verkauf an Erstausrüster, werden die Produkte auch über Werkstätten, Heimwerkermärkte oder Internethändler direkt an Endverbraucher verkauft. Im Rahmen dieser Fallstudie betrachten wir nur ein spezielles Produkt von RunFlat: den neuen Winterreifen »Super X7700«.

RunFlat Tyres Inc.

Obwohl RFT seinen Stammsitz in den USA hat, bedient die Firma vor allem den europäischen Markt (Deutschland, Frankreich, Polen, Schweiz und das Vereinigte Königreich). Ihre Produkte werden in Werken in Westpolen und Nordengland hergestellt. Eine Vertriebsorganisation in der Schweiz kauft die Reifen von den zwei Werken und verkauft diese dann an die Vertriebszentren in den Zielmärkten.

Eine der wichtigsten Fragen, die RFT fortlaufend beantworten muss, ist, wo die zu verkaufenden Reifen jeweils hergestellt werden sollen. Hierbei spielen Wechselkurse eine wichtige Rolle:

▸ **Ergebnis in USD und Wechselkurse**
RFT hat seinen Hauptsitz in den USA, was bedeutet, dass Gewinn oder Verlust der schweizerischen Marketingtochter zunächst in Schweizer Franken (CHF) anfallen und dann in US-Dollar (USD) berichtet werden. Daher unterliegt der Jahresumsatz in USD einem gewissen Wechselkursrisiko.

▸ **Erlöse in CHF und Wechselkurse**
In gleicher Weise sind Erlöse, die in der Schweiz erzielt werden, von Devisenkursen abhängig. Da Reifen nicht nur in der Schweiz, sondern auch nach Deutschland, Frankreich, Polen und in das Vereinigte Königreich – also gegen Euro (EUR), polnische Zloty (PLN) und britische Pfund (GBP) – verkauft werden, ergibt sich der Umsatz in CHF nicht einfach als *Preis × Menge*, sondern stattdessen als *Preis × Menge × (Wechselkurs (<EUR, PLN oder GBP>:CHF))*. Der Erlös in USD ist dann *Preis × Menge × (Wechselkurs <EUR, PLN oder GBP>:CHF) × (Wechselkurs CHF:USD)*.

▸ **Kosten und Wechselkurse**
Die beiden europäischen Werke befinden sich in Ländern, die (als dieses Kapitel geschrieben wurde) keine Mitglieder der Europäischen Währungsunion waren. Daher kann RFT auf der Einkaufsseite selbst innerhalb Europas von Wechselkursschwankungen profitieren oder darunter leiden. Das entsprechende Risiko resultiert daraus, dass die schweizerische Marketingorganisation für die Reifen aus den Werken von RFT in GBP oder PLN zahlen muss.

Der Planungszyklus bei RFT besteht aus drei rollierenden Planungen, die regelmäßig überarbeitet werden und dabei unterschiedliche Status von »Entwurf« bis »Final« durchlaufen:

▸ In jedem Geschäftsjahr (Januar–Dezember) gibt es bei RFT vier Planungszyklen. Im Verlauf dieser Planungszyklen wird die jahresbezogene, monatsbasierte Produktions- und Finanzplanung aktualisiert.

▶ Im Verlauf des letzten der vierteljährlichen Planungszyklen (der in den letzten zwei Dezemberwochen stattfindet) wird RFTs Langfristplanung (fünf Jahre, Jahresbasis) überarbeitet und um ein weiteres Jahr fortgeschrieben.

▶ Die Langfristplanung bildet die Basis für RFTs Mittelfristplanung (drei Jahre, vierteljährlich). Diese Mittelfristplanung für die kommenden drei Jahre wird auf Monate heruntergebrochen und so zum neuen Jahresplan für das Folgejahr.

Alle diese Planungsaktivitäten finden in *SAP Business Planning and Consolidation* (BPC) *für SAP NetWeaver* statt. RFTs BPC-System läuft auf SAP Business Warehouse (BW) auf SAP HANA und bezieht Daten (z.B. historische Absatzzahlen) aus dem ERP-System des Unternehmens (SAP Business Suite auf SAP HANA). Um Plan- und Ist-Daten zu berichten, setzt RFT diverse Business-Intelligence-Lösungen (*SAP Crystal Reports*, *SAP BusinessObjects Dashboards*) ein.

RFT nutzt SAP BPC

Die Entscheidung, SAP BPC für SAP NetWeaver einzusetzen, war schon vor längerer Zeit gefallen. Hauptgrund war die Tatsache, dass RFTs komplexe und verschränkte Planungsprozesse als *Business Process Flows* modelliert und dann einfach und systematisch überwacht werden konnten. Business Process Flows, der *Prozessmonitor* und die entsprechenden Berichte sind Funktionalitäten von SAP BPC und vereinfachen die Koordination globaler Planungsaktivitäten. Sie fungieren als Gerüst für die zentrale Steuerung der Planungsstatus. Hinzu kam, dass die *zentrale Konsolidierung* und speziell die *Währungsumrechnung* in SAP BPC die Planung auf Gruppenebene erheblich vereinfachen. Die Einführung von SAP HANA erfolgte erst vor kurzer Zeit; bislang profitiert RFT zwar von einer besseren Berichtsperformance, es wurden aber noch keinerlei Use Cases entwickelt, die nur mit BW bzw. Business Suite on HANA umsetzbar gewesen wären.

BPC-Bausteine bei RFT

4.2.1 Prognosen und Modelle in der Absatz-, Erlös- und Kostenplanung

Das Diagramm in Abbildung 4.2 zeigt einen Auszug aus RFTs Fünfjahresplanung (Stand Dezember 2011, dargestellt sind nur die Absatzmengen für den neuen »Super X7700«-Reifen in einigen Schlüsselmärkten im Jahr 2012).

RFTs langfristige Absatzplanung

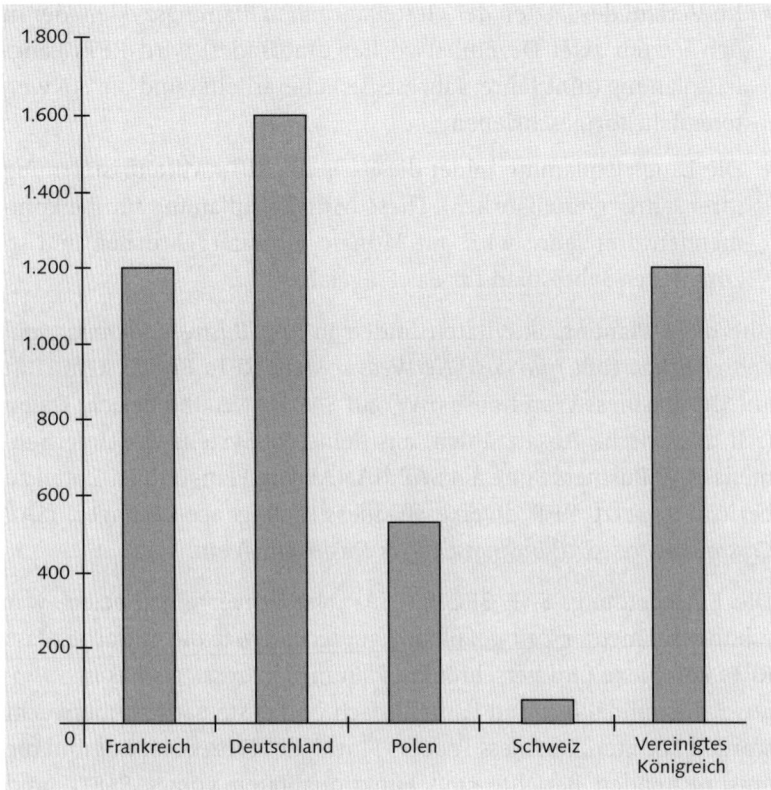

Abbildung 4.2 Absatzplan 2012 – Jahreswerte

Modell für die Absatzplanung Die Zahlen in Abbildung 4.2 wurden durch ein für RFT tätiges Marktforschungsunternehmen mithilfe eines komplexen Modells (*polynomische Regression*) ermittelt, das in SAP Predictive Analysis (PAL) aufgebaut wurde. Das Modell verwendet eine Vielzahl von marktspezifischen Eingabeparametern (Prognosen), z.B.:

- prognostiziertes Wachstum des Bruttosozialprodukts
- prognostizierte Inflationsrate
- Einkommensverteilung
- langfristige Trends im Hinblick auf das verfügbare Nettoeinkommen
- langfristige Trends im Hinblick auf RFTs Marktanteil in verschiedenen Produktgruppen
- langfristige Trends hinsichtlich der Verteilung der Kundennachfrage auf Produkte innerhalb einer Produktgruppe

| Prognosefehler, Modellfehler und Lösungsarchitektur | **[+]** |

Wir erwähnen die Eingangsparameter des Modells, weil RFT so nicht nur die Prognose, sondern auch das Modell selbst infrage stellen kann. Wenn alle relevanten Eingangsparameter sich wie vorhergesagt entwickelt haben, aber die Absatzzahlen trotzdem hinter den Erwartungen zurückbleiben, spricht einiges dafür, über die Richtigkeit des Modells nachzudenken. Weichen die Eingangsparameter von der Prognose ab und liefert das Prognosemodell – mit richtigen Eingangsparametern – auch richtige Absatzzahlen, müsste man sich stattdessen fragen, wie man zukünftig zu besseren Prognosen für die Eingangsparameter kommt.

Für die Lösungsarchitektur ist es wichtig zu wissen, ob man es bei der Planung nur mit Prognosen oder mit Prognosen und Modellen zu tun hat. Wenn nur Prognosen vorliegen, kann man lediglich ein Frühwarnsystem aufbauen, das Abweichungen erkennt. Kennt man zusätzlich auch noch Teile des Modells, das diese Prognosen hervorgebracht hat, kann man dessen Richtigkeit prüfen und eventuell sogar Aussagen darüber machen, wo es überarbeitet werden muss.

Basierend auf der Absatzprognose aus Abbildung 4.2 und unter Verwendung der *Saisonalisierung* (einer weiteren Standardfunktionalität in SAP BPC), hat RFT die Zahlen für die Jahre 2012 bis 2014 auf Quartale heruntergebrochen. Diese quartalsbezogenen Absatzzahlen wiederum wurden schließlich (erneut durch Saisonalisierung) auf einzelne Monate verteilt (siehe Abbildung 4.3). Da der »Super X7700« ein Winterreifen ist, wird er vorwiegend im Herbst und Winter gekauft.

Absatzzahlen pro Quartal und Monat

Weil die Verkaufspreise mit den Distributionspartnern im Voraus fest vereinbart werden, lässt sich aus dem Absatzplan direkt ein Erlösplan ableiten. Ebenfalls schon 2011 festgelegt und bekannt sind die internen Transferpreise, die die Vertriebsorganisation den Werken in Polen und England für die importierten Reifen zahlen wird. Damit ergibt sich aus der Absatzplanung nicht nur die Erlösplanung, sondern bei einer bestimmten Verteilung der Produktionsmengen auf die Werke auch eine Kostenplanung für die Vertriebsorganisation in der Schweiz.

Absatz- und Erlösplan

Bei der Berechnung von Erlös und Ergebnis aus Absatzmengen werden ebenfalls Modelle verwendet. Hierbei kommen allerdings keine statistischen Verfahren zum Einsatz. Der Grund hierfür ist, dass die zusätzlich relevanten Parameter (Verkaufs- und Transferpreise) bekannt und nicht zufallsabhängig sind. Die Modelle sind deterministisch, die Modellierung erfolgt in SAP BPC.

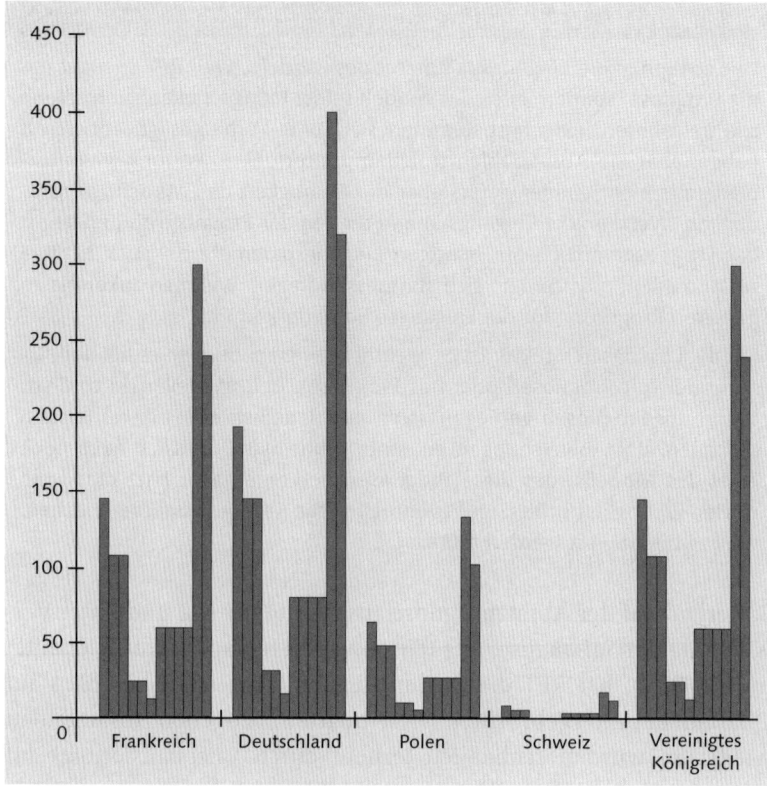

Abbildung 4.3 Absatzplan 2012 – Monatswerte

4.2.2 Wechselkursprognosen bei RFT

Erlöse und Kosten lassen sich auf diesem Weg allerdings nur als Beträge in Fremdwährung bestimmen. Um Erlöse (z.B. in GBP) und Kosten (z.B. in PLN) in eine gemeinsame Währung (CHF) umrechnen und dann saldieren zu können, braucht RFT Informationen über (zukünftige) Wechselkurse. Ebenso werden Wechselkursprognosen benötigt, um das Ergebnis der schweizerischen Vertriebsorganisation in USD umzurechnen und so eine Ergebnisplanung für den gesamten Konzern zu erstellen.

Wechselkursprognosen werden eingekauft

Wechselkurse sind also sehr wichtig für RFT. Das Unternehmen greift bei der Erstellung von Kursprognosen auf renommierte externe Experten zurück. Natürlich verwenden diese Experten für ihre Kursprognosen ebenfalls wieder mehr oder weniger leistungsfähige Modelle. Allerdings kennt RFT, anders als bei den Absatzzahlen, weder diese Modelle noch deren Eingangsparameter. Bei Abweichungen kann RFT deshalb nicht erkennen, ob das Problem in der korrekten Prognose der Eingangsparameter oder im Modell liegt.

Im Dezember 2011 verwendete RFT für Planungszwecke die Kurse in Abbildung 4.4. Aus Vereinfachungsgründen nehmen wir Folgendes an:

- Der Kauf von Währung A gegen Währung B kann zum Kehrwert des Kurses erfolgen, der für den Kauf von Währung B gegen Währung A zu zahlen ist (das heißt, wir unterscheiden nicht zwischen Geld- und Briefkurs).
- Es fallen keine Transaktionskosten an.
- Es gibt nur einen Wechselkurs, der für alle Geschäftsvorfälle bei RFT zur Anwendung kommt.

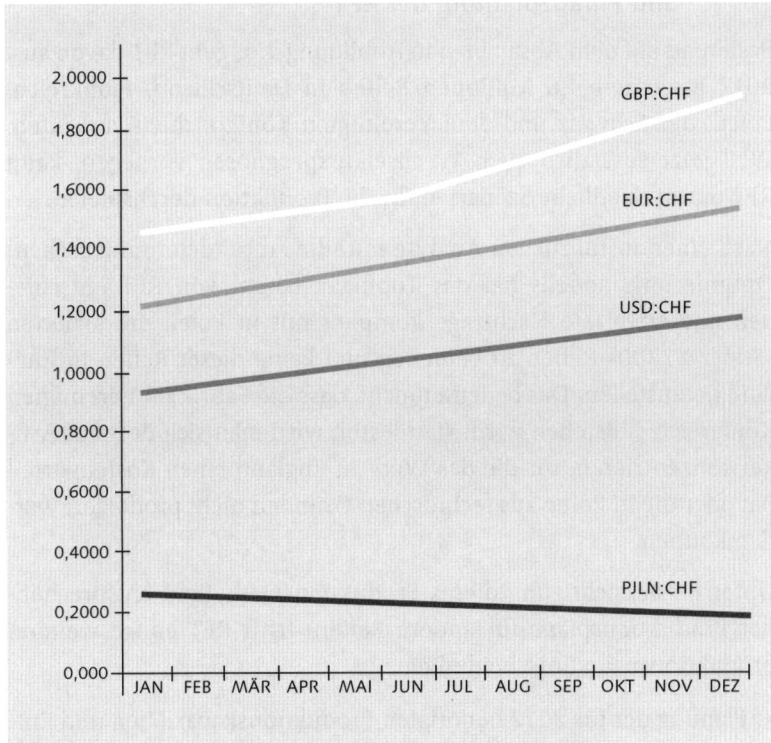

Abbildung 4.4 Prognostizierte Wechselkurse 2012 – Monatswerte

Jeder, der schon einmal bei seiner Bank Fremdwährung gekauft oder eingetauscht hat, weiß, dass das im wahren Leben anders ist. Die externen Berater erwarten Abbildung 4.4 zufolge, dass der EUR und der USD gegenüber dem CHF um etwa 24 % und das GBP gegenüber dem CHF um ungefähr 29 % aufgewertet werden, während der PLN gegenüber dem CHF um rund 28 % an Wert verlieren wird. Außerdem gehen sie davon aus, dass diese Entwicklung mehr oder weniger gleichmäßig über das Jahr hinweg erfolgt.

Wechselkurse bestimmen Produktionsorte

Nun braucht RFT die Wechselkursprognosen zwar für die Erstellung einer Ergebnisplanung in CHF und USD, die Planungsaktivitäten hören aber nicht an dieser Stelle auf. Abhängig von den vorhergesagten Umrechnungskursen, kann es nämlich für RFT sinnvoll sein, in bestimmten Ländern mehr oder weniger zu produzieren oder bestimmte Märkte gar nicht erst zu bedienen.

4.2.3 Modelle für die Produktions-, Ergebnis- und Finanzplanung bei RFT

Basierend auf dem Absatzplan in Abbildung 4.3, geht RFT davon aus, 2012 insgesamt 4,6 Millionen Reifen in Deutschland, Frankreich, Polen, der Schweiz und dem Vereinigten Königreich zu verkaufen. Weil jetzt zusätzlich auch Wechselkursprognosen vorliegen, kann RFT unterschiedliche Szenarien für die Produktion durchspielen.

Produktion nur in Polen

Nach einer ausführlichen Analyse mithilfe eines (deterministischen) Optimierungsmodells hat das Topmanagement von RFT entschieden, die erwartete Nachfrage komplett mit in Polen produzierten »Super X7700«-Reifen zu bedienen und keine dieser Reifen in England herzustellen. Das bedeutet nicht, dass die Fabrik im Vereinigten Königreich stillstehen wird; stattdessen wird man sich dort auf Artikel konzentrieren, für die das Werk in England einen Kostenvorteil hat oder die in Polen aus technischen Gründen nicht produziert werden können.

Bestimmung anderer Entscheidungen

Unter Berücksichtigung dieses Produktionsplans (und entsprechender Produktionspläne für andere Reifen) trifft RFT einige weitere, produktionsnahe Entscheidungen:

▸ Planung der für 2012 benötigten Produktionskapazitäten und Entscheidung über kurzfristige Investitionen zur Bereitstellung dieser Kapazitäten

▸ Planung von Anlagenlaufzeiten, Serviceintervallen und Stillstandszeiten für Wartungszwecke

- Planung der Personalbestände über das Jahr und Abstimmung entsprechender Vereinbarungen mit Zeitarbeitsunternehmen

- Beschaffung anderer externer Dienstleistungen (wie etwa Lagerkapazitäten, Transportleistungen etc.)

Nachdem die Produktionsplanung festgeschrieben ist, wird die Ergebnisplanung »eingefroren«. Auf der Grundlage dieser Zahlen (und korrespondierender Zahlen für andere Produkte/Produktgruppen) werden nun auch weitere, finanziell relevante Planungen und Veröffentlichungen erstellt. Hierzu gehören z.B.:

Ergebnisplanung bestimmt Finanzplanung

- eine Cashflow-Planung, auf deren Grundlage ermittelt wird, welche Beträge RFT im Lauf des Jahres 2012 in den USA zur Liquidität beschaffen muss bzw. welche Überschüsse an flüssigen Mitteln vielleicht kurzfristig angelegt werden können

- eine konsolidierte Bilanzplanung für den Hauptsitz in den USA und die Gruppe als Ganzes

- Ankündigungen für die Aktienmärkte in Europa und den USA bezüglich der aktuellen Geschäftsaussichten

4.3 Planungsfehler: Kosten, Risiken und Chancen

Die im vorangegangenen Abschnitt dargestellte Planungskette zeigt eine Vielzahl von Abhängigkeiten auf:

Abhängigkeiten in der Planungskette

- Die Prognose bestimmter makroökonomischer Parameter führt zusammen mit einem Modell zu den erwarteten Absatzmengen.

- Diese Absatzmengen führen zu Erlösen und Kosten in Fremdwährung und zusammen mit Wechselkursprognosen zu einer Produktions- und einer Ergebnisplanung in Haus- und Konzernwährung.

- Die Produktionsplanung ist maßgeblich für viele herstellungsnahe Entscheidungen.

- Die Ergebnisplanung bestimmt neben der Produktionsplanung wichtige Maßnahmen im Finanzbereich.

Letztendlich sind die Treffsicherheit der eingehenden Prognosen und die Richtigkeit der verwendeten Modelle also von enormer Bedeutung für den Erfolg von RFT. Wir werfen daher einen genaueren Blick auf die Frage, was hierbei alles schiefgehen könnte, und rechnen anschließend anhand eines – fiktiven – Zahlenbeispiels durch, was das für RFT bedeutet.

4.3.1 Risiken im Zusammenhang mit Prognosen und Modellen

Alle Prognosen oder Annahmen, auf denen die Planung beruht, können entweder richtig oder falsch sein. Wenn sich einzelne oder alle als nicht korrekt erweisen, fällt ein schöner Plan wie ein verpatztes Schokoladensoufflé in sich zusammen.

Prognosen oder Modelle bei RFT — Folglich lohnt es sich, darauf zu schauen, was RFT alles im Blick behalten sollte. Um dabei die Übersicht nicht zu verlieren, können wir unsere Sammlung nach zwei Kriterien gruppieren:

▸ nach dem Plan (Absatz, Erlöse, Kosten, Wechselkurse, Produktion, Finanzen), in den die Prognosen und Modelle eingegangen sind

▸ danach, ob wir bei den einzelnen Faktoren von Prognosen oder Modellen sprechen

Plan	Prognosen	Modelle
Absatz	BSP-Wachstum, Inflation, Einkommensverteilung, Nettoeinkommen (Trend), Marktanteil (Trend), Aufteilung der Kundennachfrage, Wettbewerb	Absatzplanungsmodell (Stationarität, stochastischer Prozess)
Erlöse	Absatzpreise	Zahlungsbedingungen, Zahlungsverhalten
Kosten	Materialpreise, Stücklisten/ Arbeitspläne (Ausschuss)	linearer Anstieg
Wechselkurse	unbekannt (Blackbox)	unbekannt (Blackbox)
Produktion	Ausfallzeiten, Kapazität ausreichend, Arbeitskämpfe	Arbeitspläne, Kapazitätsplanungsmodell
Finanzen	Zinssätze (Mittelaufnahme/ Mittelanlage), Finanzrisiko	freier Kapitalfluss, Kapitalmärkte

Tabelle 4.1 Gruppierung von Planungen, Prognosen und Modellen

Fehlerpotenziale in Elementen und Modellen — Tabelle 4.1 bietet einen ersten Überblick. Diese Liste ist nicht vollständig. Ihr einziger Zweck besteht darin, Sie dafür zu sensibilisieren, wie wichtig Prognosen und Modelle bei der Planung sind und wie oft diese übersehen oder zumindest nicht explizit benannt werden. Komplett ignoriert haben wir z.B. exotischere Szenarien. In 2012 könnten etwa Außerirdische auf der Erde landen, damit beginnen, Flugautos zu verkaufen und in der Folge die Nachfrage nach Reifen komplett eliminieren. Trotzdem ist die Liste immer noch recht eindrucksvoll:

▶ **Absatzplanung (Prognosen)**

- ▶ Die Ist-Werte für BSP-Wachstum, Inflation, Einkommensverteilung, Nettoeinkommen und Marktanteile in den relevanten Ländern könnten sich substanziell von RFTs Erwartungen unterscheiden.

- ▶ RFTs Konkurrenten könnten mehr oder weniger Geld für die Bewerbung von Produkten verwenden, die im direkten Wettbewerb mit RFTs »Super X7700« stehen, oder sogar neue Konkurrenzprodukte auf den Markt bringen.

- ▶ Neue Spieler aus Schwellenländern wie China oder Brasilien könnten in den Markt eintreten.

- ▶ Der Winter könnte deutlich milder als gewöhnlich beginnen, was eine zeitliche Verschiebung der Nachfrage nach sich zöge (die Leute kaufen Winterreifen später). Und wenn die Schneemenge insgesamt geringer als üblich ausfällt, könnten Kunden gänzlich darauf verzichten, überhaupt Winterreifen zu kaufen.

▶ **Absatzplanung (Modelle)**

- ▶ Kunden kaufen vielleicht die geplante Anzahl an Reifen von RFT, entscheiden sich aber eventuell für andere (günstigere oder teurere) Produkte.

- ▶ Auch wenn alle genannten Parameter richtig vorhergesagt wurden, könnte irgendetwas mit dem Modell nicht stimmen, das aus diesen Zahlen die Kundennachfrage ableitet. Vielleicht gibt es überhaupt keinen solchen Zusammenhang oder es gab früher mal einen, aber zwischenzeitlich haben einige Faktoren keinen Einfluss mehr auf das Kundenverhalten. In der Sprache der Mathematik heißt das, dass der darunterliegende *stochastische* (zufallsbestimmte) Prozess *nicht stationär* sein könnte. Einfach ausgedrückt: Die Spielregeln haben sich geändert (der Begriff *Stationarität* wird in Abschnitt 4.4.3, »Bausteine der Lösung«, definiert).

▸ Da RFT die Prognosedaten von einem externen Anbieter erwirbt, weiß das Unternehmen nicht, wie das Prognosemodell genau funktioniert. Allerdings kann RFT feststellen, ob mit dem Modell irgendetwas nicht in Ordnung ist (dies wäre der Fall, wenn alle für das Modell relevanten Prognosen richtig waren und der Absatz oder die Volatilität des Absatzes sich trotzdem außerhalb der erwarteten Schwankungsbreite bewegten). RFT wüsste aber nicht, warum dem so wäre. Wenn der Prognoselieferant eine mathematische Abbildung verwendet hat, die für die Vergangenheit, aber nicht für 2012 funktioniert – das heißt, wenn er einen stationären Prozess unterstellt hat, wo keiner ist –, dann könnte RFT das mangels Einsicht in das Modell nicht erkennen.

▸ **Erlösplanung (Prognosen)**

    ▸ Obwohl das Management von RFT Verkaufspreise als fix ansieht, könnte das Unternehmen unerwartet unter Druck geraten, kurzfristig Preisanpassungen vorzunehmen.

    ▸ Neue Wettbewerber aus Asien bieten ihre Produkte vielleicht zu Schleuderpreisen an, oder Parallelimporte tauchen auf dem Markt auf und zwingen RFT zu einer Reaktion. Hierdurch könnten sich die Erlöse auch bei unveränderten Absatzvolumina reduzieren.

▸ **Erlösplanung (Modelle)**

    ▸ Selbst wenn die Preise unverändert bleiben, könnte eine schwierige gesamtwirtschaftliche Lage einige von RFTs Vertriebspartnern aus dem Geschäft drängen. Für RFT könnte das verlängerte Cash-Zyklen oder einen größeren Anteil uneinbringlicher Forderungen nach sich ziehen.

    ▸ Aus buchhalterischer Sicht würde dies zwar nicht die Erlöse schmälern (uneinbringliche Forderungen sind immer noch Erlöse); es würde aber zu Wertberichtigungen führen und an RFTs Deckungsbeiträgen nagen. Und weil unser einfaches Modell zudem unterstellt, dass 100 % des Absatzes noch im selben Monat zu Erlösen/Einzahlungen führen, hätten verzögerte Zahlungen zwar keine Auswirkungen auf das Ergebnis, aber auf den Cashflow.

▸ **Kostenplanung (Prognosen)**

    ▸ Die Preise für Rohmaterialien, Dienstleistungen (z.B. Energie und Transport) oder Arbeit könnten sich verändern und zu geringeren oder höheren Herstellkosten führen.

▸ Auch wenn die Preise gleich bleiben, könnten die in Stücklisten festgelegten Material-Einsatzmengen oder die Mengenansätze in Arbeitsplänen höher als geplant ausfallen. Ein neuer und verbesserter, aber bislang ungetesteter Produktionsprozess in einem der Werke könnte mehr Ausschuss nach sich ziehen, höhere Ausfallzeiten oder einen höheren Bedarf an manuellen Nachbesserungen zur Folge haben. All diese Faktoren würden zu höheren variablen Kosten führen.

▸ **Kostenplanung (Modelle)**

    ▸ RFTs Kostenplanung basiert auf der Annahme, dass Kosten linear mit den Herstellmengen steigen. Das gilt aber normalerweise nur innerhalb eines gewissen Mengenbands.

    ▸ Für sehr geringe oder sehr hohe Produktionsvolumina (das heißt, wenn die Werke in der Nähe ihrer unteren oder oberen Kapazitätsgrenze arbeiten) könnten die Grenzkosten für jeden zusätzlichen Reifen durchaus geringer/höher sein als für dessen Vorgänger (exponentielle Reduktion/exponentieller Anstieg).

    ▸ Wenn also die Nachfrage massiv geringer oder höher ausfällt als geplant, wäre das Modell nicht mehr adäquat; es ergeben sich dann andere variable Kosten.

▸ **Wechselkursplanung (Prognosen)**

    ▸ Bei der Absatzplanung weiß RFT, auf welchen Eingabedaten sie basiert. Das Unternehmen weiß aber nicht, auf welche Art genau diese Eingabedaten verwendet werden.

    ▸ Bei der Wechselkursprognose kennt RFT nicht einmal diese Eingabedaten und ist daher auch nicht in der Lage, Umweltparameter daraufhin zu überwachen, ob diese sich wie geplant verhalten.

▸ **Wechselkursplanung (Modelle)**

    ▸ Wie bei der Absatzplanung weiß RFT nichts über die innere Struktur des Wechselkursmodells, das die Prognosen liefert, die man verwendet. RFT wäre trotzdem in der Lage zu erkennen, wenn irgendetwas mit den Prognosen, die das Modell liefert, nicht stimmte (das heißt, wenn die Wechselkurse oder deren Volatilität sich außerhalb der erwarteten Schwankungsbreite bewegten).

    ▸ RFT könnte nicht feststellen, ob dieses Versagen aus fehlerhaften Prognosen oder fehlerhaften Modellen resultiert. Und wenn Letzteres der Fall wäre, wüssten sie erst recht nicht, wo genau im Modell der Fehler läge.

▸ **Produktionsplanung (Prognosen)**

  ▸ Kinderkrankheiten neuer Produktionsanlagen könnten zu Problemen führen.

  ▸ Maschinen, die ihre Lebensdauer bereits überschritten haben, könnten häufiger ausfallen.

  ▸ Die Gesamtkapazität der Werke könnte im Nachgang größerer Zwischenfälle oder Arbeitskämpfe leiden.

  ▸ All das könnte höhere Ausfallzeiten nach sich ziehen. Höhere Ausfallzeiten würden nicht nur höhere Stückkosten bewirken, sondern auch die Produktionskapazität des betroffenen Werks an sich verringern. In dieser saisonabhängigen Branche könnte dies (besonders zu Spitzenzeiten) RFTs Fähigkeit gefährden, die Kundennachfrage zu befriedigen und Marktanteile zu halten.

▸ **Produktionsplanung (Modelle)**

  ▸ Das Kapazitätsplanungsmodell könnte fehlerhaft sein. Das heißt, der Zusammenhang zwischen Einsatzfaktoren (z.B. Maschinenstunden) und Ausstoßmenge gemäß den *Arbeitsplänen* (ein Arbeitsplan beschreibt einen Herstellprozess für die Produktion eines Materials/Produkts oder die erforderlichen Schritte zur Erbringung einer Dienstleistung) entspricht vielleicht nicht der tatsächlichen Fähigkeit des Werks, Reifen herzustellen.

  ▸ Im ungünstigsten Fall könnten mehr Zeit, mehr Maschinen und mehr Personal als erwartet benötigt werden. Weil die meisten dieser Faktoren kurzfristig nicht angepasst werden können, könnten sich der Ausstoß und damit die Absatzmengen verringern.

▸ **Finanzplanung (Prognosen)**

  ▸ Die Finanzplanung von RFT basiert auf geplanten Erlösen und Kosten. Auf dieser Grundlage ergeben sich Mittelaufnahme und Mittelanlage für das Geschäftsjahr. Die resultierenden Finanzierungskosten und Einkünfte aus diesen Investitionen wären Bestandteil von RFTs Liquiditätsplanung, könnten aber vom Plan abweichen, wenn Soll- und Haben-Zins oder deren Volatilitäten sich verändern.

- ▶ Neue finanzielle Risiken könnten dazu führen, dass RFTs Kreditgeber nicht mehr willens oder in der Lage wären, Mittel bereitzustellen, oder dass RFTs Schuldner Anleihen nicht mehr bedienen, in die RFT investiert hat.

- ▶ Die Kreditgeber von RFT könnten sich Sorgen um ihr Geld machen und sich deshalb weigern, bestehende Kreditlinien zu prolongieren oder zu erweitern.

- ▶ **Finanzplanung (Modelle)**
  - ▶ Das Modell nimmt an, dass Geld frei und uneingeschränkt zwischen Absatzmärkten, Vertriebszentren und Produktionsstandorten fließen kann.

  - ▶ Die Erfahrung – nicht nur aus Entwicklungsländern (Stichwort: Zypern-Krise) – legt nahe, dass sich das über Nacht ändern kann.

Viele dieser Punkte könnten dazu führen, dass RFT besser oder schlechter als geplant abschneidet. In den meisten Unternehmen macht sich das Management aber mehr Sorgen um Verschlechterungen als um Verbesserungen und will so schnell wie möglich gewarnt werden, wenn Rückgänge z.B. beim Deckungsbeitrag zu erwarten sind.

Sorgen bereiten abrupte Verschlechterungen

Bestimmte Ereignisse (wie ein Streik) erregen die Aufmerksamkeit des Managements auch dann, wenn kein Frühwarnsystem im Einsatz ist. Andere (wie z.B. viele, sehr kurze Ausfallzeiten in der Produktion, eine schleichende Verschlechterung im Zahlungsverhalten der Kunden oder in der Volatilität von Wechselkursen) können lange unbemerkt bleiben. Im Verlauf dieses Kapitels werden wir uns auf Letztere konzentrieren.

Abgesehen von einer Invasion durch Außerirdische, könnten auch andersartige – wahrscheinlichere, aber trotzdem nicht vorhersehbare – Ereignisse eintreten, die einen signifikanten Einfluss auf die genannten Umweltparameter und Ursache-Wirkung-Beziehungen haben. Solche Ereignisse werden von keiner der bislang diskutierten Listen erfasst (weil diese normalerweise nicht einmal als theoretische Option in Betracht gezogen werden) und oft als *schwarze Schwäne* (siehe Taleb, Der Schwarze Schwan, 2010) bezeichnet. Klassische Beispiele für »schwarze Schwäne« sind die russische Währungskrise, die zum Bankrott des Hedgefonds LTCM (1998) geführt hat, die weltweite Finanzkrise, die Insolvenz von Lehman Brothers (2008) und

Schwarze Schwäne

die finanziellen Schwierigkeiten der Europäischen Union, die ihren bisherigen Höhepunkt in der Zypernkrise 2012–2013 und der teilweisen Konfiszierung dortiger Bankguthaben gefunden haben.

Unerwartete Faktoren planen

Wir hegen ernsthafte Zweifel daran, dass viele Unternehmen solche Szenarien in ihren Planungen berücksichtigt haben, selbst ein Jahr vor diesen Ereignissen. Und obwohl wir – per definitionem – nicht in der Lage sind, entsprechende Ereignisse zu prognostizieren, können wir sie vielleicht kommen hören, wenn wir uns ein wenig bücken und ein Ohr an den Boden legen. Wir sind dabei auf der Jagd nach unerwarteten Ereignissen, die üblicherweise zu lange unbemerkt bleiben und negative Auswirkungen auf unser Geschäft haben.

Was läuft falsch? Und warum?

Wenn etwas schiefgeht, würden wir zudem gerne wissen, warum es schiefgegangen ist. Wenn die Produktionsmenge unerwartet sinkt, möchten wir gerne einen Alarm bezüglich des Symptoms, Hinweise hinsichtlich möglicher Ursachen und einige Vorschläge für eine Therapie oder eine Lösung des Problems erhalten. Ziemlich ehrgeizig, oder?

Daten automatisch nach Ausreißern durchsuchen

Mag sein. Aber genau darum geht es uns ja: aufzuzeigen, dass und wie Sie mit SAP HANA Dinge tun könnten, die zuvor unmöglich waren. Und vielleicht ist die Herausforderung weniger Furcht einflößend, wenn nicht überarbeitete und unterbezahlte Mitarbeiter (zusätzlich zu ihren alltäglichen Aufgaben) Hunderte von Parametern im Blick behalten müssten. Was, wenn eine unermüdliche Appliance (wie SAP HANA) in Bruchteilen von Sekunden gigantische Mengen an Daten verarbeiten und eine derart ermüdende Pflicht übernehmen könnte? Könnte diese Lösung dann nicht kontinuierlich eine praktisch unbegrenzte Menge an Werten (z. B. alle Vorgänge in allen Arbeitsplänen) auf Abweichungen von »üblichen« Mustern oder – in der Sprache der Statistik formuliert – auf *Ausreißer* hin scannen?

[»] **Ausreißer**

Ausreißer sind Beobachtungen, Messungen oder Werte, die in irgendeiner Form unerwartet, ungewöhnlich oder (in einer grafischen Darstellung) weit entfernt von den übrigen Daten sind. Ausreißer können aus einer Reihe von Gründen auftreten:

▸ purer Zufall

▸ Messfehler

▸ ein Fehler in der Prognose oder in Annahmen/Modellen

Es existieren keine klar definierten Kriterien, anhand derer sich bestimmen ließe, ob eine ungewöhnliche Beobachtung tatsächlich darauf hinweist, dass irgendetwas mit dem zugrunde liegenden Modell oder der zugrunde liegenden Prognose nicht in Ordnung ist. Trotzdem sind Ausreißer sehr wichtig, wenn es darum geht, Annahmen infrage zu stellen. Sie helfen dabei, Paradigmenwechsel frühzeitig zu erkennen, und können für diejenigen, die sie zuerst wahrnehmen, äußerst wertvoll sein.

Es existiert eine Vielzahl von Tests und Methoden, um Ausreißer aufzuspüren. Ein praktisches Beispiel für einen Ausreißer, der auf eine größere Veränderung hingedeutet hat (das Ozonloch), finden Sie auf *http://de.wikipedia.org/wiki/Ausrei%C3%9Fer*.

Bevor wir uns allerdings um Diagnose und Behandlung kümmern, schauen wir uns zunächst die Krankheit noch etwas genauer an und erhalten eine Vorstellung davon, wie viel Schaden ein schwarzer Schwan – und sei es auch nur ein Schwanenküken – bei RFT anrichten kann. Hierzu verwenden wir die prognostizierten Wechselkurse als Beispiel.

4.3.2 Zahlenbeispiel

Die tatsächlichen Wechselkurse im Jahr 2012 haben sich so entwickelt, wie in Abbildung 4.5 dargestellt (Quelle: *http://www.oanda.com/currency/historical-rates/*).

Wechselkurse in 2012 kaum verändert

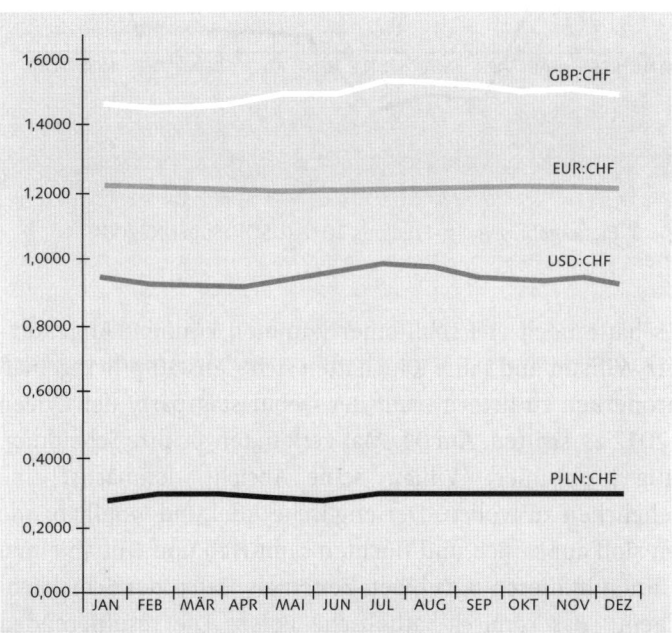

Abbildung 4.5 Ist-Wechselkurse 2012 – Monatswerte

Anders als prognostiziert gab es im Jahr 2012 nur sehr wenig Bewegung auf den Devisenmärkten. Die meisten Wechselkurse verblieben während des ganzen Jahres mehr oder weniger auf ihrem Stand vom Jahresbeginn. Der tatsächliche Kursverlauf hätte RFTs Ergebnis (bei sonst unveränderten Rahmenbedingungen) von den erwarteten 323,9 Millionen USD auf 115,5 Millionen USD gestutzt (das heißt um ungefähr 64 %, siehe Abbildung 4.6).

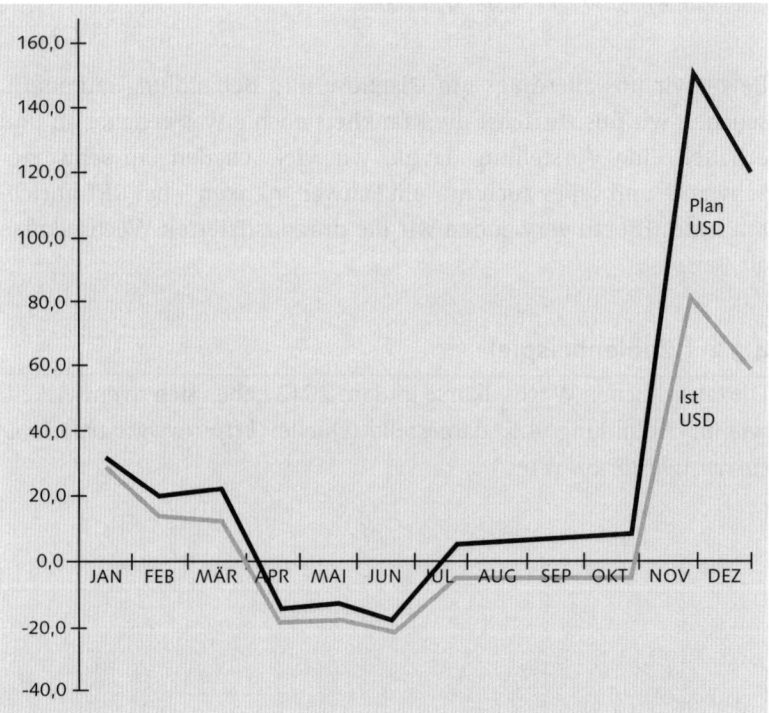

Abbildung 4.6 Planergebnis vs. Ist-Ergebnis 2012 (USD) »Super X7700« – Monatswerte

Aber alles hätte noch viel schlimmer kommen können: Angenommen, Prinz William und seine Kate hätten sich – anstatt pflichtgemäß einen Thronerben zu liefern – auf der Geburtstagsparty der Queen im April 2012 zerstritten. Am 01. Mai verkünden sie ihre Scheidung. Gleichzeitig proklamiert William seine Absicht, demnächst eine Geranie ehelichen zu wollen. Der englische Adel und wohlhabende Royalisten sind außer sich und flüchten samt Hab und Gut an einen Ort, der ihnen in diesen unruhigen Zeiten als Hafen der Schicklichkeit erscheint: das römisch-katholische Polen. Die resultierenden

Verwerfungen auf den Finanzmärkten lassen, wie in Abbildung 4.7 dargestellt, das britische Pfund abstürzen und befördern den polnischen Zloty in nie da gewesene Höhen.

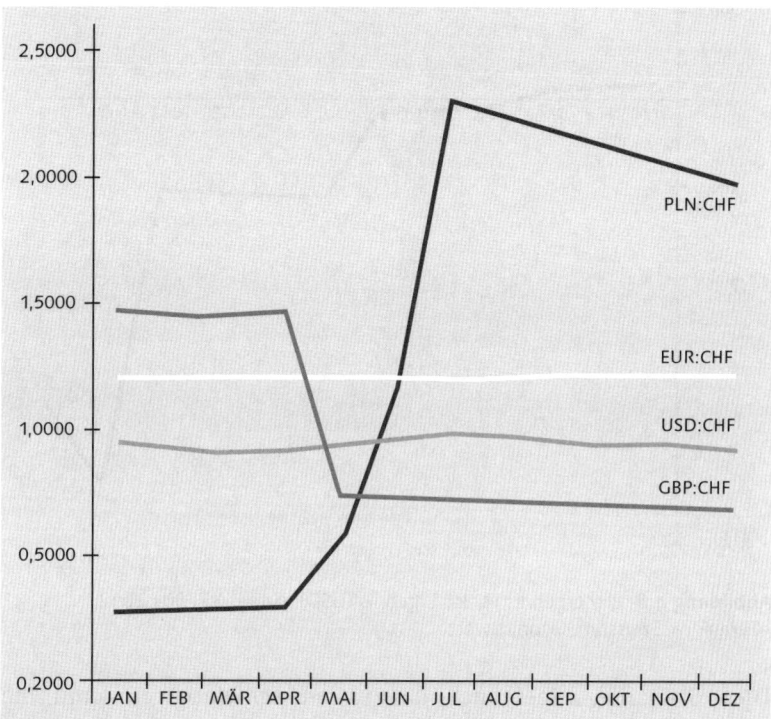

Abbildung 4.7 Hypothetische Wechselkurse 2012 – »Geranien«-Szenario – Monatswerte

Schon mit den zu Beginn dieses Abschnitts erläuterten Ist-Wechselkursen stand RFT nicht allzu gut da (siehe Abbildung 4.6). Das neue Wechselkursszenario wäre schlichtweg eine Katastrophe für RFT. Das Unternehmen müsste plötzlich einen Verlust von fast 2,5 Milliarden USD (siehe Abbildung 4.8) verkraften, was mit an Sicherheit grenzender Wahrscheinlichkeit in den Bankrott führen würde. Ein perfekter schwarzer Schwan.

Sie mögen einwenden, es sei nicht allzu wahrscheinlich, dass Prinz William einer Topfpflanze den Vorzug vor seiner hübschen Gattin gäbe. Aber einerseits kennen Sie Kate nicht persönlich, und andererseits können Sie sich sicher eine ganze Reihe weniger exotischer, aber dennoch überraschender Ereignisse vorstellen, die zu drastischen Verwerfungen auf den Devisenmärkten führen.

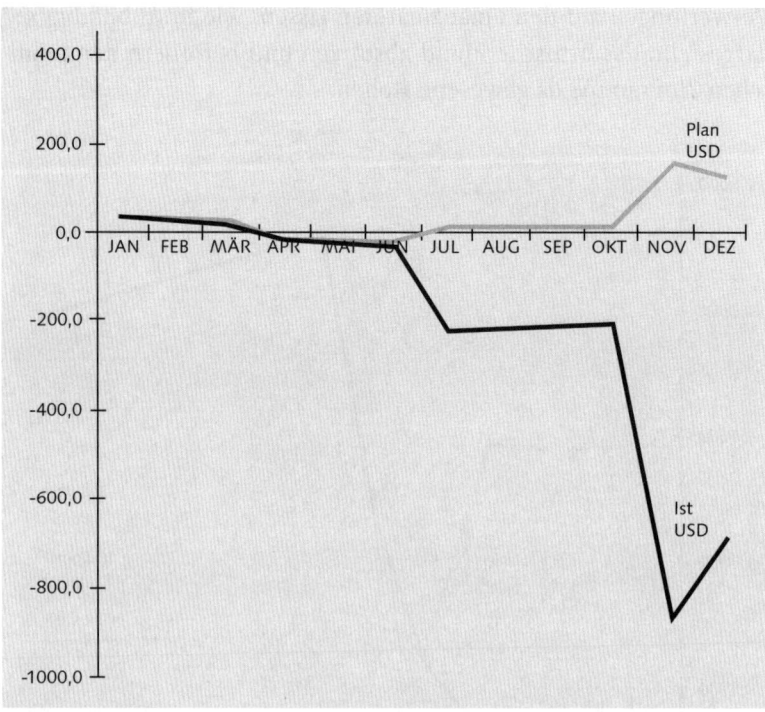

Abbildung 4.8 Planergebnis vs. Ist-Ergebnis (USD) »Super X7700« 2012 –
»Geranien«-Szenario – Monatswerte

Kosten von
Planungsfehlern

Diese Szenarien zeigen auch, dass es sehr schwierig sein kann, die
wahren Kosten von Planungsfehlern zu bestimmen. Üblicherweise
kennt man solche Kosten erst im Nachhinein und selbst dann ist eine
Berechnung alles andere als einfach. Sie müssten z.B. wissen, wie
RFT reagiert hätte oder überhaupt hätte reagieren können, wenn
schon früh bekannt gewesen wäre, dass die Wechselkursprognosen
falsch sind. Am Ende laufen all diese Überlegungen auf reine Speku-
lation hinaus. In unserem Beispiel könnten die Kosten falscher Prognosen zwischen ungefähr 200 Millionen und fast 3 Milliarden USD
liegen. Sie könnten zu einer veritablen Beule in RFTs Ergebnis führen oder das gesamte Unternehmen in den Ruin treiben.

Planungsfehler
sind teuer

Andererseits wird deutlich, dass die Kosten von Prognosefehlern
(oft) erheblich sind. Auch ohne einen schwarzen Schwan sprechen
wir im Fall RFT von ungefähr 200 Millionen USD. Allein die Vermeidung von 10 % dieser Kosten hätte jedes noch so große HANA-Ein-
führungsprojekt bei RFT gerechtfertigt. Wir kommen damit zu der
Frage, was genau RFT denn mit SAP HANA hätte tun können.

4.3.3 Schlussfolgerungen: Was tun?

Kommen wir noch einmal auf Abbildung 4.6 und Abbildung 4.8 zurück. Die beiden Diagramme verdeutlichen, worauf es bei der Überwachung von Planungsmodellen ankommt.

Überwachung von
Planungsmodellen

▶ **Kleine Ursache, große Wirkung**

Selbst kleine Prognosefehler können dramatische Auswirkungen auf das Ergebnis haben. Besonders dann, wenn solche Fehler nicht dem reinen Zufall geschuldet sind, sondern auf systematische Vorhersagefehler oder einen Paradigmenwechsel hindeuten.

▶ **Aggregierte Zahlen sind tückisch**

Betrachtet man die Linienverläufe in Abbildung 4.6 und Abbildung 4.8 (zwei Darstellungen, die so auch aus einem Management-Dashboard stammen könnten), fällt auf, dass bis etwa Juni/Juli 2012 alles in bester Ordnung zu sein schien. Dieser etwas sonderbare Effekt resultiert aus zwei Faktoren:

- ▶ Eine Leistungskennzahl (das Ergebnis) hat sich bis einschließlich Oktober 2012 mehr oder weniger wie geplant verhalten. Abbildung 4.6 zeigt, dass RFT beispielsweise für April, Mai und Juni ohnehin mit Verlusten gerechnet hatte. Und auch wenn die Verluste im Mai 19 % höher als geplant ausfielen, unterschied sich das Ergebnis im Jahresverlauf doch nicht allzu sehr von den Erwartungen des Unternehmens. Schlimmer noch: Weil sich die Lage im Juli verbesserte, wäre ein »Spielverderber«, der von einem perfekten Sturm gefaselt hätte, kaum ernst genommen worden. Solange an der Oberfläche alles ruhig aussieht, sehen wir einfach keine Notwendigkeit, tiefer zu graben; wir versäumen es dann, Probleme wahrzunehmen, die knapp darunter lauern.

- ▶ Wie in Abbildung 4.2 und Abbildung 4.3 dargestellt, wird der Großteil der Reifen im Winter hergestellt und verkauft, das heißt zu Jahresbeginn und um das Jahresende. Zu Jahresbeginn aber liegen die Ist-Wechselkurse noch recht nahe bei den prognostizierten Werten; das heißt, der Prognosefehler (die Differenz zwischen prognostizierten und tatsächlichen Wechselkursen) ist relativ gering. Im weiteren Verlauf des Jahres – während sich die Lücke zwischen prognostizierten und tatsächlichen Wechselkursen auftut und so theoretisch den Prognosefehler auffallender macht – verkauft RFT weniger Reifen; die Auswirkungen des Prognosefehlers auf das Ergebnis bleiben daher sehr überschaubar. Ein System, das in ruhigeren Zeiten gut funktioniert, kann unter Stress plötzlich und – scheinbar – ohne Vorwarnung kollabieren.

▶ **»Hier und Jetzt« wahrnehmen**

In den meisten Unternehmen bliebe das Problem wohl noch viel länger unbemerkt. Wechselkursgewinne oder -verluste werden in der Regel nicht sofort, sondern im Rahmen von Abschlussarbeiten verbucht. Wenn Abschlüsse nicht monatlich oder quartalsmäßig erstellt werden, fallen solche Effekte erst auf, wenn beim Ausgleich von Rechnungen Fremdwährung gekauft oder verkauft wird. SAP beschreibt dieses Problem gern mit einer Analogie: Führungskräfte steuern ihre Unternehmen, indem sie wie gebannt in den Rückspiegel starren, anstatt zu realisieren, was »im Hier und Jetzt« geschieht (in der buddhistischen Meditationspraxis »Achtsamkeit« genannt), oder – noch besser – eine Vorstellung davon zu entwickeln, was zukünftig geschehen wird.

▶ **Je früher, desto kostengünstiger**

Wenn RFT bewusst gewesen wäre, dass Wechselkurse sich mehr oder weniger stabil verhalten und keinen deutlichen Auf- oder Abwärtstrend aufweisen, hätte man die Produktionsplanung überprüfen und beispielsweise Herstellvolumina von Polen nach England verlagern können. Das hätte lange vor den – bezogen auf die Produktionsmengen – kritischen Monaten geschehen können. Beim »Geranien-Szenario« wäre die Herstellung eines Reifens in England im Monat Juli 2012 nicht um 21 % teurer, sondern um 93 % günstiger als in Polen gewesen. Wenn es darum geht, Abwehrmaßnahmen gegen unerwartete Entwicklungen oder schwarze Schwäne zu entwickeln, ist Zeit tatsächlich Geld!

▶ **SAP HANA als Fahrerassistenzsystem**

Vielleicht sind wir ganz grundsätzlich geneigt, bei Entscheidungen eher nach hinten als nach vorn zu schauen, weil uns der Blick nach vorn einfach überfordert. Was hinter uns liegt, ist vertraut; wir wissen, welche Handlung welche Konsequenzen nach sich zieht. Wenn das stimmt, sollten wir z.B. im Interesse der allgemeinen Verkehrssicherheit über die Anschaffung eines Autos mit sehr ausgereiften Fahrerassistenzsystemen nachdenken. Womöglich ist SAP HANA ja in unserem Szenario genau so ein Fahrerassistenzsystem.

4.4 Lösung: Echtzeitüberwachung von Prognosen und Planungsmodellen

Wir können hier natürlich kein vollständiges, implementierungsfertiges Feinkonzept für ein Plan-Daten-Frühwarnsystem vorlegen. Stattdessen möchten wir Ihnen in diesem Abschnitt einige Anregungen geben, mit welchen Verfahren und Algorithmen ein solches System entwickelt werden kann und wo Sie diese Werkzeuge innerhalb oder außerhalb der SAP-Welt finden können. In Abschnitt 4.5, »Implementierungsszenario und Architektur mit SAP HANA«, gehen wir dann auf geeignete Implementierungsszenarien und wichtige Grundüberlegungen bei der Entwicklung einer geeigneten Lösungs- und Datenarchitektur ein.

4.4.1 Zugehörige Value Maps im SAP Solution Explorer

Planung findet in praktisch jeder Organisation und Branche statt. Unser Fallbeispiel haben wir einem Reifenhersteller zugeordnet; das dient aber primär der plastischen, lebensnahen Darstellung und besagt nicht, dass es hier um branchenspezifische Prozesse geht.

Planung ist nicht branchenspezifisch

Daher finden Sie die zugehörigen Wertmatrizen im SAP Solution Explorer nicht *ausschließlich* im branchenspezifischen Bereich unter Automotive, sondern auch bei den branchenübergreifenden Funktionen (Browse by area of responsibility). Die von uns beschriebenen Planungsaktivitäten betreffen hauptsächlich den Finanzbereich und die Logistikkette.

Branchen- unabhängige SAP-Wertmatrizen

Im Finanzbereich beziehen wir uns primär auf die folgenden End-to-End-Solutions (siehe Abbildung 4.9):

Lösungen im Bereich Finanzen

▶ Finanzplanung und Analyse (Financial Planning and Analysis)

▶ Treasury und Finanzrisikomanagement (Treasury and Financial Risk Management)

▶ Management von Unternehmensrisiken und der Einhaltung von Vorschriften (Enterprise Risk and Compliance Management)

Hinsichtlich der Produktion betrifft unser Fallbeispiel die SAP-Lösungen für Produktionsplanung und -ausführung (Production Planning and Execution, siehe Abbildung 4.10).

Lösungen im Bereich Produktion

219

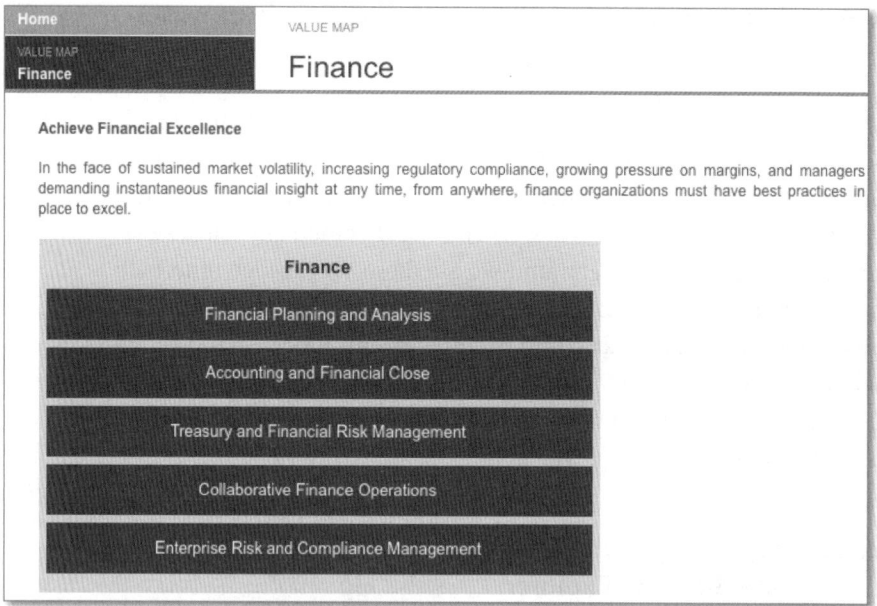

Abbildung 4.9 Wertmatrix »Finance«

Abbildung 4.10 Wertmatrix »Produktion«

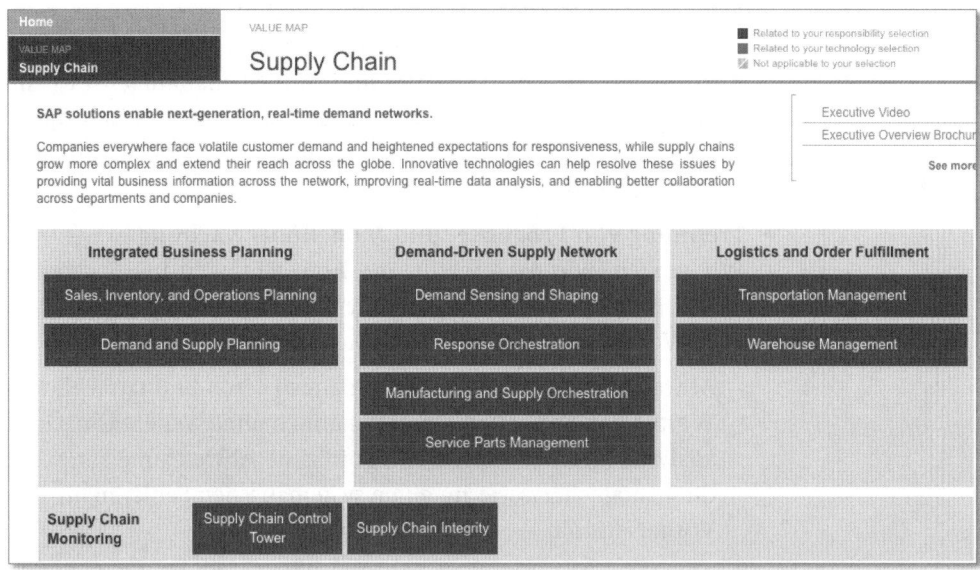

Abbildung 4.11 Wertmatrix »Supply Chain«

Mit Blick auf die Logistikkette (siehe Abbildung 4.11) haben wir Auf- | Lösungen
gaben berührt, die den folgenden End-to-End-Lösungen von SAP | im Bereich
zugeordnet sind: | Logistikkette

▸ Absatz-, Bestands- und Betriebsplanung
  (Sales, Inventory, and Operations Planning)

▸ Nachfrage- und Beschaffungsplanung
  (Demand and Supply Planning)

Anhand dieser Zuordnung der Fallstudie zu den Wertmatrizen im
SAP Solution Explorer können Sie die SAP-Perspektive zu unseren
Fallbeispielen recherchieren und z.B. einen Eindruck davon gewinnen, welche Daten in Ihrer ERP-Lösung betroffen und eventuell zu
replizieren wären.

4.4.2 Fachliche Anforderungen

Idealerweise sollte unser System die folgenden Anforderungen er- | Wunschliste der
füllen: | Fachseite

▸ **Ausreißer aufspüren**
  Wir brauchen eine Lösung, die signifikante Abweichungen von
  erwarteten Mustern (Ausreißer) entdecken kann, unabhängig
  davon, wie geringfügig oder unwichtig solche Abweichungen auf

221

den ersten Blick erscheinen mögen. Abschnitt 4.3.1, »Risiken im Zusammenhang mit Prognosen und Modellen«, enthält einige Anregungen, welche Umwelt- und Ausgabeparameter RFT im Blick behalten sollte. Im wahren Leben sind solche Listen meist viel länger. Für all diese Parameter könnte eine Überwachung in Sachen Ausreißer nützlich sein.

▶ **Trennung von Prognose- und Modellüberwachung**
Wir wollen eine Architektur, die Abweichungen bei Prognosen (wie z.B. Wechselkursen) getrennt von Abweichungen zwischen Plan-Werten und Ist-Werten aus Modellen verarbeiten kann:

  ▶ Abweichungen zwischen den prognostizieren und tatsächlichen Werten von Umweltparametern können ohne weitere Umstände analysiert werden. Tritt eine signifikante Abweichung auf, weist diese möglicherweise auf einen systematischen Fehler in unserer Vorhersage hin.

  ▶ Abweichungen zwischen den geplanten und tatsächlichen Ausgabeparametern eines Modells sind schwieriger zu interpretieren. Sie könnten dadurch verursacht sein, dass die Plan-Daten auf falschen Prognosen für Umweltparameter basieren. Andererseits könnten sie aber auch auf einen Fehler im Modell hindeuten. Obendrein könnte auch beides gleichzeitig zutreffen.

Um die Qualität eines Modells beurteilen zu können, brauchen wir daher zunächst noch Soll-Werte, also Plan-Werte, die das Modell geliefert hätte, wenn es die Ist-Werte prognostizierter Umweltparameter (z.B. die Ist-Wechselkurse) gekannt hätte.

▶ **Ursachenanalyse im Modell**
Planungsmodelle sind oft komplex und bestehen aus einer Vielzahl voneinander abhängiger Bausteine. Wenn wir zu dem Schluss gelangen, dass unsere Planungen falsch und unsere Modelle fehlerhaft sind, würden wir gerne von unserer Lösung erfahren, welche Prognosen und/oder Modelle vielleicht überarbeitet, revidiert oder neu konzipiert werden müssen. Dies entspricht in etwa der Erwartung, die wir auch an eine Warnleuchte am Armaturenbrett unseres Autos oder an eine Fehlermeldung in einem Computerprogramm stellen.

▶ **Risikoabschätzung**
Wenn es klemmt und irgendwo Sand im Getriebe ist, wüssten wir gerne, was das für das System als Ganzes bedeutet, bevor wir »volle Kraft voraus« rufen. Es geht dabei nicht nur darum, heraus-

zubekommen, ob unser Unternehmen bei einer 100-prozentigen Belastung zusammenbräche; wir müssen zudem verstehen, welche seiner Funktionen durch das vermutete Problem beeinträchtigt sind. Eine Warnmeldung im Cockpit eines Flugzeugs weist vielleicht auf ein kleines Problem hin, das bei der nächsten planmäßigen Wartung erledigt werden kann. Sie kann aber andererseits auch eine sofortige Notlandung erforderlich machen.

▶ **Auswirkungsanalyse**
Mit dem Wissen, dass mit einer unserer Prognosen für einen Umweltparameter etwas nicht stimmt, geht die Frage einher, was genau das für unsere Planungen bedeutet. Zum Beispiel fänden wir gern heraus, wie sich RFTs Ergebnis verhielte, wenn Wechselkurse doppelt so stark schwanken als gedacht.

▶ **Permanente Wachsamkeit**
Das System, das wir entwerfen wollen, sollte alle beschriebenen Punkte in jeder Sekunde, in jeder Minute und an jedem Tag im Blick behalten. Die meiste Zeit über sollte es still im Hintergrund arbeiten, aber wenn erforderlich, sollte es sofort Alarm geben. Ziel ist es, uns möglichst viel Reaktionszeit zu verschaffen, um Schäden zu begrenzen oder Gelegenheiten zu nutzen (*Management by Exception*).

▶ **Geschwindigkeit**
Und schließlich brauchen wir eine Lösung, die all das in Lichtgeschwindigkeit erledigen kann. Wenn wir am Ende eines jeden Quartals vier Wochen auf entsprechende Einsichten warten müssen, waren wir vorher schon vier Monate im Blindflug unterwegs. Wir verfügen dann zwar über vertiefte Einsichten in unsere Vergangenheit, wissen aber nur sehr wenig über unser aktuelles geschäftliches Umfeld und noch weniger darüber, was demnächst geschehen wird.

4.4.3 Bausteine der Lösung

In diesem Abschnitt geben wir Ihnen einige Anregungen dafür, mit welchen fachlichen Werkzeugen, Algorithmen und Verfahren Sie den beschriebenen Erwartungen gerecht werden könnten. Hierbei werden wir uns nicht ausschließlich auf Komponenten im Produktportfolio von SAP beschränken. Für die Beschreibung der entsprechenden Bausteine orientieren wir uns an der Reihenfolge der Anforderungen im vorangehenden Abschnitt.

Welche Verfahren werden gebraucht?

Ausreißer aufspüren

Das Hauptproblem beim Aufspüren von Ausreißern liegt darin, dass der Begriff *Ausreißer* nicht eindeutig definierbar ist. Was Ausreißer sind, liegt im Auge des Betrachters. Aus diesem Grund besteht der erste Analyseschritt oft in einer grafischen Aufbereitung der Daten.

Verfahren | Die grafische Aufbereitung mit eingeschlossen, gibt es vier Gruppen von Verfahren für die Suche nach Ausreißern, die wir in den folgenden Abschnitten erläutern.

[+] **Mathematisch-statistische Fachbegriffe**

Bei der Beschreibung der (fachlichen) Lösungsansätze streuen wir – in dieser und in den anderen Fallstudien – eine ganze Reihe mathematisch-statistischer Fachbegriffe ein. Sie müssen diese Begriffe nicht unbedingt kennen, und wir gebrauchen diese nicht, um Sie zu verwirren. Vielmehr geht es uns darum, Ihnen Ansatzpunkte für weitere Recherchen – auch außerhalb des Funktionsumfangs von SAP HANA – an die Hand zu geben.

Daten grafisch aufbereiten

Ausreißer in Grafiken erkennen | Die beliebteste Grafikvariante für die Ausreißer-Identifikation ist der Box-and-Whiskers-Plot Daneben existieren aber auch andere Darstellungsformen, die je nach Datenbestand und Erkenntniszweck gute Dienste bei der Suche nach Ausreißern leisten können (z.B. das *Streudiagramm*, das Ihre Daten in Form einer zwei- oder dreidimensionalen Punktewolke zeigt). Ein Box-and-Whiskers-Plot (oder *Boxplot*) zeigt auf, wie weit Daten um ihren sogenannten *Median* streuen, und hilft dabei, potenzielle Ausreißer auf einen Blick zu erkennen.

[»] **Median**

Der Median (oder *Zentralwert*) ähnelt von seiner Aussage her dem Durchschnitt. Wenn man die Daten, um die es geht, der Größe nach sortiert, ist der Median derjenige Wert, der in der Mitte der Liste steht.

Ein Beispiel: Drei Personen in einer Gruppe haben Jahreseinkommen von 10.000, 20.000 und 10.000.000 €. Der Einkommensmedian liegt dann bei 20.000 €, der Durchschnitt der Einkommen stattdessen bei 3.343.333 €/Jahr. Bedingt durch den einen Einkommensmillionär erhielte man ein falsches Bild davon, wie wohlhabend die Personen in der Gruppe sind. Der Median ist deshalb ein besseres Maß für die Beschreibung eines Datenbestandes hinsichtlich seiner Lage auf einer Skala.

Data Artists sind gefordert | Der Kreativität Ihrer Data Artists in Sachen Darstellung sind natürlich keine Grenzen gesetzt. Für die Auswertung der Grafiken könnten Sie zum Bespiel ein Projekt auf der in Abschnitt 2.1.1, »Big Data ohne bzw. vor SAP HANA«, erwähnten Crowdsourcing-Plattform Mechanical Turk ausschreiben. So könnten dann zig oder sogar Hunderte von Auftragnehmern einen großen Datenbestand rasch durchkämmen.

Boxplot und Stationarität [+]

Wechselkurse zu unterschiedlichen Zeitpunkten sind kein ideales Einsatzbeispiel für Boxplots; der zugehörige stochastische Prozess dürfte über das Jahr hinweg betrachtet nicht stationär sein, sodass die Betrachtung von Median und Streuung nicht sinnvoll ist (man vergleicht hier gewissermaßen Äpfel mit Birnen). Deswegen haben wir hier auf einen Boxplot zu den Wechselkursen verzichtet.

(Entfernungs-)Schwelle definieren

Sie können auch alle Objekte, die weit entfernt (jenseits einer gewissen Entfernungsschwelle) vom Rest der Daten liegen, als Ausreißer betrachten. Das Problem bei dieser Methode liegt in der Messung der Entfernung zum Rest der Daten (Wie weit ist ein Datensatz mit Geschlecht »männlich« von einem Datensatz mit dem Geschlecht »weiblich« entfernt?) und in der Definition des Schwellenwerts. Beides ist letztendlich willkürlich, fußt auf Erfahrungswerten und kann mit statistischen Verfahren geprüft werden. Die Definition von Schwellenwerten für die Entfernung basiert häufig auf dem sogenannten *(Inter-)Quartilsabstand*.

Entfernung vom Rest der Daten

Daten auf Ausreißer testen

Es existiert eine Reihe statistischer Tests (Baarda, Grubbs, Dixon, Hampel, Nalimov, Pope, Walsh), mit deren Hilfe Sie prüfen können, ob es sich bei einem bestimmten Wert um einen Ausreißer handelt. Diese Tests (abgesehen vom Ausreißertest nach Walsh) gehen davon aus, dass Ihre Daten *normalverteilt* sind, und prüfen, ob die infrage stehenden Werte aus einer Normalverteilung stammen oder nicht. Einige dieser Tests sind Bestandteil des R-Pakets `outliers` (z.B. `dixon.test` und `grubbs.test`), für andere finden sich Anleitungen und Formeln im Internet.

Ausreißer durch Tests erkennen

Eine Verteilung oder genauer die *Wahrscheinlichkeitsverteilung* beschreibt umfassend das Verhalten einer Zufallsvariablen, das heißt eines Parameters, dessen Wert zumindest teilweise vom Zufall abhängig ist. Sie ordnet jedem theoretisch möglichen Wert einer Zufallsvariablen die Wahrscheinlichkeit zu, dass die Zufallsvariable genau diesen Wert annimmt.

Verteilung und Normalverteilung

Mit einem Würfel können sechs unterschiedliche Zahlen geworfen werden, und jede dieser Zahlen ist gleich wahrscheinlich, hat also eine Wahrscheinlichkeit von 1/6. Die Verteilung beim Würfeln bezeichnet man, weil nur sechs Werte auftreten können, auch als *diskrete* Verteilung. Im speziellen Fall (wenn der Würfel nicht gezinkt ist) handelt es sich um eine diskrete *Gleichverteilung*, weil jedes der sechs Ereignisse gleich wahrscheinlich ist.

Wenn Sie mit dem Würfel jede Zahl zwischen 1 und 6 werfen könnten (z.B. auch 1,76343789), läge eine *stetige* Gleichverteilung vor. In diesem Fall wäre noch immer jedes Ereignis gleich wahrscheinlich, aber die Wahrscheinlichkeit für jedes Einzelereignis (z.B. 1,76343789) wäre unendlich klein, denn 1,763437891 und 1,763437892 würden wieder als eigenständige und ebenso gleich wahrscheinliche Ereignisse zählen.

Eine andere Verteilung ist die Normal- oder Gauß-Verteilung. Deren Kurve (sie ist in Abbildung 4.12 dargestellt) kennen Sie wahrscheinlich noch aus Schule oder Studium. Bei der Normalverteilung sind im Vergleich zur Gleichverteilung extreme Ereignisse weniger wahrscheinlich. Eine Normalverteilung ist vollständig beschrieben, wenn man ihren *Erwartungswert* und ihre *Standardabweichung* kennt.

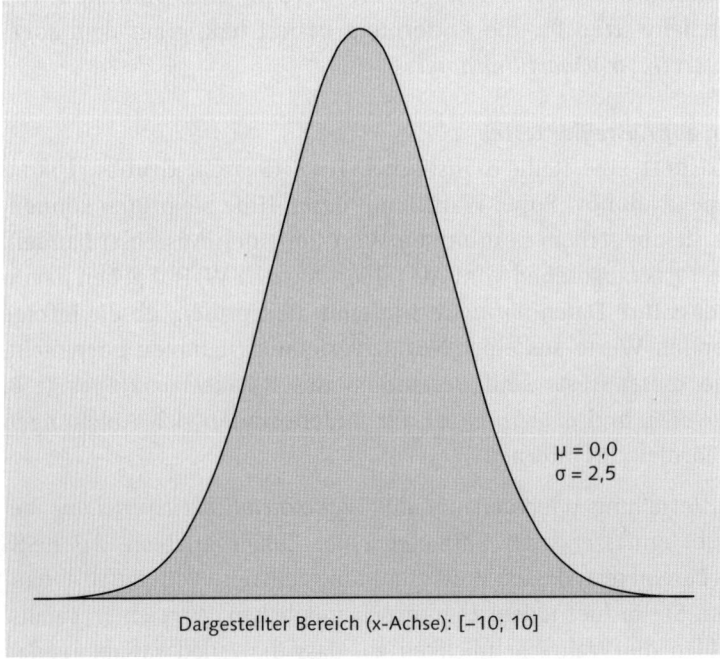

$\mu = 0{,}0$
$\sigma = 2{,}5$

Dargestellter Bereich (x-Achse): [−10; 10]

Abbildung 4.12 Normalverteilung

Erwartungswert [«]

Der Erwartungswert (manchmal auch fälschlicherweise Mittelwert ge-nannt) ist der Wert, den eine Zufallsvariable »im Durchschnitt« oder »im Mittel« annimmt. Der Erwartungswert heißt mathematisch korrekt auch das *erste zentrale Moment* einer Verteilung.

Bei einem nicht gezinkten Würfel, der mit jeweils gleicher Wahrschein-lichkeit die Zahlen 1–6 zeigt, würde man bei unendlich vielen Würfen »im Schnitt« die Zahl *(1 + 2 + 3 + 4 + 5 + 6) ÷ 6 = 21 ÷ 6 = 3,5* würfeln. Das wäre dann der Erwartungswert der Zufallsvariablen »Zahl der Augen beim Würfeln«.

Standardabweichung [«]

Die Standardabweichung ist ein Maß dafür, wie stark eine Zufallsvariable um ihren Erwartungswert schwankt. Sie stellt so etwas wie die durch-schnittliche Abweichung vom Erwartungswert dar. Mathematisch ausge-drückt, ist die Standardabweichung die Wurzel des *zweiten zentralen Moments* (der *Varianz*) einer Verteilung.

Im unserem Würfelbeispiel ließe sich die Varianz als $((1 - 3,5)^2 + (2 - 3,5)^2 + (3 - 3,5)^2 + (4 - 3,5)^2 + (5 - 3,5)^2 + (6 - 3,5)^2) ÷ 6 = 17,5 ÷ 6 \approx 2,92$ und die Standardabweichung als die Wurzel aus 2,92, also als 1,71 ermitteln. Wäre der Würfel so gezinkt, dass er tendenziell häufiger besonders große oder besonders kleine Zahlen zeigt, wären Varianz und Standardabwei-chung höher.

Wenn man Varianz und Standardabweichung nicht theoretisch ermit-telt, sondern anhand einer bestimmten Stichprobe misst, spricht man der Klarheit halber häufig von *Stichprobenvarianz* und *Stichproben-Standardabweichung*.

Ein statistischer Test dient nun dazu, anhand einer vorliegenden Stich-probe eine Behauptung (*Hypothese*) bezüglich einer *Grundgesamtheit* zu überprüfen. So könnte man z.B. anhand einer Stichprobe von 100 zufällig ausgewählten Besuchern eines Einkaufszentrums die Hypo-these testen, dass 80 % der Gäste dieses Einkaufszentrums (die Grund-gesamtheit wären also alle Gäste des Einkaufszentrums) weiblich sind. In der Folge würde man dann vielleicht 80 % des Werbebudgets auf weibliche Kunden fokussieren oder die Mietpreise für Damenbeklei-dungsgeschäfte höher ansetzen als diejenigen für Herrenausstatter.

Verwendung statistischer Tests

Statistische Tests liefern keine absolut sicheren Schlussfolgerungen, sondern Aussagen mit einer gewissen Wahrscheinlichkeit (dem soge-nannten *Signifikanzniveau*). So könnte man die Hypothese im Ein-

Statistische Tests mit Vorsicht verwenden

kaufszentrum-Beispiel zum Signifikanzniveau 95 % testen. Wenn die Hypothese durch den Test zu diesem Signifikanzniveau nicht verworfen wird, besteht – vereinfacht ausgedrückt – eine fünfprozentige Irrtumswahrscheinlichkeit. Das gilt allerdings nur dann, wenn man bei der Erhebung der Stichprobe sehr sauber gearbeitet hat und diese auch wirklich zur Hypothese passt. Hat man beispielsweise die Stichprobendaten nur in einem sehr engen Zeitfenster erhoben, könnte es sein, dass man in Wirklichkeit die Hypothese »80 % der Besucher eines bestimmten Einkaufszentrums am Montag den 31.01.2013 zwischen 12 und 14 Uhr waren weiblich« getestet hat. Und da man eigentlich Aussagen über eine Grundgesamtheit treffen möchte, die alle Besucher des Einkaufszentrums während der ganzen Woche jetzt und in der Zukunft betrifft, ist das Testergebnis eigentlich wertlos. Wie schon erwähnt, basieren viele statistische Tests auf Verteilungsannahmen, die richtig oder falsch sein können.

Verteilungshypothese testen

Verteilung der prognostizierten Parameter

Eine statistisch-mathematisch ebenfalls etwas anspruchsvollere Vorgehensweise für die Suche nach Ausreißern besteht darin, nicht nur einzelne Werte, sondern gleich den gesamten Datenbestand daraufhin zu überprüfen, ob dieser sich so wie gedacht verhält. Kein externer Berater ist in der Lage, Wechselkurse punktgenau bis auf die vierte Stelle hinter dem Komma ein Jahr im Voraus vorherzusagen (wer das könnte, wäre schon längst nicht mehr Berater, sondern Multimilliardär mit eigener Jacht und Insel). Ein seriöser Berater wird stattdessen vielmehr eine Hypothese aufstellen wie: »der Wechselkurs im Juli 2012 wird voraussichtlich normalverteilt sein und mit einer Standardabweichung von σ um einen Erwartungswert von μ schwanken«.

Darin stecken drei Behauptungen: »Normalverteilung«, »Erwartungswert ist μ« und »Standardabweichung ist σ«. Jede dieser drei Behauptungen können Sie mit geeigneten statistischen Tests überprüfen. Oder Sie testen – z.B. mit dem *Chi-Quadrat-Anpassungstest*, mit dessen Hilfe überprüft werden kann, ob die Daten einer Stichprobe Ihrer Verteilungshypothese widersprechen – gleich alle drei Teile der Behauptung auf einmal.

Statistische Tests in Produkten

Es gibt eine sehr große Vielfalt statistischer Tests, mit deren Hilfe Sie Hypothesen (wie die als Beispiel angeführten Behauptungen über den Wechselkurs) prüfen können. Diese Tests wiederum können Sie über unterschiedlichste Werkzeuge nutzen:

▶ Selbst Allerwelts-Tabellenkalkulationen wie Microsoft Excel ermöglichen im Standard und ohne Programmierung eine Vielzahl statistischer Tests (z. B. die Excel-Funktion `CHIQU.TEST` für den Chi-Quadrat-Anpassungstest).

▶ Sie können sich natürlich auch statistische Tests in ABAP bauen. Die Sprache stellt passende Funktionsbausteine (z. B. `QF10_IDF_NORMAL` für die Berechnung der Quantile einer Normalverteilung und `QF10_IDF_CHI2` für die Berechnung der Quantile einer Chi-Quadrat-Verteilung) zur Verfügung (siehe Abbildung 4.13).

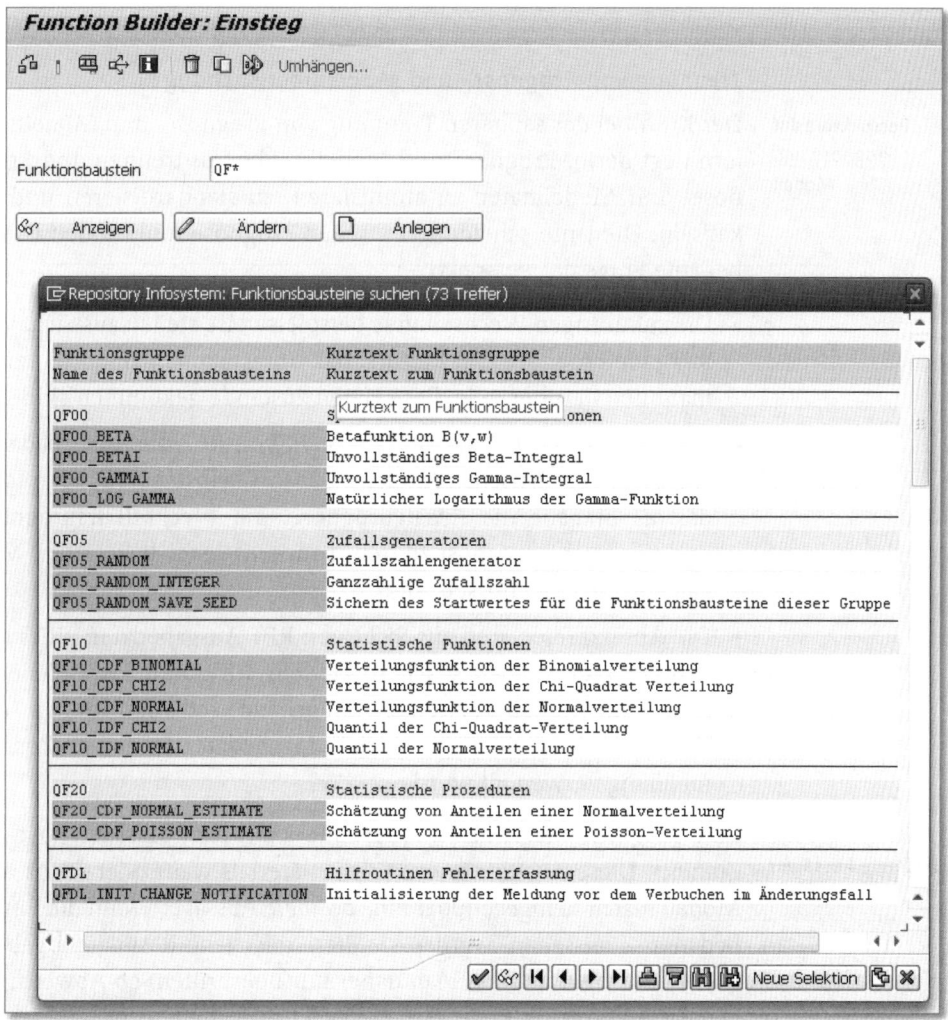

Abbildung 4.13 ABAP-Funktionsbausteine für die Berechnung von Quantilen

▶ SAP PAL bietet ebenfalls die Möglichkeit, einen Chi-Quadrat-Anpassungstest durchzuführen. Dort heißt die Funktion `CHISQ-TESTFIT`.

▶ Die Programmiersprache R, die auch in SAP HANA zur Verfügung steht, bietet derzeit im Standard (z.B. `shapiro.test`) oder in Paketen (z.B. `nortest` oder `dgof`) sechs unterschiedliche statistische Tests an (*Shapiro-Wilk-Test, Anderson-Darling-Test, Cramer-von-Mises-Test, Lilliefors-Test, Pearson-Chi-Quadrat-Test, Shapiro-Francia-Test*), mit deren Hilfe verteilungsbezogene Hypothesen geprüft werden können.

Trennung von Prognose- und Modellüberwachung

Perspektive auf Prognose und Modell

Der Kniff bei der sauberen Trennung von Prognose- und Modellfehlern liegt darin, Prognose und Modell sauber zu trennen und Prognose- und Modelldaten zu atomisieren, zu standardisieren und zu kapseln. Die Unterscheidung zwischen Prognose und Modell ist dabei eine Frage der Perspektive:

▶ Die zukünftigen Wechselkurse beispielsweise stellen aus Sicht von RFT eine Prognose dar; hier hat das Unternehmen keinerlei Informationen darüber, wie diese Daten zustande gekommen sind.

▶ Die Plan-Erlöse in CHF sind aus Sicht von RFT die Ausgabedaten eines deterministischen Modells, das RFT selbst erstellt hat und in das als Eingabe die Absatzprognose, die Wechselkursprognose und die (nicht prognostizierten, sondern sicher bekannten) Verkaufspreise eingeflossen sind.

▶ Die Absatzzahlen sind aus Sicht von RFT Ausgabedaten eines statistischen (oder stochastischen) Modells. RFT kennt zwar nicht die in diesem Modell verwendeten Formeln und Algorithmen, das Unternehmen weiß aber, welche Eingabedaten in diesem Zusammenhang verwendet wurden.

Unbedingte und bedingte Aussagen

Eine Prognose liefert also immer eine *unbedingte* Aussage über die Zukunft. Diese Aussage erweist sich später als wahr oder falsch. Ein Modell macht demgegenüber eine *bedingte* Aussage: Wenn die Eingabedaten so aussehen, werden sie diese oder jene Resultate ergeben. Bei einer Prognose muss man daher nur überprüfen, ob Abweichungen der Ist-Werte (z.B. der Ist-Wechselkurse) von den vorhergesagten Werten (den Plan-Wechselkursen) allein durch zufällige Schwankungen erklärbar sind oder ob diese Abweichungen die Prognose an sich infrage stellen. Hierbei kommen die erwähnten statistischen Tests zum Einsatz.

Bei einem Modell hingegen muss man zunächst unter Verwendung der zwischenzeitlich verfügbaren Ist-Werte für die Eingabedaten neu rechnen. Man muss also ermitteln, welche Ausgabedaten (z.B. Ist-Erlöse) das Modell geliefert hätte, wenn die Ist-Werte für die Eingabedaten (z.B. für die Ist-Wechselkurse) bekannt gewesen wären. Diese neuen Soll-Ausgabedaten (z.B. die Soll-Erlöse) kann man dann mit den korrespondierenden Ist-Werten (Ist-Erlöse) vergleichen. Auch hier stellt sich wieder die Frage, ob die Abweichungen durch den Zufall erklärbar sind, und auch hier kann man wieder mit statistischen Tests arbeiten.

Prüfung von Modellen braucht Soll-Werte

Nun wäre es natürlich extrem mühselig, solcherlei Tests manuell für alle Prognosen und Modelle durchführen zu müssen. Bei einer geschickten Modellierung der betreffenden Daten ist das aber auch gar nicht erforderlich. Man kann nämlich die zu prüfenden Datenbestände (Plan-Daten versus Ist-Daten oder Soll-Daten versus Ist-Daten) so aufbauen, dass die entsprechenden Statistikalgorithmen Hunderte davon automatisch abarbeiten und einfach nur eine Liste von Auffälligkeiten generieren können.

Datenmodellierung orientiert sich an Verfahren

Dazu ist es aber wichtig, die Daten *nicht* nach Inhalten oder Domänen, sondern nach den auf sie anzuwendenden Algorithmen zu strukturieren. Man muss also z.B. die folgenden Daten auseinanderhalten:

▸ *nominal skalierte* von *kardinal skalierten* Datenbeständen

▸ vermutlich normalverteilte von gleich verteilten Datenbeständen

▸ stationäre von nicht stationären Daten

Skalenniveau
[«]

Das *Skalenniveau* (auch *Skalendignität*, *Skalenqualität* oder *Messniveau* genannt) von Zufallsvariablen definiert unter anderem, welche mathematischen Operationen mit diesen Zufallsvariablen durchgeführt werden können.

Die Zufallsvariable »Geschlecht Besucher im Einkaufszentrum« kann z.B. die Werte »männlich« oder »weiblich« annehmen. Für diese Werte kann man weder einen Durchschnittswert noch einen Median berechnen (Letzteres nicht, weil man die Werte nicht in einer Rangfolge anordnen kann). Es handelt sich daher um nominal skalierte Werte.

> Wenn eine Zufallsvariable die Werte »gut«, »mittel« und »schlecht« annimmt, kann man zwar immer noch keinen Durchschnitt (»gut« und »mittel« kann man nicht addieren), aber einen Median (»mittel«) berechnen, da man die Werte in eine Rangfolge (schlecht – mittel – gut) bringen kann. Es handelt sich um *ordinal skalierte*Werte. Das Einkommen der Besucher des Einkaufszentrums wäre ein kardinal skalierter Wert; denn für das Einkommen könnte man z.B. Durchschnittswerte ermitteln.

Intervall- und
Verhältnisskalen

Kardinal skalierte Werte werden zusätzlich noch in *Intervall-* und *Verhältnisskalen* unterschieden. Bei einer Intervallskala kann man nur Abstände zwischen den Werten angeben, bei einer Verhältnisskala auch Verhältnisse. So ist z.B. eine Temperatur von 100 Grad Celsius nicht doppelt so hoch wie eine Temperatur von 50 Grad Celsius (weil 0 Grad Celsius keinen »natürlichen«, sondern einen »willkürlichen« Nullpunkt darstellt). Ein Einkommen von 10.000 € ist aber doppelt so hoch wie ein Einkommen von 5.000 € (weil es einen natürlichen Nullpunkt gibt).

[»] **Stationarität**

Stark vereinfacht gesagt, ist eine Zufallsvariable stationär, wenn die ihr zugrunde liegenden Prozesse von Zeit und Raum unabhängig sind. Insbesondere dem Faktor »Zeit« kommt hierbei eine besondere Bedeutung für statistische Berechnungen zu.

Wenn die Geschlechtsstruktur der Besucher unseres Einkaufszentrums am Vormittag sich grundlegend von derjenigen der Besucher am Nachmittag unterscheidet, würden wir bei einer Stichprobe, die teilweise am Vormittag und teilweise am Nachmittag gezogen wurde, sozusagen »Äpfel und Birnen addieren«, wir würden also zwei Prozesse zusammenfassen, die unterschiedlichen Gesetzmäßigkeiten unterliegen.

Ob der Faktor »Zeit« für unsere Untersuchungen eine Rolle spielt, ist unter anderem eine Frage der *Granularität*, die wir brauchen, also der Feinheit der Auflösung. Wenn wir nur eine Aussage über den Tag als Ganzes machen wollen, dürften wir Daten vom Vor- und Nachmittag mischen. Wenn wir eine Aussage über die Besucher am Vormittag brauchen (weil wir am Vormittag andere Werbung als am Nachmittag schalten wollen), wäre die Vermischung beider Datenbestände ein schwerer Fehler (der sich auch finanziell bemerkbar machen wird).

Spaltenbasierte
Datenablage ideal

Die spaltenbasierte Ablage von Daten in In-Memory-Datenbanken eignet sich hervorragend für ein Datenmodell, das nach der Idee einer solchen mehrdimensionalen Matrix gestaltet ist. Bei den weiteren mathematisch-statistischen Aspekten der Datenmodellierung können Ihnen Ihre Beratungspartner sicher weiterhelfen.

Ursachenanalyse im Modell

Anhand der beschriebenen Überlegungen können Sie feststellen, ob ein Modell als Ganzes funktioniert oder nicht. Letztendlich geht es aber um mehr: Idealerweise möchten Sie ja auch zumindest eine Ahnung davon haben, welche Teile Ihres Modells fehlerhaft oder nicht realitätsnah sind.

Um das zu erreichen, müssen Sie Ihr Modell horizontal (nach Rechenschritten) und vertikal (nach Eingabeparametern) unterteilen/ zerschneiden. Was also einst eine Blackbox in Form hochkomplexer Excel-Arbeitsmappen war, muss zu einer Matrix aus sehr kleinen, atomaren Datenpäckchen werden. Die Schichtenstruktur von SAP HANA (wir gehen hierauf im folgenden Kapitel noch genauer ein) und deklarative Sprachen wie die Report Definition Language (RDL) sind dafür wie geschaffen.

Atomisierung der Datenverarbeitung

Vertikale Unterteilung (nach Rechenschritten)

Mit der Unterteilung des Modells nach Rechenschritten meinen wir Folgendes: Je klarer und stärker Sie den langen Weg zwischen Eingabe- und Ausgabedaten unterteilen, umso leichter wird es Ihnen fallen, Probleme im Modell zu lokalisieren.

Datenflüsse in Schichten unterteilen

Es nützt Ihnen nichts zu wissen, dass eine von 5.000 Zeilen Quellcode zwischen zwei Schichten im Modell ein Problem verursacht, wenn Ihre Entwickler anschließend Wochen und Monate damit verbringen, die Programmlogik Schritt für Schritt in der Transaktion SE38 zu debuggen. Zumal es ja hierbei nicht um Fehleranalysen, sondern um die viel komplexere Frage geht, warum sich Ausgabewerte von Ist-Werten unterscheiden. Insbesondere in einem von Outsourcing und Offshoring geprägten Umfeld werden Sie mit solchen monolithischen Strukturen auf Probleme stoßen.

Horizontale Unterteilung (nach Eingabeparametern/Domänen)

Wir haben bereits im Abschnitt »Trennung von Prognose- und Modellüberwachung« darauf hingewiesen, dass Sie für die Suche nach Fehlern im Modell Ist-Eingabewerte für die Erzeugung von Soll-Ausgabewerten verwenden müssen. Diese Soll-Ausgabewerte

Datenflüsse nach Eingabeparametern unterteilen

können Sie dann mit den Ist-Ausgabewerten vergleichen. Dies ist aber nur sinnvoll, wenn Sie den Effekt unterschiedlicher Ist-Eingabewerte isolieren können, wenn Sie also beispielsweise in der Lage sind, die Soll-Erlöse mit Ist-Absatzmengen und Plan-Wechselkursen zu ermitteln. Sonst wissen Sie nämlich nicht, auf *welche* Eingabeparameter bezogen Ihr Modell eventuell Probleme bereitet.

Interdependenzen erschweren die Analyse

In der Praxis ist das Problem übrigens noch etwas komplizierter. Es können nämlich in Ihrem Modell Wechselbeziehungen zwischen unterschiedlichen Eingabeparametern bestehen. In diesem Fall erhalten Sie bei der Verwendung von Ist-Absatzmengen und Plan-Wechselkursen bei den Erlösen eine Abweichung a (Ist-Erlös minus Plan-Erlös) und mit Plan-Absatzmengen und Ist-Wechselkursen eine Erlösabweichung (Ist-Erlös minus Plan-Erlös) b. Leider ist aber die Summe beider Abweichungen $a + b$ nicht zwingend identisch mit der Gesamtabweichung (Ist-Erlös minus Plan-Erlös) c, die sich bei der Verwendung von Ist-Absatzmengen und Ist-Wechselkursen ergibt. Das liegt daran, dass Abhängigkeiten zwischen Absatzmengen und Wechselkursen bestehen.

Solche Phänomene kann man ebenfalls statistisch in den Griff bekommen (z.B. mithilfe einer *Kovarianzmatrix*, in SAP PAL die Funktion `MULTIVARSTAT`, in R `cov`, `cor` und `cov2cor`).

Hauptkomponentenanalyse

Mathematisch-statistisch sind wir damit bei der sogenannten *Hauptkomponentenanalyse* angekommen. Mit diesbezüglichen Überlegungen sind Sie allerdings noch lange nicht am Ende der Möglichkeiten von Big Data. Sie stehen jetzt aber an einer Schwelle, an der Sie sich als altgedienter ABAP-Entwickler möglicherweise so fühlen wie Frodo auf dem Weg nach Mordor am Spinnenpass. Spätestens jetzt brauchen Sie nicht nur ein Werkzeug wie SAP PAL, sondern für dessen Bedienung auch die richtigen Handwerker (Mathematiker bzw. Data Scientists).

Risikoabschätzung/Auswirkungsanalyse

Die Risiken von Prognosefehlern abzuschätzen (Modellfehler sind im Vorhinein praktisch nicht abschätzbar, dazu müsste man eine Vorstellung davon haben, wie das »richtige« Modell aussähe) ist im Vergleich zu den beschriebenen mathematischen Verrenkungen eher eine leichte Übung. Alles, was Sie dazu brauchen, ist eine grenzenlose Rechenleistung.

Wenn Sie die denkbaren Spielräume für Ihre Eingabeparameter kennen, müssen Sie sich einen Eindruck vom resultierenden Spielraum für Ihre Ausgabeparameter verschaffen, z.B. durch eine *Monte-Carlo-Simulation*, bei der Sie für eine Vielzahl zufällig festgelegter Absatzmengen und Wechselkurse die resultierenden Erlöse errechnen. Im Finanzbereich sind solche Überlegungen unter dem Stichwort *Value at Risk* (VaR) gang und gäbe. Außerhalb von (finanzstarken und hardwaremächtigen) Banken war der hierzu erforderliche extrem hohe Rechenaufwand ein praktisch unüberwindliches Hindernis für viele Unternehmen. Mit Big Data bzw. SAP HANA wird diese Einschränkung stark relativiert.

Monte-Carlo-Simulation und Wert im Risiko

Einen Fallstrick, der auch in der schönen neuen Big-Data-Welt weiterhin hochgefährlich ist, sollten Sie aber keinesfalls übersehen. Stellen Sie sich die Frage, ob Ihre Annahmen zum Spielraum (oder mathematisch gesprochen zur Wahrscheinlichkeitsverteilung) Ihrer Eingabeparameter zutreffend sind. Die meisten Unternehmen setzen in diesem Zusammenhang immer noch auf die vom Mathematiker Gauß 1809 beschriebene Normalverteilung. Dabei wissen wir inzwischen, dass dieses Modell einerseits die Wahrscheinlichkeit extremer Ereignisse (also von Ereignissen an den »Schwanzenden« der Verteilung) dramatisch unterschätzt und andererseits aufgrund realitätsferner Annahmen über die Unabhängigkeit einzelner Ereignisse voneinander in der Praxis meist nicht anwendbar ist.

Normalverteilungsannahme

Die Finanzkrise knapp 200 Jahre nach der Publikation von Gauß hat uns mit dem Wertverfall bei verbrieften Hypotheken viel Anschauungsmaterial hierzu geliefert, trotzdem spukt die Normalverteilungsannahme immer noch durch praktisch alle Systeme und Algorithmen. Dabei existieren durchaus Alternativen, z.B.:

Alternative Verteilungsalgorithmen

▸ die sogenannten *endlastigen* oder *Heavy-Tailed-Verteilungen*

▸ die *Cauchy-Lorentz-Verteilung*, mit der sich der Mathematiker Benoit Mandelbrot (bekannt durch seine hübschen Mandelbrot-Männchen) beschäftigt hat

▸ die *Studentsche t-Verteilung*, die ihren sonderbaren Namen daher hat, dass ihrem Urheber William Sealey Gosset die Veröffentlichung durch seinen Arbeitgeber zunächst verboten wurde (weshalb er sie unter dem Pseudonym »Student« publizierte)

Diese Verteilungsmodelle haben die Unart, die Realität wesentlich besser abzubilden und so zu politisch unerwünschten Ergebnissen zu

Unwillkommene Wahrheiten

führen (auf diese ganz allgemein bei guten Big-Data-Lösungen auftretende Dreistigkeit gehen wir in Abschnitt 4.4.4, »Nutzenpotenziale und Werttreiber«, noch gesondert ein). Für eine allgemein verständliche Einführung in diese Themen legen wir Ihnen zwei recht unterhaltsame Titel ans Herz: *Der Schwarze Schwan: Die Macht höchst unwahrscheinlicher Ereignisse* von Nassim Nicholas Taleb und *Schnelles Denken, langsames Denken* des Nobelpreisträgers für Wirtschaft Daniel Kahneman.

Permanente Wachsamkeit/Geschwindigkeit

Architektur und Rechenleistung

Bei der Forderung nach einer permanenten Wachsamkeit und einer hohen Geschwindigkeit geht es einerseits erneut um Rechenleistung, andererseits aber auch um die Verfügbarkeit von Big-Data-Lösungen. (Sie möchten, dass Ihre Algorithmen die Richtigkeit Ihrer Prognosen und Modelle nicht nur kontinuierlich, sondern obendrein auch mindestens 500 Mal pro Stunde überprüfen.)

Alles, was Sie tun müssen, um dieser Anforderung gerecht zu werden, ist also, Ihre Lösung in puncto Größe und Redundanz »passend« auszulegen und sich gegebenenfalls mit den in Abschnitt 2.1.2, »Woraus besteht SAP HANA?«, besprochenen Prinzipien der Lambda-Architektur auseinanderzusetzen (und eventuell mit der Lösung SAP Event Stream Processor, siehe Abschnitt 2.1.3, »Abgrenzung von SAP HANA und Big Data«).

[+] **Big Data und die Cloud**

Wir haben schon darauf hingewiesen, dass bei Big Data der Appetit beim Essen kommt. Das bringt Probleme bei der Dimensionierung der Hardware mit sich. Obendrein ist im Vorfeld einer Implementierung kaum abschätzbar, welche Ressourcen ein noch nicht entwickelter Algorithmus verschlingen wird. Wir gehen deshalb davon aus, dass cloudbasierte, anpassbare Lösungen längerfristig immer beliebter werden dürften.

Die diesbezüglich oft angeführten Sicherheitsbedenken sind nicht von der Hand zu weisen, lassen sich aber durch eine Anonymisierung – wie auch bei Testdaten üblich – entschärfen. Anbieter entsprechender Lösungen finden Sie, wenn Sie im Internet nach den Begriffen »Anonymisierung« und »Testdaten« suchen. Anonymisierungsalgorithmen sind natürlich auch für das Crowdsourcing unentbehrlich. Hierbei sollte man allerdings sorgfältig vorgehen, denn *De-Anonymisierung* und *Re-Identifikation* sind Einsatzgebiete, in denen gerade Big-Data-Lösungen mit sehr guten Resultaten glänzen!

4.4.4 Nutzenpotenziale und Werttreiber

Blättern Sie noch einmal zurück zu der Nutzen-Werttreiber-Matrix aus Abschnitt 1.5, »Business Cases bewerten«, um Nutzenpotenziale und Werttreiber für unser Fallbeispiel zur flexiblen Planung ausfindig zu machen. Wir wenden diese allgemeinen Betrachtungen nun auf unser spezielles Beispiel an.

Nutzenpotenziale

Unsere Fallstudie betrifft sowohl bestehende als auch neue Geschäftsprozesse:

Bestehende und neue Geschäftsprozesse

- **Potenziale in bestehenden Geschäftsprozessen**
  Der Planungsprozess ist für RFT nicht neu. Insofern geht es bei einigen der durch Big Data möglichen Verbesserungen um einen bestehenden und etablierten Ablauf. Die wesentliche Neuerung im Planungsprozess bei RFT liegt darin, Prognose und Plan zu trennen, die Daten und Rechenschritte in der Planung wie beschrieben zu atomisieren und das Datenmodell nach mathematisch-statistischen statt nach betriebswirtschaftlich-semantischen Kriterien zu organisieren (siehe auch Abschnitt 4.5.2, »Datenarchitektur«). Das betrifft das »Wie« bei einem bestehenden Geschäftsprozess, schafft aber keinen neuen, weswegen diese Innovation in die erste Spalte der Nutzen-Werttreiber-Matrix gehört.

- **Potenziale in neuen Geschäftsprozessen**
  Was in vielen Unternehmen (abgesehen von Finanzdienstleistern) und so auch bei RFT bislang nicht existiert, sind vollautomatisch ablaufende Prozesse, die mithilfe statistischer Verfahren Prognosen und Pläne vollautomatisch sowie in Echtzeit überwachen und fallweise betroffene Mitarbeiter alarmieren (Ausreißerentdeckung und Auswirkungsanalyse).

  Die permanente Suche nach Ausreißern und die laufende Durchführung von Auswirkungsanalysen resultieren also in neuen Prozessen. Diese Prozesse haben zwar Schnittstellen zu bestehenden Geschäftsprozessen, sie laufen aber unabhängig von diesen, stellen ganz andere Anforderungen an die Anwender und werden auch auf anderen Plattformen implementiert. Daher bewegen wir uns mit diesen Funktionalitäten in der rechten Spalte der Nutzen-Werttreiber-Matrix.

Wie entsteht der
Nutzen für RFT? Bezüglich der Frage, wie der Nutzen entsteht, berühren die in Abschnitt 4.4.3, »Bausteine der Lösung«, beschriebenen Komponenten alle vier Zeilen der Nutzen-Werttreiber-Matrix (siehe auch Abbildung 4.14).

▶ **Neue Erkenntnisse**
Das Aufspüren von Ausreißern führt zu neuen Erkenntnissen über Prognosen und Modelle. Anders als bisher wird RFT zukünftig in der Lage sein, zufällige und harmlose Abweichungen von solchen zu unterscheiden, die auf gravierende Prognose- oder Planungsfehler hindeuten.

Ebenfalls neu für RFT ist die Idee, im Fall signifikanter Abweichungen zwischen Plan und Soll Hinweise auf kritische Bereiche im Modell zu erhalten. Noch einen Schritt weiter gedacht, wäre es sogar möglich, anhand von Rollen und Workflows in der Planung genau die passenden Anwender(-gruppen) über entsprechende Probleme zu informieren und die Behebung der Probleme ebenfalls automatisch zu überwachen.

▶ **Bessere Entscheidungen**
In Abschnitt 4.2, »Szenario: Absatz und Ergebnisplanung eines international tätigen Reifenherstellers«, ist deutlich geworden, dass die Produktionsplanung bei RFT Grundlage vieler wichtiger Entscheidungen ist und dass Fehler an dieser Stelle teure Fehlentscheidungen in der Produktion und in anderen Bereichen nach sich ziehen können.

Je besser (und früher) also Prognose- und Planungsfehler erkannt werden können, umso höher ist die Wahrscheinlichkeit besserer Folgeentscheidungen. Im Idealfall sind diese Entscheidungen nicht nur besser als diejenigen, die man sonst getroffen hätte, sondern auch besser als die der Wettbewerber.

▶ **Anspruchsvolle Werkzeuge**
Wir haben in Abschnitt 4.4.3, »Bausteine der Lösung«, auf die statistisch-mathematischen Verfahren hingewiesen, die RFT z.B. für die Suche nach Ausreißern einsetzen könnte. Diese Auflistung ist natürlich nicht erschöpfend, und die Komplexität der einsetzbaren Verfahren wird nur durch das Know-how Ihres Teams und die Rechenleistung der Systeme begrenzt. Je weiter RFT mit kaufmännisch sinnvollem Aufwand gehen kann, umso mehr Distanz legt das Unternehmen zwischen sich und seine Konkurrenten.

▶ **Schnelleres Handeln**

Wenn RFT früher weiß, dass die Realität sich nicht nur zufällig, sondern systematisch anders verhält als die schönen Prognosen und Planungsmodelle, kann das Unternehmen einerseits kurzfristige Gegenmaßnahmen ergreifen, andererseits Prognosen und Modelle (und darauf basierende Entscheidungen) deutlich früher korrigieren als die Wettbewerber.

Zeit gewinnt RFT aber nicht nur durch eine schnelle Alarmierung (also den neuen Geschäftsprozess), sondern auch, weil die Suche nach Schwachstellen im Modell jetzt sehr viel schneller geht. Damit verstreicht zwischen einer ungewöhnlichen Anpassung und einer vielleicht erforderlichen Modellanpassung viel weniger Zeit.

Werttreiber

Abbildung 4.14 zeigt die Nutzen-Werttreiber-Matrix für unser Planungsszenario.

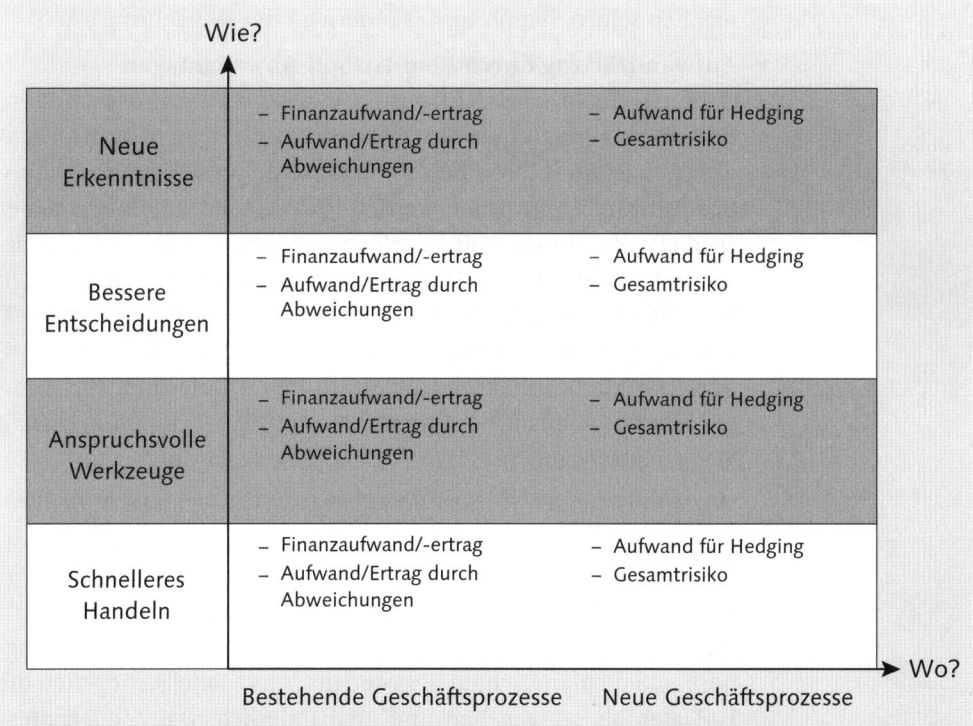

Abbildung 4.14 Nutzen-Werttreiber-Matrix für das Fallbeispiel »Planung flexibel gestalten«

In die Zellen der Matrix haben wir einige beispielhafte Werttreiber für RFT eingefügt. Letztendlich können alle acht Zellen der Matrix einen Einfluss auf die im Folgenden angesprochenen vier Werttreiber haben. Allerdings dürfte der neue Alarmierungsgeschäftsprozess tendenziell eher die Kosten für kurzfristige Absicherungsmaßnahmen und das Gesamtrisiko von RFT reduzieren, während die Verbesserungen am bestehenden Planungsprozess (z.B. die Möglichkeit, Modelle mit weniger Aufwand anzupassen) eher dazu führen werden, dass besser mit Abweichungen umgegangen werden kann.

▸ **Finanzaufwand/-ertrag aus Kursverlusten/-gewinnen (Währungen)**
Mit einem entsprechenden Frühwarnsystem kann RFT drohende Kursverluste eindämmen bzw. Chancen für Kursgewinne nutzen. Auf kurze Sicht kann das bedeuten, angesichts einer höheren Volatilität des polnischen Zloty einen höheren Anteil der Exposure durch Optionsgeschäfte oder Terminkontrakte abzusichern. Mittel- bis längerfristig geht es aber möglicherweise darum, Produktionsvolumina von einem Werk ins andere zu verlagern und so das Übel nicht an seinen Symptomen, sondern an der Wurzel zu packen.

▸ **Aufwand/Ertrag durch Plan-Ist/Soll-Abweichungen**
Ganz allgemein kann RFT auf Basis besserer Prognosen bessere Entscheidungen treffen. Durch die Brille eines vorsichtigen Rechners betrachtet, führen bessere Entscheidungen dazu, dass unnötige Aufwände vermieden werden. Das ist aber nur eine Seite der Medaille, es gibt auch einen erlösbezogenen Aspekt: Chancen lassen sich besser nutzen. Die Wechselkurse beispielsweise können ja nicht nur zu Mehraufwand durch gestiegene Produktionskosten, sondern auch zu Mehrerträgen durch höhere Erlöse (in CHF oder USD) in bestimmten Ländern führen. Insofern nützen weniger Überraschungen bei Prognosen und Plänen Ihnen zweifach: Sie bringen geringere Aufwände *und* höhere Erlöse.

Wir unterscheiden Plan-Ist von Plan-Soll-Abweichungen. Bei Prognosen geht es stets um die Abweichung zwischen Plan und Ist, bei Modellen ausschließlich um die zwischen Plan und Soll. Das liegt daran, dass die Eingabedaten Ihres Modells (Ist) nicht die sein mögen, die Sie erwartet haben; das ist aber die Schuld der Prognose und nicht die Schuld des Modells. Aus Modellsicht gelten die Ist-Daten als gottgegeben und unabänderlich. Das Modell muss nur unter Beweis stellen, dass es mit richtigen Eingabedaten auch richtige Ausgabedaten geliefert hätte.

▸ **Aufwand für Hedging**

Die Absicherung von Risiken durch Derivate ist aus Unternehmenssicht nur die zweitbeste Lösung für RFT. Noch besser wäre es, das Volumen der abzusichernden Risiken durch mehr Voraussicht zu reduzieren. Denn Hedging kostet Geld und wird umso teurer, je besser Ihre Gegenpartei beim jeweiligen Geschäft »den Braten riecht«. Wenn Sie in puncto Produktion flexibel sind und sich darauf verlassen können, dass Sie bei Prognose und Planung immer besser werden, müssen Sie nicht sämtliche potenziellen Kursschwankungen durch den Erwerb von Kauf- oder Verkaufsoptionen für Ihre Fremdwährungsströme eliminieren. Stattdessen müssten Sie nur noch ein Restrisiko (für die Zeit, die bis zu einer Verlagerung von Produktionsvolumina verstreicht) absichern und Ihre Aufwände für das Hedging deutlich reduzieren.

▸ **Gesamtrisiko des Unternehmens**

Wir haben Sie in Abschnitt 1.4.3, »Wie Sie Werttreiber identifizieren«, bereits darauf hingewiesen, dass Anleger bei gleichem Ertrag risikoärmere Investitionsoptionen vorziehen werden. Wenn es RFT also gelingt, präziser zu planen, verringert sich die Lücke zwischen den Ankündigungen und den tatsächlichen Zahlen des Unternehmens. Bei gleichbleibenden Erträgen sollten die Märkte dies mit höheren Aktienkursen (also einem höheren Aktionärswert) honorieren.

4.5   Implementierungsszenario und Architektur mit SAP HANA

Man sagt, alle Wege führen nach Rom. Was die Anforderungen von RFT betrifft, führen vielleicht nicht alle, aber doch mehrere Wege zum Ziel. Manche dieser Wege sind steil und steinig, andere lassen sich vielleicht nicht mit Flipflops, aber doch ohne Steigeisen erwandern.

Mehr als ein Szenario denkbar

4.5.1   Implementierungsszenario und Rahmenarchitektur

Aus unserer Sicht kann man die in Abschnitt 4.4.2, »Fachliche Anforderungen«, definierten Anforderungen durch Nutzung der in Abschnitt 4.4.3, »Bausteine der Lösung«, vorgestellten Algorithmen

Mögliche Implementierungsszenarien

in drei unterschiedlichen Implementierungsszenarien erfüllen (siehe Abschnitt 2.1, »Big Data und SAP HANA«):

► **App-Szenario**

Die nächstliegende Lösung wäre das App-Szenario:

   ► Wir benötigen für unsere Anforderungen nur einen lesenden Zugriff auf die relevanten Daten. Wir interessieren wir uns also primär für das Data-Mart-, das App- und das Inhalteszenario.

   ► Standardinhalte stehen für unsere Zwecke nicht zur Verfügung, das Inhalteszenario scheidet also aus.

   ► Standardprodukte für die Datenverwertung (z.B. Microsoft Excel) dürften für unsere sehr speziellen statistischen Anforderungen nicht leistungsfähig genug sein, wir brauchen daher maßgeschneiderte Apps, die auch Zugriff auf SAP Predictive Analysis (PAL) und R haben. Damit entfällt auch das Data-Mart-Szenario.

In der geschilderten Ausgangslage bei RFT befinden sich Prognose- und Plan-Daten ohnehin schon in SAP BPC bzw. SAP BW und in einer HANA-Datenbank. Ist-Daten können über die in Abschnitt 2.1.3, »Abgrenzung von SAP HANA und Big Data«, beschriebenen Schnittstellen im Batch oder in Echtzeit (zur schnellen Alarmierung bei Ausreißern) aus SAP-Produkten oder anderen Anwendungen übernommen werden. Diese Inhalte müssen nicht unbedingt repliziert werden; ebenso gut könnten die in Abschnitt 5.5.2, »Datenarchitektur«, angesprochenen virtuellen Tabellen verwendet werden.

► **Cloud-auf-HANA-Szenario (mit Einschränkungen)**

Theoretisch wäre es möglich, die benötigten Apps in einer Cloud anzusiedeln. Die in Abschnitt 4.4.3, »Bausteine der Lösung«, beschriebenen Algorithmen sollen allerdings sehr große Datenmengen (aus SAP BPC, das heißt aus der zugehörigen HANA-Datenbank) sehr schnell analysieren. Beim Cloud-auf-HANA-Szenario befindet sich die HANA-Datenbank aber gegebenenfalls außerhalb der Cloud, was die Frage der Übertragungsgeschwindigkeit zwischen Datenbank und Cloud aufwirft.

Sofern also nicht alle Analysen bereits auf der Datenbankebene stattfinden (z.B. in Form von R-Prozeduren), erscheint das Cloud-auf-HANA-Szenario nur mit Einschränkungen sinnvoll. Und wenn alle Analysen auf der Datenbankebene laufen, stellt sich die Frage, was Apps in der Cloud überhaupt noch tun sollen. Anders sähe dies aus, wenn man auch noch Daten aus dem Internet (z. B. Twitter-Streams) bräuchte. Solche Daten könnten von einer cloudbasierten App zumindest aufbereitet werden.

▶ **BW-auf-HANA-Szenario (mit Einschränkungen)**
Dieses Szenario ist bei RFT ohnehin schon implementiert. Allerdings bietet SAP BW allein als Werkzeug für die Datenverwertung die von RFT benötigten Verfahren nicht an.

Für die konkrete Fragestellung bei RFT können wir nun Vorschläge machen, welche Produkte konkret im Rahmen des Implementierungsszenarios eingesetzt werden könnten (siehe Abbildung 4.15).

Denkbare Produkte im Szenario

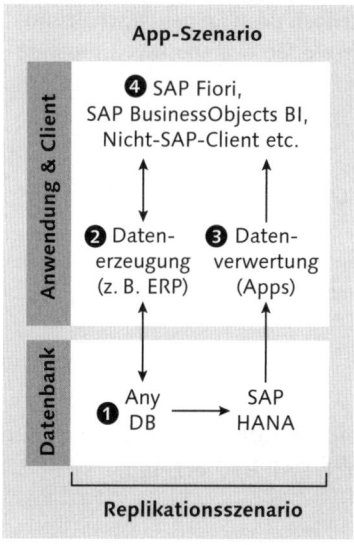

Abbildung 4.15 Implementierungsszenario »Planung flexibel gestalten«

Datenbanken ❶

Da sich im geschilderten Szenario sowohl die Plan-Daten (über SAP BPC/BW) als auch ein Teil der Ist-Daten (über SAP ERP) bereits in SAP HANA befinden, geht es hier primär um sonstige Datenbestände außerhalb von SAP-Lösungen (z. B. Wechselkurse oder die für die Absatzplanung erforderlichen makroökonomischen Rahmendaten). Nur diese Daten müssen bei RFT repliziert werden. In Einzelfällen mögen diese Daten aus Datenbanken stammen, die Regel dürften jedoch Echtzeitdatenströme sein. Anstelle von klassischen Datenlogistik-Lösungen werden daher hier die Input-Adapter von SAP

Echtzeitdatenströme verarbeiten

Event Stream Processor (ESP) in Verbindung mit dem ebenfalls in SAP ESP vorhandenen SAP HANA Output Adapter zum Einsatz kommen. Möglicherweise werden die gelieferten Daten in der liefernden Anwendung gar nicht persistent gespeichert; in diesem Fall sollten wir auf der Seite von SAP HANA noch eine entsprechende *Corporate-Memory-Schicht* einplanen, um so Auswertungen nachvollziehen und bei Bedarf auch wiederholen zu können.

[»]

Corporate Memory

Unter einem Corporate Memory (CM, auch *Organisational Memory* (OM) oder *Institutional Memory*) versteht man im Data Warehousing eine Art Archiv aller aus OLTP-Systemen in das Data Warehouse übernommenen Daten. Das Corporate Memory enthält meist keine rohen, sondern bereinigte und qualitätsgeprüfte Daten, die jedoch noch keinen geschäftsprozessspezifischen Transformationen unterworfen waren. Das Corporate Memory verfolgt diese Ziele:

- Es ermöglicht einen Neuaufbau der nachgelagerten Schichten ohne Belastung der OLTP-Systeme.
- Daten, die in den OLTP-Systemen ständigen Änderungen unterworfen sind, können längerfristig konserviert werden.
- Die Nachvollziehbarkeit von Daten in den nachgelagerten Schichten des Data Warehouses wird sichergestellt.

Produkte zur Datenerzeugung ❷

Die für die Analysen bei RFT relevanten Daten werden vorwiegend durch die SAP Business Suite und durch SAP BPC erzeugt.

Produkte zur Datenverwertung ❸

SAP- und nicht SAP-Produkte

Für die Applikationen selbst sind unterschiedliche Optionen denkbar:

- Verwendung (soweit Verfahren implementiert) von SAP PAL
- Entwicklung in SQLScript und R
- Entwicklung in RDL
- Entwicklung in ABAP
- Verwendung von Produkten anderer Anbieter (z. B. *IBM SPSS Analytic Server*, ein Konkurrenzprodukt zu SAP PAL)
- eine Kombination aus den genannten Varianten, bei denen unterschiedliche Produkte unterschiedliche Services bereitstellen

Speziell für die Anforderungen der Analyse-Applikationen können ein oder mehrere applikationsspezifische Data Marts erstellt werden (idealerweise innerhalb des bei RFT ohnehin eingesetzten SAP BW und unter Berücksichtigung der Vorgaben von LSA++).

Client ❹

Für die Aufbereitung der Daten in Form von Berichten und Diagrammen wird RFT als ein Unternehmen, das SAP BusinessObjects im Einsatz hat, tendenziell die in diesem Portfolio verfügbaren Produkte einsetzen. Auch Boxplots können damit erstellt werden. Wir haben allerdings auch schon auf Begrenzungen hingewiesen (siehe Abschnitt 2.1.2, »Woraus besteht SAP HANA?«). SAP BusinessObjects bietet interessante Funktionen für die grafische Darstellung, wurde aber nicht primär als Darstellungssoftware im statistischen Bereich entwickelt.

Produkte zur Aufbereitung der Daten

Daher kann es durchaus nützlich sein, ergänzend von den grafischen Möglichkeiten von R, anderer Softwareprodukte (z.B. SAS, SPSS oder frei verfügbare Software wie ViSta oder das XLispStat-Paket für die Programmiersprache XLISP) oder auch von den Dienstleistungen spezieller Anbieter im Internet Gebrauch zu machen. Letzteres liegt vor allem dann auf der Hand, wenn Grafiken in Crowdsourcing-Projekten ausgewertet werden sollen. Auf der Seite *http://www.math.yorku.ca/SCS/StatResource.html* finden Sie eine umfassende Linksammlung zu diesem Thema. Für die Anbindung fremder Clients stehen Ihnen die in Abschnitt 2.1.3 unter der Überschrift »Sonstige Produkte (Datenbanken, Plattformen, Technik, Dienstleistungen)« erläuterten Schnittstellen zur Verfügung.

4.5.2 Datenarchitektur

Ganz allgemein empfiehlt es sich, für die Gestaltung von Data Warehouses, Data Marts oder Applikationen auf SAP HANA bei der Datenmodellierung die Grundprinzipien zu beachten, die SAP für ein HANA-basiertes Data Warehouse entwickelt hat. Diese Grundprinzipien sind im sogenannten LSA++-Architekturmodell zusammengefasst. Wir schauen uns daher zunächst einige hier vorgegebene Richtlinien an. Im Anschluss daran gehen wir auf weitergehende Aspekte der Datenmodellierung ein. Diese Aspekte werden in späteren Fallstudien vertieft.

SAP-Architekturmodell im Data Warehousing

LSA und LSA++

Datenfluss von
unten nach oben

Die skalierbare Schichtenarchitektur oder Layered Scalable Architecture (LSA) ist ein Referenzarchitekturmodell, das ursprünglich für das Data Warehouse SAP BW entworfen wurde. Daten fließen darin von unten nach oben (das heißt von der Datenquelle zum Bericht) durch mehrere übereinanderliegende, horizontale Schichten. Die Datenquelle liefert sehr detaillierte, granulare Daten in eine *Datenbeschaffungsschicht* (siehe Abbildung 4.16). Diese Daten werden dann (nach oben, das heißt in Richtung Reporting) nach fachlichen Anforderungen bearbeitet und strukturiert und hierbei immer stärker verdichtet (aggregiert). Der Hintergrund hierfür ist, dass strategische Berichte meist nur aggregierte Daten und Reports brauchen, die auf bereits aggregierten Daten aufgebaut sind; sie punkten dann mit einer besseren Performance.

Domänen und
Data Marts

Die Struktur der Daten orientiert sich auf den unteren Ebenen (Datenbeschaffungsschichten) eines Data Warehouses an der Struktur der liefernden Systeme; auf den oberen Ebenen richtet sich die Datenstruktur nach fachlichen Anforderungen (*Domänen*). Hierdurch entstehen auf den oberen Ebenen Datenbestände für bestimmte Aufgabenstellungen (*Data Marts*); diese Data Marts dienen als Datenquelle für Berichte.

Partitionierung

Vertikale Datenflüsse von der Datenbeschaffungsschicht zu den Berichten werden – ebenfalls zwecks Performanceoptimierung (z.B. beim Laden) – logisch aufgeteilt (*partitioniert*). So wäre es z.B. denkbar, die Kundendaten aus dem Postleitzahlenbereich 1xxxx bis 2xxxx getrennt von denen des Postleitzahlenbereichs 2xxxx bis 3xxxx zu verwerten. Der Sinn der *logischen Partitionierung* liegt unter anderem darin, eine parallele Verarbeitung der Datenflüsse zu ermöglichen. Neben der logischen Partitionierung bieten einige Datenbanksysteme (z.B. SAP HANA) auch die Option, Daten *technisch* zu partitionieren; hierbei werden Daten einer Tabelle (ebenfalls zwecks Parallelzugriff) im Hintergrund physisch auf mehrere Tabellen bzw. Server verteilt.

Redundante
Datenspeicherung

Daten werden redundant persistent gespeichert, einerseits unter Performancegesichtspunkten, andererseits zur Nachvollziehbarkeit der Datenflüsse und der berichteten Daten. Diese Vorgehensweise basiert auf der Grundannahme, dass die Daten in den liefernden Quellsystemen »flüchtig«, das heißt nicht unbedingt für jeden beliebigen vergangenen Zeitpunkt reproduzierbar sind.

Nachdem SAP BW inzwischen nicht mehr nur auf klassischen Datenbanksystemen, sondern auch auf einer HANA-Datenbank eingesetzt werden kann, hat SAP das LSA-Modell durch den Nachfolger LSA++ ersetzt. Abweichend von LSA werden Daten in LSA++ dann persistent gespeichert, wenn dies fachlich zweckmäßig ist, z.B. aus Gründen der Nachvollziehbarkeit. Eine persistente Datenablage unter Performancegesichtspunkten (z.B. sogenannter *persistenter Kennzahlen*) ist nicht mehr erforderlich. Auch auf die (logische) Partitionierung von Daten kann verzichtet werden; technisch können die Daten, falls sinnvoll, ohnehin durch die Datenbank partitioniert werden.

LSA++

| **Persistente Kennzahl** | **[«]** |

Im Data Warehousing findet die Berechnung von Kennzahlen normalerweise in den Berichten statt. Um die Berichtsperformance zu verbessern, können entsprechende Berechnungen auch in den Datenfluss verlagert und die Rechenergebnisse (sogenannte *berechnete Kennzahlen*) auf der Datenbank persistent gespeichert werden. In diesem Fall spricht man von persistenten Kennzahlen.

Ein zentral ausgestalteter, vereinheitlichter EDW-Kern (Enterprise Data Warehouse) wird je nach Bedarf durch zentral oder dezentral ad hoc aufgesetzte *agile Data Marts* und Erweiterungen mit operationalen (detaillierten, nicht aggregierten) Daten ergänzt. Berichte nutzen als Datenquelle den EDW-Kern, die agilen Data Marts, die operationalen Erweiterungen oder eine Kombination aus allen drei Datenbeständen.

Agile Data Marts

Die Anzahl der Schichten zwischen Datenquellen und Data Marts (Berichtsebene) verringert sich, da die meisten Berichte (aufgrund der wesentlich höheren Leistungsfähigkeit von SAP HANA) auch auf nicht aggregierten Daten ausgeführt werden können.

Fachliche Sichten auf die Daten können problemlos über entsprechende (virtuelle) Semantikschichten bereitgestellt werden. In unserem Datenmodell ist eine fachliche Sicht auf Informationen erst auf der obersten Stufe erforderlich (in Abbildung 4.16 durch C1, C2 etc. dargestellt – C steht dabei für Client). Wir haben mehrere Clients vorgesehen, weil jeder Client nicht nur spezielle Empfängerkreise, sondern auch andere Hierarchieebenen im Unternehmen oder andere Kanäle (SMS, Tweet etc.) bedienen könnte. Um die Semantik müssen wir uns also frühestens eine oder zwei Ebenen unter den Clients wie-

Fachliche Sicht durch Semantikschichten

der kümmern (also z.B. in der *Alarmierungsschicht*, die der Sammlung von Alarmen dient).

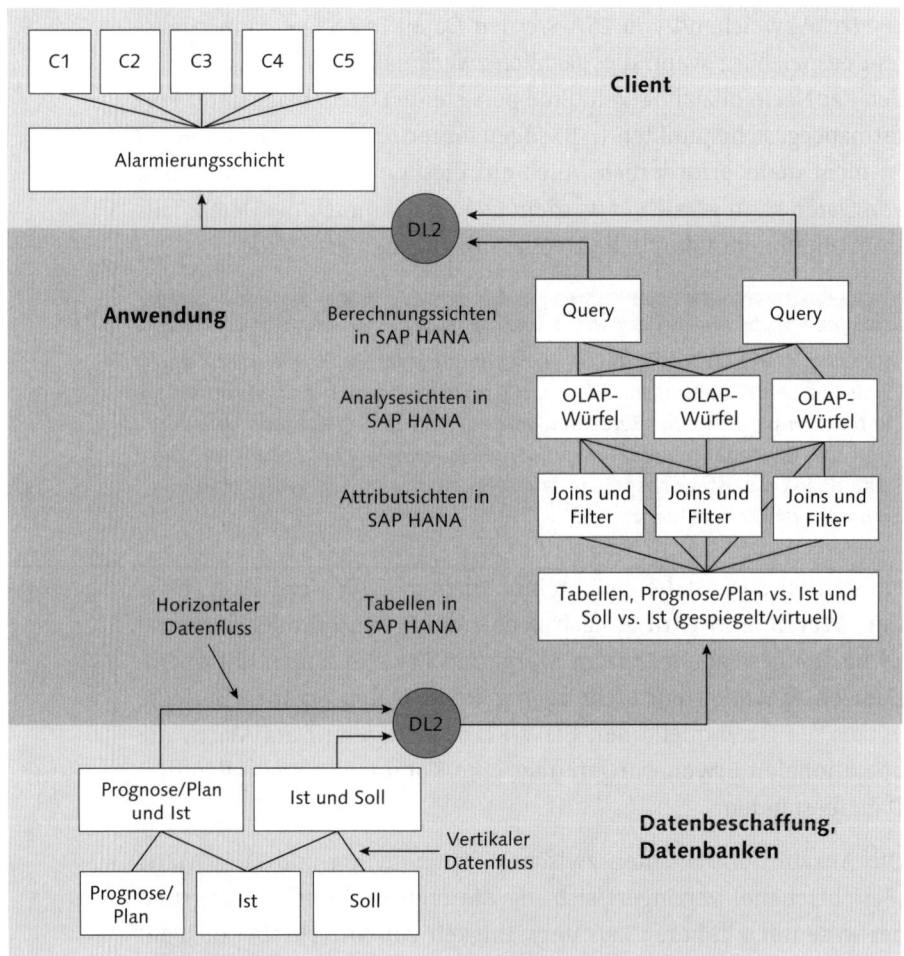

Abbildung 4.16 Datenarchitektur »Planung flexibel gestalten«

Virtuelle Daten-
bestände in LSA++

Klassisch handelt es sich bei einem Data Mart um einen (persisten-ten, redundant gehaltenen) Teildatenbestand aus einem oder mehre-ren Data Warehouses oder aus sonstigen Datenbeständen. Daten aus Data Warehouses und anderen Quellen werden gemeinsam und in einer bestimmten Struktur abgelegt, um spezifische fachliche Anfor-derungen befriedigen zu können.

Ein agiles Data Mart ist ein Data Mart, das quasi ad hoc und nach den Prinzipien von agiler BI entsteht (siehe Abschnitt 1.1.2, »Was Sie sonst noch für Big Data brauchen«). Im neuen LSA++-Modell und in HANA-basierten Umgebungen sind persistente und *virtuelle* Data Marts vorstellbar. Diese Data Marts könnten unterschiedliche Objekttypen enthalten:

► Aus Sicht von SAP BW wären hier z.B. *CompositeProvider* (anzulegen über Transaktion RSLIMOBW) oder *VirtualProvider* bzw. *TransientProvider* auf HANA-Modellen (anzulegen über Transaktion RSDD_HM_PUBLISH) denkbar.

► Aus Sicht von SAP HANA könnten virtuelle Data Marts z.B. als Berechnungssichten abgebildet sein, die ihrerseits wieder BW-Objekte nutzen.

CompositeProvider, VirtualProvider, TransientProvider, Analysesicht   [«]
und Berechnungssicht

Ein CompositeProvider führt Daten aus InfoProvidern und/oder analytischen Indizes via Union, Inner Join oder Left Outer Join zusammen. Ein *InfoProvider* ist ein (meist persistenter) Datenbestand in SAP BW und ein *analytischer Index* ein Datenbestand, der die Rechenergebnisse eines Analyseprozesses im Analyseprozessdesigner (einem Werkzeug für Datenanalyse und Data Mining) in SAP BW enthält. Im Prinzip erfüllt ein CompositeProvider den gleichen Zweck wie ein InfoSet. Anders als InfoSets sind CompositeProvider aber für die Verwendung auf SAP HANA optimiert.

Bei zwei Datenquellen bedeutet *Union*, dass die Vereinigungsmenge der Daten gebildet wird. Ein *Inner Join* enthält nur die Datensätze, die in beiden Datenquellen vorkommen (Schnittmenge). Ein *Left Outer Join* enthält alle Daten aus einer (der »linken«) Datenquelle und nur die zu diesen Daten passenden Datensätze der anderen Quelle.

Ein *VirtualProvider* stellt Analysesichten und Berechnungssichten aus SAP HANA in Form eines (nicht persistenten) Objekts in SAP BW bereit. Ein *TransientProvider* erfüllt den gleichen Zweck. Der Unterschied zwischen beiden Objekten liegt darin, dass VirtualProvider eher für längerfristig stabile Strukturen und TransientProvider eher für temporäre Ad-hoc-Modelle eingesetzt werden.

Die beiden angesprochenen HANA-Strukturen (Analysesicht und Berechnungssicht) lassen sich vereinfacht wie folgt beschreiben:

► Eine Analysesicht in SAP HANA ist ein gemäß dem *Sternschema* (einem klassischen Datenmodell für Data Warehouses) angelegtes Konstrukt aus Faktentabellen und Dimensionen.

► Eine Berechnungssicht entsteht in der Regel durch die Kombination mehrerer Analysesichten. Hierbei werden die Daten der beteiligten Analysesichten zusammengeführt, gefiltert und/oder verarbeitet, z.B. mittels SQLScript oder R.

Vertiefende Überlegungen zur Datenarchitektur

Mit unseren Überlegungen zur Datenarchitektur gehen wir noch einen Schritt weiter. Innerhalb von LSA++ raten wir Ihnen zusätzlich dazu, fünf weitere Gestaltungsmerkmale zu beachten:

- ▸ verarbeitungs- statt inhaltsorientiert
- ▸ konfiguriert statt programmiert
- ▸ deklarativ/funktional statt imperativ
- ▸ virtuell statt persistent
- ▸ geschäftsprozess- statt performancebezogen

Wir können in diesem Abschnitt zwar keine vollständige, detaillierte Datenarchitektur bis auf die Ebene einzelner Datenbankobjekte vorlegen, möchten Ihnen aber einige Empfehlungen geben. Abbildung 4.16 zeigt, wie eine Datenarchitektur aussehen könnte, die sich vor allem an den in Abschnitt 4.4.2, »Fachliche Anforderungen«, formulierten Zielen »Trennung von Prognose- und Modellüberwachung« und »Ursachenanalyse im Modell« orientiert. Der linke untere Bereich (Datenbeschaffung/Datenbanken, zwei Schichten) steht für die Quelldatenbestände (SAP ERP, Nicht-SAP-ERP-Systeme, SAP- oder Nicht-SAP-Data-Warehouses auf beliebigen Datenbanksystemen inklusive SAP HANA). Der rechte mittlere Bereich (Anwendung, vier Schichten) repräsentiert die Anwendung (App) in SAP HANA, die die beschriebenen Funktionen liefern soll. Der linke obere Bereich (Client, zwei Schichten) entspricht dem Client oder der Benutzerschnittstelle. Die Bezeichnungen der drei Blöcke (Datenbeschaffung/Datenbanken, Anwendung, Client) beziehen sich auf die Ebenen im Implementierungsszenario (siehe Abbildung 4.15).

Die mit DL1 und DL2 beschrifteten Kreise im mittleren Bereich der Abbildung symbolisieren Datenlogistik-Anwendungen (wie z.B. SAP Data Services). Wenn die Daten bereits in SAP HANA gespeichert sind (z.B. im BW-auf-HANA-Szenario), entfällt die Datenlogistik an dieser Stelle (es sei denn, es bestünde Bedarf an einer intensiven Datenbereinigung durch entsprechende Transformationen).

Verarbeitungs- statt inhaltsorientiert

In vielen Unternehmen sind Datenbestände nach Inhalten (das heißt nach betrieblichen Funktionen) untergliedert. Buchungssätze, Kostenrechnungsbelege, Materialstammsätze, Arbeitspläne und Kundenaufträge befinden sich in separaten Domänen und bleiben hinsichtlich der Datenhaltung voneinander getrennt. Daten, die im Rahmen gleichartiger geschäftlicher Vorgänge entstehen (z.B. Anfragen, Angebote, Aufträge), werden auch in der Datenbank zusammen aufbewahrt. Eine solche Aufteilung führt bei der Verlagerung von Anwendungslogik in die Datenbank zu drei Problemen:

▶ Das Rad wird in jedem Bereich immer wieder neu erfunden. Ein und dasselbe Klassifikationsverfahren kann für Finanz- und Logistikdaten von Nutzen sein; aber wenn beide Datenbestände sauber getrennt voneinander existieren (und von unterschiedlichen Abteilungen, Projekten oder Teams bearbeitet werden), stehen Ihre Chancen gut, nach einigen Jahren einen bunten Strauß unterschiedlicher Implementierungen desselben Algorithmus vorzufinden.

▶ Verarbeitungsmechanismen werden auf die Struktur oder die Benennung bestimmter Inhalte zugeschnitten. Solche proprietären Logiken sind nur selten wiederverwendbar und sehr empfindlich gegenüber strukturellen Änderungen in den ihnen zugrunde liegenden Datenbeständen.

▶ Die Suche nach neuen Zusammenhängen wird erschwert. Wenn die Daten aus Kundenaufträgen und Bestellanforderungen sich in eigenen, unterschiedlich ausgeprägten Domänen befinden, werden nur einige wenige begnadete Entwicklergenies in der Lage sein, sich Data-Mining-Verfahren zur automatischen Aufdeckung von Zusammenhängen zwischen Vertriebsbelegen und Bestellungen auszudenken.

Unsere Forderung nach Verarbeitungsorientierung entspricht den Geboten für die Gestaltung von OLAP-Würfeln in klassischen Data Warehouses. Wenn man in einem Data Warehouse die Dimensionen eines OLAP-Würfels ausgestaltet, sollten hierbei nicht semantische, sondern technische Überlegungen im Vordergrund stehen. Ein gut modellierter OLAP-Würfel zeichnet sich dadurch aus, dass seine Dimensionstabellen bezüglich der Anzahl ihrer Datensätze alle ähnlich groß und im Verhältnis zur Faktentabelle relativ klein bleiben. Analog dazu legen wir Ihnen nahe, sich bei einem Big-Data-Datenmodell für SAP HANA nicht an Inhalten, sondern an den Charakteristika der Daten und der Art der gewünschten Weiterverarbeitung zu orientieren.

Analogie: Dimensionen von OLAP-Cubes

Skalenniveau, Granularität und Weiterverarbeitung

Daten, die ähnliche mathematisch-statistische Eigenschaften (z.B. Skalenniveau) sowie eine ähnliche *Granularität* (Feinheit, Detailliertheit) aufweisen und die mit den gleichen Verfahren weiterverarbeitet werden sollen, werden zusammengefasst; Daten, die vielleicht inhaltlich ähnlich sind, aber unterschiedlich behandelt werden müssen, werden getrennt. Beides zusammen verlangt ein gewisses Maß an Abstraktion, führt aber zu einem sehr schlanken und trotzdem sehr flexiblen Datenmodell.

Wir erläutern das anhand von Abbildung 4.16. Bei den Quelldaten unten links in Abbildung 4.16 haben wir Prognosedaten von Ist-Daten und Soll-Daten getrennt. Die Informationen über Prognosedaten sind oft viel weniger fein als die Informationen über Ist-Werte, sodass es nicht sinnvoll ist, Prognose-, Ist- und Soll-Daten im Datenmodell zu vermischen. Für Prognosen haben wir vielleicht nur die in Abschnitt 4.4.3 unter der Überschrift »Bausteine der Lösung« erwähnten Verteilungsinformationen Erwartungswert und Standardabweichung (also zwei Werte je Parameter); bei den Ist-Werten liegen uns vielleicht sekündliche Wechselkurse für ein ganzes Jahr vor. Indem man solche Datenbestände voneinander trennt, wird die erwähnte Separierung nach Granularität und (statistischen) Verarbeitungsverfahren umgesetzt.

Ebenfalls getrennt haben wir Rohdaten (Prognose/Plan, Ist und Soll) von konsolidierten bzw. bereinigten Daten (z.B. Ist und Soll); aus diesem Grund hat der Bereich links unten zwei Schichten, in der Praxis sind es wohl meist mehr als nur zwei. Durch eine solche Aufteilung lässt sich erreichen, dass Änderungen an der Struktur der Rohdaten (z.B. die Berücksichtigung neuer Verteilungsmodelle mit mehr als nur zwei Werten bei Wechselkursprognosen) nicht »nach oben durchschlagen«. Ob diese zwei Schichten persistent oder virtuell sind, spielt in einem HANA-Umfeld eine untergeordnete Rolle.

Normalverteilte Prognosedaten beschreiben

RFT geht davon aus, dass die Absatzmengen und Wechselkurse in einem bestimmten Monat für ein bestimmtes Land jeweils normalverteilt sind und dass die Parameter dieser Verteilungen (Erwartungswert μ und Standardabweichung σ) vom externen Partner geliefert werden. Somit könnte RFT für die Ablage von Prognosewerten die in Abbildung 4.17 gezeigte Tabelle für normalverteilte Zufallsvariablen im Administrationswerkzeug *SAP HANA Studio* anlegen. In ein und derselben Tabelle könnten nicht nur alle Wechselkursprognosen, sondern auch alle anderen, vermutlich normalverteilten prognostizierten Werte vollständig beschrieben werden.

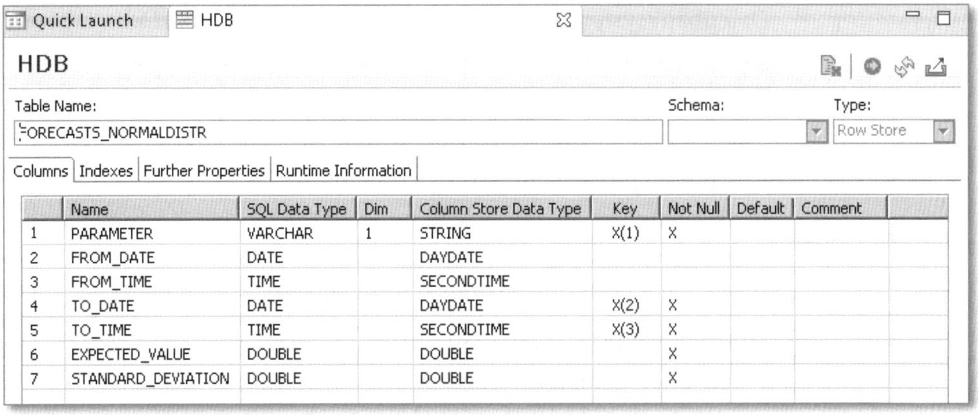

	Name	SQL Data Type	Dim	Column Store Data Type	Key	Not Null	Default	Comment
1	PARAMETER	VARCHAR	1	STRING	X(1)	X		
2	FROM_DATE	DATE		DAYDATE				
3	FROM_TIME	TIME		SECONDTIME				
4	TO_DATE	DATE		DAYDATE	X(2)	X		
5	TO_TIME	TIME		SECONDTIME	X(3)	X		
6	EXPECTED_VALUE	DOUBLE		DOUBLE		X		
7	STANDARD_DEVIATION	DOUBLE		DOUBLE		X		

Abbildung 4.17 Tabelle für Absatz- und Wechselkursprognosen

Abbildung als HANA-Tabelle

Um diese Tabelle im Sinn eines agilen Data Marts in SAP HANA zu erzeugen, muss RFT nur die Namen der benötigten Tabellenfelder und deren SQL-Datentypen im SAP HANA Studio definieren. Andere Informationen (z.B. der für eine spaltenbasierte Datenablage erforderliche COLUMN STORE DATA TYPE) werden beim Generieren der Tabelle automatisch erzeugt. Ob die Tabelle zeilen- oder spaltenbasiert abgelegt wird, wird durch das Eingabefeld TYPE rechts oben in Abbildung 4.17 entschieden, in unserem Beispiel ist die Tabelle zeilenbasiert (ROW STORE). Die Tabelle hat eine relativ einfache Struktur und enthält nicht sonderlich viele Datensätze (für jeden prognostizierten Parameter nur eine Zeile).

Zeilenbasierte Tabelle

Deshalb (und weil es nicht sinnvoll ist, Verteilungsparameter über unterschiedliche Zufallsvariablen hinweg zu aggregieren) haben wir uns hier für eine zeilenbasierte Ablage entschieden. Bei Wechselkursen wäre dann allerdings auch der Wechselkurs jedes einzelnen Monats ein eigenständiger Datensatz in dieser Tabelle (wir erwarten ja in jedem Monat andere Wechselkurse, das heißt, zumindest deren Erwartungswerte und vielleicht auch deren Standardabweichungen werden sich unterscheiden).

Andere Abbildungsoptionen

Alternativ könnten die Daten der Tabelle auch in einem DataStore-Objekt (DSO) in einem klassischen oder HANA-basierten BW-System liegen. Dieses DSO könnte beispielsweise in einen Datenfluss eingebettet sein, der auf einem Push-Webservice des externen Partners zur Lieferung von Wechselkursprognosen aufsetzt. Ebenso gut könnte es sich um eine Tabelle auf einem beliebigen relationalen Datenbanksystem oder eine vom externen Partner periodisch bereitgestellte CSV-Datei handeln. Die Modellierungsprinzipien bleiben die gleichen.

Standardisierte
Datenvektoren

Aber wo auch immer die Quelldaten sich befinden, aus Sicht der Anwendung (das heißt aus Sicht der zwischen Analyse- und Berechnungssichten in SAP HANA zu implementierenden Verfahren) sollte es lediglich darum gehen, dass von der Quelle für n Parameter zwischen $2 \times n$ und $3 \times n$ Datenvektoren angeliefert werden:

1. n Datenvektoren mit Verteilungsinformationen zu prognostizierten oder geplanten Werten, also den Informationen aus einer Tabelle wie derjenigen in Abbildung 4.17 (ein Datenvektor je Parameter)

2. n Datenvektoren mit Ist-Werten (ein Datenvektor je Parameter)

3. 0 bis n Datenvektoren mit Soll-Werten (ein Datenvektor je Parameter). Soll-Werte existieren allerdings nur dann, wenn der Vektor unter 1. nicht Prognosewerte, sondern Plan-Werte enthält; für Prognosen kennen wir die Modelle nicht, somit können wir für diese auch keine Soll-Werte errechnen.

Anzahl Parameter
aus Anwendungs-
sicht irrelevant

Basierend auf diesen $2 \times n$ bis $3 \times n$ Datenvektoren, werden in der Anwendung z.B. zwischen n und $2 \times n$ Chi-Quadrat-Anpassungstests durchgeführt (pro Parameter – das heißt $n \times Prognose/Plan$ versus Ist + $Soll$ versus Ist). Bei einer derartigen Modellierung ist es aus Sicht der Anwendung völlig gleichgültig, wie viele Parameter bearbeitet werden müssen (das heißt, ob $n = 10$ oder $n = 1.000$) oder was fachlich dahinter steht.

Abstraktion =
Flexibilität

Gerade aus diesem (relativ) hohen Abstraktionsgrad resultiert die gewünschte Flexibilität: Auch wenn in der Tabelle in Abbildung 4.17 Zufallsvariablen (= Zeilen) entfallen oder neue hinzukommen, müssen die darauf basierenden Analyse- und Berechnungssichten nicht geändert werden. Die Tests werden einfach immer für alle in der Tabelle vorhandenen Zufallsvariablen durchgeführt. Möchten Sie eine Teilmenge der Tabelle von der Analyse ausschließen, können Sie einfach ein Ja/Nein-Feld in die Tabelle aufnehmen und so das Verhalten des Algorithmus steuern. Der Algorithmus selbst hängt dann nicht mehr von (sich häufig ändernden) Inhalten, sondern nur von den (längerfristig stabilen) Eigenschaften Ihrer Daten ab. Es entsteht ein Datenmodell, das kaum Wartung benötigt und extrem anpassungsfähig ist.

Anpassungsfähigkeit ist Trumpf in der schönen neuen Big-Data-Welt, in der das Fressen und gefressen Werden massiv beschleunigt sind. Dabei versteht es sich von selbst, dass innerhalb eines solchen Datenflusses die richtigen (die für die Quelldaten aus mathematisch-statistischer Sicht zulässigen und geeigneten) Verfahren zum Einsatz kommen. Sonst gelangen Sie trotz Anpassungsfähigkeit an das falsche Ende der Nahrungskette.

Anpassungsfähig-keit ist Trumpf

Konfiguriert statt programmiert

Um das Prinzip »konfiguriert statt programmiert« zu erläutern, erklären wir zunächst zwei andere Begriffe: *horizontale* und *vertikale* Datenflüsse. Beide Begriffe tauchen bereits in Abbildung 4.16 auf, und auf beide werden wir in den folgenden Fallstudien mehrfach zurückkommen.

Horizontale Datenflüsse   [«]

Unter horizontalen Datenflüssen verstehen wir den Datenaustausch zwischen den Datenbeständen unterschiedlicher Anwendungen (z.B. Daten von ERP-Lösungen und Daten von Data Warehouses) oder Datenflüsse zwischen klar voneinander getrennten Teildatenbeständen innerhalb einer Anwendung (z.B. das Nachlesen von Stammdaten zur Prüfung oder Anreicherung von Transaktionsdaten). Horizontale Datenflüsse dienen also primär dazu, Daten aus einem Bereich in einen anderen Bereich zu transportieren oder dort temporär bereitzustellen.

Oft kommen hierbei Produkte zur Datenverwaltung zum Einsatz, horizontale Datenflüsse können aber auch ganz ohne solche Lösungen entstehen. Wenn Quelle und Ziel in einer HANA-Datenbank liegen, kann ein horizontaler Datenfluss auch einfach modelliert werden, indem man als Ziel eine Sicht anlegt, die auf Tabelle(n) der Quelle(n) Bezug nimmt. Selbst systemübergreifend braucht man nicht unbedingt Produkte zur Datenverwaltung für die horizontale Datenlogistik (DL1). Für eine saubere Trennung reichen (sofern keine Transformationen erforderlich sind) auch virtuelle Tabellen in SAP HANA mit einem Zugriff auf externe Quellen.

Datenlogistik für horizontale Datenflüsse

[»] **Vertikale Datenflüsse**

Mit vertikalen Datenflüssen meinen wir im Gegensatz dazu Datenflüsse, die nicht nur dem Transport, sondern der Verwertung und Analyse von Daten im engeren Sinn dienen. Im Sinn dieser Definition wäre also die Bereitstellung von Absatzmengen und Verkaufspreisen aus Fremdsystemen in SAP BW ein horizontaler Datenfluss. Die Zusammenführung dieser Mengen und Preise in einem MultiProvider und die Multiplikation beider Werte durch eine Transformation in SAP BW wären dagegen ein vertikaler Datenfluss.

In Abbildung 4.16 haben wir den Unterschied zwischen horizontalen und vertikalen Datenflüssen dadurch verdeutlicht, dass wir für die horizontalen Datenflüsse Pfeile und für die vertikalen Datenflüsse nur Linien verwendet haben. Die (möglicherweise) in der horizontalen Datenlogistik verwendeten Produkte zur Datenverwaltung werden durch die zwei Kreise mit der Beschriftung DL1 und DL2 symbolisiert.

Zweck horizontaler und vertikaler Datenflüsse

Horizontale Datenflüsse erfüllen also im Wesentlichen zwei Aufgaben:

▸ Sie stellen Daten aus einer Anwendung/einem Teildatenbestand in einer anderen Anwendung/einem anderen Teildatenbestand bereit.

▸ Die Bereitstellung dieser Daten erfolgt entweder eins zu eins (quasi als Spiegelung) oder unter Einsatz bestimmter Transformationen. Dabei dienen diese Transformationen nicht dazu, eine fachliche Verarbeitung der Daten vorzunehmen. Sie erfüllen lediglich den Zweck, die Daten der Quelle an die Bedürfnisse des Ziels anzupassen.

Vertikale Datenflüsse dienen demgegenüber der eigentlichen Verarbeitung von Daten. Im Umfeld von Big Data bzw. SAP HANA bedeutet »Verarbeitung« in der Regel »Analyse«. Wenn die Ergebnisse von Analysen anschließend wieder für andere Anwendungen verfügbar gemacht werden sollen, geschieht dies erneut über horizontale Datenflüsse.

Bordmittel einsetzen

Sowohl für horizontale als auch für vertikale Datenflüsse empfehlen wir Ihnen, zu *konfigurieren* anstatt zu *programmieren*, oder anders gesagt, Daten »mit Bordmitteln« zu bewegen. Mit Bordmitteln bedeutet, dass Sie entsprechende Werkzeuge verwenden und diese nach Ihren Bedürfnissen konfigurieren, nicht aber die Verarbeitungslogik in prozeduralen Sprachen von Grund auf neu entwickeln.

Weil in horizontalen und vertikalen Datenflüssen unterschiedliche Werkzeuge zum Einsatz kommen, bedeutet das in diesem Zusammenhang Folgendes:

▶ **Horizontale Datenlogistik**

Daten werden unter Verwendung eines der in Abschnitt 2.1.3 unter der Überschrift »Produkte zur Datenverwaltung (Datenlogistik, Metadaten)« beschriebenen Werkzeuge bereitgestellt:

- ▶ Der Zugriff auf Daten erfolgt über virtuelle Strukturen (z.B. Views).

- ▶ Daten werden durch Replikationswerkzeuge (z.B. SAP SLT) gespiegelt.

- ▶ Daten werden durch ETL-Tools wie SAP Data Services transportiert und soweit erforderlich transformiert.

In allen drei Fällen sollte, wann immer möglich, auf klassische prozedurale Programmierung verzichtet und stattdessen konfiguriert werden (das heißt, es sollten Einstellungen z.B. in den Transformationen von SAP Data Services vorgenommen werden). Unsere Erfahrung lehrt, dass dies weit öfter zum Ziel führt als gemeinhin angenommen. Programmiert wird häufig einfach deshalb, weil der Aufbau von Datenflüssen Entwicklern überlassen wird und diese zu den Mitteln greifen, die ihnen am nächsten liegen. (Dass bei Transformationen in ETL-Werkzeugen vielleicht im Hintergrund auch Programmcode entsteht, ist für uns nebensächlich, denn hierbei handelt es sich um automatisch erzeugten, releasesicheren und leicht neu zu generierenden Code.)

▶ **Vertikale Datenlogistik**

Bei vertikalen Datenflüssen sehen die Anforderungen ein wenig anders aus. Hier geht es selten ganz ohne Programmierung. Allerdings kann man sich dabei fast immer auf deklarative statt imperative Sprachen beschränken; man bewegt sich damit ebenfalls eher im Bereich der Konfiguration statt der klassischen Programmierung (siehe nächster Abschnitt).

Ziel ist es, die vertikalen Datenflüsse so zu gestalten, dass ein erfahrener, aber nicht mit dem jeweiligen Umfeld vertrauter Experte (Entwickler, Berater oder Data Scientist) sich auch ohne Dokumentation (Haben Sie jemals ein Projekt erlebt, dass eine vollständige Dokumentation geliefert hat?) zurechtfinden kann.

Werkzeuge für die vertikale Verarbeitung

Deklarativ/funktional statt imperativ

Um vertikale Datenflüsse in SAP HANA zu modellieren, braucht man zunächst einmal klassische Datenbankoperationen (Unions, Joins, Filter etc., sprich SQL(Script)). Wenn das nicht reicht, stehen Ihnen für vertikale Datenflüsse die folgenden Gerätschaften (in dieser Reihenfolge) zur Verfügung:

1. deklarative Logik in SQLScript (siehe *http://help.sap.com/hana/ SAP_HANA_SQL_Script_Reference_en.pdf*)

2. CE-Funktionen (Calculation Engine) in SQLScript (siehe *http:// help.sap.com/hana/SAP_HANA_SQL_Script_Reference_en.pdf*)

3. SAP PAL (siehe *http://help.sap.com/hana/SAP_HANA_Predictive_ Analysis_Library_PAL_en.pdf*), zukünftig auch KXEN-Werkzeuge

4. RDL (als deklarative Sprache, die SQLScript generiert: siehe *https:// help.sap.com/download/River/SAP_River_Language_Reference_en.pdf*)

5. R (als funktionale Sprache)

6. imperative Logik in SQLScript (siehe *http://help.sap.com/hana/ SAP_HANA_SQL_Script_Reference_en.pdf*)

7. imperative Sprachen (z.B. ABAP, nur wenn unumgänglich)

Deklarative und funktionale Sprachen

Je weiter Sie sich in dieser Liste von oben nach unten bewegen, umso mehr müssen Sie selbst tun und umso mehr bewegen Sie sich weg von der Konfiguration bzw. Deklaration und hin zur Programmierung. Der wesentliche Unterschied hierbei ist, dass in deklarativen und funktionalen Sprachen auf den ersten Blick sichtbar ist, *was* getan wird. Bei imperativen Sprachen sieht man nur das *Wie*; das *Was* ergibt sich aus der (meist nicht vorhandenen) Dokumentation. Wir haben bereits in Abschnitt 2.1.3, »Abgrenzung von SAP HANA und Big Data«, auf die Vorteile deklarativer Programmiersprachen hingewiesen. Mit der Erweiterung auf funktionale Sprachen wagen wir uns sogar noch etwas weiter vor und sagen, dass man auf imperative Sprachen in analytischen Apps verzichten kann.

[»] | **Funktionale Programmiersprachen**

Funktionale Programmiersprachen bilden Eingabedaten auf Ausgabedaten ab und ähneln in ihrer Syntax mathematischen Funktionen. Sie kommen ganz ohne Schleifen und Zuweisungen aus, verwenden aber stattdessen sogenannte rekursive Ausdrücke. Vergleiche zwischen der funktionalen und der imperativen Programmierung finden Sie auf *http://de.wikipedia. org/wiki/Funktionale_Programmierung*.

> Funktionale Sprachen sind ebenso mächtig wie imperative Sprachen (sie erfüllen die Anforderung der sogenannten *Turing-Vollständigkeit*). Die Programmiersprache R, die auf der LISP-Variante *Scheme* basiert, ist ebenfalls eine funktionale Sprache.

Ein weiterer Vorteil dieser Sprachen ist, dass das Datenmodell auch für die *Bots* und *Crawler* von Metadaten-Repositories transparent, verständlich und durchsuchbar bleibt. Bei konfigurierten Objekten, deklarativen Statements und funktionalen Ausdrücken ist eine automatische Inventarisierung durch Bots und Crawler sinnvoll; hier sind Sie mit der Verarbeitung – anders als bei imperativen Sprachen – relativ nah an den fachlichen Anforderungen. Die Information, welche Daten mit welchen (statistischen) Verfahren bearbeitet werden, hat mehr Aussagewert als die Information, welche Daten in IF ... THEN-Statements vorkommen (Letzteres dürfte in einer imperativen Umgebung für fast alle Daten zutreffen).

Inventarisierung in Metadaten-Repositories

Bots und Crawler [«]

> Ein Bot ist ein Computerprogramm, das kontinuierlich und weitgehend autonom einer Aufgabe nachgeht. Meist verrichten Bots ihre Aufgaben mehr oder weniger unsichtbar im Hintergrund. Sie agieren aber z. B. auch in Computerspielen in der Rolle von (scheinbar menschlichen, aber in Wirklichkeit vom Rechner gesteuerten) Gegenspielern.
>
> Ein Crawler (Krabbler) ist ein Bot, der selbstständig Datenbestände durchsucht und auswertet. Metadaten-Repositories können Crawler nutzen, um neue Objekte im Datenmodell zu erkennen. Speziell im Internet spricht man auch von Webcrawlern. Google beispielsweise setzt Webcrawler ein, um Webseiten zu indizieren.

Virtuell statt persistent

Wir haben bereits bei der Beschreibung des LSA++-Architekturmodells (siehe Abschnitt 4.5.1, »Implementierungsszenario und Rahmenarchitektur«) darauf hingewiesen, dass die Rechenleistung der In-Memory-Technik dazu geführt hat, dass heutzutage tendenziell eher virtuelle als persistente Objekte und Schichten zum Einsatz kommen. Allerdings könnte man die Frage stellen, *warum* denn eigentlich virtuelle den persistenten Objekten vorzuziehen sind.

Virtualität = Flexibilität

Lassen Sie uns das an einer Analogie verdeutlichen: In einer Welt, in der wir alle paar Jahre unseren Beruf, unseren Wohnort und vielleicht sogar das Land wechseln, in dem wir leben, ist ein solides Häuschen mit Garten vielleicht eine schöne, aber nicht unbedingt eine praktische Vorstellung. Es dauert zehn Jahre, bis ein Garten einigermaßen angewachsen ist, 20 vielleicht, bis Bäume eine ansehnliche Größe erreichen. In einer derart langen Zeitspanne haben immer mehr Menschen schon auf zwei Kontinenten gelebt und gearbeitet. Der Planwagen der amerikanischen Pioniere oder das Luxus-Wohnmobil passen eigentlich besser zu unseren modernen Lebensmodellen als ein über Generationen vererbtes Daheim aus Stein und Mörtel.

Datenstrukturen sind nicht für die Ewigkeit

Im geschäftlichen Umfeld wandeln sich Rahmenbedingungen noch viel rascher als im persönlichen Bereich. Facebook war vor einigen Jahren die soziale Revolution schlechthin, gilt aber vielen Jugendlichen schon als Medium einer älteren Generation. Die Faktoren, die bestimmen, wie lange Ihre Kunden auf Ihrer Website bleiben und ob sie einen Flug bei Ihnen oder bei einer Billig-Airline buchen, können sich von heute auf morgen ändern. Folglich ist es nicht sinnvoll, langlebige, in Stein gemeißelte Datenstrukturen aufzubauen, vor allem nicht für die Abbildung von Planungsmodellen, die man möglicherweise permanent modifizieren muss.

Performance geht jetzt auch ohne Persistenz

Vor einigen Jahren noch haben wir unseren Kunden empfohlen, berechnete Kennzahlen in Data Warehouses persistent abzulegen, um die Berichtsperformance zu verbessern. Dieser Aspekt spielt bei SAP BW auf SAP HANA praktisch keine Rolle mehr. Persistente Strukturen sind heute nur noch dann erforderlich, wenn Zwischen- oder Endergebnisse z.B. aus Gründen der Nachvollziehbarkeit, der Historisierung, für spätere Analysen (siehe hierzu auch den Hinweis auf Muster in Kapitel 10, »Betrug und Diebstahl automatisch erkennen«) oder für die Revision dauerhaft konserviert werden müssen.

Die Prinzipien »Deklarativ statt imperativ« und »Virtualität statt Persistenz« schlagen sich in der Verwendung spezieller HANA-Objekttypen in der Anwendung (Berechnungs- und Attributsicht sowie analytische Sicht rechts in Abbildung 4.16) nieder. Auf diese Objekttypen werden wir in der nächsten Fallstudie in Kapitel 5, »Reisekosten und Reisezeiten reduzieren«, genauer eingehen.

Geschäftsprozess- statt performancebezogen
Unser Datenmodell orientiert sich an der anzuwendenden Verarbeitungslogik (ist also z.B. nach mathematisch-statistischen Gesichtspunkten gegliedert). Fragen der Performance (z.B. die logische *Partitionierung* von Daten) spielen hier eine untergeordnete Rolle.

Auf den ersten Blick widerspricht die Orientierung an der Verarbeitungslogik vielleicht der Tatsache, dass wir unser Augenmerk auf Geschäftsprozesse richten. Das ist aber nur auf den ersten Blick ein Widerspruch, denn mit der Unterteilung nach Verarbeitungslogik beziehen wir uns auf die *horizontale* Struktur des Datenmodells. Die Aussage, dass Geschäftsprozesse bei der Modellierung eine Rolle spielen, bezieht sich auf die *vertikalen* Datenflüsse.

Mit diesen Hinweisen zur Datenarchitektur haben wir für das vorliegende Fallbeispiel nun einen kompletten Bogen von einer allgemeinen Einführung in das Thema »Planung« über ein fiktives Beispielszenario mit speziellen Herausforderungen, Nutzenpotenzialen und Werttreibern bis hin zu konkreten fachlichen Anforderungen und Überlegungen zur Lösungs- und Datenarchitektur geschlagen.

Bei den übrigen Fallbeispielen werden wir ähnlich vorgehen, teilweise aber auf das Fallbeispiel in diesem Kapitel verweisen und nur die Besonderheiten des jeweiligen Szenarios und die sich daraus ergebenden Folgerungen hervorheben. Die folgenden Fallstudien werden dabei jeweils einen Aspekt der Fachanforderungen oder der Lösungs- und Datenarchitektur besonders beleuchten.

Ausblick auf die nächsten Fallstudien

*»Wir ertrinken in Informationen, aber wir
hungern nach Wissen.«*

John Naisbitt, »Megatrends«, 1982

5 Reisekosten und Reisezeiten reduzieren

*Endlich angekommen, saß Norbert entspannt im Liegesessel am Fenster
des Ferienhauses seines englischen Onkels. Ein gutes Dutzend Shetland-
Schafe graste vor seinem Domizil. Hinter der Badentarbat-Bucht lag gut
tausend Meter hoch das An-Teallach-Massiv. Das obere Drittel der
Bergkette war schneebepudert und gab die perfekte Leinwand für die
Abendröte ab. Vielleicht dank der beruhigenden Wirkung des Ausblicks,
vielleicht dank dem Talisker in seiner Hand verblasste seine mühselige
Anreise langsam zu einem vagen Nebel aus Flughäfen und Bahnhöfen.*

Abbildung 5.1 Sonnenuntergang über dem An-Teallach-Massiv,
Ross and Cromarty, Schottland

*Norbert – im Herzen ganz der perfekt durchstrukturierte IT-Berater –
hatte seinen Weg hierher wochenlang minutiös geplant. Über ein Billig-
flugportal hatte er eine Verbindung für 17,99 € vom Flughafen Nieder-
rhein nach Stansted aufgespürt. Aber leider hatte allein die Bahnfahrt*

zum Airport am Montagmorgen fünf Stunden gedauert. Der Abflug hatte sich dann wegen eines technischen Problems um sechs weitere Stunden verzögert. Eigentlich hätten ihm dafür 250 € an Entschädigung zugestanden; nur leider war die Airline dafür bekannt, solch unverschämte Forderungen von Passagieren an sich abperlen zu lassen.

Also war er erst mitten in der Nacht in Stansted eingetroffen. Die Verbindungen nach Gatwick waren um diese Zeit recht dürftig, und sein nicht umbuchbarer Anschlussflug von dort nach Inverness war längst auf und davon. Er hatte also zähneknirschend teuer und unbequem im Flughafenhotel übernachtet, am Dienstagmorgen die Bahn in die Stadt genommen und einen regnerischen Tag lang planlos in der City Zeit totgeschlagen. Von London Euston aus hatte er sich schließlich mit dem Caledonian Sleeper bis Inverness vorgearbeitet. Noch vor Sonnenaufgang war er Mittwochmorgen am Mietwagenschalter eingetroffen. Eine handgeschriebene Notiz am Gitter hatte ihn wissen lassen, dass der Schalter erst drei Stunden später öffnen würde.

Inklusive der Fahrt mit dem Auto durch die Highlands hatte er zweieinhalb Tage Zeit und gut 1.500 € investiert, um eine Entfernung von 1.000 km Luftlinie zu überwinden. In einem Internetcafé an der Euston Road hatte ihn ein etwas verwahrlost wirkender Psychologiestudent gefragt, warum er denn nicht mit dem Eurostar von Brüssel-Mitte nach London St Pancras gefahren war. Norbert hatte das im Internet nachrecherchiert und zerknirscht realisiert, dass er mit der frühen Verbindung morgens um 08.00 Uhr nach zwölf Stunden für 100 € in Inverness gewesen wäre. Und für die 1.500 € hätte ihn sein Freund Stéphane ebenso gut mit seiner Cessna in vier Stunden nach Inverness fliegen können.

Norbert nippte am Single Malt. Sein Onkel, ein pensionierter Banker aus der City, hatte ein paar Kisten vom 25-Jährigen (die Flasche zu gut 300 €) unten im Keller, aber Norbert fand, dass der Talisker Storm, der nur ein Zehntel kostete, besser zum Wetter und zu dem geräucherten Wildlachs passte, der im Kühlschrank auf ihn wartete. Es gab Hunderte Sorten Scotch, und die Preise für Single Malts reichten von zwölf bis knapp 50.000 € je Flasche. Aber die Wahl des richtigen Whiskys hing nicht nur vom Preis, sondern auch von Stimmung und Jahreszeit, Wind und Wetter und vom Abendessen ab. Und genau das war die Schwachstelle in seiner Reiseplanung gewesen. Er hatte sich von den Preissuchmaschinen verführen lassen und allein auf die Ticketkosten geachtet. Fragen wie Transferzeiten oder die Zuverlässigkeit von Transportmitteln oder Airline hatte er komplett außen vor gelassen.

Wenn es ums Reisen geht, versorgt uns das Internet mit einer unüberschaubaren Fülle an Daten. Entscheidungen werden so nicht einfacher. Für einen privaten Urlaubsflug mag man darauf verzichten, die Pünktlichkeit von Fluglinien oder das Flugwetter zu recherchieren. Für ein Unternehmen mit 10.000 hochkarätigen Mitarbeitern, die praktisch permanent außer Haus für Kunden im Einsatz sind, sieht die Lage anders aus. Hier können aus kleinen, aber nachhaltigen Verbesserungen von einem oder zwei Prozent der Reisekosten oder Reisezeiten rasch siebenstellige Beträge werden. Deshalb untersuchen wir in diesem Kapitel die Potenziale von Big-Data-Lösungen in diesen beiden Bereichen.

Datenflut im Internet

Im ersten Schritt werden wir zunächst den Begriff *Kosten* im Zusammenhang mit dienstlichen Reisen auf mehr als nur die finanzielle Dimension erweitern. Im Anschluss werden wir ein fiktives Fallbeispiel vorstellen. Ein weltweit operierendes Consulting-Haus befasst sich mit der Frage, wie sich Reisen besser planen und so die Gesamtreisekosten reduzieren lassen. Wir werfen zunächst einen Blick auf Kosten, Risiken und Chancen in der Ausgangslage (das heißt vor dem Einsatz von Big Data/SAP HANA), entwickeln dann unabhängig von SAP HANA einen Lösungsansatz, der sich an den fachlichen Anforderungen orientiert, und geben Ihnen Hinweise auf resultierende Nutzenpotenziale und Werttreiber.

Im Kern geht es uns darum, Ihnen das für Big Data besonders interessante *induktive* Herangehen an Daten nahezubringen und zu vermitteln, wie mit Big Data Modelle nicht nur überwacht, sondern zunächst einmal entwickelt werden können. Zu guter Letzt übertragen wir den produktneutralen Lösungsansatz in das HANA-Universum.

5.1   Auch Zeit ist Geld

Eigentlich sollten Geschäftsreisen in der Ära von Adobe Connect, Apple FaceTime, Microsoft Lync und Skype längst Geschichte sein. Aber allen Rezessionen und Krisen zum Trotz bauen Airlines und Flughäfen weltweit ihre Kapazitäten aus. Und das nicht nur im Billigsegment. Singapur Airlines beispielsweise setzt seit 2011 – in einer Zeit angeblich allgegenwärtiger Sparzwänge – für den täglichen Service zwischen den Bankenmetropolen Zürich und Singapur einen A380 ein, in dem das komplette Oberdeck der Business Class vorbe-

Geschäftliche Reisen bleiben unentbehrlich

halten ist. Das mag ein Sonderfall sein, aber auch weltweit wächst das Volumen geschäftlicher Reisen. Rückgänge in Europa werden durch Anstiege der Reisen von und nach Asien oder zwischen Destinationen in Fernost überkompensiert. Für einfache Support-Leistungen mögen Telefon und Bildschirmübertragung reichen, Komplikationen in wichtigen Verhandlungen und Projekten lassen sich meist nur vor Ort und mit Zugang zu körpersprachlichen Signalen der Mitspieler bereinigen.

Reisekosten im Visier von Sparanstrengungen

Auslagen für Reisen sind traditionell ein bevorzugtes Objekt interner Sparanstrengungen. Reisekosten bieten oft substanzielle Sparpotenziale, die schneller und leichter durchsetzbar sind als etwa Erlössteigerungen durch Mehrabsatz oder Preiserhöhungen. Kunden können einfach zur Konkurrenz abwandern; bei Reisekosten agiert man selbst als »Kunde« (sowohl gegenüber dem Reiseanbieter als auch gegenüber den eigenen Mitarbeitern).

Klassische Maßnahmen zur Kostensenkung

Wenn Reisekosten reduziert werden sollen, geschehen meist vier Dinge:

▶ Reiserichtlinien werden angepasst. Flüge in der Business Class oder die Benutzung der ersten Klasse bei Bahnreisen werden nur noch bestimmten Hierarchiestufen oder nur noch ab einer gewissen Reisedauer erlaubt.

▶ Reisekosten werden pauschal in allen Bereichen um einen gewissen Prozentsatz gekürzt. Die Mitarbeiter in den jeweiligen Abteilungen werden von ihren Vorgesetzten »ermutigt«, die Reduktionen – natürlich ohne Einbußen bei der Leistung – »irgendwie« umzusetzen.

▶ Reisekostenabrechnungen werden sorgfältiger kontrolliert. Bestehende oder neue Richtlinien werden konsequenter umgesetzt.

▶ Reisestellen oder Partner-Reisebüros werden angehalten, vor der Buchung umfassende Preisvergleiche anzustellen und hierzu z.B. auch das Internet zu nutzen.

(SAP-)Lösungen für das Reisemanagement

All das hat seine Berechtigung, und für die Umsetzung stellt SAP eine Vielzahl an Lösungen zur Verfügung. Die Einhaltung von Richtlinien kann mit *SAP Travel Management* in Verbindung mit *SAP ERP Financials* (FI) und *SAP ERP Human Capital Management* (HCM) überwacht werden. Preisvergleiche lassen sich aufgrund der Integration von SAP mit Buchungssystemen wie *Sabre* (*http://www.sabre.com*) oder im Internet anstellen. Das Portal opodo bietet seine Dienste unter dem Label *opodo corporate* (*https://www.opodo-corporate.de*) auch geschäftlichen Nutzern an. Und mit der in Kapitel 10, »Betrug und Diebstahl automatisch erkennen«, genauer beschriebenen Lösung *SAP Fraud Management* kann man verdächtige Posten auf Abrechnungen lange vor der Auszahlung an den Mitarbeiter erkennen.

Nur haben auch die Anbieter von Transportdienstleistungen zwischenzeitlich mit immer leistungsfähigeren Modellen für die Erlösoptimierung aufgerüstet (von denen einige auch Big Data nutzen). Auf Strecken wie Zürich–Brüssel, auf denen die Bahn keine ernst zu nehmende Alternative ist und keine wesentlichen Wettbewerber im Markt präsent sind, werden Flugtickets relativ teuer angeboten; gleichzeitig sind Flugscheine für etwa gleich lange Reisen auf hart umkämpften Verbindungen wie Genf–London für einen Bruchteil des Preises zu haben.

Transportanbieter schlagen mit Big Data zurück

Viele Airlines sind auch sehr gut darin, Preismodelle nicht nur nach Destinationen, sondern auch zeitlich zu strukturieren (wir haben das Thema »temporale Segmentierung« in Abschnitt 1.5, »Business Cases bewerten«, schon kurz erwähnt und gehen in Kapitel 7, »Kundenverhalten steuern«, noch genauer darauf ein). Ein Flug zu einer klassischen Urlaubsdestination kostet so vielleicht am Sonntag – wenn viele Kunden private Reisen planen – mehr als wochentags um 09.30 Uhr. Außerdem gibt es technische Mittel, die die Zugriffe von Preisvergleichsanbietern auf Buchungswebsites und damit das Anbieten aktueller Preisinformationen erschweren.

Flugpreise je nach Buchungstag und Tageszeit

Diese Aufrüstungsspirale aus Preisdifferenzierung und Preisvergleichsmaschinen wird sich sicher weiter drehen. Die Frage ist, ob Fluglinien und Kunden wie das Kaninchen gebannt auf die Schlange starren, das heißt sich nur auf einen Aspekt des Gesamtbilds konzentrieren. Vielleicht entgehen ihnen dabei ja ganz andere Chancen für die Kostenoptimierung.

Aus unserer Sicht bestehen Reisekosten (beispielsweise für ein Beratungsunternehmen) nämlich aus drei Komponenten:

Drei Arten von Reisekosten

▶ **Aufwendungen für reisebezogene Dienstleistungen und Pauschalen**
In dieser Kategorie finden sich die »klassischen« Reisekosten, also Kosten für den Transport oder sonstige reisebezogene Dienstleis-

tungen; Beispiele wären Aufwendungen für Flug- und Bahntickets, Mietfahrzeuge, Hotelübernachtungen, Spesenpauschalen etc.

▸ **Opportunitätskosten durch Reisezeiten**
Hiermit meinen wir den Verlust an Arbeitszeit oder Arbeitsergebnissen, der durch Reisen entsteht. Bei Beratern, deren Leistungen nach Stunden abgerechnet werden, können entgangene Umsätze als Messgröße dienen. Deswegen haben wir uns für ein Fallbeispiel aus dieser Branche entschieden. In anderen Industriezweigen mögen diese Kosten schwerer messbar sein, trotzdem sind sie nicht zu unterschätzen.

Theoretisch können wir heute dank mobiler Kommunikation immer und überall arbeiten. In der Praxis aber gestaltet sich die Entwicklung einer Verkaufspräsentation während eines Billigflugs bei minimalem Sitzabstand oder zur Hauptverkehrszeit in der Londoner U-Bahn schwierig.

▸ **»Weiche« Reisekosten**
In diese dritte Gruppe von Kosten fällt all das, was in der Praxis kaum erfassbar ist, aber dennoch sehr große Auswirkungen haben kann. Wenn ein Unternehmen seinen Mitarbeitern beispielsweise vorgibt, aus Kostengründen zukünftig bei frühen Terminen nicht mehr am Vortag, sondern am selben Morgen anzureisen, und ein übermüdeter Kollege auf dem Weg zum Flughafen einen Unfall hat, woraufhin er für drei Monate ausfällt, dann ist das Herausstreichen einer Hotelübernachtung zu 100 € nicht nur zynisch, sondern auch rechnerischer Unsinn.

Einige dieser Komponenten sind – wie schon erwähnt – schwer messbar. Sie deswegen zu ignorieren hieße aber, den Kopf in den Sand zu stecken. Deshalb müssen wir uns vor der Betrachtung von Fallstudie und Lösungsansätzen damit befassen, wie wir die drei aufgeführten Kostenkategorien in den Griff bekommen können. Vielleicht ahnen Sie an dieser Stelle bereits, welches Problem wir mit dieser Fallstudie ansprechen wollen: Während wir uns im vorangegangenen Kapitel mit der Überwachung von Prognosen und Modellen beschäftigt haben, geht es jetzt um die *Entwicklung* von Modellen zur Entscheidungsunterstützung. Die wesentlichen Herausforderungen hierbei sind:

▸ Theoretisch können unendlich viele Input-Parameter für das Modell relevant sein.

▶ In der Praxis spielt aber wahrscheinlich nur ein Teil dieser Parameter eine signifikante Rolle.

▶ Die Input-Parameter weisen ganz unterschiedliche Eigenschaften (Skalenniveau, Granularität etc.) auf.

Unsere in diesem Kapitel geschilderte Vorgehensweise lässt sich auf viele andere Fragestellungen übertragen, gleichgültig, ob es dabei um Reisekosten oder Absatzprognosen geht.

5.1.1 Aufwendungen für reisebezogene Dienstleistungen und Pauschalen

Die Berechnung der Aufwendungen für reisebezogene Dienstleistungen und Pauschalen macht uns wenig Kopfzerbrechen. Stets fließen Geldbeträge an Mitarbeiter oder Dritte, die Kosten liegen also klar auf der Hand. Die einzigen zwei Fragen, die sich in diesem Zusammenhang stellen, sind die nach dem »Wann« und dem »Wie« der Messung.

Zeitpunkt und Reiseumfang

▶ **Wann**

▶ Wenn die Reise noch nicht gebucht ist, haben wir es mit theoretischen Kosten zu tun, die sich alle paar Sekunden ändern können. Wir müssen also in Echtzeit eine große Anzahl sehr heterogener Datenquellen im Blick behalten.

▶ Ist die Reise abgerechnet, liegen zwar eindeutige Daten vor, aber für eine Korrektur falscher Entscheidungen ist es dann zu spät. Wir können allenfalls noch aus unseren Fehlern lernen.

▶ **Wie**

▶ Norberts Odyssee verdeutlicht, dass wir oft nicht nur die freie Auswahl zwischen unterschiedlichen Anbietern der gleichen Leistung (Flug) haben, sondern eigentlich transportmittelübergreifend (Flug oder Bahn) entscheiden müssen. Wenn wir als Zielflughafen Stansted statt Heathrow wählen, ändern sich damit auch die Optionen für die Weiterreise.

▶ Solche Vergleiche sind für die meisten Reiseportale schwierig bis unmöglich. Bei *skyscanner* (*http://www.skyscanner.de*) kann man »London City«, »London Gatwick«, »London Heathrow«, »London Luton«, »London Southend« und »London Stansted« in einen einzigen Vergleich aufnehmen. Das Portal berücksichtigt aber nicht, dass die Weiterreise von jedem dieser Flughäfen unterschiedlich kompliziert und teuer wird und dass die Destinationen »London Euston«, »London King's Cross«, »London Paddington«, »London St Pancras«, »London Victoria«, »London Waterloo« (alles Fernbahnhöfe) viel näher am eigentlichen Ziel (z. B. Canary Wharf) gelegen sind.

▸ Wenn wir von Brüssel oder Paris statt von Frankfurt kommen, wäre auch der Eurostar eine Option; Bahnreisen kann man aber auf skyscanner gar nicht vergleichen. Und auf dem Portal der Deutschen Bahn AG (*http://www.bahn.de*) finden sich zwar Bahnverbindungen für ganz Europa, aber wer weiß, vielleicht wäre ein Fernbus (siehe *http://www.checkmybus.de*) ein wenig langsamer, aber viel günstiger?

5.1.2 Opportunitätskosten durch Reisezeiten

(Reise-)Zeit ist Geld

Prinzipiell wäre die Messung von Reisezeiten kein großes Problem. Wenn wir ein Reiseportal hätten, das alle Verkehrsträger und alle denkbaren Kombinationen aus diesen betrachten könnte, würde uns dieses Portal nicht nur einen Preis, sondern auch eine Reisedauer liefern. Allerdings stünden wir dann vor zwei weiteren Fragen:

▸ Ist dies die tatsächliche Reisedauer, oder müssen wir in der Praxis davon ausgehen, dass die Reise aufgrund von Verspätungen doppelt so lange dauern wird?

▸ Theoretisch ist Zeit zwar Geld, aber in der Praxis lassen sich Geld- und Zeiteinheiten nicht gut zusammenrechnen oder vergleichen. Wir haben es hier mit unterschiedlichen Einheiten und Dimensionen zu tun.

Tatsächliche Reisedauer

Fahr-/Flugplan und tatsächliche Reisezeit

Ob und wie häufig z. B. Flüge verspätet sind, lässt sich dank Internet relativ leicht ermitteln. Es gibt Websites mit historischen Verspätungsstatistiken für Fluglinien und Flughäfen (z. B. *http://www.flightstats.com*). Aktuelle oder zukunftsbezogene Daten lassen sich aus den Ankunfts- und Abflugtabellen von Fluglinien oder Flughäfen oder auf Basis von Reisewettervorhersagen herleiten. Schwieriger wird es bei der Frage, ob eine auf einer Flugstrecke zu einer bestimmten Tageszeit regelmäßig zu erwartende Verspätung von durchschnittlich 45 Minuten (Erwartungswert) eine viel höhere Folgeverspätung durch einen verpassten Anschluss nach sich ziehen wird.

Aggregation von Geld und Zeit

Was ist der Wert einer Stunde ersparter Reisezeit? Bei einem Berater, der seine Leistungen nach Zeit beim Kunden berechnet (und dessen Kunde nur vor Ort erbrachte Leistungen als verrechenbar ansieht) ist diese Frage relativ einfach zu beantworten. Aber wie sieht das bei einem Mitarbeiter aus der Zentrale aus? Wenn dieser die Stunde im Büro verbracht hätte, hätte er vielleicht nur gelangweilt im Internet gesurft. Oder eine Idee gehabt, die dem Unternehmen Millionen einbringt.

Was kostet eine verlorene Arbeitsstunde?

Manche Mitarbeiter sind im Flieger kreativer als in der grauen Büroumgebung. Obendrein besteht ein Zusammenhang mit der Wahl des Transportmittels und der Art der Aufgaben. Eine Stunde in der Bahn oder in der Business Lounge am Flughafen lässt sich gut für die Arbeit am Computer nutzen, bei einer Stunde in der S-Bahn oder im eigenen Auto sieht das anders aus. Müsste der Mitarbeiter in dieser Stunde nicht am Rechner arbeiten, sondern telefonieren, wäre das Auto – nicht zuletzt aus Gründen der Diskretion – der bessere Ort hierfür.

5.1.3 »Weiche« Reisekosten

Am vertracktesten sind sicher die weichen Reisekosten. Wenn der Textileinkäufer Franz Schachtelhuber, der bislang bei Geschäftsreisen nach Asien einen Direktflug in der Lufthansa Business Class nutzen durfte, nun auf eine Holzklasse-Umsteigeverbindung mit Aeroflot via Moskau verwiesen wird, kann das vielerlei Folgen haben: Früher konnte Herr Schachtelhuber am Abend einsteigen, an Bord gut speisen und dann in einem flachen Liegesitz acht Stunden schlafen. Jetzt geht sein Flug nicht mehr am Abend, sondern mittags, die Economy Class ist von enthusiastisch lärmenden Großfamilien bevölkert, und an Schlaf ist auf den steinharten, engen Sitzen und bei den sechs Stunden Wartezeit in Moskau außerhalb der Business Lounge nicht mehr zu denken. Am nächsten Tag in Shanghai ist Herr Schachtelhuber müde und wie durch den Wolf gedreht; für den mit viel psychologischem Gespür gesegneten Verkaufsleiter seines chinesischen Lieferanten eine wunderbare Gelegenheit, ihm das Dreifache des tatsächlichen Jahresbedarfs zu einem um 20 % überhöhten Preis anzudrehen. Nach zwei Jahren kommt Herr Schachtelhuber zu dem Schluss, seine Stelle zu kündigen und die guten Kontakte nach Asien

Kosten sinkender Mitarbeiterzufriedenheit

und das Wissen über die Einkaufspreise seines Arbeitgebers zu einem Wettbewerber zu tragen, der in Sachen Spesenabwicklung großzügiger ist.

All diese Betrachtungen drehen sich um kaum messbare Faktoren. Die Verkettung diverser Ereignisse war nicht vorhersehbar, und eine Bewertung in Geldeinheiten erscheint selbst im Nachhinein so gut wie unmöglich. Trotzdem werden wir uns in Abschnitt 5.4, »Lösung: Induktion statt Deduktion«, dieser Herausforderung stellen.

5.2 Szenario: Reisekosten bei einem international tätigen Beratungsunternehmen

Das (fiktive) Consulting-Haus Walk-on-Water Associates (kurz WoW) gehört zu den weltweit führenden Strategieberatern. Dank guter Kontakte zu Entscheidungsträgern in Wirtschaft und Politik vor allem in Asien ist WoW im Lauf der letzten Jahrzehnte rasant gewachsen. Mittlerweile beschäftigt man an 55 Standorten auf der ganzen Welt gut 15.500 Mitarbeiter.

Administrative Prozesse sind ausgelagert

Fast alle administrativen Funktionen (Buchhaltung, Personaladministration, Reiseabwicklung etc.) wurden an Offshore-Anbieter ausgelagert. Die eigene Verwaltung ist ausgesprochen schlank. Die Auslastung von WoW ist sehr gut, alle Berater könnten theoretisch permanent für Kunden im Einsatz sein. Nicht zuletzt deshalb hat WoW sich bemüht, seine Berater komplett von nicht verrechenbaren Arbeiten zu befreien. Mitarbeiter im Consulting melden ihre Reisebedarfe bei einer zentralen Stelle an, diese kümmert sich dann um Reiseplanung und Reisebuchung und später auch um die Erstellung der Abrechnungen. Alle Berater verfügen über eine Firmenkreditkarte, über die sie den Löwenanteil der nicht schon im Voraus beglichenen Beträge zahlen. Die Mitarbeiter müssen lediglich anfallende Belege mit dem Smartphone scannen und die fertigen Reise- und Kreditkartenabrechnungen elektronisch signieren.

Neue Servicepartner für Administration

Unter den Gesichtspunkten Integration und Transparenz (vor allem mit Blick auf neue, funktionsübergreifende Analysen) denkt die Unternehmensführung von WoW darüber nach, alle von einem ERP-System abdeckbaren Prozesse nicht mehr an unterschiedliche Anbieter, sondern nur noch an einen Dienstleister zu vergeben. Der aktuell bevorzugte Kandidat ist ein indisches Unternehmen namens SAP-

Riksha, das im IT-Bereich auf Lösungen von SAP setzt. Für die Reise-abwicklung käme, sofern der Auftrag an SAP-Riksha ginge, zukünftig *SAP ERP Human Capital Management* (HCM) zum Einsatz. Das Unternehmen bietet seine Dienstleistung als gehostete Cloud-Lösung an.

Obwohl WoW viel Kreativität und Arbeit in die Entwicklung muster-gültiger Verwaltungsprozesse für nicht verrechenbare Aktivitäten investiert hat, stößt das Unternehmen bei seinem Wachstum immer wieder an Grenzen:

Engpass: Kapazität der Mitarbeiter

▶ Die Kapazitäten in der Beratung sind nicht beliebig erweiterbar. Hoch qualifizierte Mitarbeiter sind knapp und stark umworben. Eine Verwässerung des Qualifikationsniveaus kommt für WoW nicht infrage. Erfahrene Mitarbeiter, die das Unternehmen verlas-sen, sind für WoW nur sehr schwer zu ersetzen.

▶ Da WoW sehr hochpreisige und hochwertige Leistungen anbietet, bestehen die meisten Kunden auf größtmögliche Präsenz in den Projekten vor Ort. Es ist für WoW unmöglich, in jedem Büro vor Ort Experten für alle Geschäftsfelder vorzuhalten. Außerdem herrscht ein Ungleichgewicht zwischen Beraterangebot und -nach-frage. Die weltweit besten Experten im Bereich Statistik und Big Data beispielsweise beschäftigt WoW momentan in der Russi-schen Föderation, gebraucht werden diese aber primär in China.

Das Zusammenspiel dieser Sachverhalte führt dazu, dass für WoW die Minimierung von Reisezeiten und die Verringerung der Belastung durch Reisestress eine wesentlich größere Rolle spielen als eine Dros-selung der »harten« Reisekosten – obwohl natürlich sichergestellt werden soll, dass auch diese Kosten nicht aus dem Ruder laufen.

5.2.1 Brainstorming bei Walk-on-Water

Vor etwa einem Jahr hat die Geschäftsführung von WoW unter dem Arbeitstitel »Reiseoptimierung« eine neue interne Projektgruppe gebildet. Deren Hauptaufgabe war es, im Zusammenhang mit der Neuausschreibung der administrativen Dienstleistungen Ideen für eine ganzheitliche Sicht auf Reisekosten zu entwickeln und entspre-chende Optimierungsansätze zu skizzieren.

Brainstorming zum Thema Reisekosten

In einer Präsentation vor dem Topmanagement hat der Leiter dieses Teams unter anderem die folgenden Vorschläge gemacht:

Ideen für Verbesserungen

▸ Sammlung von Daten zur Pünktlichkeit und Servicequalität von Fluglinien sowie zu den Faktoren, die Pünktlichkeit und Servicequalität bestimmen

▸ Aufbau eines Frühwarnsystems im Fall größerer Verspätungen (z. B. bei schwierigen Wetterlagen)

▸ Anlage einer *geocodierten* Erfahrungsdatenbank auf Basis vergangener Reisen

▸ Entwicklung eines Systems, das Preise und Reisezeiten verkehrsmittelübergreifend und für die ganze Reise (und nicht nur für einzelne Teilabschnitte) vergleichen kann

▸ Erhebung von Mitarbeiter-Feedbacks hinsichtlich des Komforts einzelner Reisen, Auswertung der (unstrukturierten) Feedbacks durch Sentiment-Analyse

[»] **Geocodierung**

Unter Geocodierung versteht man die Umsetzung textbasierter geografischer Informationen (z. B. Orts- und Straßennamen) in geografische Koordinaten (Längen- und Breitengrade). Die Geocodierung kann durch lokal implementierte Lösungen oder z. B. auch durch Webservices erfolgen. Sie geht bei Adressdaten oft einher mit einer Adressprüfung bzw. -bereinigung und stützt sich auf unterschiedliche Koordinatensysteme. Ein sehr weit verbreitetes Koordinatensystem ist das *World Geodetic System 1984* (WGS84). Neben Straßennamen kann auch eine Vielzahl anderer ortsbezogener Informationen geocodiert werden, so z. B. die von der *International Civil Aviation Organization* (ICAO) für alle Flughäfen der Welt festgelegten vierstelligen, alphanumerischen Flughafencodes.

Für die SAP-Welt steht eine Geocoding-Transformation beispielsweise (Geocoder) in SAP Data Services zur Verfügung, ab SPS 6 (Beta) bzw. SPS 7 (produktiv) stellt auch SAP HANA spezielle Funktionen für die Verarbeitung räumlicher Daten bereit; das Stichwort für Suchen in diesem Zusammenhang heißt *Spatial Processing*.

Flugverspätungen und Flugwetter im Internet

Im Rahmen der Präsentation wurden zur Illustration auch einige grafisch sehr überzeugende Reise-Apps gezeigt, wie z. B. *FlightTrack* von der Firma Mobiata LLC (*http://www.mobiata.com/*, siehe Abbildung 5.2), eine Lösung für die flughafen- und fluglinienübergreifende Anzeige von Fluginformationen. Außerdem seien nicht nur Daten zur Pünktlichkeit von Flügen, sondern auch Daten zu den pünktlichkeitsbestimmenden Faktoren im Internet teilweise kostenlos und in einer gut zu verarbeitenden Form verfügbar. Als Beleg hierfür zeigte er die international standardisierten, sogenannten *Meteorological Aerodrome Reports* (METAR) und *Terminal Aerodrome Forecasts* (TAF),, Wetterberichte, die man z.B. über allmetsat (*http://allmetsat.com*) für 4.000 Flughäfen weltweit abrufen könne.

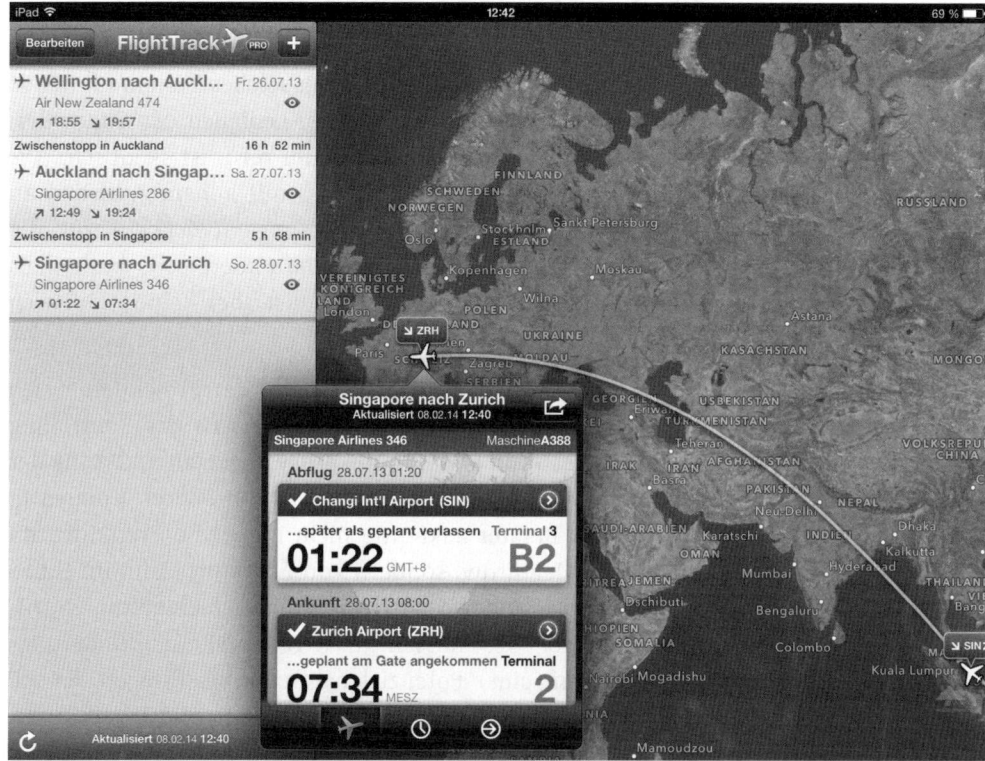

Abbildung 5.2 App »FlightTrack« (iPad-Version)

5.2.2 Strategische Entscheidungen bei Walk-on-Water

Auf Basis dieser Vorschläge wurden bei WoW die folgenden (längerfristig orientierten) Entscheidungen getroffen:

Grundsatzentscheidungen

▸ Reisekosten sollen bei WoW ganzheitlich betrachtet werden.

▸ Daher sollen Systeme entwickelt werden, die Reisen hinsichtlich Zeit und Kosten in ihrer Gesamtheit optimieren können und hierbei auch zu erwartende Abweichungen von Fahr- und Flugplänen mit einbeziehen.

▸ Außerdem soll ein Frühwarnsystem aufgebaut werden. Basierend auf den Alarmen aus diesem System, sollen die externen Reisedienstleister zukünftig bei zu erwartenden größeren Problemen Neuplanungen bzw. Umbuchungen vornehmen.

▸ Diese Systeme will man später eventuell sogar kommerziell über eine neue Tochtergesellschaft vermarkten.

Unternehmens-führung selbst betroffen

Die meisten Mitglieder der Unternehmensführung sind selbst häufig entweder als Berater oder vertrieblich unterwegs, daher stimmen die Sitzungsteilnehmer darin überein, dass ein solches System für WoW selbst sehr interessant und nützlich wäre. Lediglich der Controller, der als Einziger aus dem Kreis selbst kaum reist, ist skeptisch. Aus seiner Sicht besteht hier die Gefahr, dass mit hohem Aufwand an Zeit, Energie, Kreativität und Geld eine Lösung entwickelt werde, die einerseits eh nie funktionieren könne und andererseits bestenfalls dem Wohlbefinden der Berater diene, sonst aber keine greifbaren Vorteile habe.

Widerstand im Controlling

Von der Assistentin des Controllers, mit der der Projektleiter sich außerordentlich gut versteht, hat er erfahren, dass das Controlling plant, statt der Investition in das Frühwarnsystem eine Änderung der Reisekostenrichtlinie vorzuschlagen. Zu einem größeren Kunden in London sollen die Berater zukünftig nicht mehr von Frankfurt mit der Lufthansa via Heathrow, sondern von Frankfurt-Hahn im Hunsrück mit Ryanair via London Stansted reisen. Nach einer kurzen Diskussion wird daher beschlossen, das Team »Reiseoptimierung« zunächst einmal mit einer Potenzialanalyse zu beauftragen. Es soll festgestellt werden, ob sich aus Flughafen-Wettermeldungen Aussagen über zu erwartende Verspätungen an Airports ableiten lassen und wie früh solche Warnungen mit welcher Sicherheit erstellt werden könnten.

5.3   Eindimensionale Optimierung: Kosten, Risiken und Chancen

Wenn unser Projektleiter ein gutes Gespür für psychologische Strömungen und politische Zusammenhänge in Organisationen hat, stürzt er sich nicht sofort oder zumindest nicht ausschließlich auf die Frage, wie das angedachte Frühwarnsystem aussehen könnte. Stattdessen denkt er zunächst einmal darüber nach, wie einflussreich und wie gut vernetzt der Controller wohl sein mag, was diesen zu seiner eher negativen Haltung führt und welche Folgen die Alternative mit den Billigflügen hätte.

5.3.1 Psychologische und politische Aspekte

Viele Berater sind Vielflieger und deshalb Inhaber des exklusiven HON-Circle-Status der Star Alliance. Einige sammeln im Lauf eines Jahres so viele Bonusmeilen an, dass sie davon problemlos mit ihren Partnerinnen ohne weitere Kosten First Class in die Ferien nach Thailand oder die Karibik fliegen können. Der Controller dagegen leidet in seinem Haus in Opfikon immer mehr unter dem wachsenden Fluglärm von Zürich-Kloten und hat es bis jetzt nie geschafft, über den untersten Vielfliegerrang hinauszukommen. Natürlich wird der Controller in Folgediskussionen nicht »Neid« als Grund für seine Skepsis nennen. Stattdessen können wir annehmen, dass er sich mit passendem Zahlenmaterial rüsten wird. Der Projektleiter muss also wohl eine Doppelstrategie fahren:

Umgang mit Widerständen

▸ Einerseits muss er sich ebenfalls mit passenden harten Fakten bewaffnen, um in der zu erwartenden Diskussion über den finanziellen Nutzen der Lösung zu bestehen.

▸ Zweitens muss er glaubhaft machen können, dass sich aus den betrachteten Daten überhaupt wertvolle Informationen für die Prognose von Reisezeiten gewinnen lassen.

5.3.2 Zahlenbeispiel

Walk-on-Water hat schon vor etlichen Jahren die Bedeutung des Themas Business Intelligence erkannt und in ein sehr leistungsfähiges SAP BW mit SAP-BusinessObjects-Clients investiert. Kürzlich wurde das Data Warehouse sogar von einer Oracle-Datenbank auf SAP HANA migriert. WoW betreibt zwar seine operativen Systeme nicht selbst, lässt sich aber von den externen Partnern umfangreiche Datenbestände in das Data Warehouse liefern (hauptsächlich über *DataSources für Web Services* in SAP BW).

Dieses Data Warehouse nutzt der Projektleiter jetzt für einige rasche Analysen bezüglich des Szenarios »Hahn-Stansted«:

Argumente im BI-System stützen

▸ In den letzten zwei Monaten gab es insgesamt 271 Flüge von Beratern ab Frankfurt nach Heathrow.

▸ Wären diese Berater mit Ryanair von Hahn nach Stansted geflogen, hätte man bei den Ticketkosten bei entsprechend früher Buchung und ohne Extras maximal 500 € pro Flug (bei 271 Flügen also 135.500 €) sparen können.

▸ Allerdings wäre die Reisezeit der Berater zum Abflugort im Schnitt um eineinviertel Stunden angestiegen; gleichzeitig hätte sich die Dauer für den Weg vom Zielflughafen zum Kunden um eine Stunde erhöht, was in Summe zu einem zeitlichen Mehraufwand von 610 Stunden (nur für die Hinreisen!) führte.

▸ Bei einem durchschnittlichen Stundensatz von 300 € entspricht dies einem Gegenwert von 182.925 €.

Noch viel schwerer wiegt aber die Tatsache, dass fünf der 13 Berater, die im letzten Jahr gekündigt haben, im Austrittsgespräch als wichtigsten Grund für ihren Weggang die Belastung durch Geschäftsreisen genannt haben. Alle Stellen wurden zwar zwischenzeitlich mit der Hilfe von Headhuntern neu besetzt, die Rekrutierungskosten lagen jedoch bei durchschnittlich 120.000 € pro Berater, also insgesamt bei 600.000 €.

[»] **DataSource und DataSource für Web Services**

Eine DataSource fungiert in SAP BW als Schnittstelle für den Empfang von Daten aus der Außenwelt. Technisch sind DataSources eigentlich nichts anderes als eine Menge von Feldern, für die Inhalte aus externen Quellen angeliefert werden.

DataSources für Web Services kommen insbesondere in heterogenen Landschaften und serviceorientierten Architekturen zum Einsatz. Sie liefern Daten im *Push-Verfahren*, das heißt, die Daten werden nicht periodisch von SAP BW geladen, sondern bei Verfügbarkeit aktiv von außen in mehr oder weniger unregelmäßigen Abständen in SAP BW »geschoben«.

Große Unterschiede bei der Pünktlichkeit Zugleich prüft der Projektleiter den Nutzen von Reisezeitprognosen. Durch eine kurze Recherche zu Pünktlichkeitsstatistiken gelangt er zu den folgenden Einsichten (Quelle für die Flugstatistiken: *http://www.flightstats.com*, Zeitraum Dezember 2013 bis Januar 2014):

▸ Praktisch alle Reisen nach London fanden mittwochs zwischen 09.00 und 12.00 Uhr statt.

▸ Laut FlightStats waren 31 % aller Flüge in diesem Zeitfenster verspätet, die durchschnittliche Verspätung betrug 56,22 Minuten. Auf der Strecke Frankfurt-London City waren mittwochs zwischen

09.00 und 12.00 Uhr zwar sogar 38 % aller Flüge verspätet, allerdings im Schnitt nur mit 23,5 Minuten.

▶ In der Zeit zwischen 06.00 und 09.00 Uhr gab es nur bei 19 % der Flüge nach Heathrow Verspätungen, diese Verspätungen machten im Mittel 40,12 Minuten aus. In London City gab es mittwochs zwischen 06.00 und 09.00 Uhr nur 14 % Verspätungen von im Schnitt 5,2 Minuten.

▶ Wären die Berater statt nach Heathrow nach London City und statt zwischen 09.00 und 12.00 Uhr zwischen 06.00 und 09.00 Uhr geflogen, wären nicht 31 % der Reisen im Schnitt 56,22 Minuten verspätet gewesen (in Summe: *271 × 31 % × 56,22 Minuten = 4.723 Minuten = 79 Stunden*), sondern nur 15 % im Schnitt 5,2 Minuten (in Summe: *271 × 15 % × 5,2 Minuten = 211,38 Minuten = 3,5 Stunden*) – Folgeverspätungen einmal ganz außer Acht gelassen.

Zudem braucht man mit öffentlichen Verkehrsmitteln ca. 50 Minuten vom Flughafen Heathrow zum Canary Wharf (dem Standort des wichtigsten WoW-Kunden); vom wesentlich überschaubareren London City Airport ist das in knapp 20 Minuten zu schaffen, mit dem Taxi sogar in nur zehn Minuten.

Reisen ganzheitlich betrachten

5.3.3 Schlussfolgerungen: Zahlenspielerei und Wirklichkeit

Dem früheren britischen Premier Churchill wird die Äußerung »*Ich glaube nur der Statistik, die ich selbst gefälscht habe*« zugeschrieben. Und tatsächlich kann man gegen die Analysen im Zahlenbeispiel vorbringen, diese seien doch arg theoretisch und basierten auf jeder Menge Wenns und Abers:

Zahlen sind meist zweideutig

▶ Woher wollen wir wissen, dass Berater tatsächlich glücklicher sind, wenn sie zukünftig im Schnitt drei Stunden früher reisen müssen? Vielleicht wird die Zahl der Kündigungen ja sogar ansteigen.

▶ Vielleicht reisen Berater lieber eine Stunde im bequemen Heathrow Express als in der eher einer S-Bahn ähnelnden Docklands Light Railway.

▶ Werden Reisezeitersparnisse tatsächlich zu Mehrumsätzen führen?

▶ Kann man Kundentermine basierend auf Flugplänen festlegen, oder müssen sich die Reisezeiten nach den Kundenterminen richten?

▸ Und selbst wenn all diese Annahmen zutreffen: Wird man überhaupt in der Lage sein, aus dem Wust von Wetterdaten und Ankunftszeiten auch nur ansatzweise nützlichen Erkenntnisse zu gewinnen?

[+] | **Induktion statt Deduktion**

Die nackte Wahrheit lautet: Wir haben keinen blassen Schimmer. Und genau das ist eines der spannendsten »Erfolgsgeheimnisse« beim Einsatz von Big Data: Gut gemachte Big-Data-Lösungen arbeiten induktiv und nicht deduktiv. Was genau das bedeutet, erklären wir im folgenden Abschnitt.

Weil wir im Rahmen dieses Fallbeispiels nicht die Möglichkeit haben, alle relevanten Fragen zu beantworten und die komplette Lösung für WoW zu entwerfen, konzentrieren wir uns auf die Beantwortung der letzten Frage: Können aus Wetterdaten rechtzeitige Prognosen über Flugverspätungen gewonnen werden? Wie schon in Abschnitt 5.1, »Auch Zeit ist Geld«, angedeutet, geht es hierbei nicht unbedingt nur um das Wetter oder um Flugverspätungen. Wir verwenden dieses spezielle Beispiel vielmehr, um zu beschreiben, wie Sie Zusammenhänge entdecken und quantifizieren können.

Mitentscheiden bringt Akzeptanz

Noch ein weiterer Hinweis in diesem Zusammenhang: Es mag Ihnen gelingen, ein System zu bauen, das unter Millionen verfügbarer Reisealternativen stets die beste findet. Wenn das System den reisenden Beratern aber stattdessen einige (ausgewählte) Alternativen in übersichtlicher Form (z.B. über ein *Dashboard*) präsentiert, wird deren Zufriedenheit mit dem neuen System sehr viel höher sein.

5.4   Lösung: Induktion statt Deduktion

Induktion und Deduktion sind zwei Begriffe aus der Erkenntnisphilosophie, die unterschiedliche Arten beschreiben, zu Einsichten zu gelangen.

▸ **Induktion: Daten sprechen lassen**
Bei einem induktiven Vorgehen schließt man von einer speziellen Beobachtung durch Abstraktion auf eine allgemeine Regel. In unserem Beispiel bedeutet das, dass man ohne vorgefasste Meinung an Wetter- und Pünktlichkeitsdaten herangeht und versucht,

durch Betrachtung und Analyse *aus den Daten* Erkenntnisse zu gewinnen.

Die große Gefahr bei der Induktion liegt darin, zu Fehlschlüssen zu gelangen oder zufällig auftretende Phänomene als Manifestation einer allgemeingültigen Regel zu betrachten. Viele spannende Beispiele und Überlegungen hierzu finden Sie auf *http://de.wikipedia.org/wiki/Induktion_%28Philosophie%29*.

▸ **Deduktion: Daten sollen Annahmen belegen**
Bei der Deduktion schließt man von allgemeingültigen Regeln bzw. Voraussetzungen auf den Einzelfall. Man nimmt also z.B. an, dass ganz bestimmte Wetterphänomene (Sturm, schlechte Sicht etc.) im Lauf der nächsten drei Stunden zu Flugverspätungen führen werden, und entwickelt ein System, das beim Auftreten der entsprechenden Schlüssel in den Wettermeldungen einen Umbuchungsauftrag an den Reisedienstleister sendet.

Das heißt, man hat eine *vorgefasste Meinung* über Zusammenhänge, die im besten Fall noch einmal durch einen statistischen Test überprüft werden kann, in der Regel aber nicht weiter hinterfragt wird. Die Customizing-Einstellungen in ERP-Systemen wie der SAP Business Suite basieren normalerweise auf Regeln, die durch Deduktion hergeleitet wurden. Einer der interessantesten Aspekte von Big Data bzw. SAP HANA liegt darin, dass man hier mit einer induktiven Vorgehensweise arbeiten kann. Genau das ist die wesentliche Botschaft dieser Fallstudie.

Das Hauptproblem bei der Deduktion ist, dass die Schlussfolgerungen durchaus logisch sauber sein können, man aber man trotzdem zu falschen Aussagen gelangt, wenn die Prämissen falsch sind. Auch zum Thema »Deduktion« lohnt sich ein kurzer Besuch bei Wikipedia (*http://de.wikipedia.org/wiki/Deduktion*).

Wenn wir bei der Auswertung von Daten induktiv vorgehen, ist die Gefahr geringer, eigenen (Vor-)Urteilen zu erliegen. Zwar basieren auch die meisten induktiv orientierten Verfahren (z.B. die Cluster-Analyse) auf gewissen mathematisch-statistischen Voraussetzungen und Annahmen, und es ist wichtig, dass Sie oder Ihre Data Scientists diese im Detail kennen und berücksichtigen. Aber trotzdem ist der Erkenntnishorizont bei der Induktion weiter. Letztendlich geht es Ihnen ja nicht darum, vorgedachte Annahmen zu beweisen, sondern neue Annahmen aus den Daten zu destillieren (und diese dann idealerweise anhand neuer Stichproben zu überprüfen).

Induktion ist tendenziell neutraler

5.4.1 Zugehörige Value Maps im SAP Solution Explorer

Branchen-
unabhängige/
-spezifische
Matrizen

Reisekosten spielen in vielen Branchen eine Rolle. Daher finden sich passende Lösungen von SAP in einer branchenunabhängigen Wertmatrix (Finanzen, dort unter COLLABORATIVE FINANCE OPERATIONS). Weil aber unser Fallbeispiel in der Beratung angesiedelt ist, haben wir den branchenspezifischen Zugang über die Wertmatrix PROFESSIONAL SERVICES (siehe Abbildung 5.3) gewählt.

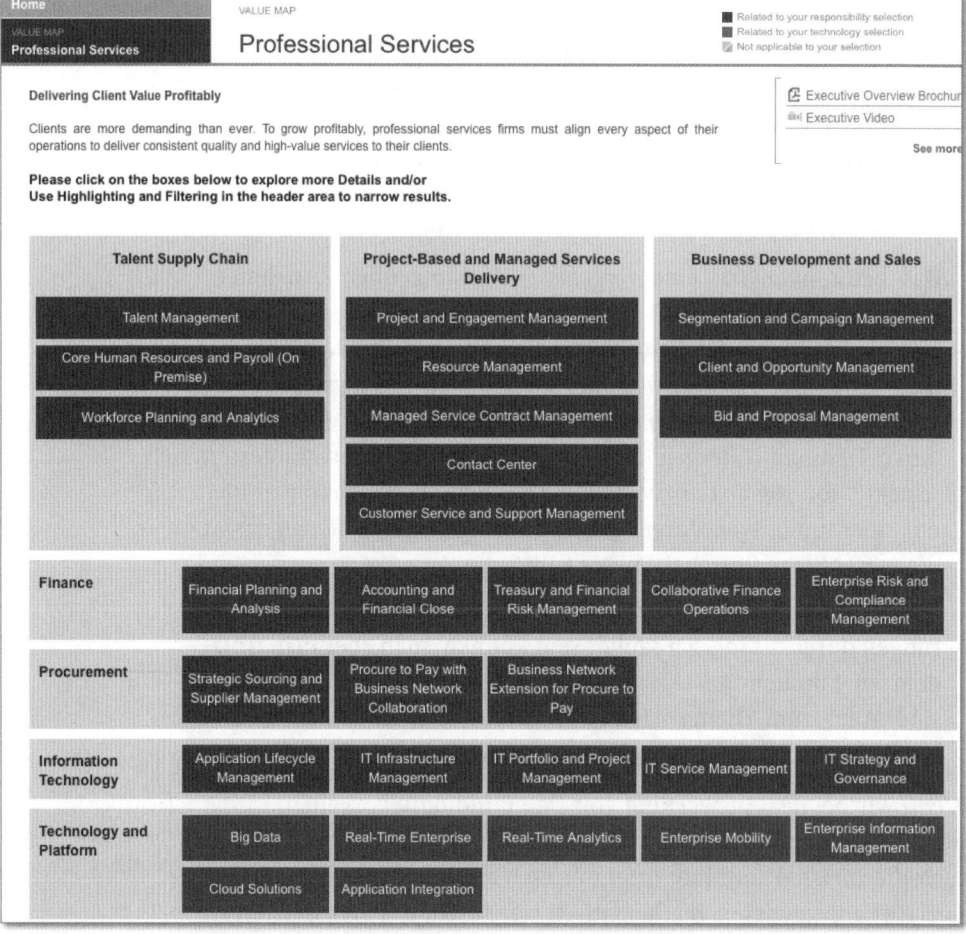

Abbildung 5.3 Wertmatrix »Professional Services«

Lösungen für
professionelle
Dienstleistungen

Dort gehört das Reisekostenmanagement zur End-to-End-Lösung EXPENSE MANAGEMENT innerhalb der durchgängigen Lösung PROJECT AND ENGAGEMENT MANAGEMENT. Speziell für den Bereich EXPENSE MANAGEMENT bietet SAP sechs Einzellösungen an (siehe Abbildung 5.4):

▶ Reisegenehmigung (PreTrip Approval, Cloud), Online-Buchung (Online Booking, Cloud), Reisekosten (Expense Management, Cloud)

▶ Reisegenehmigung (PreTrip Approval, lokale Installation)

▶ Online-Buchung (Online Booking, lokale Installation)

▶ Reisekosten (Expense Management, lokale Installation)

Im Kontext unseres Fallbeispiels sind all diese Lösungen zunächst einmal nur Datenlieferanten. Wenn WoW einen Schritt weitergeht und die neu gewonnenen Erkenntnisse bei der Reiseplanung mit einbezieht, werden sie auch zu Datenempfängern.

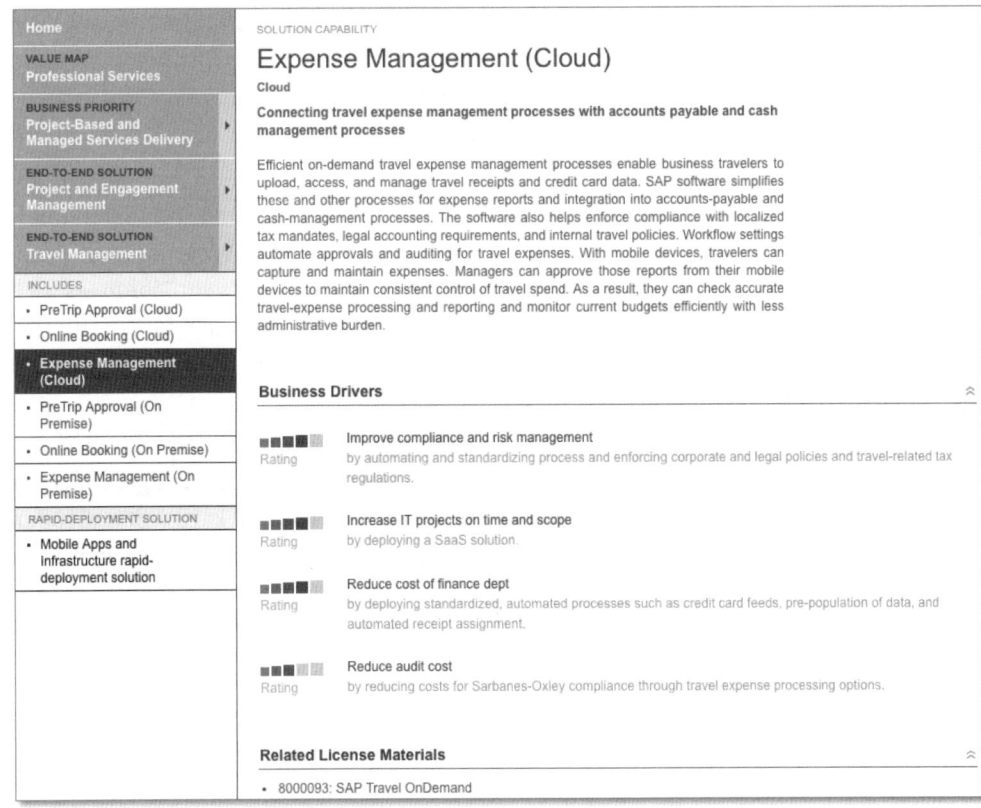

Abbildung 5.4 Lösung »Expense Management (Cloud)«

5.4.2 Fachliche Anforderungen

Wie bereits erwähnt, steht für uns (induktiv und ergebnisoffen) die Frage im Mittelpunkt, ob sich aus Wetterdaten Informationen über

Abhängigkeiten analysieren

zu erwartende Flugverspätungen gewinnen lassen. Etwas abstrakter formuliert geht es also um drei Aufgaben:

▸ **Abhängigkeiten entdecken**

Wir möchten herausfinden, ob zwischen Wetter und Flugverspätungen ein Zusammenhang besteht. Dabei reicht uns als Antwort natürlich kein einfaches »Ja« oder »Nein«; wir hätten es schon gerne etwas genauer:

  ▸ Welche Wetterphänomene genau führen zu Flugverspätungen?

  ▸ Wie eng ist dieser Zusammenhang (je Wetterparameter), das heißt, mit welcher Wahrscheinlichkeit werden Flüge verspätet sein oder wie viel Prozent der Flüge werden verspätet landen?

  ▸ Wie schnell (sofort oder erst nach fünf Stunden) erzeugt ein bestimmtes Wetterphänomen (also z.B. Sichtweiten unter 2.000 Meter) Verspätungen im Flugverkehr?

▸ **Abhängigkeiten formulieren**

Gesetzt den Fall, wir hätten herausgefunden, dass Nebel (im METAR das Kürzel FG für »Fog«) bei 35 % aller Landungen innerhalb von 30 Minuten zu Verspätungen führt. Wenn es hierbei um Verspätungen von weniger als 15 Minuten geht, lohnt es sich wahrscheinlich nicht, Reisen umzubuchen oder zu stornieren. Auch dann nicht, wenn wir das dank TAF-Meldung schon 30 Stunden vorher wüssten.

Wir müssen also die entdeckten Abhängigkeiten irgendwie quantifizieren. Dabei liegt eine besondere Herausforderung darin, dass es manchmal um Abhängigkeiten zwischen kardinalen Größen (z.B. Sichtweite und durchschnittliche Verspätung), oft aber auch um Abhängigkeiten zwischen einer nominalen Größe (Nebel ja oder nein) und einer kardinalen Größe (durchschnittliche Verspätung) geht.

▸ **Abhängigkeiten verifizieren/überwachen**

Die Tatsache, dass eine Abhängigkeit irgendwann einmal bestanden hat, sagt nichts darüber aus, ob diese immer noch besteht oder zukünftig weiter bestehen wird. Vielleicht führt die Installation eines neuen Instrumentenlandesystems an einem Flughafen ja dazu, dass dieser jetzt nicht mehr ganz so anfällig für wetterbedingte Verspätungen ist. Um sicherzustellen, dass unsere Prognosen und Modelle immer auf dem aktuellen Stand sind, haben wir zwei Möglichkeiten:

▶ Entweder lassen wir die Algorithmen, mit deren Hilfe wir Abhängigkeiten entdecken, in kurzen zeitlichen Abständen immer wieder laufen, passen unser Modell fortlaufend an und vergleichen die neuen Resultate mit dem alten Regelwerk. Ausgehend von solchen Vergleichen, generieren wir ergänzend zur Modellanpassung unter bestimmten Bedingungen automatische Alarme.

▶ Oder wir setzen die Techniken ein, mit denen wir uns ausführlich in der vorangehenden Fallstudie in Kapitel 4, »Planung flexibel gestalten«, beschäftigt haben. Denn letztendlich sind unsere Verspätungsvorhersagen ja Prognosen und die formulierten Abhängigkeiten zwischen Wetter und Verspätungen nichts anderes als Modelle.

5.4.3 Bausteine der Lösung

Bevor wir uns damit befassen, in welchem Implementierungsszenario und Datenmodell unser Projektleiter Abhängigkeiten mit SAP HANA aufspüren könnte, nennen wir anwendungsneutral die Werkzeuge, die uns zur Erfüllung der fachlichen Anforderungen zur Verfügung stehen.

Passende statistische Werkzeuge

Abhängigkeiten entdecken

Das klassische statistische Maß für den Zusammenhang zwischen zwei kardinal skalierten Zufallsvariablen ist die *Kovarianz* oder, besser und präziser ausgedrückt, die *korrigierte Stichprobenkovarianz*.

Kovarianz und Korrelation

Kovarianz	[«]

Vereinfacht ausgedrückt, misst die Kovarianz die durchschnittliche gemeinsame Streuung von zwei Parametern. Eine hohe positive Kovarianz deutet darauf hin, dass beide Parameter sich tendenziell gemeinsam in dieselbe Richtung bewegen, eine hohe negative Kovarianz besagt, dass der eine Parameter steigt, wenn der andere fällt. Eine Kovarianz von 0 besagt, dass beide Parameter völlig unabhängig voneinander sind.

Aus mathematischen Gründen sollte man bei der Schätzung der Kovarianz auf Basis einer Stichprobe (was der Regelfall ist) die korrigierte Stichprobenkovarianz verwenden. Wenn Ihre Stichprobe n Datensätze enthält, müssen Sie hierzu einfach die Stichprobenkovarianz mit dem Faktor $n \div (n{-}1)$ multiplizieren.

Die Kovarianz eignet sich nur zum Aufspüren mehr oder weniger linearer Zusammenhänge zwischen kardinalen Werten. In unserem

Verarbeitung nicht kardinaler Daten

Beispiel haben wir es aber – wie meistens im wirklichen Leben – nicht nur mit linearen Beziehungen und kardinalen Werten zu tun. Viele Wetterbeobachtungen sind nominal (Niederschlagsart Regen, Schnee, Hagel etc.) oder ordinal (leichter/mäßiger/starker Regen). Für nicht lineare Beziehungen oder nicht kardinale Parameter existiert eine Vielzahl anderer sogenannter *Zusammenhangsmaße*, wie z.B. die *Quadrantenkorrelation* oder die *punktbiseriale Korrelation* (siehe auch *http://de.wikipedia.org/wiki/Zusammenhangsma%C3%9F*). Mit nicht kardinalen Parametern hätte man es z.B. zu tun, wenn man prüfen wollte, ob eine Abhängigkeit zwischen dem Geschlecht (nominal) eines Computernutzers und der bevorzugten Maustechnologie (drahtlos mit Adapter, drahtlos mit Bluetooth oder kabelbasiert; ebenfalls nominal) besteht. Nicht lineare Beziehungen treten häufig in der Biologie auf, denn biologische Systeme (zum Beispiel Tierpopulationen) wachsen oder schrumpfen meist nicht linear, sondern mit exponentieller Geschwindigkeit.

Um der Forderung nachzukommen, auch ein normiertes Maß für die Stärke des Zusammenhangs zwischen Wetterphänomen und Verspätungshäufigkeit zu erhalten, kann man aus der korrigierten Stichprobenkovarianz den *Korrelationskoeffizienten* ermitteln. Anders als die Kovarianz (deren absolute Höhe von den Daten abhängt) nimmt der Korrelationskoeffizient stets Werte zwischen –1 und +1 an.

Ursache und Wirkung zeitversetzt

Die Frage nach der zeitlichen Verschiebung zwischen Wetterphänomen und Verspätung lässt sich dank Big-Data-Rechenkapazität ebenfalls beantworten. Man muss einfach nur die genannten Analysen mit entsprechenden Timelags durchführen. Das heißt, man misst z.B. die Abhängigkeit zwischen »Nebel jetzt« und »Verspätung jetzt«, »Nebel vor 30 Minuten« und »Verspätung jetzt«, »Nebel vor 60 Minuten« und »Verspätung jetzt« etc.

Abhängigkeiten formulieren

Beliebig komplexe Modelle

Der Begriff »Formulierung« ist wörtlich zu verstehen. Es geht darum, die erkannten Abhängigkeiten mit »Formeln« oder mathematischen Modellen zu beschreiben. Hierbei sind natürlich Ihrer Kreativität keinerlei Grenzen gesetzt, und deshalb ist hier die Gefahr am größten, von einem induktiven Vorgehen in ein deduktives abzurutschen. Dass die Zusammenhänge nur in zufällig ausgewählten Stichproben existieren, lässt sich nur ausschließen, indem die entwickelten

Modelle später in anderen Stichproben verifiziert werden. Dass Zusammenhänge in Daten hineininterpretiert werden, die gar nicht existieren, können Sie vermeiden, indem Sie mathematisch-statistische Verfahren verwenden, die entweder auf relativ wenigen Prämissen basieren oder deren Voraussetzungen, Möglichkeiten und Grenzen Sie genau kennen.

Typisch Verfahren, die für den Modellbau zum Einsatz kommen, wären:

Verfahren für automatische Modellentwicklung

▶ die in Abschnitt 1.4.2, »Werttreiber«, angesprochene multiple lineare Regression

▶ die auch in SAP Predictive Analysis (PAL) verfügbare und in Abschnitt 4.2.1, »Prognosen und Modelle in der Absatz-, Erlös- und Kostenplanung«, besprochene polynomische Regression

▶ die ebenfalls in SAP PAL verfügbaren Algorithmen zur Herleitung von Entscheidungsbäumen (*C4.5* und *CHAID*)

C4.5/CHAID-Algorithmus

[«]

C4.5 und CHAID sind zwei von vielen Algorithmen für die (automatische) Herleitung von Entscheidungsbäumen aus Stichprobendaten, die sowohl zur Klassifikation von Daten als auch im maschinellen Lernen eingesetzt werden können. CHAID steht für »Chi-square Automatic Interaction Detectors«, also etwa »Automatische Entdeckung von Interaktionen mit Chi-Quadrat«. Es handelt sich um einen Algorithmus, der den statistischen Chi-Quadrat-Test auf Unabhängigkeit verwendet, um Daten schrittweise aufzuspalten. Anders als C4.5 kann CHAID auch nicht kardinal skalierte Größen verarbeiten. Details hierzu finden Sie auf:

▶ *http://de.wikipedia.org/wiki/C4.5*

▶ *http://de.wikipedia.org/wiki/CHAID*

▶ *http://de.wikipedia.org/wiki/Entscheidungsbaum*

Abhängigkeiten verifizieren/überwachen

Auf die Verifikation und Überwachung von Abhängigkeiten werden wir in diesem Kapitel nicht weiter eingehen, hierzu sei auf die Überlegungen zur Planung (Abschnitt 4.4, »Lösung: Echtzeitüberwachung von Prognosen und Planungsmodellen«) verwiesen. Es sei nur kurz erwähnt, dass speziell für die Frage der Abhängigkeit der *Chi-Quadrat-Unabhängigkeitstest* (nicht zu verwechseln mit dem Chi-Quadrat-Anpassungstest) zur Verfügung steht. Der Chi-Quadrat-Unabhängigkeitstest ist ein statistischer Test, der prüft, ob zwei Größen

voneinander unabhängig sind. Er kann auch bei nicht kardinal skalierten Parametern verwendet werden.

5.4.4 Nutzenpotenziale und Werttreiber

Nutzenpotenziale aus Kostenarten
Die Nutzenpotenziale und Werttreiber für WoW lassen sich aus den
Überlegungen in Abschnitt 5.1, »Auch Zeit ist Geld«, herleiten.
Abbildung 5.5 bietet einen Überblick. Bei der Auflistung der Nutzenpotenziale und Werttreiber sind wir davon ausgegangen, dass nicht
nur die Potenzialanalyse durchgeführt, sondern alle in Abschnitt
5.2.2, »Strategische Entscheidungen bei Walk-on-Water«, beschriebenen Ansätze umgesetzt werden.

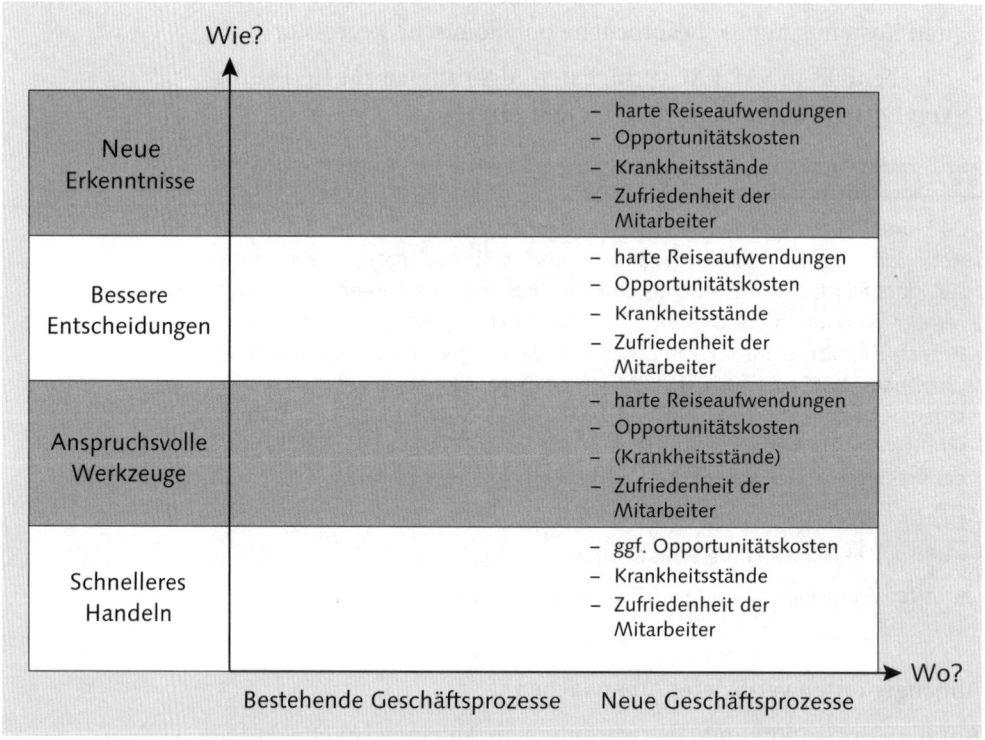

Abbildung 5.5 Nutzen-Werttreiber-Matrix »Reisekosten reduzieren«

»Weiche« Reisekosten, neue Prozesse
Da das »reguläre« Reisekostenmanagement (also die systemunter-
stützte Planung, Buchung und Abrechnung von Reisen oder die Überwachung der Einhaltung von Reisekostenrichtlinien) bereits implementiert und ohnehin nicht Gegenstand dieser Fallstudie ist, fallen
alle Nutzenpotenziale in die Kategorie »Neue Geschäftsprozesse«:

▸ **»Harte« Reiseaufwendungen**

Obwohl wir uns in dieser Fallstudie nicht auf »harte« Reisekosten konzentrieren, gehen wir davon aus, dass sich durch die angedachten Lösungen auch in dieser Hinsicht Einsparungen realisieren lassen:

- ▸ Eine ganzheitliche Betrachtung von Reisen (also über einzelne Reiseabschnitte und Verkehrsträger hinaus) führt zu sinnvolleren Ergebnissen bei der Optimierung. Ein Flug ab Hahn mag günstiger sein als einer ab Frankfurt, aber anstelle eines S-Bahn-Tickets für einen geringen Betrag müssen dem Mitarbeiter dann vielleicht einige Hundert Euro an Taxikosten oder Kilometerpauschalen und Parkgebühren erstattet werden.

- ▸ Verspätungen auf einem Reiseabschnitt ziehen oft nicht nur größere Folgeverspätungen auf den nachgelagerten Teilstrecken, sondern auch erhebliche Mehrkosten nach sich. Bei einer sehr späten Ankunft am Zielflughafen verfallen nicht umbuchbare Tickets, es werden vielleicht zusätzliche Übernachtungskosten fällig, oder es muss anstelle öffentlicher Verkehrsmittel ein Taxi genommen werden.

Wir haben diesen Werttreiber in allen »Wie«-Zeilen vermerkt, außer für das Nutzenpotenzial »Schnelleres Handeln«. Das angedachte Frühwarnsystem mag zwar ebenfalls zu geringeren Kosten (Folgekosten für Verspätungen) führen, wirkt aber aus unserer Sicht primär auf die weicheren Faktoren.

▸ **Opportunitätskosten durch Reisezeiten**

In diese Kategorie fallen aus unserer Sicht zwei Arten von Kosten, die sich lediglich durch die Gewichtung der jeweiligen Umstände unterscheiden:

- ▸ Ein Teil der Reisezeiten (z.B. Busfahrten) sind praktisch kaum produktiv nutzbar. Bei WoW führt dies zu Mindererlösen, in anderen Branchen fällt die Bewertung sicher schwerer.

- ▸ Auch wenn Reisezeiten produktiv nutzbar sind, gelten vielleicht trotzdem Einschränkungen. Im Beratungsgeschäft können solche Zeiten nicht immer an Kunden verrechnet werden, in anderen Branchen ergeben sich vielleicht Einschränkungen durch instabile bzw. unsichere Internetzugänge oder Probleme in Sachen Vertraulichkeit (z.B. bei Telefonaten in der Bahn).

In der Zeile »Schnelleres Handeln« haben wir die Opportunitäts-kosten mit einem gegebenenfalls versehen; die Frage, inwieweit kurzfristig realisierte Zeitersparnisse produktiv genutzt werden können, hängt sicher von der Branche und der Art der Tätigkeit ab. Bei einem Beratungsunternehmen wie WoW wird es wohl nicht immer möglich sein, eingesparte Reisezeiten kurzfristig für andere (erlösbringende) Aktivitäten einzusetzen.

▶ **Krankheitsstände**

Zahlreiche Studien belegen, dass die Belastung durch Reisen auch zu Erkrankungen führen kann. Ständige Temperaturwechsel und der enge Kontakt mit vielen Menschen in öffentlichen Verkehrs-mitten erhöhen vor allem in der Erkältungssaison das Risiko für Infektionskrankheiten; Hektik und der Frust bei Abweichungen vom Zeitplan spielen eine Rolle bei der Entstehung stressbeding-ter Erkrankungen. Bei einem Beratungshaus führen krankheitsbe-dingte Ausfälle zu Minderlösen, langfristig sind schwerwie-gende Folgen (Burnout, Herzerkrankungen etc.) denkbar.

Abgesehen von Interkontinentalflügen in andere Zeit- und Klima-zonen, entsteht Reisestress nicht zwangsläufig durch die eigent-liche Reisetätigkeit, sondern durch die Notwendigkeit, sich an veränderte, unvorhergesehene Rahmenbedingungen anzupassen, also z.B. die Notwendigkeit, eine vorher im Büro in Ruhe und sorgfältig durchgeplante Reise »on the fly« mit dem Smartphone neu zu organisieren. Bessere Prognosen und frühere Warnungen reduzieren die Wahrscheinlichkeit solcher Ereignisse.

▶ **Zufriedenheit der Mitarbeiter**

Die Mitarbeiterzufriedenheit spielt eine wichtige Rolle in puncto Leistungsbereitschaft und Arbeitsqualität, längerfristig aber auch in puncto Fluktuation. In Abschnitt 5.3.2, »Zahlenbeispiel«, haben wir erläutert, dass Personalabgänge für WoW massive Kosten nach sich ziehen.

Alle vier »Wie«-Dimensionen haben das Potenzial, auf die Zufrie-denheit der Mitarbeiter zu wirken. Neben rein technischen Aspek-ten spielen hierbei aber auch zwei andere Punkte eine große Rolle:

▶ Die Verbesserungen durch die neuen Lösungen müssen für die Mitarbeiter verständlich und direkt erfahrbar sein.

▶ Die Mitarbeiter sollten in die Verwertung der neuen Erkennt-nisse aktiv mit eingebunden sein, die Optimierung von Reisen sollte also nicht – intransparent für die Betroffenen – durch Externe oder komplett automatisch und ohne Rückfragen erfolgen (siehe Abschnitt 5.3.3, »Schlussfolgerungen: Zahlenspielerei und Wirklichkeit«).

Uns ist natürlich klar, dass einige der genannten Faktoren und ihr Einfluss auf den Aktionärswert ausgesprochen schwer zu messen sind und sich hieraus eigene Projekte ergeben könnten. Nun sollten Werttreiber entsprechend unserem Anforderungskatalog in Abschnitt 1.4.2, »Werttreiber«, natürlich messbar sein; andererseits haben wir nie behauptet, dass diese Messung immer einfach ist. Grundfalsch wäre es, wichtige Aspekte zu ignorieren, nur weil deren Messung eine Herausforderung ist.

Werttreiber schwierig zu erfassen

5.5 Implementierungsszenario und Architektur mit SAP HANA

Im Fall von WoW wird die Lösungs- und die Datenarchitektur maßgeblich von der Unternehmensphilosophie bestimmt (schlanke Administration, offene Systeme/Standards, enge Zusammenarbeit mit externen Partnern, einige Entscheidungen über zukünftige Lösungen noch nicht getroffen).

Offene integrierte Prozesse

5.5.1 Implementierungsszenario und Rahmenarchitektur

WoW wickelt bereits jetzt viele Geschäftsprozesse mit externen Partnern ab und denkt darüber nach, reisebezogene Daten an externe Partner zu senden und von externen Partnern zu empfangen. Zudem bietet der bevorzugte Kandidat für eine zukünftige Zusammenarbeit (SAP-Riksha) seine Dienstleistungen auch cloudbasiert an. Insofern liegt es für Walk-on-Water nahe, zukünftig komplett auf gehostete Lösungen in der Cloud zu setzen. Eine Auslagerung des bislang lokal implementierten SAP BW an SAP-Riksha (zur Reduktion der zu übertragenden Datenvolumina) sollte in Betracht gezogen werden. Folglich ergibt sich für WoW fast schon zwingend das Cloud-auf-HANA-Szenario als geeignete Implementierungsvariante (siehe Abbildung 5.6). Streng genommen und abweichend von der im Diagramm gezeigten Architektur, sollte auch SAP BW bzw. die HANA-Datenbank in der Cloud betrieben werden.

Cloud-Szenario SOAP-Standards

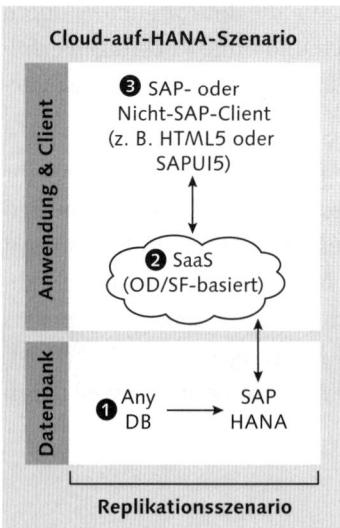

Abbildung 5.6 Implementierungsszenario »Reisekosten reduzieren«

Datenbanken ❶

Externe und unstrukturierte Datenquellen

Wir sprechen hier nicht nur von klassischen Datenbanken bei WoW oder den Dienstleistern des Unternehmens. Die Informationen zum Flugwetter oder zur Verspätungssituation sind über entsprechende Programmierschnittstellen (Application Programming Interfaces, API) zu beschaffen, daneben kommen auch unstrukturierte Datenquellen in Betracht (Infos zu Streiks im Flug- oder Bahnverkehr sind z.B. auf Nachrichtenportalen zu finden). Nicht zu vergessen ist, dass einige der betrachteten Daten aus klassischen Datenbanken in SAP Travel Management (TM, z.B. die Ist-Reisekosten) oder aus den korrespondierenden cloudbasierten Lösungen und aus *SAP Projektsystem* (PS, die Zeitaufschreibung) stammen.

[»] | **Programmierschnittstelle**

Eine Programmierschnittstelle ist ein Programmteil in einer Computersoftware, dessen Aufgabe darin besteht, anderen (externen) Anwendungen Daten zur Verfügung zu stellen. Viele Websites im Internet bieten Programmierschnittstellen für die Nutzung ihrer Daten an.

Produkte zur Datenerzeugung/Datenverwertung ❷

Kernbestandteil der Lösung

Die Datenerzeugung/Datenverwertung ist das »Herz« der von WoW angedachten Lösung. In diesem Bereich kommt eine ganze Reihe unterschiedlicher Lösungen zum Einsatz, für die allererste Phase (die Potenzialanalyse) brauchen wir mindestens die folgenden Komponenten:

- SAP Cloud for Travel and Expense
- gegebenenfalls SAP Data Services für die Geocodierung mit der Transformation `Geocoder`
- SAP PAL (mit den Funktionen `CREATEDT` für den C4.5-Algorithmus, `CREATEDTWITHCHAID` für den CHAID-Algorithmus, `LRREGRESSION` für die multiple lineare Regression oder `POLYNOMIALREGRESSION` für die polynomische Regression)
- SAP HANA, und hier vor allem die Funktionen:
  - Spatial Processing (für die Verarbeitung von Geodaten)
  - Textanalyse (für die Nutzung von Daten auf Nachrichtenportalen)
  - R-Scripts für weitere Tests zusätzlich zu denen aus SAP PAL für die Prüfung von Abhängigkeiten (für die Berechnung von Kovarianzen (`cov`, `cov2cor`), Korrelationen (`cor`)) oder Tests auf Abhängigkeiten von Parametern (`summary`) oder die Signifikanz von Korrelationen (`cor.test`)
  - Algorithmen, die dazu gedacht sind, aus Beobachtungsdaten Rückschlüsse auf Zusammenhänge zu ziehen (Bayerssche Statistik, siehe auch Abschnitt 5.4.3, »Bausteine der Lösung«)
- das *Natural Language Toolkit* (NLTK), eine gängige Sammlung von Programmen und Bibliotheken mit sehr weitreichenden Textanalysefunktionen für die Programmiersprache Python

In Abschnitt 5.4.3, »Bausteine der Lösung«, haben wir erwähnt, dass es nicht zwangsläufig nur um lineare Zusammenhänge zwischen kardinalen Größen geht. Mit den hierfür erforderlichen statistischen Verfahren stößt man relativ rasch an die Grenzen von SAP PAL oder KXEN. Wir halten daher zumindest einen ergänzenden Einsatz von R für sinnvoll. Außerdem muss sehr sorgfältig abgewogen werden, welche Verfahren überhaupt mathematisch zulässig sind.

Client ❸

Wir haben bereits darauf hingewiesen, dass die Einbindung der Nutzerentscheidungen zu den Reisen *der* Schlüssel für die Akzeptanz der neuen Lösung und die Realisierung der angestrebten Nutzenpoten-

Nutzerintervention ermöglichen

ziale ist. Daher sollten sowohl das Frühwarnsystem als auch die (für einen späteren Zeitpunkt vorgesehenen) Lösungen für die ganzheitliche Reiseoptimierung nicht ohne Nutzereingriff autonom Entscheidungen fällen. Stattdessen sollten die zulässigen – vielleicht jeweils für eine Dimension (Kosten, Zeit, Bequemlichkeit) optimalen – Alternativen dem Berater in übersichtlicher Form präsentiert werden. Die Gewichtung (also z.B. die Entscheidung für eine schnellere, aber unbequemere Reise) kann dann dem Berater überlassen werden. Denkbar wäre auch, dass das System automatisch die jeweils kosten-/ zeitgünstigste Reisealternative festhält und Berater Punkte und Boni für die Inkaufnahme von Bequemlichkeitseinbußen für Kostenvorteile erhalten.

Da alle Berater bei WoW mit einem iPad ausgestattet sind, und Apple aus strategischen Überlegungen HTML5 gegenüber Flash favorisiert, bietet sich als Client eine SAPUI5-basierte Software an.

5.5.2 Datenarchitektur

Ergänzungen zum Planungsszenario

Die Datenarchitektur für die von WoW angedachte Lösung weist Ähnlichkeiten mit der in Kapitel 4, »Planung flexibel gestalten«, beschriebenen Architektur auf und folgt den gleichen Prinzipien. Gegenüber dem Fallbeispiel in Kapitel 4 ergeben sich aber drei Unterschiede:

▶ Da wir von einer cloudbasierten, heterogenen Lösung über Unternehmensgrenzen hinweg sprechen, basiert die Datenlogistik primär auf SOAP/XML-Standards. SAP BW, SAP Data Services und SAP Event Stream Processor (ESP) verfügen über entsprechende Adapter bzw. Schnittstellen für ein- und ausgehende Daten.

▶ Die Struktur der Daten ist vielfältiger, wir werden also die »Atomisierung« der Daten etwas weiter vorantreiben müssen.

▶ Anders als im Planungsbeispiel haben wir es mit heterogen skalierten Daten (nominal, ordinal, kardinal) zu tun. Weil statistische Verfahren häufig bestimmte Skalenniveaus voraussetzen, müssen wir solche Metadaten (das Skalenniveau) ablegen. Zudem müssen wir beachten, dass manche Daten (z.B. die Sichtweite an einem Flughafen) ihrer Natur nach zwar stetig sind, aber als diskrete Daten angeliefert werden (da die Sichtweite immer nur in Schritten von 100 Metern gemeldet wird und Sichtweiten jenseits von zehn Kilometern nicht mehr unterschieden werden).

Im Fallbeispiel in Kapitel 4, »Planung flexibel gestalten«, haben wir uns auf das Gesamtbild konzentriert, das heißt auf das Zusammenwirken der verschiedenen Ebenen im Implementierungsszenario. In dieser Fallstudie werfen wir einen genaueren Blick auf die Schichtenarchitektur in SAP HANA und erläutern dabei auch die in Abschnitt 4.5.2, »Datenarchitektur«, bereits verwendeten Begriffe *Attributsicht* (Attribute View), *Analysesicht* (Analytic View) und *Berechnungssicht* (Calculation View, siehe auch Abbildung 4.16). Im Prinzip besteht jede Datenarchitektur in SAP HANA aus vier Schichttypen sowie aus *Prozeduren*, die zwischen den Schichten angesiedelt sind. Die vier Schichttypen sind:

Objekttypen in SAP HANA

- ▸ **(Persistente) Datenbanktabellen**
  Tabellen erfüllen in SAP HANA die gleiche Funktion wie in relationalen Datenbanken. Sie dienen dazu, zu verarbeitende Daten dauerhaft (persistent) zu speichern und für die Verarbeitung bereitzuhalten. Gegenüber klassischen Datenbanktabellen gibt es drei Unterschiede:

  - ▸ In einer In-Memory-Datenbank heißt persistent, dass die Daten zwar dauerhaft, aber trotzdem nur im Hauptspeicher abgelegt werden (vom Backup auf Festplatten einmal abgesehen). Der Begriff ist also etwas anders zu verstehen als bei klassischen Datenbanken.

  - ▸ Tabellen können bei SAP HANA wahlweise zeilen- oder spaltenweise aufgebaut sein.

  - ▸ Neben persistenten Tabellen gibt es in SAP HANA auch verschiedene Arten von Sichten. Diese entsprechen im Prinzip den Sichten in einer klassischen Datenbank. Sie werden z.B. verwendet, um »heiße« (aktuelle) und »kalte« (historische) Daten zusammenzuführen. Allerdings können Sichten in SAP HANA nicht nur Resultate von Joins oder SQL-Anweisungen, sondern auch Ergebnisse komplexer, z.B. statistischer Routinen sein.

- ▸ **Attributsichten als Joins**
  Attributsichten entstehen durch die Zusammenführung mehrerer persistenter oder virtueller Tabellen (über Joins) und durch die Anwendung von Filtern (z.B. Einschränkung auf ein Land) sowie einfacher Formeln/Operationen auf die Werte in diesen Tabellen (z.B. Isolation der Jahreszahl aus einem Datum). Die Funktion von Attributsichten entspricht etwa der Funktion von Stammdaten in

einem klassischen Data Warehouse, das heißt, die Tabellen, die in Attributsichten zusammengeführt werden, enthalten meist keine Transaktionsdaten (das heißt Fakten in einem klassischen Data Warehouse).

▸ **Analysesichten als OLAP-Würfel**
Analysesichten werden häufig aus Attributsichten (mit Stammdaten) und Tabellen (mit Transaktionsdaten) angelegt. Sie spielen also eine ähnliche Rolle wie OLAP-Würfel in klassischen Data Warehouses (mit den Attributsichten als Dimensionen und den Tabellen mit den Transaktionsdaten als Faktentabellen). In Analysesichten kann ebenso wie in Attributsichten selektiert und gerechnet werden.

▸ **Berechnungssichten als MultiProvider/Queries**
Im Vergleich zum klassischen SAP BW sind Berechnungssichten eine Art Zwitter aus MultiProvidern bzw. InfoSets und Queries. Ebenso wie MultiProvider oder InfoSets stellen sie Daten aus mehreren Analysesichten (bzw. OLAP-Würfeln) bereit. Gleichzeitig bieten sie die Möglichkeit, über sogenannte *Projektionen* (Projections) eine semantische Schicht einzubauen, durch die technische Strukturen in die erforderlichen fachlichen Sichten übersetzt werden.

In Sachen Rechenoperationen bzw. Datenverarbeitung sind Berechnungssichten sowohl MultiProvidern und InfoSets als auch Queries überlegen. Während man im klassischen SAP BW die Daten zwischen InfoCube und MultiProvider nur sehr eingeschränkt transformieren kann (hierzu müsste man eine eigene Schicht mit eigenen Transformationen zwischenschieben), können Berechnungssichten nicht nur auf Analysesichten, sondern auch auf Prozeduren aufbauen. Es entsteht also die Möglichkeit, hochkomplexe Logiken zu implementieren, *ohne* hierzu persistente Schichten aufbauen zu müssen. Prozeduren sind ein Herzstück von SAP HANA. Sie schaffen die Möglichkeit, Daten schon auf der Datenbankebene zu verarbeiten.

[»] | **Prozeduren**

Prozeduren in SAP HANA sind wiederverwendbare Bausteine für die Datenverarbeitung. Sie bilden häufig die Basis für Berechnungssichten. Prozeduren sind vergleichbar mit Transformationen in SAP BW oder in SAP Data Services, haben aber – insbesondere, wenn es um statistische Funktionen geht – einen wesentlich größeren Funktionsumfang.

> Prozeduren können entweder ausschließlich für die Auswertung oder zusätzlich noch für die Modifikation von Daten angelegt werden. Aus Entwicklungssicht können Prozeduren in den Sprachen SQLScript, L und R formuliert sein sein. In Prozeduren können PAL-Funktionen (wie z.B. die Funktion CREATEDTWITHCHAID) aufgerufen werden.
>
> Mit der Einführung der Sprache RDL können Prozeduren nicht nur von Hand geschrieben, sondern – neben anderen benötigten HANA-Objekten – auch automatisch generiert werden.

In unserem Beispiel, das heißt für die Beantwortung der Frage, ob sich aus Wetterdaten Prognosen für Flugverspätungen herleiten lassen, könnten die beschriebenen Objekttypen auf die in Abbildung 5.7 angedeutete Art und Weise zum Einsatz kommen.

HANA-Teil der Datenarchitektur

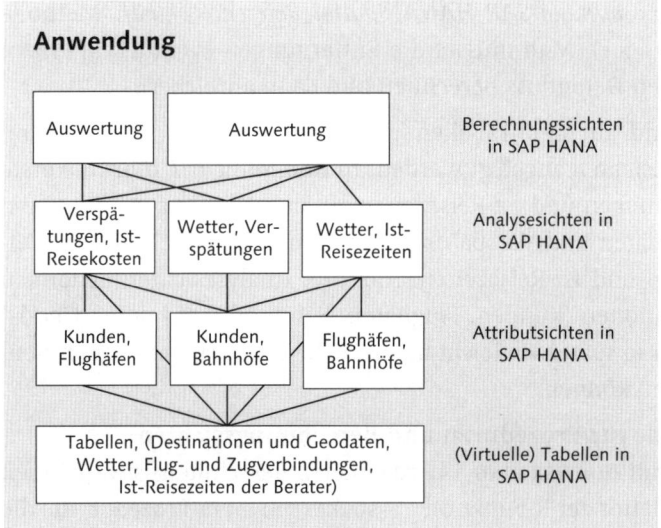

Abbildung 5.7 Datenarchitektur »Reisekosten reduzieren« (Ausschnitt)

▶ **Einsatzbereiche für Tabellen**

Wir können beispielsweise drei Tabellen mit Destinationen (Flughäfen, Bahnhöfe, Kunden) und deren Geodaten, drei Tabellen für das Wetter (eine mit Wetterphänomenen wie Hagel oder Nebel, eine mit Sichtweiten und eine mit Windgeschwindigkeiten) und eine Tabelle mit Flug- und Zugverbindungen und deren geplanten und tatsächlichen Abfahrts- bzw. Abflugs- und Ankunftszeiten anlegen. Daneben können weitere Tabellen existieren, die die Ist-Reisezeiten der Berater enthalten (z.B. basierend auf deren Zeitaufschreibung in SAP PS und idealerweise untergliedert nach den Etappen der Reisen). Hierbei kann es sich – je nach Quelldatenherkunft – um echte oder virtuelle Tabellen handeln, und für Daten, die sich schon in SAP HANA befinden, kommen auch Sichten infrage.

▶ **Beispiele für Attributsichten und Analysesichten**
In unterschiedlichen Attributsichten können wir den Kunden jeweils nahe gelegene Flughäfen oder Bahnhöfe und den Flughäfen die nahe gelegenen Bahnhöfe zuordnen. Es liegt nahe, hierzu die Luftlinienentfernung (die sogenannte *Orthodrome*) heranzuziehen. Dafür braucht man jedoch *trigonometrische* Funktionen (wie *Sinus*, *Cosinus* etc.). Diese Funktionen stehen im Formeleditor für Attributsichten nicht zur Verfügung, finden sich aber in der Erweiterung für die Verarbeitung von Geodaten (*http:// help.sap.com/hana/SAP_HANA_Spatial_Reference_en.pdf*, Methode ST_Distance). Man müsste die Entfernungen eventuell in einem separaten Datenfluss berechnen und dann anreichern.

Basierend auf den Tabellen und Attributsichten, könnten drei Analysesichten angelegt werden. In Abbildung 5.7 führt die erste Verspätungen und Ist-Reisezeiten zusammen, die zweite umfasst Wetterdaten und Verspätungsdaten, und die dritte umfasst Wetterdaten und Ist-Reisezeiten. Alle drei Analysesichten benötigen Destinationen (Kunden, Flughäfen, Bahnhöfe) und deren Geodaten, um so später vielleicht mehrere Ziele zu Gruppen zusammenfassen zu können.

▶ **Beispiele für Prozeduren und Berechnungssichten**
In der mit AUSWERTUNG 1 bezeichneten Berechnungssicht können wir (z. B. mit der R-Funktion chisq.test in einer Prozedur, die die Berechnungssicht mit Daten versorgt) die Korrelation zwischen Sichtweite am Boden und Verspätungen berechnen. Da wir diese Berechnung mit unterschiedlichen Zeitverschiebungen durchführen könnten, erhalten wir hierfür mehr als nur ein Resultat. Die in Abbildung 5.8 erkennbaren Befehle in der SQL-Konsole des SAP HANA Studios erfüllen dabei die folgenden Funktionen:

▶ DROP PROCEDURE (SQLScript)
Entfernt die Prozedur DEP_CHISQ (sofern vorhanden).

▶ CREATE PROCEDURE (SQLScript)
Legt eine Prozedur namens DEP_CHISQ an und definiert deren Ein- und Ausgabeparameter. Als Eingabeparameter sind eine

Kontingenztabelle, ein *Konfidenzniveau* und die Anzahl der *Freiheitsgrade* vorgesehen (wenn die Kontingenztabelle z Zeilen und s Spalten hat, ergibt sich die Zahl der Freiheitsgrade als *(z – 1) × (s – 1))*, ausgegeben werden soll eine Tabelle mit den Resultaten. Bei der Definition der Ein- und Ausgabeparameter wird auf korrespondierende Objekte in SAP HANA Bezug genommen; diese Objekte werden später beim Aufruf auch an die Prozedur übergeben.

▶ LANGUAGE (SQLScript)
Teilt dem System mit, dass die Prozedur in der Sprache R (RLANG) formuliert sein wird. Beachten Sie, dass in dem System, in dem wir die Abbildung erstellt haben, kein R-Server konfiguriert ist; dort wäre die Prozedur also nicht ausführbar.

▶ BEGIN...END (SQLScript)
Definiert Anfang und Ende der Prozedur in R.

▶ qchisq (R)
Berechnet anhand von Konfidenzniveau und Freiheitsgraden einen Schwellenwert für χ^2, ab dem von einer Abhängigkeit der in der Kontingenztabelle erfassten Daten ausgegangen werden muss.

▶ chisq.test (R)
Führt (für die in der Kontingenztabelle enthaltenen Daten) einen Chi-Quadrat-Test auf Unabhängigkeit durch und liefert die Resultate in einem R-spezifischen Format zurück.

▶ cbind (R)
Erstellt eine Matrix, die in der ersten Spalte immer wieder den von qchisq gelieferten Schwellenwert und in der zweiten Spalte die Resultate des Chi-Quadrat-Tests enthält; die Funktion dient dazu, die Daten in eine zur Weiterverarbeitung in SAP HANA geeignete Form zu bringen.

▶ CALL (SQLScript)
Ruft die soeben definierte Prozedur auf und übergibt die Parameter. Die Option WITH OVERVIEW dient dazu, die Ergebnisse nach dem Aufruf physisch abzulegen.

▶ SELECT(SQLScript)
Zeigt den Inhalt der Tabelle results_Chisquare.

Weitere Details zu den verfügbaren Befehlen finden Sie unter *https://help.sap.com/hana/SAP_HANA_R_Integration_Guide_en.pdf*. Die in Abbildung 5.7 mit AUSWERTUNG 2 bezeichnete Berechnungssicht kann über einen Aufruf der PAL-Funktion LRREGRESSION ein Modell entwickeln, das vorhersagt, welche Sichtweite und Windgeschwindigkeit zu welchen durchschnittlichen Verspätungen führen. Auch hier könnte man die Prozedur mehrmals – für beliebige Zeitverschiebungen – rechnen lassen.

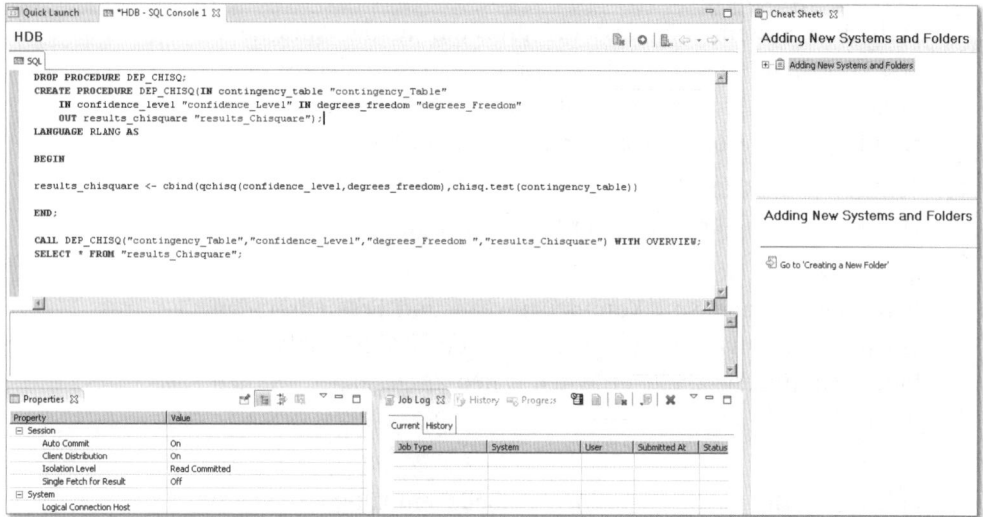

Abbildung 5.8 Einbettung von R in SQLScript im SAP HANA Studio

[»] **Konfidenzniveau**

Das Konfidenzniveau gibt – vereinfacht gesagt – an, mit welcher Wahrscheinlichkeit man mit einer Aussage, die anhand einer Stichprobe getroffen wurde, nicht nur hinsichtlich der Stichprobe, sondern auch bezüglich der Grundgesamtheit, aus der diese entnommen wurde, richtig liegt.

Im Fall des Chi-Quadrat-Tests auf Unabhängigkeit bedeutet das:

▸ Wir ermitteln mit der Funktion qchisq basierend auf einem Konfidenznivau von beispielsweise 95 % einen Schwellenwert für χ^2.

▸ Anschließend ermitteln wir mit der Funktion chisq.test einen χ^2-Wert für die Kontingenztabelle.

▸ Wenn der mit chisq.test ermittelte Wert für χ^2 höher liegt als der mit qchisq ermittelte Wert, können wir mit einer 95-prozentigen Wahrscheinlichkeit davon ausgehen, dass die zwei Merkmale in der Kontingenztabelle nicht unabhängig sind.

Das Gegenstück zum Konfidenzniveau ist das sogenannte *Signifikanz-niveau* (das einer Art Irrtumswahrscheinlichkeit entspricht). Bei einem Signifikanzniveau von α errechnet sich das Konfidenzniveau zu *1 – α*. Bei den meisten statistischen Tests will man mit beidseitigen Konfidenzniveaus arbeiten. In unserem Coding-Beispiel in Abbildung 5.8 würde man daher die Funktion qchisq bei einem Signifikanzniveau von 5 % für den Parameter confidence_level nicht mit einem Wert von *1 – 5 % = 95 % = 0,95*, sondern mit *1 – 5 % ÷ 2 = 97,5 % = 0,975* versorgen. Auch diese Frage werden wir hier nicht weiter vertiefen.

Kontingenztabelle [«]

Eine Kontingenztabelle (auch *Kontingenztafel* oder *Kreuztabelle* genannt) ist eine Tabelle, die die relative Häufigkeit des gemeinsamen Auftretens bestimmter Merkmalsausprägungen für zwei Parameter beschreibt.

Hat man in einer Stichprobe von 1.000 Personen z.B. die Haarfarben von Müttern und Töchtern (blond, braun, rot, schwarz) erhoben, könnte eine Kontingenztabelle aufzeigen, bei wie vielen blonden Müttern auch die Töchter blonde Haare haben, bei wie vielen braunhaarigen Müttern die Töchter blonde Haare haben etc. (siehe Tabelle 5.1). Für die Verarbeitung in R muss die Kontingenztabelle auch Zeilen- und Spaltensummen enthalten.

Mütter/ Töchter	Blond	Braun	Rot	Schwarz	Summe
Blond	42	57	50	102	251
Braun	60	29	85	101	275
Rot	21	18	7	24	70
Schwarz	90	114	22	178	404
Summe	213	218	164	405	1.000

Tabelle 5.1 Beispiel für eine Kontingenztabelle

Unsere Beschreibung der Datenarchitektur stellt – ebenso wie die Datenmodelle in allen anderen Fallstudien – trotz des relativ hohen Detaillierungsgrads kein ausgereiftes und erst recht kein vollständiges Datenmodell dar. Wir möchten lediglich denkbare Vorgehensweisen andeuten. Auch die in Abbildung 5.8 gezeigte Prozedur ist so nicht lauffähig, es fehlen z.B. die Schritte für das Anlegen der Ein- und Ausgabetabellen oder die Schleife für das mehrfache Durchlaufen der Analyse mit unterschiedlichen Zeitverschiebungen.

Abstraktion bringt Flexibilität

In einem realen Projekt würden wir übrigens deutlich abstrakter modellieren; beispielsweise würden wir die Werte für Windgeschwindigkeiten oder Niederschlagsart/-stärke einfach als »Zeitreihe 1« und »Zeitreihe 2« betrachten und so (als Vektoren oder Matrizen) an R übergeben. R könnte diese Werte dann sinnvoll klassifizieren und die benötigte Kontingenztabelle selbst erzeugen. Wie hierbei vorzugehen ist, ist im Buch *Statistik mit R* von Doli? beschrieben.

Warum sollten wir abstrakt modellieren? Vielleicht stellen wir im Lauf der Zeit fest, dass die Sichtweite im Zeitalter automatischer Landungen überhaupt keine Rolle mehr für Verspätungen spielt, stattdessen aber die Länge der längsten Landebahn ein wichtiger Faktor ist. Wenn wir abstrakt modellieren, können wir einfach Zeitreihen austauschen oder hinzufügen, ohne es gleich mit einem Rattenschwanz von Änderungen in nachgelagerten Objekten zu tun zu bekommen. Unsere Prozeduren könnten wir so formulieren, dass sie einfach alle vorhandenen Zeitreihen bearbeiten, ohne sich darum zu scheren, was der Inhalt dieser Zeitreihen ist oder wie diese heißen. Damit wären wir dann auch ein Stückchen näher an einem *induktiven* Vorgehen.

Erkenntnisse aus der Fallstudie

Auf das Thema Abstraktion kommen wir noch mehrfach zurück. In dieser Fallstudie ging es uns hauptsächlich darum, Folgendes zu veranschaulichen:

▸ wie mit SAP HANA Abhängigkeiten analysiert werden können

▸ wie SAP HANA dazu verwendet werden kann, mit einem induktiven Denkansatz Modelle zu entwickeln

▸ wie ein hoher Abstraktionsgrad bei der Modellierung zwar gewisse Anforderungen an den Architekten stellt, andererseits aber zu flexiblen, induktiv orientierten Lösungen führt, wie einige wichtige Begriffe aus der HANA-Welt genutzt werden

Dabei haben wir angedeutet, dass der Faktor Zeit und die Frage des Erfassungszeitpunkts bei statistischen Analysen eine wichtige Rolle spielen. In der nächsten Fallstudie werden wir uns erneut mit dem Thema Zeit befassen; wir werden die Zeit als einen Parameter betrachten, nach dem klassifiziert und segmentiert werden kann. Wir hoffen, Sie damit auf ganz neue Analyseideen zu bringen.

*»Ordnung braucht nur der Dumme, das Genie
beherrscht das Chaos.«*

Albert Einstein zugeschrieben (1879–1955)

6 Datenmodelle flexibel und einheitlich gestalten

*Das Wetter hatte sich beruhigt. Vier Tage und Nächte hatte ein Orkan
gewütet und in raschem Wechsel dicke Regentropfen und Hagelkörner
über das Land getrieben. Heute am Morgen war der Himmel auf einmal
strahlend blau gewesen. Norbert hatte beschlossen, die Aufhellung für
eine kleine Wanderung um die Landzunge westlich von Dornie zu nutzen.
Nach gut zwei Stunden war er an einem Kiesstrand angekommen. Die
Sonne stand wie immer in dieser Jahreszeit tief, wärmte aber trotzdem
noch ein wenig. Zwischen Strandgut und den Resten von Fischerbooten
war er auf der Suche nach einem sonnigen Fotomotiv als Erinnerung an
diese Reise. Da zog eine Behausung, die sich eng an eine Böschung
anlehnte, Norberts Aufmerksamkeit auf sich.*

Abbildung 6.1 Hütte an einem Kiesstrand bei Dornie, Ross and Cromarty, Schottland

*»Behausung« war allerdings ein wenig übertrieben. Die Hütte war so
klein, dass man darin nicht einmal ausgestreckt hätte liegen können.*

Trotzdem hatte sich ihr Erbauer die Mühe gemacht, sie mit einer Art Steg zu erschließen und innen mit einem Ofen auszustatten. Ein schiefer Kamin ragte immer noch durch den Giebel. Sonst aber schien das Domizil schon seit Langem leer zu stehen. Weder die Wände noch das Dach erschienen Norbert noch wind- oder regendicht, wenn sie es denn überhaupt irgendwann einmal waren.

Der Zweck des Gebäudes war ihm ein Rätsel. Auf jeden Fall war es wohl in mehreren Bauabschnitten errichtet worden. Holzbretter, Metall, Spanplatten und Fischernetze ergaben ein wildes Wirrwarr von Werkstoffen. Der Steg war vielleicht später hinzugekommen, ebenso wie die kleine Treppe, die links an der Seite auf einen seitlich offenen Unterstand hinter der Hütte führte. Das ganze Ensemble wirkte wie ein zusammengeschusterter Notbehelf, hatte aber offensichtlich zumindest früher einmal irgendeinem Zweck gedient. Ganz so wie die Datenarchitektur bei SYS, einem seiner größten Kunden. Vor zwei Jahren hatte er dort im Rahmen von Vorbereitungsarbeiten zu einem Börsengang Differenzen in unterschiedlichen Berichtssystemen analysiert. Dabei hatte Norbert entdeckt, dass die Systeme auf völlig unterschiedlichen Datenstrukturen in den Quellsystemen fußten. Mit aufwendigen Konsolidierungs- und Abstimmroutinen im BW versuchte man, die jeweils gelieferten Ergebnisse irgendwie in Einklang zu bringen. Das funktionierte nur, solange die Strukturen in den Quellsystemen stabil blieben, was meist nur für ein paar Tage der Fall war. In den Daten kamen immer wieder neue Konstellationen vor, die den Programmierern ursprünglich entgangen waren. Die Routinen waren so über Jahre hinweg zu einem undurchdringlichen Dickicht aus vielen einzelnen Schichten angewachsen. Jede dieser Schichten bog die Ergebnisse zurecht, die die Schicht darunter anlieferte, leider aber meist ohne die Logik der liefernden Schicht auch nur im Ansatz zu verstehen.

Letztendlich hatte Norbert entnervt aufgegeben und SYS empfohlen, die Daten- und Berichtsarchitektur komplett neu aufzubauen. Ebenso wie bei der Hütte vor ihm schien ihm der Tag nicht mehr fern zu sein, an dem ein Sturm das ganze Gerüst aus Flickwerk und Notlösungen zum Einsturz brächte.

Herausforderungen an Data Governance

Bei der Beschäftigung mit Big Data haben wir es mit immer größeren Datenmengen zu tun, deren Strukturen sich immer schneller verändern. Die in den meisten Unternehmen ohnehin schon bestehenden Probleme in puncto *Data Governance* und Datenarchitektur werden dadurch potenziert.

In diesem Kapitel beschäftigen wir uns zunächst damit, was man unter Data Governance versteht und warum dieses Thema vor dem Hintergrund von Big Data brisanter wird als jemals zuvor. Anhand eines fiktiven Szenarios erläutern wir, welche Schäden durch Datenmodellinkonsistenzen und »organisch gewachsene« Datenmodelle entstehen. Wir betrachten unterschiedliche Arten von Inkonsistenzen und konzentrieren uns für die weitere Analyse nicht primär auf Unterschiede zwischen zwei Datenmodellen, sondern auf die Unterschiede zwischen Datenmodellen und der Wirklichkeit, die sie eigentlich abbilden sollen.

Wie in den vorhergehenden Kapiteln stellen wir erneut den Bezug zum SAP Solution Explorer her und sprechen über fachliche Ansätze, Nutzenaspekte und denkbare Werkzeuge für die Entwicklung einer Lösung. Der Schwerpunkt des ganzen Kapitels liegt auf der (teilautomatischen) Entwicklung von Datenflüssen.

6.1 Data Governance – Anspruch und Wirklichkeit

Abgesehen von Begriffen wie *Business Intelligence* oder *Big Data*, gehören Termini wie *Data Governance* oder *Data Stewardship* sicher zu den beliebtesten IT-Modeworten der letzten Jahre. Viele große Unternehmen leisten sich mittlerweile neben einem CEO (Chief Executive Officer) und einem CIO (Chief Information Officer) auch einen CDO (Chief Data Officer), und fast jeder Hersteller von Produkten zur Datenerzeugung, Datenverwaltung, Datenspeicherung oder Datenverwertung schwört Stein und Bein, dass seine Lösung nicht nur Wasser in Wein verwandeln, sondern auch alle Probleme in Sachen Data Governance für immer und ewig lösen wird.

Data Governance ist »in«

Es ist kein Zufall, dass die Bedeutung des Themas Data Governance parallel zum Aufkommen immer größerer Data Warehouses zunimmt. Mit einem 12,1 Petabytes großen Monstrum in Santa Clara, Kalifornien, hat sich SAP im Februar 2014 einen Eintrag in das Guinness Buch der Rekorde (größtes Data Warehouse der Welt) gesichert. Zur Verdeutlichung: ein Petabyte entspricht einer Quadrillion (1.000.000.000.000.000) Bytes oder der Textmenge von 250 Millionen Bibeln, die – nebeneinandergelegt – ein Bücherregal von etwa 9.500 km Breite (in etwa die Entfernung zwischen Frankfurt und Ho-Chi-Minh-Stadt in Vietnam) füllen könnten. Und anders als beim Beispiel der vielen Bibeln wird das Riesen-Data-Warehouse von SAP – hoffentlich – nicht aus redundanten Daten bestehen. Wir haben es also mit etwa 368 Milliarden *unterschiedlichen* Druckseiten zu tun.

Geschäftsführung haftet für die Konsistenz

Im Angesicht solcher Größenordnungen stellt sich die Frage: Wer – außer vielleicht dem lieben Gott und Hasso Plattner – weiß eigentlich, *welche* Daten in diesem Data Warehouse *wo* gespeichert sind? Kommen wir auf das Bild mit den ausgelegten Bibeln zurück: Welcher CFO möchte seinen Kopf (oder seine Freiheit) darauf verwetten, dass die Informationen im Regalabschnitt bei Taschkent (Usbekistan) im Einklang mit denjenigen stehen, die im Dschungel 4.000 km weiter südöstlich gelagert sind? Und woher will man wissen, dass ortsansässige Primaten die Seiten nicht durcheinandergewirbelt haben?

6.1.1   Was ist Data Governance?

Richtlinien für die Datenverwaltung

Derlei Fragen rauben CEOs und CFOs den Schlaf. Genau deswegen beschäftigt man sich mit dem Thema Data Governance.

[»]   **Data Governance/Datenverwaltung**

Der Begriff Data Governance (zu Deutsch z.B. übersetzbar mit *Datenverwaltung*) ist nicht wirklich eindeutig und abschließend definiert. Meist versteht man unter Data Governance die Summe aller Maßnahmen und Richtlinien im Zusammenhang mit der Administration der im Unternehmen vorhandenen Daten. Data Governance dient (unter anderem) dazu, die folgenden Anforderungen zu bewältigen:

- ▸ Datenqualität
- ▸ Datenmodellkonsistenz
- ▸ Datennutzung
- ▸ Datentransparenz
- ▸ Datensicherheit

Vorschriften und technische Lösungen

Wie weit man bei der Erfüllung dieser Wunschvorstellung kommt, hängt von verschiedenen Faktoren ab. Vieles lässt sich weder technisch noch organisatorisch, sondern nur durch die Entwicklung einer entsprechenden Unternehmenskultur in den Griff bekommen; an manchen Stellen können aber auch innovative technische Lösungen weiterhelfen. Da dies kein Buch über Organisationspsychologie ist, konzentrieren wir uns auf den zweiten Aspekt. Data Governance umfasst eine Reihe von Anforderungen:

▶ **Datenqualität**

In vielen Fällen können letztendlich nur Menschen die Qualität von Daten beurteilen. Eine Data-Governance-Lösung kann zwar über ein *CTI-System* (Computer-Telefonie-Integration) eine Nummer aus den Kundenstammdaten wählen und feststellen, ob am anderen Ende jemand abnimmt. Sie kann aber (noch) nicht erkennen, ob die in den Stammdaten verzeichnete Person oder doch nur der Familienhund am Hörer ist.

Allerdings können Produkte für die Datenverwaltung unterschiedliche Datenquellen (eigener Datenbestand versus öffentliches Telefonverzeichnis) miteinander vergleichen oder Ihnen dabei helfen, periodisch und systematisch Stichproben für manuelle Qualitätskontrollen zu ziehen. Die Ergebnisse solcher manuellen Kontrollen können maschinell verdichtet und dauerhaft abgelegt und nachverfolgt werden. Wie Ihnen SAP HANA beim Zusammenstellen von Stichproben helfen kann, werden wir in Abschnitt 7.4.2 unter der Überschrift »Stichproben bilden« und in Abschnitt 6.5.1, »Implementierungsszenario und Rahmenarchitektur«, erläutern; wie Sie Einzelwerte zur Datenqualität summarisch zusammenfassen, wird in Abschnitt 10.4.3, »Bausteine der Lösung«, unter der Überschrift »Fälle bewerten« diskutiert (*Scoring*). Daneben bietet SAP mit dem SAP Information Steward auch eine Lösung für das Tracking der Qualitätskennzahlen auf *Scorecards* (Dashboard-artige Berichte) an.

▶ **Datenmodellkonsistenz**

In vielen Unternehmen sind Heerscharen von eigenen oder externen Mitarbeitern praktisch ständig damit beschäftigt, Zahlen aus unterschiedlichen Berichten miteinander abzustimmen oder Differenzen zu erklären. Verständlicherweise wird die Geschäftsleitung nervös, wenn im OLTP-System für ein Profit-Center ein Überschuss von 100 Millionen USD ausgewiesen wird und dasselbe Profit-Center laut Management-Dashboard rote Zahlen schreibt.

In der Theorie lässt sich dieses Problem durch ein Data Warehouse mit klar definierten und sauberen *Single Points of Truth* (SPOT, Quellen der Wahrheit) in den Griff bekommen. Das Ergebnis eines Profit-Centers beispielsweise sollte nur einmal in der maximal benötigten Granularität (also z. B. je Profit-Center) berechnet und dann zentral (eben am SPOT) abgelegt werden. Von dort wird diese Zahl dann an diverse Empfänger verteilt und/oder weiteraggregiert. Wenn Inkonsistenzen auftreten, muss man die unterschiedlichen Werte einfach nur bis zum SPOT zurückverfolgen und von da an Schritt für Schritt die Verarbeitung in den beiden Datenflüssen überprüfen.

Hätte man solche Strukturen, wäre die Erklärung von Differenzen reine Routine. Einen Großteil der Mitarbeiter, die ihre Zeit mit der Analyse von Unstimmigkeiten verbringen, könnte man dann viel besser für das Aufspüren inhaltlich redundanter, aber faktisch unterschiedlicher Datenflüsse bzw. Verarbeitungsschritte einsetzen. Noch eleganter aber wäre es, solche Datenflüsse automatisch auszumachen.

▸ **Datennutzung**
Praktisch alle Produkte für Datenerzeugung und Datenverwertung bieten die Möglichkeit, Statistiken zur Nutzung von Berichten zu erstellen. Was diese Statistiken allerdings nicht liefern, sind Aussagen über die Nutzung von *Quelldaten*. Abgesehen von der Frage, ob bestimmte Berichte »Ladenhüter« sind, wäre es ja auch spannend zu erfahren, ob Sie z.B. zwei Drittel Ihrer Hardware- und Betriebskosten im Data Warehousing für die Haltung von Daten ausgeben, die kein Mensch je braucht, oder ob ein Großteil Ihrer IT-Mitarbeiter damit befasst ist, Datenflüsse zu pflegen, die in verwaiste Berichte münden.

▸ **Datenherkunft**
Lösungen zur Datenverwaltung wie der SAP Information Steward bieten oft auch Funktionen für die Analyse der Datenherkunft (*Data Provenance*, auch *Datenabstammung/Data Lineage* oder *Datenstammbaum/Data Pedigree*). Solche Funktionen erfassen – idealerweise systemübergreifend – die Verbindungen zwischen Datenbeständen und welche Quellen auf welchen verschlungenen Wegen Ihre Berichte speisen. Die Beantwortung solcher Fragen kann übrigens auch im Zusammenhang mit der Datensicherheit von Interesse sein.

▸ **Datentransparenz**
Hat man Metadaten zur Datenherkunft über den ganzen Datenfluss hinweg erhoben, kann man Datenflüsse – ausgehend von jedem beliebigen Verarbeitungsschritt – z.B. grafisch aufbereiten lassen.

▶ **Datensicherheit**

Der Schutz Ihrer Daten vor Verlust lässt sich mit den geläufigen Maßnahmen (Spiegelung an mehreren möglichst geografisch auseinanderliegenden Standorten, Backups etc.) bewerkstelligen. Beim Schutz vor Datendiebstahl und unberechtigten Zugriffen können Sie neben statischen Regeln und Berechtigungsprofilen auch die in Kapitel 10, »Betrug und Diebstahl automatisch erkennen«, beschriebenen Werkzeuge und Lösungen verwenden. Im Prinzip ist es kein Unterschied, ob Sie den Diebstahl von Treibstoff oder den Missbrauch von Daten bekämpfen wollen. Ergänzend können Sie noch Lösungen aus dem SAP-Portfolio für *Governance, Risk and Compliance* (GRC) heranziehen.

▶ **Rechtliche Vorschriften**

Rechtliche Rahmenbedingungen und Vorgaben für das Berichtswesen oder für die Nachvollziehbarkeit von Zahlen sind meist langlebiger als interne Berichtsanforderungen. Das führt dazu, dass die hierzu erforderlichen Strukturen nicht beliebig gestaltet werden können und über eine längere Zeit unverändert bleiben. Deshalb bleiben Datenstrukturen, die der Erfüllung gesetzlicher Anforderungen dienen, in diesem Kapitel außen vor.

Auch die ausgefeiltesten Metadaten-Repositories müssen konfiguriert, administriert und gewartet werden. Zudem muss sich irgendjemand die grafischen Darstellungen auch ansehen. Und wenn ein Metadaten-Repository Probleme in Sachen Data Governance entdeckt, braucht es einen Ansprechpartner, den es alarmieren kann. Genau diese Funktionen erfüllen CDOs, Dateneigner und *Data Stewards*.

Dateneigner für Metadaten

Data Stewardship   [«]

Die Idee des Data Stewardships, der Datenverantwortung, basiert darauf, dass es für alle Metadaten einen Data Steward gibt, das heißt einen Datenverantwortlichen oder Dateneigner. Der Dateneigner stellt sicher, dass die Metadaten auf der einen Seite den Anforderungen der Data Governance entsprechen und auf der anderen Seite nicht nur ein theoretisches Ideal darstellen, sondern tatsächlich auch das aktuelle Ist in den Datenbeständen widerspiegeln. In einigen Kontexten, und so auch in diesem Buch, unterscheiden sich die Begriffe Dateneigner und Data Steward: Der Dateneigner ist der Manager, der die Entscheidungsgewalt über die Metadaten hat, der Data Steward ein Mitarbeiter, der dem Dateneigner zuarbeitet.

6.1.2 Herausforderung Big Data: Datenvolumen, Geschwindigkeit, Agilität

Das Problem rasch wachsender Datenmengen ist nur einer von drei Gründen dafür, dass Fragen der Datenmodellkonsistenz in jüngerer Zeit und im Gleichtakt mit Big Data an Bedeutung gewonnen haben.

Datenvolumen/Datenheterogenität

Heterogene und unstrukturierte Daten

Wenn wir über immer mehr heterogene Daten aus immer mehr Quellen verfügen und diese oft unstrukturierten Daten auf immer mehr Arten verwerten möchten, wird es naturgemäß auch schwieriger, die Konsistenz der Datenmodelle über alle Ebenen (oder *Schichten*) eines Datenflusses hinweg sicherzustellen. Das menschliche Gehirn fasst nach Schätzungen von Experten etwa 2,5 Petabytes an Daten. Das klingt nach viel, entspricht aber andererseits (laut einem Bericht der Tageszeitung *Welt*) nur der Datenmenge, die die Firma Blizzard Entertainment schon 2013 brauchte, um ihr Online-Spiel World of Warcraft zu betreiben. Viele Analysten gehen davon aus, dass sich das globale Datenvolumen alle zwei Jahre verdoppelt und bis 2020 etwa 40 Zettabytes (= 400 Millionen Gehirne) erreichen wird.

Systeme überwachen Systeme

Bei einem Großteil davon wird es sich um Multimediadaten handeln. Die Frage, ob zwei hochkomplexe Datenflüsse zur Verarbeitungen von Videodaten zueinander konsistente Ergebnisse liefern, geht weit über einen maschinellen oder manuellen Abgleich von zwei Formeln oder zwei ABAP-Routinen hinaus. Wir Menschen sind damit völlig überfordert. Ähnlich wie in vielen anderen Bereichen brauchen wir also in zunehmendem Maß Systeme, die Systeme überwachen.

Geschwindigkeit

Quellstrukturen ändern sich schneller

Die Verarbeitung gigantischer, heterogener Datenmengen in Echtzeit ist schon für sich genommen eine kolossale Herausforderung. Aus Sicht der Modellkonsistenz viel gravierender aber ist, dass die Beschaffenheit dieser Daten alles andere als langfristig stabil ist. Zu dem Zeitpunkt, als dieses Kapitel geschrieben wurde, war das neue iPhone 6 noch nicht am Markt. Gerüchten zufolge sollte es über Sensoren für Puls, Blutdruck, Herzschlag, Schlafphasen, Temperatur,

Luftdruck und Luftfeuchtigkeit verfügen. (Außerdem soll man damit böse Schwiegermütter und bissige Hunde verjagen, Pizza backen und zum Mond fliegen können.) Die Datenbrille *Google Glass* ist (aus Big-Data-Sicht) nichts anderes als ein Baustein in einem weltumspannenden Netz aus Sensoren zur Datensammlung. Dieses Netz, in das sich auch alle Android-basierten Geräte nahtlos einfügen, beinhaltet mit den Thermostaten des von Google erworbenen Herstellers *Nest Labs*, den Sensoren in den autonomen *Google Cars* und den von Google unter dem Label *Boston Dynamics* produzierten Robotern weitere »Fühler«.

In all diesen Daten stecken enorme Möglichkeiten (von den Gefahren sehen wir hier einmal ab). Deren Realisierung setzt aber voraus, dass man in der Lage ist, nicht nur Algorithmen, sondern auch Datenflüsse in immer kürzeren Zeitabständen anzupassen. Das iPhone 5s kann Videos in Full HD (1.920 × 1.080 Pixel) mit 30 Bildern pro Sekunde aufzeichnen; zukünftige Smartphones werden wohl früher oder später auch UHDV 8K (7.680 × 4.320 Pixel) mit 120 Bildern/Sekunde in 3-D unterstützen. Für die Auswertung von UHDV braucht man dann aber (gegenüber Full HD) nicht nur Hardware mit einem 128 Mal höheren Datendurchsatz, sondern auch Algorithmen, die die in einer 3-D-Aufzeichnung enthaltenen feinen Detailinformationen nutzen können. Es ergibt sich also neben dem quantitativen auch ein qualitativer Sprung.

Quantität schlägt um in Qualität

Agilität

Die Tatsache, dass wir es in immer kürzeren Abständen mit immer mehr und immer heterogeneren Datenquellen zu tun haben, wird so manch einem Dateneigner schon jetzt schlaflose Nächte bescheren. Parallel dazu wächst aber auch die Vielfalt der benötigten Auswertungen und Berichte. Von einem Modell, in dem Berichte zentral gestaltet werden und über Jahre praktisch unverändert bleiben, hat man sich längst gelöst, die Anzahl verwendeter Auswertungen wird immer größer und wächst immer schneller (siehe Abschnitt 1.1.2, »Was Sie sonst noch für Big Data brauchen«, agile Business Intelligence).

Stetig wechselnde Anforderungen

Das führt unter anderem dazu, dass viele Bausteine von Datenflüssen nur noch als virtuelle Objekte (ohne eigenen, persistenten Datenbestand) angelegt werden. Diese virtuellen Objekte werden fortwäh-

Virtuelle Strukturen ohne Historie

rend zentral oder dezentral an neue Bedürfnisse angepasst, häufig ohne Änderungsanträge und Dokumentation. Die Data Stewards verlieren so nicht nur den Wettlauf mit der Dokumentation der Datenquellen, sondern auch den mit der Erfassung der Datenverwertung und der Nachvollziehbarkeit der Daten.

6.1.3 Integration von Daten und Metadaten

Selten Budget für Dokumentation

Den meisten IT-Projekten, die wir in unserer Laufbahn erlebt haben, gingen vor oder während der Erstellung der Dokumentation das Budget, die Zeit, die Ressourcen oder alles gleichzeitig aus. Unter anderem deshalb ziehen wir deklarative (und damit eher selbsterklärende) Sprachen den imperativen/prozeduralen Werkzeugen vor. Aber auch mit deklarativen Tools tritt bei immer kürzeren Entwicklungszyklen ein anderes Problem in den Vordergrund: Während man an der Dokumentation schreibt, befindet sich das zu beschreibende System noch oder schon wieder in der (Weiter-)Entwicklung. Das ähnelt dem Versuch, die Struktur einer bewegten Wasseroberfläche im Detail auf einem Ölgemälde festzuhalten: Bevor der Pinsel überhaupt in die Farbe eingetaucht wird, hat sich das Bild komplett verändert. Bei Daten (der Wasseroberfläche) und Metadaten (dem Gemälde der Wasseroberfläche) ist das Problem mindestens ebenso gravierend. Und die Tatsache, dass meist viele Abteilungen und Personen an der Dokumentation beteiligt sind, macht es nicht einfacher.

Automatisierung erforderlich

Metadaten müssen mit den *tatsächlich* im System vorhandenen Objekten *untrennbar* verknüpft sein; bei Änderungen an diesen Objekten müssen Metadaten ohne wesentliche Verzögerung und automatisch angepasst werden – ganz so wie im klassischen *ABAP Dictionary* (Transaktion SE11) von SAP ERP. Allerdings liegt auch beim ABAP Dictionary die eigentliche Herausforderung in der Verknüpfung von Programmlogik und fachlichen Anforderungen. Die Tatsache, dass ein Funktionsbaustein existiert und zwei bestimmte Tabellen verwendet, sagt noch nichts darüber aus, was genau dieser Funktionsbaustein tut oder mit welchen Geschäftsprozessen oder Objekten sein Code in Verbindung steht. Außerdem ist die Reichweite z.B. des ABAP Dictionarys auf die SAP Business Suite beschränkt.

Metadaten-Repositories als Voraussetzung   **[+]**

Den Begriff *Metadaten-Repository* haben wir in Abschnitt 2.1.3, »Abgrenzung von SAP HANA und Big Data«, definiert. Leider ist die Beschaffung
aktueller und korrekter Metadaten alles andere als trivial. SAP BW ist
zwar beispielsweise in der Lage, seine Metadaten standardisiert zu exportieren (XML); neben den Metadaten aus einem Data Warehouse (Lösung
zur Datenverwertung) braucht man aber auch Metadaten aus den Lösungen zur Datenerzeugung (andere SAP- oder Nicht-SAP-Produkte).

Der praktische Nutzen, den ein bestimmtes Metadaten-Repository Ihnen
bietet, hängt davon ab, wie leicht es diesem Produkt fällt, die Metadaten
aus den bei Ihnen im Einsatz befindlichen Lösungen reibungslos einzu-
sammeln und nahtlos zu verbinden. In einer SAP-Umgebung haben die
EIM-Lösungen von SAP hierbei natürlich einen Startvorteil.

Für unsere weiteren Betrachtungen gehen wir davon aus, dass
geeignete Lösungen zur Datenverwaltung bei Ihnen implementiert
sind und dass Sie über die in Abschnitt 6.1.1, »Was ist Data Governance?«, erwähnten Metadaten verfügen. Die Themen Datenqualität, Datensicherheit und die rechtlichen Vorschriften lassen wir
ebenfalls außen vor. Wir konzentrieren uns stattdessen auf die
Frage, wie Big Data bzw. SAP HANA auf Basis entsprechender Metadaten zu einer höheren Datenmodellkonsistenz beitragen kann.

6.2 Szenario: Ermittlung von Handelsspannen im Einzelhandel

Die Sell-Your-Soul AG (SYS) mit Hauptsitz im schweizerischen Zug ist
einer der weltweit führenden Fachmarktketten für elektrische und
elektronische Produkte. Weltweit betreibt SYS 800 Märkte in 20 Ländern, die über 65.000 unterschiedliche Artikel verkaufen. 73.000 Mitarbeiter erwirtschaften einen Umsatz von über 30 Milliarden CHF.

Elektronik-Fachmarkt SYS

Einer der wichtigsten Werttreiber für SYS ist die Ertragskraft des
Unternehmens in den jeweiligen Märkten, gemessen an deren *Handelsspanne* im jeweils vorhergehenden Kalendermonat (die Differenz
zwischen Nettoverkaufspreis und Einstandspreis der Ware, ausgedrückt in Prozent des Verkaufspreises). Basierend auf der Handelsspanne, wird über Budgets und Investitionen und längerfristig auch
über einen Ausbau oder den Rückzug aus einzelnen Ländern entschieden.

Handelsspanne als wesentlicher Werttreiber

Inkonsistenzen bei
Einstandspreisen
Bei der Ermittlung der Handelsspanne stößt SYS immer wieder auf ein Problem: Die Einstandspreise werden auch zur Bewertung der Lagerbestände verwendet und in jedem Land gemäß den dort geltenden gesetzlichen Bestimmungen ermittelt. Eine Folge hiervon ist, dass Einstandspreise (und damit auch die Handelsspannen) nicht vergleichbar sind. Hinzu kommt, dass einige Länder für eigene Auswertungen zusätzlich sogenannte »Schatten-Einstandspreise« ermitteln. Dadurch entsteht eine noch größere Vielfalt unterschiedlicher Zahlen. So kann es durchaus sein, dass das ERP-System (in allen Ländern SAP ERP) einer Landesgesellschaft für eine bestimmte Artikelgruppe eine Handelsspanne (oder auch *Marge*) von 13 % ausweist, während das Data Warehouse (SAP BW) auf einen Prozentsatz von nur 7 % kommt. Da SYS generell eine Handelsspanne von 10 % erwartet und Artikel, die darunter liegen, in der Regel aus dem Sortiment nimmt, liegen Welten zwischen diesen beiden Zahlen.

Hohe
Abstimmaufwände
Die Berechnung der Margen im Data Warehouse erfolgt durch hochkomplexe (Korrektur-)Routinen, die vor zehn Jahren durch ein Team indischer Berater entwickelt wurden. Die Berater wurden seinerzeit für die Projektlaufzeit eingeflogen, mussten aber (da das Projektbudget überschritten war) ihre Arbeit noch während der Erstellung der Dokumentation beenden. Keiner dieser Experten ist mehr erreichbar. Manche Landesgesellschaften beschäftigen deshalb bis zu zehn Programmierer, die jeden Monat aufs Neue versuchen, die erheblichen Unterschiede zwischen den Kennzahlen in den unterschiedlichen Systemen durch schrittweise Analysen des Programmcodes (*Debugging*) zu erklären. Obendrein hat man an mehreren Orten parallel Projekte zur Nachdokumentation der Programme aufgesetzt.

Länderübergreifende Vergleiche sind zudem praktisch unmöglich. Die Artikelgruppen sind jeweils landesspezifisch definiert. Auch Was-wäre-wenn-Überlegungen im Zusammenhang mit einer Neugruppierung von Artikeln sind in der Praxis nicht durchführbar. Aktuell besteht für die Konzernzentrale in der Schweiz keine Möglichkeit, Handelsspannen auf Basis mehrerer alternativer Artikelgruppierungen zu berechnen.

6.3 Inkonsistente Datenmodelle: Kosten, Risiken und Chancen

Hohe Kosten der IT
Die Inkonsistenzen zwischen den Datenmodellen der einzelnen Länder (und zwischen den Systemen in diesen Ländern) haben sich für

SYS zu einem lähmenden Handicap entwickelt. Die Kosten, die in der IT-Abteilung in die Analyse unterschiedlicher Zahlen investiert werden, sind exponentiell angestiegen und summieren sich laut Aussage der CIOs in einigen Ländern mittlerweile auf bis zu 60 % des gesamten IT-Personalaufwands.

Viel schwerer aber wiegt die Tatsache, dass der Konzern aufgrund der unterschiedlichen Algorithmen und Artikelgruppen in den einzelnen Ländern praktisch nicht mehr steuerbar ist. Der Leiter des Controllings in Zug hat jegliches Vertrauen in die von den Ländern gelieferten Daten verloren und daher ein eigenes Team zur Abstimmung aufgebaut, das die Handelsspannen für die Länder nach einheitlichen Vorgaben nachrechnen soll. Als Folge hat sich allerdings schon wenige Monate später im zentralen Controlling ein undurchdringliches Dickicht aus Microsoft-Excel-Dateien mit extrem komplizierten Formeln und Makros entwickelt, das nun zu noch mehr Zahlen und noch höheren Aufwänden für die Abstimmung von Werten führt.

Unternehmen nicht mehr steuerbar

Für den Mai des letzten Jahres hatte SYS eigentlich einen Börsengang in den USA ins Auge gefasst. Der CFO war damit beauftragt worden, hierfür die entsprechenden Voraussetzungen zu schaffen und die Berichtsstrukturen zu überarbeiten. Gemäß dem *Sarbanes-Oxley Act* (SOX) wären der CEO und der CFO verpflichtet gewesen, die Richtigkeit der Abschlüsse durch eine eidesstattliche Erklärung zu bestätigen. Angesichts der Tatsache, dass er für unrichtige Zahlen in den USA hätte strafrechtlich belangt werden können, hatte der CFO angesichts dieser Aussichten einen Nervenzusammenbruch erlitten. Der Börsengang von SYS war (offiziell wegen »unvorteilhafter Rahmenbedingungen am Kapitalmarkt«) auf unbestimmte Zeit verschoben worden.

Börsengang musste abgesagt werden

6.3.1 Unterschiedliche Algorithmen

Anhand eines Beispiels illustrieren wir das Problem unterschiedlicher Algorithmen. Sowohl bei SYS in den USA als auch in Japan werden Frachtkosten den Einstandspreisen zugeschlagen. Die Einstandspreise für die Bestandsbewertung werden in beiden Ländern in SAP ERP (Komponente *Bilanzbewertung* (MM-IM-VP)) gemäß den jeweils gültigen gesetzlichen Bestimmungen ermittelt. Daneben haben beide

Beispiel: Frachtkosten

Länder ein BW-System im Einsatz, das für die Ermittlung der Handelsspanne einen Management-Einstandspreis berechnet:

▸ **Frachtkosten in den USA**

In den USA werden Frachtkosten pauschalisiert. Hierzu werden einmal jährlich die Ist-Frachtkosten je Artikelgruppe in das Data Warehouse geladen. Aus diesen Ist-Werten wird ein Prozentsatz ermittelt, der beim Befüllen der Data Marts artikelgruppenabhängig nachgelesen und durch eine Formel aufgeschlagen wird. Die Landesgesellschaft in den USA verwendet hierzu insgesamt 50 Artikelgruppen; die Data Marts enthalten keine Informationen auf Artikel-, sondern nur Daten auf Artikelgruppenebene.

▸ **Frachtkosten in Japan**

In Japan geht man bei der Ermittlung der Frachtkosten sehr viel genauer vor. SAP-seitig ist das *Material Ledger* (CO-PC-ACT) im Einsatz; die dort gesammelten Daten werden über die Standard-DataSource `0CO_PC_ACT_1` in BW geladen. Beim Befüllen der Data Marts werden diese Daten gelesen und durch eine anspruchsvolle Expertenroutine mit weit über 20.000 Zeilen Programmcode korrigiert, bereinigt und auf Artikelgruppenebene verdichtet. Die Data Marts enthalten ebenfalls nur Daten auf Artikelgruppenebene; allerdings kennt man in Japan 1.325 Artikelgruppen, die sich nicht ohne Weiteres den US-amerikanischen Gruppen zuordnen lassen (technisch gesprochen: die japanischen und US-amerikanischen Artikelgruppen stehen nicht in einer n:1-, sondern in einer n:m-Beziehung).

6.3.2 Kein Single Point of Truth

Historisch gewachsene Datenflüsse

Beide Länder unterscheiden sich nicht nur hinsichtlich ihrer Vorgehensweise und Granularität bei der Frachtkostenermittlung. Daneben gibt es auch erhebliche Unterschiede in der Architektur der Data Warehouses. Dies geht zurück auf Unterschiede in den Mentalitäten, hinsichtlich der Leistungsfähigkeit der Hardware und den Erwartungen an die Geschwindigkeit der Verarbeitung sowie auf jeweils andere, historisch gewachsene Strukturen.

▸ **Datenarchitektur in den USA: Schrittweise Datenverarbeitung**

In den USA entspricht das Data Warehouse den Anforderungen der LSA-Rahmenarchitektur. Die Daten für die Berechnung der Handelsspanne werden Schritt für Schritt (über insgesamt neun verschiedene Schichten hinweg) verarbeitet. Erst in der vorletzten Schicht erfolgt die Zusammenfassung der Daten zu Artikelgruppen, auf die dann beim Befüllen der letzten Schicht (Data Marts) die Frachtkosten angewendet werden. Routinen werden in den USA grundsätzlich nicht verwendet.

Das US-amerikanische Architekturmodell ist entstanden, weil man für den Betrieb des Data Warehouses schon seit etlichen Jahren in- und ausländische Partner einsetzt. Diese Partner sind günstiger als eigene Experten, das Qualifikationsniveau der Mitarbeiter dort ist aber geringer. Das Architekturteam in den USA hat daher großen Wert darauf gelegt, dass alle Strukturen transparent und einfach sind.

▶ **Datenarchitektur in Japan: Undurchschaubare Routinen**
In Japan arbeitet man zwar auch mit einem Schichtenmodell, dieses besteht aber nur aus fünf Schichten. Viel mehr ins Gewicht fällt, dass die Zusammenfassung der Artikel zu Artikelgruppen schon sehr früh (schon vor der *Datenbeschaffungsschicht*, nämlich schon während der Extraktion der Daten aus dem Quellsystem) erfolgt. Hierbei kommen Kundenerweiterungen für die entsprechenden Extraktoren zum Einsatz.

In Japan hat man sich aus zwei Gründen für diese Vorgehensweise entschieden: Einerseits arbeitet man im IT-Bereich ausschließlich mit eigenen, hoch qualifizierten Entwicklern, die beim Programmieren gelegentlich auch über das Ziel hinausschießen und »künstlerische« Ambitionen entwickeln. Andererseits sind auch die nachgelagerten Verarbeitungsschritte im Data Warehouse sehr komplex. Mit einer Implementierung der Logiken auf Artikelebene hatte man größere Performanceprobleme. Daher wurde entschieden, die Artikel schon während des Ladevorgangs zu Artikelgruppen zusammenzufassen und dann nur noch mit diesen Artikelgruppen zu operieren.

Dieser Ansatz wird zusätzlich durch die Tatsache verkompliziert, dass die Daten aus dem Material Ledger auf Artikelebene angeliefert werden. Auch diese Daten müssen also verdichtet werden, diese Verdichtung erfolgt aber in einem völlig unabhängigen Datenfluss. Dieser Datenfluss verwendet auch eigene Stammdaten für die Artikelgruppen. Somit ergibt sich die Gefahr, dass Artikelgruppen in beiden Datenflüssen unterschiedlich definiert sind bzw. unterschiedliche Stammdaten verwenden.

6.3.3 Zahlenbeispiel

Controlling
analysiert
Auswirkungen

Ein neuer CFO hat vor einigen Monaten die Arbeit bei SYS aufgenommen. Nach einer ersten Analyse der Abläufe im Controlling hat
er sich entschieden, das Abstimmungsteam mit sofortiger Wirkung
aufzulösen und den Leiter des Konzerncontrollings mit der Entwicklung eines Business Cases für ein zentrales Architekturmodell zu
beauftragen. Insbesondere sollte er drei Größen abschätzen:

▶ die Kosten für die Abstimmaufwände in den IT-Abteilungen
der einzelnen Länder

▶ den Schaden, der SYS durch den abgesagten Börsengang
entstanden ist

▶ die Kosten von Fehlentscheidungen durch falsch ermittelte
Handelsspannen

Bei dieser Bewertung der Abstimmaufwände hat sich der Cont-
rollingleiter exemplarisch auf das Beispiel Japan konzentriert. Börsengang und Fehlentscheidungen sind aus seiner Sicht keine landes-
spezifischen Themen, sondern Gegenstand von Überlegungen in der
Konzernzentrale. Als Beispiel für eine Fehlentscheidung hat er die
Entfernung einer Artikelgruppe aus dem Sortiment in den USA
herangezogen (alle Zahlen wurden zum gleichen Kurs in CHF umgerechnet, Währungseffekte bleiben unberücksichtigt).

Abstimmaufwände

Kosten für
Konsolidierung
und Reparatur

Die IT-Abteilung in Tokio beschäftigt insgesamt 220 ortsansässige
Mitarbeiter mit einem durchschnittlichen Jahresgehalt von umgerechnet 100.000 CHF. Erhebungen vor Ort im Rahmen des letzten
Monatsabschlusses haben ergeben, dass ca. 30 dieser Mitarbeiter
jeden Monat rund fünf Tage damit verbringen, Zahlendifferenzen
nachzugehen. Weitere 55 Mitarbeiter sind dauerhaft in Projekten im
Einsatz, die lediglich der Optimierung bestehender Programme dienen. Ziel dieser Optimierungsanstrengungen ist es, die Ursachen von
Differenzen zu eliminieren. Die Erfahrung hat allerdings gezeigt,
dass die Programme durch diese Bemühungen eher noch komplexer
und Abweichungen zwischen den von diesen Programmen gelieferten Resultaten noch wahrscheinlicher werden. Außerdem steht ein
Stab von fünf Entwicklern dauerhaft dem Controlling in Japan zur

Verfügung. Hauptaufgabe dieser Mitarbeiter ist es, die aus den eigenen Systemen gelieferten Zahlen vor der Lieferung der Berichte nach Zug an die Anforderungen der Konzernzentrale anzupassen.

Eine erste grobe Schätzung (basierend auf netto ca. 200 produktiven Arbeitstagen pro Jahr und Mitarbeiter) ergibt, dass mit einer besseren Datenarchitektur allein in Japan von den Personalkosten im IT-Bereich *(220 × 100.000 CHF = 22 Mio. CHF)* etwa 31 % eingespart werden könnten, das entspricht fast sieben Millionen CHF pro Jahr:

$$(30 \times 5 \times 12 + 55 \times 200 + 5 \times 200) \div (220 \times 200) =$$
$$(1.800 + 11.000 + 1.000) \div 44.000 = 13.800 \div 44.000 = 31\,\%$$

Berücksichtigt man zudem, dass Japan eine eher mittelgroße Landesgesellschaft ist, dürften sich die Sparpotenziale im Gesamtkonzern auf einen zwei- oder sogar dreistelligen Millionenbetrag summieren.

Börsengang

SYS leidet schon seit einigen Jahren unter einer sinkenden Kapitalrentabilität. Momentan liegt diese bei etwa 10 %, bezogen auf ein Kapital von insgesamt 10 Milliarden CHF. Der Börsengang sollte dazu dienen, das eigene Geschäft in Richtung Online-Handel auszubauen. Hierzu sollten 5 Milliarden CHF an Kapitel beschafft und in den Kauf eines Internethändlers mit einer Kapitalrendite von damals 25 % investiert werden. SYS hätte hierdurch also pro Jahr zusätzliche 1,25 Milliarden CHF Ergebnis erwirtschaften können.

Zugang zum Kapitalmarkt erschwert

Inzwischen geht man davon aus, dass der Gang an die Börse um mindestens drei Jahre verschoben werden muss. Ohne eine Abzinsung der entsprechenden Beträge ergibt sich allein hieraus ein Schaden von 3,75 Milliarden CHF. Dabei bleibt noch völlig unberücksichtigt, dass die aktuelle Kaufgelegenheit in drei Jahren wahrscheinlich nicht mehr bestehen und sich die Marktposition von SYS aufgrund der fehlenden Präsenz im Online-Geschäft in dieser Zeit weiter verschlechtert haben wird.

Fehlentscheidungen

Mit Mobiltelefonen erwirtschaftet SYS in den USA aufgrund des hohen Konkurrenzdrucks schon seit einigen Jahren keine zufrieden-

Keine solide Entscheidungsbasis

stellenden Margen mehr. Die Tatsache, dass in den USA Mobiltelefone mit Tablet-Computern in einer Artikelgruppe (Mobile) zusammengefasst und Mobiltelefone (aufgrund ihres Umsatzvolumens) vor
einigen Jahren noch wichtiger als Tablets waren, hat die Marge bei
den Telefonen die Handelsspanne der gesamten Artikelgruppe nach
unten gezogen.

Tabelle 6.1 zeigt US-Margen und -Umsätze für die Artikeluntergruppen Mobiltelefone und Tablets sowie zusammenfassend die Handelsspanne für die aus beiden Artikeluntergruppen gebildete Artikelgruppe Mobile vor fünf Jahren.

Artikelgruppe/ -untergruppe	Umsatz	Marge in %	Marge absolut
Mobiltelefone	103 Mio. CHF	0,5 %	515.000 CHF
Tablets	70 Mio. CHF	15,3 %	10.710.000 CHF
Mobile	303 Mio. CHF	3,7 %	11.225.000 CHF

Tabelle 6.1 Margen der Artikelgruppe »Mobile«

Kurzfristige Margeneinbußen

Aus der Tabelle ergibt sich, dass Tablets zwar eine ordentliche Marge
von 15,3 % hatten, die Artikelgruppe als Ganzes (wegen des damals
noch hohen Gewichts der Mobiltelefone) aber nur auf eine Handelsspanne von 3,7 % kam. Da Landesgesellschaften nur die Ertragskraft
von Artikelgruppen auswerten, hatte man sich in den USA entschieden, die Artikelgruppe Mobile komplett aus dem Sortiment zu nehmen. In Kanada, wo die Tablets zusammen mit klassischen Desktop-
Computern in derselben Artikelgruppe waren, hat man aus ähnlichen Gründen den gleichen Fehler begangen. Nur die deutsche Landesgesellschaft hat Tablets schon sehr früh als eine völlig neue,
eigenständige Kategorie von Geräten (und damit als eigenständige
Artikelgruppe) betrachtet. In Deutschland erzielt man pro Jahr mit
etwa 3 Millionen verkauften Tablets einen Umsatz von 1 Milliarde
CHF und eine Marge von über 100 Millionen CHF. Auf dem deutlich
größeren US-amerikanischen Markt hätten sich (absolut betrachtet)
noch viel höhere Margen erzielen lassen.

Jüngere Kunden verloren

Der Verzicht auf den Verkauf von Tablets hat aber auch Auswirkungen auf das Image von SYS USA bei jüngeren Kunden gehabt. Weil
keine Tablets und keine größeren Smartphones mehr angeboten
werden, hat sich die Anzahl der jüngeren Kunden in den US-Märk-

ten von SYS deutlich minimiert. In der Folge sind die Umsätze mit (wenig profitablen) Heizdecken und Infrarotstrahlern zwar stabil geblieben, der Verkauf teurer, internetfähiger Fernseher ist aber eingebrochen. Obendrein hat sich SYS so der Chance beraubt, Kunden schon in jungen Jahren an das Unternehmen zu binden und die Kundenbasis nachhaltig zu stärken. Die hierdurch längerfristig in Kauf genommenen Umsatz- und Ergebniseinbußen sind praktisch nicht zu beziffern, dürften aber nach Meinung des Controllingleiters erheblich sein.

Ebenso wie SYS bei eigentlich gleichem Marktumfeld nur aufgrund unterschiedlicher Datenstrukturen unterschiedliche Entscheidungen getroffen hat, tut sich das Unternehmen jetzt auch schwerer, weltweit eine einheitliche Strategie für den Tablet-Markt zu fahren. Das verursacht neben Umsatzeinbußen auch noch Kostennachteile (durch geringere Beschaffungsvolumina und mehr Spielarten in den Geschäftsprozessen).

Entscheidungen basierten auf Datenstrukturen

6.3.4 Schlussfolgerungen: Varianten von Datenmodellinkonsistenzen

Die Überlegungen des Controllers zeigen: Datenmodellinkonsistenzen kosten richtig viel Geld und können an die Substanz eines Unternehmens gehen. Unsere Erfahrungen im Servicegeschäft lassen uns vermuten, dass manch ein Offshore-Anbieter von Support-Dienstleistungen einen nicht unerheblichen Teil seiner Umsätze mit Abstimmproblemen und Reparaturarbeiten erwirtschaftet, die in einer sauber modellierten Umgebung gar nicht anfallen könnten. Die betroffenen Systeme werden dabei – unter anderem aus Budgetgründen – oft nur »verschlimmbessert«. Anstatt über die Ursachen nachzudenken, werden nur Symptome behandelt.

Flickschusterei beflügelt das Offshore-Geschäft

Aber auch wenn die Kosten für den IT-Support trotz Standardisierung und Offshoring durch die Decke gehen: Meist handelt es sich hierbei nur um die Spitze des Eisbergs. Fehlentscheidungen aufgrund inkorrekter, inkonsistenter oder – wie in unserem Beispiel – ungeschickt aggregierter Zahlen kommen Sie viel teurer zu stehen. Sowohl das Beispiel mit dem gescheiterten Börsengang als auch das Exempel zu den Artikelgruppen basieren auf realen Erlebnissen bei echten Kunden. Wir haben lediglich die Branche, die Zahlen und das Szenario verfälscht.

Fehlentscheidungen wiegen schwerer als Kosten

Unsere Betrachtungen in diesem Abschnitt führen zu zwei Varianten von Datenmodellinkonsistenzen:

▸ Inkonsistenzen zwischen Datenmodellen können sich zunächst einmal daraus ergeben, dass inhaltlich bzw. fachlich gleiche Anforderungen in mehreren Systemen nicht nur mehrfach, sondern auch unterschiedlich abgebildet sind.

▸ Wie bei allen Modellen kann es auch bei Datenmodellen zu Inkonsistenzen zwischen Modell und Wirklichkeit kommen (siehe auch Abschnitt 4.1, »Was ist Planung?«). Ihre Datenmodelle sollten nicht »Vor-Urteile« abbilden (z.B. hinsichtlich der Frage, welche Artikel zusammen in eine Artikelgruppe gehören), sondern ergebnisoffen sein. Sonst basieren Ihre Entscheidungen nicht mehr auf der Wirklichkeit, sondern auf realitätsfernen Konstrukten.

[+] **Metadaten-Repository definiert die Möglichkeiten**

Je mehr Sie auf komplexen, prozeduralen und intransparenten Code (statt auf eine deklarative Verarbeitung in vielen kleinen Schritten) bauen, desto wahrscheinlicher werden schwer erklärbare Differenzen zwischen den Ergebnissen inhaltlich identischer Datenflüsse und desto schwieriger wird es (mangels Metadaten), deren Ursachen zu entdecken und zu beheben.

In unserem Beispiel unterstellen wir, dass wir über brauchbare Metadaten verfügen. Wie sich Metadaten aus verschlungenen und monströsen Routinen extrahieren lassen, ist sicher eine spannende Frage, zu deren Beantwortung Big Data zumindest bislang noch nicht allzu viel beitragen kann. Wir konzentrieren uns deshalb darauf, wie Sie ausgehend von bereits vorhandenen Metadaten mit Big-Data-Lösungen Inkonsistenzen in Ihren Datenmodellen aufspüren können. Hierbei konzentrieren wir uns auf Inkonsistenzen zwischen Modell und Realität.

Am Rande sei erwähnt, dass Big Data natürlich auch bei der Beseitigung von Inkonsistenzen zwischen mehreren Datenflüssen (in einem Datenmodell oder über mehrere Datenmodelle hinweg) helfen kann. Durch eine Analyse der Zielberichte mit Algorithmen der Computerlinguistik (siehe Abschnitt 1.1.2, »Was Sie sonst noch für Big Data brauchen«) und geeigneten *Taxonomien* betriebswirtschaftlicher Begriffe lassen sich Datenflüsse aufstöbern, die auf der Data-Mart- bzw. Berichtsebene ähnliche Ergebnisse liefern und trotzdem sehr unterschiedlich strukturiert sind. Für die Messung der *Unterschiedlichkeit* von Datenflüssen kann man vorgehen, wie in Abschnitt 6.4.3, »Bausteine der Lösung«, unter der Überschrift »Entscheidungsbäume konsolidieren« beschrieben (*Ähnlichkeit* von Datenflüssen messen).

Taxonomie	[«]

Eine Taxonomie ist ein (häufig hierarchisches) Schema, mit dem Objekte oder Begriffe klassifiziert werden können, z.B.:

▶ Ein Birmakätzchen gehört zur Art »Wildkatze«, diese zur Gattung »Altwelt-Wildkatzen«, diese wiederum zur Unterfamilie »Kleinkatzen«, die zur Familie der Katzen gehört.

▶ Die Handelsspanne errechnet sich aus Verkaufspreis und Einstandspreis, in den Einstandspreis gehen (unter anderem) Transportkosten und Zölle ein, Transportkosten wiederum enthalten beispielsweise Frachtkosten und Portokosten.

6.4 Lösung: Automatische und dynamische Generierung von Schichten und Domänen

Ein (einfaches, nur zweidimensionales) Datenmodell ist letztendlich nichts anderes als eine Tabelle oder eine Matrix. Die Zeilen der Matrix heißen in diesem Zusammenhang auch *Schichten*, die Spalten *Domänen* (siehe Abbildung 6.2). **Aufbau eines Datenmodells**

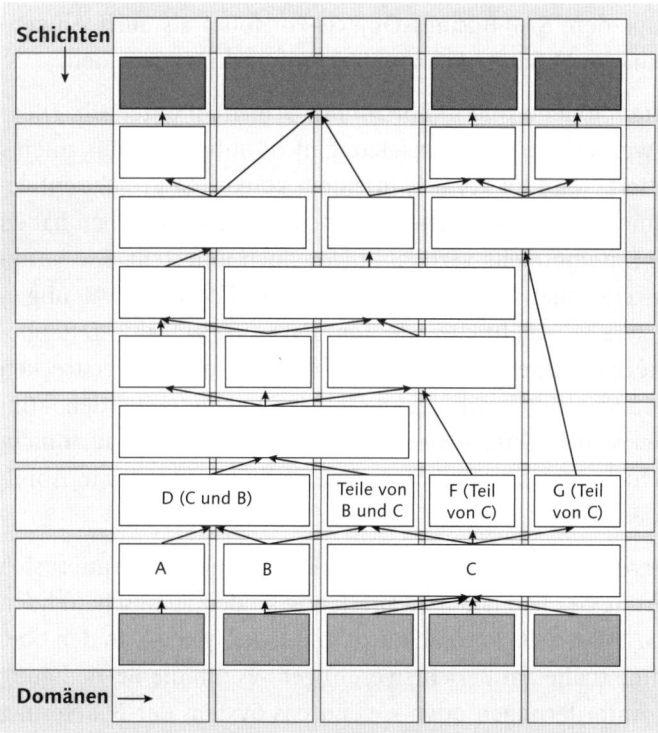

Abbildung 6.2 Datenmodell (Grundstruktur)

Datenquellen-
schicht

Wir werden diese Grundstruktur sowohl in diesem als auch in den folgenden Kapiteln zur Darstellung der Datenarchitektur unserer Fallbeispiele verwenden. Auf der untersten Ebene befinden sich die Datenquellen bzw. Quellsysteme. Diese Datenquellen können SAP- oder Nicht-SAP-Lösungen sein; im Fall von SAP-Lösungen können sich die Daten (wie z. B. bei einer SAP Business Suite auf SAP HANA) innerhalb von SAP HANA oder außerhalb von SAP HANA befinden. Hieraus ergeben sich Unterschiede bezüglich der Datenbeschaffung und Replikation. Für Daten, die bereits in SAP HANA vorliegen, müssen wir etwa nur Sichten modellieren, für Daten außerhalb von SAP HANA brauchen wir gegebenenfalls virtuelle Tabellen oder Datenbeschaffungsprozesse in Datenlogistiklösungen (wie SAP Data Services).

Datenbestände in
SAP HANA

Die darüberliegenden (grünen) Ebenen repräsentieren Datenbestände in SAP HANA. Dabei sind die einzelnen Ebenen untereinander durch Pfeile verbunden. Diese Pfeile repräsentieren Datenflüsse bzw. Verarbeitungsschritte, in denen die Daten transformiert werden. Häufig steht so ein Pfeil für eine Prozedur in SQLScript.

Client-Schicht

Die oberste Schicht steht für Clients. Clients könnten sowohl Berichte (aus dem SAP-BusinessObjects-Portfolio) als auch Anwendungen sein, die Meldungen an andere Anwendungen senden.

Schichten und
Domänen

Unsere Datenmodelle sind in horizontale Schichten unterteilt. Diese Schichten werden bei einer Umsetzung nicht unbedingt eins zu eins implementiert, sondern können in einem konkreten Projekt entweder zusammengelegt oder weiter aufgeteilt werden. Daneben haben wir unsere Datenmodelle vertikal in Domänen unterteilt. Die Struktur dieser Domänen wird von lösungsspezifischen Erwägungen bestimmt, was wir dadurch andeuten, dass sich einzelne Datenbestände innerhalb einer Schicht über mehrere Domänen erstrecken können. Die Kriterien, nach denen Domänen gebildet werden, können in jeder Schicht unterschiedlich sein, und es müssen auch nicht in jeder Schicht gleich viele Domänen existieren, wie dies in Abbildung 6.2 der Fall.

Oberste und
unterste Schicht

In den unteren Schichten (nahe bei den Datenquellen) orientiert sich die Gliederung der Domänen zwangsläufig an den zu beschaffenden Daten (in SAP BW z. B. an DataSource und Quellsystem). In den oberen Schichten (nahe am Berichtswesen) geht es um die Befriedigung fachlicher Anforderungen oder – wenn das System der Belieferung anderer Systeme dient – die Bedienung von Zielsystemen. Ein Datenfluss führt Daten von einer Domäne in der untersten Schicht des Modells zu einer Domäne in der obersten Schicht und passiert dabei diverse Domänen und Schichten. Datenflüsse können von einer Domäne ausgehen und in mehrere Domänen münden oder umgekehrt. Die Grundstruktur des Datenmodells können Sie sich bildhaft auch wie den Stadtplan einer amerikanischen Großstadt vorstellen. Ein Datenfluss wäre in diesem Bild einer von vielen möglichen Wegen von der Wall Street (Datenquelle) zur Brooklyn Bridge (Data Mart). Aber anders als bei einer Stadt können Sie im Datenmodell auch Gebäude verschieben, entfernen, zusammenlegen und Straßenverläufe selbst definieren.

Gegen eine Ausrichtung der Datenbeschaffungsebene an den Quellsystemen ist ebenso wenig einzuwenden wie gegen die Gestaltung der Data Marts oder der Berichtsebene nach von außen vorgegebenen, mehr oder weniger statischen fachlichen Anforderungen. In zwei Fällen entstehen jedoch Probleme bezüglich des Realitätsbezugs des Datenmodells:

Schichten zwischen Datenquelle und Data Mart

▶ **Problem 1**
Die fachlichen Anforderungen oder die Struktur der Quellsysteme beeinflussen nicht nur die unteren oder oberen Schichten, sondern entfalten eine »Fernwirkung« auf die Struktur des gesamten Datenmodells. Auch der Aufbau der zwischen Data Marts und Datenbeschaffung angesiedelten Schichten oder die Gliederung dieser Schichten in Domänen richtet sich nach fachlichen Anforderungen oder nach Quellsystemen.

▶ **Problem 2**
Die fachlichen Anforderungen spiegeln mehr oder weniger willkürliche Annahmen oder Vor-Urteile hinsichtlich der aus den Daten zu gewinnenden Erkenntnisse wider. Die möglichen Erkenntnisse, die Sie aus Ihren Datenflüssen gewinnen können, sind dann von vornherein auf die Einsichten eingeschränkt, die Ihnen von Anfang an in den Sinn gekommen sind.

Wer sagt, dass Artikelgruppen nach Funktionalität und nicht nach Preis zu bilden sind? Warum orientieren sich Ihre Vertriebsregionen an Bundesländern und nicht daran, welches Ihrer Vertriebsbüros am nächsten liegt? Warum gibt es bei Miles & More genau drei und nicht 17 Vielfliegerklassen? In allen genannten Fällen haben wir es

Gliederungsprinzipien historisch gewachsen

mit Strukturen zu tun, die sich irgendjemand ausgedacht hat, um eine sehr komplexe Realität in überschaubare Kategorien einzuteilen. Diese Kategorien gehen manchmal (so wie die *Gaue* des ADAC) auf Zeiten zurück, in denen Federkiel und Tintenfass wichtige Berichtswerkzeuge waren. Auch wenn Ihre Strukturen keine ganz so lange Historie haben: Wir wären sehr überrascht, wenn Sie die Gliederungsprinzipien, die die Struktur Ihrer Datenmodelle bestimmen, irgendwann in Bezug auf ihre »Trennschärfe« beim Einfluss auf Werttreiber hin geprüft hätten.

Letztendlich geht es bei beiden Problemen um die gleiche Aufgabe. Bei Problem 1 lautet die zentrale Frage, welchen Aufbau die Schichten zwischen Data Marts und Datenbeschaffung im Sinn einer optimalen Entscheidungsfindung haben sollten; mit Problem 2 wird diese Frage auf den Aufbau der Data-Mart-Schicht ausgeweitet.

[+] | **Berichte und Entscheidungen**

Warum erzeugen wir überhaupt Berichte? Sie sollen uns Antworten auf Fragen oder neue Erkenntnisse liefern. Es geht also entweder um Antworten auf bekannte Fragen oder sogar um Antworten auf Fragen, auf die wir selbst gar nicht gekommen wären. Diese Antworten sollen uns bei Entscheidungen unterstützen. Wirtschaftliche Entscheidungen in Unternehmen wiederum dienen dazu, unter mehreren Handlungsalternativen diejenige auszuwählen, die den Aktionärswert maximiert.

Berichte helfen uns hierbei, indem sie uns z.B. Kennzahlen liefern. Bei diesen Kennzahlen handelt es sich entweder um Werttreiber oder um Parameter, die unserer Meinung nach einen Einfluss auf Werttreiber haben. Berichte sollen uns also verraten, welche Entscheidung wie auf Werttreiber und damit auf den Aktionärswert wirken wird (siehe auch Abschnitt 1.4, »Wie aus Nutzen Aktionärswert wird«).

Nun basieren Berichte auf Data Marts, und Data Marts sind das Ergebnis von Datenflüssen. Wenn wir uns aber bei der Gestaltung dieser Datenflüsse nur auf Ideen beschränken, die wir schon kennen, werden wir nicht zu neuen Erleuchtungen gelangen. Klingt irgendwie logisch, oder? In unserem Beispiel könnten bezüglich jeder Artikelgruppe zwei Handlungsalternativen bestehen: Wir können die Artikelgruppe auch im nächsten Jahr im Sortiment behalten oder diese aus dem Sortiment entfernen. Aber warum soll man je Artikelgruppe die Handelsspanne des letzten Kalendermonats heranziehen? Und warum überhaupt die Handelsspanne und nicht den Umsatz?

Ein anderer Ansatz für SYS wäre es, statt einer historischen eine *langfristige Handelsspanne* im Blick zu behalten. Mit der langfristigen Handelsspanne meinen wir diejenige, die innerhalb der nächsten drei Jahre von einer Artikelgruppe zu erwarten ist. Die Handelsspanne im letzten Monat wäre damit nicht irrelevant, aber nur eine Kennzahl von vielen. Vielleicht spielen daneben auch das durchschnittliche Alter der Käufer oder deren jährliches Kaufvolumen eine Rolle.

Neben der Fokussierung auf eine vergangenheitsbezogene Kennzahl weist das Entscheidungs- und Datenmodell von SYS noch einige weitere Schwächen auf. Es stützt sich nämlich auf eine Reihe unbewiesener Annahmen:

▸ Die Artikelgruppen in den einzelnen Ländern repräsentieren die lokal jeweils optimale Gliederung (das heißt diejenige, die zu den wenigsten Fehlentscheidungen führt).

▸ Die Taxonomie der Artikel sollte auf Funktionalitäten (also z.B. »mobil einsetzbar« versus »nicht mobil einsetzbar«) basieren und nicht z.B. auf deren Attraktivität für junge Kunden.

▸ Die Gliederung der Artikel in Artikelgruppen (und damit auch die für die Ermittlung der Handelsspanne erforderlichen Datenflüsse) kann über längere Zeit als stabil betrachtet werden. Die Parameter, die das Verhalten von Konsumenten bestimmen (und die Wechselwirkungen zwischen diesen Parametern), bleiben über Monate und Jahre unverändert.

▸ Man kann Entscheidungen über das Sortiment auf Artikelgruppenebene treffen und muss hierzu nicht jeden Artikel individuell betrachten.

Big Data bietet die Möglichkeit, all diese Prämissen infrage zu stellen und dynamische Datenmodelle zu entwickeln, die nicht die Vor-Urteile früherer Managergenerationen, sondern die Wirklichkeit im Hier und Jetzt abbilden. Eine Anpassung solcher Datenmodelle an eine sich immer schneller ändernde Realität nimmt dann nicht mehr Jahrzehnte, sondern schlimmstenfalls einige Tage in Anspruch.

Der Vorteil von Big Data ist, dass Sie aufgrund der hervorragenden Performance in der Lage sind, statt einer sogar Dutzende von Kennzahlen nicht nur auf Artikelgruppenebene, sondern mit maximaler Granularität (Artikel oder sogar Beleg) ermitteln zu können. Anschließend können Sie *Entscheidungsbäume* (und damit Daten-

Werttreiber »Langfristige Handelsspanne«

Einschränkende Annahmen im Datenmodell

Datenmodelle im Hier und Jetzt

Alternativen durchrechnen

flüsse) automatisch erzeugen lassen. Wenn diese Datenflüsse (wie beispielsweise im LSA++-Architekturmodell) vorzugsweise virtuelle statt persistente Datenbestände nutzen, lassen Änderungen sich schneller und halb automatisch implementieren.

[»] **Entscheidungsbäume**

Entscheidungsbäume sind geordnete, gerichtete Strukturen, die für die Entscheidungsfindung verwendet werden können. Ein Entscheidungsbaum stellt eine Folge von Fragen dar, die aufgrund vorhandener Daten beantwortet werden können. Durch Beantworten der Fragen in einer bestimmten Reihenfolge (angefangen bei der *Wurzel* des Baums) gelangt man letztendlich zu einem Blatt, das eine Aussage über eine zu treffende Entscheidung bietet.

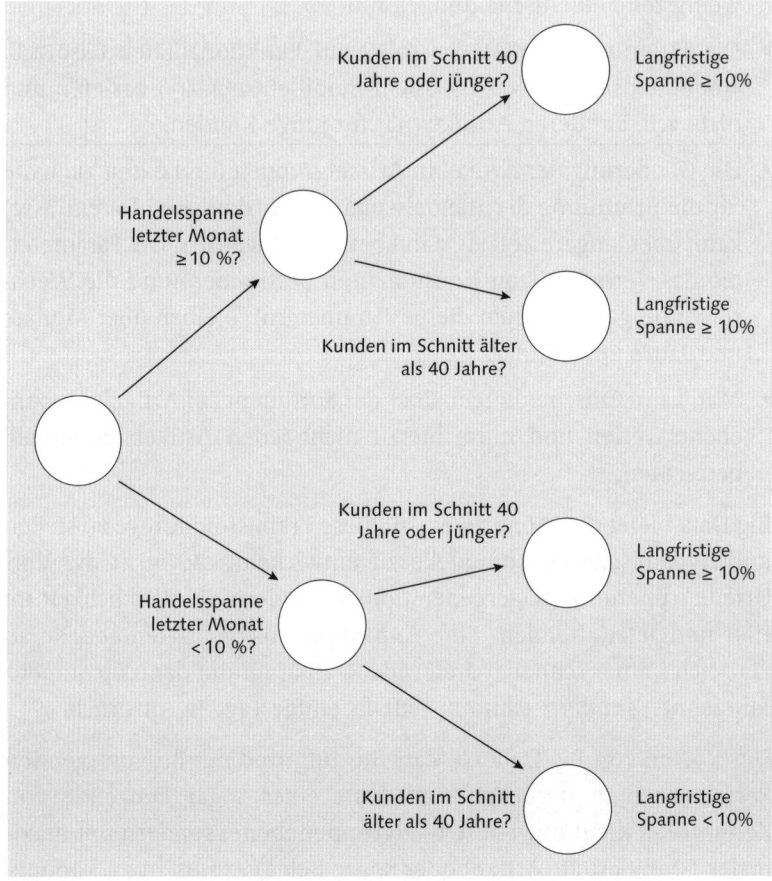

Abbildung 6.3 Entscheidungsbaum für eine Artikelgruppe

In unserem Szenario könnte der Entscheidungsbaum so aussehen wie in Abbildung 6.3. Zunächst beantwortet man die Frage, ob die Handelsspanne einer Artikelgruppe im letzten Monat größer oder kleiner als 10 % war, danach die Frage, ob die Kunden, die Artikel aus dieser Artikelgruppe kaufen, im Durchschnitt jünger oder älter als 40 Jahre sind. Nach Beantwortung dieser Fragen liefert der Entscheidungsbaum eine Prognose für die langfristige Handelsspanne der Artikelgruppe (größer oder kleiner als 10 %) und unterstützt damit die Entscheidung, ob die Artikelgruppe im Sortiment verbleiben soll. Der in Abbildung 6.3 gezeigte Entscheidungsbaum ist *binär*, weil es auf jeder Stufe nur zwei Alternativen gibt.

Entscheidungsbäume müssen nicht zwangsläufig immer nur aus binären Verzweigungen bestehen und sind in der Regel weit umfangreicher und komplexer als in diesem Beispiel. Die Treffsicherheit von Entscheidungsbäumen kann mithilfe von Testdaten ermittelt werden; diese Testdaten dürfen natürlich nicht mit den Daten identisch sein, auf deren Basis der Entscheidungsbaum erstellt wurde.

6.4.1 Zugehörige Value Maps im SAP Solution Explorer

Für die zugehörigen Geschäftsprozesse ist für unser Fallbeispiel die in Kapitel 7, »Kundenverhalten steuern«, dargestellte Wertmatrix für den Handel relevant (Abbildung 7.3). Primär stammen die benötigten Daten aber aus dem *SAP Profitability and Cost Management*, das Sie im SAP Solution Explorer über FINANCE • FINANCIAL PLANNING AND ANALYSIS erreichen (siehe Abbildung 6.4).

Value Maps zur Handelsspanne

Möglicherweise werden zur Anreicherung der Daten auch weitere Informationen über Attribute benötigt, das heißt mögliche Gliederungskriterien für Artikel. Solche Informationen, das heißt Materialstammdaten, werden z.B. im *SAP NetWeaver Master Data Management* (MDM) verwaltet, das Sie im SAP Solution Explorer unter anderem unter ALL SOLUTIONS (rechts oben mit SELECT VIEW umschalten) • CROSS INDUSTRY • ENTERPRISE INFORMATION MANAGEMENT • END-TO-END-SOLUTIONS • ENTERPRISE INFORMATION MANAGEMENT • MANAGE MASTER DATA • CONSOLIDATE MASTER DATA finden (siehe Abbildung 6.5).

Value Maps für Metadaten

Ebenfalls zum Enterprise Information Management gehören die anderen SAP-Werkzeuge für die Datenverwaltung (also z.B. die Rapid Deployment Solution (RDS) zum SAP Information Steward: CROSS INDUSTRY • ENTERPRISE INFORMATION MANAGEMENT • END-TO-END-SOLUTIONS • ENTERPRISE INFORMATION MANAGEMENT • INFORMATION GOVERNANCE • SAP INFORMATION STEWARD RAPID-DEPLOYMENT SOLUTION). Die Rapid Deployment Solution ist in Abbildung 6.6 dargestellt.

Abbildung 6.4 Lösung »Profitability and Cost Management«

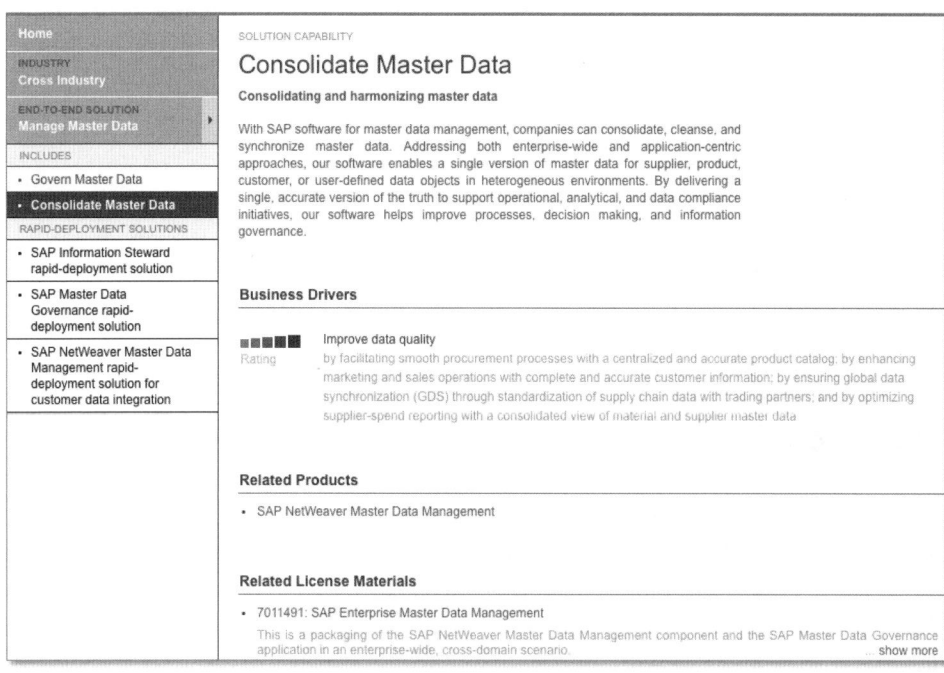

Abbildung 6.5 Lösung »Consolidate Master Data«

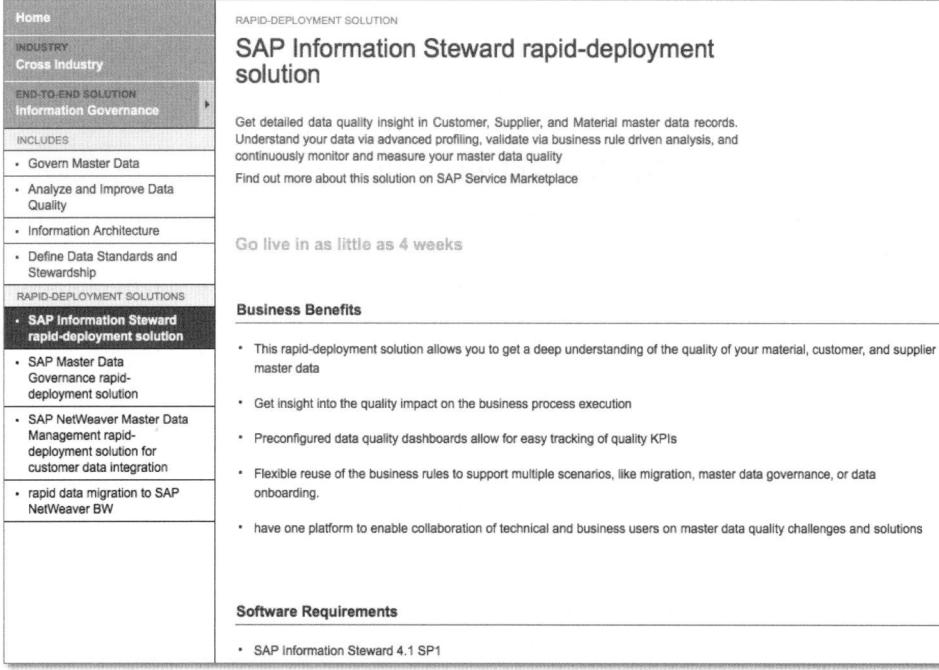

Abbildung 6.6 RDS »SAP Information Steward«

Value Map für
die Lösung

Die Verfahren, die wir in Abschnitt 6.4.3, »Bausteine der Lösung«, ansprechen, sind z.B. in SAP Predictive Analysis (PAL) implementiert; SAP PAL finden Sie in der Wertmatrix »Technologie und Plattform« unter BIG DATA • APPLICATIONS USING BIG DATA • PREDICTIVE ANALYSIS (siehe Abbildung 6.7).

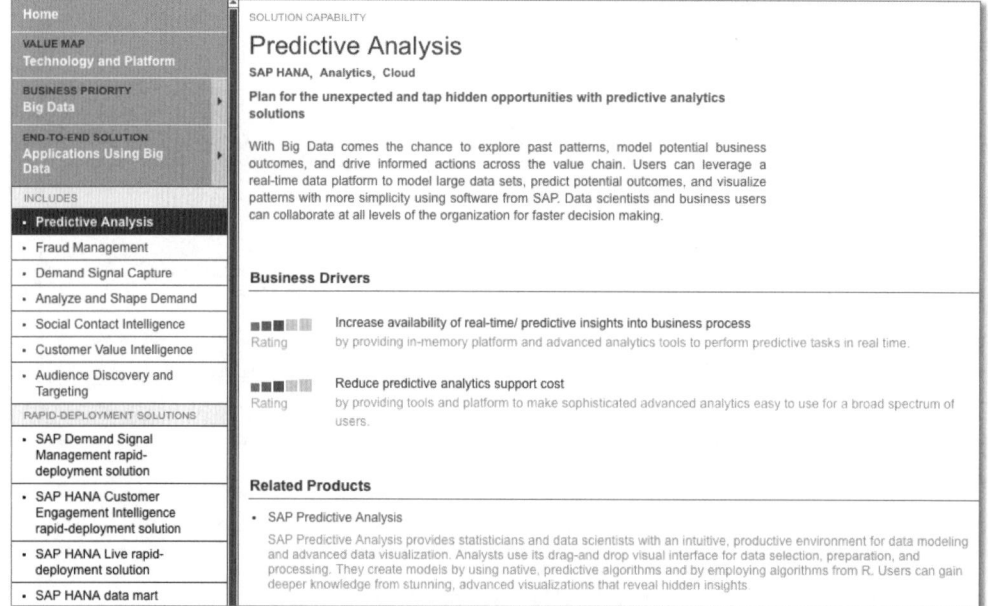

Abbildung 6.7 Lösung »Predictive Analysis«

6.4.2 Fachliche Anforderungen

Induktiv ermittelte
Datenflüsse bei SYS

SYS möchte zukünftig Datenflüsse, die der Unterstützung von Entscheidungen dienen, vorurteilsfrei erstellen, das heißt, die Datenflüsse sollen induktiv aus den Daten und nicht deduktiv aufgrund unbewiesener Annahmen entstehen (siehe auch Abschnitt 5.4, »Lösung: Induktion statt Deduktion«). Außerdem sollen diese neu erstellten Datenflüsse unternehmensweit einheitlich definiert, widerspruchsfrei, transparent und schnell änderbar sein.

Sieben-Punkte-Plan für Metadaten

SYS hat hierzu einen Sieben-Punkte-Plan aufgesetzt:

1. **Kennzahlentaxonomie**
   Zunächst soll eine Taxonomie aller (möglicherweise) relevanten Kennzahlen erstellt werden (siehe auch Beispiel in Abschnitt

6.3.4, »Schlussfolgerungen: Varianten von Datenmodellinkonsistenzen«).

2. Merkmalstaxonomie

Parallel dazu soll eine Taxonomie von Merkmalen aufgebaut werden. Aus dieser Taxonomie soll hervorgehen, welche Merkmale Untergliederungen von welchen anderen Merkmalen darstellen. Im Beispiel zur Birmakatze wäre die Rasse eine Untergliederung der Unterart, die Unterart eine Untergliederung der Art, die Art eine Untergliederung zur Gattung etc. Im Fall von SYS würden Artikel in Artikeluntergruppen zusammengefasst, Artikeluntergruppen wären eine Untergliederung der Artikelgruppe und die Artikelgruppe gegebenenfalls wieder eine Untergliederung eines Merkmals »Geschäftsfeld«.

In unserem Beispiel aus der Tierwelt besteht zwischen zusammenfassendem und untergliederndem Merkmal immer eine n:1-Beziehung zwischen genau zwei Merkmalen. Es sind aber auch komplexere Beziehungen denkbar:

▸ Das Geschäftsfeld könnte sich z.B. nicht nur aus der Artikelgruppe (n:1), sondern aus einer Kombination von Artikelgruppe und Land ergeben. Wenn es n Artikelgruppen und m Länder gäbe, haben wir es (maximal) mit einer n×m:1-Beziehung zu tun. In SAP BW spricht man in diesem Zusammenhang von *Merkmalsklammerung*.

▸ Daneben könnte das Land nicht nur für die Ermittlung des Geschäftsfelds, sondern auch für die Ermittlung einer »Region« benötigt werden. Das Land geht dann sowohl zusammen mit der Artikelgruppe in das Geschäftsfeld als auch (allein) in die Region ein.

▸ Es gibt auch Merkmale, die zueinander nicht in einer n:1-Beziehung, sondern in einer n:m-Beziehung stehen (z.B. Modell und Farbe bei Automobilen). Solche Beziehungen kann man nicht in einer Taxonomie, sondern nur in einer Tabelle oder Matrix abbilden.

3. Sinnvolle Kennzahlen

Die Berechnung einer Kennzahl ist nur möglich oder sinnvoll, wenn in einem Datensatz die Felder für bestimmte Merkmale und Kennzahlen gefüllt sind oder die Merkmalsfelder bestimmte Werte enthalten:

▶ Eine Handelsspanne lässt sich für einen Datensatz nur dann ermitteln, wenn sowohl der (Netto-)Verkaufspreis als auch der Einstandspreis in diesem Datensatz vorhanden sind.

▶ Eine Handelsspanne könnte gegebenenfalls auf Ebene eines Verkaufsbelegs, einer Artikelgruppe oder eines Artikels, aber nicht auf der Ebene einer juristischen Person (SAP-Terminus *Buchungskreis*) oder nur für bestimmte juristische Personen (z.B. nicht für eine ausgegliederte IT-Abteilung) aussagekräftig sein.

Die in einem Datensatz gefüllten Merkmalsfelder und die Inhalte dieser Merkmalsfelder haben also einen Einfluss darauf, welche Kennzahlen (theoretisch) ermittelt werden könnten. Für jede Kombination von Kennzahlen, Merkmalen und Merkmalsausprägungen gibt es eine bestimmte Menge hieraus (theoretisch) berechenbarer Kennzahlen.

4. Widerspruchsfreiheit

Die Widerspruchsfreiheit der genannten Taxonomien und der Zuordnung von Merkmalen und Kennzahlen wird fortlaufend automatisch systemseitig geprüft, im Fall von Unstimmigkeiten wird ein neu eingerichtetes Data-Governance-Team automatisch informiert.

5. Replikation

Eine neue Big-Data-Lösung für die Generierung entscheidungsunterstützender Berichte wird implementiert. Jedes Datenfeld, das in dieser neuen Lösung abgebildet wird, muss hinsichtlich seiner Metadaten der Kategorie *Dimension* oder Attribut/*Faktum* (Fakten sind meist aber keine Kennzahlen) zugeordnet sein. Außerdem müssen für jedes Feld bestimmte weitere Metadaten (bei Kennzahlen etwa deren Skalenniveau) hinterlegt werden. Die Metadaten werden in Echtzeit in ein Metadaten-Repository übertragen, dort findet eine Prüfung auf Vollständigkeit, Widerspruchsfreiheit etc. hin statt. Bei Unstimmigkeiten werden der Mitarbeiter, der das Objekt angelegt hat, und der zuständige Data Steward informiert.

6. Generierung optimaler Datenflüsse

Die Taxonomien von Merkmalen und Kennzahlen in den Schritten 1 bis 3 sind einem ständigen Wandel unterworfen. Ausgehend von der Voraussetzung, dass alle Veränderungen praktisch ohne

Verzögerung im Metadaten-Repository und in der Big-Data-Lösung geführt werden, soll die Big-Data-Lösung ermitteln, welche der (theoretisch möglichen) Kennzahlen über welche (von vielen theoretisch möglichen) Datenflüsse ermittelt werden soll.

7. **Prüfung auf Redundanz**

Die so generierten Datenflüsse sollen abschließend noch auf Redundanz hin geprüft und eventuell zusammengefasst werden.

Faktum	[«]

Der Begriff Faktum stammt aus der mehrdimensionalen (OLAP-)Modellierung. Im klassischen Sternschema sind mehrere Dimensionen sternförmig um eine Faktentabelle angeordnet. Jede Dimension bestimmt hierbei über eine Identifikationsnummer (ID) oder einen Schlüssel eindeutig Objekte oder *Entitäten*. Unter Entitäten versteht man in der Datenmodellierung eindeutig zu bestimmende, konkrete oder abstrakte Objekte, über die Informationen gespeichert oder verarbeitet werden sollen.

Die IDs aller Dimensionen zusammen bilden den Schlüssel der Faktentabelle, die die Aussagen enthält, um die es eigentlich geht. Diese Aussagen beziehen sich meist auf eine Transaktion, an der alle Entitäten beteiligt sind und die daher durch die Kombination aller Dimensions-IDs identifiziert wird. Die Faktentabelle selbst stellt damit wieder eine Entität für sich dar. Sie wird daher gelegentlich auch (bei IBM) als *Faktentität* oder (in SAP HANA) als *zentrale Entität* bezeichnet.

Abbildung 6.8 zeigt beispielhaft ein Sternschema für unser Szenario. Das erste Merkmal in den Dimensionstabellen (z. B. die Nummer einer Kreditkarte) ist der Schlüssel (die ID) der Dimension (die Kreditkartennummer identifiziert z. B. eindeutig einen Kunden). Die Schlüssel mancher Dimensionen (z. B. eines Artikels) setzen sich aus mehreren IDs zusammen. Ergänzend zu den Schlüsseln, können die Dimensionstabellen auch Attribute (z. B. das Alter des Kunden) enthalten. Attribute sind Eigenschaften, die die Objekte in den Dimensionstabellen beschreiben. Alle Dimensionen zusammen definieren in unserem Beispiel eine Verkaufstransaktion (die Faktentität). Die Faktentabelle enthält Fakten zu dieser Verkaufstransaktion (z. B. den Bruttoverkaufspreis). Wir verwenden die beiden Begriffe *Faktum* und *Kennzahl* gelegentlich synonym, in der Realität kann es aber auch Fakten geben, die keine Zahlen sind. Die mit einem Sternschema korrespondierenden Objekte wären in SAP BW ein InfoCube oder ein MultiProvider, in SAP HANA eine Analysesicht.

Dimensionen und Fakten in Sternschema

335

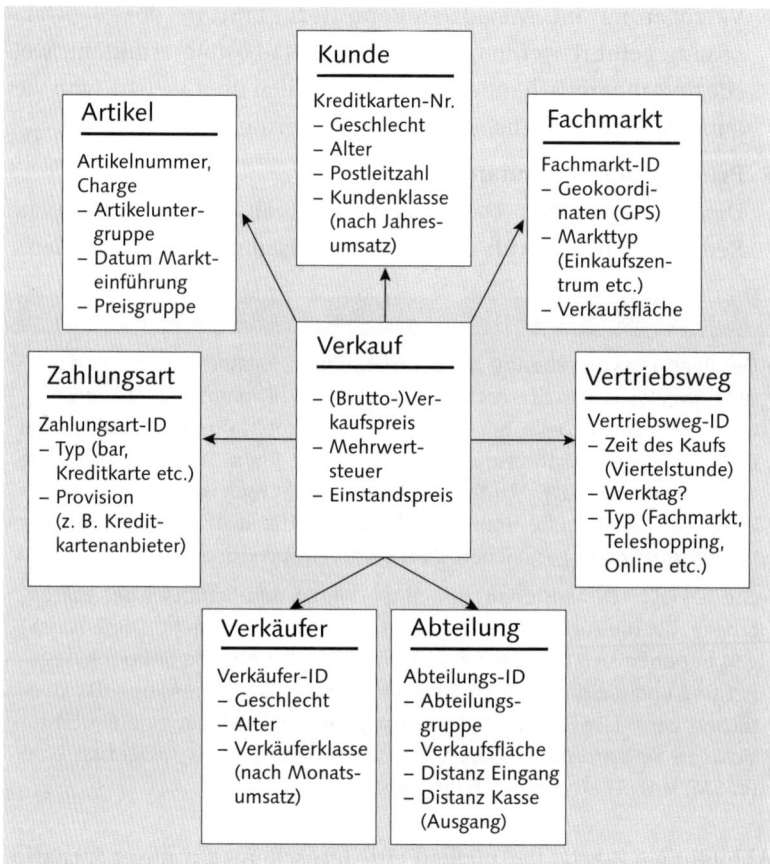

Abbildung 6.8 Dimensionen und Fakten im Sternschema

Beachten Sie Folgendes zu den Dimensionen in Abbildung 6.8:

▸ **Artikel**

Das Datum der Markteinführung gibt Auskunft darüber, wie modern oder modisch ein Artikel ist. In diesem Fall wäre es ein Attribut des Artikels. Die Artikeluntergruppe lässt sich einerseits als Attribut des Artikels betrachten, könnte aber andererseits auch vom (basierend auf einer Merkmalstaxonomie) Artikel hergeleitet werden.

▸ **Kunde**

Die Kunden von SYS werden nach Jahresumsatz segmentiert, die Kundenklasse wird nach jedem neuen Einkauf aktualisiert.

▶ **Fachmarkt**

Der Markttyp gibt bei einem Fachmarkt an, ob sich dieser z.B. innerhalb eines Einkaufszentrums, in einem Industriegebiet oder frei stehend »auf der grünen Wiese« befindet.

▶ **Vertriebsweg**

Einkäufe in unterschiedlichen Zeitfenstern werden als Einkäufe auf unterschiedlichen Vertriebswegen behandelt. Dabei wird ein Tag in 96 Intervalle zu je 15 Minuten eingeteilt. Ebenso via Vertriebsweg getrennt werden Einkäufe an Wochentagen von solchen an Samstagen, an Sonntagen und an Feiertagen.

▶ **Abteilung**

Ein Attribut einer Abteilung ist ihre Distanz zum Eingang bzw. zur Kasse (am Ausgang).

▶ **Zahlungsart**

Bei manchen Zahlungsarten (z.B. bei der Zahlung mit Kreditkarte) muss SYS eine Provision an den Anbieter des Zahlungsmittels abführen.

Die in den Schritten 1 bis 5 des Sieben-Punkte-Plans entwickelten Metadaten bestimmen einen (n-dimensionalen) »Raum der Möglichkeiten«, das heißt alle *zulässigen* bzw. *sinnvollen* Kombinationen aus Dimensions-IDs, Attributen und Fakten. Die Dimensions-IDs stammen aus den Quellsystemen, die Attribute und Fakten werden entweder von den Quellsystemen geliefert oder basierend auf den in Abschnitt 6.4.2, »Fachliche Anforderungen«, beschriebenen Merkmalstaxonomien, Kennzahlentaxonomien oder über festgelegte Berechnungsvorschriften bestimmt. Nun kann man sich vorstellen, dass dieser Raum für alle Merkmale und Kennzahlen eines Unternehmens ziemlich groß werden kann. Man muss sich daher bei der Modellierung auf bestimmte Ausschnitte (z.B. definiert durch bestimmte Werttreiber) beschränken. Glücklicherweise kommen zudem in den Daten eines Unternehmens nicht alle theoretisch denkbaren Werte für Dimensions-IDs, Attribute und Fakten vor; die zu verarbeitenden Daten selbst verkleinern also die Anzahl *möglicher* Kombinationen auf eine wesentlich geringere Anzahl tatsächlich im Datenbestand *vorkommender* Kombinationen. Für die nächsten Schritte genügt gegebenenfalls eine Stichprobe aus unseren Datenbeständen.

Theoretisch denkbare Kennzahlen

337

Attribute und Fakten ermitteln

Fakten werden aggregiert oder neu ermittelt

Die relevanten Informationen sind entweder bereits in den Daten vorhanden (wie z. B. das Alter eines Kunden) oder müssen aus den Daten ermittelt werden. Wenn die Daten vorhanden sind, stellt sich lediglich die Frage, ob und wie diese aggregiert werden können (man kann z. B. eine Handelsspanne in Prozent nicht einfach über mehrere Artikelgruppen hinweg aufsummieren). Wenn Daten nicht einfach durch Aggregation gewonnen werden können, braucht man zu deren Ermittlung eine Formel oder einen Algorithmus, abgebildet in einer Routine, einer Prozedur oder einer Funktion (die natürlich wiederverwendbar sein muss).

Wiederverwendbarkeit bestimmt Vorgehensweise

Manchmal funktioniert auch beides: Die Handelsspanne über mehrere Artikelgruppen hinweg könnte man entweder neu berechnen oder z. B. als gewichteten Durchschnitt der einzelnen Artikelgruppen-Handelsspannen gewinnen. Oder man ermittelt erst die Differenzen zwischen Verkaufs- und Einstandspreis, aggregiert diese und führt die Division durch den Einstandspreis dann für die aggregierten Zahlen aus. Bei einer Big-Data-Lösung ist die jeweils beste Lösung nicht unbedingt diejenige mit den geringsten Performanceanforderungen, sondern meist diejenige, die am besten wiederverwendet werden kann.

[zB] **Wiederverwendbarkeit/Abstraktion**

Wiederverwendbarkeit ist kein neues Konzept in der IT. Schon auf Großrechnern wurden Unterprogramme eingesetzt, und Unterprogramme sind per definitionem wiederverwendbar. Auch in der objektorientierten Programmierung spielen Wiederverwendbarkeit und Flexibilität eine wichtige Rolle (*Polymorphie* und *spätes Binden*). Wir gehen aber in diesem Buch einen Schritt weiter. Weil das Konzept in mehreren Kapiteln eine Rolle spielt, erläutern wir anhand eines Beispiels genauer, was mir damit meinen.

Ein Versicherungsunternehmen verwendet Sensordaten von Fahrzeugen dazu, die Unfallwahrscheinlichkeit einzelner Fahrer abzuschätzen und darauf basierend deren Versicherungsprämien festzulegen (siehe auch Kapitel 8, »Sensordaten auswerten und Metadaten automatisch erheben«). Nehmen wir einmal an, man hätte festgestellt, dass der Bewegungsradius der Fahrer innerhalb des letzten Abrechnungszeitraums einen Anhaltspunkt dafür liefert, wie wahrscheinlich Unfälle einer bestimmten Kostenkategorie (je Kilometer) bei diesen Fahrern sind. Vielleicht ist es so, dass Fahrer, die einen sehr großen Radius haben, erfahrener sind und sich mehr auf Fernstraßen bewegen. Ihre Unfallhäufigkeit (je gefahrenen Kilometer) ist geringer. Man braucht also irgendwo einen Datenfluss, der aus erhaltenen GPS-Daten diesen Radius ermittelt.

Dasselbe Versicherungsunternehmen erfasst (in Ländern, in denen dies rechtlich unproblematisch ist) auch die Bewegungsdaten seiner Mitarbeiter im Außendienst (Schadensregulierer, Vertriebsmitarbeiter). Diese Daten werden insbesondere für Einsatzplanung (Schadensregulierer) und Routenplanung (Vertrieb) verwendet. Auch hier hat man festgestellt, dass der Bewegungsradius eine wichtige Größe ist. Mitarbeiter mit einem kleinen Bewegungsradius (und weniger Reiseaufwand) können in der gleichen Zeit mehr Termine wahrnehmen als Mitarbeiter mit einem großen Bewegungsradius (z.B. in ländlichen Gebieten). Allerdings wird der Radius hier nicht bezogen auf Zwölf-Monatszeiträume, sondern bezogen auf Kalendermonate ermittelt.

Wahrscheinlich wird für beide fachliche Anforderungen eine Routine in unterschiedlichen Systemen existieren. Die Routine greift auf verschiedene Datenquellen zu und bezieht sich auf unterschiedlich lange Zeiträume, tut aber eigentlich in beiden Fällen genau das Gleiche. Gegebenenfalls gibt es bei demselben Versicherer noch weitere Möglichkeiten, eine solche Routine einzusetzen. Der Bewegungsradius von Kunden kann vielleicht dabei helfen, vorherzusagen, welche weiteren Versicherungsleistungen für diese Kunden interessant sein könnten.

Wenn wir von »Wiederverwendbarkeit« sprechen, meinen wir, dass in allen drei Fällen nicht nur *die gleiche*, sondern *dieselbe* Routine zum Einsatz kommt, das heißt, der entsprechende Code existiert *nur einmal* im gesamten Unternehmen. Damit das möglich wird, müssen drei Voraussetzungen erfüllt sein: Die Routine muss abstrakt, frei von inhaltlichen Aspekten und rein verarbeitungsorientiert sein. Wir brauchen also Code, der aus n Geodatensätzen deren Mittelpunkt und aus dem Mittelpunkt so etwas wie einen Radius bestimmt. Abgesehen davon, muss die Routine (durch mindestens eine vor- und mindestens eine nachgelagerte Schicht im Datenmodell) von Datenquellen und fachlichen Anforderungen entkoppelt sein.

»Erweiterte« Wiederverwendbarkeit

»Mittelpunkt« kann unterschiedliche Bedeutungen haben [zB]

Es ist ein Unterschied, ob man den zeitlichen Mittelpunkt, den räumlichen Mittelpunkt nach Luftlinienentfernungen oder den räumlichen Mittelpunkt nach Fahrstrecken bestimmen will. Außerdem gibt es allein schon für die Bestimmung eines räumlichen Mittelpunkts nach Luftlinienentfernung mehr als nur ein Verfahren (siehe z.B. *http://www.mathematische-basteleien.de/geomittelpunkt.htm*).

Allerdings könnte man in der gleichen Zeit, in der man identische mathematische Anforderungen für jeden Fachbereich neu erfindet, leicht meh-

> rere dieser Verfahren implementieren und es einer Big-Data-Lösung über-
> lassen, herauszufinden, welcher Algorithmus die besten Prognosen liefert.
> Noch schöner wäre es natürlich, wenn der Code *weltweit* nur einmal (im
> Sinn eines Webservice) existierte und interessierte Unternehmen diesen
> einfach gegen Gebühr nutzen könnten. Von der Realisierung einer sol-
> chen Vision sind wir aber aus vielerlei Gründen leider noch weit entfernt.

Theoretisch denkbare Datenflüsse

Für alle Routinen bzw. Prozeduren oder Funktionen muss klar definiert sein, welche Eingabedaten sie benötigen und welche Attribute
bzw. Fakten sie liefern. Die Metadaten müssen daher auch Informationen über Aggregationsmechanismen und die Routinen bzw. Prozeduren oder Funktionen enthalten. Wenn man beim Bild des
Raums der Möglichkeiten bleibt, definieren wir mit Aggregations-
regeln und den Routinen bzw. Prozeduren oder Funktionen denkbare Pfade durch diesen Raum, das heißt denkbare Datenflüsse.
Jeder dieser Datenflüsse dient dem Ziel, durch Attribute oder Fakten
(z.B. »Handelsspanne letzter Monat«) auf bestimmte Objekte (z.B.
»Artikelgruppe«) bezogene Aussagen über Werttreiber (z.B. »langfristige Handelsspanne für die Artikelgruppe«) zu machen.

Hinsichtlich der Frage, ob wir besser Aussagen auf der Ebene Artikelgruppe oder auf der Ebene Geschäftsfeld treffen sollten, und der
Frage, welche Attribute/Fakten am ehesten Aussagen über langfristig
erzielbare Handelsspannen erlauben (die Handelsspanne im letzten
Monat oder das Alter der Kunden), verlassen wir uns weder auf
unser Bauchgefühl noch auf historisch gewachsene Strukturen. Stattdessen soll eine Big-Data-Anwendung uns Ideen für geeignete Datenflüsse liefern.

Aufgaben für Big Data

Datenflüsse konstruieren und bewerten

Wenn wir voraussetzen, dass alle beschriebenen Metadaten auf dem
Tisch (bzw. im Metadaten-Repository) liegen, soll unsere Big-Data-
Lösung uns noch vier Arbeitsschritte abnehmen:

▶ **Stichproben erheben**
Damit wir nicht für alle im Unternehmen vorhandenen Datensätze
alle denkbaren Fakten ermitteln müssen, brauchen wir Unterstützung bei der Auswahl geeigneter Stichproben. Wenn wir einen
Teil unserer Daten als Stichprobe für die Erstellung entscheidungs-
orientierter Datenflüsse verwenden, steht uns der gesamte Rest

für Gütetests zur Verfügung. Bei Gütetests kann das Datenvolumen ruhig etwas größer sein, denn hierbei erkunden wir ja nicht den gesamten Raum der Möglichkeiten, sondern nur die vom System vorgeschlagenen Pfade durch diesen Raum.

▶ **Hypothetisch mögliche Attribute/Fakten berechnen**
Für die Stichprobendaten müssen alle theoretisch denkbaren Attribute bzw. Fakten ermittelt werden. Weil auch Big-Data-Lösungen keine unbegrenzten Datenmengen verarbeiten können, sollten wir uns allerdings hierbei auf ein bestimmtes Betätigungsfeld beschränken. Ein solcher *Scope* sollte aus den Werttreibern abgeleitet werden, um einen kleinen Schuss Deduktion kommen wir also auch bei unserem offenen Ansatz nicht herum. Allerdings können wir mit zunehmender Leistungsfähigkeit der Systeme unseren Scope schrittweise erweitern und so den Einfluss menschlicher Vor-Urteile reduzieren.

▶ **Entscheidungsbäume induktiv konstruieren (lassen)**
Der vorhergehende Schritt liefert uns eine Stichprobe aus Datensätzen, in denen nicht nur alle von der Quelle gelieferten Felder, sondern auch alle anderen (auf Basis dieser Felder) bestimmbaren Attribute und Fakten gefüllt sind. Im Beispielszenario könnte ein solcher Datensatz auf Ebene der Artikelgruppe (bestimmt aus der Artikeluntergruppe) die folgenden Merkmale und Kennzahlen enthalten (die langfristige Handelsspanne je Artikelgruppe wäre hierbei der entscheidungsrelevante Werttreiber, die Handelsspanne je Artikelgruppe und das Durchschnittsalter der Kunden für diese Artikelgruppe wären die Kennzahlen, auf deren Basis Aussagen über das Verhalten des Werttreibers getroffen werden sollen):

```
(Artikelgruppe, Handelsspanne/Artikelgruppe, Durchschnitts-
alter Kunden/Artikelgruppe, langfristige Handelsspanne/Ar-
tikelgruppe)
```

SYS erwartet von der neuen Big-Data-Lösung Unterstützung bei der Konstruktion von Entscheidungsbäumen aus solchen Daten. Hierbei geht es beispielsweise um die folgenden Fragen:

▶ Welche Attribute/Fakten (Handelsspanne oder Durchschnittsalter) weisen die höhere Trennschärfe auf?

▶ In wie viele/welche Altersgruppen sollte man die Kunden unterteilen?

> ► In wie viele/welche Artikelgruppen sollte man die Artikel unterteilen?

> ► Ist für eine bestimmte Artikelgruppe eine langfristige Handelsspanne > 10 % zu erwarten? Wenn ja, wie sicher ist das (wie hoch ist die Wahrscheinlichkeit hierfür)?

Alternativ könnte man ähnliche Werte auf einer anderen Ebene der Merkmalstaxonomie (Artikel oder Artikeluntergruppe statt Artikelgruppe) ermitteln, was dann auch zu einem anderen Entscheidungsbaum führen würde:

```
(Artikel, Handelsspanne/Artikel, Durchschnittsalter Kunden/
Artikel, langfristige Handelsspanne/Artikel)
```

Natürlich wären auch noch andere Optionen denkbar, und jede dieser Optionen wird zu mindestens einem Entscheidungsbaum/ Datenfluss führen. Mithilfe der nicht in der Stichprobe enthaltenen Daten aus der Grundgesamtheit kann dann die Güte aller Entscheidungsbäume verglichen und damit indirekt auch eine Aussage über die im Datenmodell benötigte Granularität (Artikel oder Artikelgruppe) getroffen werden.

► **Entscheidungsbäume konsolidieren**
Die Konstruktion von Entscheidungsbäumen entspricht Punkt 6 im Sieben-Punkte-Plan von SYS. Nach den erwähnten Gütetests bleibt uns für jeden Werttreiber noch ein Entscheidungsbaum. Dieser Entscheidungsbaum repräsentiert den besten, das heißt trennschärfsten Pfad durch den Raum der Möglichkeiten und damit einen denkbaren Datenfluss. Für diese Datenflüsse stellt sich dann noch die Frage, ob einige davon sehr ähnlich sind und daher konsolidiert werden sollten. Dabei wäre noch zu definieren, was »ähnlich« genau bedeutet.

[+] **Historische Daten**

Wir arbeiten in diesem (Entscheidungsbäume konstruieren) und im folgenden Schritt (Entscheidungsbäume konsolidieren) mit *historischen* Daten. Demzufolge kennen wir natürlich nicht nur die aktuelle, sondern auch die langfristige Handelsspanne. Wenn wir später diese Entscheidungsbäume nutzen, liefern uns diese Aussagen wie:

langfristige Handelsspanne für Artikelgruppe X mit 65 % Wahrscheinlichkeit > 10 % und mit 35 % Wahrscheinlichkeit < 10 %.

6.4.3 Bausteine der Lösung

Abgesehen von einem gut in die Anwendungsumgebung integrierten Metadaten-Repository, brauchen wir weitere Instrumente für die in Abschnitt 6.4.2, »Fachliche Anforderungen«, geschilderten Aufgaben.

Methoden für Entscheidungsbäume

Stichproben erheben

Der Raum der Möglichkeiten kann – vor allem bei stetigen Merkmalen – sehr schnell sehr groß werden, und die Leistungsfähigkeit von In-Memory-Datenbanken ist zwar gigantisch, aber nicht unendlich groß. Außerdem können wir nicht alle unsere Daten für die Konstruktion von Entscheidungsbäumen verwenden; wir hätten dann keine Testdaten mehr, um die Qualität der Bäume zu beurteilen. Aus beiden Gründen empfiehlt es sich, zunächst einmal (periodisch) eine Stichprobe aus den in die Big-Data-Lösung replizierten Datensätzen zu ziehen. Hierbei können die in Abschnitt 6.5.1, »Implementierungsszenario und Rahmenarchitektur«, angesprochenen Werkzeuge zum Einsatz kommen, weswegen wir auf diesen Punkt noch nicht eingehen. Bei Entscheidungsbäumen (oder ganz allgemein bei Verfahren zum *maschinellen Lernen*, zu denen die Entscheidungsbaum-Algorithmen gehören) heißen die Daten, auf deren Basis ein Entscheidungsbaum automatisch erstellt (oder ein System trainiert) wird, nicht nur »Stichprobe«, sondern auch *Trainingsdaten*.

Trennung in Trainings- und Testdaten

Hypothetische mögliche Attribute/Fakten berechnen

Für die Daten dieser Stichprobe kann man dann alle theoretisch denkbaren Attribute bzw. Fakten errechnen. Eine spaltenbasierte Ablage der Daten (wie bei SAP HANA möglich) kommt uns hierbei sehr gelegen. Das System muss so nicht immer wieder mühselig Teile einzelner Datensätze aus vielen Tabellen zusammensuchen, sondern kann in jedem Rechenschritt direkt auf die jeweils benötigten Spalten zugreifen und die Werte in diesen Spalten auch sehr schnell aggregieren.

Spaltenbasierte Datenablage optimal

Für die Ermittlung der Fakten kommen geeignete Routinen bzw. Prozeduren oder Funktionen zum Einsatz. Das zugehörige Coding sollte einfach gehalten, deklarativ und im Metadaten-Repository vollständig dokumentiert sein. Welche Attribute bzw. Fakten genau für welche Kombination von Merkmalen bzw. Merkmalsausprägungen berechnet werden müssen, ergibt sich aus den definierten Metadaten (siehe Abschnitt 6.4.2, »Fachliche Anforderungen«).

Entscheidungsbäume induktiv konstruieren

Algorithmen für Entscheidungsbäume

Für die Konstruktion von Entscheidungsbäumen aus Trainingsdaten existiert eine Vielzahl unterschiedlicher Algorithmen, z. B.:

▸ **C&RT**
  C&RT (auch *CART* genannt) steht für *Classification and Regression Tree*. Der Algorithmus stammt aus dem Jahr 1984 und kann nur *Binärbäume* erzeugen, also Bäume, die sich an jeder Verzweigung in genau zwei Äste teilen. Der Vorteil von C&RT liegt darin, dass es sich um einen hybriden Algorithmus handelt, der sowohl stetige bzw. kardinale als auch diskrete, das heißt nominale Fakten verarbeiten kann. Für unsere Zwecke ist C&RT aber aufgrund der Beschränkung auf Binärbäume weniger geeignet.

▸ **ID3**
  Iterative Dichotomiser (ID3 wurde zwei Jahre nach C&RT entwickelt. Dieser Algorithmus wird vor allem eingesetzt, wenn größere Datenmengen mit vielen unterschiedlichen Kennzahlen analysiert werden sollen. Er führt aber nicht immer zu optimalen und oft zu recht breiten Bäumen, vor allem dann, wenn man es mit stetigen bzw. kardinalen Fakten zu tun hat.

▸ **CHAID**
  Chi-square Automatic Interaction Detectors (CHAID) stammt aus den 1960er-Jahren und ist damit das älteste der hier genannten Verfahren. CHAID arbeitet mit nominal oder ordinal skalierten Fakten und stoppt das Wachstum des Baums anhand bestimmter Kriterien, bevor dieser zu groß wird. Ebenso wie beim C4.5-Algorithmus können bei CHAID mehr als zwei Verzweigungen je Knoten entstehen.

▸ **C4.5**
  C4.5 gilt als Nachfolger von ID3, stammt vom selben Entwickler (Ross Quinlan) und beinhaltet einige Verbesserungen gegenüber ID3. Anders als ID3 kann C4.5 mit stetigen und diskreten Fakten und fehlenden Daten umgehen. Außerdem werden die erstellten Bäume in C4.5 nach der Konstruktion »beschnitten« und dadurch überschaubarer. Inzwischen existiert ein Nachfolger von C4.5

(C5.0), der wesentlich schneller und weniger speicherintensiv als C4.5 ist, zu kleineren Bäumen führt und Fakten mit wenig Aussagewert automatisch ausschließen kann.

Auswahl von Entscheidungsbaum-Algorithmen [+]

Bei der Auswahl eines Verfahrens sollte man unter anderem die Natur der zu bearbeitenden Daten in Betracht ziehen. Manche Verfahren betrachten alle Attribute bzw. Fakten isoliert voneinander und wählen z.B. auf jeder Ebene des Baums das jeweils trennschärfste Attribut bzw. Faktum aus. Nehmen wir einmal an, wir wollten einen einfachen Entscheidungsbaum für die langfristige Handelsspanne entwickeln. In diesem Fall besteht die Möglichkeit, erst nach der historischen Handelsspanne und dann nach dem Durchschnittsalter der Kunden oder umgekehrt erst nach dem Durchschnittsalter der Kunden und dann nach der Handelsspanne zu fragen.

Die beiden (kardinalen) Werte Handelsspanne und Durchschnittsalter wiederum kann man in beliebig viele Gruppen (von – bis) unterteilen, wodurch der Entscheidungsbaum auf jeder Ebene beliebig viele Verzweigungen aufweisen kann. Ob die eine oder andere Variante zustande kommt und wie viele Äste der Entscheidungsbaum auf jeder Ebene hat, hängt vom Algorithmus und dessen Definition der »Trennschärfe« ab.

Es könnte zudem auch noch so sein, dass die Formel *Handelsspanne im letzten Monat/Kundenalter^2* trennschärfer ist als jedes der beiden Kennzahlen für sich allein genommen. Sie müssen sich also auch fragen, ob Ihr Algorithmus Fakten nur isoliert betrachten oder auch Abhängigkeiten zwischen Fakten untersuchen soll. Wenn solche Abhängigkeiten mit einbezogen werden (z.B. über Regressionstests), lautet die nächste Frage: Wie viel Mühe soll sich der Algorithmus hierbei machen? Sollen lineare Beziehungen oder auch Polynome zweiter oder auch solche fünfter Ordnung betrachtet werden? Sie sehen, das Betätigungsfeld für Data Scientists ist recht groß.

Entscheidungsbäume konsolidieren

Unter denjenigen Bäumen, die Entscheidungen für die dieselben Werttreiber liefern sollen, können wir anhand der Testdaten den besten auswählen. Der beste Entscheidungsbaum ist der, der das Verhalten der Testdaten in Bezug auf den betrachteten Werttreiber am genauesten prognostiziert. *Identische Werttreiber*

Wir haben dann immer noch einen Entscheidungsbaum bzw. Datenfluss je Werttreiber, und viele dieser Datenflüsse sind sich wahrscheinlich sehr ähnlich. Der große Vorteil allerdings ist, dass wir durch die Einordnung in das unter »Sieben-Punkte-Plan für Metada- *Unterschiedliche Werttreiber* ten« in Abschnitt 6.4.2 erläuterte Raster für alle erzeugten Entscheidungsbäume sofort sämtliche Metadaten zur Verfügung haben. Diese Metadaten gründen sich auf ein einheitliches Bezugssystem, den Raum der Möglichkeiten. Wir können die korrespondierenden Datenflüsse also (automatisch) miteinander vergleichen und prüfen, ob sie sich (bezogen auf einzelne Schichten) sehr ähnlich verhalten. Falls dies zutrifft, ist es sinnvoll, Datenflüsse, Schichten oder Domänen zu konsolidieren. Neben statischen Regeln könnten für eine solche Bündelung auch die bereits in Abschnitt 2.1.1, »Big Data ohne bzw. vor SAP HANA«, angesprochenen Clustering-Algorithmen zum Einsatz kommen.

6.4.4 Nutzenpotenziale und Werttreiber

Werttreiber für die Big-Data-Lösung

In diesem Abschnitt geht es nicht um den Werttreiber, den SYS für seine Entscheidungen über das zukünftige Sortiment benötigt (also z. B. um die langfristige Handelsspanne), denn wir wollen in diesem Kapitel ja keine Entscheidung über das Sortiment von SYS, sondern über die Einführung einer Big-Data-Lösung treffen. Die potenziellen Werttreiber ergeben sich stattdessen aus der Betrachtung der in Abschnitt 6.3, »Inkonsistente Datenmodelle: Kosten, Risiken und Chancen«, angesprochenen Probleme. Wenn Metadaten aktuell und jederzeit verfügbar sind, wenn Datenflüsse basierend auf automatisch generierten Entscheidungsbäumen entstehen und wenn es einfacher wird, Datenflüsse an neue Gegebenheiten anzupassen, hat das unter anderem die folgenden vier positiven Effekte:

▶ **Geringere Abstimmaufwände**
Der Aufwand für die Abstimmung unterschiedlicher Resultate aus redundanten Datenflüssen entfällt fast vollständig. Für die Ermittlung eines Faktums existiert nur eine (im Metadaten-Repository) klar hinterlegte Methode; jeder entscheidungsrelevante Werttreiber ist einem Datenfluss zugeordnet. Altlasten (Redundanzen) werden durch systemübergreifende Vergleiche (z. B. zur Semantik) eliminiert, neue Redundanzen werden durch eine automatische Prüfung generierter Entscheidungsbäume auf Ähnlichkeiten hin von vornherein vermieden. Die Erhöhung des Aktionärswerts ergibt sich primär über eine Verringerung von Personalaufwänden (z. B. im Finanzbereich und in der IT).

▶ **Höhere Realitätsdichte und Flexibilität**
Wir werden in Kapitel 7, »Kundenverhalten steuern«, sehen, dass

die Umwelt, in der Unternehmen heute operieren, extrem instabil ist und sich entscheidungsrelevante Rahmenbedingungen nicht jährlich, sondern monatlich, täglich, stündlich oder minütlich ändern. Ein Ansatz, bei dem Entscheidungen auf Basis längerfristig gleicher Berichtsparameter bzw. Datenflüsse getroffen werden, veraltet also sehr schnell zu einem »Management-Wolkenkuckucksheim«, das nur noch wenige Verbindungen zur Wirklichkeit aufweist. Die manuelle Anpassung von Datenmodellen an neue Rahmenbedingungen dauert immer länger, und das Unternehmen lebt über kurz oder lang in einer Wahnwelt und findet sich – ähnlich wie ein an Schizophrenie leidender Patient – in der Realität nicht mehr zurecht.

Momentan löst man das Problem (noch) durch den Einsatz von immer mehr (kostengünstigen) Offshore-Ressourcen. Damit behandelt man aber – ganz so wie mit Psychopharmaka im Fall der Schizophrenie – nur Symptome. Schlimmer noch: Man braucht immer mehr von der »Droge« Outsourcing, deren Preise aufgrund des wachsenden Wohlstands in Schwellenländern immer weiter steigen. Gleichzeitig dreht die Welt sich immer schneller. Wir gehen daher davon aus, dass Datenmodellentwicklung in ihrer jetzigen Form – ob on- oder offshore – bald ein »Luxusgut« sein wird, ganz so wie die handwerklich gefertigten Spitzenuhren aus der Romandie. Die Verringerung oder Verlagerung des Kostendrucks durch Auslagerung von Prozessen wird an natürliche Grenzen stoßen. Wenn dazu ein wachsender Anteil Ihrer IT-Ressourcen mehr oder weniger dauerhaft mit der Aufklärung von Inkonsistenzen beschäftigt ist, haben Sie trotz Offshoring gar nicht mehr die Kapazitäten, die Sie für echte Weiterentwicklungen brauchen. Der hier vorgestellte Ansatz (bei dem Sie gewissermaßen Metadatenmodelle entwickeln) schafft Ihnen überlebensnotwendige Freiräume.

Die Erhöhung des Aktionärswerts ergibt sich bei diesem Werttreiber durch die ungetrübte Realitätswahrnehmung, eine schnellere und kostengünstigere Anpassung an veränderte Wirklichkeiten sowie durch ein nachhaltiges, skalierbares Wachstumsmodell. Hierdurch können Sie neue Ertragschancen schneller (oder überhaupt erst) nutzen.

▶ **Geringere Aufwände bzw. höhere Erträge durch weniger Fehlentscheidungen**
Bei unseren Überlegungen zur Realitätsnähe haben wir wirklich-

keitsnahe Entscheidungsmodelle unter dem Aspekt der Flexibilität betrachtet. Eine bessere Realitätswahrnehmung hilft aber auch, kostspielige Fehlentscheidungen zu vermeiden. Besser heißt hierbei nicht nur »besser an die aktuelle Situation angepasst«, sondern auch *flexibler* in der Realitätswahrnehmung. Die Welt stellt sich für jeden von uns anders dar, im Lied *Brothers in Arms* von den Dire Straits gibt es die folgende schöne Strophe:

> *»There's so many different worlds*
> *So many different suns*
> *And we have just one world*
> *But we live in different ones«*

Auch wenn wir uns sehr schnell mit veränderten Rahmenbedingungen in Einklang bringen können, wissen wir immer noch nicht, ob wir uns an die *richtigen* Rahmenbedingungen oder doch nur an ein Trugbild angepasst haben. Big Data schafft die Möglichkeit, viele *denkbare* Realitäten in sehr kurzer Zeit durchzurechnen und zu vergleichen.

▸ Die Erstellung von Entscheidungsbäumen wird bei allen unter der Überschrift »Entscheidungsbäume induktiv konstruieren« in Abschnitt 6.4.3 genannten Verfahren durch bestimmte Parameter gesteuert.

▸ Wenn man innerhalb sehr kurzer Zeitspannen unterschiedliche Annahmen für diese Parameter setzen und damit für dieselbe Fragestellung mehrere alternative Entscheidungsbäume bzw. Datenflüsse entwerfen kann, führt dies zu einer gewaltigen Ausdehnung des »Wahrnehmungshorizonts«.

▸ Sie können so eine größere Menge möglicher Wirklichkeiten bei Ihren Entscheidungen berücksichtigen; Ihre Chancen, dabei die »wirkliche« Wirklichkeit zu erwischen, sind höher, als wenn Sie nur ein einzelnes Realitätsmodell nutzen, das Ihnen zufällig als Erstes in den Sinn gekommen ist.

Es liegt nahe, dass Ihre Aktionäre die Fähigkeit eines Unternehmens, nachhaltig weniger Fehler zu begehen, honorieren werden.

▸ **Geringere Entwicklungsaufwände**
Mit redundanzfreien, konsistenten und zunehmend automatisch erstellten Datenmodellen steigt nicht nur die Anpassungsgeschwindigkeit, sondern es sinken auch die Anpassungskosten. Hierbei kommen Ihnen zwei Faktoren zugute:

- höhere Transparenz (durch einheitliche Abläufe und bessere Metadaten)

- Bislang ausschließlich manuelle Entwicklungsschritte werden automatisiert (und generieren automatisch korrekte Metadaten).

Die Erhöhung des Aktionärswerts resultiert also auch hier aus einer Verringerung von Personalaufwänden, dieses Mal allerdings primär in der IT und auf Weiter- oder Neuentwicklungen bezogen.

Im Verlauf der industriellen Revolution wurden Fertigungsprozesse zunächst durch Maschinen erleichtert und dann automatisiert. Parallel dazu wurden individuelle Herstellungsverfahren standardisiert; die Ausgestaltung von Fertigungsprozessen entwickelte sich zu einem eigenständigen Wissenszweig. Mittlerweile sind wir noch einen Schritt weiter: Viele Entscheidungen in Fertigungsprozessen werden nicht mehr auf Basis menschlicher Überlegungen, sondern durch Algorithmen getroffen.

Automatisierung in der Fertigung

In ganz ähnlicher Art und Weise hat die Entwicklung der Informationstechnik von den ersten Computern in den 1930er-Jahren bis heute dazu geführt, dass Geschäftsprozesse zunächst durch Datenverarbeitungssysteme unterstützt und später komplett von diesen übernommen wurden (Beispiel: Lohn- und Gehaltsabrechnung). Auch Entscheidungen in Prozessen fallen heutzutage oft automatisch auf Basis eines fest definierten Regelwerks. Und ebenso wie im Fertigungsbereich ist aus der »Kunstrichtung« Systementwicklung eine Art Ingenieurswissenschaft für die »Herstellung« von Software geworden.

Automatisierung in der Verwaltung

Mit Big Data kommt der nächste logische Schritt in Reichweite: die Automatisierung der Gestaltung und (Weiter-)Entwicklung von entscheidungsunterstützenden Systemen. Wir sprechen hier nicht nur davon, dass man deklarative (Meta-)Sprachen verwendet, um Code zu generieren. Uns geht es vielmehr darum, schrittweise die *Gestaltung* der Systeme selbst zu automatisieren. Entwickler implementieren in diesem Fall keine Datenmodelle, sondern Systeme, die in der Lage sind, Datenmodelle selbstständig zu erstellen und bei Bedarf zu ändern. In einem solchen Szenario ist das Offshoring von Entwicklungsaufgaben ebenso wenig zeitgemäß wie der Einsatz von Tretkränen beim Bau eines Wolkenkratzers.

Automatisierung in der Systemgestaltung

Einordnung der
Werttreiber
Abbildung 6.9 stellt die Werttreiber noch einmal im Überblick dar
und ordnet diese den Zellen in unserer Nutzen-Werttreiber-Matrix
zu. Wir haben alle Werttreiber rechts unter »Neue Geschäftsprozesse« angesiedelt; es geht bei der Datenmodellierung zwar meist um
Datenmodelle für existierende Geschäftsprozesse, der Gedanke, die
Datenmodellentwicklung aber teilautomatisiert zu betreiben, dürfte
den meisten uns bekannten IT-Abteilungen aber doch eher neu sein.

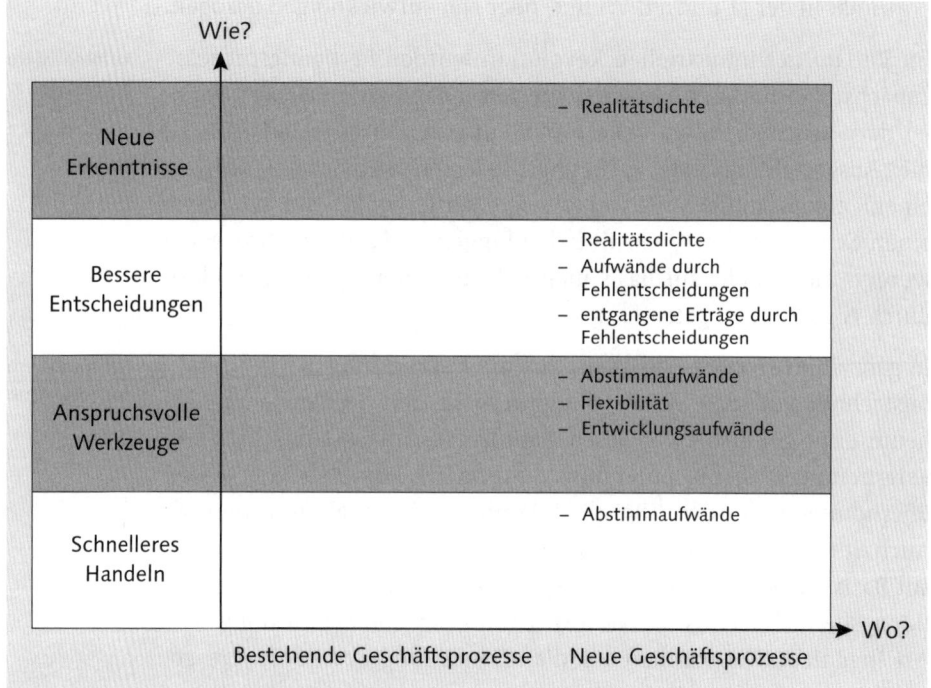

Abbildung 6.9 Nutzen-Werttreiber-Matrix »Datenmodelle gestalten«

6.5 Implementierungsszenario und Architektur mit SAP HANA

Auswahlkriterien
Szenario
Für die Auswahl eines geeigneten Implementierungsszenarios sind
zwei Überlegungen relevant:

▸ Einerseits spielen Metadaten in unserem Szenario eine zentrale
Rolle. Wir benötigen also ein Metadaten-Repository, das sehr gut
mit allen anderen Anwendungen und auch mit SAP HANA integriert ist.

▸ Andererseits ist es (zumindest auf lange Sicht) wenig sinnvoll, Datenmodelle mehr oder weniger automatisiert entwickeln zu lassen und dann die benötigten Objekte in den jeweils betroffenen Anwendungen von Hand zu implementieren. Daten in SAP HANA müssen letztendlich auch Geschäftsprozesse steuern können (Datenflüsse beliefern ja nicht nur Berichte, sondern auch andere Systeme). Die Lösung sollte also zumindest theoretisch mit dem ERP-System (also z.B. mit der SAP Business Suite) zusammenwachsen können. Wir gehen in Abschnitt 7.5, »Implementierungsszenario und Architektur mit SAP HANA«, auf die diesbezüglichen Optionen ein (Entscheidungstabellen).

Vielleicht existiert bereits ein Data Warehouse wie SAP BW, und vielleicht werden die meisten relevanten Berichte bislang dort erzeugt. In diesem Fall wäre es eher kontraproduktiv, z.B. mit dem Data-Mart-Szenario in SAP HANA ein Paralleluniversum zu kreieren, das letztendlich nur zu neuen Inkonsistenzen führen wird.

6.5.1 Implementierungsszenario und Rahmenarchitektur

Für SAP-Business-Suite-Kunden drängt sich daher das Szenario Business Suite auf HANA auf (siehe Abbildung 6.10). Nicht-SAP-Kunden, die z.B. nur SAP HANA nutzen wollen, werden (zumindest kurz- bis mittelfristig) das Data-Mart-Szenario nutzen müssen.

Szenario für SAP-Kunden

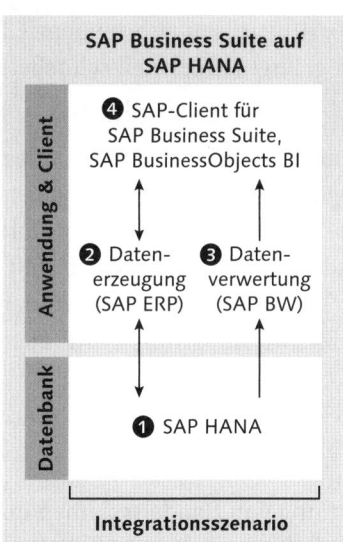

Abbildung 6.10 Implementierungsszenario »Datenmodelle gestalten«

Bausteine der
Lösung

Ebenso wie in den anderen Fallstudien kommt man um einige Ergänzungen des klassischen Implementierungsszenarios nicht herum. Wir nehmen die Bausteine in Abbildung 6.10 daher noch etwas genauer unter die Lupe.

Datenbanken (SAP HANA) ❶

Konsistente Daten
und Datenmodelle

Ein wesentliches Merkmal des Szenarios Business Suite auf HANA ist, dass alle erforderlichen Daten in einer einzigen HANA-Datenbank gespeichert sind. Dies dient in unserem Fall nicht nur einer möglichst hohen Rechenleistung, sondern schafft gleichzeitig gute Bedingungen für konsistente Daten und Datenmodelle. Natürlich kann auch eine einzelne Datenbank Redundanzen und Inkonsistenzen enthalten; aber unsere Erfahrung zeigt, dass Datenmodellungeziefer in heterogenen Systemen mit vielen staubigen Ecken besser gedeiht.

Produkte zur Datenerzeugung ❷

SAP Business Suite
erzeugt die Daten

Wie eingangs erwähnt, haben wir hier primär Kunden im Blick, die die SAP Business Suite im Einsatz haben, die damit auch die zentrale Anwendung zur Datenerzeugung wäre. Insbesondere der Aufbau von Entscheidungstabellen in SAP HANA führt zu einer fortschreitenden Verschmelzung von Datenerzeugung und Datenverwertung. Die Bereiche ❷ und ❸ in Abbildung 6.10 wachsen also tendenziell zusammen. So ein Zusammenwachsen gelingt tendenziell schneller, wenn beide Produktgruppen vom selben Hersteller stammen.

In einem integrierten Implementierungsszenario spielt es keine große Rolle, ob man Entscheidungslogik (über Entscheidungstabellen) nach SAP HANA verlagert oder ob SAP HANA Daten liefert, mit denen die SAP Business Suite entscheidungsrelevante Tabellen füllt. Die erste Variante ist flexibler, setzt aber auch Änderungen in der SAP Business Suite (Anpassung/Weiterentwicklung durch SAP oder Kundenerweiterungen) voraus.

Produkte für die Datenverwertung ❸

BW-Bordmittel
nicht ausreichend

Wie in Abschnitt 6.2, »Szenario: Ermittlung von Handelsspannen im Einzelhandel«, erwähnt, setzt SYS an allen Standorten SAP BW als Data Warehouse ein. Wir gehen davon aus, dass dieses Data Warehouse einen Großteil aller operativen, strategischen oder aus gesetzlichen Gründen erforderlichen Berichte liefert und daher in allen denkbaren Zukunftsszenarien auch weiterhin im Einsatz bleiben wird. Allerdings verfügt BW nur über sehr begrenzte Funktionalität zur Erfüllung der in Abschnitt 6.4.3, »Bausteine der Lösung«, gestellten Ansprüche. Das Data-Mining-Werkzeug *Analyseprozessdesigner* (APD) ist zwar in der Lage, Entscheidungsbäume zu erzeugen, bleibt hierbei aber auf einen einzigen Algorithmus beschränkt und läuft nach unseren persönlichen Erfahrungen weder performant noch stabil. In der Praxis haben wir daher bislang keine Kunden gesehen, die den APD für anspruchsvolle Data-Mining-Anwendungen im Einsatz haben.

Bei SAP HANA steht Ihnen ergänzend noch ein ganzes Arsenal fertig implementierter Hilfsmittel für die Datenverwertung ❸ zur Verfügung:

Datenverwertungswerkzeuge in SAP HANA

▸ **Stichproben erheben**
Wir gehen auf die Bestimmung geeigneter Stichprobenumfänge und die Stichprobenerhebung (mit SAP PAL oder R) in Abschnitt 7.5.1, »Implementierungsszenario und Rahmenarchitektur«, ein.

▸ **Hypothetisch mögliche Fakten berechnen**
Bei der Ermittlung oder Berechnung hypothetisch ermittelbarer bzw. berechenbarer Attribute bzw. Fakten geht es darum, für alle Daten der Stichprobe alle theoretisch denkbaren, ergänzenden und abgeleiteten Daten auch tatsächlich zu ermitteln. Welche genau das sind, wird einerseits von den im Sieben-Punkte-Plan genannten Metadaten und andererseits von den Daten selbst (gefüllte Kennzahlen, Merkmale, Merkmalsausprägungen) bestimmt. Für den Aufbau der hierzu erforderlichen Datenstrukturen und Prozeduren bietet sich die in Abschnitt 2.1.3, »Abgrenzung von SAP HANA und Big Data«, erwähnte Sprache RDL an (wir gehen hierauf in Abschnitt 6.5.2, »Datenarchitektur«, noch genauer ein). Wir würden wegen des geringeren Abstraktionsgrads bei einfachen Algorithmen SQLScript und bei komplexeren Aufgabenstellungen RDL bevorzugen. Natürlich ist es auch denkbar, dass man bei der Ermittlung der Fakten zusätzliche Werkzeuge (PAL, R, Calculation Engines, Planning Engine) braucht. Die *Planning Engine* in SAP HANA ist eine Sammlung von Funktionen, die häufig im Planungsbereich verwendet werden.

▶ **Entscheidungsbäume induktiv konstruieren (lassen) in SAP PAL und R**

SAP PAL unterstützt die Konstruktion von Entscheidungsbäumen mit CHAID (`CREATEWITHCHAID`/`PREDICTWITHDT`) und C4.5 (`CREATEDT`/`PREDICTWITHDT`). Die Möglichkeiten in R gehen weit über diese zwei Algorithmen hinaus. Der CART-Algorithmus ist bereits im R-Standard enthalten (Paket `rpart`), C4.5 steht über das Paket `RWeka` zur Verfügung und C5.0 über das Paket `C50`. Die Konstruktion von Entscheidungsbäumen stellt aber eigentlich nur eine spezielle Verfahrensgruppe im Bereich des maschinellen Lernens dar; auf diesem Gebiet hat R viel mehr zu bieten. Eine imposante Übersicht findet sich unter:

http://cran.r-project.org/web/views/MachineLearning.html.

▶ **Entscheidungsbäume konsolidieren in SAP PAL und R**

Wenn Entscheidungsbäume konstruiert wurden, kann man unter Verwendung des restlichen Datenbestands (also der nicht als Trainingsdaten verwendeten Datensätze) mehrere Bäume für denselben Werttreiber miteinander vergleichen. Man erstellt mit den Entscheidungsbäumen Prognosen (PAL: `PREDICTWITHDT`), vergleicht diese Prognosen mit der Realität (z.B. über einen Chi-Quadrat-Anpassungstest) und wählt denjenigen Entscheidungsbaum aus, der die besten Ergebnisse liefert. Alternativ kann man auch sogenannte *Gütekriterien* verwenden, um Entscheidungsbäume zu bewerten. Die Gütekriterien dienen der Beurteilung von Entscheidungsbäumen hinsichtlich ihrer Prognosequalität; hier gibt es eine unüberschaubare Vielzahl denkbarer Ansätze.

In R stehen neben statistischen Tests und Gütekriterien auch Meta-Algorithmen zur Verfügung, mit denen die für unterschiedliche Algorithmen relevanten Parameter optimiert werden können (Paket `e1071`, Funktion `tune`). Daneben besteht aber auch noch die Herausforderung, Entscheidungsbäume zusammenzufassen, die zu *unterschiedlichen* Werttreibern gehören. Hier können Clustering-Verfahren (PAL: `KMEANS` oder `SELFORGMAP`, R: Funktion `kmeans` oder Paket `kohonen` etc.) zum Einsatz kommen. Da sich die Entscheidungsbäume bzw. Datenflüsse für unterschiedliche Werttreiber teilweise bezüglich ihrer Tiefe und Breite drastisch voneinander unterscheiden werden, ist allerdings ein Clustering ganzer Bäume wenig sinnvoll. Für eine Klassifizierung greift man besser auf bestimmte Eigenschaften zurück (Anzahl der Schichten oder

Domänen, Verhalten zwischen einzelnen Schichten etc.). Der Vergleich von SAP PAL und R zeigt also wie schon zuvor, dass R mächtiger, aber in der Handhabung anspruchsvoller ist.

Client ❹

Wir sprechen hier von einem mehr oder weniger autonomen System. Man braucht daher zunächst eine Art Leitstand, der dazu dient, die automatisierten Abläufe zu überwachen. Ein solcher Leitstand (vielleicht in Form eines oder mehrerer Dashboards) muss Daten zum Prozess entgegennehmen und liefern (z.B. grundlegende Eingangsparameter für die Generierungsalgorithmen, Aussagen zur Anzahl der generierten und konsolidierten Datenflüsse oder zu deren Güte (vor/nach Konsolidierung etc.)).

Von der Vision einer IT-Abteilung, die ebenso menschenleer ist wie ein Kaltwalzwerk in der Stahlindustrie, sind wir natürlich noch sehr weit entfernt. Uns geht es darum, neue Möglichkeiten und Perspektiven aufzuzeigen, die vielleicht erst in 20 Jahren als alltäglich gelten werden. Demzufolge brauchen Sie für die Implementierung unserer Lösung immer noch Mitarbeiter, die beispielsweise die folgenden Aufgaben übernehmen müssen:

▶ Vorschläge für Datenflüsse prüfen und (nicht nur isoliert, sondern im Unternehmenskontext) beurteilen

▶ neue Datenflüsse implementieren oder deren Implementierung überwachen

▶ Metadaten prüfen und beurteilen

Damit Ihre Experten dieser Aufgabe gewachsen sind, brauchen sie Clients zur Darstellung bzw. Modifikation von Metadaten und Datenmodellen. Beispiele für solche Clients sind:

▶ das Frontend des SAP Information Stewards (für die Metadaten)

▶ Die *ARIS-Plattform* (Architektur integrierter Informationssysteme); besonders interessant für einen Einstieg in die Datenmodellierung ist das kostenlose *ARIS Express* (*http://www.ariscommunity.com/aris-express*).

▶ Weitere Tools für die Entwicklung von Datenmodellen (z.B. von *Entity-Relationship-Modellen*, ein bestimmter Ansatz für die Datenmodellierung); idealerweise verwenden Sie hierbei Tools, von denen aus der Weg zu einer Implementierung in RDL möglichst kurz ist.

▸ Eine (allgemeine) Liste von Modellierungswerkzeugen für die Datenmodellierung findet sich auf Wikipedia unter *http://de.wiki pedia.org/wiki/Liste_von_Datenmodellierungswerkzeugen*.

6.5.2 Datenarchitektur

Zwei Domänen als Basis

Um dem Idealbild sich selbst weiterentwickelnder Systeme näher zu kommen, brauchen wir eine Architektur, die auf (mindestens) zwei Säulen, Domänen oder Gruppen von Domänen ruht:

▸ **Abstrakter Raum der Möglichkeiten (Metadaten, RDL)**
In Abschnitt 6.4.2 haben wir unter der Überschrift »Sieben-Punkte-Plan für Metadaten« von einem Raum der Möglichkeiten gesprochen. Dieser besteht aus allen Dimensions-IDs, Attributen und Fakten, die entweder in den Quelldaten enthalten sind oder sich aus den Quelldaten errechnen und ermitteln lassen.

Diesen Raum der Möglichkeiten kann man mit einer Sprache wie River Definition Language (RDL) präzise beschreiben. In RDL können unter anderem die folgenden Objekttypen deklariert werden:

▸ Entitäten (Entities)

▸ *Abgeleitete Entitäten* (Derived Entities). Hierbei handelt es sich um Entitäten, die auf anderen Entitäten basieren.

▸ *Beziehungen* zwischen Entitäten (*Associations*), wie z.B. n:1 oder n:m

▸ *Aktionen* auf Entitäten (*Actions*) zur Beschreibung der für die Berechnung von Attributen oder Fakten aus vorhandenen Daten erforderlichen Logik

Wenn Sie sich schon einmal mit der Datenmodellierung auf Basis des *Entity-Relationship-Modells* (ERM) befasst oder in *Microsoft Access* Datenbanken angelegt haben, wird Ihnen der eine oder andere Begriff bekannt vorkommen. Für die Einarbeitung empfehlen wir Ihnen sonst Bücher zum Thema ERM- und OLAP-Modellierung. Die Grundlage dafür, welche Objekte (also welche Entitäten, Beziehungen oder Aktionen) genau in RDL beschrieben werden müssen, bilden die im Rahmen unseres Sieben-Punkte-Plans für Metadaten erhobenen und in unseren Metadaten-Repositories abgelegten Informationen. Je nach Auslegung und Struktur Ihrer Metadaten-Repositories ist es sogar möglich, das entsprechende Coding automatisch generieren zu lassen (zumindest für die Entitäten und Beziehungen).

► **Konkreter Raum der Möglichkeiten (instanziiert)**
Wenn man Code in RDL aktiviert, wird dieser Code in eine ausführbare Form übersetzt (*kompiliert*). Im Rahmen der Kompilierung werden die benötigten Objekte in SAP HANA erstellt, also beispielsweise Tabellen, Prozeduren und Dienste für den Datenzugriff via OData angelegt. Innerhalb dieses Datenmodells kann man nun eine Stichprobe aus den Quelldaten ziehen und für diese Stichprobe die denkbaren Attribute bzw. Fakten ermitteln (siehe auch Abschnitt 7.4.3, »Bausteine der Lösung«). Dabei dienen durch RDL generierte Tabellen in SAP HANA der Speicherung der aus den Quellsystemen extrahierten (z.B. der Artikelnummer) oder noch in SAP HANA zu ermittelnden Dimensions-IDs, Attribute (z.B. der Artikeluntergruppe) und Fakten (z.B. der Handelsspanne im letzten Monat). Die ebenfalls via RDL generierten Prozeduren ermitteln diejenigen Attribute und Fakten, die nicht schon aus den Quellsystemen geliefert werden. Aus dem abstrakten Konzept des Raums der Möglichkeiten entsteht so ein konkreter, instanziierter Raum, der auf den Daten der für die Konstruktion der Entscheidungsbäume gezogenen Stichprobe basiert. Bei dem hier vorgestellten Ansatz ist es also nicht mehr erforderlich, die für die Speicherung und Ermittlung von Attributen bzw. Fakten konkret erforderlichen Objekte in SAP HANA manuell zu erstellen oder bei jeder Änderung an den Metadaten nachzupflegen.

Auf Basis des konkreten (instanziierten) Raums der Möglichkeiten und der darin enthaltenen Daten kann man nun Entscheidungsbäume konstruieren, testen und konsolidieren lassen. Ob man für das Testen der Entscheidungsbäume alle restlichen (nicht in der Grundgesamtheit enthaltenen Daten) oder eine weitere Stichprobe verwendet, hängt allein von der verfügbaren Rechenleistung ab. Bei Verwendung einer weiteren Stichprobe muss natürlich sichergestellt sein, dass die zwei Stichproben *disjunkt* sind (das heißt, die Schnittmenge beider Stichproben muss leer sein).

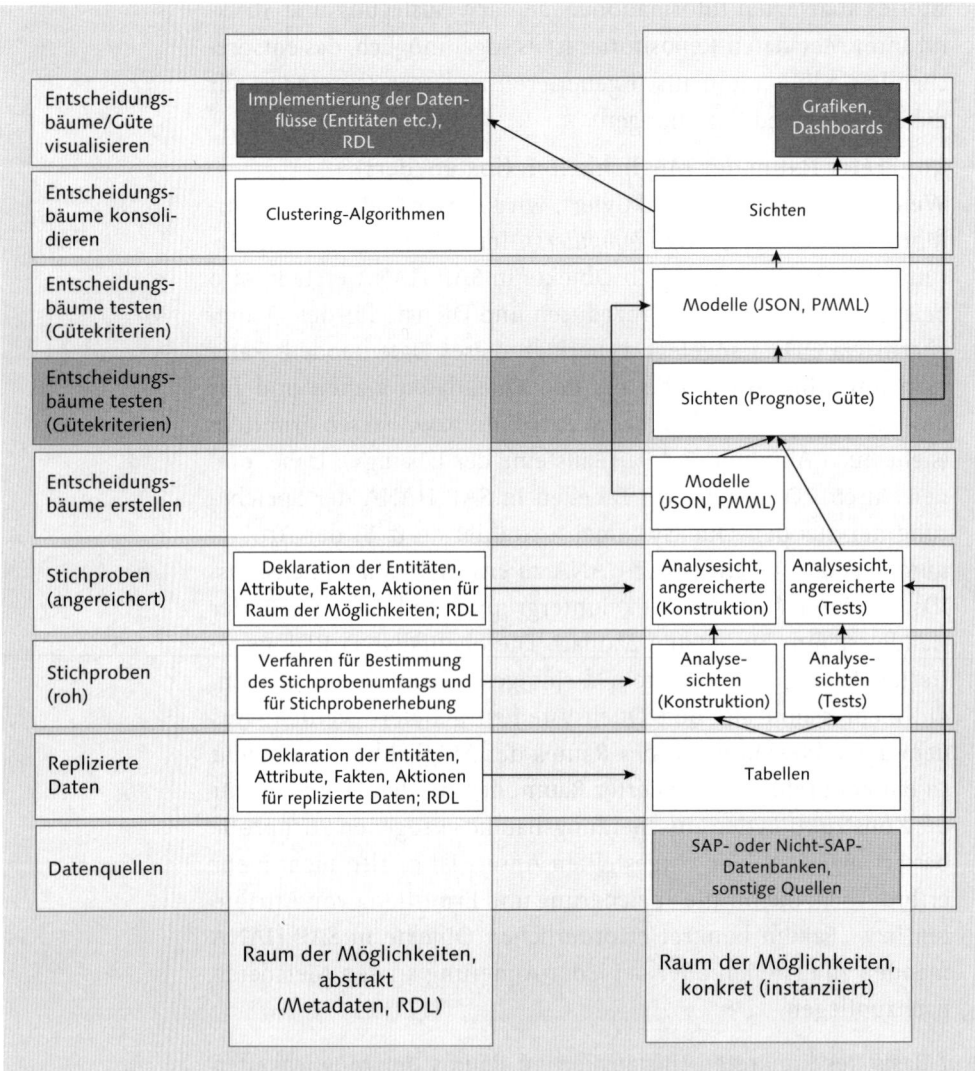

	Raum der Möglichkeiten, abstrakt (Metadaten, RDL)		Raum der Möglichkeiten, konkret (instanziiert)	
Entscheidungs-bäume/Güte visualisieren	Implementierung der Daten-flüsse (Entitäten etc.), RDL		Grafiken, Dashboards	
Entscheidungs-bäume konsoli-dieren	Clustering-Algorithmen		Sichten	
Entscheidungs-bäume testen (Gütekriterien)			Modelle (JSON, PMML)	
Entscheidungs-bäume testen (Gütekriterien)			Sichten (Prognose, Güte)	
Entscheidungs-bäume erstellen			Modelle (JSON, PMML)	
Stichproben (angereichert)	Deklaration der Entitäten, Attribute, Fakten, Aktionen für Raum der Möglichkeiten; RDL		Analysesicht, angereicherte (Konstruktion)	Analysesicht, angereicherte (Tests)
Stichproben (roh)	Verfahren für Bestimmung des Stichprobenumfangs und für Stichprobenerhebung		Analyse-sichten (Konstruktion)	Analyse-sichten (Tests)
Replizierte Daten	Deklaration der Entitäten, Attribute, Fakten, Aktionen für replizierte Daten; RDL		Tabellen	
Datenquellen			SAP- oder Nicht-SAP-Datenbanken, sonstige Quellen	

Abbildung 6.11 Rahmendatenarchitektur »Datenmodelle«

Architekturbeispiel   Abbildung 6.11 zeigt einen Vorschlag für eine Rahmendatenarchitektur, die mit unseren Überlegungen zu den Domänen und der Verarbeitung korrespondiert. Die einzelnen Verarbeitungsschritte sind in separaten Schichten innerhalb der betroffenen Domänen abgebildet. Es handelt sich hierbei um ein grobes Grundgerüst (RDL etwa bietet noch viel mehr als die hier skizzierten Sprachelemente).

Datenquellen

Auf die Datenquellen und die Datenbeschaffung gehen wir hier nicht detailliert ein (Hinweise hierzu finden sich in den folgenden Kapiteln). Daher sprechen wir hier nur ganz lapidar von SAP- oder Nicht-SAP-Datenbanken oder sonstigen Quellen. Mit »sonstigen Quellen« meinen wir alle Datenbestände außerhalb klassischer relationaler Datenbanken (Apache Hadoop via SAP Data Services, SAP Event Stream Processor (ESP) etc.).

Replizierte Daten

Aus Gründen der Nachvollziehbarkeit gehen wir in diesem Fallbeispiel davon aus, dass alle zur Konstruktion von Datenmodellen verwendeten Quelldaten vollständig repliziert werden, unabhängig davon, woher diese Daten stammen und ob sie sich schon in SAP HANA befinden oder nicht. Daher haben wir in dieser Schicht persistente Tabellen vorgesehen. Die Struktur dieser Tabellen ergibt sich aus den Metadaten zu den Quelldaten, wobei nicht unbedingt alle Felder (Dimensionen, Attribute, Fakten) in den Datenquellen repliziert werden müssen. Das Anlegen konkreter Objekte aus diesen Metadaten kann via RDL erfolgen.

Persistente Tabellen

Stichproben (roh)

Aus den replizierten Daten werden Stichproben gezogen (siehe auch Kapitel 7, »Kundenverhalten steuern«). Eine dieser Stichproben dient uns zur Konstruktion von Entscheidungsbäumen, die zweite zum Testen und Bewerten dieser Entscheidungsbäume (wir haben also hier die Variante »Test mit Stichprobe« statt »Test mit restlichen Daten der Grundgesamtheit« gewählt). Für die Stichproben brauchen wir nicht unbedingt persistente Daten, es reichen uns Analysesichten. Eine Analysesicht ist das HANA-Äquivalent zu einem OLAP-Würfel; die Struktur einer Analysesicht entspricht dem in Abbildung 6.8 gezeigten Sternschema. Abbildung 6.12 zeigt eine exemplarische Analysesicht, die sich an das Sternschema anlehnt.

Analysesichten zum Blick auf Stichproben

Im Mittelpunkt steht eine Ist-Einzelposten-Tabelle (CE1IDEA) aus CO-PA (als Faktentabelle), darüber sind zwei denkbare Dimensionen (Artikel/PRODUCTS und Kunden/CUSTOMERS) angeordnet, die über ihre jeweiligen Schlüssel (PRODUCT_ID, CUSTOMER_ID) mit der Faktentabelle verknüpft sind. Die Beziehungen zwischen diesen drei Tabellen

Beispiel für Analysesicht

359

(Entitäten) werden im LOGICAL JOIN (Fensterbereich SCENARIO) definiert. Bei der Definition der Datenbasis (DATA FOUNDATION) könnte die erforderliche Selektion auf den Stichprobenumfang (z. B. anhand des Feldes BELNR, Belegnummer) vorgenommen worden sein. Ein praktischer Hinweis in diesem Zusammenhang: Damit SAP HANA die Tabelle CE1IDEA als Faktentabelle erkennt, muss diese auch noch im Bereich PROPERTIES • GENERAL rechts als CENTRAL ENTITY gekennzeichnet werden.

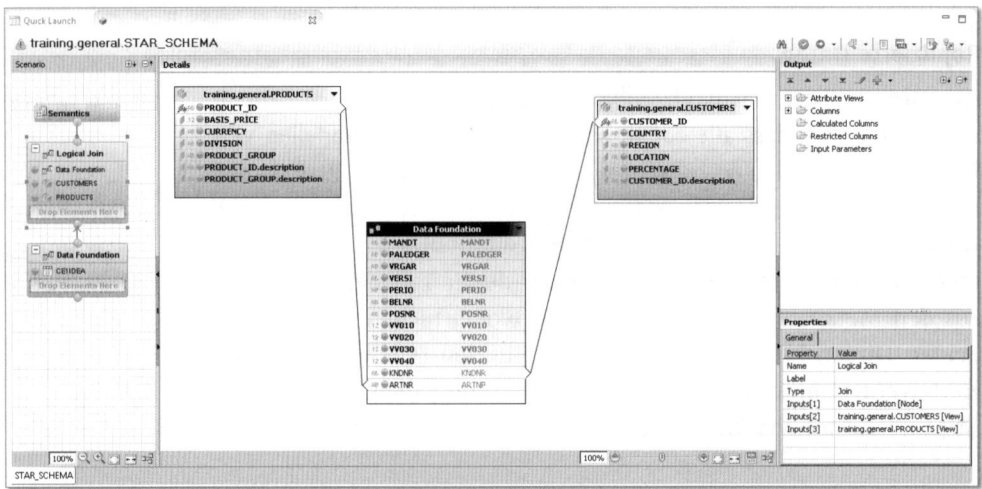

Abbildung 6.12 Analysesicht mit Faktentabelle und Dimensionen

Stichproben (angereichert)

Die Stichprobendaten der vorhergehenden Schicht werden nun mit den Informationen (Attributen/Fakten) angereichert, die nicht aus den Quelldaten stammen. Hierzu müssen neue, erweiterte Datenstrukturen in SAP HANA angelegt und befüllt werden. Für die Ermittlung bislang nicht vorhandener Attribute bzw. Fakten kommen Aktionen in RDL zum Einsatz.

Testzugang für RDL-Entwicklungsumgebung

Wenn Sie mit RDL experimentieren möchten, können Sie unter *http://sap-river.com/* kostenlos einen siebentägigen Testzugang zu einer entsprechenden Umgebung erhalten. Allerdings müssen Sie hierzu vorher den Browser *Chrome* auf Ihrem System installieren (*https://www.google.ch/intl/de/chrome/*). Außerdem haben wir zum Zeitpunkt, als dieses Buch geschrieben wurde, leider häufig die Erfahrung machen müssen, dass dieser Testzugang nicht verfügbar war.

Entscheidungsbäume erstellen

Die angereicherten Stichprobendaten werden verwendet, um mithilfe der in Abschnitt 6.4.3 unter der Überschrift »Entscheidungsbäume induktiv konstruieren« erläuterten Verfahren Entscheidungsbäume zu generieren. Wenn für die Erzeugung der Entscheidungsbäume SAP PAL zum Einsatz kommt, entstehen hierbei Modelle, die wahlweise in den Datenformaten *JSON* (JavaScript Object Notation) oder *PMML* (Predictive Model Markup Language) abgelegt werden können. JSON wird verwendet, wenn die Modelle anschließend genutzt werden sollen, um in SAP HANA bzw. SAP PAL Prognosen auf Basis der Entscheidungsbäume zu erstellen, PMML kommt für die Weitergabe der Modelle an andere Statistiklösungen in Betracht. Die JSON-Variante brauchen wir also auf jeden Fall, PMML kann aber zusätzlich generiert werden. R kann sowohl JSON (über das Paket `rjson`) als auch PMML (über das Paket `pmml`) ausgeben und verarbeiten; zusätzlich besteht in R auch die Möglichkeit, die Parameter eines Modells als Tabelle auszugeben.

Modelle in JSON und PMML

Entscheidungsbäume testen (Gütekriterien)

Um mehrere alternative Entscheidungsbäume für die gleiche Fragestellung auf ihre Prognosequalität hin zu testen, werden die in JSON vorliegenden Modelle mit den Testdaten aus unserer zweiten Stichprobe gefüttert. Hierbei entstehen zunächst Sichten mit prognostizierten Werten für den betrachteten Werttreiber oder die betrachtete werttreiberrelevante Kennzahl. Diese Prognosen werden den (ebenfalls in den Testdaten enthaltenen) Ist-Werten gegenübergestellt, und es werden Gütekriterien für die Prognosequalität ermittelt.

Prognosequalität überprüfen

Entscheidungsbäume auswählen

Die Entscheidungsbäume mit der besten Prognosequalität finden Verwendung, schlechtere Alternativen für dieselben Werttreiber bzw. Kennzahlen werden verworfen. An dieser Stelle wird erneut die Flexibilität unseres Ansatzes deutlich: Unter Umständen erkennt man Artikelgruppen mit einem hohen Potenzial für eine gute langfristige Handelsspanne morgen an anderen Attributen bzw. Fakten als noch vor einer Woche. In einer klassischen Umgebung würde man das kaum bemerken, und wenn doch, würde dies längere Umstellungsarbeiten am Datenmodell nach sich ziehen. In unserem

Entscheidungsbaum flexibel austauschen

Modell hingegen lässt man einfach den ganzen Modellierungsalgorithmus von Zeit zu Zeit neu durchlaufen.

Entscheidungsbäume konsolidieren

Redundante Datenflüsse ausfiltern

Jeder der jetzt noch verbliebenen Entscheidungsbäume bezieht sich auf einen spezifischen Werttreiber bzw. eine spezifische Kennzahl. Aber einige dieser Entscheidungsbäume sind sich vielleicht sehr ähnlich und lassen sich im Sinn eines übersichtlichen Datenmodells konsolidieren. Es wäre etwas viel verlangt, diesen Prozess komplett automatisieren zu wollen. Die Identifikation möglicherweise sehr ähnlicher Entscheidungsbäume (Datenflüsse) ist aber keine Utopie. Man kann hierzu Clustering-Algorithmen aus SAP PAL oder R einsetzen und dann Kandidaten für eine Konsolidierung im nächsten Schritt genauer überprüfen. Oder man verzichtet auf diesen Schritt und akzeptiert (im Wissen, dass die Datenflüsse sich sowieso bald wieder ändern werden) einfach ein gewisses Maß an Redundanz.

Die Hürde für den Einsatz von Clustering-Algorithmen besteht darin, dass diese keine Datenmodelle in JSON oder PMML verarbeiten können. Man muss die entsprechenden Modelle also zunächst einmal in eine für Clustering-Algorithmen verdauliche Form umwandeln und hierbei Annahmen (Achtung, Deduktion!) darüber formulieren, wann zwei Entscheidungsbäume als ähnlich gelten und wann nicht. Das ist ziemlich vertrackt.

Entscheidungsbäume visualisieren

Automatisierte Entscheidungen prüfen

Die Wenigsten von uns sind bereit, einem sich selbst weiterentwickelnden System blind zu vertrauen. Wahrscheinlich legen Sie Wert darauf, die erstellten Entscheidungsbäume bzw. Datenflüsse (die danach wieder via RDL implementiert werden könnten) vorab einmal durchzusehen und zu prüfen. Vielleicht wollen Sie auch wissen, warum (das heißt auf Basis welcher Gütekriterien) sich der Algorithmus für eine von mehreren Alternativen entschieden hat. Hierzu benötigen Sie geeignete Clients. Bei diesen Clients handelt es sich um Lösungen für die Datenmodellierung, die darauf eingerichtet sind, Datenflüsse darzustellen (und die auch einen Input in PMML oder XML verarbeiten können), und um Dashboards, die Ihnen als Leitstand für das System dienen können. Daher haben wir rechts oben in unserer Architektur in Abbildung 6.11 noch eine Client-Schicht mit einer Schnittstelle für menschliche Benutzer hinzugefügt.

Außerdem müssen die resultierenden Datenflüsse ja auch noch implementiert werden. Diese Funktionalität haben wir ebenfalls auf der Client-Schicht angesiedelt. Die Empfänger wären aber hier nicht Menschen, sondern wiederum Lösungen in Metasprachen wie RDL.

Datenflüsse implementieren

Kommt Ihnen unser Ansatz irgendwie vertraut vor? Vielleicht haben Sie etwas Ähnliches schon einmal gesehen, eventuell im Informatikunterricht vor 30 Jahren? Richtig erkannt. Das, was wir hier beschreiben, entspricht zumindest in einigen Punkten der *Methode der rohen Gewalt*, die schon in den Anfangstagen elektronischer Rechner z.B. beim Computerschach zum Einsatz kam (und die wahrscheinlich noch heute Geheimdiensten beim Einbruch in unsere Privatsphäre gute Dienste leistet).

Methode der rohen Gewalt

Methode der rohen Gewalt   [«]

Die Methode der rohen Gewalt (*Brute-Force-Methode*) wird – etwas freundlicher – manchmal auch als *Exhaustionsmethode* oder *erschöpfende Suche* bezeichnet. Gemeint ist ein Ansatz, bei dem man für eine bestimmte Fragestellung (z.B. den nächsten Zug in einem Schachspiel) alle denkbaren Handlungsoptionen durchrechnet und bewertet und sich dann auf Basis der erwarteten Ergebnisse für eine Alternative entscheidet.

Die Methode der rohen Gewalt mag auf den ersten Blick primitiv anmuten, hat aber in der Kryptologie, in der Spieltheorie, bei Schachcomputern und generell bei Computerspielen sowie bei komplexen Optimierungsproblemen auch heute noch praktische Bedeutung. Ein wichtiges Einsatzgebiet in Sachen Optimierung ist die Planung von Fahrtstrecken für Lieferdienste oder Servicemitarbeiter – das sogenannte *Problem des Handlungsreisenden*. Der große Vorteil einer erschöpfenden Suche gegenüber sogenannten *heuristischen* Methoden (bei denen man aufgrund begrenzter Speicher- oder Rechenkapazität mit Schätzverfahren, Mutmaßungen und Näherungen arbeitet) lautet: Wenn man wirklich *alle* und nicht nur einige Optionen durchrechnet, findet man auch wirklich die bestmögliche Lösung. Es kann dann nicht sein, dass man bei der zweit- oder drittbesten Lösung hängen bleibt.

Unser Denkansatz ist also nicht revolutionär. Neu ist, dass wir die Brute-Force-Methode jetzt auf eine Aufgabenstellung anwenden, die früher gar nicht maschinell lösbar war. Das Hauptproblem für die Exhaustionsmethode liegt in ihren Anforderungen an die Leistungsfähigkeit der verwendeten Systeme und den sich so ergebenden Be-

Big Data ermöglicht maschinelle Umsetzung

schränkungen der *Rechentiefe* (z.B. der Anzahl möglicher Züge, die beim Schach vorausberechnet werden konnten). Big Data hebt diese Einschränkung nicht auf, verschiebt aber die Grenzen der Leistungsfähigkeit doch ganz erheblich. Das führt uns zu einer generellen Einsicht zu SAP HANA: Durch die enorme Leistungsfähigkeit der Anwendung kann die Exhaustionsmethode jetzt auch auf Probleme angewendet werden, für die es früher nur heuristische oder gar keine Lösungen gab. Ebenso wie Logarithmentafeln und Rechenschieber mit dem Siegeszug des Taschenrechners reif fürs Mathematikmuseum waren, werden auch viele heuristische Algorithmen durch Big Data in der Versenkung verschwinden.

»Heute kennt man von allem den Preis, von nichts
den Wert.«

Oscar Wilde, »Lady Windermeres Fächer«, 1892

7 Kundenverhalten steuern

Norbert rutschte unruhig auf dem Sitz herum. Seit dem frühen Morgen
war seine Gruppe mit dem Kleinbus auf schottrigen Pisten in der Wüste
Namibias unterwegs. Um rechtzeitig zum Sonnenaufgang in den Dünen
zu sein, war man um 3 Uhr aufgestanden. Vor allem deshalb hatte der
starke Kaffee in der Lodge reichlich Zuspruch gefunden, selbst Norbert
(der sonst nur Tee trank) hatte sein Müsli mit drei großen Tassen herun-
tergespült. Das Koffein hatte ihn wach gemacht, aber leider hatten die
braunen Bohnen neben dem Stimulans auch reichlich Säure und verdau-
ungsfördernde Hormone im Gepäck. Schon bei den Dünen war sein
Magen ihm nicht mehr ganz grün gewesen. Und jetzt, nach noch ein paar
Stunden Fahrt über holprige Straßen, geriet er wirklich unter Druck. Bil-
der von Autobahnraststätten mit nagelneuen Sanitäranlagen vagabun-
dierten durch seinen Kopf. Hoch konzentriert hielt er Ausschau nach ein
paar Bäumen oder nach einen Strauch. Ihm war bewusst, dass das mit-
ten in der Wüste schwierig werden könnte; notfalls hätten ihm auch eine
Felsgruppe oder eine Mulde im Gelände gereicht. Wenig erhebend dage-
gen war der Gedanke, dass abseits der Piste auch Tigerschlangen
Spritztouren unternahmen und alle Mitreisenden mit den Augen zum
Ort der Tröstung folgen würden.

Eine plötzliche Verringerung der Geschwindigkeit unterbrach sein Sinnie-
ren über Kriechtiere und voyeuristische Reisepartner. Rechts neben der
Straße war eine zeltähnliche Konstruktion aufgetaucht, und George, ihr
einheimischer Fahrer, schickte sich an, davor zu halten. Wie sich heraus-
stellte, handelte es sich tatsächlich um die einzige Toilette in mehr als 100
Kilometern Umkreis. George hatte offensichtlich die Not in Norberts
Augen gesehen und deshalb unaufgefordert hier gehalten.

Abbildung 7.1 Toilettenhäuschen im Sossusvlei,
Namib-Naukluft-Nationalpark, Namibia

Ein paar Minuten später war Norbert zurückgekehrt – deutlich erleichtert, aber trotzdem nicht in guter Stimmung. Beim Betreten des Zeltes hatte sich herausgestellt, dass die Gebühr für die Benutzung von der Parkverwaltung auf 5 € festgelegt worden war – immerhin das Zehnfache eines durchschnittlichen namibischen Stundenlohns. Norbert war grimmig in den Bus eingestiegen und hatte Schimpftiraden über die Plünderung weißer Touristen von sich gegeben. George – hauptberuflich Student der Wirtschaftswissenschaften in Windhuk – hatte nur fröhlich erwidert, dass in einer Marktwirtschaft nun einmal der Wert einer Dienstleistung deren Preis bestimme.

Nach einer kurzen Abkühlphase im klimatisierten Bus und einigem Nachdenken – er hatte ja nun den Kopf wieder frei – hatte Norbert tatsächlich eingesehen, dass der Wert einer Ware oder Dienstleistung nicht nur vom Artikel selbst abhing. Maßgeblich waren vor allem die Bedürfnisse des Kunden. Schließlich trank er selbst beim Warten am Flughafen oft ein Bier, obwohl ihm bewusst war, dass er die gleiche Menge Gerstensaft nach der Ankunft beim Discounter für ein Zehntel des Preises erwerben konnte. »Bedürfnisse« war eigentlich ein einfaches Wort für einen ziemlich komplizierten Sachverhalt. Seine Zahlungsbereitschaft bei Getränken wurde dadurch bestimmt, wo er sich befand, welche Alternative es gab, was und wie viel er vorher schon gegessen und getrunken hatte und wie seine Stimmung war. Je besser ein Unternehmen die bedürfnisbestimmenden Faktoren seiner Kunden verstand, umso profitabler konnte es wirtschaften. Außerdem musste er sich eingestehen, dass er für den Besuch des stillen Örtchens mit dem bezeichnenden Namen »Bedürfnisanstalt« auch 50 € hergegeben hätte.

Kaufentscheidungen sind in erster Linie *Entscheidungen*. Wenn wir entscheiden müssen, geht unser Geist oft recht sonderbare Wege. Daniel Kahnemann zeigt in seinem Buch *Schnelles Denken, Langsames Denken*, wie gewunden und krumm diese Wege sein können und wie wenig unser Entscheidungsverhalten mit dem von den Wirtschaftswissenschaften postulierten, rational handelnden *homo oeconomicus* zu tun hat. In diesem Kapitel erläutern wir zunächst, inwiefern wir von dem Wunsch getrieben sind, das Handeln anderer in unserem Sinn zu beeinflussen. Anschließend stellen wir das Unternehmen Leech (zu Deutsch: Blutegel) Oil vor, einen Handelskonzern, der sehr viel in die Marktforschung investiert und daher in dieser Hinsicht schon recht weit gekommen ist. Trotzdem ist man immer wieder mit der Situation konfrontiert, dass Verhaltensweisen auftreten, die die bestehenden Modelle nicht erfassen konnten. Gerade in diesen Konstellationen aber stecken bislang ungenutzte Absatz- und Ertragspotenziale.

Kaufentscheidungen verstehen

Im Lösungsteil dieses Kapitels lokalisieren wir die betroffenen Prozesse im SAP Solution Explorer, formulieren unsere fachlichen Anforderungen, diskutieren (unabhängig von den eingesetzten Produkten) geeignete Verfahren und gehen auf die Nutzenpotenziale und Werttreiber unserer Lösung ein. Schließlich identifizieren wir denkbare Implementierungsszenarien und befassen uns mit der Frage, ob und wo die ausfindig gemachten Verfahren in SAP HANA zur Verfügung stehen. Abschließend sprechen wir über einige wesentliche Aspekte der Datenarchitektur, wobei es uns primär um die Auslagerung von Entscheidungstabellen aus den Unternehmensanwendungen nach SAP HANA geht.

7.1 Kundenverhalten verstehen, prognostizieren und steuern

Der Drang, das Verhalten anderer Individuen im Nachhinein zu verstehen, dann mithilfe von Verhaltensmodellen vorherzusagen und letztendlich zu steuern, ist wohl ebenso alt wie die Menschheit selbst. In Pompeji, das im Jahr 79 n. Chr. durch einen Ausbruch des Vesuvs mit einer 25 Meter dicken Ascheschicht bedeckt und dadurch über Jahrtausende konserviert wurde, hat man bei Ausgrabungen politische Werbegraffiti und kommerzielle Werbetafeln gefunden. Im Lauf der Jahrhunderte haben sich Wissenschaftler unterschiedlichster Disziplinen (Wirtschaftswissenschaften, Soziologie, Psychologie etc.) damit auseinandergesetzt, warum Menschen so handeln,

Ziel: Beeinflussung fremden Handelns

wie sie handeln. Der eine oder andere Gelehrte strebte hierbei vielleicht nur nach Erkenntnis um der Erkenntnis willen, aber natürlich wollte man menschliches Verhalten auch verstehen und durch Modelle beschreiben, um es zu prognostizieren und im eigenen Interesse zu beeinflussen.

7.1.1 Beispiel: Nachfragefunktion

Preis und Nachfrage

Ein klassisches Beispiel für ein solches Modell ist die sogenannte *Nachfragefunktion*.

[»] **Nachfragefunktion**

Eine Nachfragefunktion drückt in mathematischer Form aus, welche Menge eines Gutes in Abhängigkeit von bestimmten Parametern nachgefragt wird. In ihrer einfachsten Form beschreibt die Nachfragefunktion einen (linearen) Zusammenhang zwischen dem Preis eines Artikels und der davon insgesamt in dem jeweiligen Markt nachgefragten Menge. Sie hat dann die Form $n = a \times p + b$. n steht hierbei für die nachgefragte Menge, p für den Preis, und a und b repräsentieren markt- oder artikelspezifische Größen (siehe Abbildung 7.2).

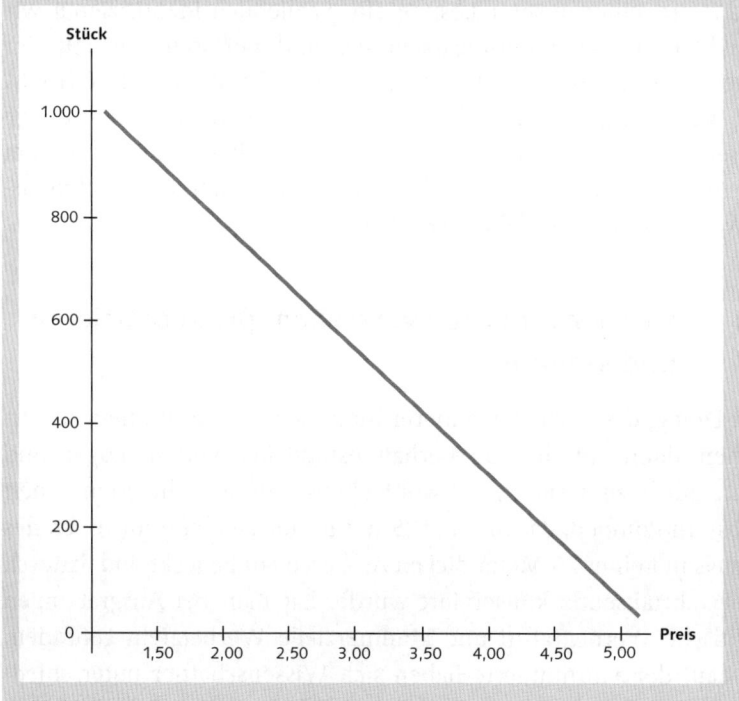

Abbildung 7.2 Lineare Nachfragefunktion

Heute kommen weitere psychologisch-soziologische und neue ökonomische Beobachtungen hinzu:

▸ Die Begeisterung der Konsumenten für Smartphones und Tablets der Firma Apple resultiert wohl nicht daraus, dass diese Produkte außerordentlich günstig sind.

▸ Wir tanken häufig zu teuer, weil wir einfach nicht wissen, dass eine Tankstelle zwei Blöcke entfernt von der Autobahn den gleichen Kraftstoff deutlich billiger anbietet (Stichworte in diesem Zusammenhang lauten unvollständige Information und *Marktversagen*).

▸ Eine Tankstelle mitten im australischen Outback kann ihren Treibstoff innerhalb gewisser Spielräume ohne große Auswirkungen auf die Nachfrage praktisch beliebig teuer anbieten. Wir haben vielleicht gar nicht mehr genug Sprit im Tank, um zur nächstgelegenen Alternativtankstelle zu fahren, und selbst wenn wir das könnten, wäre es aufgrund des Zeitaufwands und der damit verbundenen Benzinkosten unsinnig (*Transaktionskosten*).

7.1.2 Bessere Modelle mit mehr Parametern

Nun liegt es natürlich auf der Hand, dass ein Modell umso realistischer wird, je mehr Parameter darin einfließen, vorausgesetzt: **Mehr Daten, bessere Modelle?**

▸ dass diese Parameter irgendeine Aussagekraft besitzen

▸ dass Sie über die Rechenkapazität verfügen, das Mehr an Daten auch auszuwerten

▸ dass Sie die Wirkung dieser Parameter auf die zu prognostizierenden Größen richtig eingeschätzt haben

Wie Letzteres zu bewerkstelligen ist, haben wir in Abschnitt 4.4, »Lösung: Echtzeitüberwachung von Prognosen und Planungsmodellen«, ausführlich erörtert.

Stellen Sie sich vor, Sie wären Mitarbeiter eines Reiseveranstalters und müssten anhand eines bekannten Übernachtungspreises prognostizieren, wie viele Ihrer Kunden diese Ferienanlage zu diesem Preis buchen werden. Eine kurze Recherche auf Reiseportalen wie TripAdvisor oder HolidayCheck führt Sie vielleicht zu Videos von Gästen, auf denen Sie lieblose Frühstücksbuffets und fleckige Liegestühle sehen. Der Blick aufs Satellitenbild bei Google Earth enthüllt, **Urlaubshotel in Katalog und Wirklichkeit** dass eine sechsspurige Autobahn das »unmittelbar am Strand« gelegene Hotel vom Wasser trennt und man diese Straße nur fünf Kilometer weiter westlich durch eine Unterführung überqueren kann. Bei einem Besuch vor Ort hätten Sie vielleicht noch festgestellt, dass die Unterführung obdachlosen Wanderarbeitern als Schlafplatz dient, die Küste mit Plastikmüll übersät und der Sand im Sommer die Heimat riesiger Mückenschwärme ist. Trotz alledem mag es unter Ihren Kunden einige geben, die – vielleicht weil im Übernachtungspreis zwei Eimer Sangria pro Tag eingeschlossen sind – das Hotel gerne buchen würden. Aber deren Nachfragefunktion und Preisempfindlichkeit dürfte anders beschaffen sein als ursprünglich gedacht.

Modelle erklären oft nur die Vergangenheit

Je mehr diese Parameter Eingang in Ihr Modell finden, umso besser können Sie das (historische) Verhalten Ihrer Kunden verstehen und erklären, deren (zukünftige) Entscheidungen prognostizieren oder durch geschickte Preissetzung oder Werbung steuern. Folglich liegt es auf der Hand, dass Sie mit Big-Data-Lösungen ganz neue Chancen bei der Modellierung von Kundenverhalten hätten. Sie haben jetzt die Option, gigantische Mengen von Daten rasant schnell zu verarbeiten. Auswertungen, die früher einige Tage Rechenzeit in Anspruch genommen hätten, sind jetzt wesentlich schneller und daher auch mehrfach machbar. Somit können Sie auch einen experimentell-induktiven Ansatz bei der Datenanalyse verfolgen und vieles einfach einmal ausprobieren. Das mag toll sein, ist aber aus unserer Sicht nur der erste Schritt.

7.1.3 Dynamische oder (inter-)temporale Kundensegmentierung

Zu späte Einsichten

In der Vergangenheit fristete nämlich ein Faktor bei der Entwicklung von Kundenverhaltensmodellen ein eher kümmerliches Schattendasein: die Aktualität. Bei der Analyse von Datensätzen, z.B. aus *POS-Systemen* (Point of Sale), geht es ebenso wie bei Abrechnungslösungen im Bereich der Energieversorgung oder Telekommunikation oft um relativ große Datenmengen (mehrere Millionen oder sogar Milliarden Datensätze pro Tag). Selbst sehr leistungsfähige und gut skalierende Data Warehouses wie SAP BW konnten in der Vergangenheit solche Datenmengen nur im Batch bewältigen.

POS-System

[**«**]

Der Begriff *Point of Sale* bedeutet »Verkaufspunkt« oder »Verkaufsort«. Mit POS-Systemen meinen wir daher alle (IT-)Lösungen, die am Ort des Verkaufs (sei es nun ein Ladengeschäft, ein Verkaufsautomat oder eine Website) direkt oder indirekt (das heißt über einen Verkäufer) mit dem Kunden interagieren und Daten über den Kunden sammeln. Klassisch versteht man unter POS-Systemen elektronische (Scanner-)Kassen oder Zahlungssysteme in Ladengeschäften. Wir haben also den Begriff mit Blick auf das Zeitalter des Handels im Internet ein wenig erweitert.

Im günstigsten Fall standen Einsichten zum Kundenverhalten also am nächsten Morgen zur Verfügung. Der Aufbau komplett neuer Modelle ist unter diesen Bedingungen keine Aufgabe für einige Stunden, sondern ein Projekt, das Wochen oder Monate in Anspruch nimmt. Man hat so (vielleicht) das Verhalten der Kunden im Januar gegen Mitte des Jahres verstanden, die extrahierten Verhaltensmuster selbst aber haben sich schon längst verändert und besitzen nur noch einen Wert für Datenarchäologen. An eine Prognose zukünftigen Verhaltens oder an die Steuerung des Kundenverhaltens ist nicht mehr zu denken.

Verhaltensmuster verändern sich

Die Prozesse, die das Verhalten von Kunden bestimmen, sind häufig nicht stationär (siehe auch Abschnitt 4.4.3, »Bausteine der Lösung«). Vielleicht haben wir es mit unterschiedlichen Kundengruppen zu tun oder derselbe Kunde verhält sich am Nachmittag ganz anders als morgens um 08:00 Uhr.

Fragwürdige Stabilitätsannahmen

Allerdings muss – aufgrund der Trägheit der Analysen – in puncto Zeit immer eine gewisse Stabilität unterstellt werden. Man nimmt also an, dass für die Unterschiede im Kundenverhalten zwischen dem nächsten Montagvormittag und dem kommenden Dienstagnachmittag die gleichen Gesetzmäßigkeiten gelten wie in der/den zurückliegenden Woche/n. Aber leider sind die Verhaltensmuster von Kunden heute nicht mehr so stabil, wie manch ein Unternehmen sich dies wünschen würde. Sie ändern sich nicht nur von Woche zu Woche und von Tag zu Tag, sondern oft auch von Stunde zu Stunde oder selbst innerhalb weniger Minuten. Genau dieses Problem möchten wir in diesem Fallbeispiel genauer beleuchten. Ohne Einbeziehung entsprechender Überlegungen wird die Prognose und Steuerung von Kundenverhalten in einer schnelllebigen Zeit unmöglich.

Nicht erklärter »Rest«

7.2 Szenario: Preissetzung in Tankstellenshops

Die Firma Leech Oil Pty Ltd (LO) betreibt auf dem australischen Kontinent ein Netz von insgesamt etwa 1.200 Tankstellen. Bedingt durch die Größe des Landes und die Entfernungen zwischen den Städten, befinden sich neben den meisten Tankstellen auch ein kleiner Supermarkt (Leech Essentials, LE) und ein sogenannter »Bottle Shop« (Leech Lifeblood, LL), der auch alkoholische Getränke anbietet. Die Ketten LE und LL werden von einer LO-Tochtergesellschaft betrieben; die Frage, wie eng alle drei Läden an einem bestimmten Standort integriert sind, hängt von den Gesetzen der einzelnen Staaten ab.

Digitale Preisauszeichnung Um Personal bei der Preisauszeichnung einzusparen, hat LO alle drei Handelsketten mit digitalen Preisschildern an den Regalen ausgestattet. Dieses Projekt wurde vor einigen Monaten abgeschlossen, die Anlaufschwierigkeiten sind mittlerweile überwunden, und das System funktioniert jetzt reibungslos.

Zufällige Erkenntnisse aus dem Projekt Im Rahmen des Produktivstarts des neuen Systems hat LO einige interessante Erkenntnisse gewonnen. Aufgrund eines Fehlers in der Datenbank waren einige Artikel mit durchgängig zu hohen Preisen ausgezeichnet worden. Bei der Beurteilung des hierdurch entstandenen Schadens durch Nachfrageeinbrüche (LO wollte Ansprüche gegen den verantwortlichen IT-Dienstleister geltend machen) war dem Controller bei LL, aufgefallen, dass die Kunden zu unterschiedlichen Tageszeiten anders auf die überhöhten Preise reagiert hatten. Die Konsumenten waren am Morgen offensichtlich wesentlich »nüchterner« und preisempfindlicher als am Abend. Außerdem gab es einige Zeitfenster, deren Daten völlig aus dem Rahmen fielen. An bestimmten Tagen wurden ab einer bestimmten Uhrzeit einige Getränke auch dann gekauft, wenn der ausgezeichnete Preis um mehr als 100 % überhöht war.

Mitarbeiterbefragung liefert Erklärungen Eine intensive Befragung der Mitarbeiter in den Geschäften führte zu interessanten Einblicken.

▸ An einem der untersuchten Tage hatte die australische Rugby-Nationalmannschaft (die »Wallabies«) den ungeliebten »All Blacks« aus Neuseeland eine gehörige Abreibung verpasst. Fans strömten am Abend in die LL-Läden, um ihre Biervorräte aufzustocken und den Sieg zu feiern. Dies war aber nur deshalb der Fall, weil der Sieg unerwartet kam und so einerseits nicht genug Bier im Haus und andererseits die Begeisterung umso größer war.

▶ An einem anderen Tag waren für den Abend angekündigte heftige Regenfälle ausgeblieben. Die Temperatur lag auch nach Einbruch der Dunkelheit noch über 35 Grad. Das führte dazu, dass spontan viele Grillpartys organisiert wurden, für die Wein und Bier beschafft werden musste. Auch die Verkäufe von Grill-Accessoires und Grillgut bei LE waren an diesen Abenden angestiegen. Eine genauere Analyse zeigte allerdings, dass hier ebenfalls mehrere Faktoren zusammenkamen: Die Temperatur war für die Jahreszeit ungewöhnlich, es wurde früher als im Hochsommer dunkel und der Tag fiel auf einen Freitag, sodass die meisten Kunden am nächsten Morgen nicht zur Arbeit mussten.

Das Verhalten der Kunden hatte also Gründe, war aber nicht konsistent oder längerfristig vorhersehbar. Manchmal kaufen Kunden Alkohol für Siegesfeiern bei sportlichen Großereignissen, manchmal aber auch, um sich den Frust einer Niederlage von der Seele zu trinken.

Kurzfristiges Verhalten kaum vorhersehbar

7.3   Statische Kundensegmentierung: Kosten, Risiken und Chancen

Da LO nicht selbst fördert oder raffiniert, sondern ebenso wie bei den Artikeln, die bei LE und LL gehandelt werden, lediglich als Handelsunternehmen auftritt, spielte Marktforschung in diesem Unternehmen immer schon eine zentrale Rolle. Man ist stolz auf die eingesetzte Hard- und Software und auf das hohe Qualifikationsniveau der dort tätigen Mitarbeiter, von denen einige promovierte Mathematiker und Psychologen sind. Dementsprechend ist man sich auch schon seit einiger Zeit der Tatsache bewusst, dass die Zusammensetzung oder das Verhalten der Kunden von LO, LE und LL davon abhängen, in welchem Zeitfenster sie die Läden aufsuchen. Man unterteilt die Woche in *7 × 24 = 168* und das Jahr in *365 × 24 = 8.760* Zeitscheiben und berücksichtigt die Einteilung z.B. bei der Kundensegmentierung oder der Entsaisonalisierung der Daten.

Faktor »Zeit« berücksichtigen

7.3.1   Problem: Zu dünne Datenbasis

Allerdings stößt man hierbei immer wieder auf ein Problem: LO selbst existiert erst seit ca. 30 Jahren, die Supermärkte und Bottle Shops sind erst im letzten Jahrzehnt gegründet worden. Für eine

Wenig Daten, lange Zeiträume

Zeitscheibe hat man also bestenfalls Daten aus 30 Jahren, was für die meisten statistischen Verfahren viel zu mager ist. Außerdem weisen die Mathematiker schon seit Langem darauf hin, dass es illusorisch sei, über derart lange Zeiträume Stationarität zu unterstellen.

Marktforscher
sind skeptisch

Entsprechend kritisch reagierte der Leiter der Marktforschung auch auf die Beobachtungen des Controllers. Seine Erkenntnisse seien sicher richtig und interessant, letztendlich handele es sich hierbei aber um Spezialfälle. An jedem der analysierten Tage sei es zu einer einzigartigen Konstellation von zufälligen Ereignissen gekommen, durch die sich die Preisempfindlichkeit der Kunden drastisch verändert habe. Selbst wenn es gelänge, solche Ereignisse (z.B. durch Wetterprognosen oder Zwischenergebnissen von Rugby-Spielen) zu erfassen, bleibe doch deren Wirkung auf das Kundenverhalten völlig unvorhersehbar. Unter dem Strich käme es also zu einer Potenzierung der Probleme, die man ohnehin schon aufgrund der zu dünnen Datenbasis habe.

7.3.2 Zahlenbeispiel

Ungenutzte
Umsatzpotenziale

Die Bedenken des Marktforschers sind nicht von der Hand zu weisen. Die Tatsache, dass man offensichtlich den Preis einiger Artikel zu bestimmten Zeitpunkten verdoppeln und damit (in puncto Nachfrage) ungeschoren davon kommen konnte, hat das Herz des Controllers aber ebenso aufgewühlt wie seine erste große Liebe in der Highschool. Obwohl es sich bei seinen Einsichten um Zufallsfunde handelte, kann der Controller deshalb der Versuchung nicht widerstehen, das Potenzial der Erkenntnisse etwas genauer zu betrachten:

▸ Die Vorratspackung Foster's Lager mit 24 Dosen wird bei Discountern mit einer sehr geringen Marge für etwa 60 AUD verkauft. LL verlangt hierfür 75 AUD bei einer Marge von 20 AUD.

▸ Wenn man den Verkaufspreis »straflos« auf 95 AUD erhöhen könnte, stiege die Marge auf 40 AUD. Solange es durch diese Preiserhöhung nicht zu einem Nachfrageeinbruch von mehr als 50 % kommen würde, wirkte sich also die Anhebung positiv auf den Deckungsbeitrag aus.

▸ Am Tag des Rugby-Spiels war der Absatz dieses Artikels in einer LL-Filiale, die die Preiserhöhung verschlafen hatte, von 50 auf 110 Packungen (das heißt um 120 %) angestiegen. Das führte zu einem Anstieg der Deckungsbeiträge von 1.000 auf 2.200 AUD (also ebenfalls um 120 %). In einer anderen Filiale war der Preis versehentlich verdoppelt worden, der Absatz war dort von 30 auf 60 Dosen (das heißt um 100 %) hochgeschnellt, die Deckungsbeiträge hatten sich dort von normalerweise 600 AUD auf 5.700 AUD (also um 850 %) erhöht.

▸ Hinzu kommt, dass sich – wenn man den gleichen oder sogar einen höheren Deckungsbeitrag mit einer geringeren Absatzmenge erwirtschaften kann – auch noch Einsparungen bei den benötigten Flächen und Logistikkosten realisieren ließen.

Ganz ähnliche Margenpotenziale dürften auch in den Tankstellen (LO) und den Supermärkten (LE) schlummern. Auch bei Kraftstoff beispielsweise wird die Bereitschaft der Kunden, höhere Preise zu akzeptieren, sicher vom Betankungszeitpunkt abhängen.

Chancen in anderen Sortimentsgruppen

Trotz aller Begeisterung nagen allerdings drei Vorbehalte weiterhin an Buds Leidenschaft:

Bedenken der Marktforscher

▸ Der Marktforscher hat sicher nicht ganz Unrecht. Aus seinem Studium erinnert der Controller sich noch daran, dass ein Zusammenhang zwischen dem Umfang einer Stichprobe und der Zuverlässigkeit der daraus abgeleiteten Annahmen besteht.

▸ Die Umstände, die er beobachtet hatte, waren in der Tat jeder für sich einzigartig. Er konnte sich nicht vorstellen, wie man die entsprechenden Zusammenhänge im Voraus zuverlässig hätte erahnen können.

▸ Spontane Preiserhöhungen um 100 % können auch in die Hose gehen. Kleinere Anhebungen bleiben vielleicht von Kunden unbemerkt, aber zu augenfällige Wucherpreise fallen sicher irgendwann auf und würden Kunden vielleicht sogar dauerhaft verprellen.

7.3.3 Schlussfolgerungen: Kausalbeziehungen sind irrelevant

Um Buds Dilemma aufzulösen, müssen wir an dieser Stelle auf eine Erkenntnis aus Abschnitt 1.4.2, »Werttreiber«, zurückgreifen: Die Frage nach dem »Warum« ist für Big-Data-Lösungen meistens irrelevant. Es geht nicht (primär) darum, Abhängigkeiten zu verstehen, sondern nur darum, diese zu entdecken, zu nutzen und rechtzeitig zu bemerken, wenn sie nicht mehr bestehen.

»Warum« spielt keine Rolle

Das heißt nicht, dass man sich nicht auch bemühen sollte, zu neuen Einsichten über Abhängigkeiten zu gelangen. Wenn man im vorliegenden Beispiel belegen kann, dass das Wetter einen Einfluss auf den Bierabsatz hat, kann man diese Tatsache bei der Planung von Absatzmengen durchaus berücksichtigen. Wenn aber prognostizierte Regenfälle ausbleiben (das heißt, wenn eine Abhängigkeit zwischen dem tatsächlichen – nicht dem vorhergesagten – Wetter und dem Bierabsatz besteht), kann man hierauf keine Mengenplanung stützen, die Tage, Wochen oder Monate im Voraus erfolgen muss.

[+] | **Frage nach Abhängigkeiten wird von der erforderlichen Reaktionsgeschwindigkeit bestimmt**

Beim Preis kann man (ebenso wie mit der Schaltung von Werbung im Internet) innerhalb von Sekundenbruchteilen Anpassungen vornehmen. Wie viel Augenmerk man daher in einer Big-Data-Lösung auf die Identifikation von Abhängigkeiten oder gar von Kausalzusammenhängen legt, wird davon bestimmt, wie schnell man reagieren muss.

In unserem Beispiel kommt erschwerend hinzu, dass es sich bei vielen Abhängigkeiten um einmalige Phänomene zu handeln scheint. Das Verständnis eines Zusammenhangs hätte wenig Aussagekraft in Bezug auf zukünftige Entscheidungen, es lohnt sich daher vielleicht gar nicht zu wissen, was die Verhaltensänderung bei den Kunden verursacht hat.

7.4   Lösung: Dynamisch-empirische Algorithmen

Handlungs-
optionen in
Echtzeitprozessen

Für LO ist es wichtig, in Echtzeit auf faktisch unvorhersehbare, kurzfristig auch nicht interpretierbare Änderungen im Kundenverhalten zu reagieren. Einer der wenigen Parameter, die LO hierbei anpassen kann, ist der Preis der angebotenen Produkte. Unternehmen, die ihre Waren und Dienstleistungen im Internet verkaufen, haben hier deutlich mehr Regler zur Verfügung. Ein *Content-Management-System* kann von einer Sekunde auf die andere die Inhalte einer Website anpassen oder Kunden Nachrichten auf ihre Smartphones schicken. Der Versand von Kurznachrichten an Kunden, die eine Kundenkarte von LO besitzen und deren Mobilfunknummer das Unternehmen daher kennt, wäre allerdings auch für LO eine Option. Auch könnte LO Kunden an der Kasse z.B. anhand ihrer Kunden- oder Kreditkarte identifizieren und ihnen spezielle Promotionen oder Nachlässe anbieten.

Leider muss sich Leech aber noch mit einer weiteren Ungewissheit auseinandersetzen: Es ist unklar, wie Kunden auf Preiserhöhungen reagieren werden oder ab welcher Schwelle hierdurch in einem bestimmten Zeitfenster Zurückhaltung beim Kauf ausgelöst wird. Die Antwort auf diese Frage kann nur empirisch-experimentell ermittelt werden, im Prinzip so, wie dies – unbeabsichtigt – mit der Einführung der neuen digitalen Preisschilder geschehen ist. Dank Big Data ist es nämlich kein Problem, Experimente in Echtzeit durchzuführen und auszuwerten.

7.4.1 Zugehörige Value Maps im SAP Solution Explorer

Weil das Thema Big Data gerade im Verkauf viele spannende Möglichkeiten bietet, gibt es eine Reihe diesbezüglicher Lösungen im SAP Solution Explorer. Diese Lösungen finden sich sowohl in den Value Maps für den Handel (z. B. PROMOTIONS mit der Rapid Deployment Solution (RDS) *Shopper Insight* oder CUSTOMER INTERACTION AND PERSONALIZATION mit dem *SAP Real-Time Offer Management*, RTOM) als auch in den branchenunabhängigen Übersichten für den Verkauf (z. B. SALES PERFORMANCE MANAGEMENT mit der RDS *SAP HANA CRM Analytics*).

Viele SAP-Lösungen betroffen

Da es uns hier primär um den Preis geht und wir nur relativ einfache Auswertungen aus operationalen Daten benötigen, verwenden wir exemplarisch die Wertmatrix für den Handel (siehe Abbildung 7.3) und dort die End-to-End-Lösung Lebenszyklus-Preisfindung (LIFECYCLE PRICING, siehe Abbildung 7.4).

Speziell für unsere Zwecke dürften die folgenden Lösungen relevant sein (siehe Abbildung 7.4):

- **Preisplanung und -optimierung
  (Price Planning and Optimization)**
  Diese Lösung dient der automatischen Preisermittlung auf der Ebene der *Artikelposition* (Stockkeeping Unit, SKU) und des Geschäfts.

- **Preisverwaltung (Price Management)**
  Die Preisverwaltung dient ebenfalls der Preissetzung und hier insbesondere der Reaktion auf ein verändertes Kundenverhalten.

- **Verwaltung von Preisnachlässen (Markdown Management)**
  Diese Lösung ergänzt die Preisplanung und -optimierung und die

Preisverwaltung um die Option, Preisnachlässe z. B. zeitlich optimal auszugestalten und so (z. B. im Rahmen von Schlussverkäufen) eine Absatzerhöhung bei minimalen Verlusten in puncto Marge zu erreichen.

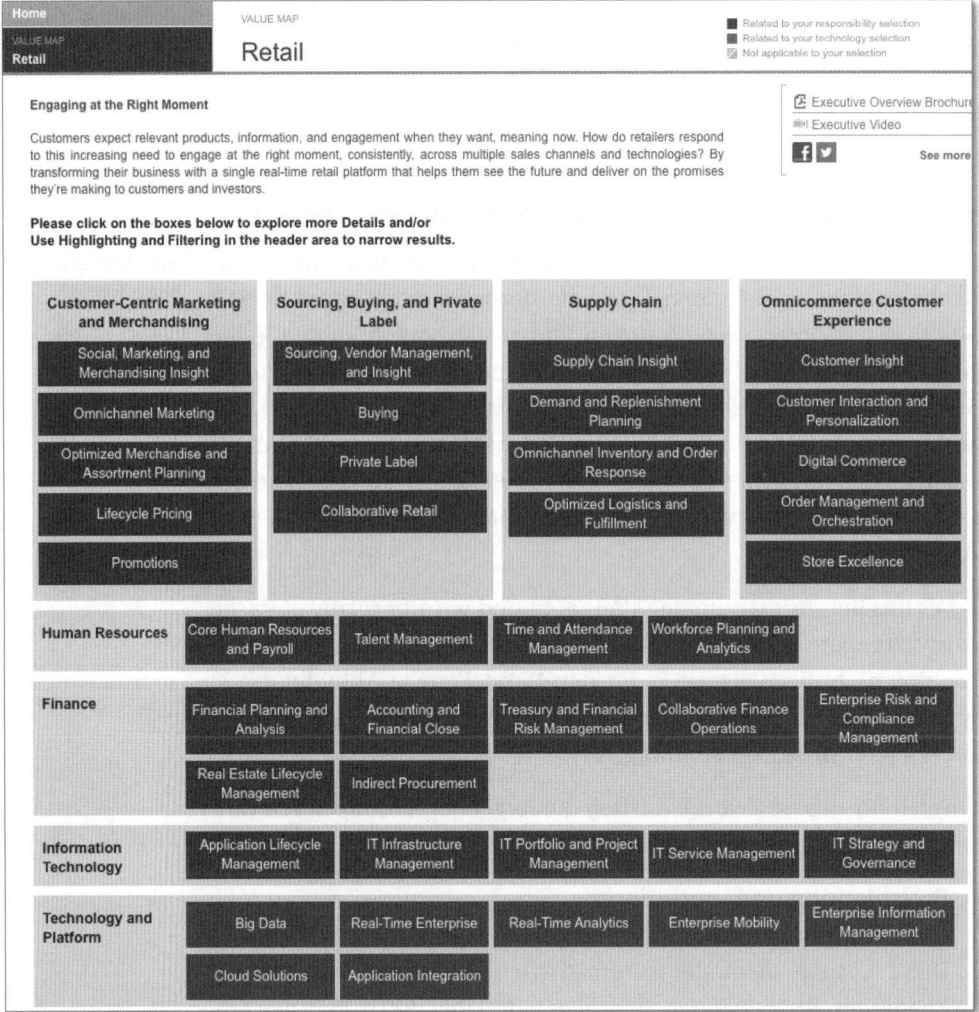

Abbildung 7.3 Wertmatrix »Retail«

Nicht-SAP-Produkte Alle drei Lösungen dienen letztendlich der Preissetzung. Unsere für LO angedachte Lösung muss eine oder mehrere dieser Lösungen mit Daten (Regeln) für die Preissetzung versorgen. Ergänzend wird man noch z. B. die RDS *SAP HANA Operational Reporting*, POS-Lösungen (wie *SAP Point-of-Sale*) und Softwareprodukte für die Versorgung digitaler Preisschilder mit Daten benötigen. Das SAP HANA Operational Reporting und die POS-Lösungen liefern uns die (für die Preissetzungsregeln benötigten) Informationen über das Verhalten der Kunden. Die Produkte für die Anbindung der Preisschilder sorgen dafür, dass die von den SAP-Lösungen (Preisplanung und -optimierung, Preisverwaltung und Verwaltung von Preisnachlässen) ermittelten Preise zu guter Letzt auch auf den Preisschildern an den Regalen angezeigt werden.

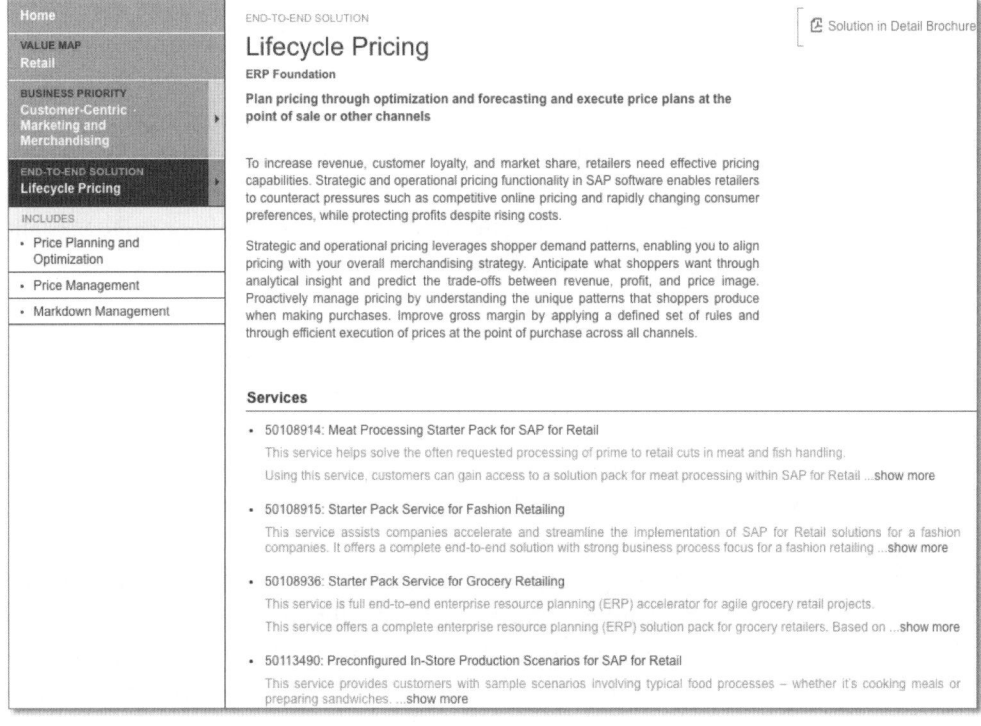

Abbildung 7.4 End-to-End-Lösung »Lifecycle Pricing«

7.4.2 Fachliche Anforderungen

Wie bereits in Abschnitt 7.3.3, »Schlussfolgerungen: Kausalbeziehungen sind irrelevant«, erwähnt, geht es bei LO um eine Anwendung mit sehr hoher Reaktionsgeschwindigkeit. Der Konzern könnte anstreben, die folgenden Entscheidungen zukünftig in Echtzeit zu *verfeinern* oder zu *revidieren*:

Fokus: Preise und Echtzeitpromotionen

▸ Entscheidungen über Preissenkungen oder Preiserhöhungen in den Filialen

- Entscheidungen darüber, ob einzelnen Kunden, die sich außerhalb der Filialen aufhalten, zu bestimmten Zeitpunkten spezielle Angebote (z.B. via SMS auf ihr Smartphone) unterbreitet werden sollen

- Entscheidungen darüber, ob während des Bezahlvorgangs individuell Sonderkonditionen für bestimmte Artikel oder Promotionen angeboten werden sollen (z.B. durch eine Einblendung auf dem Bildschirm des Kassierers nach Erkennung des Kunden anhand seiner Kunden- oder Kreditkarte)

Empfehlungen der Modelle

Warum verfeinern oder revidieren? Wir gehen in allen drei Fällen davon aus, dass LO aufgrund seiner intensiven Marktforschungsaktivitäten bereits *statische* Modelle im Einsatz hat, die grundsätzlich in der Lage sind, solche Entscheidungen zu treffen. Es geht uns also weder um die Entwicklung von Modellen noch um deren Weiterentwicklung. Vielmehr möchten wir wissen, ob es vielleicht in Einzelfällen temporär sinnvoll sein kann, von der Empfehlung eines Modells *abzuweichen*. Genau das ist die verallgemeinerbare Fragestellung hinter dieser Fallstudie.

Beispiel Bigpoint

Hinsichtlich der erforderlichen Reaktionsgeschwindigkeit ähnelt unser Anliegen ein wenig dem auf *http://www.saphana.com/docs/DOC-1834* beschriebenen Use Case des Online-Spieleanbieters Bigpoint. Das Unternehmen Bigpoint (*http://bigpoint.net/de/*) entwickelt Online-Spiele und stellt diese im Internet kostenlos zur Verfügung. Geld verdient Bigpoint damit, dass die Benutzer im Spiel selbst (situationsabhängig) bestimmte Gegenstände erwerben können: Wenn ein siebenköpfiger Drache zwischen Ihnen und dem Turm mit der schönen Jungfrau bzw. dem schönen Jüngling steht, sind Sie vielleicht motiviert, 1 € in ein magisches Schwert zu investieren. Genau an dieser Stelle kommt SAP HANA ins Spiel: Auf Basis sehr granularer Analysen lässt sich in Echtzeit ermitteln, an welchen Gegenständen ein bestimmter Spieler in einer bestimmten Spielsituation Interesse haben könnte und wie viel Geld er hierfür auszugeben bereit wäre. Ein wichtiger Unterschied ist, dass wir ein Unternehmen betrachten, das Verkaufsfilialen betreibt und daher sehr viele sehr unterschiedliche Informationen verarbeiten muss (z.B. spielt für uns der Standort der Kunden eine Rolle; für einen Online-Spieleanbieter ist der Standort eines Spielers über dessen IP-Adresse zwar ebenfalls annäherungsweise ermittelbar, aber wahrscheinlich nicht ganz so wichtig).

Vielleicht ist es Ihnen schon aufgefallen: Unsere Aufgabe ähnelt sehr stark einer Herausforderung im medizinischen Bereich, und zwar der Überprüfung der Wirksamkeit von Medikamenten oder Therapien. Ebenso wie dort geht es um vier Anforderungen, die wir im Folgenden beschreiben.

Parallelen zu medizinischen Studien

Stichproben bilden

Wir brauchen zwei Stichproben. In einer Stichprobe werden wir eine Veränderung vornehmen (z.B. den Preis eines bestimmten Produkts um 10 % erhöhen), in einer anderen Stichprobe werden wir bei dem vom statischen Modell gelieferten Preisniveau bleiben. Hierzu müssen wir Folgendes berücksichtigen:

Filialen, Artikel, Kunden auswählen

▸ wie groß unsere Stichprobe sein muss (ein Problem, das in der Statistik als *Teststärke-Analyse* oder *Trennschärfe-Analyse* (*Power Analysis*) bezeichnet wird)

▸ welche Kombinationen aus Filiale, Produkt, Kunde etc. in unseren Stichproben enthalten sein sollen (*Stichprobenauswahl* oder *Sampling*)

Außerdem muss bei der Ausgestaltung der Experimente sichergestellt sein, dass wir keine unsinnigen Versuche (die zwangsläufig zu kommerziell nachteiligen Auswirkungen führen) durchführen. Den Preis eines Artikels unter den Einstandspreis zu senken, ist z.B. nur in speziellen Fällen sinnvoll und in manchen Ländern auch rechtlich fragwürdig.

Experimente durchführen

Nachdem die Stichproben gebildet wurden, müssen wir die Experimente durchführen. Das heißt, die involvierten Systeme müssen Preise anpassen, Nachrichten an Kunden versenden, für entsprechende Informationen auf dem Kassensystem sorgen etc.

Testweise abweichend entscheiden

Einiges davon findet außerhalb der Big-Data-Lösung (SAP HANA) und in einigen Fällen (wie bei der Änderung von Preisen auf digitalen Preisschildern) auch außerhalb anderer SAP-Produkte statt. Wir werden diesen Aspekt daher nicht weiter betrachten und davon ausgehen, dass SAP HANA von den entsprechenden Anwendungen über geeignete Datenlogistikprodukte in Echtzeit mit Daten über den Ausgang der Experimente versorgt wird.

Entscheidungen treffen und umsetzen

Tests bewerten Bei der schnellen Ad-hoc-Auswertung der Experimente müssen wir zwei grundlegende Fragen beantworten:

▶ Hat unser Experiment mit einer hinreichend hohen Wahrscheinlichkeit zu einer Veränderung geführt oder bewegen sich die Unterschiede, die wir zwischen beiden Stichproben beobachten, im Rahmen zufälliger Schwankungen?

▶ Hat die Veränderung sich für uns positiv oder negativ ausgewirkt?

Wenn die durch eine Preissenkung ausgelöste Erhöhung der Nachfrage den Margenverlust durch die Preissenkung nicht kompensiert, ist diese Maßnahme für uns nicht sinnvoll. Einige Aktivitäten (siehe vorangehenden Abschnitt »Stichproben bilden«) können also schon von vornherein als sinnlos ausgeschlossen werden, bei anderen erkennen wir erst nach Durchführung des Experiments, dass diese nicht vorteilhaft waren.

Wenn sich ergibt, dass die Unterschiede in der geänderten Stichprobe sowohl signifikant als auch vorteilhaft waren, sollte SAP HANA den betroffenen (operationalen) SAP- und Nicht-SAP-Systemen über geeignete Schnittstellen mitteilen (z.B. über SAP HANA XS, siehe Abschnitt »Sonstige Produkte (Datenbanken, Plattformen, Technik, Dienstleistungen)« in Abschnitt 2.1.3), dass die getesteten Veränderungen (also z.B. die Preiserhöhung) auf alle Filialen oder Artikel ausgeweitet oder zurückgenommen werden sollen. Natürlich ist hierbei auch ein vorsichtigeres, schrittweises Vorgehen denkbar, das heißt eine schrittweise Erweiterung der Stichprobe um weitere Filialen bzw. Artikel, erneute Tests etc. Neben *Push-Szenarien* (bei Bedarf wird eine Nachricht gesendet) sind dabei auch *Pull-Szenarien* (die operationalen Systeme fragen nach neuen Preisen) denkbar.

Experimente detailliert auswerten

Modelle später in Ruhe anpassen Natürlich wird LO nach einem mehr oder weniger erfolgreichen Versuch auch weitergehende Analysen durchführen wollen. Auch bei Medikamenten wüsste man ja gern, wie und warum diese wirksam sind. Vergleichbare Überlegungen werden auch bei LO dazu führen, dass bestehende Modelle infrage gestellt, verfeinert oder neu aufgebaut werden müssen. Wir werden aber diese Anforderung in diesem Kapitel nicht weiter betrachten. Die Verifikation von Modellen könnte anhand der in Kapitel 4, »Planung flexibel gestalten«, erläuterten Verfahren erfolgen, bei der Konstruktion neuer Modelle könnten die in Kapitel 5, »Reisekosten und Reisezeiten reduzieren«, genannten Algorithmen zum Einsatz kommen.

7.4.3 Bausteine der Lösung

Den Ausführungen in Abschnitt 7.4.2, »Fachliche Anforderungen«, entsprechend betrachten wir hier nur zwei Anforderungen: die Bildung von Stichproben und das Treffen von Entscheidungen.

Benötigte statistische Verfahren

Stichproben bilden

Anhand von Stichproben (Filialen/Artikeln/Kunden) treffen wir eine Aussage über eine sehr viel größere Grundgesamtheit (alle Filialen/Artikel/Kunden in Australien). Da es zu aufwendig und gefährlich wäre, mit der Grundgesamtheit zu experimentieren, testen wir Abweichungen von den Empfehlungen unserer Modelle erst einmal mit zwei oder mehr Stichproben. Hierbei stellt sich die Frage, wie viele und welche Objekte (Filialen/Artikel/Kunden) in unseren Stichproben enthalten sein sollen.

Stichprobengröße oder Stichprobenumfang

Die Stichprobengröße hängt unter anderem davon ab, wie hoch die aus Sicht von LO akzeptable Wahrscheinlichkeit für *Fehler erster Art* oder *Fehler zweiter Art* wäre.

Akzeptable Fehlerwahrscheinlichkeit

Fehler erster Art und Fehler zweiter Art   [«]

Nehmen wir einmal an, wir hätten in 100 Filialen den Preis der Vorratspackung Bier unverändert gelassen und ihn in 100 anderen Filialen erhöht. Nun wollen wir die Hypothese prüfen, dass die Preisänderung keinen Einfluss auf die Nachfrage hat (mathematisch ausgedrückt: die Mittelwerte der zwei Grundgesamtheiten, denen die Stichproben entstammen, sind gleich). Hierbei kann es auf zweierlei Weise zu einer Fehleinschätzung kommen:

- ▶ Unsere Analyse besagt, dass es einen Unterschied hinsichtlich der Nachfrage gibt, in Wirklichkeit gibt es aber keinen solchen Unterschied. Der Eindruck, dass ein solcher Unterschied bestünde, kam lediglich durch zufällige Streuungen in den Daten zustande. Dies wäre ein Fehler erster Art.

- ▶ Ein Fehler zweiter Art läge vor, wenn unsere Analyse zu dem Ergebnis käme, dass tatsächlich kein Unterschied in der Nachfrage vorliegt, in

---

Wirklichkeit aber sehr wohl ein solcher bestünde, dieser aber nur (wieder durch Zufallseffekte) überlagert wurde.

In Kapitel 5, »Reisekosten und Reisezeiten reduzieren«, haben wir betont, dass man bei der Datenanalyse induktiv und nicht deduktiv vorgehen sollte. Statistische Tests sind aber – streng genommen – nicht induktiv, sondern deduktiv. In einem statistischen Test geht es immer darum, eine Hypothese zu prüfen, und diese Hypothese ist oft nicht aus den Daten, sondern durch Deduktion entstanden. Aus zwei Gründen arbeiten wir in diesem Kapitel dennoch mit statistischen Tests:

- Die hier verwendeten Tests sind sehr abstrakt oder allgemein. Sie prüfen lediglich, ob zwischen zwei Parametern eine Abhängigkeit besteht (ohne etwas über die Art der Abhängigkeit auszusagen) oder ob sich zwei Parameter (z.B. die Kunden in einer Testgruppe und die Kunden in einer Kontrollgruppe) gleich oder sehr unterschiedlich verhalten. Somit schränken diese Tests unsere Erkenntnismöglichkeiten nicht zu sehr ein.

- In Kapitel 5, »Reisekosten und Reisezeiten reduzieren«, haben wir uns damit beschäftigt, wie man, ohne irgendwelche Annahmen vorauszusetzen, Modelle entwickeln kann. Diesen Gedanken haben wir in Kapitel 6, »Datenmodelle flexibel und einheitlich gestalten«, von Zusammenhängen zwischen einzelnen Parametern auf ganze Datenflüsse ausgeweitet. In diesem Kapitel wollen wir die so entstandenen Modelle und Datenflüsse nicht grundsätzlich neu erstellen, das heißt an eine neue Realität anpassen, sondern lediglich in Stichproben kleinere Experimente durchführen. Jedes dieser Experimente hat einen bestimmten Erkenntniszweck und entspringt damit schon von vornherein einem deduktiven Gedankengang.

Wenn man sich über die akzeptable Fehlerwahrscheinlichkeit im Klaren ist (insbesondere von Fehlern zweiter Art, die Teststärke oder Trennschärfe ist nämlich definiert als *1 – Wahrscheinlichkeit für Fehler zweiter Art*) und darüber hinaus einige Eigenschaften der Grundgesamtheit (z.B. deren Varianz) kennt, kann man mithilfe mathematischer Verfahren ermitteln, welchen Umfang geeignete Stichproben haben sollten.

Stichprobenauswahl oder Stichprobenerhebung

Vorhandenes Wissen nutzen

Rein intuitiv tendieren wir bei der Erhebung einer Stichprobe dazu, den Zufall walten zu lassen, also z.B. Zufallszahlen zu generieren und mithilfe dieser Zufallszahlen Objekte auszuwählen. Vielleicht spielt uns der Zufall einen Streich, und in unserer Stichprobe befindet sich ein weit höherer Anteil an Frauen als in der Grundgesamtheit. Möglicherweise wäre es in einem solchen Fall besser, eine geschichtete Zufallsstichprobe zu verwenden, das heißt zunächst festzulegen, wie viele Männer und wie viele Frauen in der Stichprobe vertreten sein sollten, und diese vorab festgelegte Anzahl von Kunden dann zufällig aus den Männern/Frauen der Grundgesamtheit auszuwählen.

Vielleicht wissen wir schon einiges über unsere Kunden (z. B. dass manche Kunden eher auf Sonderangebote an der Kasse ansprechen als andere). In diesem Fall wäre es sinnvoll, dieses Vorwissen bei der Stichprobenerhebung zu berücksichtigen, das heißt diejenigen Kunden, die auf bestimmte Maßnahmen erfahrungsgemäß nicht reagieren, außen vor zu lassen.

Die Überlegungen zur Maximierung der Aussagekraft von Stichproben lassen sich beliebig weit fortentwickeln. Auch Kosten (der Datenerhebung in der Stichprobe) spielen manchmal eine Rolle. Aus diesem Grund existieren weit mehr Verfahren für die Stichprobenerhebung, als man denken mag.

Viele Stichprobenverfahren

Entscheidungen treffen

Für die Beantwortung der Frage, ob ein Medikament besser wirkt als ein Placebo, werden meist sogenannte *Zweistichproben-Tests* (ein Spezialfall der *Mehrstichproben-Tests*) herangezogen. Ein Zweistichproben-Test prüft die Hypothese, ob sich zwei Stichproben signifikant unterscheiden, ein Mehrstichproben-Test tut das Gleiche für mehr als zwei Stichproben.

Auswertung über statistische Tests

In der Medizin werden häufig drei Tests verwendet, die für unser Beispiel ebenfalls zum Einsatz kommen könnten:

▶ **t-Test**

Der *t-Test* ist der einfachste Zweistichproben-Test; er prüft lediglich, ob sich die Mittelwerte zweier Stichproben signifikant unterscheiden. Ein Nachteil des t-Tests liegt darin, dass es sich hierbei um einen sogenannten *parametrischen* Test handelt, das heißt, der Test basiert (mathematisch) auf der Annahme, dass die Grundgesamtheit, aus der die Stichproben stammen, normalverteilt ist (siehe auch Abschnitt 4.4.3, »Bausteine der Lösung«). Wenn man das nicht sicher weiß, bieten sich die zwei anderen hier genannten Tests an.

▸ **Mann-Whitney-Wilcoxon-Test**
Der *Mann-Whitney-Wilcoxon-Test* (auch *Mann-Whitney-U-Test*, *U-Test* oder *Wilcoxon-Rangsummentest*) prüft, ob zwei Stichproben derselben Grundgesamtheit entstammen, vereinfacht ausgedrückt also, ob in den Grundgesamtheiten beider Stichproben die gleichen Regeln gelten. Damit geht der Test ein wenig weiter als der t-Test.

▸ **Kruskal-Wallis-Test**
Der *Kruskal-Wallis-Test* stellt eine Erweiterung des Mann-Whitney-Wilcoxon-Tests dar; er deckt den Fall ab, dass mehr als zwei Stichproben verglichen werden sollen.

7.4.4 Nutzenpotenziale und Werttreiber

Marge und Absatzmenge

Leech Oil verfolgt mit den beschriebenen Anforderungen eigentlich ein sehr einfaches Ziel: Man möchte gern kurzfristig auf Verhaltensänderungen reagieren und entweder diese Verhaltensänderungen als Chance nutzen, um Mehrerträge (durch höhere Preise, höhere Absatzmengen oder beides) zu realisieren oder Mindererträge – ebenfalls durch Verhaltensänderungen – zu verhindern oder zu begrenzen.

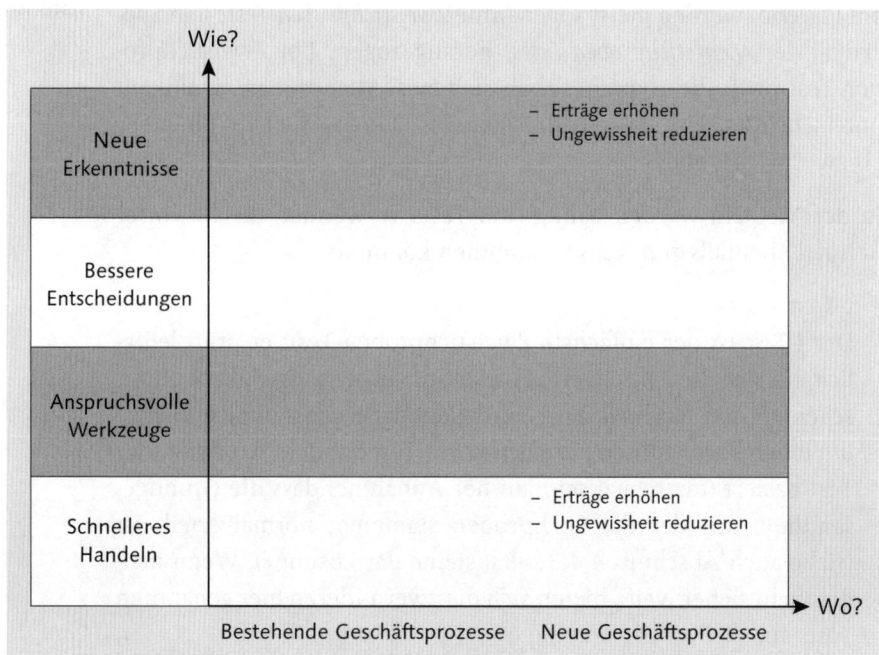

Abbildung 7.5 Nutzen-Werttreiber-Matrix »Kundenverhalten steuern«

Am Rande geht es auch um die Bestrebung, Risiken (z.B. das Risiko geringer Erträge durch eine zu späte Reaktion) zu minimieren. Jeder andere zusätzliche Nutzen (der vielleicht durch eine Infragestellung nicht mehr tauglicher Modelle entsteht) ist nicht Gegenstand dieser Fallstudie. Bei der Implementierung der entsprechenden Lösung geht es um einen neuen Echtzeitgeschäftsprozess. Der Nutzen entsteht also in neuen Prozessen und dadurch, dass LO schneller handeln kann und bessere Entscheidungen trifft, als sonst (z.B. mit starren, regelbasierten, deduktiv gestalteten Systemen) bei so kurzen Reaktionszeiten denkbar wäre. Die Nutzen-Werttreiber-Matrix für unser Fallbeispiel zeigt Abbildung 7.5.

Risiken reduzieren

Auf eine detaillierte Erläuterung der zwei Werttreiber verzichten wir hier, diese sind bei den generischen Werttreibern in Abschnitt 1.4.3, »Wie Sie Werttreiber identifizieren«, ausführlich beschrieben.

7.5 Implementierungsszenario und Architektur mit SAP HANA

Es werden relativ viele (SAP- und Nicht-SAP-)Umsysteme für unsere Lösung benötigt. SAP HANA muss aus anderen Anwendungen Stamm- und Bewegungsdaten über die Grundgesamtheiten (z.B. Filialen/Artikel/Kunden) erhalten, diese Anwendungen darüber informieren, welche Maßnahmen experimentell durchgeführt werden sollen (z.B. welche Preise zu erhöhen sind), die Resultate dieser Experimente zeitnah erfahren und dann erneut mit den Anwendungen kommunizieren, um die jeweiligen Aktionen auszuweiten, abzubrechen oder umzukehren. Bei unseren Betrachtungen zur Lösungs- und Datenarchitektur lassen wir alle Schnittstellen zu Nicht-SAP-Systemen außen vor, bei SAP-Kunden können hier Standardplattformen wie *SAP Gateway* zum Einsatz kommen.

Schnittstellen zu SAP-Systemen

7.5.1 Implementierungsszenario und Rahmenarchitektur

Für die Implementierung der in Abschnitt 7.4.2, »Fachliche Anforderungen«, definierten Spezifikationen kommen aus unserer Sicht die Folgenden Implementierungsszenarien oder Kombinationen hieraus infrage:

Szenario hängt von Datenquellen ab

▶ **Beschleunigerszenario**

Wenn die Integration mit SAP CRM oder ERP eher eine untergeordnete Rolle spielt oder sogar eine CRM/ERP-Lösung eines anderen Anbieters im Einsatz ist, halten wir das Beschleunigerszenario
für einen sinnvollen Ansatz. Relativ wenige, sorgfältig ausgewählte Daten werden mit geeigneten Verfahren aus dem CRM/
ERP-System bzw. aus anderen Anwendungen repliziert und in SAP
HANA ausgewertet. Diese Auswertungen führen dann zu Anweisungen von SAP HANA an die Produkte zur Datenerzeugung, und
diese Anweisungen produzieren auf dem Umweg über Kunden
und deren Reaktion wieder neue Daten, die an SAP HANA übergeben werden müssen. Aus diesem Grund ordnet SAP die RDS für
die Kundensegmentierung mithilfe von SAP HANA diesem Szenario zu, die ein Baustein der Lösung *SAP Audience Discovery and Tar-
geting* ist.

▶ **Business-Suite-auf-HANA-Szenario
(mit Ergänzung der Business Suite)**

Bei intensiver Nutzung von SAP CRM und SAP ERP wird ein nicht
unerheblicher Teil der benötigten Daten aus diesen Paketen kommen. Wenn außerdem noch Standardlösungen für die Integration
(wie SAP Gateway oder *SAP Process Orchestration*) im Einsatz sind
und auch weitere Prozesse in SAP-Produkten ablaufen (wie z.B.
die mobile Kommunikation mit Ihren Kunden über die *SAP Mobile
Platform*), bieten sich ein höherer Integrationsgrad und die Nutzung von SAP-Standardschnittstellen für die Kommunikation zwischen SAP HANA und den Lösungen für die Datenerzeugung an.
Hierbei müssen allerdings zwei Punkte beachtet werden:

> ▶ Ob SAP BW im Einsatz ist, ist für unser Fallbeispiel irrelevant.
> Wichtig ist nur, dass die Daten aus SAP CRM und ERP bereits in
> SAP HANA zur Verfügung stehen.

> ▶ Weder die SAP Business Suite noch SAP BW oder SAP HANA
> stellen die in Abschnitt 7.4.3, »Bausteine der Lösung«, beschrie-
> benen Werkzeuge im Standard zur Verfügung. Wir müssen
> daher in jedem Fall zusätzliche Apps entwickeln.

Wir wenden daher genau genommen eine Kombination aus Be-
schleuniger- und Business-Suite-auf-HANA-Szenario an (mit oder
ohne SAP BW). Für unsere weiteren Betrachtungen gehen wir vom
Beschleunigerszenario aus (siehe Abbildung 7.6).

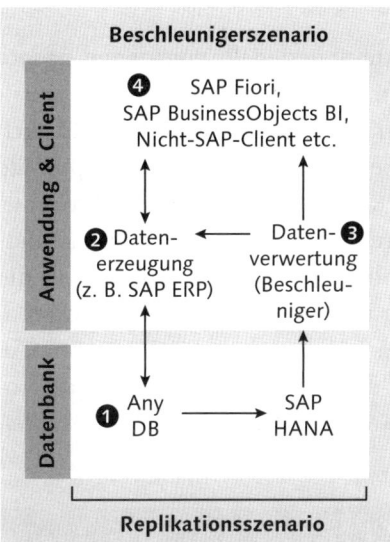

Abbildung 7.6 Implementierungsszenario »Kundenverhalten steuern«

Für HANA-Kunden, die SAP CRM/ERP nicht nutzen, mag auch das Szenario *Neue HANA-Apps* eine Option sein. Hier kämen die Daten für die App aus Anwendungen von Drittanbietern, und diese Anwendungen müssten wiederum mit Daten aus SAP HANA versorgt werden. Für die Integration der Applikationen könnten Sie natürlich trotzdem auf SAP-Plattformen zurückgreifen.

Szenario bei Nicht-SAP-CRM/ERP-Systemen

Die einzelnen Schichten des Beschleunigerszenarios, die in Abbildung 7.6 dargestellt sind, werden in unserem Beispiel wie folgt umgesetzt:

Datenbeschaffung muss schnell sein

Datenbanken ❶

Auch in diesem Szenario besteht die Möglichkeit, dass wir es bei den Datenquellen nicht nur mit klassischen Datenbanken, sondern mit APIs oder Streams zu tun haben. Aufgrund der sehr hohen Anforderungen an die Reaktionsgeschwindigkeit unserer Lösung sollte aber auf dieser Ebene keine Verarbeitung (wie z.B. eine Geocodierung von Filialstandorten) mehr stattfinden müssen. Die Daten sollten nach Möglichkeit bereinigt, angereichert und gefiltert an SAP HANA übergeben werden. Zwei wichtige Produkte für die Datenlogistik wären SAP Data Services und SAP Replication Server. In Abschnitt 7.5.2, »Datenarchitektur«, gehen wir speziell für POS-Daten noch auf eine weitere Option ein.

Keine Verarbeitung auf Datenbankebene

Produkte zur Datenerzeugung ❷

Datenmodifikation
in verschiedenen
Anwendungen

An dieser Stelle sind alle Produkte angesiedelt, von denen unsere Applikation Daten bezieht oder an die sie Daten sendet, also neben SAP- oder Nicht-SAP-Lösungen für die Bereiche CRM und ERP auch die bereits erwähnten POS-Systeme oder auch Smartphone-Apps, die Geodaten von Kunden sammeln. SAP HANA kann Daten direkt aus den Datenbanken der Anwendungen lesen, sollte dort jedoch keinesfalls Änderungen auf der Datenbankebene vornehmen. Nur die jeweilige Anwendung selbst sollte ihre eigenen Daten modifizieren. Die entsprechenden Anpassungen können aber durchaus von SAP HANA angestoßen werden (über die entsprechenden Standardprozesse, z.B. über `CALL TRANSACTION` in einem eigens hierfür erstellten ABAP-System).

[+] **Ausgelagerte Entscheidungstabellen in SAP HANA**

Eine andere, sehr interessante Alternative für die Interaktion von Anwendungen mit SAP HANA ist die Auslagerung von Entscheidungstabellen in SAP HANA. Hierzu finden Sie weiterführende Informationen im Buch *ABAP-Entwicklung für SAP HANA* von Hermann Gahm, Thorsten Schneider und Eric Westenberger (SAP PRESS 2013). Auch im SAP Community Network finden Sie diverse Beiträge zu diesem Thema.

In der in Abschnitt 7.5.2, »Datenarchitektur«, vorgestellten Rahmenarchitektur gehen wir davon aus, dass die Produkte zur Datenerzeugung Anweisungen in *OpenSQL* (eine von SAP entwickelte, proprietäre SQL-Variante) verwenden, um auf HANA-Entscheidungstabellen zuzugreifen. SAP HANA muss also keine Daten an Produkte zur Datenerzeugung senden, sondern die entsprechenden Lösungen greifen bei Bedarf selbst auf Entscheidungstabellen zu.

Produkte für die Datenverwertung ❸

Stichproben,
Experimente,
Entscheidungen

An dieser Stelle müssen die in Abschnitt 7.4.2, »Fachliche Anforderungen«, beschriebenen Funktionalitäten implementiert werden. Wir brauchen hier eine Lösung, die basierend auf den Daten zu Grundgesamtheiten in SAP HANA Stichproben bilden, Experimente auslösen und Entscheidungen treffen sowie an die betroffenen Anwendungen weitergeben kann. Die eleganteste Variante ist nicht, Anweisungen zu senden, sondern Entscheidungstabellen in SAP HANA auszulagern.

▶ **Stichprobenumfangfestlegen in R**
SAP Predictive Analysis (PAL) stellt keine Funktionen für die Ermittlung von Stichprobenumfängen bereit. R dagegen hat diesbezüglich einiges im Köcher, z. B. das von Stéphane Champely entwickelte `pwr`-Paket mit neun verschiedenen Funktionen oder das eigentlich für den medizinischen Bereich entwickelte Paket `samplesize`, das speziell für die nachfolgend unter dem Stichpunkt »Entscheidungen treffen in SAP PAL und R« erwähnten Tests interessant ist.

▶ **Stichprobenerhebung in SAP Predictive Analysis**
Für die Auswahl von Stichproben und die Nachbearbeitung von Daten aus Stichproben steht in der Kategorie *Preprocessing Algorithms* eine Reihe von Funktionen in SAP PAL zur Verfügung, z. B. `SAMPLING` (für das Ziehen einer Stichprobe), `SCALINGRANGE` (für die Normierung von Daten, um beispielsweise die Veränderungen der Absatzmengen in großen und kleinen Filialen zu skalieren und damit vergleichbar zu machen) oder `SUBSTITUTE_MISSING_VALUES` (für die Ergänzung lückenhafter Daten, z. B. wenn Informationen aufgrund von Übermittlungsfehlern verloren gegangen sind).

▶ **Stichprobenerhebung in R**
In R existiert für die Erhebung von Stichproben ein extrem leistungsfähiges Paket namens `SAMPLING` mit insgesamt über 50 Einzelfunktionen. Für Puristen, die nur ein Werkzeug verwenden wollen, stehen auch die für SAP PAL erwähnten Funktionen in R zur Verfügung, etwa die Normierung mit der Funktion `scale` oder eine fast unerschöpfliche Vielfalt an Funktionen und Anregungen zum Umgang mit fehlenden Daten (*Impute* oder *Imputation*).

▶ **Entscheidungen treffen in SAP PAL und R**
Für statistische Tests umfasst die SAP-PAL-Bibliothek einige wichtige Verfahren (`VARIANCETEST`, `VAREQUALTEST` etc.). Für die meisten anspruchsvolleren Verfahren, so auch für die von uns in Abschnitt 7.4.3, »Bausteine der Lösung«, genannten drei Tests, muss man aber auf R zurückgreifen. Dort gibt es sowohl den t-Test (`t.test`) als auch den Mann-Whitney-Wilcoxon-Test (`wilcox.test`) und den Kruskal-Wallis-Test (`kruskal.test`) schon im Standard.

Abgrenzung von SAP PAL und R	[+]
Die hier diskutierten fachlichen Anforderungen heben sehr schön den Unterschied zwischen SAP PAL und R hervor: SAP PAL ist (relativ) einfach	

zu handhaben, hat aber einen begrenzten Funktionsumfang. Demgegenüber gibt es fast nichts, was es in R nicht gäbe (im Standard oder in ergänzenden Paketen). Die Anforderungen an den Benutzer im Hinblick auf die
Auswahl der richtigen Werkzeuge und das statistische Hintergrundwissen
sind jedoch deutlich höher. Wir können davon ausgehen, dass wir bei den
Produkten zur Datenverwertung primär von Prozeduren mit R-Anweisun-
gen zur Versorgung von Berechnungssichten sprechen.

Client ❹

**Client-Schicht
spielt unter-
geordnete Rolle**

Die Kommunikation mit etwaigen Kunden-Clients (Smartphone-
Apps etc.) gehört für uns in den Bereich der Umsysteme und bleibt
außen vor. Damit stellt sich noch die Frage, ob wir für die zur Datenerzeugung beschriebenen Bausteine einen Client benötigen. Im Kern
geht es uns um ein mehr oder weniger autonom handelndes System.
Solch ein System ist gerade dadurch gekennzeichnet, dass keine
Interaktion mit Benutzern erforderlich ist. Deshalb spielt die Client-
Schicht in allen drei Szenarien (zumindest was SAP HANA betrifft)
eine untergeordnete Rolle. Als Client braucht man (aus Sicht unserer
Applikation) lediglich eine Art Kontrollpult, ein Dashboard, mit des-
sen Hilfe man das ordnungsgemäße Funktionieren der Anwendung
überwachen kann. Als Werkzeuge bieten sich hier SAP Business-
Objects Dashboards oder *SAP Business Objects Design Studio* für die
Erstellung von Dashboards an.

7.5.2 Datenarchitektur

Anforderungen

Wir brauchen eine Lösung, die in Echtzeit Daten zum Absatz in den
Geschäften von LO beschaffen kann. Auf Basis dieser Daten sollen
Stichproben gebildet werden. Mithilfe dieser Stichproben soll geprüft werden, ob bestimmte Aktivitäten (Preiserhöhung, Preissenkung, Sonderaktionen) aus Sicht von LO (wahrscheinlich) vorteilhaft
sind oder nicht. Dies soll geschehen, indem Versuche durchgeführt
werden. In einer Stichprobe sollen die angedachten Aktivitäten
umgesetzt werden, in der anderen nicht. Anschließend sollen die
Resultate in beiden Stichproben mithilfe statistischer Tests verglichen werden. Je nach Ausgang des Experiments sollen die durchgeführten Änderungen rückgängig gemacht oder für weitere Produkte,
Filialen oder Kunden umgesetzt werden. Der ganze Zyklus soll mehr
oder weniger automatisch, praktisch in Echtzeit und immer wieder
durchlaufen werden.

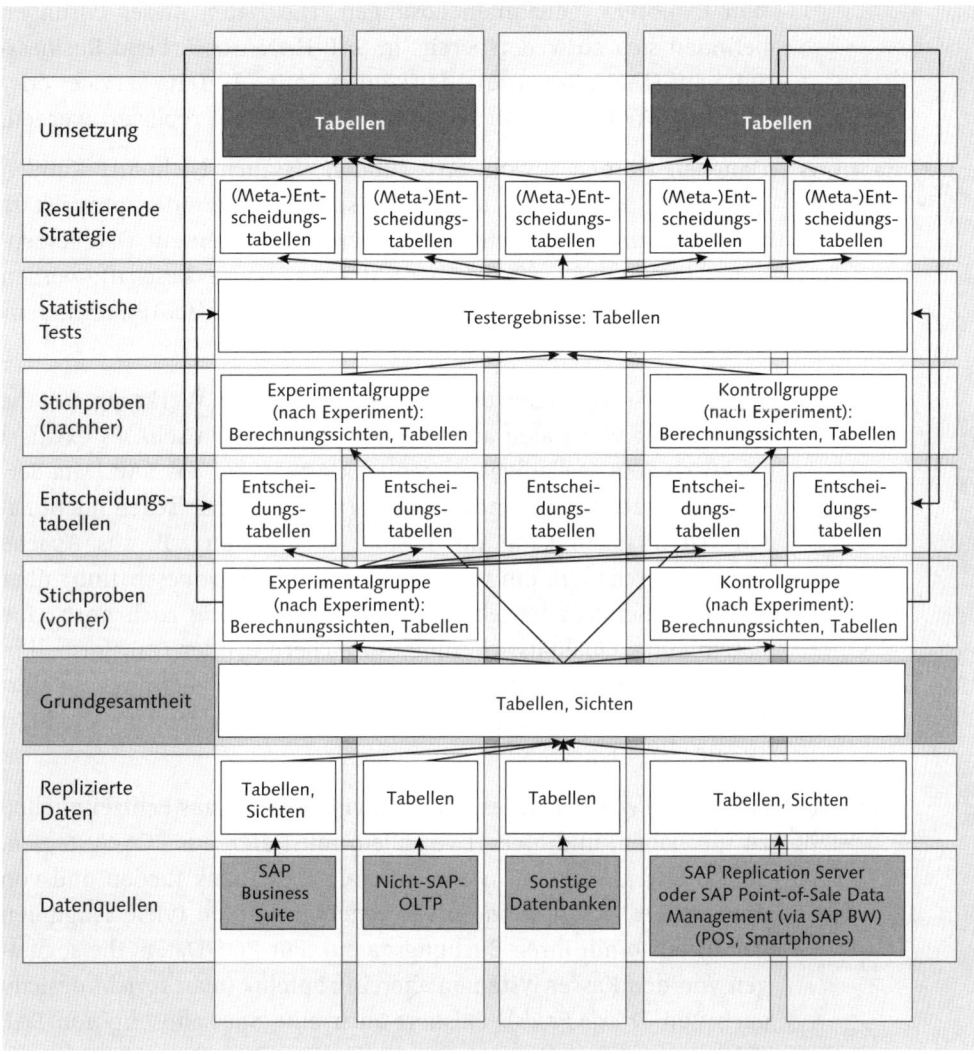

Umsetzung	Tabellen			Tabellen	
Resultierende Strategie	(Meta-)Entscheidungstabellen	(Meta-)Entscheidungstabellen	(Meta-)Entscheidungstabellen	(Meta-)Entscheidungstabellen	(Meta-)Entscheidungstabellen
Statistische Tests	Testergebnisse: Tabellen				
Stichproben (nachher)	Experimentalgruppe (nach Experiment): Berechnungssichten, Tabellen			Kontrollgruppe (nach Experiment): Berechnungssichten, Tabellen	
Entscheidungstabellen	Entscheidungstabellen	Entscheidungstabellen	Entscheidungstabellen	Entscheidungstabellen	Entscheidungstabellen
Stichproben (vorher)	Experimentalgruppe (nach Experiment): Berechnungssichten, Tabellen			Kontrollgruppe (nach Experiment): Berechnungssichten, Tabellen	
Grundgesamtheit	Tabellen, Sichten				
Replizierte Daten	Tabellen, Sichten	Tabellen	Tabellen	Tabellen, Sichten	
Datenquellen	SAP Business Suite	Nicht-SAP-OLTP	Sonstige Datenbanken	SAP Replication Server oder SAP Point-of-Sale Data Management (via SAP BW) (POS, Smartphones)	

Abbildung 7.7 Rahmendatenarchitektur »Kundenverhalten steuern«

In Abbildung 7.7 finden Sie ein denkbares Datenmodell für eine solche Lösung, dessen Komponenten wir im Folgenden beschreiben.

Datenmodell

Datenquellen

Wir gehen davon aus, dass unsere Lösung Daten aus mehreren Quellen bezieht. Die für SAP-Kunden wahrscheinlich wichtigste Datenquelle dürfte die SAP Business Suite sein – mit SAP ERP, SAP CRM bzw. den in Abschnitt 7.4.1, »Zugehörige Value Maps im SAP Solu-

Mehrere Datenquellen im Einsatz

tion Explorer«, genannten Lösungen. Die Daten dieser Lösungen befinden sich entweder bereits in SAP HANA (z. B. beim Business-Suite-auf-HANA-Szenario) oder können (mit SAP Data Services oder mit dem SAP Replication Server) nach SAP HANA repliziert werden.

SAP Data Services zum Zugriff auf externe Daten

Daneben werden sowohl SAP-Kunden als auch Nicht-SAP-Kunden gerade im Handel noch andere, spezialisierte oder proprietäre Lösungen einsetzen. Daten aus anderen Lösungen zur Datenerzeugung können in aller Regel über SAP Data Services beschafft werden (siehe auch Abschnitt »(Meta-)Datenintegration mit SAP-Produkten« in Abschnitt 2.1.3).

SAP Data Services dürfte auch das bevorzugte Werkzeug für die Beschaffung von Daten aus anderen Datenbanken sein. Es existiert praktisch kein (geläufiges) Datenbankformat, auf das SAP Data Services nicht zugreifen könnte. Neben Daten aus klassischen relationalen Datenbanken kann die Lösung auch Daten z. B. aus Apache Hadoop beschaffen. Ein weiterer Vorteil der Datenbeschaffung über SAP Data Services besteht darin, dass gleichzeitig auch noch eine Bereinigung, Qualitätssicherung, Anreicherung oder Transformation stattfinden kann. Bei Transformationen raten wir allerdings zur Vorsicht (Single Point of Truth, siehe auch den folgenden Abschnitt »Replizierte Daten«).

Daten aus POS-Systemen

Schließlich werden wir es noch mit vielen Daten aus Echtzeitquellen zu tun haben, und hierbei vor allem mit Daten aus POS-Systemen. Solche Daten könnten in eine zentrale Datenbank fließen und von dort via SAP Replication Server abgeholt werden (viele Fluglinien verfahren so mit ihren Buchungsdaten). Für POS-Daten, die sozusagen von den Kassensystemen »hereintröpfeln« (man spricht deshalb auch von *Trickle-Feeds*), existiert auch eine Speziallösung von SAP (*SAP Point-of-Sale Data Management*). Das POS Data Management stellt die *POS Inbound Processing Engine* zur Verfügung, die Daten über BAPIs, als IDocs oder über ein Eingangsservice-Interface namens `Point Of Sale Transaction In` empfangen kann. Da das POS Data Management auch auf einem HANA-basierten BW-System implementiert werden kann, stehen diese Daten augenblicklich in SAP HANA zur Verfügung.

Replizierte Daten

Strukturierte Ablage in Tabellen

Daten, die z. B. via SAP Data Services aus externen Systemen beschafft werden müssen, werden HANA-seitig zunächst einmal in

Tabellen abgelegt. Dabei sollten Struktur und Inhalte dieser Tabellen der Struktur und den Inhalten der korrespondierenden Datenbeständen im liefernden System entsprechen. Hierfür sprechen zwei Überlegungen:

▶ Wenn Sie die Daten schon bei der Beschaffung filtern, stutzen oder modifizieren, wissen Sie später nicht mehr, worauf genau (das heißt auf welche Quelldaten) Ihre neu gewonnenen Erkenntnisse eigentlich zurückgehen (Single Points of Truth).

▶ Sie wissen nicht, welche Daten in einigen Jahren, Monaten oder Wochen relevant sein könnten. Einer der Grundgedanken von Big Data ist: Alle Daten sind (früher oder später) nützlich oder wertvoll. Das ist auch der Grund dafür, dass Unternehmen wie Amazon, Facebook oder Google alle Daten sammeln, denen sie habhaft werden können.

Für Daten (aus der SAP Business Suite oder SAP POS Data Management), die sich bereits in SAP HANA befinden, brauchen Sie nur Views. In diese Views werden nur die für die weitere Verarbeitung relevanten Felder bzw. Datensätze aufgenommen. Da Sie hier nur mit virtuellen Objekten arbeiten und sich um zusätzlich benötigten Speicherplatz keine Sorgen machen müssen, ist es hier sinnvoll, großzügig zu sein. Rein technisch sind selbst diese Views nicht erforderlich; Sie könnten von allen nachfolgenden Schichten aus auch direkt auf die Quelltabellen in SAP HANA zugreifen. Der Sinn der Views liegt in der Entkopplung von Quelle und Weiterverarbeitung.

Views zum Zugriff auf die Daten

Grundgesamtheit

Alle Daten, die sich in der Schicht »Replizierte Daten« befinden, bilden unsere Grundgesamtheit für weitere Analysen. Die Struktur der Daten (Domänen) orientiert sich aber noch an der Struktur der Quellsysteme. Bevor wir also mit diesen Daten weitere Analysen durchführen, empfiehlt es sich zunächst einmal, diese nach unseren Analysebedürfnissen neu zu strukturieren. Wir haben hierfür im Datenmodell nur eine Schicht vorgesehen, in der Praxis wird dieser Schritt eher über mehrere Schichten hinweg verteilt. Entsprechend den in Kapitel 5, »Reisekosten und Reisezeiten reduzieren«, und Kapitel 6, »Datenmodelle flexibel und einheitlich gestalten«, formulierten Prinzipien müssten wir uns hierbei von Hypothesen über die Daten verabschieden und die Datenstrukturen so ausgestalten, dass

Strukturierung nach Analyseanforderungen

sie möglichst offen für neue Erkenntnisse sind. In Kapitel 8, »Sensordaten auswerten und Metadaten automatisch erheben«, werden wir noch genauer auf dieses Thema eingehen.

Berechnungssichten

In diesem Kapitel geht es uns aber zuallererst darum, Experimente bezüglich des Verhaltens von Kunden durchzuführen. Wir wollen spezielle preisbestimmende Parameter ändern und schauen, welche Folgen das nach sich zieht. Die Tatsache, dass wir hier keine dauerhaft anpassungsfähigen Strukturen, sondern eine flüchtige, temporäre Versuchsanordnung aufbauen werden, führt dazu, dass diese Schicht vorwiegend aus Berechnungssichten bestehen kann.

Stichproben (vorher)

Experimente in Prozeduren abbilden

In Abschnitt 7.5.1, »Implementierungsszenario und Rahmenarchitektur«, haben wir Ihnen einen kurzen Überblick über die Funktionen gegeben, die SAP PAL und R für die Bestimmung von Stichprobenumfängen oder die Erhebungen von Stichproben zur Verfügung stellen. Unabhängig davon, welche Werkzeuge Sie an dieser Stelle nutzen wollen, kommen in beiden Fällen Prozeduren zum Einsatz (SQLScript). Ergebnis dieser Strukturen sind entweder Berechnungssichten oder Tabellen. Welche Objekttypen am Ende Ihrer Stichprobenerhebung stehen, hängt davon ab, wie »virtuell« oder wie dauerhaft die Schicht mit den Stichproben sein soll.

Wir wollen bei LO in Echtzeit Preiserhöhungen durchführen und feststellen, wie die Kunden hierauf reagieren. Wenn die Kunden preisempfindlich sind, werden die Preiserhöhungen gleich wieder zurückgenommen (oder alternativ vielleicht sogar Preissenkungen getestet). Reagieren die Kunden auf die Preiserhöhung nicht mit Kaufzurückhaltung, wird die Preiserhöhung von der Stichprobe auf die Grundgesamtheit ausgeweitet. In beiden Fällen dient die Stichprobe nur zur Durchführung eines einzigen Versuchs; nach einem relativ kurzen Zeitraum hat sie ihren Zweck erfüllt. Es ist also sinnvoll, für die Daten der Stichprobe eher Sichten als persistente Tabellen zu verwenden.

Experimental- und Kontrollgruppe

In Abbildung 7.7 zeigen wir auf der Ebene »Stichproben« zwei Datenbestände. Ähnlich wie bei medizinischen Tests benötigen Sie eine Stichprobe, in der Sie die entsprechenden Änderungen (z.B. eine Preisanpassung) vornehmen (die *Experimentalgruppe*), und eine, in der alles beim Alten bleibt (die *Kontrollgruppe*).

Entscheidungstabellen

Für die Objekte (Filialen, Regionen, Produkte etc.) in der Experimentalgruppe wollen Sie ein Detail verändern. In unserem Szenario geschieht die Veränderung dadurch, dass Sie Werte in Entscheidungstabellen anpassen. Diese Entscheidungstabellen werden von den Produkten zur Datenerzeugung verwendet, um operative Abläufe (z.B. die Preissetzung) zu steuern.

Werte in Entscheidungstabellen ändern

Alternativ wäre es auch denkbar, Nachrichten an die betroffenen Anwendungen zu senden, diese zu entsprechenden Anpassungen aufzufordern und sich die Anpassungen (mit einem exakten Zeitstempel) bestätigen zu lassen. Die Daten in der Kontrollgruppe führen nicht zu Änderungen in Entscheidungstabellen; hier bleibt alles wie gehabt.

Stichproben (nachher)

Nachdem die entsprechenden Anpassungen in den Entscheidungstabellen oder den Systemen zur Datenerzeugung durchgeführt wurden, gelangen neue Daten in SAP HANA (idealerweise in Echtzeit). Aus diesen neuen Transaktionsdaten können (ebenso wie zuvor) Stichproben entnommen werden. Hierfür können die gleichen Prozeduren zum Einsatz kommen wie zuvor für das Befüllen der Schicht »Stichproben (vorher)«. Wir haben dies in Abbildung 7.7 durch gepunktete Pfeile zwischen der Grundgesamtheit und der Schicht »Stichproben (nachher)« angedeutet. Die Datenflüsse im Zusammenhang mit der Auswertung des Experiments stellen wir ebenfalls gepunktet dar.

Neue Datenmenge verarbeiten

Wie lange das Experiment dauert, hängt davon ab, wie viele Daten für eine zuverlässige Aussage gesammelt werden müssen. Zur Entscheidung hierüber können verschiedene Ansätze verwendet werden:

Dauer des Versuchs

▶ Man kann unterstellen, dass sich die Grundgesamtheit nach der Änderung z.B. bezüglich der Streuung bestimmter Fakten ebenso verhält wie die Grundgesamtheit vor der Änderung. In diesem Fall kann man einfach darauf warten, dass der Umfang der Stichproben nach der Änderung exakt dem Umfang der Stichproben vor der Änderung entspricht.

▶ Um im Fall einer Änderung, die negative Konsequenzen hat, den Schaden zu begrenzen, kann man die Dauer des Experiments auf eine bestimmte Zeitspanne begrenzen und sich mit den Daten begnügen, die innerhalb dieser Zeitspanne gesammelt wurden. Hierbei besteht das Risiko, dass man aufgrund einer zu kleinen Stichprobe zu Fehlschlüssen gelangt.

▸ Man kann den »Königsweg« wählen und die Grundgesamtheit nach der Änderung als einen völlig neuen Datenbestand betrachten, für den auch die Ermittlung des Stichprobenumfangs erneut durchgeführt werden muss.

Statistische Tests

Sind Kennzahlen/ Werttreiber betroffen? — Mithilfe den in Abschnitt 7.5.1, »Abschnitt 7.5.1 erwähnten Verfahren zur Datenverwertung werden nun mit den Daten von Experimental- und Kontrollgruppe (vor und nach dem Experiment) statistische Tests durchgeführt. Die Tests dienen dazu, zu ermitteln, ob die entsprechende Änderung (z.B. des Produktpreises) auch zu einer Veränderung an werttreiberrelevanten Kennzahlen oder an Werttreibern selbst geführt hat, und wenn ja, ob es sich hierbei um eine Veränderung im Sinn von LO handelt oder nicht. Aus den Tests resultiert daher eine Entscheidung über die weitere Vorgehensweise, z.B.:

▸ Test abbrechen, Änderungen in Entscheidungstabellen rückgängig machen

▸ Stichproben schrittweise erweitern, Test auf erweiterten Stichproben wiederholen, dann neu entscheiden

▸ Änderung (z.B. Preiserhöhung) sofort unternehmensweit umsetzen

Natürlich können auch Kombinationen von Entscheidungen nebeneinander existieren und parallel zueinander ausgeführt werden. Auch können mehrere unterschiedliche Experimente parallel zueinander laufen.

Resultierende Strategie

Entscheidungs- strategie in Prozeduren abbilden — Die Strategien zu den Entscheidungen müssen letztendlich durch Prozeduren ausgeführt werden, den gleichen Prozeduren, die schon zuvor für die experimentellen Änderungen verwendet wurden. Die Information, welche dieser Prozeduren (Preiserhöhung, Preissenkung etc.) mit welchen Parametern (Erhöhung um 10 %, 5 % etc.) auf welchen Objekten (Filialen, Regionen etc.) ausgeführt werden soll, kann in Entscheidungstabellen auf der Schicht »Resultierende Strategie« abgelegt werden. Diese Entscheidungstabellen sind nicht identisch mit denjenigen in der Schicht »Entscheidungstabellen«. Es handelt sich hierbei vielmehr um Tabellen, die *Metaprozeduren* steuern. Diese Metaprozeduren rufen ihrerseits die Prozeduren zur Änderung der Schicht »Entscheidungstabellen« auf und stellen diesen (z.B. in der Schicht »Umsetzung«) die erforderlichen Input-Daten zur Verfügung.

Umsetzung

Die Prozeduren, die die Schicht »Entscheidungstabellen« pflegen, erfordern Input-Daten, das heißt, sie müssen wissen, welche Werte sie in den Entscheidungstabellen für die Produkte zur Datenerzeugung durch welche neuen Werte ersetzen sollen. Diese Input-Daten können durch die Metaprozeduren in separaten Tabellen bereitgestellt werden. Wir haben in Abbildung 7.7 aus Gründen der Übersichtlichkeit auf der Ebene »Umsetzung« nur zwei Domänen vorgesehen und von hier aus gestrichelte Pfeile zu zwei Domänen auf der Schicht »Entscheidungstabellen« gezogen.

Input-Daten in Metaprozeduren bereitstellen

Nach einem solchen Zyklus (der in der Praxis nur einige Sekunden oder Minuten dauern wird) könnte gleich ein neues Experiment gestartet werden. So wäre es z.B. denkbar, dass innerhalb eines Durchlaufs Preise für maximal 1 % aller Produkte geändert werden dürfen und die maximal zulässige Preisänderung (aus Sicherheitsgründen) auf 10 % beschränkt ist. Durch ein mehrfaches Durchlaufen eines solchen Zyklus würden die Preise schrittweise und produktspezifisch an die »Schmerzgrenze« der Kunden herangeführt.

Experimentzyklus mehrfach durchlaufen

Gleichzeitig ist es vorstellbar, dass viele solcher Zyklen mit unterschiedlichem Fokus parallel zueinander existieren. Ein Zyklus könnte Preisänderungen auf Produktebene testen, ein anderer Preisänderungen in bestimmten Geschäften oder Städten. Ein dritter Zyklus kümmert sich vielleicht um Promotionen (z.B. »3 zum Preis von 2«), die dann Auswirkungen auf die in Abschnitt 7.4.1, »Zugehörige Value Maps im SAP Solution Explorer«, erwähnte Lösung Markdown Management haben. Zu Ende gedacht, entsteht so ein umfassendes System autonom agierender Bots, die wichtige unternehmerische Steuerungsparameter 24 Stunden pro Tag und sieben

Autonom agierende Bots

Tage in der Woche in Echtzeit an die jeweiligen Umweltbedingungen anpassen können.

[+] **Bots außer Kontrolle**

Bei aller Euphorie für Big Data sollte man nicht vergessen, dass wir hier von hochkomplexen Systemen sprechen, die sich – sowohl wegen ihres Umfangs als auch wegen ihrer Geschwindigkeit – einer menschlichen Kontrolle entziehen. Das birgt bestimmte Gefahren: Im elektronischen Börsenhandel, in dem die Verwendung derartiger Algorithmen schon seit Jahren üblich ist, kam es z.B. am 06. Mai 2010 zu einem sogenannten *Flash Crash*. Die Ursachen dieses Crashs sind bis heute nicht eindeutig geklärt, man vermutet aber, dass computergesteuerte Handelsprogramme aufeinander reagiert und damit die Situation hochgeschaukelt haben. Beim Online-Händler Amazon wurde am 18. April 2011 Peter Lawrences Buch *The Making of a Fly* (ein biologisches Fachbuch) für knapp 24 Millionen Dollar angeboten. Grund für die Preiseskalation waren die sich gegenseitig aufschaukelnden Preissetzungsalgorithmen zweier Buchanbieter.

Beim Aufbau komplexer, autonom handelndwer Systeme muss man daher auch daran denken, Kontrollmechanismen und Dashboards für die Überwachung des Systems vorzusehen.

*»Es hängt alles irgendwo zusammen: Sie können sich
am Hintern ein Haar ausreißen, dann tränt das Auge!«*

*Dettmar Cramer, ehemaliger deutscher
Fußballspieler und -trainer*

8 Sensordaten auswerten und Metadaten automatisch erheben

*Norbert seufzte. Der Strand nahm einfach kein Ende, und sein Mittag-
essen rückte zeitlich immer weiter in die Ferne. Dabei hatte er sich vorher
die Bucht auf seiner Wander-App genauer angesehen. Am südlichen Zip-
fel stand sein Wohnmobil, und die Luftlinienentfernung bis zum anderen
Ende betrug gerade einmal fünf Kilometer. Weil der Strand nicht baguette-
gerade war, sondern einen croissantförmigen Halbmond beschrieb, hatte
er großzügig 50 % addiert. Machte 7,5 km bis zur Klippe oder – laut
Wander-App – eine Stunde und 37 Minuten in seiner Trekking-
Geschwindigkeit. Trotzdem zeigte der Blick auf die Karte, dass er nach 95
Minuten gerade einmal die Hälfte hinter sich gebracht hatte. In einer
halben Stunde fuhr der für heute letzte Bus vom Nordende der Bucht zu
seiner Bleibe (wo knusprige Baguettes gerade immer weicher und frische
Croissants langsam härter wurden).*

Abbildung 8.1 Strand bei Fréhel, Département Côtes-d'Armor, Frankreich

Offensichtlich wusste die App nicht, dass man auf nassem Sand, im Schnee oder im hohen Gras deutlich langsamer vorwärtskam als auf einem guten Forstweg. Er war zwar schon häufiger durch unwegsame Gegenden gelaufen und hatte diese Tracks auch aufgezeichnet, aber 10 % mühseligere Wegstrecken spielten bei einer Durchschnittsbildung über Jahre kaum eine Rolle. Außerdem führten Touren ja in den seltensten Fällen vollständig nur durch festes oder nur durch schlammiges Terrain. Auf seinem letzten Streifzug in den Highlands war er zunächst auf Nebenstraßen bergab gelaufen, hatte dann auf ausgetretenen Schafs- pfaden und sumpfigen Wiesen eine Ebene durchquert, war über steile Geröllfelder einen Berg hinaufgestiegen und hatte sich dann zu guter Letzt in knietiefen Schneewehen wiedergefunden. Je nach Anteil der ein- zelnen Bodenbeschaffenheiten auf einer Strecke ergab sich dann ein Geschwindigkeitsmittelwert, der für die Planung neuer Unternehmungen vielleicht als Näherung brauchbar war, aber manchmal auch völlig dane- benliegen konnte.

Das Problem war, dass seine Wander-App nur einen statt mehrerer Durchschnittswerte errechnete. Genau genommen, war diese Einschrän- kung nicht nachzuvollziehen, denn die App lief ja auf einem Smartphone mit GPS, Kartendaten und Höhenmesser. Theoretisch befanden sich also alle Informationen, die man für eine sinnvolle Durchschnittsbildung (z. B. getrennt nach Steigung und Topografie) verwenden konnte, in dem flachen schwarzen Kasten, den er jetzt am liebsten in die herannahende Flut geworfen hätte. In der Praxis waren alle diese Daten ebenso weit voneinander entfernt wie er selbst von der auffälligen Felsformation, die sein Ziel war. Ernüchtert und immer noch nüchtern verstaute er die nutz- lose Hochtechnologie in seinem Rucksack und marschierte weiter.

Unsere Umwelt ist voller Messfühler, die Parameter jedweder Art erfassen können. In unseren Kühlschränken, Backöfen, Thermos- taten, Klimaanlagen oder Notebooks finden sich Temperatursenso- ren, GPS-Empfänger begleiten uns auf Schritt und Tritt in Smartpho- nes, Tablets oder Autos, und wenn wir mit dem Flugzeug reisen, überwacht eine Vielzahl an Messinstrumenten wichtige Flugparame- ter wie Höhe, Außentemperatur und Schräglage der Maschine oder das reibungslose Funktionieren der Triebwerke. Eine schöne Über- sicht hierzu findet sich z. B. auf *http://en.wikipedia.org/wiki/List_of_ sensors.* Alle diese Sensoren liefern täglich, stündlich, minütlich, sekündlich oder noch viel häufiger irgendwelche Werte. Vieler die- ser Daten sind für sich allein betrachtet wertlos; erst im Zusammenspiel miteinander haben sie einen Nutzen. Wenn man also aus Sensordaten Erkenntnisse gewinnen will, muss man sehr viele sehr große Datenbestände zueinander in Beziehung setzen: ein klassisches Einsatzgebiet für eine Big-Data-Lösung.

Wir betrachten in diesem Kapitel einige spezielle Fragen im Zusammenhang mit der Auswertung von Sensordaten. Im Mittelpunkt hierbei stehen weniger technische als vielmehr konzeptionelle Reflexionen. Auch beschäftigen wir uns nicht mit der Aufdeckung von Zusammenhängen und der Modellentwicklung (lesen Sie hierzu Abschnitt 5.4.3, »Bausteine der Lösung«) oder der Problematik, wie werttreiberbezogene Datenflüsse für Sensordaten ausgestaltet werden sollten (lesen Sie hierzu Kapitel 6, »Datenmodelle flexibel und einheitlich gestalten«). Stattdessen geht es uns primär um die speziellen Anforderungen, die sich bei der Verarbeitung von Sensordaten in Sachen Metadaten ergeben. Einerseits geht es darum, welche Art von Metadaten man überhaupt braucht, andererseits aber auch darum, wie man solche Metadaten beschaffen und zeitnah aktuell halten kann. Hinsichtlich der Art von Metadaten beschäftigen wir uns mit der Frage, ob gemessene Werte zeitpunkt- oder zeitraumbezogen sind und was das für die Auswertung bedeutet. Zur Illustration verwenden wir ein Fallbeispiel aus dem Automobilbereich. Das Beispiel ist zwar fiktiv, bildet aber ein Szenario ab, das unter dem Stichwort *Telematics Usage Based Insurance* (UBI, auch bekannt als *Pay As You Drive*, PAYD) längst Realität ist. Für den Telefonanbieter *Vodafone* beispielsweise ist UBI nur eine von mehreren Leistungen im Geschäftsfeld *Machine-to-Machine* (M2M). Zur Beschaffung und Aktualisierung von Metadaten beleuchten wir einen Ansatz, bei dem eine Big-Data-Lösung für Sprachanalyse und Text Mining zum Einsatz kommt, um die Metadaten zu extrahieren, die man für eine andere Big-Data-Lösung (Sensordaten analysieren) braucht. Im weiteren Verlauf konzentrieren wir uns dann auf die Beschaffung und Pflege von Metadaten, was auch Gegenstand unseres Datenmodells ist.

Im Anschluss an die Schilderung des Szenarios betrachten wir die Nutzenpotenziale und die ganz spezifischen Probleme, denen sich unser Beispielunternehmen gegenübersieht. Dabei konzentrieren wir uns vor allem auf die Frage der Kommunikation zwischen Organisationen in unterschiedlichen Branchen und den Austausch von Metadaten zwischen diesen, wenn Datenquellen und Know-how in verschiedenen Organisationen liegen. Wir stellen hier einen Ansatz vor, bei dem inhaltsbezogene Informationen, z.B. das Wissen über den Sinn und die Funktionsweise eines Sensors, von *semantisch neutralen Metadaten* getrennt werden.

[zB]
Semantisch neutrale Metadaten

Denken Sie an zwei gängige Sensoren in Ihrem Auto. Der eine von beiden erfasst, ob das Abblendlicht eingeschaltet, und der andere, ob die Fahrertür geschlossen ist. Beide Sensoren arbeiten nach technisch völlig unterschiedlichen Prinzipien. Der Sensor für das Licht ermittelt beispielsweise, ob ein elektrischer Strom zu dem entsprechenden Leuchtkörper fließt. Beim Sensor in der Tür könnte es sich um einen sogenannten *Reedschalter* handeln (einen Sensor, der die Nähe von zwei Objekten mithilfe eines Magnetfelds melden kann).

Selbst wenn der Reedschalter sich nicht in Ihrem Auto, sondern an Ihrer Kühlschranktür befände: Die semantisch neutralen Metadaten beider Sensoren sind praktisch identisch. Beide Fühler erfassen einen Zustand vom Typ »Ja/Nein«, beide liefern nicht periodisch, sondern zu jedem beliebigen Zeitpunkt (immer dann, wenn man sie »befragt«) einen Wert, und bei beiden Sensoren ist der jeweils gelieferte Wert nicht zeitraum-, sondern zeitpunktbezogen: Wenn die Kühlschranktür aktuell geschlossen ist und auch vor zehn Minuten geschlossen war, bedeutet das keineswegs, dass sie zwischendurch nicht neun Minuten lang offen stand.

Ein weiteres Beispiel: Wenn wir Bilder digital aufnehmen und weitergeben, können wir in diesen Bilddateien auch Metadaten speichern. Zu diesen Metadaten gehören die Aufnahmezeit, der Aufnahmeort, Details zur Kamera, zum Objektiv, zur Blende und zur Verschlusszeit oder ein Histogramm, dem wir entnehmen können, ob Fotos über- oder unterbelichtet sind. Daneben können wir auch Informationen zum Bildinhalt (Tante Ernas Geburtstagsparty) in den Metadaten ablegen. Aufnahmezeit und Blende wären semantisch neutrale Metadaten, die Information, dass Tante Erna auf dem Bild zu sehen ist, wäre nicht semantisch neutral.

Semantisch neutrale Metadaten sind also Metadaten, die das Verhalten oder die Möglichkeiten von Daten verallgemeinert oder abstrakt beschreiben. Sie beziehen sich in der Regel nicht primär auf Herkunft oder Inhalt der Daten, sondern auf deren Weiterverarbeitung. Welche Metadaten genau semantisch neutral sind und welche nicht, hängt nicht unbedingt von den Daten selbst ab. Vielmehr kommt es auf die *geplante Verwendung* der Daten an. Wenn wir z.B. eine Routine erstellen wollen, die alle Bilder löscht, auf denen Tante Erna zu sehen ist, wird diese Information hierdurch vielleicht noch nicht semantisch neutral, aber zumindest verarbeitungsrelevant.

Wir wollen uns hier nicht zu weit in die theoretische Informatik vorwagen. Möchten Sie mehr über die Unterscheidung zwischen semantisch neutralen und nicht semantisch neutralen Metadaten erfahren, sollten Sie sich mit den Fragen der Wiederverwendbarkeit und der Interoperabilität beschäftigen (siehe z.B. *http://de.wikipedia.org/wiki/Architektur_Inter operabler_Informationssysteme*).

Nach einem kurzen Exkurs, in dem wir passende SAP-Lösungen im SAP Solution Explorer lokalisieren, befassen wir uns etwas genauer mit der Idee der semantisch neutralen Metadaten. Wir nennen einige auf unser Szenario bezogene Beispiele, verdeutlichen deren Vorteile in fachlich heterogenen und gleichzeitig sehr dynamischen Umgebungen und gehen darauf ein, welche Verfahren und Werkzeuge zur Datenverwaltung, Beschaffung und Extraktion sowohl inhaltsbezogener als auch semantisch neutraler Metadaten zum Einsatz kommen können.

In der Folge stehen die Nutzenpotenziale und Werttreiber im Vordergrund. Hierbei geht es uns vor allem darum, Nutzenpotenziale und Werttreiber für unseren Lösungsansatz zu definieren (und nicht die Nutzenpotenziale von UBI). Die diskutierte Vorgehensweise soll dazu führen, dass unser Beispielunternehmen die Erträge aus den neuen Anwendungen mit vertretbarem Aufwand realisieren kann. Zum Schluss stellen wir einige Überlegungen zum Implementierungsszenario an. Bei der Betrachtung der Datenarchitektur konzentrieren wir uns auf das Gesamtbild für die Beschaffung unserer inhaltsbezogenen und nicht inhaltsbezogenen Metadaten. Unser Hauptinteresse gilt der Beschaffung von Metadaten. Um das Bild abzurunden, gehen wir auch auf Themen der Verarbeitung von Sensordaten ein und sprechen dabei auch Daten an, die für unser spezielles Szenario keine große Rolle spielen (RFID-Daten). Im folgenden Kapitel werden wir auf dieser Basis unser Augenmerk auf die Verarbeitung von Sensordaten an sich richten, begeben uns dazu aber wieder in eine andere Branche.

8.1 Vom Umgang mit Sensordaten

Im industriellen Bereich spielen Sensoren schon seit vielen Jahren eine große Rolle. Messfühler überwachen nicht nur das ordnungsgemäße Funktionieren aller Systeme in einem Flugzeug, sondern auch den Ablauf von Produktionsprozessen z.B. in der chemischen oder

Sensordaten steuern Prozesse

der Nahrungsmittelindustrie. Nicht selten wird auf Basis von Sensordaten direkt und automatisch in Produktionsprozesse eingegriffen. In der Druckindustrie etwa werden bei einem Riss der Papierbahn zur Verhinderung größerer Schäden die Maschinen in Sekundenbruchteilen angehalten, schneller, als jeder Mensch hierauf reagieren könnte.

Zusammenfassung mehrerer Messsysteme

Ein besonders großes Zukunftspotenzial steckt in der intelligenten und flexiblen Integration von Daten unterschiedlicher Messsysteme. Fahrassistenten im Auto verwerten die Informationen aus Radar- und Ultraschallsensoren und kombinieren diese mit Bildern von Stereokameras, die Verkehrszeichen, Straßenmarkierungen und andere Fahrzeuge identifizieren können. Auf dieser Basis entwickeln alle großen Fahrzeughersteller und sogar der Internetriese Google sogenannte *autonome Fahrzeuge*. Autos, in denen wir ähnlich wie bei einer Bahnfahrt unterwegs arbeiten oder die Zeitung lesen können, sind jetzt schon technisch machbar. Momentan werden die Grenzen der Realisierbarkeit nicht durch die Technik, sondern durch gesetzliche Vorschriften gesetzt (Haftung für Fahrfehler).

Autonome Fahrzeuge

In einem weiteren Schritt wäre es möglich, die Algorithmen zur Fahrzeugsteuerung nicht nur statisch, sondern – wie bei einem guten Fahrer auch – selbstlernend auszugestalten. Obendrein bietet die moderne Kommunikationstechnik die Option, neben eigenen auch die Sensordaten vorausfahrender oder folgender Fahrzeuge zu verarbeiten. Ein Auffahren auf einen Stau hinter einer schwer einsehbaren Kurve wäre so praktisch ausgeschlossen.

Industrie 4.0 als strategische Initiative

Was Anwendungen in der industriellen Produktion betrifft, hat zwischenzeitlich auch die Politik die Chancen erkannt. 2011 wurde in Deutschland unter dem Begriff *Industrie 4.0* eine neue Strategieinitiative basierend auf dem *Internet der Dinge* aufgesetzt.

[»]

Industrie 4.0

Industrie 4.0 ist ein Projekt der Bundesregierung, das darauf zielt, die Möglichkeiten des Internets der Dinge zu nutzen, um flexiblere, effizientere und kundenfreundlichere Geschäfts- und Wertschöpfungsprozesse zu entwickeln. Die Wortschöpfung *Internet der Dinge* wurde in dem 1991 erschienenen Aufsatz *The Computer for the 21st Century* von Mark Weiser (1952–1999) geprägt. Man versteht darunter ein Netzwerk, das nicht primär aus Computern, sondern aus Alltagsgegenständen (hierzu gehören nicht nur das Smartphone, sondern auch Auto, Kühlschrank, Kaffeemaschine, RFID-Systeme etc.) oder Anlagen und Maschinen jedweder Art besteht. All diese Gegenstände verfügen über eine eigene, eindeutige Identifikationsnummer, einen Zugriff auf das Internet und die Fähigkeit, untereinander Daten auszutauschen (und diese gegebenenfalls auch zu verarbeiten).

Der Begriff Industrie 4.0 kam erstmals auf der Hannover-Messe 2011 in Umlauf und war auch einer der Schlüsselbegriffe der gleichen Veranstaltung im Jahr 2014. Eine Schlüsselrolle in diesem Zusammenhang spielten unter anderem der Bosch-Manager Siegfried Dais und SAP-Mitbegründer Henning Kagermann.

Übrigens gelten insbesondere für den Umgang mit Sensordaten ebenfalls die bereits in Abschnitt 1.4.3, »Wie Sie Werttreiber identifizieren«, und Abschnitt 5.4, »Lösung: Induktion statt Deduktion«, beschriebenen Prinzipien: **Korrelationen und Induktion**

▶ Für uns zählt bei Abhängigkeiten nicht das *Warum*, sondern nur das *Was*. Wenn ein Fahrer, der häufiger bremst, eine höhere Unfallwahrscheinlichkeit hat, wird er aus Sicht seiner Versicherung zu einem schlechteren Risiko, unabhängig davon, warum er öfter als andere Fahrer auf die Bremse tritt.

▶ Wir gehen unvoreingenommen an die Daten heran.

Sensordaten im Profisport [zB]

Ein schönes Beispiel für die induktive Auswertung von Daten allein auf der Basis von Korrelationen liefert übrigens der Film *Die Kunst zu gewinnen – Moneyball* mit Brad Pitt. Dort geht es um den Einzug statistischer Methoden in den Profi-Baseball. Im Film aus dem Jahr 2011 spielen weder Sensoren noch Big-Data-Lösungen eine Rolle, trotzdem ist der Denkansatz (Korrelation statt Kausalität, Induktion statt Deduktion) gleich.

Wenn jetzt auch die deutsche Nationalelf mithilfe von SAP auf Big Data setzt (*http://www.bild.de/digital/computer/cebit/bierhoff-setzt-auf-daten-nationalelf-bereitet-sich-mit-big-data-auf-wm-vor-35010948.bild.html*), wird gegenüber dem Beispiel im Film die Datenbasis mit Sensoren verbreitert und verfeinert, z.B. indem Ortungschips in der Bekleidung der Spieler und im Ball untergebracht werden. Hierdurch wird es möglich, nicht nur wie im Film die Gesamtleistung von Spielern, sondern auch einzelne Züge in einem konkreten Spiel zu analysieren.

8.1.1 Sensordaten sind heterogen

Unsere ersten Überlegungen zum Thema machen deutlich, dass wir es bei Sensordaten mit sehr vielen, sehr unterschiedlichen Fakten zu tun bekommen. Mit »unterschiedlich« meinen wir hierbei allerdings **(Mathematisch) unterschiedliche Daten**

weniger Formate und Datenstrukturen – diese lassen sich vereinheit-
lichen, und hierfür existieren schon seit längerer Zeit geeignete
(Industrie-)Standards wie XML. Uns kommt es vielmehr auf wesentliche konzeptionelle Unterschiede an, das heißt Unterschiede in den
semantisch neutralen Metadaten.

Genauigkeit (Verlässlichkeit)

Sensoren messen unterschiedlich genau

Sensordaten für den gleichen Messwert unterscheiden sich sehr
stark in ihrer Genauigkeit. Die Messwerte barometrischer Höhenmesser werden von vielen Faktoren beeinflusst und können leicht
einmal um 30 Meter danebenliegen (was für einen Wanderer nicht
gravierend ist, für die Landung eines A380 bei Nacht und Nebel aber
schon); Laser- oder Radar-Höhenmesser (letztere kommen z.B. bei
automatischen Landeanflügen zum Einsatz) sind wesentlich zuverlässiger. Bei der Suche nach Ausreißern und der Abschätzung von Stichprobenumfängen muss man wissen, wie weit die betrachteten Daten
(z.B. aufgrund von Messungenauigkeiten) streuen. Unterschätzt man
die Streuung der Daten, kann es zu zwei Fehlern kommen:

- Man hält normale Schwankungen für Ausreißer.
- Der Umfang von Stichproben wird zu klein gewählt; man gelangt
  dann zu Aussagen, die die wahre Streuung der Daten unter- oder
  überschätzen.

Maximale Genauig-keit nicht immer erforderlich

Verstehen Sie uns nicht falsch: Natürlich besteht keinerlei Anlass, in
jedem Fall teure, hochpräzise Sensoren einzusetzen. Aus Sicht der
Datenmodellierung muss man einfach nur wissen, welches Maß an
Präzision man von einem Sensor erwarten kann. Bei ungenauen
Messungen kann es z.B. auch durchaus sinnvoll sein, kardinale
Werte in Klassen (von – bis) zu gruppieren und mit diesen zu arbeiten, anstatt sich von erratisch schwankenden Einzelwerten nervös
machen zu lassen. Die erwartete Genauigkeit hat einen Einfluss darauf, welche Kosten für Sensoren anfallen und wie viele Sensoren eingesetzt werden sollten. Viele (günstigere) ungenaue Sensoren können
unter Umständen in Summe genauere Ergebnisse liefern als ein sehr
hochwertiger Sensor (der zudem auch einmal defekt sein könnte).

Skalenniveau, Dimension und Einheit

Nominal, ordinal oder kardinal

Sensordaten können nur sinnvoll verarbeitet werden, wenn man
deren Skalenniveau (siehe Abschnitt »Trennung von Prognose und

Modellüberwachung« in Abschnitt 4.4.3) kennt und weiß, ob ein Messwert eine Einheit hat und, wenn ja, welche. Anders gesagt: Man benötigt neben dem Skalenniveau eventuell auch die *Dimension* (Druck, Temperatur, Höhe, Volumen etc.) und die Einheit (Hektopascal, Grad Celsius, Meter, Liter etc.) der gelieferten Werte. Daneben gibt es natürlich auch Messwerte ohne Dimension und Einheit (denken Sie an unser Beispiel mit der geschlossenen Kühlschranktür).

Granularität, Zeitdifferenz und Zeitdilatation

Sensordaten weisen unterschiedliche Granularitäten auf. Manche Sensoren liefern Hunderte von Messwerten pro Sekunde, andere nur stündliche oder tägliche Resultate. Daher muss ein Sensorwert in der Regel mit einem Zeitstempel versehen sein. Bei einer sehr hohen Granularität kommt mit solchen Zeitstempeln ein weiteres Problem hinzu: die Synchronisation von Zeitmessungen in unterschiedlichen Geräten und an unterschiedlichen Orten. Wenn einer dieser Orte ein schnell fliegendes Raumfahrzeug ist, darf man sich auch noch mit der *(gravitativen) Zeitdilatation* gemäß Einsteins *allgemeiner Relativitätstheorie* auseinandersetzen: Die Zeit verstreicht in einem schnell fliegenden Raumschiff langsamer als auf der Erde, und Uhren gehen unter Schwerkraft langsamer als im gravitationsfreien Weltraum. Solche Überlegungen sind mehr als nur physikalische Spekulationen für Autoren von Science-Fiction-Romanen: Die Navigationsgeräte in unseren Autos würden heute schon nicht richtig funktionieren, wenn bei der Positionsermittlung die Unterschiede zwischen den Atomuhren in den Satelliten und deren Pendants auf der Erde unberücksichtigt blieben.

Synchronisation der Zeitmessung bei granularen Daten

Bezugszeitpunkt und Bezugszeitraum

Wichtig ist nicht nur, wann oder wie oft ein Sensor Daten liefert, sondern auch ob die Daten zeitpunkt- oder zeitraumbezogen sind (denken Sie erneut an das Beispiel mit der Kühlschranktür). Bei zeitraumbezogenen Daten muss man wissen, auf welchen Zeitraum diese sich beziehen. Stellen Sie sich einen Zähler mit einer Lichtschranke vor, der die Anzahl der Kunden in einem Supermarkt erfasst. Ob 2.000 Kunden viel oder wenig sind, hängt nicht nur davon ab, *wann* die Zahl abgelesen wird, sondern auch davon, ob das Ergebnis die Zahl für einen Tag, eine Woche oder einen ganzen Monat ist.

Zeitpunkt- oder zeitraumbezogen

Wann und für
welchen Zeitraum
messen

Wann und wie häufig bestimmte Werte erfasst werden, hängt von Ihren Anforderungen und Ihren technischen Möglichkeiten ab. Auf jeden Fall müssen für eine sinnvolle Verarbeitung für jeden einzelnen Messwert drei Bedingungen bekannt sein:

- Bezieht sich der gelieferte Wert auf einen Zeitpunkt (z.B. Temperatur oder Luftdruck) oder auf einen Zeitraum (z.B. Anzahl der Kunden pro Monat oder Menge der übertragenen Daten pro Stunde)?

- Wenn sich ein Wert auf einen Zeitpunkt bezieht, auf welchen Zeitpunkt bezieht er sich genau? Meist ist dies der Zeitpunkt, zu dem die Messung vom Sensor gemeldet wurde; dieser Zeitpunkt muss aber nicht unbedingt mit dem Zeitpunkt der Datenankunft in Ihren Systemen identisch sein.

  Daten können zwar mit Lichtgeschwindigkeit übertragen werden, aber selbst bei Lichtgeschwindigkeit braucht ein Signal von Auckland nach Casablanca (20.000 km) knapp 0,07 Sekunden. Es kommt hinzu, dass Daten selten auf direktem Weg reisen. Im Hochfrequenzhandel an der Börse sind 0,07 Sekunden schon eine halbe Ewigkeit, und die Realwirtschaft ist nicht zuletzt dank Big Data ebenfalls unterwegs zu einem neuen Verständnis von »schnell« und »langsam«.

- Wenn sich der Wert auf einen Zeitraum bezieht, auf welchen Zeitraum bezieht er sich genau? Den Zeitraum brauchen wir, um einerseits sicherzustellen, dass die Bezugszeiträume zweier aufeinanderfolgender Datensätze sich nicht überlappen, und um andererseits die Daten sinnvoll interpretieren zu können.

Aggregierbarkeit und Aggregationsfunktionen

Summierung ist
nicht immer
sinnvoll

Ob und wie Sensordaten aggregiert (z.B. summiert) werden können, hängt sowohl von der Art der Daten als auch von deren Bezugszeitraum ab. Bei einer Lichtschranke, die Kunden zählt, können – sofern sich deren Bezugszeiträume nicht überlappen – die gelieferten Einzelwerte addiert werden. Wenn wir eine Zahl für jeden Tag eines Monats haben, erhalten wir so die Anzahl der Kunden für den ganzen Monat. Wird der Zähler der Lichtschranke aber nicht am Ende jedes Tages auf Null zurückgesetzt, haben die gelieferten Werte überlappende (*nicht disjunkte*) Bezugszeiträume (erster Wert: *nur* erster Tag des Monats; zweiter Wert: erster *und* zweiter Tag des Monats etc.). Wenn wir diese Werte einfach addieren, erhalten wir eine viel zu hohe Kundenanzahl für den Monat (bei einem Monat mit 31 Tagen wird dann z.B. der Wert für den ersten Tag 31 Mal berücksichtigt). Es gibt also einen Zusammenhang zwischen Bezugzeitpunkt bzw. -raum und Aggregierbarkeit.

Manche Messwerte lassen sich prinzipiell gar nicht sinnvoll addieren. Wenn ein Sensor täglich den CO_2-Gehalt der Luft an einer viel befahrenen Straßc misst (in Prozent), könnten wir diese Prozentwerte nicht einfach aufsummieren. Einerseits sind die Werte nicht zeitraum-, sondern zeitpunktbezogen (der Bezugszeitraum ist also für jeden Einzelwert unendlich kurz), andererseits kämen wir dann irgendwann auf Werte von über 100 %. Hier ergibt bestenfalls eine Durchschnittsbildung Sinn (wobei auch diese das Problem des Bezugszeitraums nicht löst).

Für einige Daten (z.B. die Anzahl der Mitarbeiter je Abteilung) kann man über bestimmte Merkmale (Abteilung) eine Summe bilden, über andere Merkmale (Monat) aber vielleicht nur einen Durchschnitt. Rein rechnerisch ist beides möglich, aber die Summierung der Mitarbeiteranzahl einer Abteilung über mehrere Monate hinweg erscheint uns – zumindest auf den ersten Blick – nicht sonderlich sinnvoll. Wieder andere Daten lassen sich gar nicht summieren, sondern nur zählen (z.B. Datum und Geschlecht).

Bei manchen Werttypen kommt man mit den klassischen Aggregationsmechanismen (Summe, Durchschnitt, Minimum, Maximum) gar nicht weiter. Ein Beispiel hierfür wären Postleitzahlen oder Namen. Hier könnte man z.B. Werte auszählen oder Intervalle (von – bis) bilden.

Häufig ist es durchaus sinnvoll, verdichtete, das heißt aggregierte, anstelle von individuellen Werten zu betrachten. Viele Zusammenhänge kann man aus der Luft besser als aus der Froschperspektive erkennen. Verdichtete Daten verschaffen uns oft einen besseren Überblick; mit unverdichteten Rohdaten kann es uns leicht passieren, dass wir den Wald vor lauter Bäumen nicht erkennen.

Verdichtete Werte für die Vogelperspektive

Navigationssysteme im Auto beispielsweise berechnen die Ankunftszeit am Zielort nicht immer neu aus der Geschwindigkeit der letzten zehn Millisekunden (eine Geschwindigkeit kann man nie zeitpunkt-, sondern nur zeitraumbezogen messen); stattdessen verwenden sie Durchschnittswerte oder gleitende Durchschnitte, um

Beispiel: Ankunftszeit im Navigationssystem

eine ursprüngliche Schätzung (basierend auf Straßentyp oder Verkehrslage) fortlaufend zu verbessern. Das wirft aber die Frage auf, wie Daten aggregiert werden können oder dürfen. Klassische Aggregationsfunktionen wären:

- ▶ Summe
- ▶ Anzahl
- ▶ Maximum
- ▶ Minimum
- ▶ Mittelwert
- ▶ Standardabweichung
- ▶ Median

Stabile Aggregationseigenschaften

Das Gute hierbei ist: Bei den meisten Daten sind deren Eigenschaften bezüglich der Aggregation stabil. Wir haben es also im Sinn unserer Definition mit semantisch neutralen Metadaten zu tun. Die Anzahl der Ausprägungen, mit denen wir bei den Metadatenmerkmalen Aggregierbarkeit und Aggregationsfunktion konfrontiert sind, ist überschaubar.

Basiswerte, berechnete Werte, eingeschränkte Werte

Liefert Sensor berechnete Zahlen?

Bei Messwerten kann man zwischen Basisdaten, berechneten und eingeschränkten Messwerten unterscheiden. Ein Sensor könnte beispielsweise den Abstand zum vorausfahrenden Fahrzeug in Metern liefern, er könnte aber auch über eigene Rechenfunktionen verfügen und stattdessen den Abstand in Sekunden bereitstellen (basierend auf der aktuell gefahrenen Geschwindigkeit). Beide Werte wären auf unterschiedliche Art und Weise zu interpretieren. Das Konzept entspricht den *Basiskennzahlen*, den *berechneten Kennzahlen* und den *eingeschränkten Kennzahlen* in SAP BW.

Vollständigkeit

Fehlende Datensätze wahrscheinlich?

Nicht immer geht mit der Erfassung und Übertragung von Sensordaten alles glatt. Daher ist es zunächst einmal wichtig zu wissen, ob fehlende Daten überhaupt auftreten können und woran man diese erkennt. Wenn ein Sensor alle 60 Sekunden einen Wert liefern soll und jeder Wert mit einem Zeitstempel geliefert wird, lassen sich

Lücken im Datenfluss relativ leicht identifizieren. Wenn ein Sensor aber nur Daten liefert, sobald ein bestimmtes Ereignis eintritt (z. B. sobald die Kühlschranktür geöffnet wird), weiß man nie, ob der Sensor nicht vielleicht ein Ereignis wegen einer Fehlfunktion verpasst hat. Sofern man weiß, dass Datensätze fehlen, stellt sich immer noch die Frage, wie damit umzugehen ist. Man könnte sich entscheiden, die fehlenden Daten einfach zu ignorieren, man könnte aber auch versuchen, die Lücken mit entsprechenden mathematisch-statistischen Verfahren zu füllen.

8.1.2 Sensordaten im Kontext interpretieren

Bestimmte Sensordaten besitzen für sich genommen nur sehr wenig oder gar keine Aussagekraft. Ein Beispiel hierfür ist Norberts Durchschnittsgeschwindigkeit in unserer einleitenden Geschichte: Ohne Wissen darüber, bei welcher Bodenbeschaffenheit und Steigung (und vielleicht Tagesform) diese Durchschnittsgeschwindigkeit ermittelt wurde, ist deren Wert für eine Abschätzung der heutigen Ankunftszeit begrenzt.

Sensordaten nicht isoliert betrachten

Ein weiteres Beispiel sind moderne Fahrassistenzsysteme, die Hindernisse (andere Fahrzeuge, Menschen, Wild) erkennen und, falls erforderlich, eine Notbremsung einleiten können. Wenn sich ein Hindernis (z. B. ein kreuzendes Fahrzeug) selbst ebenfalls bewegt und aufgrund seiner Geschwindigkeit in Sicherheit sein wird, bevor wir es erreichen, wäre eine sofortige Notbremsung eine unangemessene Reaktion, die vielleicht sogar zu einem Auffahrunfall führen wird. Wenn allerdings das Hindernis (wie z. B. ein geblendeter Hirsch im Scheinwerferkegel) plötzlich stehen bleibt, sollten wir vielleicht doch bremsen – wann und wie stark genau hängt wiederum von unserem Bremsweg ab. Das System braucht also für die Entscheidung über eine Notbremsung eine Vielzahl von Daten über die Bewegungsrichtung und Geschwindigkeit etwaiger Hindernisse, unsere eigene Geschwindigkeit, die Straßenbeschaffenheit und die auf dieser Grundlage maximal mögliche Verzögerung.

Beispiel: Notbremsung beim Auto

Ein anderes Beispiel hierfür ist der Stromverbrauch eines Kühlaggregats, das eine Lagerraumtemperatur von -18 Grad Celsius erzeugen soll. Ob der Verbrauch relativ hoch oder relativ niedrig ist, hängt unter anderem von der Außentemperatur ab. Wenn Sie in Ihrem Unternehmen Kühlcontainer einsetzen, um Frischware weltweit zu

Beispiel: Bewertung Energieverbrauch

transportieren, müssten Sie bei der Beurteilung der Energieeffizienz unterschiedlicher Containertypen auch wissen, bei welcher Außentemperatur wie viel Strom verbraucht wurde. Unter Umständen spielen auch Luftdruck oder Wellengang eine Rolle für den Stromverbrauch. Manchmal liegen solche Zusammenhänge auf der Hand, manchmal muss man sie auch erst (z. B. mit den in Abschnitt 5.4.2, »Fachliche Anforderungen«, beschriebenen Fragestellungen) entdecken.

Nur ein Sensor: Mehr False Positives Sensordaten müssen daher meist im Zusammenspiel mit den zugehörigen Rahmenbedingungen (z. B. den Daten anderer Sensoren) betrachtet werden. Es gibt zwar auch Fälle, in denen die Daten eines einzigen Sensors für Entscheidungen ausreichend sind. Denken Sie an das Beispiel der Druckmaschine oder an einen Brandmelder im Hotel. Wenn man sich nur auf einen Sensor verlässt, sind Fehlalarme wahrscheinlicher. Unter Betrachtung der Kosten für weitere Sensoren oder der Kosten von False Negatives kann das aber akzeptabel sein. In einem Ferienhaus sind wir einmal einem Feuermelder begegnet, der schon auf das Rösten von Toast ansprach, jeden Morgen wie wild losheulte und dann mit fleißigem Handtuchwedeln wieder beruhigt werden musste. Das ist aber immer noch besser, als im Schlaf zu ersticken. Die Regel lautet: Meist müssen Messreihen unterschiedlicher Sensoren kombiniert werden, um zu sinnvollen Aussagen zu gelangen. Weil das mit Big Data immer einfacher wird, steigen auch die Erwartungen an die Entscheidungsqualität.

8.2 Szenario: Kooperation zwischen Automobilhersteller, Telefonanbieter und Versicherer

Autohersteller unter Preisdruck Der japanische Automobilhersteller Maneki-neko K.K. (MN, zu Deutsch »Winkekatze«) produziert hauptsächlich Personenkraftwagen und zählt in diesem Bereich zu den weltweiten Technologieführern. Während deutsche Automobilhersteller erst allmählich und vorwiegend in der oberen Mittelklasse damit beginnen, ihre Fahrzeuge mit abstandsgeregelten Tempomaten oder auf die Windschutzscheibe projizierten Displays auszustatten, bietet MN derlei Techniken schon seit einigen Jahren sogar in der Kompaktklasse an. Trotzdem leidet MN ebenso wie andere Automobilhersteller unter dem Preiskampf in der Branche und daher unter sinkenden Deckungsbeiträgen. Die von MN angebotene bessere Ausstattung führt zwar zur Bevorzugung der eigenen Modelle bei ähnlichen Preisen, schafft aber keinen Spielraum für Preiserhöhungen. Einige zaghafte Versuche in den USA haben gezeigt, dass die meisten Kunden sich in diesen Fällen für andere, technisch unterlegene Fahrzeuge entschieden haben.

Um neue Ertragsquellen zu erschließen, führt MN schon seit längerer Zeit intensive Gespräche mit einer großen Versicherung und einem führenden Mobilfunkanbieter. In diesen Gesprächen entstand die Idee, die Fahrzeuge inklusive Mobilfunkkarte und lebenslangem Internetzugriff ohne Zusatzkosten zu verkaufen (ähnlich wie Amazons *Kindle Paperwhite 3G*). Diese Mobilfunkverbindung soll auch genutzt werden, um alle Daten aus den diversen Sensoren der Fahrzeuge (Geschwindigkeit, Geschwindigkeitsüberschreitungen, Beschleunigung, Bremsvorgänge, Abstand zum vorausfahrenden Fahrzeug etc.) an den Mobilfunkanbieter und die Versicherung zu liefern. Es ist geplant, dass der Mobilfunkanbieter die Daten als Ausgleich für die Bereitstellung der Verbindung kostenlos erhält, während die Versicherung dafür zahlt.

Neue Ertragsquelle: »Datengold«

MN erhofft sich, die Vereinbarung mit dem Versicherer auf Geschäfte mit anderen Versicherungsunternehmen ausweiten zu können und sich so ein neues, lukratives Geschäftsfeld zu erschließen. Außerdem haben beide Partner (die Versicherung und der Mobilfunkanbieter) MN zugesichert, alle aus den Daten gewonnenen Erkenntnisse ihrerseits wieder zurückzuliefern. MN geht davon aus, diese Erkenntnisse für die Weiterentwicklung der eigenen Fahrzeuge und auch für Marktforschungszwecke nutzen zu können.

Wir haben uns im Fallbeispiel dieses Kapitels ganz bewusst für einen Automobilhersteller entschieden. Aufgrund der heute in Autos verbauten Sensoren, Kameras, Ortungsanlagen und Mobilfunksysteme kann man ein Auto nicht nur als Beförderungsmittel, sondern auch als mobile Datensammeleinheit betrachten, was auch der Grund dafür sein dürfte, dass der Google-Konzern die Entwicklung autonomer Fahrzeuge mit viel Energie vorantreibt. Wir vermuten, dass noch nicht alle Autohersteller erkannt haben, auf welchem (Daten-)Schatz sie sitzen und dass man mit den Daten aus Fahrzeugen vielleicht zukünftig sogar höhere Erträge erwirtschaften kann als mit neuen Antriebstechniken.

8.3   Datenaufbereitung: Kosten, Risiken und Chancen

Keine eigenen
Ressourcen für
Analyse

MN beschäftigt brillante Ingenieure und Techniker, die IT-Abteilung ist allerdings relativ klein. Die meisten diesbezüglichen Aufgaben sind ausgelagert. Auch in anderen Unternehmensbereichen (z. B. im Marketing) fehlt es MN an Data Artists, Data Scientists, Mathematikern und Statistikern. MN selbst wäre daher mit der Analyse der gigantischen Datenmengen aus den Fahrzeugen sowohl mengenmäßig als auch fachlich völlig überfordert.

Gemeinsames Team
der Partner

Diese Einsicht war auch der Grund dafür, das Gespräch mit passenden Partnern zu suchen. Der Mobilfunkanbieter ist mit der Verarbeitung sehr großer Datenmengen vertraut – z. B. durch seine *Call Detail Records* (CDR, das sind Datensätze, die die abrechnungsrelevanten Informationen eines Gesprächs festhalten); das Versicherungsunternehmen beschäftigt ohnehin einige Hundert *Aktuare* (Versicherungsmathematiker), für die der Umgang mit mathematisch-statistischen Methoden zum Tagesgeschäft gehört. Viele der Mitarbeiter der Versicherung finden den Gedanken spannend, eine Zeit lang nicht nur an der Bewertung von Versicherungsrisiken zu arbeiten. MN und seine Partner haben daher beschlossen, für das neue Gemeinschaftsunternehmen mit vereinten Kräften ein Team aufzustellen, das anfangs aus 15 und später aus bis zu 50 Mitarbeitern bestehen soll.

8.3.1   Problem: Anforderungen der Partner

Wissens-
vermittlung über
Unternehmens-
grenzen

Vor einem Vertragsabschluss muss MN allerdings noch eine Schwierigkeit überwinden. Beide Partner erwarten, dass die von MN gelieferten Daten nicht einfach als Rohdaten bei ihnen ankommen. Weder der Versicherer noch der Mobilfunkanbieter beschäftigen Ingenieure der Fachrichtung Fahrzeugtechnik, beide wären also damit überfordert, die angelieferten Daten inhaltlich zu verstehen. Außerdem hat der Mobilfunkanbieter, der ja schon seit einiger Zeit mit ähnlichen Daten arbeitet, ein sehr abstraktes Analysesystem aufgebaut, das kürzlich auf SAP HANA migriert wurde. Dieses Analysesystem wertet Daten quasi »blind« aus, das heißt, die denkbaren Analyseergebnisse sind nicht schon vorweg durch Annahmen der Entwickler eingeschränkt und unabhängig vom Dateninhalt. Die Vorgehensweise des Mobilfunkunternehmens entspricht also den in Kapitel 5, »Reisekosten und Reisezeiten reduzieren«, und Kapitel 6,

»Datenmodelle flexibel und einheitlich gestalten«, vorgestellten Denkansätzen.

Für die rein inhaltliche Beschreibung der gelieferten Daten hat sich die Werbeabteilung von MN eine sehr eingängige Darstellung ausgedacht. Zunächst wurde eine Liste aller in den Fahrzeugen verbauten Sensoren und den von diesen Sensoren gelieferten Messwerten erstellt (manche Sensoren können mehr als einen Messwert liefern). Für jeden Sensor wurde dann ein kurzes Video produziert, das den Sensor, seine Position im Fahrzeug, seine Funktion innerhalb des Gesamtsystems und die von ihm gelieferten Messwerte anschaulich darstellt. Die Sprachspur dieser Videos wurde (über ein Spracherkennungssystem) in geschriebenen Text umgesetzt und mit dem Zeitcode des Videos verknüpft. Damit steht den Empfängern eine Volltextsuche im Video zur Verfügung. Sie können nach Begriffen suchen und dann direkt via Mausklick zu der Stelle im Video springen, an der der entsprechende Begriff erklärt wird.

Weitergabe inhaltsbezogener Metadaten

Volltextsuche im Video [+]

Diverse Videoanwendungen bieten schon entsprechende Möglichkeiten, so z.B. die speziell für Bildschirmaufzeichnungen gedachte Lösung *Camtasia* (*http://www.techsmith.de/camtasia.html*) oder *Adobe Premiere* (*http://www.adobe.com/ch_de/products/premiere.html*). Beide Programme bieten die Möglichkeit, den gesprochenen Text und dessen (zeitliche) Position beim Abspielen des Videos anzuzeigen. Bei dem so erkannten Text handelt es sich um (inhaltsbezogene, semantisch nicht neutrale) Metadaten. Darüber hinaus werden noch weitere, meist semantisch neutrale Metadaten erfasst.

Der Vorteil einer Spracherkennung mit Camtasia oder Premiere gegenüber einer Analyse mit einem reinen Spracherkennungssystem (wie z.B. *Dragon NaturallySpeaking* von *Nuance*, siehe *http://www.nuance.de/for-individuals/by-product/dragon-for-pc/index.htm* oder der in Mac OS X verfügbaren Diktierfunktion) liegt darin, dass der erkannte Text mit dem Zeitcode des Videos verknüpft wird (man spricht hier auch von *Tagging*). Dadurch entsteht die Möglichkeit, gefundene Textstellen direkt im Video anzuspringen. Hat man zusätzlich (z.B. in SAP Information Steward) noch eine geeignete Begriffstaxonomie zur Verfügung, kann man sich auch Anwendungen vorstellen, die nicht nur nach Begriffen im Video, sondern auch nach (gar nicht im Video enthaltenen) Oberbegriffen suchen können.

Inhaltsbezogene Metadaten erst »bei Bedarf«

Dieser praktische Weg zur Wissensvermittlung stellt aber eigentlich den zweiten Schritt im Arbeitsablauf der Partner dar. Ein inhaltliches (semantisches) Verständnis der gelieferten Messwerte brauchen diese nämlich erst *nach* Durchführung entsprechender Analysen. Sonst müsste sowohl der Mobilfunkanbieter als auch der Versicherer viel Zeit investieren, um die Bedeutung von Daten zu verstehen, die sich im Nachhinein doch als irrelevant erweisen.

Flexible Datenmodelle bei den Partnern

Viel wichtiger für die Partner von MN sind die in Abschnitt 8.1.1, »Sensordaten sind heterogen«, beschriebenen Kriterien. Anhand dieser Informationen steuern die Partner nämlich auch ihre eigenen Analysesysteme. Insbesondere der Mobilfunkanbieter nutzt ein Datenmodell, das sich nicht um vordefinierte »Dogmen« schert, sondern dazu gedacht ist, unerwartete Zusammenhänge in den Daten aufzudecken. Um dies zu erreichen, wurden für jedes berechenbare Faktum die Anforderungen an die Eingangsdaten definiert. Die Sensordaten von MN können in diesem Umfeld nur analysiert werden, wenn für diese ebenfalls entsprechende Metadaten verfügbar sind. Mit der Lieferung dieser semantisch neutralen, mathematisch-statistischen Metadaten ist MN allerdings zunächst einmal fachlich überfordert.

8.3.2 Zahlenbeispiel

Firmenkultur auf Ingenieure ausgerichtet

Der 89-jährige Firmengründer von MN, der selbst immer noch aktiv in der Unternehmensführung mitwirkt, hält solche Diskussionen für akademisch-theoretischen Unsinn. In Gesprächen über Metadaten pocht er immer wieder darauf, MN sei mit der Konstruktion anständiger Autos groß geworden und zu seiner Zeit – gleich nach dem Krieg – habe man diese ohne Computer oder Mathematiker zusammengeschraubt und sei trotzdem innerhalb von zehn Jahren zum heimischen Marktführer geworden. Die Vorstandskollegen versuchen mittlerweile, solche Diskussionen zu vermeiden und in aller Stille am Kooperationsprojekt weiterzuarbeiten.

EBIT-Marge im Sinkflug

Um den Firmengründer trotzdem zu überzeugen, hat der CFO die durch die Kooperation erzielbaren zusätzlichen Erträge abgeschätzt. MN erzielt derzeit mit etwa zehn Millionen abgesetzten Fahrzeugen pro Jahr (in allen Fahrzeugsegmenten, inklusive Nutzfahrzeuge) einen Umsatz von (umgerechnet) 180 Milliarden €, im Schnitt 18.000 € je Fahrzeug. Allerdings ist die *EBIT-Marge* (Earnings Before

Interest and Tax, das heißt Gewinn vor Zinsen und Steuern; *EBIT-Marge = EBIT ÷ Umsatz*) in jüngster Zeit auf nur 8 % oder 1.440 € je Fahrzeug gefallen.

Die potenziellen Partner aus der Versicherungsbranche wären bereit, bei jedem neu abgesetzten Fahrzeug, für das auch ein datenbasiertes Versicherungspaket erworben wird, eine Provision in Höhe von 1.500 € an MN zu zahlen. Für die Versicherer sind die Daten in mehrerlei Hinsicht wertvoll:

Partner wollen für Daten zahlen

▶ Bei Schadensfällen lässt sich der Unfallhergang wesentlich einfacher rekonstruieren. So können sowohl Ansprüche von Unfallgegnern als auch Ansprüche der eigenen Versicherungsnehmer leichter abgewiesen werden. Auch Ansprüche gegen Dritte lassen sich so leichter durchsetzen.

▶ Die Daten wären für die Ermittlung individueller (fahrerspezifischer) Versicherungsprämien von unschätzbarem Wert. Durch den Vergleich des Fahrverhaltens unfallanfälliger Fahrer mit dem schadensfreier Fahrer könnte man sowohl günstigere Prämien anbieten (und so den eigenen Marktanteil ausbauen) als auch – bei Risiko-Versicherungsnehmern – kostendeckende Prämien einfordern oder diese dem Wettbewerb überlassen.

▶ Unabhängig vom Einzelfall, lässt sich mit den Daten mehr über das Fahrverhalten von Kunden ganz allgemein erfahren. Auch Bewegungsprofile lassen sich problemlos erstellen. Das eröffnet ganz neue Möglichkeiten für die gezielte Kundenansprache.

▶ Schließlich bietet die Kooperation mit dem Autohersteller auch die Möglichkeit, neue Kunden gleich nach dem Kauf ihres Fahrzeugs an das eigene Unternehmen zu binden.

Gleichzeitig hat der CFO von MN von den eigenen Ingenieuren erfahren, dass sich die Kosten für die Datenübertragung in Grenzen halten. Da die Übermittlungskosten durch den Mobilfunkanbieter getragen würden, beschränkt sich der Zusatzaufwand für MN auf kleinere Anpassungen am Fahrzeug und summiert sich auf etwa 100 € je Auto. Hinzu kommen Kosten in der (zentralen) Datenverarbeitung in Höhe von etwa fünf Millionen €/Jahr.

Datenbereitstellung verursacht geringe Kosten

Die Marketingabteilung schätzt, dass im ersten Jahr mindestens 15 % der Kunden das neue Angebot nutzen würden. Um sie für das Angebot zu gewinnen, sollen diese Kunden neben günstigeren Ver-

Neue Marketingoptionen

sicherungsverträgen auch einen Rabatt in Höhe von 2 % auf den Fahrzeugpreis erhalten. Auf Basis dieser Zahlen ergibt sich für den CFO die folgende Rechnung:

▶ Der EBIT je Fahrzeug wird sich durch Anpassungen am Fahrzeug und Rabatte um 100 € bzw. um 360 € (2 % von 18.000 €) zunächst auf 980 € verringern, sich dann aber durch die Zahlung der Versicherung auf 2.480 € (und damit auf annähernd 14 % des Verkaufspreises) fast verdoppeln.

▶ Wenn 15 % aller Kunden 1,5 Millionen Fahrzeuge pro Jahr kaufen, steigt der Jahres-EBIT des Unternehmens von 14,4 auf 15,96 Milliarden € (also um 1,56 Milliarden €). Die EBIT-Marge für das Gesamtunternehmen erhöht sich um fast einen Prozentpunkt.

▶ Angesichts eines zusätzlichen EBITs von weit über einer Milliarde € erscheinen die ergänzend zu berücksichtigen IT-Kosten von fünf Millionen €/Jahr vernachlässigbar. Selbst wenn diese zehn Mal höher wären und Kosten in gleicher Höhe auch noch für die Konzeption anfielen, wäre das Projekt sinnvoll.

Grünes Licht vom Patriarchen Dem CFO ist durchaus bewusst, dass der Firmengründer nicht nur mit Herz und Seele Automobilbauer ist, sondern eine noch viel größere Schwäche für sprudelnde Gewinne hat. Die Präsentation dieser Zahlen und einige Protokolle aus Gesprächen mit Versicherern überzeugen deshalb schließlich auch den Patriarchen, ersten Vorüberlegungen in dieser Richtung grünes Licht zu geben.

8.3.3 Schlussfolgerungen zu semantisch neutralen Metadaten

Definition von Metadaten Um die enormen Ertragspotenziale erschließen zu können, muss MN allerdings zunächst die in Abschnitt 8.3.1, »Problem: Anforderungen der Partner«, geschilderte Hürde nehmen. Der CFO hat hierbei in Zusammenarbeit mit dem CIO einige erste Ideen entwickelt, die mit den Partnern diskutiert werden sollen. Grundsätzlich schlägt der CIO vor, mit dem externen Beratungsunternehmen in Kontakt zu treten, das das Datenmodell des Mobilfunkanbieters konzipiert hat. Gemeinsam mit diesem Beratungsunternehmen und je zwei Vertretern aus der IT-Abteilung der Versicherung und des Mobilfunkunternehmens soll ein Brainstorming-Workshop unter dem Motto »Semantisch neutrale Metadaten« durchgeführt werden.

Die Partner von MN sind der Ansicht, dass sie, wenn sie schon Zeit und Ressourcen investieren, um MN bei der Definition der Metadaten zu unterstützen, diese Gelegenheit auch zur Bereinigung ihrer eigenen Metadaten nutzen sollten. Für die Workshops hat man daher die folgende Agenda definiert:

Partner wollen von Workshops profitieren

- ▸ Zunächst einmal sollen zehn Datenflüsse zufällig aus der Lösung zur Datenverwertung des Mobilfunkanbieters herausgegriffen werden.

- ▸ Diese zehn Datenflüsse sollen daraufhin untersucht werden, ob in deren Gestaltung »Vorwissen« über die Inhalte oder die Bedeutung der verarbeiteten Daten (inhaltsbezogene Metadaten) eingeflossen ist. Falls ja, sollen die entsprechenden Verarbeitungsschritte bzw. Schichten und Domänen so modifiziert werden, dass die Datenflüsse kein Vorwissen mehr enthalten.

- ▸ Anschließend soll geklärt werden, welche semantisch neutralen Metadaten (z.B. hinsichtlich des Skalenniveaus verarbeiteter Kennzahlen oder über deren Wahrscheinlichkeitsverteilung) implizit in den Datenflüssen enthalten sind (oder ergänzend in den Datenflüssen berücksichtigt werden sollten).

- ▸ Die sich so ergebende Metadatenliste soll strukturiert und in Form von Hierarchien aufbereitet werden (ähnlich wie in Abschnitt 6.4, »Lösung: Automatische und dynamische Generierung von Schichten und Domänen«). Zusätzlich soll anhand dieser Hierarchien ein weiterer Workshop zur Ideenfindung stattfinden.

- ▸ Schließlich sollen alle so gesammelten Ideen vom externen Beratungspartner noch einmal auf den Grad der »Engstirnigkeit« hin untersucht werden, der sich aus dem jeweiligen Metadatum ergibt. Damit ist Folgendes gemeint:

  - ▸ Wenn ein Sensor Werte vom Typ »Ja/Nein« liefert (z.B. Sicherheitsgurt angelegt oder nicht), ist dieser Messwert nominal, es können damit also keine Additionen etc. durchgeführt werden. Die Angabe des Skalenniveaus in den Metadaten beinhaltet also keine große Einschränkung.

  - ▸ Wenn man in den Metadaten festlegt, dass ein bestimmter kardinaler Messwert (z.B. die aufgewandte Bremskraft) stets normalverteilt ist, schließt man eine Vielzahl von Analyseverfahren (und denkbaren Ergebnissen) von vornherein aus.

Auf Basis dieser Überlegungen sollen die erstellten Metadatenlisten noch einmal in puncto Vollständigkeit und Konsistenz bereinigt werden.

Ziel der Übung soll es in erster Linie sein, MN mit den für die (Meta-)Datenlieferung erforderlichen Informationen zu versorgen. Zusätzlich geht es darum, die Datenflüsse bei den Partnern mit inhaltsorientierten Metadaten zu bereinigen. Auch bei den semantisch neutralen Metadaten sollen zukünftig statt implizit unterstellter nur noch explizite, transparente Metadaten verwendet werden.

8.4 Lösung: Metadaten-Repositories für Big Data

Welche Metadaten braucht man? Wir haben schon mehrfach auf die Vorteile einer induktiven, von den Daten bestimmten, »vorurteilsfreien« Vorgehensweise hingewiesen. In Kapitel 6, »Datenmodelle flexibel und einheitlich gestalten«, haben wir aufgezeigt, dass Sie so nicht nur neue Einsichten gewinnen, sondern obendrein Ihre Informationsverarbeitung flexibler und effizienter organisieren können. In diesem Abschnitt beleuchten wir genauer, woher unsere Daten stammen, welche Art von Metadaten wir für diese Daten brauchen, wie diese Metadaten aussehen und wo und wie MN sie ablegen könnte.

8.4.1 Zugehörige Value Maps im SAP Solution Explorer

SAP Auto-ID Infrastructure Wir haben in Abschnitt 8.1, »Vom Umgang mit Sensordaten«, schon einige Anwendungsgebiete für die Auswertung von Sensordaten genannt. Die Initiative Industrie 4.0 macht deutlich, dass die Möglichkeiten, die sich aus der Verfügbarkeit großer Mengen an Sensordaten in Echtzeit ergeben, nicht auf bestimmte Branchen beschränkt sind. Daher findet man die meisten diesbezüglichen Lösungen von SAP in branchenneutralen Value Maps, so z.B. die Lösung *Item Serialization & Product Traceability* in der Wertmatrix *Supply Chain* unter SUPPLY CHAIN • SUPPLY CHAIN INTEGRITY (siehe Abbildung 8.2). Das hierzu benötigte Produkt heißt *SAP Auto-ID Infrastructure* (AII).

RFID-Daten verarbeiten SAP AII fungiert als Backend für die Verarbeitung von RFID-Daten (Radio Frequency Identification). Die Anwendungen, in denen diese

Daten eigentlich erhoben werden, sind auf unterschiedliche Wertmatrizen und Lösungen verteilt. Bei der Erfassung von RFID-Daten durch Mitarbeiter im Außendienst finden sich entsprechende Funktionen beispielsweise in der Lösung *Workforce Mobility Services* innerhalb der ebenfalls branchenunabhängigen Wertmatrix *Human Resources* (via HUMAN RESOURCES • TIME AND ATTENDANCE MANAGEMENT • TIME SCHEDULING SERVICES (ON PREMISE), siehe auch Abbildung 8.3). Das in diesem Zusammenhang erwähnte Partnerprodukt *SAP Mitarbeiterplanung und Optimierung* von *ClickSoftware* (SAP Workforce Scheduling and Optimization, WSO) liefert übrigens nicht nur RFID-Events, sondern auch Ortsinformationen (via GPS, Funkzellen-Identifikation, Mobilfunk-Triangulation und Assisted GPS, AGPS). Der wesentliche Unterschied zwischen diesen Ortungsverfahren liegt in ihrer Genauigkeit.

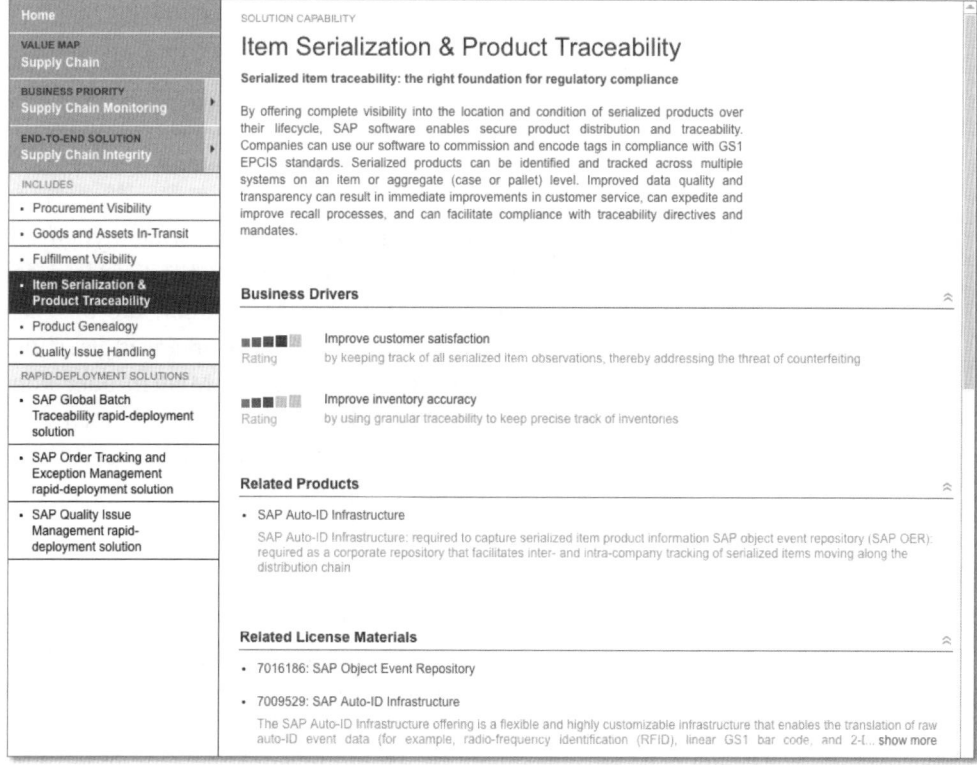

Abbildung 8.2 Lösung »Item Serialization & Product Traceability«

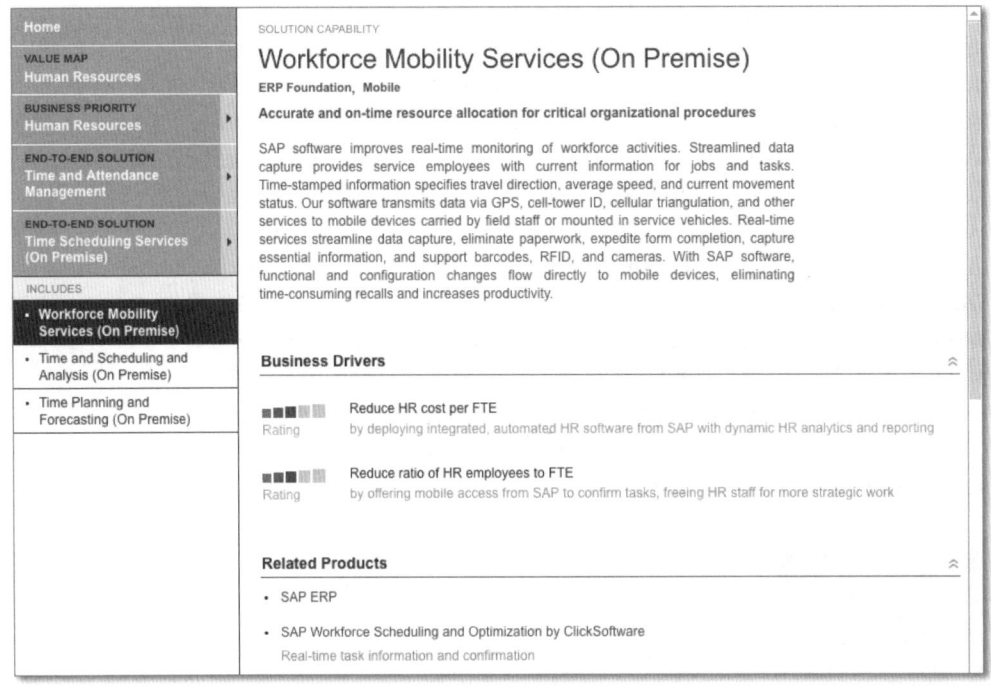

Abbildung 8.3 Lösung »Workforce Mobility Services (On Premise)«

Sensorlösungen

RFID-Ereignisse und Geodaten sind zwei zentrale Datentypen bei der Sensordatenverarbeitung. Wenn wir aber über Sensoren im engeren Sinn reden, das heißt also über Messfühler, die physikalisch-chemisch-medizinische Daten ermitteln (Temperatur, Feuchtigkeit, Druck, Beschleunigung, Konzentration von Methan oder Kohlenmonoxid, Herzfrequenz, Blutzuckerspiegel), gibt es noch eine weitere relevante SAP-Lösung. *Sensor Integration* ist in der Value Map *Industrial Machinery and Components* zu finden ist (über den Pfad INDUSTRIAL MACHINERY AND COMPONENTS • EMBEDDED PREDICTIVE TECHNOLOGY, siehe Abbildung 8.4).

Datenqualitäts-management

Alle genannten Lösungen werden primär bei den Partnern von MN im Einsatz sein. Bei MN selbst geht es ja hauptsächlich um die Ablage von Metadaten und gegebenenfalls um eine Mitarbeit bei der Verbesserung der Datenflüsse zu den Partnern und der Datenqualität im Datenqualitätsmanagement des Mobilfunkanbieters (zumindest hinsichtlich der datenspezifischen Definition der Begriffe Integrität, Konsistenz und Qualität). Hierfür stehen drei SAP-Produkte zur Verfügung:

▸ SAP Information Steward (als Produkt zur Datenverwaltung für die Metadaten, siehe auch Abbildung 7.5)

▸ *SAP Data Quality Management* und SAP Master Data Management (als Produkte zur Datenverwaltung und Sicherstellung der Datenkonsistenz, siehe Abbildung 6.5 in Kapitel 6, »Datenmodelle flexibel und einheitlich gestalten«)

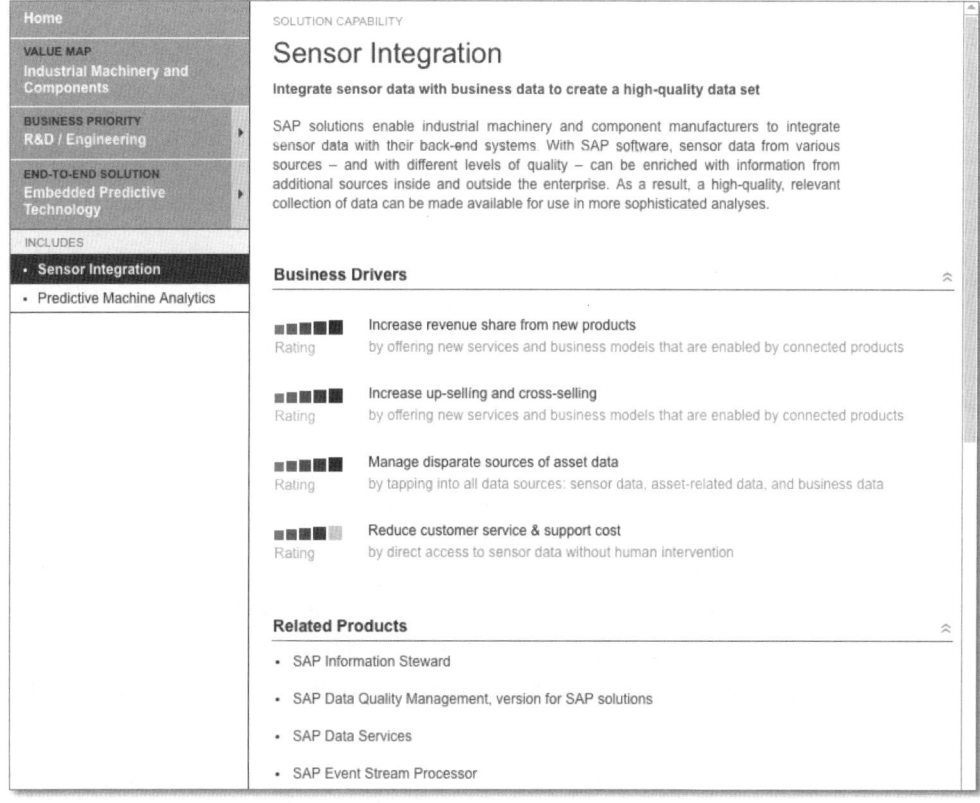

Abbildung 8.4 Lösung »Sensor Integration«

Daneben sind für die Partner von MN in Sachen Datensammlung und Datenlogistik noch zwei andere Produkte relevant:

▸ SAP Data Services (als Produkt zur Datenverwaltung für die Datenlogistik, siehe Abbildung 8.5), im SAP Solution Explorer zu finden unter TECHNOLOGY AND PLATFORM • ENTERPRISE INFORMATION MANAGEMENT • DATA PROVISIONING • MIGRATE AND INTEGRATE DATA/ANALYZE AND IMPROVE DATA QUALITY

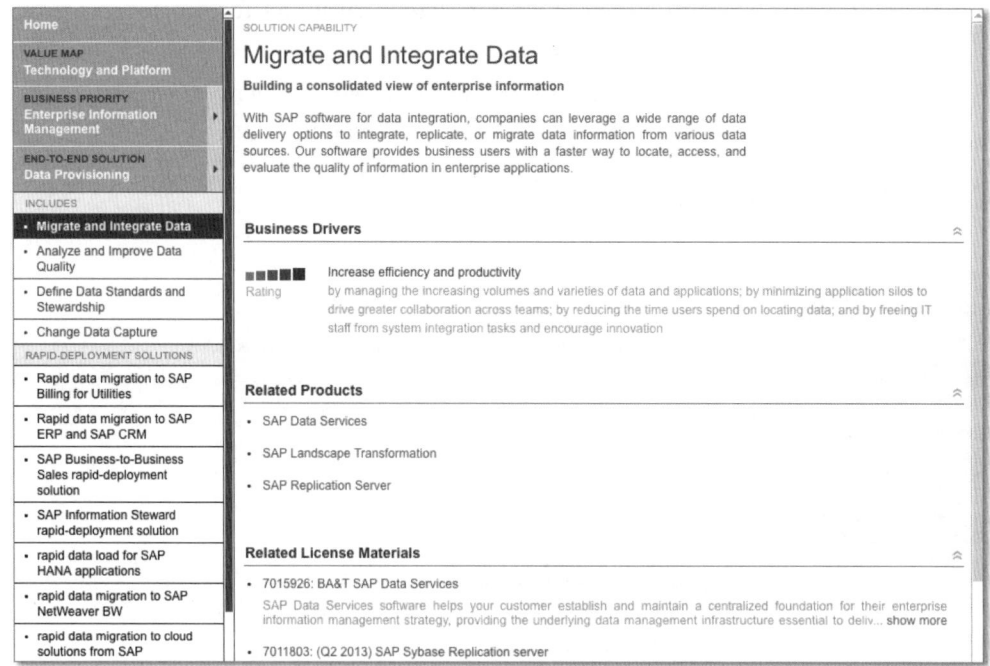

Abbildung 8.5 End-to-End-Lösung »Migrate and Integrate Data«

▸ SAP Event Stream Processor (ESP, als Produkt zur Datenerzeugung, wobei die Daten genau genommen nicht durch SAP ESP, sondern durch die Sensoren erzeugt und durch SAP ESP lediglich bereitgestellt werden, siehe Abbildung 8.6), im SAP Solution Explorer zu finden unter TECHNOLOGY AND PLATFORM • ENTERPRISE INFORMATION MANAGEMENT • PLATFORM FOR BIG DATA • PROCESSING AND ANALYSIS OF COMPLEX EVENT STREAMS

Metadaten: Bereitstellung Für MN selbst steht die Bereitstellung inhaltsbezogener und semantisch neutraler Metadaten im Vordergrund. Hierfür könnten unterschiedliche Produkte zum Einsatz kommen:

▸ die *Metapedia* des SAP Information Stewards, eine Art Glossar, in dem Kunden Begriffe zusammen mit Definitionen, Synonymen und Schlüsselwörtern hinterlegen und diese Begriffe in Kategorien bzw. Taxonomien anordnen können

▸ Das *Metadata Management* des SAP Information Stewards. Dort können weitere, kundenspezifische *Attribute* zu Begriffen in der Metapedia angelegt werden. Solche Attribute könnte MN verwenden, um die in Abschnitt 8.1.1, »Sensordaten sind heterogen«, genannten Informationen zu speichern.

▶ die bereits erwähnten Lösungen für die Spracherkennung und das Tagging von Audio- und Videodateien

▶ SAP- oder Nicht-SAP-Lösungen für die Textanalyse (damit nicht alle Informationen für die Metapedia manuell erfasst werden müssen)

Abbildung 8.6 End-to-End-Lösung »Processing and Analysis of Complex Event Streams«

8.4.2 Fachliche Anforderungen

Die fachlichen Anforderungen werden nicht in erster Linie durch MN, sondern hauptsächlich durch die Partner des Autoherstellers definiert. Grundsätzlich muss MN natürlich zunächst einmal Stammdaten bereitstellen (z.B. Stammdaten zu den Fahrzeugen wie Fahrgestellnummer, Baujahr, Ausstattungsvarianten und Stammdaten zu Sensoren wie Standorte, Typen, Versionen, Lebensdauer von Sensoren). Diese Stammdaten werden im SAP Data Quality Management des Mobilfunkanbieters verwaltet und von dort aus verteilt. Unabhängig davon, wird MN diese Daten vielleicht auch noch in eigenen Systemen ablegen. Diese Stammdaten betrachten wir hier nicht weiter.

Partner definieren Anforderungen

Im Vordergrund für MN stehen die von den Partnern benötigten Metadaten, und zwar unabhängig davon, ob diese inhaltsbezogen oder semantisch neutral sind. Wir erläutern dies an einem Beispiel:

▸ Alle Fahrzeuge von MN sind mit einem System ausgestattet, das einmal pro Sekunde die in der letzten Sekunde gefahrene Strecke erfasst. Ergänzend wird ein Zeitstempel (Ende des Bezugszeitraums) geliefert. Indirekt ist damit auch die (durchschnittlich) während der letzten Sekunde gefahrene Geschwindigkeit in Metern pro Sekunde bekannt.

▸ Gleichzeitig steht basierend auf den Kartendaten des Navigationssystems und den Bildern einer in die Windschutzscheibe integrierten Verkehrszeichenkamera die jeweils auf dem gerade befahrenen Streckenabschnitt zulässige Durchschnittsgeschwindigkeit zur Verfügung. Immer dann, wenn diese Geschwindigkeit sich ändert (z.B. durch das Einfahren in eine geschlossene Ortschaft oder ein an einer Baustelle aufgestelltes Verkehrszeichen), wird der entsprechende neue Wert mit einem Zeitstempel (Zeitpunkt der Änderung) geliefert.

Diese Werte sind relativ genau, aber aus mehreren Gründen nicht hundertprozentig zuverlässig:

▸ Kartendaten können veraltet sein.

▸ Das GPS-System des Navigationsgeräts kann die Position des Fahrzeugs nicht zentimetergenau bestimmen; auch das Kartenmaterial ist nicht zentimetergenau.

▸ Verkehrszeichen sind gelegentlich verschmutzt oder überwachsen und werden nicht oder falsch erkannt.

▸ Die Daten der zwei Sensoren werden (sofern eine Mobilfunkverbindung zur Verfügung steht) fortlaufend vom Fahrzeug übermittelt. Wenn die Mobilfunkverbindung unterbrochen ist, werden die entsprechenden Datensätze im Fahrzeug zwischengespeichert und bei der nächstmöglichen Gelegenheit übertragen. Die Struktur der Datensätze für die gefahrene Geschwindigkeit sieht so aus:

```
(Sensor-ID, Messungs-ID, UTC-Zeitstempel, Strecke in Metern)
```

Die Struktur der Datensätze für die zulässige Höchstgeschwindigkeit sieht so aus:

```
(Sensor-ID, Messungs-ID, UTC-Zeitstempel, Datenquelle,
zulässige Höchstgeschwindigkeit in km/h)
```

Die Sensor-ID ist eine eindeutige Identifikationsnummer für einen bestimmten Sensor, die Messungs-ID ist eine eindeutige Identifikationsnummer für jede Messung eines Sensors; für jede Sensor-ID existieren die bereits erwähnten Stammdaten in SAP Data Quality Management. Der UTC-Zeitstempel basiert auf der sogenannten *koordinierten Weltzeit* (Universal Time Coordinated, UTC), die international gültig ist und durch Zeitzeichensender übertragen wird. Die gefahrene Strecke in Metern wird anhand der Radumdrehungen ermittelt (wobei wegen des Abriebs der Reifen die Werte fortlaufend mit den über GPS gemessenen Strecken abgeglichen und so kalibriert werden). Als Datenquelle fungiert entweder das Kartenmaterial oder die Verkehrszeichenkamera.

Herkunft der Daten

Aus Sicht der Partner von MN handelt es sich bei den zwei Datensatztypen einfach um zwei kardinale Werte (oder genauer um *verhältnisskalierte* Werte). Die Partner interessieren sich nicht für deren Interpretation, sondern lediglich für statistische Zusammenhänge. Typische Fragen könnten sein:

Sicht der Partner auf die Daten

▶ Besteht ein Zusammenhang zwischen gefahrener Geschwindigkeit und zulässiger Höchstgeschwindigkeit? Wenn ja, welcher Zusammenhang genau?

▶ Spielen Zeitverzögerungen eine Rolle, das heißt, bremst der Fahrer erst eine Zeit lang nach einer veränderten zulässigen Höchstgeschwindigkeit ab oder beschleunigt er, bevor er eine Aufhebung der vorherigen Höchstgeschwindigkeit oder die Grenze einer geschlossenen Ortschaft passiert hat?

▶ Hängt das Verhalten des Fahrers von der Tageszeit, vom Wochentag oder von der Jahreszeit ab?

▶ Haben irgendwelche der genannten Fakten einen Einfluss auf das Unfallrisiko des Fahrers? Gibt es hierbei Schwellenwerte, ab denen das Unfallrisiko signifikant steigt?

Intervall- und Verhältnisskala   **[«]**

Kardinalskalierte Werte (siehe Abschnitt 4.4.3, »Bausteine der Lösung«) lassen sich weiter in *intervallskalierte* und *verhältnisskalierte* Werte unterteilen. Der Unterschied zwischen beiden ist, dass verhältnisskalierte Werte einen natürlichen Nullpunkt besitzen und daher doppelt so große Zahlen auch doppelt so hohen Eigenschaftswerten entsprechen.

Ein Auto mit 100 km/h fährt z. B. doppelt so schnell wie eines mit 50 km/h, und ein Auto mit 0 km/h steht still. Ein Tag mit einer Außentemperatur von 40 Grad ist aber nicht doppelt so warm wie ein Tag mit einer Außentemperatur von 20 Grad (denn der Nullpunkt der Celsiusskala wurde mit 0 Grad willkürlich auf den Gefrierpunkt von Wasser festgelegt). Wenn man die Temperatur stattdessen in Kelvin (der sogenannten *absoluten Temperatur*) misst, bewegt man sich auf einer Verhältnisskala.

Inhaltsbezogene, semantisch nicht neutrale Metadaten

Bereitstellung der inhaltsbezogenen Metadaten

Wie bereits erwähnt, ist die Bereitstellung von Informationen zu Sinn, Zweck und Funktionsweise der Sensoren kein großes Problem für MN. Ein Team aus dem Marketing befragt hierzu einige der zuständigen Ingenieure nach einem vorgegebenen Schema und stellt aus den aufgezeichneten Antworten ein kurzes Video zusammen. Das Video wird mit den in Abschnitt 8.3.1, »Problem: Anforderungen der Partner«, erwähnten computerlinguistischen Verfahren zur Texterkennung bearbeitet und dann nach Sensor-ID sortiert auf einem für die Partner zugänglichen Webserver abgelegt. Die so erstellten Transkripte sollen allerdings auch noch mit einem Werkzeug für das Text Mining analysiert werden (siehe Abschnitt 1.1.2, »Was Sie sonst noch für Big Data brauchen«). So sollen weitere Metadaten für eine unscharfe Suche (nach Wörtern in fehlerhafter Schreibweise oder abweichender – auch falscher – Beugungsform) oder eine Suche anhand von Oberbegriffen entstehen.

Semantisch neutrale Metadaten

Semantisch neutrale Metadaten bereitstellen

Wir haben in Abschnitt 8.1.1, »Sensordaten sind heterogen«, bereits einige Bespiele dafür genannt, welche semantisch neutralen Metadaten in unserem Szenario eine Rolle spielen könnten. Um zu entscheiden, welche weiteren Metadaten noch benötigt werden, muss man mehr über die Verarbeitungsmechanismen bei den Partnern wissen. Man muss also wissen, welche Fakten dort wie ermittelt werden sollen und welche Prämissen für die jeweiligen Routinen erfüllt sein müssen. Derlei Einsichten gehören zu den Ergebnissen der in Abschnitt 8.3.3 , »Schlussfolgerungen zu semantisch neutralen Metadaten«, erwähnten Workshops.

Beispiel: Metadaten Streckenmessung

Für unsere Streckenmessung könnten die Metadaten beispielsweise aussehen, wie in Tabelle 8.1 dargestellt. Hierbei handelt es sich natürlich nur um Beispiele. In der Praxis wird man eine Vielzahl weiterer Metadaten erfassen wollen.

Metadaten-attribut	Inhalte	Erfassung der Information
Genauigkeit	Zufällige Fehler (*zufällige Fehler* sind Fehler, die sich anders als *systematische Fehler* im Mittel aufheben). Wir gehen davon aus, dass systematische Messfehler nicht auftreten.	Standardabweichung (in Metern)
Skalenniveau	Nominal-, Ordinal-, Kardinalskala (Intervall- und Verhältnisskala). In unserem Fall liegt eine Verhältnisskala vor.	R (*Ratio Scale*; Verhältnisskala)
Granularität	Feinheit der Werte, Bezugsmerkmal. Der Sensor liefert je Sekunde einen Wert, die Granularität ist also auf die Zeit bezogen.	1/s, Bezugsmerkmal: T (Time; Zeit)
Zeitdifferenz, Zeitdilatation	im vorliegenden Fall vernachlässigbar	#/NA (Not Applicable; kein Wert)
Zeitbezug	Wert zeitpunkt- oder zeitraumbezogen. Die zurückgelegte Strecke bezieht sich immer auf einen Zeitraum.	P (Period; Zeitraum)
Bezugszeitpunkt	bei zeitpunktbezogenen Werten (z.B. der zulässigen Höchstgeschwindigkeit) der Bezugszeitpunkt, für den der Wert gilt; bei zeitraumbezogenen Werten der Zeitpunkt, zu dem gemessen wurde	UTC-Zeitstempel
Bezugszeitraum	Auf welchen Zeitraum (von – bis) bezieht sich der Messwert?	von UTC-Zeitstempel – 1s bis UTC-Zeitstempel + 1s
Aggregierbarkeit	Können die Werte aggregiert werden?	Y (Yes; Ja)
Aggregations-funktion	Wie können die Werte aggregiert werden? Hier könnten für unterschiedliche Bezugsmerkmale unterschiedliche Aggregationsfunktionen zulässig sein, standardmäßig gehen wir davon aus, dass das Bezugsmerkmal identisch mit dem der Granularität ist.	SUM (Summation; Summierung)

Tabelle 8.1 Semantisch neutrale Metadaten zur Streckenmessung

Metadaten-attribut	Inhalte	Erfassung der Information
Basiswert, berechnet, eingeschränkt	In unserem Fall handelt es sich um einen Basiswert (da die Strecke und nicht die Geschwindigkeit geliefert wird).	B (Basic; Basis)
Vollständigkeit	Kann es vorkommen, dass Einzelwerte fehlen?	Anteil durchschnittlich fehlender Werte in Prozent der erwarteten Werte
Ergänzung fehlender Werte	Sollen fehlende Werte vor einer Auswertung der Daten ergänzt werden?	N (No; Nein)
Algorithmus für fehlende Werte	Mit welchem Algorithmus sollen fehlende Werte ergänzt werden? (Beispiel: Ersetzen durch den am häufigsten vorkommenden Wert mit der Funktion SUBSTITUTE_MISSING_VALUES in SAP Predictive Analysis)	#/NA (Not Applicable; kein Wert)
Kontext	Welche anderen Sensoren liefern möglicherweise Werte, die für die Einordnung der von diesem Sensor gemessenen Werte wichtig sind? (Beispiele: Regensensor, Thermometer, Schlupf der Antriebsräder)	Sensor-IDs der anderen Sensoren

Tabelle 8.1 Semantisch neutrale Metadaten zur Streckenmessung (Forts.)

Semantisch neutrale Metadaten in dynamischen Umgebungen

Nicht wiederverwendbare Routinen

Nehmen wir einmal an, die Erfassung der gefahrenen Strecke für jede Sekunde sei aus Sicht der Partner von MN zu granular. Man beschließt, jeweils 60 Werte auf der Ebene Minute zu aggregieren und daraus dann die Geschwindigkeit in km/h zu ermitteln. In diesem Fall müsste zur Vermeidung von Fehlern – anders als in Tabelle 8.1 dargestellt – über das Füllen fehlender Werte nachgedacht werden. Eine entsprechende Routine in Pseudocode könnte (basierend auf einem Datenbestand mit einem Schlüssel, bestehend aus Sensor_ID und Messungs_ID) so aussehen wie in Listing 8.1:

```
program speed;
    speed_modified = 0;
    for counter = Messungs_ID to Messungs_ID + 60
    speed_modified = speed_modified +
    Strecke_in_Metern(Sensor_ID, counter);
    next;
    speed_modified = speed_modified * ( 3 / 50)
end program speed;
```

Listing 8.1 Pseudocode für Aggregation der Streckenmessungen

Der Code hat gleich mehrere gravierende Schwachstellen:

▶ Der Programmname (`speed`) und die Bezeichnung einer im Programm enthaltenen Variablen (`speed_modified`) sind von vornherein auf eine bestimmte Bedeutung zugeschnitten. Wenn man das Programm für andere Fakten mit gleichen Metadaten verwenden würde, wäre dies zumindest irritierend.

▶ Im Feldnamen `Strecke_in_Metern` steckt die Einheit der darin enthaltenen Werte. Das ist überflüssig, diese Information sollte in den Metadaten hinterlegt sein.

▶ Wenn man nach einer Weile erkennt, dass die Betrachtung der Daten in Minutenintervallen zu grob ist und man vielleicht nur jeweils zehn Beobachtungswerte summieren möchte, muss das Programm geändert werden. Gleiches gilt, wenn man m/s statt km/h erhalten möchte.

▶ Man kommt vielleicht nicht auf Anhieb darauf, dass eine Multiplikation mit 3/50 von m/min auf km/h führt (3/50 ist durch Kürzung aus 60/1.000 entstanden).

▶ Die Feldnamen im Datensatz wurden in deutscher Sprache vergeben; das erschwert unnötig die Pflege des Codes durch Partner mit Offshoring-Strukturen.

▶ Unabhängig davon, ob die Routine objektorientiert entwickelt wurde oder nicht: Sie ist nicht wirklich wiederverwendbar (für alle Messwerte mit gleichen Eigenschaften), allein schon deshalb nicht, weil die Routine explizit mit dem Namen der Kennzahl (und daher mit einem bestimmten Feld in einer wie auch immer gearteten Datenbank) verknüpft ist. Wenn es zu Veränderungen kommt (z.B. weil ein neuer Sensor nicht mehr die gefahrene Strecke in der letzten Sekunde, sondern stattdessen die Durchschnittsgeschwindigkeit der letzten 300 Millisekunden liefert), ändert sich auch das Aggregationsverhalten dieser Kennzahl (weder die Zusammenfassung von 60 Einzelwerten noch die Summierung sind dann noch sinnvoll). Die Frage ist nur, ob irgendjemand daran denkt, dies auch dem für die Routine verantwortlichen Programmierer mitzuteilen.

Abgesehen von der Fehleranfälligkeit, wäre es wesentlich schneller und unkomplizierter, Metadaten anzupassen als alle Routinen aufzustöbern und zu ändern, die von veränderten Eigenschaften eines Messwertes betroffen sind. Die Informationen aus den Videos von MN helfen – trotz Volltextsuche und Taxonomie – ebenfalls nicht weiter. Eine Routine kann sich schließlich (noch) kein Video anschauen, entscheiden, ob sie von Änderungen in dessen Inhalt betroffen ist und die resultierenden Änderungen dann auch noch selbst und ohne menschlichen Eingriff umsetzen.

Alternative: Flexibles Datenmodell
In unserem Beispiel gehen wir davon aus, dass sich die Partner von MN bei der Gestaltung ihrer Datenarchitekturen an den in Kapitel 6, »Datenmodelle flexibel und einheitlich gestalten«, erläuterten Prinzipien orientiert haben; in diesem Fall werden sie keine Routine wie in Listing 8.1 erstellt haben, sondern stattdessen (vereinfacht dargestellt) wie folgt vorgegangen sein:

► Für die durchschnittlich in der jeweils letzten Minute gefahrene Geschwindigkeit wurde eine neue Kennzahl `speed_modified` definiert.

► Für diese Kennzahl wurden die in Tabelle 8.1 dargestellten Metadaten definiert.

► Diese Metadaten wurden zusätzlich um die in Abschnitt 7.4.2, »Fachliche Anforderungen«, beschriebenen Informationen ergänzt. Es wurde also z.B. festgelegt, für welche Datensätze die Ermittlung von `speed_modified` zulässig bzw. sinnvoll ist. Eine solche Festlegung kann sehr weit oder sehr eng gefasst sein. Eng gefasst wäre sie beispielsweise, wenn man die Ermittlung von `speed_modified` nur für Datensätze mit bestimmten Werten für den Parameter `Sensor_ID`, also nur für bestimmte Sensoren, zulassen würde. Die Frage, wie »großzügig« man hierbei ist, wird im Wesentlichen von der Leistungsfähigkeit der verwendeten Analyselösungen bestimmt.

System ermittelt Verdichtung
Wenn man so vorgeht, könnte man es übrigens auch dem System überlassen, herauszufinden, ob man besser zehn, 20 oder 60 Einzel-

werte verdichten oder auf eine Verdichtung ganz verzichten sollte. Für MN resultiert hieraus, dass den Partnern alle für eine solch abstrakte Datenmodellierung erforderlichen Metadaten geliefert werden müssen.

Auf Metadaten referenzieren

Die Beschreibung von Metadaten außerhalb von Routinen (wie im Beispiel in Tabelle 8.1) hat noch einen ganz anderen entscheidenden Vorteil: Man kann einen Satz von Metadatenattributen als eigenständiges Objekt betrachten, ihn mit einer ID versehen und dann z.B. eine Verknüpfung zwischen einer Sensor-ID und einer Metadaten-ID herstellen, die die Daten dieses Sensors und ihre Weiterverarbeitung beschreibt. Der Clou hierbei ist, dass viele Sensoren sehr ähnliche Werttypen liefern werden (denken Sie an das Beispiel vom eingeschalteten Abblendlicht, der Auto- und der Kühlschranktür). Die zugehörigen Metadatensätze müssen dann nur einmal angelegt und gepflegt werden. Das erleichtert die Metadatenpflege enorm und schafft gleichzeitig (ohne größere Umstände) eine wesentlich höhere Konsistenz in den Datenmodellen.

Metadaten wiederverwenden

In SAP BW besteht über sogenannte *Referenzmerkmale* übrigens eine ähnliche Möglichkeit, dort wird aber die Verknüpfung zwischen Merkmal und Metadaten nicht direkt, sondern über ein anderes Bezugsmerkmal hergestellt. So kann man in SAP BW z.B. ein Merkmal »Betrag« definieren und dann dessen Metadaten (teilweise) an andere, hierauf referenzierende Merkmale (z.B. Betrag in Hauswährung, Betrag in Transaktionswährung oder Betrag in Konzernwährung) vererben.

Referenzmerkmale in BW

Der Nachteil hierbei ist, dass nicht nur Merkmale mit Metadaten, sondern auch Merkmale mit Merkmalen verknüpft werden (z.B. Betrag in Hauswährung mit Betrag). In einem relativ abstrakten Fall wie beim Betrag ist das keine große Einschränkung, aber bei Merkmalen, die inhaltlich überhaupt nichts miteinander zu tun haben, ist eine solche Verknüpfung nicht besonders sinnvoll. Man könnte dieses Problem in SAP BW zwar durch die Anlage (generischer) Dummy-Merkmale umgehen, eine solche Vorgehensweise ist uns aber in der Praxis (leider) noch nie begegnet.

Keine Trennung von Form und Inhalt

8.4.3 Bausteine der Lösung

Die fachlichen Anforderungen an MN richten sich auf die Beschaffung, Verwaltung und Bereitstellung von inhaltsbezogenen und semantisch neutralen Metadaten. Bevor wir die technischen Lösungen bemustern, klären wir zunächst, wie, das heißt mit welchen Verfahren, Metadaten erhoben und erschlossen werden können.

Inhaltsbezogene Metadaten

Ausgangspunkt: Videointerviews

Um die gelieferten Daten inhaltlich zu erläutern, verwendet MN, wie schon erwähnt, Videoaufzeichnungen. Diese Videoaufzeichnungen werden wie folgt erstellt und bearbeitet:

▶ **Aufzeichnung**

In einem (strukturierten) Interview mit einem Experten für den jeweiligen Sensor werden Informationen gesammelt. Dabei konzentriert man sich auf zwei Themen:

- ▶ Einerseits geht es darum, durch eine aufgezeichnete Befragung der eigenen Experten bei MN den Fachleuten bei den Partnerunternehmen Know-how bezüglich Sinn, Zweck und Funktionsweise des jeweiligen Sensors zur Verfügung zu stellen (inhaltsbezogene, nicht semantisch neutrale Metadaten). Diese Informationen sind nur schwach strukturiert, auf die Bedürfnisse von Laien zugeschnitten und werden von den Partnern nur bei Bedarf abgerufen.

- ▶ Andererseits werden diejenigen semantisch neutralen Metadaten abgefragt, die basierend auf den Workshops mit den Partnern und im Zusammenhang mit den dort eingesetzten Datenmodellen wichtig sind. Dieser Teil des Interviews ist stark strukturiert.

▶ **Schnitt**

Das so erstellte Video wird zunächst (grob) geschnitten, um unerwünschte Inhalte (Wartezeiten, Versprecher etc.) zu entfernen. In Abschnitt 8.5, »Implementierungsszenario und Architektur mit SAP HANA«, nennen wir exemplarisch einige Produkte, die hierzu verwendet werden können. Das geschnittene Video wird als Vorabversion im Intranet bereitgestellt und durch den interviewten Experten noch einmal geprüft.

> **Texterkennung**
> Anschließend wird die Tonspur des Videos mit einem professionellen Programm zur Texterkennung in geschriebenen Text umgesetzt. Der dadurch entstandene Rohtext wird durch Menschen (Crowdsourcing) noch einmal geprüft. Bei dieser Prüfung geht es nur um die Übereinstimmung zwischen gesprochenem und transkribiertem Text; inhaltliche Veränderungen dürfen nicht mehr vorgenommen werden.

> **Tagging**
> Nun wird der geschriebene Text mit dem Zeitcode des Videos verknüpft. Dieser Schritt könnte theoretisch auch erfolgen, ohne dass der gesprochene Text vorher transkribiert wurde (in diesem Fall läuft parallel noch eine Spracherkennung in der jeweiligen Software). Beim derzeitigen Stand der Technik ist ein solcher Ansatz aber zu ungenau. Bislang kann man weder auf entsprechend spezialisierte Programme noch auf eine Kontrolle durch Menschen verzichten.

> **Text Mining**
> Parallel dazu wird der transkribierte Text mit Werkzeugen für das Text Mining analysiert. Hierbei geht es um drei Ziele:
>
> > ▸ Zunächst sollen Schlüsselbegriffe aus dem Text extrahiert werden. Diese Schlüsselbegriffe stehen später als Suchtermini zur Verfügung.
> >
> > ▸ Zweitens sollen alle im Text gefundenen Schlüsselbegriffe klassifiziert werden. So wird es später möglich sein, nicht nur nach Details (z. B. Sensor für Türschließung), sondern auch nach Oberbegriffen (z. B. Reedschalter) zu suchen, und zwar selbst dann, wenn der entsprechende Oberbegriff im Video gar nicht erwähnt wird. Bei Big-Data-Anwendungen geht man zunehmend dazu über, anstelle von Taxonomien Korrelationen zwischen Schlüsselwörtern zu verwenden. Taxonomien sind aufwendig in der Erstellung und Pflege, und oft sind eindeutige Zuordnungen gar nicht möglich. (Gehört *Per Anhalter durch die Galaxis* zur Kategorie Science-Fiction oder Humor?)
> >
> > ▸ Drittens sollen neben inhaltsbezogenen Metadaten (die in den zwei zuvor genannten Punkten angesprochen wurden) auch die im strukturierten Teil des Interviews bezogenen semantisch

neutralen Metadaten erhoben werden. Das Text Mining dient dazu, diese aufzuspüren und (strukturiert) bereitzustellen.

▶ **Bereitstellung**

Das getaggte Video wird den Partnern in einem *Extranet* zur Verfügung gestellt. Unter einem Extranet versteht man eine Erweiterung eines internen Rechnernetzes (*Intranet*) um einzelne Unternetze, auf die auch ausgewählte externe Partner zugreifen können. Die Extranets sind mit dem Intranet verbunden, diesem gegenüber aber durch spezielle Schutzmechanismen abgeschottet. Im Extranet steht zunächst einmal eine einfache Suchfunktion zur Verfügung (Suche im Transkript mit der Möglichkeit, an eine entsprechende Stelle zu springen).

▶ **Metapedia**

Die im Text Mining extrahierten Schlüsselbegriffe und die semantisch neutralen Metadaten werden in der Metapedia des von MN verwendeten Metadaten-Repositorys bereitgestellt.

▶ **Suchalgorithmus**

Ergänzend zur Suche im Volltext erhalten die Partner auch die Möglichkeit, nach den im Text Mining extrahierten Schlüsselbegriffen und Oberbegriffen oder den semantisch neutralen Metadaten zu suchen. Für die Suche selbst wird ein leistungsfähiges Tool eingesetzt, das auch mit unscharfen Suchbegriffen und komplexen Suchanfragen umgehen kann. MN denkt in diesem Zusammenhang an die Nutzung einer schon im Einsatz befindlichen *Google Search Appliance* (GSA; siehe *http://www.google.com/enterprise/ search/products/gsa.html*), mit der man bei der Suche in technischen Dokumentationen gute Erfahrungen gemacht hat. Die Google Search Appliance ist ebenso wie SAP HANA eine als Appliance paketierte Komplettlösung aus Hard- und Software. Mit GSA können Unternehmen die bewährten Suchalgorithmen von Google intern z.B. in Intra- und Extranets nutzen.

Crowdsourcing zur Qualitätssicherung

Übrigens haben wir den Ansatz getaggter Videos schon des Öfteren bei Schulungen und zur Dokumentation von Workshops eingesetzt. Dabei haben wir festgestellt, dass die meisten der erwähnten Schritte an kostengünstigere Ressourcen ausgelagert werden können. Hierzu eignen sich Crowdsourcing-Portale für weniger komplexe Arbeiten (das Portal Kaggle oder der SAP Idea Incubator sind ja eher für anspruchsvollere Aufgaben gedacht). Neben Amazons Mechanical Turk und einigen Offshore-Anbietern wie Brickwork

India (*http://www.brickworkindia.com/*) gibt es auch entsprechende Angebote aus dem deutschsprachigen Raum, z.B. clickworker (*http://clickworker.com/*).

Die immer leistungsfähigeren Werkzeuge für die Analyse gesprochener Texte schaffen nicht nur neue Möglichkeiten für die Dokumentation von Systemen; sie werden auch die Möglichkeiten der computergesteuerten Wissensvermittlung drastisch verändern. Viele führende Universitäten stellen heute schon einige ihrer Kurse als *offene Massen-Online-Kurse* (Massive Open Online Course, MOOC) zur Verfügung; diese Kurse sind aber bislang wenig mehr als Videoaufzeichnungen klassischer Vorlesungen. Im Download-Angebot zu diesem Buch finden Sie ein Beispiel für ein entsprechend getaggtes und durchsuchbares Video.

Semantisch neutrale Metadaten

Wenn die Interviews mit den Experten nach einem standardisierten Muster verlaufen, können mittels Text Mining auch semantisch neutrale Metadaten aus diesen Videos extrahiert werden. Diese semantisch neutralen Metadaten werden den befragten Experten in einer Datenbank zwecks Prüfung und Vervollständigung zur Verfügung gestellt. Die Lieferung der entsprechenden Informationen wird durch eine Workflow-Lösung gesteuert und überwacht. Bei technologischen Veränderungen (z.B. dem Einsatz neuer Sensoren) werden automatisch die entsprechenden Workflows angestoßen.

Interviews liefern semantisch neutrale Metadaten

Heutzutage ist es übrigens gerade in der Automobilindustrie mit ihren ausgedehnten Zulieferer-Netzwerken oft so, dass die Lieferanten bezüglich einzelner technischer Komponenten über mehr Knowhow verfügen als der Automobilhersteller selbst. Insofern bietet es sich an, sowohl die Metadaten-Datenbank als auch die Workflow-Lösung offen zu gestalten und einen Zugriff hierauf über ein Extranet zu ermöglichen.

Semantisch neutrale Metadaten in dynamischen Umgebungen

Bei der Definition semantisch neutraler Metadaten in der Einleitung zu diesem Kapitel haben wir schon darauf hingewiesen, dass die Grenze zwischen semantisch neutralen und nicht semantisch neutralen Metadaten fließend ist (denken Sie an das Beispiel mit Tante

Trennung statischer und dynamischer Metadaten

439

Erna). Semantisch neutrale Metadaten zeichnen sich durch zwei Charakteristika aus:

▸ Sie beziehen sich nicht auf die Funktion der Daten, sondern eher auf deren mathematische Eigenschaften und die Optionen für die Weiterverarbeitung dieser Daten.

▸ Semantisch neutrale Metadaten ändern sich nur selten oder gar nicht. Wenn ein Sensor binäre Werte (ja/nein) liefert, können diese Werte auch in 100 Jahren nicht summiert, sondern z. B. nur ausgezählt werden. Wenn ein solcher Sensor durch ein neueres Modell ersetzt wird, das stattdessen angibt, wie weit eine Tür genau geöffnet ist, haben wir es mit neuen Daten und einem neuen Metadatenobjekt zu tun.

Inhaltsbezogene und semantisch neutrale Metadaten sollen jedoch getrennt verwendet werden. Inhaltsbezogene Metadaten werden für die Suche in Datenbeständen verwendet und stellen eigentlich selbst schon eine Art von Fakten dar, können also auch Gegenstand von Auswertungen und Analysen sein. Semantisch neutrale Metadaten dienen demgegenüber der Konstruktion von Datenflüssen und der Erstellung von Auswertungsalgorithmen. Daher ist es sinnvoll, beide Datenbestände getrennt zu halten und zu betrachten. In Abschnitt 8.5, »Implementierungsszenario und Architektur mit SAP HANA«, gehen wir darauf ein, dass dies in vielen Metadaten-Repositories leider nicht so gehandhabt wird, auch nicht in der Lösung von SAP.

Auf Metadaten referenzieren

Metadatenobjekte definieren

Ein weiterer Grund, warum inhaltsbezogene und semantisch neutrale Metadaten getrennt werden sollten, ist die Wiederverwendbarkeit der Metadatenobjekte. Wenn bei der Ablage von Metadaten inhaltliche und semantisch neutrale Aspekte vermischt werden, sind diese Metadatenobjekte, ähnlich wie die Referenzmerkmale in SAP BW, nur begrenzt wiederverwendbar. Diese Beschränkungen beginnen schon bei der Benennung der Metadatenobjekte. Es könnte z. B. sein, dass die mathematisch-statistischen Verarbeitungslogiken für die Analyse von Kosten auf Kostenstellen und Kosten auf Profit-Centern weitestgehend identisch sind. Wenn man aber ein Metadatenobjekt »Kostenstelle« definiert, ist es zumindest eigentümlich, wenn ein anderes Merkmal »Profit-Center« (das sich bezüglich der nicht semantisch neutralen Metadaten deutlich von der Kostenstelle unterscheidet) durch eine Referenz auf das Metadatenobjekt »Kostenstelle« definiert wird.

8.4.4 Nutzenpotenziale und Werttreiber

Auch in dieser Fallstudie müssen wir zwischen den Nutzenpotenzialen des diskutierten Szenarios (z.B. den zusätzlichen Ertragspotenzialen für MN durch die Kooperation mit dem Versicherer) und dem Nutzen der von uns diskutierten Lösung (Metadaten-Repository für Big Data) unterscheiden. Der Nutzen für MN ist fallspezifisch und lässt sich vielleicht – selbst wenn Sie in derselben Branche tätig sind – nicht auf Ihr Umfeld übertragen. Unser Fokus liegt daher auf dem Thema »Austausch semantisch neutraler Metadaten für Big Data«, für das viele Einsatzszenarien in unterschiedlichsten Branchen denkbar sind. Ganz allgemein und losgelöst vom speziellen Einsatzzweck hat der CIO von MN nach den ersten Gesprächen mit den Partnern in internen Workshops mit seinem Team die in Abbildung 8.7 gezeigten Werttreiber identifiziert.

Semantisch neutrale Metadaten für Big Data

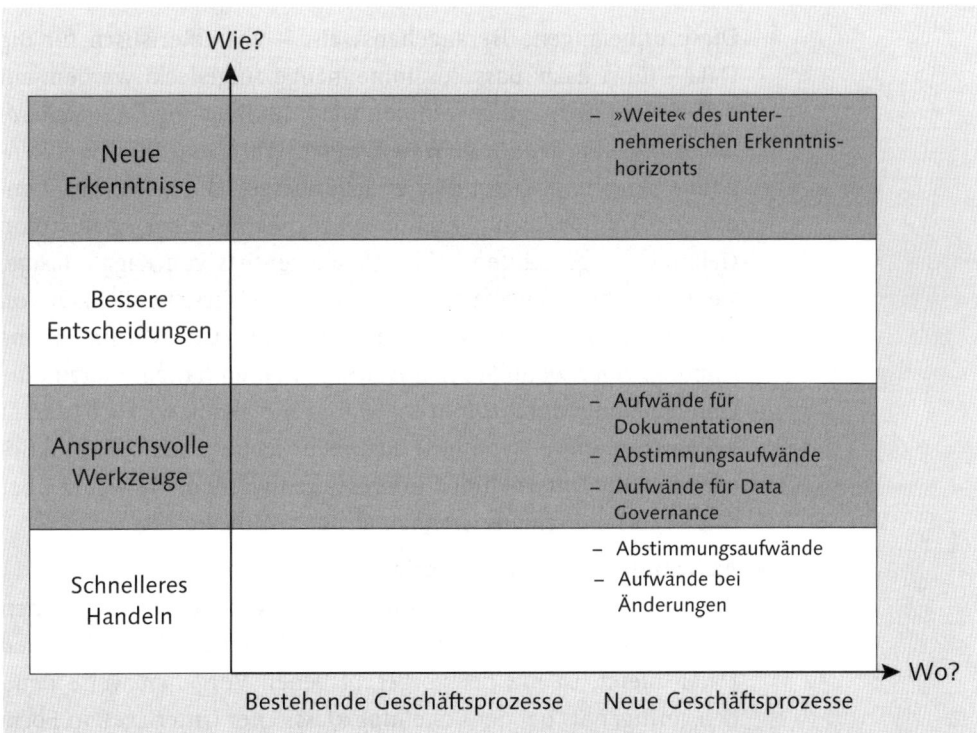

Abbildung 8.7 Nutzen-Werttreiber-Matrix »Sensordaten auswerten«

Diese Werttreiber erläutern wir kurz:

- **»Weite« des unternehmerischen Erkenntnishorizonts**

  MN versorgt seine Partner in erster Linie mit Sensordaten und semantisch neutralen Metadaten. Die Partner werten diese Daten mithilfe komplexer mathematisch-statistischer Verfahren aus und suchen darin nach interessanten Mustern und Zusammenhängen. Dabei gehen sowohl der Mobilfunkanbieter als auch das Versicherungsunternehmen zunächst einmal fachlich unbefangen an diese Aufgabe heran. Die Partner von MN behandeln die erhaltenen Daten dabei so wie die Post (hoffentlich noch) unsere Briefe behandelt: Sie erfassen die Größe der Verpackung und die Empfängeranschrift auf dem Umschlag und entscheiden auf dieser Basis, wie mit dem Brief zu verfahren ist; der Inhalt des Briefes bleibt zunächst einmal ungescannt und unangetastet. Nur im Fall von Auffälligkeiten (wenn aus dem Brief an das Kanzleramt ein weißes Pulver rieselt) schaut man genauer hin. Erst wenn im Fall von MN auffällige Muster entdeckt werden, befasst man sich mit den inhaltsbezogenen Metadaten.

  Diese unbefangene Herangehensweise – charakteristisch für Big Data – führt dazu, dass Zusammenhänge aufgedeckt werden, auf die spontan niemand gekommen wäre. Im Buch *Big Data: A Revolution That Will Transform How We Live, Work, and Think* von Kenneth Cukier und Victor Mayer-Schönberger (John Murray, London 2013) findet sich ein schönes Beispiel: Bei einer Analyse von Gebrauchtwagenkäufen haben Data Scientists von Kaggle festgestellt, dass bei orangefarbenen Autos die Wahrscheinlichkeit von Problemen nach dem Kauf am geringsten ist. Warum? Keine Ahnung! Aber wenn Sie den Auftrag erhalten hätten, hierzu eine Untersuchung durchzuführen, wären Sie dann wirklich darauf gekommen, diese Hypothese zu testen? Es liegt nahe, dass Aktionäre sich für Unternehmen interessieren werden, die weiter über den Tellerrand schauen können als ihre Mitbewerber.

- **Aufwände für Dokumentation**

  Der Aufwand für die Erstellung einer Dokumentation, die den Partnern von MN zusätzliche Informationen zu den gelieferten Daten bietet, ist mit der vorgeschlagenen Vorgehensweise deutlich geringer als bei der Erstellung klassischer Unterlagen in Form von Microsoft-Word-Dokumenten und Excel-Tabellen. Außerdem kann – wenn die Interviews durch ein vorab geschultes Team und teilweise stark strukturiert geführt werden – ein viel höherer Grad an Homogenität und Klarheit erreicht werden, als wenn den einzelnen Ingenieuren, die vielleicht auch sprachlich unterschiedlich geschickt sind, nur Templates geliefert würden und sie auf dieser Basis selbst dokumentieren müssten.

Unsere Erfahrung in der Praxis zeigt zudem, dass die Beteiligten in großen Projekten Templates unterschiedlich verstehen und verwenden und am Ende ein Wust inkongruenter Dokumente in (teilprojektspezifisch) unterschiedlich strukturierten Verzeichnissen auf einem *SharePoint-Server* landet (SharePoint ist eine Software von Microsoft für die Zusammenarbeit von Teams) und in der Praxis kaum noch auffindbar ist. Die Vorgehensweise bei MN dagegen kombiniert minimale Aufwände (insbesondere für die durch andere Aufgaben stark eingebundenen Ingenieure) mit maximaler Qualität und Erschließbarkeit (durch Transkription und mehrfache Qualitätssicherung).

Weniger Zeitaufwand für die Erstellung von Dokumentationen (und die Suche nach solchen) sollte sich in geringeren Personalaufwänden nicht nur in der IT niederschlagen. Versuchen Sie einmal zu erfassen, welchen Anteil Ihrer Arbeitszeit Sie damit verbringen, Informationen niederzulegen oder nach Informationen zu suchen.

▶ **Abstimmaufwände**

Wenn Dokumente nicht klar strukturiert oder, was oft der Fall ist, nicht einmal auffindbar sind, wenden sich Fragesteller, wenn möglich, direkt an die zuständigen Experten. Im Fall von MN wären dies die Ingenieure, die dann mit den immer gleichen Anfragen der Partner zu ihren Daten überflutet würden. Zwar lassen sich solche Direktanfragen (durch die Einrichtung entsprechender Support-Strukturen) abblocken; letztendlich führt das aber – wie jeder Hotline-Nutzer weiß – zu Frust bei den Anrufern.

Nehmen wir einmal an, Sie möchten in Erfahrung bringen, wie Sie in Excel einen Boxplot erstellen. Würden Sie lieber seitenlange Beschreibungen hierzu lesen oder sich ein Video auf YouTube ansehen? Beim Video könnten Sie alle Schritte in einem anderen Fenster gleich ausführen und bei Bedarf das Abspielen auch anhalten. Ihr Drang, direkt einen Experten anzurufen (bei dem Sie beide Möglichkeiten eher nicht haben) wäre deutlich geringer, oder nicht? Und wäre es nicht fantastisch, wenn der Möbelhersteller IKEA (wie versuchsweise in den USA bereits geschehen) Videoanleitungen für den Aufbau seiner Möbelstücke ins Netz stellen würde?

Die von MN gewählte Vorgehensweise vereint das Beste aus beiden Welten: die Eingängigkeit und Verständlichkeit eines Videos mit der Durchsuchbarkeit geschriebener Texte. Den Partnern von MN stehen diese Informationen sieben Tage in der Woche 24 Stunden am Tag zur Verfügung. Sie sind qualitätsgesichert, leicht durchsuchbar und immer aktuell. All das zusammen resultiert in sehr geringen zusätzlichen Arbeitsaufwänden für MN aus dem Betrieb der neuen Lösung. Das ist wichtig, denn bei explodierenden Support-Aufwänden ginge die Rechnung aus Abschnitt 8.3.2, »Zahlenbeispiel«, nicht mehr auf.

▶ **Aufwände für Data Governance**
Wenn Metadatenobjekte nur einmal erstellt werden müssen und unterschiedliche Daten hierauf verweisen können, sinkt der Aufwand für die Pflege dieser Metadaten um mehrere Größenordnungen. Dies betrifft sowohl die erstmalige Erstellung solcher Metadaten als auch deren Pflege. Je mehr Metadatenobjekte bereits existieren, umso wahrscheinlicher ist es, dass für neue Daten schon ein passendes Objekt existiert. Hinzu kommt, dass aufgrund der einheitlichen Struktur der semantisch neutralen Metadaten bei einer Neuanlage von Metadatenobjekten automatisch festgestellt werden kann, ob ein entsprechendes Objekt schon existiert. Wenn die Neuanlage in mehreren, global verteilten Systemen erfolgt, lassen sich Redundanzen in periodischen Prüfläufen automatisch aufspüren und eliminieren.

Beides zusammen verschafft Ihnen zwei Schritte Vorsprung gegenüber vielen Ihrer Konkurrenten. Nach unserer Erfahrung ist so manch ein Unternehmen momentan dabei, viel Zeit, Mühe und Geld in die Themen Data Governance, Data Stewardship und Metadaten-Repository zu investieren. Aber leider werden diese Metadaten meist manuell erfasst und nur begrenzt automatisch abgeglichen. Der Wettlauf zwischen Metadaten und der Wirklichkeit im Unternehmen geht dann aus wie das Rennen zwischen dem Hasen und dem Igel: Das Projekt hat gerade begonnen, und die Hälfte der erfassten Informationen ist schon nicht mehr aktuell. Die Erhebung von Metadaten in den strukturierten Interviews trägt ebenfalls zur Verringerung der Pflegeaufwände bei. Wir gehen aber davon aus, dass bei einer Videodokumentation immer noch einiges an Nacharbeit erforderlich sein wird, sodass wir die Effekte an dieser Stelle nicht überbewerten wollen.

▶ **Aufwände bei Änderungen**
Wenn sich das Verhalten eines Sensors ändert (z.B. durch eine neue Softwareversion im Auto), müssen nicht zig betroffene Routinen, sondern nur *ein* Metadatenobjekt gepflegt werden. Anschließend muss einfach nur geprüft werden, welche Datenflüsse hiervon betroffen sind (man spricht hier im Bereich Data Governance auch von *Impact-Analysen*) und ob diese Datenflüsse geändert werden müssen. Auch das kann automatisch geschehen. Die Vorteile in Sachen Personalaufwand sind die gleichen, wie in Abschnitt 6.4.4 für den Werttreiber »Geringere Entwicklungsaufwände« beschrieben.

Wie im Beispiel von Kapitel 6, »Datenmodelle flexibel und einheitlich gestalten«, liegen alle Werttreiber komplett in der rechten Spalte der Nutzen-Werttreiber-Matrix. Grund hierfür ist, dass die Auswertung von Sensordaten im hier angesprochenen Umfang und der Austausch semantisch neutraler Metadaten zwischen Partnern (oder auch intern zwischen Geschäftsbereichen oder Konzerngesellschaften) für die meisten Unternehmen (relativ) neu sind.

Neben den erwähnten Werttreibern für das Metadaten-Repository gibt es noch diejenigen Werttreiber, auf die die Bemühungen von MN und seinen Partnern eher kurzfristig gerichtet sind. Zu diesen Werttreibern gehören z.B. »Neue Erkenntnisse: Risikoeinstufung von Kunden« oder aus Sicht von MN »Neue Erkenntnisse: Bessere Algorithmen in Fahrassistenzsystemen«. Daneben wären als Werttreiber auch noch die Erträge zu betrachten, die MN aus dem Verkauf der Daten oder durch zusätzlich abgesetzte Fahrzeuge erzielen kann. Letztere entstehen aber nicht primär durch den Einsatz von Big-Data-Lösungen, die Paketierung von Fahrzeugen und Versicherungsleistungen oder die Verwertung von Kundendaten durch den Verkauf an Dritte sind keine Big-Data-spezifischen Geschäftsmodelle. Wenn Sie auf der Suche nach weiteren Big-Data-spezifischen Werttreibern sind, finden Sie einige Anregungen hierzu in unserer Werttreiber-Datenbank zum Herunterladen.

Sonstige (eher kurzfristige) Werttreiber

8.5 Implementierungsszenario und Architektur mit SAP HANA

Schwerpunkt: Metadaten

Unser Szenario dreht sich um Metadaten. Allerdings ist SAP HANA kein Werkzeug für die Metadatenablage oder -verwaltung. Einige dafür besser geeignete SAP-Produkte haben wir in Abschnitt 8.4.1, »Zugehörige Value Maps im SAP Solution Explorer«, angesprochen. In diesem Fallbeispiel geht es vor allem um zwei Fragestellungen:

- Wie können inhaltsbezogene und semantisch neutrale Metadaten aus schwach oder gar nicht strukturierten Quellen (also z.B. aus Videos) gewonnen werden?

- Wie müssen semantisch neutrale Metadaten aussehen, damit die zugehörigen Objekte wiederverwendbar sind?

8.5.1 Implementierungsszenario und Rahmenarchitektur

SAP Business Suite kaum involviert

In unserem Szenario spielt die SAP Business Suite als Datenquelle praktisch keine Rolle, ebenso wenig wie SAP BW oder andere klassische SAP-Anwendungen. Unabhängig davon, ob bei der Datenbeschaffung die in Abschnitt 8.4.1 erwähnten SAP-Produkte zum Einsatz kommen oder ob die erhobenen Metadaten in den ebenfalls dort angeführten SAP-Metadaten-Repositories landen, ist die Integration mit SAP-Lösungen für die Datenerzeugung hier von untergeordneter Bedeutung.

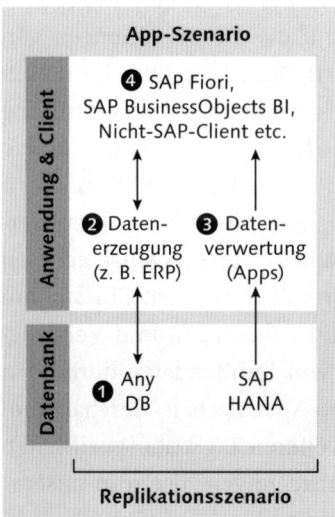

Abbildung 8.8 Implementierungsszenario »Sensordaten auswerten«

Aus diesem Grund schlagen wir für die Implementierung das App-Szenario vor, das heißt kein integriertes, sondern ein Replikationsszenario. Das Data-Mart-Szenario als ein anderes integriertes Szenario dürfte für unsere Zwecke nicht ausreichend sein; es stützt sich ja bei der Datenverwertung weitestgehend auf Standardberichtswerkzeuge und nicht auf anspruchsvolle Analysen.

Die Bausteine des App-Szenarios im vorliegenden Fall (siehe Abbildung 8.8) unterscheiden sich erheblich von denjenigen in Kapitel 4, »Planung flexibel gestalten«.

Unterschiede zur App in Kapitel 4

Datenbanken ❶

Die folgenden Datenquellen kommen in unserem Szenario zum Einsatz.

RFID-Daten

SAP Auto-ID Infrastructure (SAP AII) speichert seine Datenbestände in ganz normalen relationalen Datenbanktabellen innerhalb der SAP Business Suite. Dies sind z.B. Tabellen, die Sie mit einer Suche nach /AIN/DM_OBJ* im ABAP Dictionary (Transaktion SE11) finden können. Eine zentrale Rolle spielt hierbei die in Abbildung 8.9 gezeigte Tabelle /AIN/DM_OBJECT. Sie stellt eine Verbindung zwischen den folgenden Objekten her:

Tabellen innerhalb der SAP Business Suite

- einem RFID-Transponder, auf dem ein *elektronischer Produktcode* (EPC, in der Tabelle im Feld EPC1) abgelegt ist
- eine *Produktidentifikationsnummer* (Global Trade Item Number, GTIN, zum Beispiel eine EAN-Artikelnummer) im Feld GTIN
- der *Nummer der Versandeinheit* (NVE, auch *Serial Shipping Container Code*, SSCC, siehe Feld SSCC, zum Beispiel einer Containernummer)
- einer Produkt-ID (Feld PROD_GUID), die auf die Stammdaten eines Artikels verweist

Sie kommt zum Einsatz, wenn »Sensordaten« von RFID-Transpondern verarbeitet werden sollen. Hierbei geht es meist um Ortsdaten, aus denen aus Verarbeitungsschritte in Materialflüssen geschlossen werden kann. Für MN spielen diese Daten im vorliegenden Szenario eher eine untergeordnete Rolle (das Unternehmen setzt aber in seinen Logistikketten RFID-Systeme ein).

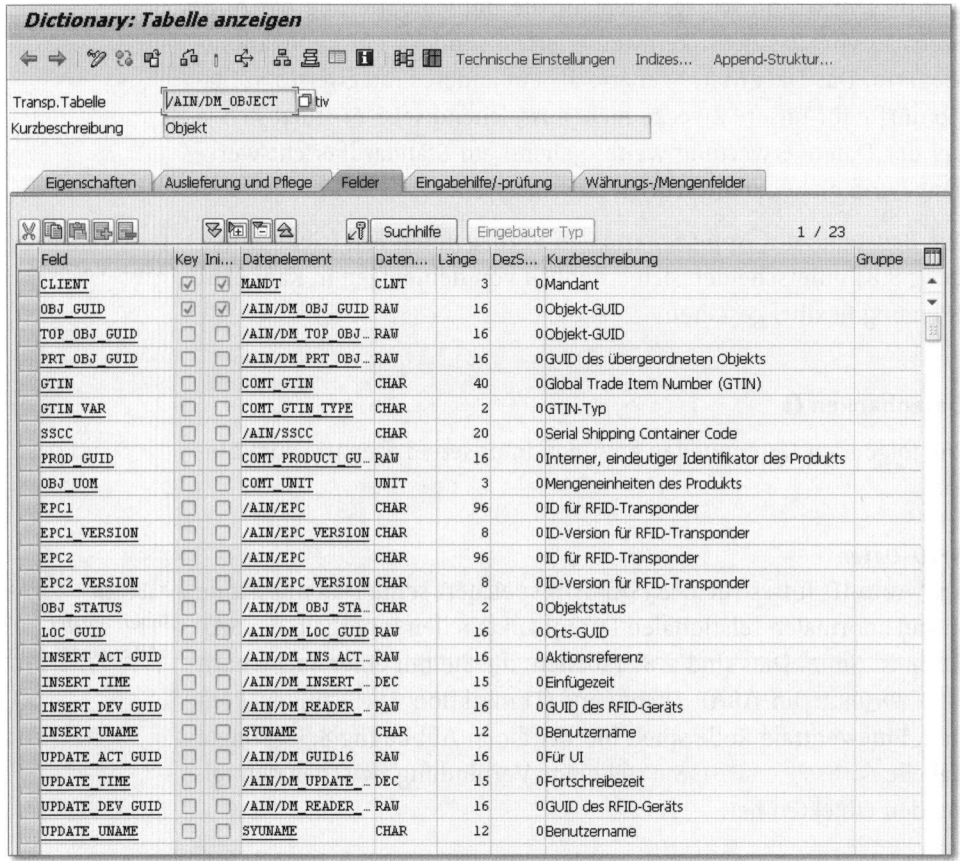

Abbildung 8.9 Tabelle /AIN/DM_OBJECT

Messdaten

Sensoren, die Messwerte erheben und daher für diesen speziellen Einsatzfall von größerer Bedeutung sind, werden gelegentlich in SAP ERP als Messpunkte, und Sensordaten als Messwerte, modelliert. Solche Messwerte liegen (in Form von Messbelegen) in der Tabelle IMRG vor (siehe Abbildung 8.10). Die Tabelle IMRG gehört zu SAP ERP und dort speziell zur Lösung für die *Instandhaltung* (IM), in der man Messwerte von Sensoren zum Beispiel für die Planung vorbeugender Instandhaltungsmaßnahmen benötigt. Die wichtigsten Stammdaten in der Instandhaltung sind die sogenannten *Equipments* (Sachanlagen oder Teile von Sachanlagen). Auf jedem Equipment können n Messpunkte definiert werden und für jeden Messpunkt (Feld POINT) können in der Tabelle IMRG beliebig viele Messbelege existieren. Die Tabelle enthält dabei einige derjenigen Informationen, deren Bedeutung wir im Zusammenhang mit Sensordaten besprochen haben, zum Beispiel den Zeitpunkt einer Messung (Felder IDATE, ITIME, INVTS), einen Indikator, der angibt, ob sich die Messung auf ein Zeitintervall bezieht (Feld INTVL) und eventuell den Beginn eines solchen Zeitintervalls (Felder IDAT1 und ITIM1). Für die Partner von MN bestünde also die Möglichkeit, Fahrzeuge als Equipments zu definieren und empfangene Messdaten von diesen Fahrzeugen in der Tabelle IMRG abzulegen.

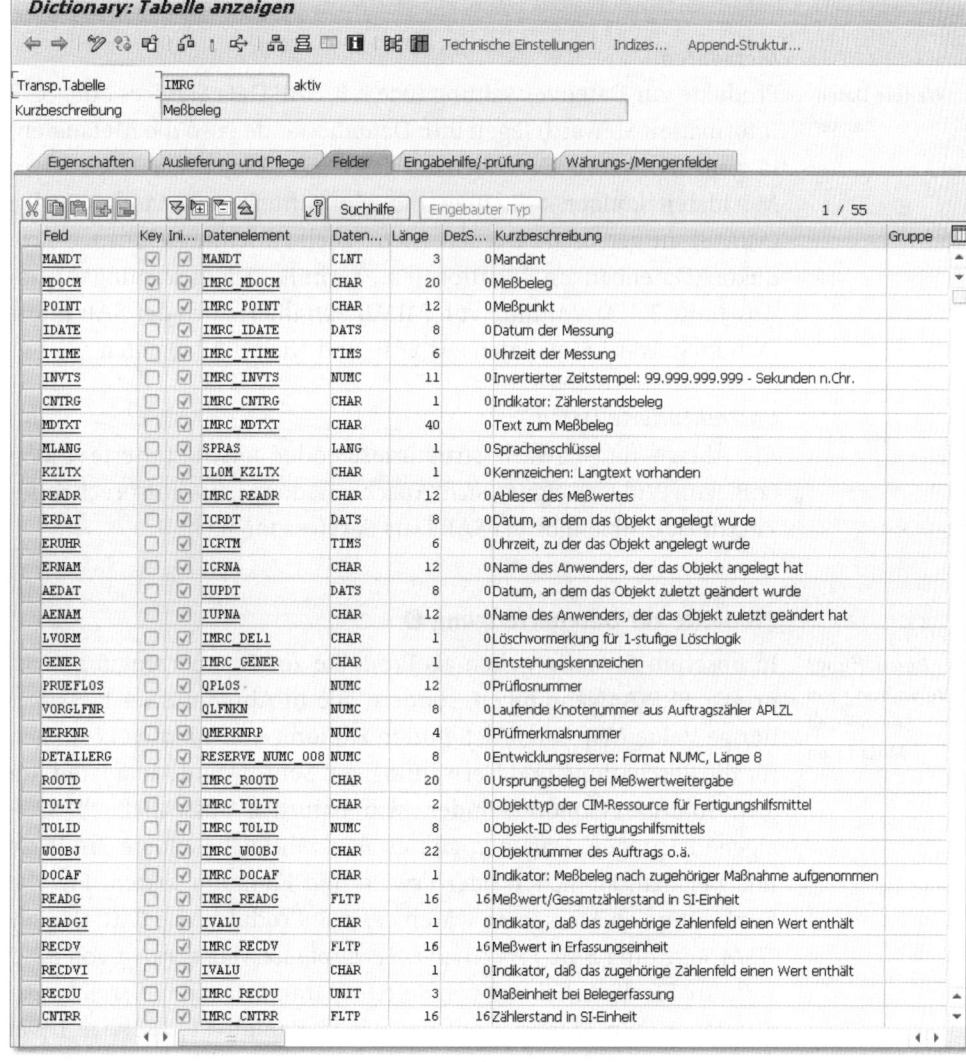

Abbildung 8.10 Tabelle IMRG

Allerdings habe wir die Erfahrung gemacht, dass viele Unternehmen aus Gründen der Flexibilität für die Ablage von Messwerten nicht die Tabelle IMRG, sondern eigene Strukturen in einem Data Warehouse nutzen.

Daneben können Messdaten natürlich auch aus anderen oder sogar aus proprietären Anwendungen stammen. Man kann aber davon ausgehen, dass sie entweder in einer Datenbank abgelegt oder als Ereignisse modelliert werden. In beiden Fällen sind sie für SAP HANA (über SAP ESP/SAP DS) zugänglich.

Metadaten

Weitere Daten-banken

Produkte zur Datenverwaltung (wie z. B. SAP Data Services oder SAP Information Steward) legen ihre Datenbestände (also die Metadaten) in ganz normalen Datenbanken (MS SQL, Oracle etc.) ab. Diese Metadaten können z. B. über die Meta Integration Model Bridge (MIMB) ausgetauscht werden (siehe auch Abschnitt »Sonstige Produkte (Datenbanken, Plattformen, Technik, Dienstleistungen)« in Abschnitt 2.1.3). Mithilfe von MIMB extrahiert auch der SAP Information Steward Metadaten aus SAP- und Nicht-SAP-Quellen.

Unstrukturierte Daten

Als Ablage für schwach strukturierte oder unstrukturierte Daten (z. B. von Videos) eignet sich Apache Hadoop, ein entsprechender Zugriff ist problemlos via SAP Data Services möglich.

Produkte zur Datenerzeugung ❷

Beschaffung/ Verwaltung von Sensor- und Metadaten

In unserem Szenario gelten als Produkte zur Datenerzeugung nicht primär ERP-Anwendungen, sondern alle in Abschnitt 8.4.1, »Zugehörige Value Maps im SAP Solution Explorer«, erwähnten Lösungen für die Beschaffung und Verwaltung von Sensor- und Metadaten. Im SAP Solution Explorer finden sich natürlich ausschließlich SAP-eigene Lösungen. Daneben gibt es aber zahlreiche andere Produkte mit gleichen, ähnlichen oder erweiterten Funktionalitäten. Für die Sammlung von Messdaten wären das z. B. Produkte wie *BMC Remedy ITSM Suite* oder *BMC ProactiveNet Performance Management* von *BMC Software* für die Erhebung von Betriebsparametern in IT-Serviceorganisationen (ein Szenario, auf das wir in Kapitel 11, »Service Level Management automatisieren«, zurückkommen) oder *Simatic PCS 7 OCS*, eine offene Schnittstelle zur Weitergabe von Daten aus Siemens-Prozessleitsystemen. Bei der Übergabe von Betriebs-, Maschinen- und Personaldaten an ein ERP-System spricht man zur Abgrenzung von der Ebene des Prozessleitsystems auch von sogenannten *Manufacturing-Execution-Systemen* (MES). Drei von vielen alternativen Metadaten-Repositories wären *InfoSphere Metadata Workbench* von IBM, *Data Integrator* von Oracle (Oracle bietet in diesem Bereich noch diverse andere Produkte an) oder *MetaCenter* von *Data Advantage Group*. Aus Sicht unserer HANA-App ist es aber letztendlich unerheblich, woher Sensor- und Metadaten stammen und was genau die Sensordaten messen.

Produkte für die Datenverwertung ❸

Die Datenverwertung ist der zentrale Baustein unserer hier betrachteten Anwendung. Innerhalb unseres Implementierungsszenarios sollen Lösungen zur Datenverwertung (Standardsoftware plus unsere App) vier Aufgaben erfüllen:

Zentrale Aufgaben der Lösung

▸ **Inhaltsbezogene Metadaten beschaffen und verwalten**
Mit »Beschaffung« meinen wir in diesem Zusammenhang die Extraktion von Metadaten aus unterschiedlichsten Quellen (aus den bereits erwähnten Videos, aber auch aus Dokumenten im Intra- oder Internet oder vielleicht auch aus aufgezeichneten Videokonferenzen). Produkte, die hier an dieser Stelle zum Einsatz kommen könnten, wären:

  ▸ *Speicherlösungen* zur Ablage von Videodaten. Hier liegt im Big-Data-Bereich die Verwendung von HDFS (Hadoop Distributed File System) auf der Hand.

  ▸ *Spracherkennungslösungen* wie Dragon NaturallySpeaking von Nuance, die Spracherkennung in Videobearbeitungssoftware wie Camtasia oder Premiere oder die in Betriebssystemen wie Windows oder Mac OS X oder Smartphones standardmäßig enthaltenen Anwendungen zur Spracherkennung (die allerdings tendenziell weniger genau sind)

  ▸ *Lösungen für die Textanalyse und das Text Mining* wie die Erstellung von Volltextindizes über die in SAP HANA ab SPS 6 Revision 60 verfügbare Funktion EXTRACTION_CORE_VOICEOFCUSTOMER oder – weitergehend – über Produkte, die die Cluster-Analyseverfahren unterstützen (selbstorganisierende Karten etc.). Zur Gruppe dieser Produkte gehört auch SAP PAL (z.B. mit der

Funktion `SELFORGMAP`), es gibt aber auch Lösungen, die in dieser Richtung mehr zu bieten haben (z. B. das unter der Überschrift »Technik (Sprachen/Plattformen)« in Abschnitt 2.1.1 bereits erwähnte Natural Language Toolkit).

▶ *Produkte für das zeitcodebasierte Tagging von Videos*, wie es z. B. im *MetaPlayer* der Firma *RAMP* zum Einsatz kommt. Auch Camtasia verfügt über entsprechende Funktionalitäten.

▶ *Metadaten-Repositories* für die Ablage der gewonnenen Metadaten

▶ *Suchlösungen* wie die bereits erwähnte Google Search Appliance zur Erschließung der vorhandenen Informationen

▶ **Semantisch neutrale Metadaten beschaffen und verwalten**
Neben den inhaltsbezogenen Metadaten braucht MN insbesondere semantisch neutralen Metadaten. Diese lassen sich auf zwei Arten beschaffen:

▶ *Lösungen für die Textanalyse und das Text Mining*
Einerseits können ähnliche Lösungen wie bei den inhaltsbezogenen Metadaten zum Einsatz kommen. Je stärker die durchgeführten Interviews strukturiert sind und je mehr Rahmendaten (z. B. in Form von Taxonomien) für das Text Mining zur Verfügung stehen, desto größer ist die Chance, auch semantisch neutrale Metadaten extrahieren zu können.

▶ *Workflow-Lösungen*
Wir gehen (beim aktuellen Stand der Technik) davon aus, dass semantisch neutrale Metadaten zumindest von Menschen sorgfältig geprüft und in weiten Teilen auch komplett von Menschen bereitgestellt werden müssen. Es ist dabei wichtig, dass man sich hinsichtlich der entsprechenden Prüf- und Bereitstellungsprozesse nicht auf die Fachbenutzer verlässt, sondern den zugehörigen Arbeitsablauf bewusst und straff steuert. Hierbei sollten flexibel konfigurierbare Workflow-Lösungen zum Einsatz. Die zugehörigen Workflows können durch Aktivitäten in der SAP Business Suite (z. B. Änderungen von Materialstammdaten oder Zeichnungen für einen Sensor) angestoßen werden. Im SAP-Produktportfolio findet man entsprechende Lösungen unter dem Stichwort SAP Process Orchestration.

▶ Auch für die semantisch neutralen Metadaten braucht man die bereits erwähnten *Metadaten-Repositories* und *Suchlösungen*.

▶ **Verknüpfungen zwischen Daten und semantisch neutralen Metadaten herstellen**

Die Anwendungen der Partner müssen jederzeit wissen, welche gelieferten Daten wie zu verarbeiten sind, das heißt, es muss eine Beziehung zwischen den von den Sensoren gelieferten Daten und den semantisch neutralen Metadaten hergestellt werden. Damit diese Verbindung möglichst flexibel bleibt, sollte die Verknüpfung in einer leicht zu pflegenden Tabelle in SAP HANA bestehen. Diese Tabelle könnte z.B. die folgenden Spalten enthalten:

▶ ID der Datenquelle

▶ ID innerhalb der Datenquelle (z.B. Tabellenname)

▶ ID innerhalb des Objekts (z.B. Feldname)

▶ ID des zugeordneten, semantisch neutralen, generischen Metadatenobjekts im Metadaten-Repository

▶ **Verknüpfungen zwischen inhaltsbezogenen und semantisch neutralen Metadatenobjekten herstellen**

Wir haben erwähnt, dass die Partner von MN sich erst mit der Bedeutung von Daten auseinandersetzen, wenn sie in diesen Daten auf Auffälligkeiten oder Abhängigkeiten gestoßen sind. Für diesen Fall brauchen sie allerdings einen schnellen und unkomplizierten Zugriff sowohl auf die vielleicht verfügbaren Videodokumentationen als Ganzes als auch auf alle mit diesen Videodokumentationen verknüpften Suchbegriffe.

Wir haben die Bandbreite der einsetzbaren Produkte nur angedeutet. Im Bereich des Text Minings oder der Verwaltung von Metadaten bietet der Markt eine schier unüberschaubare Vielfalt von Lösungen mit sehr unterschiedlichen Leistungscharakteristika an. Aus unserer Sicht ist es daher zwingend erforderlich, angedachte Lösungen zunächst im Rahmen eines Prototyping-Ansatzes zu testen.

Client ❹

Unsere Anwendung soll Metadaten für die Partner von MN bereitstellen. Die Sensordaten werden nicht von MN an die Partner, sondern von den Fahrzeugen direkt an den Mobilfunkanbieter und von dort an den Versicherer versandt. Insofern brauchen wir als Clients keine Lösungen, die Sensordaten visualisieren oder weiterleiten; unsere App soll ausschließlich Metadaten liefern. Auf der Client-Ebene sehen wir daher zwei Bausteine:

Visualisierung und Weitergabe von Metadaten

▸ **Clients für die Visualisierung von Metadaten**
Eine der wichtigsten Aufgaben von Metadaten-Repositories liegt in der Schaffung von Transparenz und in der Verdeutlichung von Zusammenhängen. Infolgedessen verfügen auch praktisch alle derartigen Produkte über eine Benutzerschnittstelle, in der Metadaten aufgelistet oder Beziehungen zwischen Objekten grafisch dargestellt werden können. Im Fall des SAP Information Stewards gibt es neben Listen auch die Möglichkeit, Relationsmetadaten (z.B. Abstammung von Daten) grafisch in sogenannten *Herkunfts- und Auswirkungsdiagrammen* darstellen zu lassen. Daneben existieren unterschiedliche Dashboards, z.B. zur Visualisierung der Qualität von Datenbeständen.

▸ **Clients für die Weitergabe von Metadaten**
Eines der wichtigsten Qualitätskriterien bei der Auswahl von Metadaten-Repositories ist deren Offenheit, das heißt die Möglichkeit, Metadaten aus unterschiedlichsten Quellen zu importieren und an unterschiedlichste Ziele zu exportieren. Bei der Weitergabe von Metadaten kommen meist XML-basierte Formate zum Einsatz. Im Fall des SAP Information Stewards ist *CWM-XML* das wichtigste Exportformat. CWM steht für Common Warehouse Metamodel, einen von der *Object Management Group* (OMG) entwickelten Standard für die Beschreibung von Metadaten im Data Warehousing.

Hinsichtlich beider Arten von Clients können wir uns daher auf unsere Lösungen zur Datenverwaltung stützen und müssen hier das Rad nicht neu erfinden.

8.5.2 Datenarchitektur

Fokus: Inhaltsbezogene Metadaten

Bei der Betrachtung der Datenarchitektur in diesem Kapitel werden wir uns auf die Frage der Beschaffung/Extraktion von inhaltsbezogenen Metadaten konzentrieren. Das hat zwei Gründe:

▸ Die Analyse der Sensordaten erfolgt nicht durch MN, sondern durch die Partner, ist also eigentlich nicht Bestandteil unserer Anforderungen.

▸ In Kapitel 9, »Gesundheitsvorsorge als Dienstleistung«, geht es ebenfalls um Sensordaten; dort werden wir uns noch genauer mit dafür geeigneten Datenmodellen auseinandersetzen.

Abbildung 8.11 zeigt beispielhaft ein Datenmodell und denkbare Datenflüsse für die Extraktion und die Analyse inhaltsbezogener Metadaten aus Audio- und/oder Videoaufzeichnungen.

Analyse inhaltsbezogener Metadaten

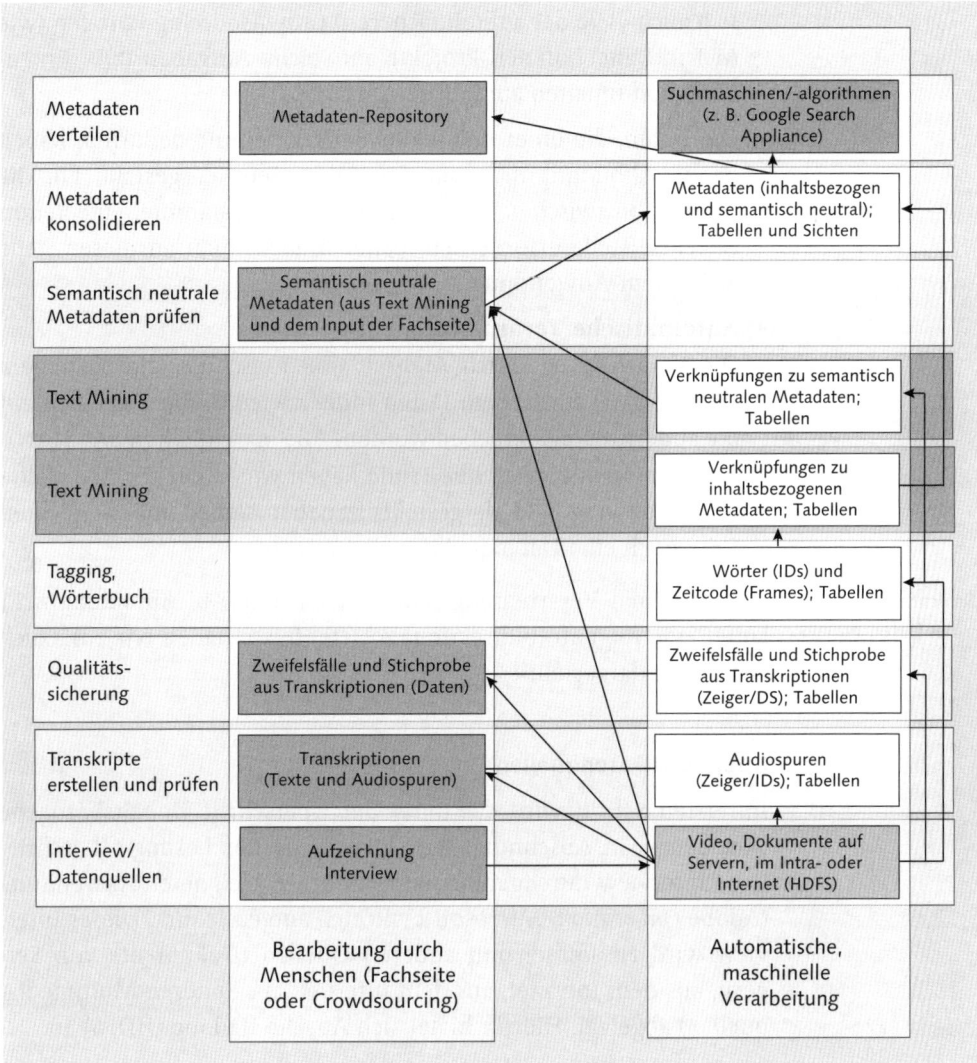

Abbildung 8.11 Rahmendatenarchitektur »Sensordaten auswerten«

Ähnlich wie in Kapitel 6, »Datenmodelle flexibel und einheitlich gestalten«, haben wir die Darstellung in zwei Domänengruppen unterteilt. Die zwei Domänengruppen haben aber eine andere Bedeutung:

Zwei Domänengruppen

▸ **Bearbeitung durch Menschen**

Bei der Extraktion und der Analyse von Metadaten aus unstrukturierten, multimedialen Quellen sind die speziellen Fähigkeiten von Menschen bislang unverzichtbar. Gerade deshalb beziehen sich auch viele der auf (einfacheren) Crowdsourcing-Portalen (wie M-Turk) angebotenen Projekte auf solche Aufgaben (z.B. Erkennung von Inhalten auf Fotos).

Die Daten, die einer menschlichen Bearbeitung bedürfen, haben wir in Abbildung 8.11 auf der linken Seite dargestellt. Für die Interaktion zwischen Mensch und Maschine ist immer eine Benutzerschnittstelle erforderlich, daher braucht man an dieser Stelle eine Client-Anwendung.

▸ **Automatische Verarbeitung**

Die Verarbeitung durch Mensch und Maschine läuft in einem Wechselspiel ab, in dem Daten immer wieder von der einen auf die andere Seite übergeben werden. Alle maschinell in SAP HANA zu bearbeitenden Datenbestände haben wir in der rechten Hälfte von Abbildung 8.11 dargestellt. Daneben stehen auf der rechten Seite noch eine Datenquelle und ein Client.

Schichten innerhalb des Datenmodells

Die einzelnen Verarbeitungsschritte (Schichten) in Abbildung 8.11 laufen wie folgt ab (bidirektionale Datenflüsse haben wir zusätzlich gestrichelt dargestellt):

Interview/Datenquellen

Im ersten Schritt wird das unter der Überschrift »Inhaltsbezogene Metadaten« in Abschnitt 8.4.3, »Bausteine der Lösung«, beschriebene Interview durchgeführt und mit einer geeigneten Anwendung (Adobe *OnLocation*, Microsoft Lync etc.) aufgezeichnet. Dieses Interview wird zusammen mit anderen Quellen (Dokumente von Servern, aus dem Intranet, aus dem Internet, aus anderen Multimediaquellen) abgelegt. Hierfür bietet sich Apache Hadoop (HDFS) an.

Transkript erstellen und prüfen

Spracherkennungssoftware

Die Audiospuren von Videoaufzeichnungen sowie Audiodateien werden mithilfe einer automatischen Spracherkennungssoftware transkribiert. Die Spracherkennungssoftware wurde zuvor mit geeigneten Wörterbüchern trainiert, sodass sie auch Fachbegriffe erkennen kann.

456

Die Transkriptionen (und die zugehörigen Audiodateien) werden in kleine Fragmente unterteilt (jedes Fragment wird mit einer ID versehen) und über ein Extranet einer Crowdsourcing-Gemeinschaft zur Verfügung gestellt. Deren Mitglieder müssen natürlich eine Vertraulichkeitsvereinbarung unterzeichnen und arbeiten – ähnlich wie die Übersetzer eines Dan-Brown-Bestsellers – immer nur an kleinen, zufällig ausgewählten Fragmenten. Via Crowdsourcing werden die Transkripte geprüft; so kann sichergestellt werden, dass der gesprochene und der geschriebene Text hundertprozentig übereinstimmen. Die automatisch erstellten Transkripte und die Korrekturen hierzu werden ebenfalls in HDFS abgelegt. Die Qualität kann deutlich erhöht werden, wenn dieselben Textfragmente mehrfach durch unterschiedliche Personen geprüft werden; mithilfe entsprechender statistischer Verfahren lässt sich auch ermitteln, wie vielen Personen ein- und dasselbe Textfragment zur Erreichung eines bestimmten Qualitätsniveaus präsentiert werden muss.

Crowdsourcing nutzen

Qualitätssicherung

Die Qualität der aus dem Crowdsourcing zurückerhaltenen Informationen wird stichprobenartig geprüft. Hierzu werden zunächst einmal alle Textfragmente herausgegriffen, bei denen unterschiedliche Personen zu unterschiedlichen Ergebnissen gelangt sind. Ergänzend wird auch aus den von allen Prüfern einheitlich interpretierten Textausschnitten eine Stichprobe gezogen.

Stichproben zur Kontrolle

Die Erhebung der Stichprobe erfolgt mit den in Kapitel 7, »Kundenverhalten steuern«, besprochenen Verfahren. SAP HANA muss hierbei nur einen Zeiger (oder eine ID) für die entsprechenden Daten erzeugen. Anhand dieser Zeiger/IDs erfolgt dann im Extranet der Zugriff auf die eigentlichen Daten und die Prüfung (über die Crowdsourcing-Gemeinschaft oder über interne Ressourcen).

Tagging

Basierend auf den nun mehrfach geprüften Transkripten, erfolgt eine Verknüpfung zwischen den erkannten Wörtern und dem Zeitcode der verarbeiteten Audio- und Videodateien. Bei Audiodateien wird der Zeitpunkt (z. B. auf eine hundertstel Sekunde genau) hinterlegt, zu dem das betreffende Wort gesprochen wird, bei Videodateien verwendet man Einzelbilder (sogenannte *Frames*).

Wörterbuch erstellen

Außerdem wird mithilfe der Textanalyse in SAP HANA ein Wörterbuch aller verwendeten Wörter erstellt. Ein solches Wörterbuch sollte anschließend noch mit einem sogenannten *Stopp-Wörterbuch* nachbearbeitet werden. Ein Stopp-Wörterbuch enthält Füllwörter, die wenig Information transportieren (»und«, »der«, »sozusagen etc.). Derartige Füllwörter sollten nicht aus der Analyse ausgeschlossen werden, es ist aber sinnvoll, sie als solche zu kennzeichnen.

Getaggt werden sollten nicht nur Multimediadateien, sondern auch alle anderen Datenbestände, die im HDFS zur Verfügung stehen. Wenn später ein Benutzer nach einem bestimmten Wort sucht, möchte er ja nicht nur Audio- und Videodateien, sondern vielleicht auch Dokumente finden, die dieses Wort enthalten. Beim Tagging kann man auch Funktionen der Google Search Appliance verwenden.

Mit den inhaltsbezogenen Metadaten sind Sie an dieser Stelle fertig. Sie könnten zwar auch hier noch ein Text Mining vornehmen und eine Einordnung in Taxonomien (siehe nächste Schicht) vornehmen; in der Praxis zeigt sich aber oft, dass Taxonomien sperrig, wenig flexibel und aufwendig zu pflegen sind. Daher beschränkt man sich bei der inhaltsbezogenen Erschließung von Objekten (z.B. auf Plattformen, auf denen Fotografien mit Freunden geteilt oder gekauft werden können) auf das Tagging.

Text Mining

MN verfügt nun über ein Wörterbuch und Verknüpfungen von den Wörtern in diesem Wörterbuch zu Audio-, Video- und Textdateien, in denen diese Wörter vorkommen. Daneben existieren Transkripte zu allen Audio- und Videodateien. Eine Google Search Appliance kann mit diesen Informationen schon recht viel anfangen. Allerdings sind wir damit noch nicht am Ende der Fahnenstange angelangt.

Die Tatsache, dass in einem Video im Frame (z.B. Einzelbild 2.537) der Begriff »Summierung« kurz nach dem Begriff »Aggregationsfunktion« erscheint, deutet vielleicht darauf hin, dass ein Faktum (Beispiel: »Zurückgelegte Strecke«), über das einige Minuten vorher gesprochen wird, summiert werden kann. Das wäre eine wertvolle Information für die semantisch neutralen Metadaten des betreffenden Faktums und damit für die Frage, mit welchem Metadatenobjekt wir das jeweilige Feld verknüpfen sollten.

Um den wahren Wert aller vorhandenen Informationen zu erschließen, muss man Sinnzusammenhänge erkennen und Gruppierungen (auf der Basis von Taxonomien) vornehmen. Die Google Search Appliance ist hiermit überfordert. Für das Text Mining existiert aber eine Vielzahl anderer Verfahren und Produkte (z.B. Natural Language Toolkit).

Sinnzusammen-
hänge erkennen

Semantisch neutrale Metadaten prüfen

Alle Verfahren zum Text Mining haben aber leider eine Schwäche, an der auch Übersetzungsprogramme lange gelitten haben: Computer sind nicht besonders gut darin, die *Bedeutung* von Text zu verstehen. Im Bereich Übersetzung hat Google das Problem elegant durch die Verwendung von Korrelationen zwischen Begriffen in unterschiedlichen Sprachen gelöst, aber wir wollen unsere Texte ja nicht in eine andere Sprache übersetzen, sondern z.B. Begriffe kategorisieren.

Unabhängig davon, welche Werkzeuge Sie für das Text Mining einsetzen, werden Sie um eine anschließende gründliche Bearbeitung der Ergebnisse kaum herumkommen. Dabei werden Sie auf interne Experten oder Experten der Partner zurückgreifen müssen. Diesen können Sie einen sehr komfortablen Zugriff auf die bislang gesammelten Informationen als Hilfsmittel zur Verfügung stellen. Als Benutzerschnittstelle bietet sich z.B. die Metapedia des SAP Information Stewards an. Alternativ können die darin enthaltenen Metadaten auch exportiert und über andere Werkzeuge zur Verfügung gestellt werden, oder Sie lassen Ihre Benutzer die Rohdaten (in SAP HANA) vor der Weitergabe an das Metadaten-Repository überarbeiten. In unserem Modell haben wir uns für die letztgenannte Alternative entschieden. Die Ergebnisse aus dem Text Mining werden z.B. der Fachseite zur Verfügung gestellt und von dieser überarbeitet, *bevor* eine Verteilung dieser Daten erfolgt.

Prüfung durch
Experten

Metadaten konsolidieren

Aus Gründen der Nachvollziehbarkeit sollten Sie sowohl die ursprünglich an die Fachseite gelieferten Metadaten als auch den Input der Fachseite aufbewahren. Wenn Sie so vorgehen, brauchen Sie allerdings noch zwei zusätzliche Konsolidierungsschritte:

▸ Einerseits müssen Sie die aus dem Text Mining gelieferten Daten auf Basis des fachseitigen Inputs vor einer Weitergabe bereinigen.

▸ Andererseits sollten Sie nun auch eine Verknüpfung zwischen den (schon in der Schicht »Qualitätssicherung« bereinigten) inhaltsbezogenen Metadaten und den semantisch neutralen Metadaten herstellen. Das verbindende Element zwischen beiden sind die Metadatenobjekte; jedes einzelne Feld in Ihren Datenbeständen ist ja einem solchen Metadatenobjekt zugeordnet.

Metadaten verteilen

Die jetzt qualitätsgesicherten Metadaten (inhaltsbezogen und semantisch neutral) müssen abschließend noch dem Metadaten-Repository übergeben und der Suchmaschine (z.B. Google Search Appliance) zugänglich gemacht werden. Für die Übergabe an das Metadaten-Repository kommen die bereits mehrfach erwähnten Standardschnittstellen zum Einsatz; Google Search Appliance erschließt sich Inhalte selbstständig über seine Crawler.

Anwendbarkeit auf andere Fallbeispiele

Wir haben in diesem Kapitel zwei Aufgabenstellungen betrachtet, die sich auf eine Reihe anderer Branchen und Fallbeispiele erweitern lassen: Einerseits haben wir erläutert, wie man aus (schwach strukturierten) multimedialen Daten (Videos) strukturierte Informationen bis hin zu semantisch neutralen Metadaten gewinnen kann. Andererseits haben wir betont, dass Sie durch die Verwendung semantisch neutraler Metadaten (und die Trennung dieser Metadaten von inhaltsbezogenen Informationen) sehr flexible Analyselösungen aufbauen können.

Weitere Branchen und Szenarien

Für beide Themen sehen wir eine Vielzahl von Einsatzbereichen:

▸ Vielleicht möchten Sie ja Videos, die Ihre Kunden auf YouTube oder Facebook posten, ebenso analysieren können wie Twitter-Streams? Ähnlich wie Tweets werden YouTube-Videos in unregelmäßigen, unvorhersehbaren zeitlichen Abständen gepostet; Sie müssten also hierfür eine ereignisorientierte Verarbeitung vorsehen.

▸ Wir sind insbesondere im städtischen Bereich von Kameras geradezu umringt. Viele davon liefern Bilder, die für jedermann öffentlich zugänglich sind. Einige dieser Informationen sind vielleicht auch für Sie interessant. Eine Wetterkamera könnte Ihnen Auskunft über heranziehende Regenfälle und daraus resultierende Änderungen in der Besucherfrequenz in Ihren Geschäften geben. Eine Verkehrskamera zeigt Ihnen vielleicht, wie viele Lkws Ihrer Wettbewerber pro Tag deren Zentralläger verlassen.

Bei diesen Fragen geht es dann zunächst einmal nicht um Sprach-, sondern um Bildanalyse. Nach Extraktion der grundlegenden Informationen (und deren Umwandlung in geschriebenen Text) sieht die weitere Verarbeitung mehr oder weniger ähnlich aus. Wenn Sie wissen wollen, wie gut maschinelle Bilderkennung heute schon funktioniert, ziehen Sie einfach einmal ein Bild von Ihrem Computer in das Suchfeld der Bildersuche auf Google (*https://www.google.com/imghp?*).

▸ Auch der Begriff »Sensordaten« lässt sich ein wenig weiter fassen. Abgesehen von Messeinheiten in Autos oder Maschinen, könnte man auch Sensoren für Körperfunktionen (siehe hierzu auch Kapitel 9, »Gesundheitsvorsorge als Dienstleistung«) oder Messwerte aus IT-Serviceorganisationen betrachten (siehe Kapitel 11, »Service Level Management automatisieren«). Auch in diesen Zusammenhängen ist es sinnvoll, inhaltsbezogene und semantisch neutrale Metadaten zu trennen und semantisch neutrale Metadaten verfahrensorientiert (und damit längerfristig stabil) auszugestalten.

Wir sind uns sicher, dass Ihnen anhand dieses und der folgenden Kapitel viele eigene Ideen kommen werden.

»Wer nicht jeden Tag etwas für seine Gesundheit aufbringt, muss eines Tages sehr viel Zeit für die Krankheit opfern.«

Sebastian Kneipp (1821–1897)

9   Gesundheitsvorsorge als Dienstleistung

»Kein Netz.« Norbert steckte sein Handy wieder ein. In den letzten drei Stunden hatte er das Telefon schon Dutzende Male aus der Brusttasche gezogen. Nicht einmal ein kümmerlicher Balken zeigte sich auf dem Display. Er schaute sich um. Vor ihm lag eine der typischen Tussock-Grassteppen. Gebirgsflüsse mäanderten in weiten Kurven durch ein Kiesbett in einer weiten Ebene, die an beiden Seiten durch steile, grüne Hügel begrenzt wurde. Hinter diesen Hügeln erhoben sich schroffe, felsige Berge und dahinter noch höhere Gebirgsketten, auf die schon der erste Herbstschnee gefallen war. Weit und breit keine Straße oder Brücke, kein Haus, kein Zeichen menschlicher Zivilisation.

Abbildung 9.1 Landschaft im Arthur's Pass National Park, Canterbury, Neuseeland

Wäre jetzt neben ihm ein Ritter aufgetaucht, der erklärt hätte, zum Reitervolk von Rohan zu gehören: Er wäre kaum überrascht gewesen. Nun gut, immerhin befand er sich ja auch auf der Südinsel Neuseelands. Auf

seinen Reisen und Wanderungen suchte er immer wieder Ruhe und Ein-samkeit, aber seit dem Tod seiner Lieblingstante Marianne machte ihn die Abgeschiedenheit auch nervös. Marianne war vor einigen Monaten in ihrer Wohnung an einem Schlaganfall gestorben und hatte – wie man vermutete – einige Stunden hilflos allein auf dem Boden gelegen. Sie hatte weitestgehend selbstständig in einer betreuten Senioren-Wohnanlage gelebt, und weil ihr manchmal recht schwindlig war, hatte Norbert ihr – ergänzend zu den standardmäßig in allen Räumen vorhandenen Not-rufsystemen – im letzten Jahr auch noch ein Senioren-Handy gekauft. Man musste nur eine auffällige rote Taste drücken und wurde sofort mit einer durchgängig besetzten Einsatzzentrale verbunden. Dort konnte man um Hilfe bitten, und auch wenn man anrief und nichts sagen konnte, wurde sofort ein Arzt verständigt.

Aber leider hatte das Telefon auf dem Küchentisch weit außerhalb von Mariannes Reichweite gelegen. Und selbst wenn es wie vorgesehen an ihrem Gürtel gehangen hätte, wäre sie nicht in der Lage gewesen, den Notrufknopf auch nur zu drücken. Vielleicht hätte er ein anderes System wählen sollen. Es gab schon Kombinationen aus Handy und Armbanduhr mit Fallsensor und Notrufknopf am Handgelenk und auch Bodenbeläge, die einen Sturz erkennen konnten. Aber auch die wären nutzlos gewesen, hätte Marianne sich zunächst benommen hingesetzt und dann auf dem Sofa sitzend das Bewusstsein verloren.

Sensoren in der Medizin

Sensoren spielen nicht nur bei Fahrzeugen oder Maschinen, sondern auch in der Medizin eine große Rolle. Messfühler erfassen kontinu-ierlich (z. B. *Patientenmonitore* im Krankenhaus) oder zu bestimmten Gelegenheiten (z. B. Laborwertbestimmung beim Hausarzt) Vitalzei-chen und Körperparameter, die vom Pflegepersonal oder von Ärzten aufgenommen und interpretiert werden.

Neue medizinische Lösungen durch Big Data

Durch die Kombination der Miniaturisierung elektronischer Bau-teile, der mobilen Kommunikation, den Analysekapazitäten von Big Data und intelligenten Scoring-Algorithmen ergeben sich auch in diesen Bereichen völlig neue, z. B. prädikative Anwendungen. Der Ausfall eines Flugzeugtriebwerks oder ein drohender Herzinfarkt haben einiges gemeinsam: Beides sind dramatische Ereignisse, und in beiden Fällen kann man sehr ähnliche mathematisch-statistische Verfahren einsetzen, um die Wahrscheinlichkeit für solche Ereig-nisse zu schätzen. Außerdem ist sowohl beim Flugzeugtriebwerk als auch beim Herzen eine Alarmierung in Echtzeit essenziell.

In diesem Kapitel beschäftigen wir uns daher noch einmal mit der Auswertung von Sensordaten. Hierbei konzentrieren wir uns aber nicht wie im vorangehenden Kapitel 8, »Sensordaten auswerten und Metadaten automatisch erheben«, auf die Frage, welche speziellen Metadaten man für Messdaten braucht, oder darauf, wie auch diese Metadaten mit Big-Data-Algorithmen beschafft werden können. Vielmehr interessiert uns, welche der bereits besprochenen Verfahren sich für die Analyse von Sensordaten eignen und wie auf Basis von Sensordaten Alarme ausgelöst werden können. Vor diesem Hintergrund betrachten wir zunächst die aktuellen technischen Möglichkeiten sowie einige regulatorische Restriktionen im medizinischen Bereich.

In unserer Fallstudie beschreiben wir dann ein (präventives) Angebot, das auf medizinischen Sensordaten und Big-Data-Analysen basiert. Für dieses Angebot arbeiten wir die speziellen Kosten, Risiken und Chancen heraus, wobei wir hier kein Zahlenbeispiel formulieren, sondern uns auf allgemeine unternehmerische Überlegungen beschränken. Wir beschreiben kurz, wie sich ein solches Angebot in die SAP-Welt eingliedern ließe, welche fachlichen Anforderungen bedient werden müssen und welche speziellen Lösungen hierfür infrage kommen. Wie üblich schließen wir mit einer Betrachtung von Rahmen- und Datenarchitektur ab; bei den Architekturbetrachtungen interessiert uns besonders die Frage der Echtzeitalarmierung.

9.1 Datenquellen im medizinischen Bereich

Die im Bereich der Medizin eingesetzten Sensoren lassen sich in invasive und nicht invasive Systeme unterteilen. Bei invasiven Systemen wird ein Messfühler im Körper implantiert und daher Gewebe (z. B. die Haut) verletzt, bei nicht invasiven Systemen erfolgt die Messung von außen. Ein Elektrokardiogramm (EKG) ist nicht invasiv, eine Blutentnahme zur Erhebung von Cholesterin- oder Leberwerten ist invasiv.

Invasive und nicht invasive Systeme

Die fortschreitende Miniaturisierung elektronischer Komponenten hat dazu geführt, dass sowohl nicht invasive als auch invasive Messsysteme nicht mehr nur stationär, sondern auch mobil eingesetzt werden können. Beide Sensortypen lassen sich mittlerweile daheim

Mobile Patientenmonitore

nutzen (denken Sie an Geräte zur Messung von Blutdruck oder Blut-zucker) oder sogar permanent am Körper tragen.

9.1.1 Invasive und nicht invasive Sensoren

Verfügbare medizi-nische Sensoren

Eine Reihe medizinischer Sensorsysteme kann frei im Handel erwor-ben und von jedermann privat verwendet werden:

▸ **Armbandsensoren**
  Der für seine Navigationsgeräte bekannte Hersteller *Garmin* offe-riert mit dem Armband *vivofit* ein Gerät, das neben sportlichen Aktivitäten auch die Schlafqualität erfasst. Gekoppelt mit einem Herzfrequenzsensor kann beim Sport auch der Puls gemessen wer-den. Nike hat mit dem *Fuelband SE* eine ähnliche Lösung im Ange-bot. Führende Hersteller von Smartphones haben zwischenzeitlich nachgezogen: Samsung bietet als Ergänzung zu seinen Smartphones die *Gear*-Produktreihe an, Apple plant ebenfalls, so hört man, eine Uhr mit Körpersensoren auf den Markt zu bringen. Durch die Kom-bination mit Mobiltelefonen bieten die meisten dieser Produkte eine Option zur Übertragung der jeweiligen Daten ins Internet.

▸ **Körperanalysegeräte**
  Die Firma *Tanita* hat sowohl für den Heim- als auch für den pro-fessionellen Gebrauch Waagen und Körperanalysegeräte im Sorti-ment, die allmorgendlich nicht nur das Gewicht, sondern auch viele andere Parameter wie Fettmasse, Muskelmasse oder Stoff-wechselalter bestimmen können. Manche dieser Geräte sind auch in der Lage, die Messergebnisse sofort automatisch an einen Inter-netserver zu übertragen.

  Bei der Firma *Whithings* gibt es Geräte für die Verfolgung eigener Aktivitäten, Systeme zur Schlafüberwachung (Sensormatten für das Bett) sowie Waagen oder Körperanalysegeräte. Whithings pro-duziert auch ein Blutdruckmessgerät, das an ein Smartphone ange-schlossen werden kann. Die mit diesem Gerät gemessenen Werte können auf dem Smartphone gespeichert oder von dort aus über-tragen werden.

Einige dieser Anbieter haben sowohl Systeme für den privaten Einsatz als auch solche für eine Nutzung im medizinischen Bereich im Pro-gramm. Ein großer Unterschied zwischen nicht medizinischen und medizinischen Systemen liegt in den erforderlichen Zulassungen.

Invasive Lösungen sind meist für einen Einsatz im medizinischen Bereich gedacht und entsprechend zugelassen:

▸ **Sensoren unter der Haut**

Der *Freestyle Navigator II* der Firma *Abbot Diabetes Care*, der unter anderem aus einem Sensor besteht, der vom Anwender selbst unter die Haut eingeführt wird, misst kontinuierlich während bis zu fünf Tagen den Glukosespiegel des Trägers.

▸ **Loop-Rekorder**

Sogenannte *Loop-Rekorder* werden im Rahmen einer kleinen Operation im Bereich des Herzens unter der Haut angebracht und überwachen dann kontinuierlich über mehrere Jahre die Herzfunktionen eines Patienten. Die so erfassten Daten werden regelmäßig drahtlos an ein außerhalb des Körpers befindliches Empfangsgerät übertragen. Inzwischen existieren auch aufklebbare Loop-Rekorder, z.B. das System *Nuvant* von der Firma *Corventis*, die allerdings nicht zu den invasiven Sensoren zählen.

▸ **Miniatursensoren**

Im Rahmen des unter anderem von der *École polytechnique fédérale de Lausanne* (EPFL) vorangetriebenen schweizerischen Forschungsprogramms *nano-tera (http://www.nano-tera.ch/)* werden Prototypen für miniaturisierte, invasive Systeme entwickelt. Ein solcher Prototyp ist ein implantierbarer Chip, der eine Vielzahl von Blutwerten überwachen kann. Entsprechende Forschungsergebnisse anderer Institutionen finden Sie, wenn Sie im Internet nach Stichworten wie »Chiplabor« (*Lab-on-a-Chip*) suchen. Der Begriff *Chiplabor* ist allerdings etwas allgemeiner gefasst; ein Chiplabor muss sich nicht zwangsläufig im Körper eines Patienten befinden. Außerdem wird der Terminus Chiplabor auch für Systeme im nicht medizinischen Bereich (z.B. Analysesysteme für den Umweltschutz) verwendet.

9.1.2 Optionen für die Datenübertragung

Nicht invasive Messsysteme übertragen ihre Daten meist nicht direkt ins Internet. Die Daten gelangen stattdessen zunächst per Kabel (Ethernet, USB oder herstellerspezifische Varianten) oder drahtlos (WLAN, Bluetooth oder herstellerspezifische Verfahren) auf ein Gerät des Herstellers, einen Computer oder ein Smartphone. Bei invasiven Systemen ist ein Kabel aus praktischen Gründen keine Option, hier erfolgt die Datenübertragung auf Computer oder Smartphone üblicherweise drahtlos. Im nächsten Schritt kann eine Übertragung der Daten (z. B. via Internet) an eine zentrale Auswertungsstelle, den Hausarzt oder auch an ein Fitnessportal (wie *http:// connect.garmin.com/* oder *http://nikeplus.nike.com/*) vorgesehen sein. Eine Übertragung ins Internet kann mobil oder über einen stationären Anschluss erfolgen. Weil es bei Sensordaten meist um relativ kleine Datenmengen geht, reichen hierfür selbst langsamere Datenverbindungen (z. B. GPRS statt 4G/LTE).

Permanente/ periodische Datenübertragung Die Übertragung der Daten an den letztendlichen Empfänger kann entweder in Echtzeit oder periodisch (z. B. allmorgendlich daheim beim Wiegen oder durch vierteljährliche Abfrage eines Loop-Rekorders im Rahmen von Routinekontrollen beim Hausarzt) erfolgen. Ob, wie häufig und auf welchem Weg Daten an eine Lösung für die Datenverwertung übertragen werden sollen, ergibt sich aus dem angestrebten Ziel. Wenn man längerfristige Trends bei Herzrhythmusstörungen beobachten will, reicht eine Abfrage in größeren Zeitabständen und eine Übertragung allein auf den Rechner des Kardiologen. Ein Frühwarnsystem, das einen drohenden Herzinfarkt oder die Bewegungsunfähigkeit seines Trägers melden soll, sollte demgegenüber tunlichst Daten in Echtzeit übertragen.

In diesem Kapitel steht eine Übertragung in Echtzeit im Vordergrund. Einige der von uns betrachteten Daten müssen nicht unbedingt sofort ausgewertet werden, der Einfachheit halber gehen wir aber davon aus, dass alle Daten bei bestehender Netzverbindung sofort (das heißt nicht unbedingt in Echtzeit, aber stets so rasch wie möglich) übertragen werden.

9.1.3 Probleme im medizinischen Bereich

Integrierte Lösungen noch nicht weit entwickelt Anders als die in Kapitel 8, »Sensordaten auswerten und Metadaten automatisch erheben«, beschriebenen Lösungen in Automobilen oder im Industriebereich steckt die Entwicklung *integrierter* medizinischer Systeme mit *offenen Schnittstellen* noch in den Kinderschuhen. Dass es speziell in dieser Branche trotz der enormen technischen Möglichkeiten deutlich langsamer vorwärts geht, hat unserer Ansicht nach drei Ursachen, die wir im Folgenden erläutern.

Keine standardisierten Schnittstellen

Da die entsprechenden Märkte neu sind, kocht jeder Hersteller »sein eigenes Süppchen«. Ziel ist es, den eigenen Marktanteil gegenüber Mitbewerbern abzuschotten: Das Blutdruckmessgerät des Anbieters *Beurer* überträgt seine Messergebnisse – anders als die Lösung von Whithings – nicht an ein Smartphone, sondern (über einen herstellereigenen Funkstandard) an eine kleine Box, die wiederum an einen Internet-Router angeschlossen werden muss. Via Internet gelangen die Daten dann auf ein Portal, von wo aus sie entweder über einen Internet-Browser oder eine App namens HealthManager ausgelesen werden können. Ebenso ist es auch möglich, die Daten (manuell) vom Portal (als CSV-Datei) herunterzuladen.

Herstellerabhängige Systeme

Die Whithings-Blutdruckmesser werden an ein Smartphone angeschlossen (oder über Bluetooth mit einem Smartphone gekoppelt). Die gemessenen Daten können dann mit einer App namens *Gesundheitsbegleiter*, die außer dem identischen Verwendungszweck nichts mit dem HealthManager der Firma Beurer gemein hat, angesehen und ausgewertet werden. Die Firma Tanita wiederum kooperiert mit Garmin und überträgt die Daten ihrer Körperanalysegeräte, falls gewünscht, an Garmin-Pulsuhren, von wo aus sie auf das Fitnessportal Garmin Connect gelangen.

Ähnliche Tendenzen zur Abschottung beobachtet man bei allen neuen Märkten. Irgendwann setzt sich entweder eine offene Lösung (z.B. XML) oder die Variante eines Herstellers (z.B. Microsoft Windows) als De-facto-Standard durch.

Zulassung und Haftung

In Deutschland unterliegen Medizinprodukte im weitesten Sinn dem *Medizinproduktegesetz* (MPG), das die nationale Umsetzung dreier EU-Richtlinien verkörpert. Auf diesen EU-Richtlinien basieren auch die Vorschriften in Österreich, und auch die Schweiz hat ihre nationalen Vorschriften mittels der *Medizinprodukteverordnung* (MepV) schon 2002 mit europäischem Recht harmonisiert.

Rechtliche Rahmenbedingungen

Die Definition eines *Medizinprodukts* ist relativ weit gefasst. Medizinprodukte sind nicht nur Skalpelle oder Herzschrittmacher, sondern auch Produkte, die lediglich der Überwachung von Krankheiten dienen. Zu unterscheiden von den Medizinprodukten (physikalischer

Komplexe Zulassungsverfahren

oder physikochemischer Wirkmechanismus) sind die *Arzneimittel* (pharmakologische, metabolische oder immunologische Wirkung). Sobald ein Gerät oder eine Lösung als Medizinprodukt zu betrachten ist, greifen höchst komplexe Prüf- und Zulassungsverfahren. Das ist durchaus im Sinn der Patienten, hemmt aber andererseits auch neue Entwicklungen. Gerade kleinere Hersteller pfiffiger Lösungen werden hierdurch ausgebremst. Wir wollen uns hier nicht mit juristischen Fragen auseinandersetzen, aber darauf hinweisen, dass einige der in diesem Kapitel angedachten Lösungen (Hard- und Software) entsprechenden Vorschriften unterlägen.

Kosten von False Positives und False Negatives

Fehler erster und zweiter Art

Die Begriffe *False Positive* (Fehlalarm) und *False Negative* (dieser wird seltener verwendet und hat kein deutsches Pendant) entsprechen im Prinzip den in Abschnitt 7.4.3 unter der Überschrift »Stichprobengröße oder Stichprobenumfang« definierten Fehlern erster und zweiter Art.

[»] **False Positive und False Negative**

Ein False Positive läge beim Beispiel des Infarkt-Frühwarnsystems vor, wenn die Lösung einen drohenden Infarkt innerhalb der nächsten 24 Stunden meldet, dieser aber nicht stattfindet. Von einem False Negative würden wir sprechen, wenn ein tatsächlich drohender Infarkt nicht gemeldet wird.

Ob ein False Positive einem Fehler erster oder zweiter Art entspricht, hängt davon ab, welche Hypothese wir prüfen wollen. Bei einem Fehler erster Art liegt der Fehler darin, dass wir die Ausgangshypothese fälschlicherweise ablehnen, bei einem Fehler zweiter Art nehmen wir die Ausgangshypothese fälschlicherweise an. Wenn also unsere Ausgangshypothese darin bestünde, dass kein Herzinfarkt droht, wäre ein Fehler erster Art/False Positive ein Fehlalarm und ein Fehler zweiter Art/False Negative eine übersehene Infarktgefahr.

Gravierende Folgen

False Positives und False Negatives kommen bei allen *prädikativen* (prognostizierenden/vorhersagenden) Systemen vor und kosten auch im industriellen Umfeld oft Geld, haben aber im medizinischen Bereich besonders gravierende Folgen:

▶ Bei einer fälschlichen Infarktwarnung würde eine Ambulanz in Marsch gesetzt, notfalls die Haustüre des Patienten aufgebrochen und dieser in die nächste Notaufnahme befördert. Eine Vielzahl von Fehlalarmen führte wohl zu einem Zusammenbruch der medizinischen Infrastruktur.

▶ Praktisch gar nicht bezifferbar sind die Kosten von False Negatives in der Medizin, denn hier geht es ja wortwörtlich um Leben oder Tod. Auf jeden Fall dürfte ein Hersteller, dessen Systeme nachweislich bei der rechtzeitigen Erkennung einer medizinischen Krise versagt haben, mit deftigen Schadenersatzforderungen zu rechnen haben.

9.2 Szenario: Premiumservice für Senioren

Die Johannistrieb GmbH (JT) betreibt Alters- und Pflegeheime im deutschsprachigen Raum sowie auf einigen Urlaubsinseln (Mallorca, Gran Canaria und Ko Samui). Die Häuser von JT sind nach Leistungsangebot und Kaufkraft der Bewohner in die Kategorien »Tin«, »Silver«, »Gold« und »Platinum« unterteilt. Zur Kategorie »Platinum« gehören derzeit nur vier Residenzen; drei davon befinden sich auf Mallorca, die vierte auf Ko Samui.

Betreiber von Alters- und Pflegeheimen

Bei einem Jahresumsatz von 300 Millionen € schreibt JT schon seit zwei Jahren rote Zahlen, weswegen seit Längerem einige Optimierungsinitiativen laufen. Neben Maßnahmen zur Kostensenkung (Reduktion des Pflegepersonals und Einsparungen bei den Einkaufskosten für Lebensmittel) denkt das Management auch über Wege zur Steigerung der Erträge nach. In den Kategorien »Tin« und »Silver« werden die Kosten für die Unterbringung der Bewohner häufig von Sozialämtern, Versicherungen oder Angehörigen aufgebracht. Daher sieht man dort zumindest auf den ersten Blick kein Potenzial für Zusatzerträge. Der Fokus der Geschäftsleitung richtet sich stattdessen primär darauf, neue Angebote für die »Platinum«-Häuser zu entwickeln. Die Bewohner dieser Anlagen verfügen in der Regel über ein Nettovermögen von über einer Million €.

Suche nach neuen Umsatzquellen

Aktuell arbeitet man an einem Pilotprojekt für die Häuser auf Mallorca. Senioren, die dort leben, sollen gegen eine jährliche Zahlung einen Vertrag abschließen können, der ihnen eine schnelle Reaktion bei Notfällen und ärztliche Unterstützung bei der Aufrechterhaltung oder Verbesserung ihrer körperlichen und geistigen Leistungsfähigkeit garantiert. Hierzu sollen die Senioren ein spezielles Handy und ein Tablet sowie einige Peripheriegeräte erhalten. Das Handy kann

Pilotprojekt: Sensorgeräte

Daten unterschiedlicher Sensoren empfangen und weiterleiten, das Tablet wird verwendet, um regelmäßige Befragungen und Konzentrationstests durchführen zu können. Zu den Peripheriegeräten gehören z. B. ein Armband und eine Sensormatte zur Überwachung der körperlichen Leistungsfähigkeit und der Schlafqualität, ein Blutdruckmessgerät und ein Herzfrequenzsensor. Für bestimmte Personengruppen (z. B. Diabetiker oder Herzpatienten) sind gegen Aufpreis und in Abstimmung mit den behandelnden Ärzten auch implantierbare Sensoren verfügbar.

Für eine schnelle Reaktion auf Notfälle will man mit einem deutschen Anbieter von Notrufdiensten für Senioren (der in der Nähe des Frankfurter Flughafens eine 24-Stunden-Notrufzentrale betreibt), einem Netzwerk aus auf Mallorca ansässigen deutschsprachigen Ärzten sowie mit mallorquinischen Privatkliniken zusammenarbeiten. Die Auswertung der über längere Zeit gesammelten Daten zur körperlichen und geistigen Fitness soll dagegen kostengünstig durch Ärzte im europäischen Ausland erfolgen.

Aus Sicht von JT kann das anfänglich auf ein Basispaket beschränkte Angebot Schritt für Schritt (gegen Aufpreis) erweitert werden. Denkbar wären der Einsatz zusätzlicher Sensoren, aber auch besondere Betreuungsangebote (z. B. regelmäßige Online-Gespräche über das Tablet mit in Deutschland ansässigen Ärzten).

9.2.1 Auswertung: Rechts- und Finanzrisiken

Bedenken der Rechtsabteilung

Bei einer Diskussion des Angebots im engeren Führungskreis stellt sich heraus, dass die Rechts- und die Finanzabteilung bei JT erhebliche Bedenken gegen diesen ursprünglich von der Marketingleiterin entwickelten Vorschlag haben: Die Rechtsabteilung hat die Frage aufgeworfen, wie eigentlich die Zulassungsanforderungen für die einzusetzenden Algorithmen aussähen. Durch die Verteilung des neu aufzusetzenden Prozesses für mehrere Länder seien unterschiedliche Rechtssysteme betroffen; außerdem stelle sich die Frage, ob nicht auch alle einzusetzenden Algorithmen neu geprüft und zugelassen werden müssten. Der Syndikus von JT wurde mit einer ersten Prüfung beauftragt.

Bedenken der Finanzabteilung

Ebenso schwer wiegen die Bedenken des Finanzchefs. Dieser weist darauf hin, dass Fehlalarme oder False Negatives enorme Kosten für JT nach sich ziehen könnten. Derartige Kosten könnten – gerade im Fall von Haftungsklagen bei False Negatives – alle potenziellen Zusatzerträge bei Weitem übersteigen. Schließlich hat der CIO noch darauf hingewiesen, dass er weder im Hinblick auf die Anzahl seiner Mitarbeiter noch im Hinblick auf deren fachlichen Hintergrund über die Ressourcen verfüge, die erforderlich wären, um solide medizinische Scoring-Verfahren zu entwickeln. Er schätzt, dass er hierzu eine Personalaufstockung in der Größenordnung von 20 hoch qualifizierten Vollzeitkräften (mit medizinischer Ausbildung) bräuchte.

9.2.2 Problem: Entwicklung von Algorithmen ist anspruchsvoll

Auf die rechtlichen Aspekte und die daraus resultierenden Kostenfolgen kommen wir in Abschnitt 9.2.4, »Schlussfolgerungen: Probleme überwindbar«, noch einmal zu sprechen. Da es in diesem Buch aber primär um Fragen der Unternehmens- und Datenarchitektur geht, greifen wir zunächst die Bedenken des CIOs auf. In Kapitel 6, »Datenmodelle flexibel und einheitlich gestalten«, haben wir Ansätze zur Konstruktion von Entscheidungsbäumen und zum maschinellen Lernen besprochen. Für die uns hier vorliegende Notfallfragestellung bieten sich ebenfalls Algorithmen aus den Bereichen Entscheidungsbäume und maschinelles Lernen an.

Entscheidungsbäume und maschinelles Lernen

Ein anderes Werkzeug, das im medizinischen Bereich häufig zum Einsatz kommt, ist das sogenannte Scoring, auf das wir in Kapitel 10, »Betrug und Diebstahl automatisch erkennen«, genauer eingehen werden. Vereinfacht gesagt, handelt es sich hierbei um Ansätze, bei denen man bestimmte Sachverhalte mit Punktewerten versieht, diese Punkte aufaddiert und anhand der Gesamtpunktzahl Aussagen trifft. Ein Beispiel für ein Scoring-System in der Medizin ist der *Apgar-Score*, mit dem anhand von Herzfrequenz, Atemanstrengung, Reflexen, Muskelspannung und Hautfarbe das Sterberisiko von Neugeborenen beurteilt wird. Scoring-Verfahren funktionieren im Prinzip genauso wie ein Persönlichkeitstest in einer Illustrierten.

Scoring-Verfahren

Mit der Konstruktion von Entscheidungsbäumen und der Auswahl (oder gar der Neuentwicklung) von Scoring-Ansätzen im medizinischen Bereich wäre JT sicher überfordert. Den eigenen Mitarbeitern in der IT-Abteilung fehlt hierzu nicht nur das mathematisch-statistische, sondern vor allem auch das medizinische Know-how. Ähnlich wie im Fallbeispiel aus der Automobilindustrie in Kapitel 8, »Sensordaten auswerten und Metadaten automatisch erheben«, bietet sich aber auch für JT die Option, diese Fertigkeiten extern via Crowdsourcing zu beschaffen.

Auf externes Know-how zugreifen

Die Auslagerung medizinischer Dienstleistungen ist keineswegs neu; Krankenhäuser in den USA lassen schon seit einiger Zeit Röntgenbilder von Radiologen in Indien oder Pakistan analysieren, Zahnprothesen werden nach deutschen Vorgaben in China gefertigt und per Luftfracht zu den Behandlern transportiert. Es gibt also keinen Grund, warum nicht auch (entsprechend ausgebildete und zugelassene) Experten für JT Lösungen für die Früherkennung gesundheitlicher Krisen entwickeln sollten. Die Leiterin des Marketings geht deshalb davon aus, dass das Problem fehlenden Wissens lösbar ist. Und ihre Motivation, passende Lösungen zu finden, ist umso höher, weil die Idee mit dem Frühwarnsystem sowohl für JT als auch für sie persönlich höchst spannend werden könnte.

9.2.3 Unternehmerische Überlegungen

Längerfristige Ziele

In den Häusern von JT wohnen insgesamt rund 10.000 Personen, 400 hiervon leben in den »Platinum«-Residenzen auf Mallorca. Der Abschluss entsprechender Serviceverträge mit diesen Bewohnern würde nach Schätzungen des Marketings bestenfalls einen Jahresumsatz von 250.000 bis 500.000 € einbringen, ein Teil davon müsste auch noch an Partner abgetreten werden. Über den reinen Dienstleistungsvertrag hinaus ergäben sich für JT aber einige interessante, längerfristige Perspektiven:

▸ Manche der neuen Dienstleistungen würden wahrscheinlich auch durch Kranken- oder Pflegeversicherungen übernommen und könnten gleichzeitig in den weniger exklusiven Residenzen angeboten werden.

▸ Bei allen Häusern von JT werden die Deckungsbeiträge nicht durch die Grundversorgung (Unterbringung und Verpflegung), sondern hauptsächlich durch Zusatzleistungen (medizinisch-therapeutische Behandlungen, Gesundheitschecks, À-la-carte-Mahlzeiten, Fitness-, Freizeit- und Reiseangebote, Transportdienstleistungen etc.) erwirtschaftet. Dies gilt natürlich vor allem für die Segmente »Gold« und »Platinum«, deren Bewohner über entsprechende finanzielle Mittel verfügen.

Es liegt auf der Hand, dass sich mit dem neuen Angebot das Spektrum der (entweder gegenüber den Kostenträgern oder gegenüber den Bewohnern) verrechenbaren Leistungen erheblich erweitern ließe. Neben reinen Frühwarnsystemen könnte man z.B. auch detailliert geplante und überwachte Programme für die geistige und körperliche Fitness konzipieren. Und abgesehen von Dienstleistungserlösen, könnte JT auch – als Zwischenhändler – Margen durch den Verkauf von Software und Produkten erwirtschaften.

▸ Mit der Entwicklung einer entsprechenden Lösung könnte JT Know-how und eine Position in einem Markt aufbauen, der aufgrund absehbarer demografischer Trends große Umsatzpotenziale erwarten lässt. Interessanter noch als der Vertrieb entsprechender Leistungen an Senioren erscheint der Leiterin des Marketings die Rolle als »Mittler« zwischen den Herstellern medizinischer Geräte und den Anbietern medizinischer Dienstleistungen. JT verfügt aufgrund seiner regulären Geschäftstätigkeit über gute Netzwerke in beiden Bereichen, und die Marketingleiterin sieht hier auch für sich persönlich längerfristig höchst interessante berufliche Perspektiven.

9.2.4 Schlussfolgerungen: Probleme überwindbar

Gemeinsam mit dem CIO und dem Syndikus von Johannistrieb hat die Leiterin des Marketings somit ein erstes organisatorisches Grobkonzept für die Überwindung der diskutierten Hindernisse entwickelt.

Konzept für JT

Schrittweiser Einstieg über einfache, nicht invasive Sensoren

Zunächst einmal soll ein Einstiegsszenario mit einfachen, nicht invasiven Sensoren entwickelt werden. Hierzu sollen die ersten am Programm teilnehmenden Senioren mit den folgenden Geräten ausgestattet werden:

▸ *Apple iPhone 5s* mit Gürtelhalterung (standardmäßig ausgestattet mit GPS, 3-Achsen-Gyrosensor, Beschleunigungssensor, Annäherungssensor, Umgebungslichtsensor, Fingerabdrucksensor, Kompass); das iPhone soll auch für Tests von Konzentrationsfähigkeit und geistiger Fitness verwendet werden.

▸ *Garmin vivofit* mit Brustgurt (umfasst Herzfrequenzsensor, Schrittzähler, Funktionen zur Aufzeichnung von Aktivitäten/Schlaf)

▸ *Whithings Aura* (erfasst Bewegungen, Atem- und Herzfrequenz im Schlaf sowie die Schlafumgebung – Geräusche, Raumtemperatur und Helligkeit)

▸ *Tanita Körperanalysewaage* (misst Gewicht, Körperfett, Muskelmasse etc.)

▸ *Netatmo Funk-Wetterstation*, Modul für Innenräume (Sensoren für Luftqualität, Kohlendioxid, Luftfeuchtigkeit, Luftdruck, Temperatur, Geräusche)

Notfallindikatoren werden überwacht

In Zusammenarbeit mit Ärzten sollen zunächst einmal einige einfache Indikatoren für Notfälle (z. B. Stürze, Unregelmäßigkeiten für Herz- und Atemfrequenz) identifiziert werden. Auf Basis simpler Regeln sollen Betreuer, Pflegekräfte oder eventuell auch Notfalldienste informiert werden. Mit der Überwachung dieser Parameter geht man schon weit über bestehende Angebote hinaus; trotzdem braucht man dafür noch keine Big-Data-Lösung.

Crowdsourcing für neue Algorithmen

Weitere Daten auswerten

Die Definition und Überwachung dieser Parameter stellt aber nur den ersten Schritt dar. Alle anderen von den Sensoren sonst noch gesammelten Daten sollen nicht verworfen, sondern in einem größeren medizinischen Crowdsourcing-Projekt in Kooperation mit Ärzten und medizinischen Fakultäten untersucht werden. Dabei geht es um zwei Fragestellungen:

▸ Existieren andere Frühindikatoren für kommende gesundheitliche Krisen? Vielleicht lassen sich gesundheitliche Probleme ja nicht nur durch einen plötzlichen Abfall der Herzfrequenz erkennen, sondern schon aufgrund einer Kombination aus Puls-, Atem- und Schlafmuster der vergangenen Nacht Stunden im Voraus prognostizieren.

▸ Welche Zusammenhänge bestehen (personenspezifisch) zwischen bestimmten Verhaltensmustern (z. B. Aktivitäten und Ruhezeiten) und wichtigen gesundheitsbezogenen Parametern (z. B. körperliche Fitness und Körperfettanteil)? Auf Basis dieser Daten können individuelle Verhaltensempfehlungen entwickelt und deren Umsetzung gemeinsam überprüft werden.

Im Rahmen dieses Projekts sollen für die erste Fragestellung (Frühindikatoren, Alarmierung) Entscheidungsbäume und für die zweite Fragestellung (Lebensführung) neue, adaptive Scoring-Modelle erstellt werden. In späteren Phasen will man die Palette der Sensoren dem Stand der Technik anpassen und in Zusammenarbeit mit Geräteherstellern gegebenenfalls auch um zulassungspflichtige und invasive Systeme erweitern.

Auslagerung von Analysedienstleistungen und medizinischer Beratung

Die benötigten Dienstleistungen (Datenauswertung, Betrieb Frühwarnsystem und ärztliche Beratung) sollen nicht durch JT selbst, sondern durch (von Medizinern geführte) Partnergesellschaften im Ausland erbracht werden. Diesem Konzept liegen drei Überlegungen
zugrunde:

Dienstleister für Compliance verantwortlich

- ▸ Durch die Auslagerung von Dienstleistungen kann JT sich sowohl
  der Zulassungs- als auch der Haftungsproblematik entledigen.
  Letztendlich haftbar für die Qualität der erbrachten Dienstleistungen ist dann nicht JT, sondern die jeweiligen Partner.

- ▸ Da es sich bei den Partnern um im jeweiligen Land niedergelas-
  sene und entsprechend qualifizierte Ärzte handelt, muss JT keine
  Dienstleistungen erbringen, die standesrechtlichen Einschränkungen unterliegen; zudem kann so ein gewisses Qualitätsniveau
  gewährleistet werden.

- ▸ Die Partner können sich in kostengünstigeren Ländern befinden.
  Da die Senioren ohnehin mit iPhones ausgestattet werden, lassen
  sich Beratungsgespräche auch per Videokonferenz durchführen.
  Nebenbei wird durch solche Strukturen (insbesondere, wenn sich
  diese außerhalb der EU befinden) natürlich auch die Geltendma-
  chung von Schadenersatzansprüchen erschwert.

Die genaue rechtliche Ausgestaltung wird durch den Leiter der
Rechtsabteilung in Zusammenarbeit mit externen Fachanwälten geklärt werden.

9.3   Lösung: Big-Data-basierte Frühwarnsysteme

Wir werden im folgenden Abschnitt 9.3.1, »Zugehörige Value Maps
im SAP Solution Explorer«, zwar auch kurz auf die Datenablage eingehen, im Mittelpunkt steht für uns aber die Frage, wie eine echtzeit-
basierte Big-Data-Lösung Benutzer alarmieren kann. In der Fallstudie
in Kapitel 4, »Planung flexibel gestalten«, hatten wir es mit einer
ähnlichen Aufgabenstellung zu tun (Alarmierung bei Ausreißern).

Alarmierungs-prozess in Echtzeit

Dort haben wir uns aber nur auf die Erkennung der entsprechenden Situationen und nicht auf den Alarmierungsprozess konzentriert. Diese Lücke wollen wir in diesem Kapitel schließen.

9.3.1 Zugehörige Value Maps im SAP Solution Explorer

Die Branchenlösung von SAP für den Gesundheitsbereich heißt *Industry Solution Healthcare* (IS-H finden Sie in der Value Map *Health-care* (Gesundheitswesen)). Bei den von uns diskutierten Sensordaten handelt es sich um Diagnosedaten. Innerhalb der Value Map Health-care ist die Verarbeitung solcher Daten in der durchgängigen Lösung CLINICAL TREATMENT AND CARE (Klinische Behandlung und Pflege, siehe Abbildung 9.2) angesiedelt.

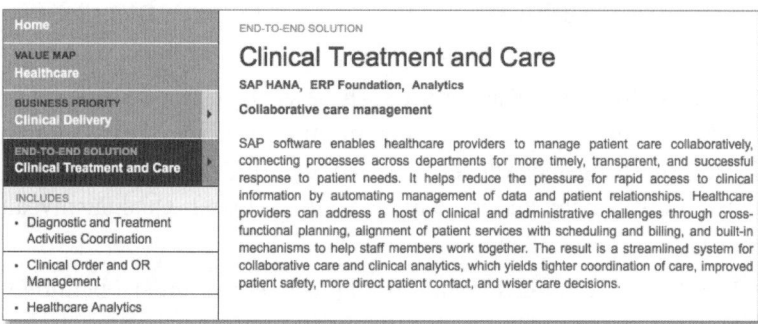

Abbildung 9.2 End-to-End-Lösung »Clinical Treatment and Care«

Die zugehörigen Lösungen und deren Datenablagen dürften aber für die Implementierung unserer Anwendung eher eine untergeordnete Rolle spielen. Wir gehen vielmehr davon aus, dass wir die Datenstrukturen für die Ablage der anfallenden Messdaten selbst entwerfen müssen. Dafür gibt es drei Gründe:

▸ Die erwähnten Lösungen für das Gesundheitswesen sind dazu gedacht, eine begrenzte Anzahl von Diagnosen in Patientenakten abzulegen. Wir haben es aber bei unseren Sensordaten nicht mit vierteljährlichen Laborergebnissen, sondern mit wesentlich größeren Datenmengen zu tun.

▸ Der Zweck der im SAP Solution Explorer gezeigten Lösungen besteht darin, Daten zu verarbeiten bzw. zu speichern und diese Daten bei Bedarf Menschen (den Behandlern) zur Verfügung zu stellen, z. B. über mobile Endgeräte (wie bei der App *SAP Electronic Medical Record*, EMR). Unsere Sensordaten sollen im Gegensatz

Eigene Datenstrukturen notwendig

dazu aber nicht einfach gespeichert und abgerufen, sondern zunächst durch aufwendige statistische Verfahren ausgewertet werden. Das ist nicht der Zweck von IS-H. Bestenfalls eignen sich die Ergebnisse unserer Verfahren für eine Ablage in der Branchenlösung.

▶ Die Strukturen in der End-to-End-Lösung Clinical Treatment and Care sind auf bestimmte Prozesse zugeschnitten und daher relativ starr und bei Weitem nicht so abstrakt und flexibel, wie wir dies in den vorangehenden Kapiteln gefordert haben.

Interessanter für uns sind SAP-Standardanwendungen, die der Erstellung von Berichten, der Erzeugung von Alarmen und der Weiterleitung von Nachrichten dienen. Hier kommen SAP-Lösungen wie *Dashboards* (siehe Abbildung 9.3) oder *SMS/MMS for Enterprise* (siehe Abbildung 9.4) in Betracht. Auf darin enthaltene Funktionalitäten gehen wir in Abschnitt 9.4.1, »Implementierungsszenario und Rahmenarchitektur«, noch genauer ein.

Berichterstellung und Alarmerzeugung

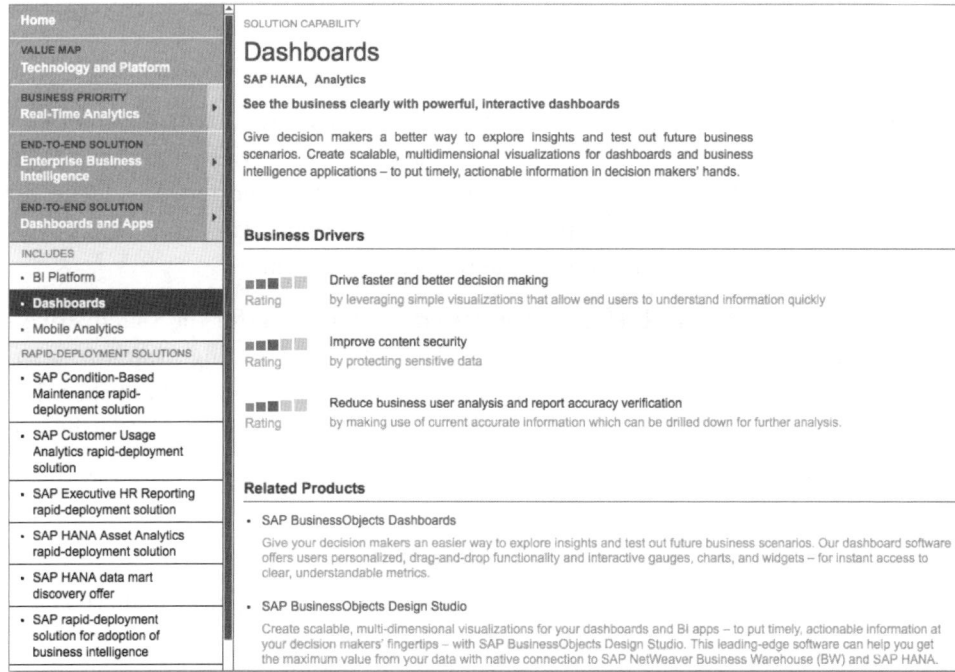

Abbildung 9.3 Lösung »Dashboards«

Die Lösung Dashboards finden Sie über TECHNOLOGY AND PLATFORM • REAL-TIME ANALYTICS • ENTERPRISE BUSINESS INTELLIGENCE • DASH-

BOARDS AND APPS. Die Lösung SMS/MMS for Enterprise befindet sich (unter anderem) unter TECHNOLOGY AND PLATFORM • ENTERPRISE MOBILITY • MOBILE MESSAGING.

Abbildung 9.4 Lösung »SMS/MMS for Enterprise«

Die Lösung SMS/MMS for Enterprise dient der Erzeugung einer großen Anzahl von SMS/MMS im Rahmen vertrieblicher Aktivitäten und der Auswertung hierauf erhaltener Antworten. Sie dürfte für unser Szenario, in dem nicht Zigtausende von Nachrichten verschickt werden sollen, überdimensioniert sein.

Es gibt auch eine HANA-basierte SAP-Lösung für die Datenverwertung im Gesundheitswesen, die End-to-End-Lösung *Healthcare Analytics* (Analysen im Gesundheitswesen). Diese Lösung dient aber eher der Analyse betrieblich-finanzieller Informationen und nicht der Erkennung von Mustern in Sensordaten.

9.3.2 Fachliche Anforderungen

Ausgangslage Für die Definition der fachlichen Anforderungen formuliert JT zunächst einmal die folgenden Annahmen:

▸ Die für die Früherkennung gesundheitlicher Krisen benötigten Daten sind in SAP HANA vorhanden.

▸ Mithilfe externer Partner wurden Algorithmen entwickelt, die Alarme erzeugen können. Für das vorliegende Fallbeispiel ist es

480

irrelevant, ob diese Alarme aufgrund einfacher und statischer Wenn-Dann-Regeln oder durch die Verwendung komplexer Entscheidungsbäume entstanden sind.

▶ Ein solcher Alarm enthält (unter anderem) die folgenden Angaben:

  ▶ Zeitpunkt des Alarms

  ▶ Art der prognostizierten Krise

  ▶ Wahrscheinlichkeit, dass die Prognose eintrifft, zwecks Priorisierung von Notfällen (Triage, siehe auch Abschnitt »Fälle bewerten« in Abschnitt 10.4.3)

  ▶ Zeitfenster für die Intervention

  ▶ Status des Alarms (z.B. bereits eingeleitete oder durchgeführte Aktivitäten)

▶ Die Alarme stehen in SAP HANA in einer Tabelle oder einer Sicht bereit.

▶ Entscheidungstabellen in SAP HANA enthalten darüber hinaus Checklisten, aus denen hervorgeht, in welcher Form (abhängig von den Details zum Alarm) interveniert werden muss. Einige Beispiele für solche Aktivitäten können sein:

  ▶ Notarzt entsenden (plus Angaben über erforderliche Ausrüstung)

  ▶ Ambulanz entsenden (plus Angaben über erforderliche Ausstattung)

  ▶ Angehörige telefonisch informieren

  ▶ behandelnden Arzt per Mail informieren

▶ Ebenfalls in SAP HANA abgelegt sind die für die genannten Aktivitäten benötigten und aktivitätsspezifischen Daten, z.B. die Telefonnummern von Angehörigen oder die E-Mail-Adressen von Ärzten.

Auf dieser Grundlage besteht ergänzend noch eine fachliche Anforderung. Benötigt wird eine Lösung, die auf die Alarme und Aktivitäten zugreifen, die entsprechenden Handlungen einleiten und Statusmeldungen an SAP HANA zurückgeben kann. Dies kann z.B. über die folgenden Kommunikationskanäle geschehen:

Kommunikationskanäle zu Notfalldiensten

▶ In einer Notrufzentrale wird am Arbeitsplatz eines Mitarbeiters ein Alarm ausgelöst. Dieser Mitarbeiter leitet geeignete Schritte ein (z.B. Anruf bei einem Notarzt oder bei Verwandten) und erfasst den Status zu diesen Aktivitäten im System.

- Basierend auf Alarmen, werden automatisch Anrufe durchgeführt, aufgezeichnete Nachrichten abgespielt und Feedbacks eingeholt (z. B. Bestätigung der Nachricht durch Drücken einer bestimmten Ziffer am Telefon).

- Es werden (ebenfalls automatisch) Kurznachrichten als SMS, MMS oder über Messaging-Apps versandt. Auch hierzu können Bestätigungen eingeholt werden.

- Es werden E-Mails zu einem Alarm versandt. Später wird dann automatisch (via E-Mail, Kurznachricht oder Anruf) nachgefasst, ob die erforderlichen Aktivitäten zeitgerecht eingeleitet wurden.

Eine sinnvolle Ergänzung hierzu wären ein Cockpit oder einige Dashboards, in denen alle Meldungen und deren Status zusammenfassend dargestellt sind und von dem aus man auf die Details zu jedem einzelnen Alarm gelangen kann.

9.3.3 Bausteine der Lösung

Wir brauchen daher Lösungen mit sechs unterschiedlichen Funktionalitäten, die sich in drei Gruppen zusammenfassen lassen. Diese drei Funktionsbereiche beschreiben wir im Folgenden.

Alarmliste

Bericht zur Darstellung der Alarme Wir haben die Annahme formuliert, dass Alarme und zugehörige Informationen bereits in SAP HANA vorhanden sind (z. B. in Form von Tabellen oder Sichten). Für die Darstellung dieser Alarme in einer benutzer- oder abteilungsspezifischen Liste brauchen wir noch ein Berichtswerkzeug, das über eine der gängigen Berichtsschnittstellen (z. B. BICS oder MDX) auf Daten in SAP HANA zugreifen kann.

Benachrichtigung

Manuelle oder automatische Benachrichtigung Für die Benachrichtigung von Ärzten, Notdiensten, Angehörigen oder Pflegemitarbeitern via Sprachanruf oder Kurznachricht existieren drei Alternativen:

- Die Benachrichtigung erfolgt manuell durch einen Mitarbeiter im Callcenter. Dieser Mitarbeiter verwendet hierzu eine reguläre Telefonanlage oder eine Software zur Rechner-Telefonie-Integration (*Computer Telephony Integration*, CTI). Diese Software verfügt über die erforderlichen Daten, übernimmt den Wählvorgang und hält den Status der Alarmbearbeitung fest.

▸ Die Benachrichtigung erfolgt vollautomatisch durch eine Software, die Anrufe durchführen, gesprochene Nachrichten erzeugen und auf Eingaben der angerufenen Person reagieren kann: ein sogenanntes *Sprachdialogsystem*, auch *Voice Portal* oder *Interactive Voice Response* (IVR) genannt. Entsprechende Lösungen existieren auch für den vollautomatischen Versand von Kurznachrichten.

▸ Die Benachrichtigung erfolgt vollautomatisch über einen oder mehrere Webdienste. Die Verwendung von Webdiensten hat gegenüber fest installierten Softwareprodukten zwei Vorteile:

  ▸ Webdienste sind flexibler. Sie übernehmen meist nur eine spezifische, genau umrissene Aufgabe. Bei technischen Veränderungen oder Fortschritten werden sie entweder rasch weiterentwickelt oder durch die Dienste von Mitbewerbern ersetzt.

  ▸ Fällt ein Webdienst aus, kann einfach auf einen anderen Anbieter zurückgegriffen werden. Eine derartige Redundanz von Kommunikationskanälen ist gerade bei einer Notfallbenachrichtigung sinnvoll.

Feedback-Verarbeitung

Erfolgt eine Benachrichtigung betroffener Personen oder Stellen manuell durch einen Mitarbeiter im Callcenter, wird dieser Mitarbeiter auch das Feedback des jeweiligen Partners entgegennehmen und auf dieser Basis einen Status zu den jeweiligen Aktivitäten erfassen (z.B. »Angehörige/r informiert«). In allen anderen Fällen, also bei einer automatischen Benachrichtigung z.B. durch ein Sprachdialogsystem, nimmt ein System das Feedback entgegen. Ein solches Feedback kann durch Drücken bestimmter Tasten auf der Telefontastatur, durch gesprochene Sprache (in Verbindung mit einer Spracherkennungslösung) oder durch die Beantwortung einer SMS, einer MMS oder einer E-Mail gegeben werden. Unabhängig davon, wer (Mensch oder Maschine) Feedbacks entgegennimmt oder Status erfasst, werden diese entweder als Ereignisse bereitgestellt oder auf einer Datenbank abgelegt.

Manuelle oder automatische Verarbeitung

483

9.3.4 Nutzenpotenziale und Werttreiber

Werttreiber für JT — Bei der Entwicklung der neuen Dienstleistung durch JT spielen drei Werttreiber eine Rolle:

- Durch die neue Dienstleistung (und Zusatz- oder Folgegeschäfte) können zusätzliche Erträge erwirtschaftet werden.

- Durch die Automatisierung der Notrufabwicklung kann JT diese Erträge mit geringerem Aufwand erwirtschaften als andere Anbieter von Notrufsystemen.

- JT wird es so gelingen, sich in einem neuen, lukrativen Markt als Pionier/Know-how-Träger zu positionieren. Diese Positionierung wird auch von den Aktionären wahrgenommen und honoriert werden. Genau genommen, handelt es sich hierbei nicht um einen einzelnen Werttreiber, sondern um eine Kombination aus mehreren Werttreibern. Zur Marktposition gehören z. B.:

  - Marktanteil

  - Image (Technologieführerschaft)

  - Herrschaft über De-facto-Standards

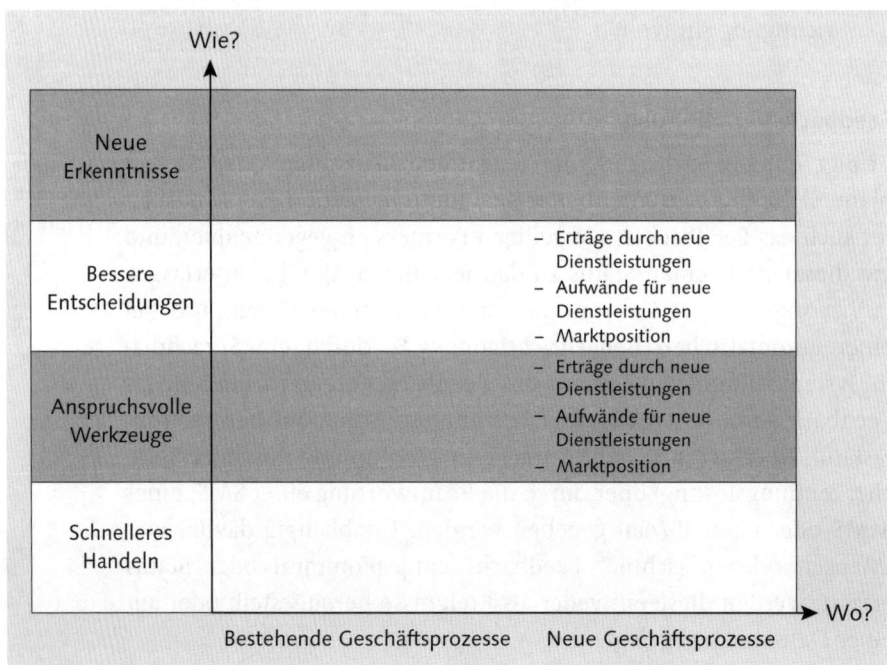

Abbildung 9.5 Nutzen-Werttreiber-Matrix »Gesundheitsvorsorge als Dienstleistung«

Alle drei Werttreiber beziehen sich auf einen (zumindest in dieser Form) neuen Geschäftsprozess und basieren auf der Annahme, dass durch den Einsatz anspruchsvoller Werkzeuge (Sensoren statt Notrufknopf, Frühwarnsystem mit statistischen Analysen statt Alarmierung durch den Patienten selbst) und durch bessere Entscheidungen (weniger False Negatives, das heißt unbemerkte Notfälle) der Aktionärswert von JT positiv beeinflusst werden kann. In Abbildung 9.5 haben wir die genannten Werttreiber in eine Nutzen-Werttreiber-Matrix eingetragen. Bezüglich der Erträge und Aufwände verweisen wir auf unsere Erläuterungen in Abschnitt 1.4.3, »Wie Sie Werttreiber identifizieren«.

9.4 Implementierungsszenario und Architektur mit SAP HANA

In Abschnitt 8.5.1 , »Implementierungsszenario und Rahmenarchitektur«, haben wir die Verarbeitung von Sensordaten schon kurz am Beispiel von RFID-Daten und Messdaten angesprochen. Wir haben darauf hingewiesen, dass viele Kunden anstelle der Standardtabellen für RFID-Daten und Messbelege in SAP ERP eher eigene Strukturen z.B. in SAP BW nutzen.

9.4.1 Implementierungsszenario und Rahmenarchitektur

Auch in diesem Fallbeispiel sind wir bei den Produkten zur Datenerzeugung weitestgehend unabhängig von Strukturen im SAP-Standard. Daher halten wir auch hier das App-Szenario für die sinnvollste Lösung (siehe auch Abbildung 8.8). Das Szenario Neue HANA-Apps, an das man vielleicht auch denken könnte, ist in unserem Kontext nicht geeignet, denn die Feedback-Informationen zu notfallbezogenen Interventionen entstehen außerhalb von SAP HANA und müssen daher auch nicht durch die App in Datenbanken geschrieben werden.

Eigene Strukturen: Appszenario

Das App-Szenario setzt sich für dieses Fallbeispiel aus den im Folgenden beschriebenen Komponenten zusammen.

App-Szenario für die Alarmverarbeitung

Datenbanken

Alle benötigten Daten stehen in SAP HANA zur Verfügung.

Produkte zur Datenerzeugung

Unter der Überschrift »Schrittweiser Einstieg über einfache, nicht invasive Sensoren« haben wir in Abschnitt 9.2.4 einige Produkte erwähnt, die den ersten Teilnehmern des Programms zur Verfügung gestellt werden können. Zu jedem dieser Produkte gehört eine eigene, mehr oder weniger offene und standardisierte Software, das heißt ein Produkt zur Datenerzeugung.

Produkte für die Datenverwertung

Die Algorithmen zur Erzeugung von Alarmen haben wir in Abschnitt 9.3.2, »Fachliche Anforderungen«, von den Betrachtungen in diesem Kapitel ausgeschlossen. Aus unserer Sicht kommen Scoring-Verfahren und Entscheidungsbäume als geeignete Denkansätze infrage.

Client

Im Zentrum unserer Betrachtungen stehen Client-Anwendungen zur Aufbereitung von Alarmen, zur Einleitung angemessener Aktionen und zur Sammlung von Feedbacks oder Status. Für die Bereitstellung der Funktionalitäten existieren entsprechend den drei Funktionsgruppen unterschiedliche Produkte.

Alarmliste

SAP-Business-Objects-Produkte

Für die Erstellung von flachen Listen, Berichten, Diagrammen, Dashboards und Cockpits aus SAP HANA eignen sich insbesondere die Produkte aus dem SAP-BusinessObjects-Portfolio wie SAP BusinessObjects Dashboards (siehe Abbildung 9.3). Der große Vorteil bei der Verwendung von SAP-Werkzeugen liegt darin, dass diese einerseits praktisch alle für unsere Zwecke benötigten Berichtsbausteine enthalten und andererseits »mit Bordmitteln« auf Daten in SAP HANA zugreifen können, etwa über ein *Universum*, eine semantische Schicht in SAP BusinessObjects. Die Herstellung der Verbindung kann z.B. über das *SAP Information Design Tool* erfolgen. Die Zwischenschaltung eines Universums ist nicht zwingend erforderlich.

Der Zugriff auf Informationsmodelle in SAP HANA ist allerdings komplizierter als der Zugriff auf einfache Tabellen. Hierzu existieren diverse Einträge im SAP Community Network. Für SAP BusinessObjects existieren darüber hinaus auch andere Zugriffsoptionen auf Daten in SAP HANA (z.B. über die XS Engine).

Benachrichtigung

Im Zusammenhang mit den geforderten Benachrichtigungsfunktionen bietet SAP eine Reihe von Lösungen an. Neben dem bereits erwähnten SMS/MMS for Enterprise ist hier vor allem das *Customer Interaction Center* (CIC) als Bestandteil von SAP ERP zu nennen. Allerdings ist SMS/MMS for Enterprise eher für die Verarbeitung sehr vieler Nachrichten und CIC – obwohl auch an IVR-Systeme anzubinden – eher für die Unterstützung von Mitarbeitern in Callcentern gedacht.

Aus unserer Sicht sollten Sie für die Benachrichtigung eher spezialisierte Dienstleister (z. B. SMS-Gateways, siehe *http://www.ukraine calling.com/email-to-text.aspx* oder *https://www.clickatell.com/clickatell-products/online-products/how-our-online-products-work/*) in Betracht ziehen. Viele dieser Dienstleister bieten ihre Leistungen über eine Vielzahl von Schnittstellen an (z. B. *https://www.clickatell.com/apis-scripts/*). Auch für eine automatisierte Benachrichtigung via Telefonanruf existieren entsprechende Angebote (z. B. *http://www.twilio.com/* oder *http://www.tropo.com/*). Allgemein laufen solche Leistungen unter der Sammelbezeichnung *Text-nach-Sprache-Anrufe* oder *Text-to-Speech-Calls*. Durch die Berücksichtigung mehr als nur eines Serviceanbieters ergibt sich auch die Möglichkeit, Redundanz in unsere Anwendung einzubauen.

Spezialisierte Dienstleister

Feedback-Verarbeitung

Der Versand von Benachrichtigungen, die Reaktion der benachrichtigten Stellen und vor allem deren ausbleibende Reaktionen sind Ereignisse, die zu weiteren Aktivitäten führen. Hat ein benachrichtigter Arzt fünf Minuten nach Versand einer Nachricht deren Erhalt immer noch nicht bestätigt, muss vielleicht ein Stellvertreter informiert oder eine Eskalation veranlasst werden. Für die Verarbeitung solcher Ereignisse bietet sich SAP Event Stream Processor (ESP) an. Aufgrund der Integration zwischen SAP ESP und SAP HANA (siehe auch Abschnitt 10.5.2, »Datenarchitektur«) wäre sogar eine selbstlernende Lösung denkbar. In dem im folgenden Abschnitt vorgestellten Datenmodell haben wir einen solchen Mechanismus vorgesehen.

9.4.2 Datenarchitektur

Unser Vorschlag zur Datenarchitektur (siehe Abbildung 9.6) dreht sich vorwiegend um Clients oder Anwendungen, die einzelne Spezial-

Client im Fokus

aufgaben übernehmen. Zwei HANA-basierte Applikationen stehen darüber hinaus im Zentrum des Modells.

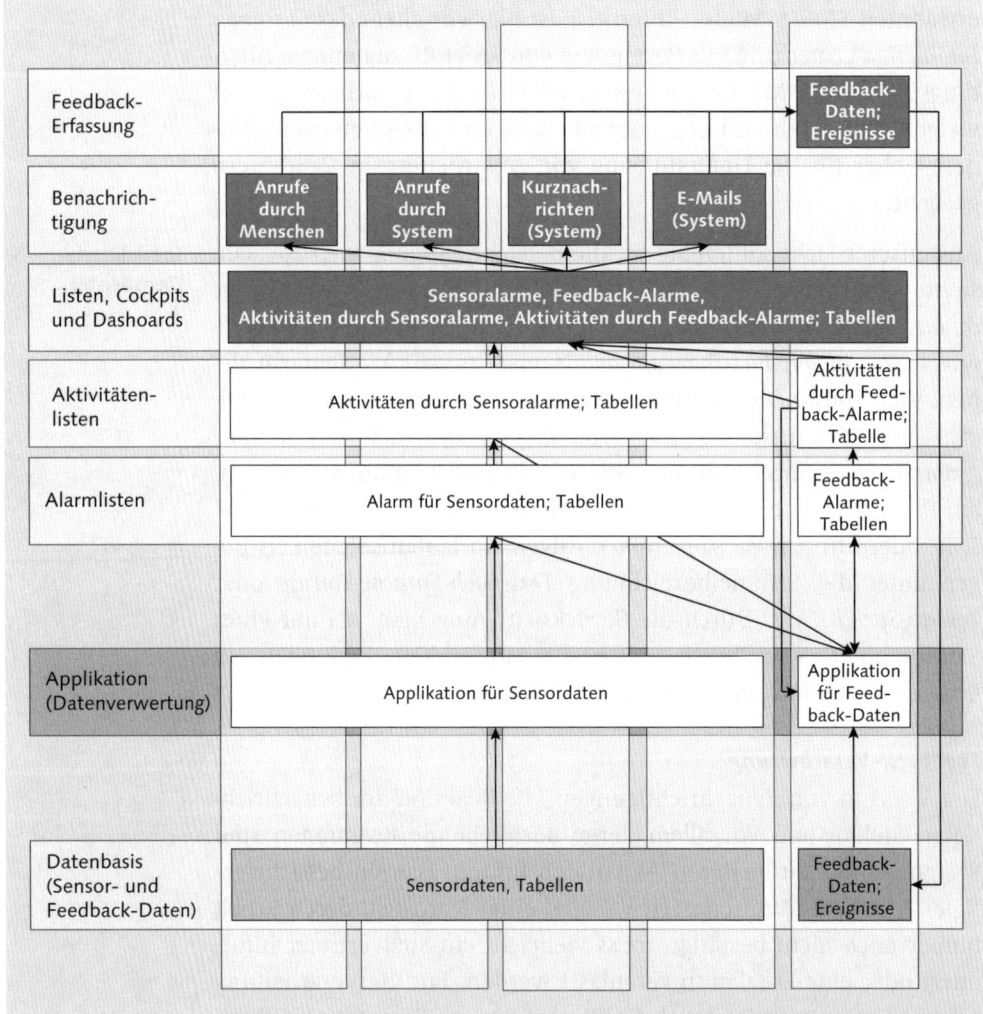

Abbildung 9.6 Rahmendatenarchitektur »Gesundheitsvorsorge als Dienstleistung«

Datenbasis

Unsere Datenbasis besteht aus in SAP HANA replizierten Sensordaten, die aus unterschiedlichsten Anwendungen stammen, sowie aus Feedback-Daten zu alarmbezogenen Aktivitäten. Auf die Entstehung der Feedback-Daten gehen wir im noch folgenden Abschnitt »Feedback-Erfassung« ein.

Applikationen

Eine Applikation erzeugt Alarme aus Sensordaten, eine zweite Applikation alarmiert, wenn aufgrund eines bestimmten Musters aus Sensoralarm und zugehörigen Feedback-Daten Probleme zu befürchten sind. Die App für die Auswertung der Sensordaten braucht als Datenbasis allein die Sensordaten. Sie erzeugt daraus Alarme, und aus den Alarmen ergeben sich Aktivitäten.

Applikation zur Auswertung von Sensordaten

Die App für die Feedback-Daten verarbeitet neben den von den unteren Schichten im Datenmodell neu eintreffenden Feedback-Ereignissen die schon bestehenden Sensoralarme und die zugehörigen Aktivitäten sowie die Aktivitäten aufgrund bereits eingeleiteter Feedback-Alarme und generiert daraus neue Aktivitäten.

Alarmliste

Die Alarme aus Sensordaten und aus Aktivitäten werden in jeweils getrennten Alarmlisten gesammelt.

Aktivitätenliste

Das Gleiche gilt für die aus den Alarmen abgeleiteten Aktivitäten. Es existieren zwei Listen: eine für aus Sensoralarmen resultierende Aktivitäten und eine für Aktivitäten auf Basis von Feedback-Daten.

Listen, Cockpits und Dashboards

Alle diese Alarm- und Aktivitätslisten für Sensordaten und Feedbacks werden auf einer gemeinsamen Ebene konsolidiert und zum Teil im Berichtswesen verdichtet. Hierdurch entstehen vereinheitlichte Alarm- und Aktivitätenlisten und summarische Übersichten über Alarme und über den Status bereits laufender oder zukünftiger Aktivitäten. Diese Übersichten sollen in Form von Dashboards vorliegen, in denen man bei Bedarf Detailinformationen anzeigen kann.

Benachrichtigung

Die anstehenden Aktivitäten führen unter anderem zu weiteren Benachrichtigungen über die bereits bekannten Kommunikationskanäle.

Feedback-Erfassung

Diese Benachrichtigungen ziehen in jedem Zyklus auch wieder Feedbacks in Form von Ereignissen nach sich, und diese Ereignisse landen z.B. über SAP ESP wieder in SAP HANA, wo der ganze Prozess zur Bearbeitung neuer und alter Alarme erneut beginnt.

Datenflüsse zwischen den Verarbeitungsschritten Zur Darstellung der Datenflüsse haben wir in Abbildung 9.6 drei unterschiedliche Arten von Pfeilen verwendet:

▸ Die durchgezogenen Pfeile stehen für die Verarbeitung der Sensordaten.

▸ Der gepunktete Pfeil beschreibt die Rückgabe von Feedback-Ereignissen an SAP ESP und damit den Beginn des nächsten Verarbeitungszyklus.

▸ Die gestrichelten Pfeile stehen für den nächsten Schritt, in dem aus Feedback-Daten Alarme und Aktivitäten entstehen, die wiederum in eine konsolidierte Sicht von Alarmen und Aktivitäten münden (in der Schicht »Listen, Cockpits und Dashboards«).

▸ Der gestrichelte Pfeil von dem Schritt »Aktivitäten durch Feedback-Alarme; Tabellen« zum Schritt »Applikation für Feedback-Daten« ist frühestens ab dem dritten Zyklus von Bedeutung, wenn neben dem Feedback zu sensorbezogenen Aktivitäten auch Feedbacks zu feedbackbezogenen Aktivitäten vorliegen. Von diesem Zeitpunkt an müssen sowohl Feedback-Alarme als auch Feedback-Aktivitäten in der Applikation für die Feedback-Daten Berücksichtigung finden. Aus diesem Grund weist der Pfeil zwischen »Feedback-Alarm; Tabellen« und »Applikation für Feedback-Daten« in beide Richtungen.

Tabellen zur Stabilität Da in unserem Datenmodell diverse Fremdapplikationen berücksichtigt werden, sollte die Konstruktion eine gewisse Stabilität aufweisen. Daher plädieren wir hier für die Verwendung von Tabellen anstelle von virtuellen Objekten (Sichten).

Analogien in anderen Branchen Unsere Überlegungen in diesem Kapitel sind natürlich nicht zwangsläufig auf den Gesundheitsbereich beschränkt. Sie können sich sicher vorstellen, dass ähnliche Anwendungen auch in vielen anderen Branchen einzusetzen wären. Für das Unternehmen Maneki-neko und seine Partner in Kapitel 8, »Sensordaten auswerten und Metadaten automatisch erheben«, mag eine Alarmierung im engeren Sinn nicht erforderlich sein. Aber in vielen anderen Branchen sind die Vorhersage von Krisensituationen im weitesten Sinn und die frühzeitige Einleitung geeigneter Maßnahmen bares Geld wert. Denken Sie einmal an die Transportbranche, an die bedarfssynchrone Produktion und Belieferung (Just-in-time-Produktion) und an die Prognose von Verspätungen auf der Ebene einzelner Container (basierend auf den Daten von in die Container eingebauten RFID-Transpondern oder GPS-Systemen).

10 Betrug und Diebstahl automatisch erkennen

Norbert sah sich um. Weit und breit kein Wölkchen am postkartenblauen Frühlingshimmel. Die ersten Wildbienen dieses Jahres stärkten sich am wilden Thymian. Eine fast pastorale Szenerie; nur das schlanke Gebäude mit Schornstein erschien ihm in dieser Idylle deplatziert.

Abbildung 10.1 Kupfermine an der »Copper Coast«, County Waterford, Irland

Die Besitzerin der Frühstückspension hatte ihm erzählt, dass der jetzt vor allem von Schafen bewohnte Landstrich vor knapp 200 Jahren ein wichtiges Abbaugebiet für Kupfer gewesen war. Die grau verputzte Ruine am Hang war das Maschinenhaus einer aufgegebenen Kupfermine. Der Bergbau im County Waterford war irgendwann im viktorianischen Zeitalter wegen sinkender Preise nicht mehr attraktiv gewesen. Vielleicht hätten die Betreiber einfach nur ein Jahrhundert ausharren müssen. In den letzten Jahren war der Kupferpreis nämlich durch die Decke gegangen. Zwischen 2010 und 2012 hatten die Notierungen ein Allzeithoch erreicht.

Kupfer war plötzlich so wertvoll, dass die Deutsche Telekom 2013 damit begonnen hatte, zum Schutz vor Dieben sogar unter der Erde verlegte Kupferkabel mit künstlicher DNA zu markieren. Und auch Blumentöpfe aus Kupfer waren im Freien nicht mehr sicher.

Die Idee, Kupfer abzuzweigen und zu Geld zu machen, schien nicht ganz neu zu sein. In einem Museum in Australien hatte Norbert einmal gelesen, dass Kupferdiebstahl ein Verbrechen war, für das man früher auf den roten Kontinent deportiert werden konnte. Wahrscheinlich waren die Urteile auch zur Abschreckung so drakonisch. Heute stahl man neben Kupfer auch die Daten, die durch Kupferkabel flossen, und auch die Methoden zur Abschreckung hatten sich weiterentwickelt. Das Beratungsunternehmen MSLE, bei dem er seit ein paar Jahren arbeitete, betrieb in der Schweiz Serverfarmen für diverse Großbanken im In- und Ausland. Einer seiner Kollegen hatte vor sieben Monaten die Kontodaten eines bekannten deutschen Politikers an die Steuerfahndung verkauft und lebte seither mit solidem Finanzpolster und neuer Identität auf den Marquesas.

Verständlicherweise hatte der Vorfall die Eliten und mit ihnen die Banken aufgeschreckt. MSLE hatte sich zur Wiederherstellung des eigenen Rufes veranlasst gesehen, eine neue Software zur Prävention solcher Aktivitäten einzuführen. Die Lösung analysierte (nicht weiter bekannte) Charakteristika der Mitarbeiter, ihre Aktivitäten in sozialen Netzwerken wie Xing oder LinkedIn und – soweit über das Firmennetzwerk erfolgt – auch ihren E-Mail-Verkehr und ihr Surfverhalten im Internet. Diese Analysen bildeten die Basis für Risikoprofile, die angeblich eine Treffsicherheit von über 90 % aufwiesen.

Die Aufdeckung von Unregelmäßigkeiten (Betrug, Unterschlagung, Diebstahl, Korruption etc.) ist eine ständige Herausforderung. Mogeleien aller Art kosten Unternehmen im Schnitt 5 % ihres Umsatzes – eine erstaunliche Zahl. Grundsätzlich tangiert dieses Problem Organisationen jedweder Art; aber besonders betroffen sind die folgenden Unternehmenstypen:

- ▸ Unternehmen mit geografisch weit verstreuten Betrieben
- ▸ Unternehmen, die mit wertvollen Materialien arbeiten
- ▸ Unternehmen, deren Bestände an Rohstoffen oder Fertigprodukten nicht – wie z.B. klassische Handelswaren – inventarisiert sind

Gerade diesen Firmen fällt es besonders schwer, Gaunereien zu erkennen. Hinzu kommt: Je mehr Zeit verstreicht, umso schwieriger wird es, das Problem an seiner Wurzel zu bekämpfen.

Stromdiebstahl	**[zB]**
Energieversorger sind vor allem in Entwicklungsländern häufig mit einer Vielzahl kleiner Diebstähle konfrontiert. Menschen ohne dauerhaften Wohnsitz zapfen Stromleitungen an und nutzen Energie ohne Zähler, ohne Rechnung und ohne Bezahlung. Im deutschen Strafrecht wird das entsprechende Delikt als »Entziehung elektrischer Energie« (§ 248c StGB) bezeichnet. Häufig dauert es bis zu neun Monate, solche Diebstähle zu erkennen. In dieser Zeitspanne sind die Missetäter längst weitergezogen und nicht mehr greifbar.	

Ebenso wie Energiekonzerne den Diebstahl von Strom beklagen leidet z.B. die Schwerindustrie (hierzu gehören Branchen wie Bergbau und Stahlerzeugung) darunter, dass Materialien wie etwa Treibstoff »abgezweigt« werden. Benzin verschwindet aus den Tanks von Transportfahrzeugen und landet auf dem Schwarzmarkt.

SAP HANA hilft dabei, solche Probleme zeitnah zu erkennen. Die hohe Rechenleistung schafft die Grundlage für neue, lernfähige Lösungen, die sich rasch an geänderte Verhaltensmuster bei Unterschlagungen und Schwindeleien anpassen können. Der Nutzen solcher Lösungen liegt auf der Hand:

- schnellere Aufdeckung echter Betrugsfälle
- weniger Fehlalarme
- gründliche und zuverlässige Dokumentation der Sachverhalte für die Strafverfolgung
- Steigerung von Umsatz und Deckungsbeitrag

Nach der Klärung der Begriffe beschreiben wir ein praktisches Beispiel. Einige Zahlen liefern uns einen branchenübergreifenden Eindruck von den Kosten, die durch betrügerische Machenschaften entstehen. Schließlich stellen wir – zunächst unabhängig von SAP HANA – einen fachlichen Lösungsansatz vor, dessen Nutzen und Auswirkungen auf den Aktionärswert wir näher erläutern. Zuletzt geht es darum, wie ein solcher Lösungsansatz unter Verwendung von SAP HANA implementiert werden könnte.

10.1 Was ist Fraud Management?

Der englische Sammelbegriff für die in diesem Kapitel diskutierten Anwendungen lautet *Fraud Management*. Wir klären daher zunächst kurz, was wir unter *Fraud* verstehen.

Fraud
Fraud wird in aller Regel mit *Betrug* übersetzt, umfasst aber auch Bedeutungen wie *Fälschung, Schwindel* oder *Unterschlagung* sowie teilweise, wie bei den Beispielen Energie und Kupfer, klassische Diebstähle.

Betrug
Die gesetzlichen Definitionen des Begriffs *Betrug* unterscheiden sich von Land zu Land. Ganz allgemein meint Betrug aber, jemanden gezielt irrezuführen, um zum eigenen Vorteil ein Handeln oder Unterlassen zu erreichen. Betrug umfasst häufig auch die Fälschung von Unterlagen (z. B. von Zeiterfassungsdaten, Buchhaltungsdokumenten oder Verträgen). Das deutsche Strafgesetzbuch definiert Betrug in § 263 wie folgt: »*Wer in der Absicht, sich oder einem Dritten einen rechtswidrigen Vermögensvorteil zu verschaffen, das Vermögen eines anderen dadurch beschädigt, dass er durch Vorspiegelung falscher oder durch Entstellung oder Unterdrückung wahrer Tatsachen einen Irrtum erregt oder unterhält…*«.

Untreue
Die meisten der im Fraud Management betrachteten Tatbestände dürften strafrechtlich in die Kategorie Untreue fallen. Die Definition für Untreue im deutschen Recht lautet: »*Wer die ihm durch Gesetz, behördlichen Auftrag oder Rechtsgeschäft eingeräumte Befugnis, über fremdes Vermögen zu verfügen oder einen anderen zu verpflichten, missbraucht oder die ihm kraft Gesetzes, behördlichen Auftrags, Rechtsgeschäfts oder eines Treueverhältnisses obliegende Pflicht, fremde Vermögensinteressen wahrzunehmen, verletzt und dadurch dem, dessen Vermögensinteressen er zu betreuen hat, Nachteil zufügt…*« (§ 266 StGB).

Bestechung und Bestechlichkeit
Bei Korruption geht es im Gegensatz dazu um den Missbrauch von Macht. Vielleicht werden Bestechungsgelder für die Erteilung von Baubewilligungen verlangt oder die eigene Stellung im Unternehmen wird dazu verwendet, Freunden, Bekannten oder Verwandten Aufträge zuzuschanzen, anstatt diese an den am besten geeigneten Lieferanten zu vergeben. Wenn neben oder anstelle von Beziehungen Geld im Spiel ist, geht es strafrechtlich meist um »Bestechlichkeit und Bestechung im geschäftlichen Verkehr« (§ 299 StGB).

Betrug, Untreue und Bestechung gehen nicht selten Hand in Hand. Für unsere Zwecke soll Fraud sowohl Betrug, Urkundenfälschung (§ 267 StGB) und Unterschlagung (§ 246 StGB) als auch Diebstahl (§ 242 StGB) und Untreue sowie Bestechung und Bestechlichkeit umfassen.

Die hier diskutierte Lösung *SAP Fraud Management* umfasst sowohl die Erkennung von Fraud (*Fraud Detection*) als auch nachgelagerte Aktivitäten (z.B. eine saubere Dokumentation für Zwecke der Strafverfolgung oder die Auslösung geeigneter Folgeaktivitäten, z.B. Zahlungssperren in nachgelagerten Systemen). Im Beispielszenario dieses Kapitels konzentrieren wir uns auf die Erkennung von Diebstahl.

Fokus: Erkennung von Fraud

10.1.1 Korruption im Einkauf: Koffeinmangel und explodierende Kaffeemaschinen

Versetzen Sie sich in den Pausenraum der Einkaufsabteilung eines größeren Unternehmens. Die Produktivität der Abteilung war in jüngerer Zeit nicht gerade überragend; die Mitarbeiter führen dies auf einen Mangel an Koffein zurück. Obwohl kürzlich ein neuer Vertrag mit einem Kaffeelieferanten abgeschlossen wurde, mangelt es im Pausenraum fast immer an den benötigten Zutaten. Außerdem bereiten die Kaffeemaschinen häufig technische Probleme. In der letzten Woche ist sogar eine der Maschinen explodiert. Ein Mitarbeiter wurde verletzt und hat zwischenzeitlich Schadenersatzansprüche angemeldet.

Koffeinknappheit im Pausenraum

In der Folge hat ein nach Koffein dürstender Denunziant einen anonymen Bericht an die Innenrevision gesendet und behauptet, die Schuld hierfür läge bei Frank aus der Beschaffung. Der Zuträger wies darauf hin, dass Frank mit dem Lieferanten Karls Koffein im selben Fußballverein sei und deshalb möglicherweise ein Interessenkonflikt vorläge. Frank habe den Auftrag an Karl nicht wegen dessen Leistungsfähigkeit vergeben, sondern nur, um einen Freund zu unterstützen.

Innenrevision ermittelt

Obendrein äußerte der Tippgeber den Verdacht, die Explosion der Kaffeemaschine sei darauf zurückzuführen, dass Frank gebrauchte Maschinen für den Preis neuer Geräte eingekauft habe. Der Tippgeber schlägt vor, jemand möge doch mal klären, ob die Maschinen eigentlich den gängigen Sicherheitsnormen entsprächen und zu einem angemessenen Preis erworben wurden. Zu guter Letzt

Sicherheitsprobleme durch Mauscheleien

497

behauptet er, Frank dabei beobachtet zu haben, wie er Kaffeepackungen eingesteckt und für seine Familie mit heimgenommen habe; das sei auch der eigentliche Grund für die Unterversorgung der darbenden Massen im Einkauf mit der täglich erforderlichen Dosis an Koffein.

10.1.2 Unregelmäßigkeiten nachträglich entdecken

Ermittlung ist oft zeitaufwendig

Vor der Entwicklung softwarebasierter Fraud-Entdeckungssysteme führten Verdachtsfälle zu arbeitsintensiven, zeitraubenden Ermittlungen. Entsprechende Machenschaften blieben monate- oder jahrelang unentdeckt, und ihre Offenlegung hing allein von unsicheren Zufallsfunden oder der Aufmerksamkeit anderer Mitarbeiter ab. In unserem Pausenraumbeispiel wären für eine Untersuchung des Verdachts gegen Frank Gespräche vor Ort, das Wälzen einer Vielzahl von Papierbelegen und -unterlagen und vielleicht eine Observation des Pausenraums durch Ermittler erforderlich. Solcherlei Aktivitäten sind nicht nur langsam und kostenintensiv; sie können – wenn sich am Ende herausstellen sollte, dass gar kein Fehlverhalten vorlag – eine verheerende Wirkung auf die Arbeitsmoral haben.

Blick auf Vergangenheit gerichtet

Das Problem ist die rückschauende Betrachtung: Der betreffende Sachverhalt liegt zum Zeitpunkt seiner Aufdeckung in der *Vergangenheit*; das Kind war längst in den Brunnen gefallen. Historische Ereignisse sind nicht immer problemlos aufzuklären und verschwundene Mittel wiederzubeschaffen ist erheblich schwieriger als Zahlungen von vornherein zu verhindern. Und Sicherheitsprobleme wie das der explodierenden Kaffeemaschine werden erst erkennbar, nachdem bereits ein Schadensereignis eingetreten ist. Auch wenn die Aufklärung zurückliegender Vertrauensbrüche für ein vollständiges, funktionierendes Risikomanagement unverzichtbar bleibt: die meisten Organisationen streben doch danach, entsprechende Gegebenheiten in Echtzeit aufdecken und so zeitnah reagieren zu können.

10.1.3 Unregelmäßigkeiten zum Tatzeitpunkt entdecken

Aufdeckung auf frischer Tat ist möglich

Für die Erfassung und Dokumentation komplexer Transaktionen setzen die meisten Unternehmen heutzutage Systeme zur Datenerzeugung (wie SAP ERP) ein. Hierdurch wird es wesentlich einfacher, zwielichtige Begebenheiten zu erkennen und zu durchleuchten. Im Fall unserer Gaunerei in Sachen Kaffee könnte ein Ermittler in der

Zentrale, der über eine entsprechende Lösung verfügt, einfach die Aufträge an Karls Koffein analysieren und die Muster dieser Lieferbeziehung mit denjenigen anderer, ähnlicher Partnerschaften vergleichen. Ebenso wäre ein Frühwarnsystem denkbar, das z.B. einen Ermittler bzw. Revisor alarmiert, wenn bestimmte Lieferanten in den Genuss einer bevorzugten Behandlung kommen, z.B. einer schnelleren Bezahlung. Die Aufdeckung von Missbräuchen rückt so näher an die Gegenwart heran, und Probleme können effektiver bekämpft werden.

Ermittler/Revisor [+]

Wir verwenden die beiden Begriffe hier synonym. Mit Revisor meinen wir – abweichend vom Sprachgebrauch z.B. in der Schweiz – Mitarbeiter der Innenrevision und nicht externe Wirtschaftsprüfer.

In unserem Beispiel allerdings wären für die Entdeckung von Unregelmäßigkeiten in Echtzeit neben dem Einkaufssystem auch andere Lösungen erforderlich. Ziel wäre eine integrierte Lösung, die abgesehen von der ERP-Lösung auf weitere interne und externe Datenquellen zugreifen kann. Das Mitgliederverzeichnis auf der Website des Fußballvereins, das System, in dem die Angestellten ihre Beschwerden bezüglich des Pausenraums hinterlegen können, oder das System für die Betriebssicherheit und die Dokumentation von Arbeitsunfällen könnten weitere wertvolle Informationen liefern, die sonst ungenutzt liegen blieben.

Relevante Daten liegen nicht nur in ERP-Systemen

10.1.4 Unregelmäßigkeiten prophezeien

Trotzdem wäre es aus Sicht einer Organisation noch besser, den Diebstahl von Kaffeepackungen und das Explodieren von Kaffeemaschinen schon im Vorfeld zu verhindern. Man könnte daher auf die Idee kommen, in ein System zu investieren, das Ereignisse schon vor ihrem Eintreten prognostiziert und so einen Blick in die Zukunft ermöglicht. Ganz so wie das Unternehmen Amazon, das plant, zukünftig Pakete noch *vor* der Bestellung durch den Kunden zu versenden, oder wie die in der Einleitung zu diesem Buch erwähnten Precogs, die Verbrechen prognostizieren noch bevor diese begangen werden.

Langfristige Vision: der Blick in die Zukunft

Eine der unschönen Eigenschaften von Fraud ist die weite Verbreitung entsprechender Aktivitäten; für die meisten Organisationen

Datenbestände zur Mustererkennung

499

stellt sich nicht die Frage nach dem Ob, sondern nur nach dem Wann, Wo oder Wie. Andererseits: In allem Schlechten liegt das Gute im Ansatz schon verborgen – in unserem Fall ist das »Gute« an der Verbreitung von Fraud der reichhaltige Datenbestand, der so als ergiebige Quelle für die Modellierung zur Verfügung steht. Durch die Verwendung historischer Daten haben Unternehmen die Möglichkeit, bislang unerkannte Muster zu entdecken und zukünftige Verluste zu verhindern.

[zB] **Mustererkennung**

Aufzeichnungen aus der Instandhaltung (SAP ERP PM), von Lieferanten-stammdaten (SAP ERP FI-AP/MM-PUR) und Daten aus dem Zutrittskontrollsystem könnten z.B. ergeben, dass eine hohe Wahrscheinlichkeit für Unregelmäßigkeiten besteht, wenn die folgenden Bedingungen zutreffen:

▸ Lieferanten haben Geräte verkauft, für die maximal drei Angebote eingeholt wurden.

▸ Die Stammdaten dieser Lieferanten wurden am Nachmittag in der New Yorker Niederlassung angelegt.

▸ Vertriebsmitarbeiter dieser Lieferanten waren mindestens einmal wöchentlich zu Besuchen im Unternehmen.

Wenn das nächste Mal eine Rechnung eines solchen Lieferanten eingeht, kann das System den Beleg kennzeichnen, weitere Nachforschungen veranlassen und den Betrag zur Zahlung sperren, bis ein Innenrevisor, ein Techniker oder ein Risikomanager sichergestellt hat, dass sowohl die Qualität der gelieferten Produkte als auch die finanziellen Aspekte der Transaktion in Ordnung sind.

Geht es dabei um sicherheitskritische Ausrüstungsgegenstände, kann ein derartiges proaktives Vorgehen nicht nur finanzielle Verluste verhindern, sondern auch Leib und Leben retten.

10.2 Szenario: Diebstahl in einem Tagebaubetrieb

Bergbau-unternehmen Iron Bug LLC

Iron Bug (IB) LLC ist ein global tätiges Bergbauunternehmen mit mehreren Standorten. Aktuell betreibt IB drei große Tagebauanlagen: Alpha, Bravo und Charlie. Jede dieser Anlagen fördert schon seit einigen Jahren Eisenerz. Die durchschnittlichen Förderkosten an diesen Standorten sind über die Jahre hinweg relativ stabil geblieben und bewegten sich zwischen 0,72 €/t und 0,83 €/t Erz. In diesen Kosten sind praktisch alle Aufwendungen von IB enthalten. Hierzu gehören z.B. der Einkauf von Nahrungsmitteln für die Kantine, von

Einweg-Sicherheitsgerätschaften wie Staubschutz- oder Atemmasken, von Büromaterialien, Treibstoff für Lastkraftwagen und Maschinen oder die Beschaffung von Trinkwasser, das via Tankwagen in die Betriebe geliefert wird.

10.2.1 Unerklärlicher Anstieg der Förderkosten

Aus bislang unerfindlichen Gründen sind die Förderkosten pro Tonne im Alpha-Tagebau in jüngerer Zeit deutlich angestiegen. Sie haben schließlich ein Niveau von 0,83 €/t erreicht und liegen damit weit über dem Unternehmensziel von unter 0,79 €/t.

Unerklärlicher Anstieg der Förderkosten

Traditionell werden solche Abweichungen bei IB manuell analysiert. Eine Anforderung des Managements lässt die Innenrevision aktiv werden, und es beginnt ein zeitraubender Prozess, der alle möglichen Aktivitäten umfassen kann, angefangen bei tagelangen Inspektionen der Betriebe über ausführliche Befragungen von Mitarbeitern bis hin zu umfangreichen und ermüdenden Datenanalysen und Durchsichten von Papierunterlagen.

Interne Ermittlungen

Ergänzend zu den Ermittlungen vor Ort, werden in der Regel auch Verbrauchs- und Einkaufsdaten aus den operativen Systemen in klassische Tabellenkalkulationen wie Microsoft Excel importiert und anschließend in mehreren Schritten analysiert:

Manuelle Datenbeschaffung und -auswertung

- ▸ **Signifikanz prüfen**
  Sind die Unterschiede in den Förderkosten zwischen den einzelnen Tagebauen zu bestimmten Zeitpunkten statistisch signifikant? Hierbei sind betriebliche Unterschiede zwischen den Standorten zu berücksichtigen.

- ▸ **Einflussfaktoren identifizieren**
  Falls ja, was genau hat sich an dem betroffenen Standort geändert? Um diese Frage zu beantworten, könnte man etwa die Entwicklung bestimmter Verhältniszahlen über die Zeit betrachten. Wenn vor dem Anstieg Treibstoff einen Anteil von 12 % an den Förderkosten hatte und dieser Anteil jetzt bei 24 % liegt, ergibt sich hieraus vielleicht eine erste Spur. Schwierig wird es, wenn alle Kosten im Gleichschritt angestiegen sind und sich einzelne Einflussfaktoren nicht ohne Weiteres identifizieren lassen.

- ▸ **Ursachen aufdecken**
  Für jeden im vorhergehenden Schritt erkannten Einflussfaktor müssen die Ursachen der Veränderung abgeklärt werden.

Nachteile der
manuellen
Vorgehensweise Obwohl die bisherige Vorgehensweise bei IB durchaus solide und sinnvoll ist, hat die mehr oder weniger händische Abwicklung der Untersuchung vielerlei Probleme aufgeworfen:

> **Zeitaufwand**
> Abgesehen von den Aktivitäten vor Ort, ist insbesondere die Auswahl der richtigen Daten und Datenquellen sowie deren Aufbereitung extrem zeitaufwendig.

> **Ungenauigkeit**
> Fehler bei der weitgehend manuellen Zusammenstellung und Bearbeitung der Daten können zu ungenauen Ergebnissen und zu falschen Anschuldigungen gegen unbescholtene Mitarbeiter führen. Gleichzeitig bleiben echte Fälle unentdeckt, weil die Ressourcen der Innenrevision durch die Erforschung falscher Verdachtsfälle gebunden sind.

> **Proprietäres Wissen**
> Die Erkenntnisse aus abgeschlossenen Untersuchungen sind normalerweise isoliert auf einzelnen Rechnern oder im Kopf des Revisors abgelegt. Nur selten gelingt es, sichtbare Muster für die umfassende Erkennung zukünftiger, ähnlicher Fälle nutzbar zu machen.

10.2.2 Pausenraum vs. Schwerindustrie

Betrügerische Verhaltensweisen in der Schwerindustrie zu erkennen ist sicher deutlich komplizierter als kleine Schummeleien im Pausenraum aufzudecken. Fraud kann natürlich nicht nur (wie in unserem Einführungsbeispiel) im Einkauf, sondern in praktisch jedem Funktionsbereich vorkommen.

Unterschiede zum
Kaffeemaschinen-
Beispiel

In einem Bergbauunternehmen beispielsweise haben wir es nicht nur mit einer kleinen, überschaubaren Umgebung in einem einzelnen Gebäude zu tun. Die Betriebsstätten solcher Unternehmen liegen oft Tausende Kilometer voneinander entfernt und befinden sich häufig in Ländern, in denen Korruption an der Tagesordnung ist. Anstatt aus einer Handvoll lokaler Anbieter haben diese Unternehmen die Auswahl aus einem globalen Netz von Tausenden von Lieferanten, von denen viele ihrerseits wieder Güter oder Dienstleistungen von Sublieferanten beziehen.

Sicherheitsaspekt
ist bedeutender

Und während die Gefahren für Leib und Leben in unserem Beispiel darin bestanden, Verbrennungen durch eine explodierende Kaffeemaschine zu erleiden, geht es im Bergbau um wesentlich gravierendere Sicherheitsfragen. Der Einsturz von Abbaustrecken durch schadhafte Gebirgsanker, Umweltschäden durch fachlich inkompetente Subunternehmer und qualitativ minderwertige Sauerstoff-Selbstretter, die im Ernstfall nicht funktionieren, sind nur drei von unendlich vielen denkbaren Folgen von Fraud im Einkauf.

Grundsätzlich aber lassen sich Unregelmäßigkeiten im professionellen Bereich mit den gleichen Konzepten und Ansätzen (Betrachtung von Vergangenheit, Gegenwart und Zukunft) in den Griff bekommen wie im Beispiel unseres Pausenraums. Den Koffeinliebhabern im Pausenraum geht es darum, einen fairen Preis für qualitativ hochwertige Getränke zu bezahlen, die mit zuverlässigen Geräten hergestellt werden. Ebenso wollen Unternehmen z.B. im Bergbau bei den von ihnen eingekauften Produkten und Dienstleistungen die folgenden Anforderungen erfüllt sehen:

Identisches Grundproblem

▸ Die Sicherheit der Mitarbeiter und der lokalen Bevölkerung ist gewährleistet und wird nicht durch (ungeeignete oder qualitativ minderwertige) Produkte und Dienstleistungen gefährdet.

▸ Alles, was eingekauft wird, dient der langfristigen und nachhaltigen Unternehmensentwicklung.

▸ Alle (oft komplizierten) gesetzlichen und regulatorischen Anforderungen bezüglich zu beschaffender Produkte und Dienstleistungen werden eingehalten.

▸ Die (aus technischer und kaufmännischer Sicht) bestmöglichen Produkte/Dienstleistungen werden zu einem angemessenen Preis eingekauft.

Im Idealfall wollen Unternehmen hierbei vorausschauend handeln, das heißt Probleme gar nicht erst entstehen lassen, sondern durch geeignete Maßnahmen verhindern. Es geht also darum, sich weg von einer Kultur der Aufdeckung und hin zu einer Kultur der Prävention zu entwickeln.

10.3 Traditionelle Ermittlungstechniken: Kosten, Risiken und Chancen

Wie viel ist die Verbesserung der Prozesse bei der Aufdeckung von Betrugsfällen wert? Entsprechende Schätzungen variieren; klar ist nur, dass Fraud sowohl finanzielle als auch immaterielle Schäden in Unternehmen verursacht.

10.3.1 Zahlenbeispiel

Fraud allgemein · Einem Bericht der *Association of Certified Fraud Examiners* (ACFE) zufolge, die sich auf berufsbezogene Verdachtsfälle konzentriert, verlieren Unternehmen in der Regel 5 % ihres Jahresumsatzes durch Fraud. Bezogen auf das Welt-Bruttosozialprodukt, kommt man so auf die beeindruckende Summe von 3,5 Milliarden USD. Etwa die Hälfte der Mogeleien wird nie entdeckt, und weniger als 15 % der Opfer sind in der Lage, die verlorenen Summen wieder einzutreiben.

Fraud im Bergbau · Aus demselben Bericht geht auch hervor, dass das mittlere Volumen (der Median) von Fraud-Fällen im Bergbau bei 500.000 USD liegt. In der großen Mehrheit der Fälle geht es um irgendeine Art von Korruption. Gemäß der Studie war der mittlere Verlust je Fall im Bergbau höher als in jeder anderen Branche (weswegen wir unser Beispiel dort angesiedelt haben).

Ein Bericht der Organisation *Transparency International* aus dem Jahr 2011 bestätigt diesen Sachverhalt: Gemäß dem von Transparency International entwickelten *Bestechungsgeld-Zahler-Index* ist der Bergbau eine von fünf Branchen, die am stärksten von Bestechung betroffen sind. In ihrem zehnten *Global Fraud Survey* fand die Unternehmensberatung *Ernst & Young* heraus, dass 47 % der Teilnehmer aus dem Bergbau die Ansicht äußerten, Korruption sei in der Praxis gängig und geläufig.

Bergbau in schwierigen Ländern · Viele Studien zum Thema Fraud im Bergbau deuten darauf hin, dass abgelegene, schwer zugängliche Betriebsstätten in Ländern mit hohen politischen und sozio-ökonomischen Risiken zu den Herausforderungen führen, denen sich die Unternehmen gegenübersehen. Transparency International publiziert Daten zu den wahrgenommenen Fraud-Risiken in unterschiedlichen Staaten. Dabei zeigt sich, dass die Länder mit den höchsten Risiken gerade diejenigen sind, in denen sich mit hoher Wahrscheinlichkeit wertvolle Bodenschätze finden lassen.

Wir haben für dieses Kapitel nicht nur aufgrund finanzieller Aspekte ein Beispiel aus dem Bergbau gewählt. Fraud hat in dieser Branche oft nicht nur (unmittelbare) finanzielle Auswirkungen, sondern es werden auch andere Gefahren, die der Bergbau per se mit sich bringt, durch Fraud verstärkt. Betroffen davon sind nicht nur die

Bergleute selbst, sondern auch die Interessen anderer Gemeinschaften vor Ort.

Ausrüstungsgegenstände, die eigentlich nicht den für die Nutzung im Bergbau geltenden Sicherheitsstandards entsprechen, setzen Minenarbeiter unnötigen Risiken aus. Genehmigungen und Abnahmen, die durch Bestechungen (und nicht als Ergebnis sorgfältiger Prüfungen) zustande kommen, können zu Umweltschäden führen, den Ruf des Unternehmens zerstören und zum Entzug von Lizenzen oder sogar zu Enteignungen führen. Der Einsturz des Kölner Stadtarchivs, der zwar nicht den Bergbau betrifft, aber immerhin mit Diebstählen von Stützen, Korruption und mangelhafter Aufsicht beim Bau eines U-Bahn-Tunnels in Zusammenhang stehen soll, ist ein eindrucksvolles Beispiel hierfür.

Gefahren für Unternehmen und Menschen

10.3.2 Schlussfolgerungen: Neue Techniken nutzen

Für Führungskräfte von IB gibt es also gute Gründe, sich mit diesem Thema zu beschäftigen. Aus Sicht des Managements ist eine ethisch einwandfreie Unternehmensführung nicht nur aus finanziellen Erwägungen, sondern auch für den langfristigen Fortbestand des Unternehmens von herausragender Bedeutung. Die Sicherstellung eines rechtschaffenen Arbeitsumfelds soll daneben auch hervorragende Mitarbeiter anziehen. Außerdem ist es der Geschäftsführung wichtig, dass die finanzielle Leistungsfähigkeit des Unternehmens nicht erratisch schwankt, sondern sich gleichmäßig und vorhersehbar entwickelt.

Risiken für die Reputation

Aus diesem Grund beschäftigt sich IB schon seit einiger Zeit mit neuen Optionen im Bereich Fraud Management, Optionen, die in Sachen Aufwandsminimierung und Erkennungsgenauigkeit weit über das hinausgehen, was in den guten alten Tagen selbst gestrickter Makros in einer Tabellenkalkulation denkbar gewesen ist. Hierbei geht es dem Management nicht nur um die Entdeckung von Verdachtsfällen. Die bereits zitierte ACFE-Studie zeigt nämlich auch auf, dass betrügerische Aktivitäten im Mittel (Median) 18 Monate lang unentdeckt bleiben. Folglich spielen auch für IB Fraud-Verhinderung und Fraud-Abwicklung eine immer größere Rolle.

Fraud schneller aufdecken

10.4   Lösung: Flexibles Fraud Management mit einer Hochleistungsanwendung

In diesem Abschnitt werden wir aufzeigen, welche neuen Ansätze IB für das Fraud Management nutzen kann. In Abschnitt 10.5, »Implementierungsszenario und Architektur mit SAP HANA«, geht es dann darum, welchen Beitrag SAP Fraud Management auf SAP HANA hierbei leisten kann.

10.4.1   Zugehörige Value Maps im SAP Solution Explorer

Betroffene Geschäftsprozesse und Branchen

Wie schon erwähnt, können Betrug und Korruption alle möglichen Funktionen im Unternehmen und daher auch viele verschiedene Geschäftsprozesse betreffen. Der Einsatz von SAP Fraud Management ist also nicht auf den Bergbau oder die Schwerindustrie beschränkt. Auch für Banken und Versicherungen, im medizinischen Bereich, bei produzierenden Unternehmen oder in der öffentlichen Verwaltung kann ein modernes System für die Identifikation von Verdachtsfällen nützlich sein. Letztendlich geht es darum, Unternehmen in die Lage zu versetzen, sich auf *Prävention* statt auf *Reaktion* zu konzentrieren.

Die Lösung SAP Fraud Management selbst findet sich in mehr als nur einer Value Map im SAP Solution Explorer. Ganz allgemein und branchenunabhängig gelangen Sie z.B. über BROWSE BY TECHNOLOGY • BIG DATA • APPLICATIONS USING BIG DATA • FRAUD MANAGEMENT-dorthin; ein branchenspezifischer Pfad führt über BROWSE BY INDUSTRY • MINING • ENTERPRISE RISK AND COMPLIANCE MANAGEMENT • FRAUD MANAGEMENT oder über BROWSE BY INDUSTRY • MINING • BIG DATA • APPLICATIONS USING BIG DATA • F•RAUD MANAGEMENTzu der Lösung. Abbildung 10.2 zeigt exemplarisch das Bild zum letztgenannten Pfad.

Werttreiber

Im SAP Solution Explorer zur Lösung finden Sie schon zwei denkbare Werttreiber:

- ▸ Reduktion finanzieller Verluste durch Fraud (REDUCE FRAUD-RELATED FINANCIAL LOSS)

- ▸ Verschlankung der arbeits- und kostenintensiven Aufdeckung von Fraud (STREAMLINE LABOR-, COST-INTENSIVE FRAUD DETECTION)

506

Aus unserer Sicht gibt es aber noch weitere relevante Faktoren, auf die wir in Abschnitt 10.4.4, »Nutzenpotenziale und Werttreiber«, zurückkommen.

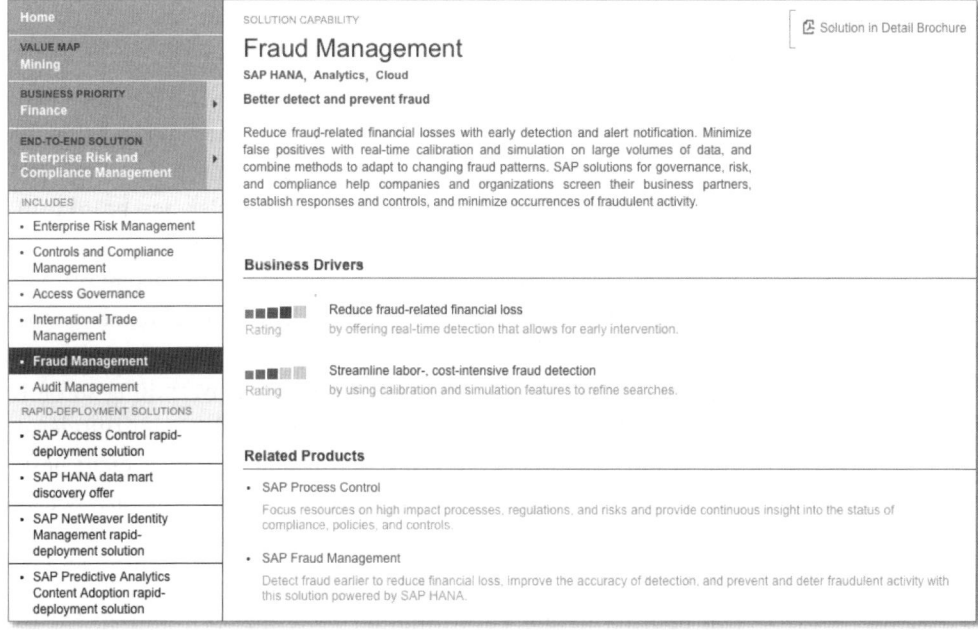

Abbildung 10.2 Lösung »Fraud Management«

10.4.2 Fachliche Anforderungen

Nach einigen ersten Recherchen hat IB in einem internen Workshop sechs fachliche Kernanforderungen an eine neue Lösung für die Aufdeckung und Abwicklung von Fraud niedergelegt. Für jeden dieser sechs Punkte wurde eine kurze Beschreibung der dahinterstehenden Ideen formuliert:

Inhaltliche Anforderungen

▶ **Daten replizieren**

Ein wesentlicher Nachteil der aktuellen Abläufe bei IB liegt darin, dass Daten manuell aus operativen Systemen extrahiert und dann in Tabellenkalkulationen geladen werden müssen. Für die Zukunft stellt IB sich ein System vor, das die für die Untersuchung von Fraud-Fällen relevanten Daten aus SAP ERP oder anderen operativen (OLTP-)Systemen vollautomatisch und in Echtzeit in eine In-Memory-Datenbank spiegelt. Der Unternehmensführung geht es darum, einerseits die händischen Prozesse und die sich daraus

507

ergebenden Fehlerquellen zu eliminieren, andererseits aber auch darum, eine viel breitere Datenbasis für zukünftige Analysen zu erschließen. Zudem soll sichergestellt sein, dass z.B. für Zwecke der Strafverfolgung die zugehörigen Originalbelege in den operativen Systemen jederzeit identifizierbar bleiben.

▸ **Erfahrungen nutzen**
Auch in der Vergangenheit haben die Ermittler und Revisoren von IB aus Erfahrungen gelernt und das Wissen aus früheren Fällen bei ihren Untersuchungen verwendet. Die Nutzung dieser Erfahrungen war aber meist auf den jeweiligen Ermittler beschränkt und erfolgte zudem eher intuitiv und wenig systematisch. IB legt daher zwar zunächst einmal Wert darauf, dass das neue System mit voreingestellten Regelsätzen ausgeliefert wird, möchte aber noch einen Schritt weiter gehen: Die neue Lösung soll in der Lage sein, aus historischen Fraud-Fällen zu *lernen*. Die Anwendung soll fortwährend mit den operativen Daten zu Dutzenden oder Hunderten von Fraud-Fällen (sowohl echte Betrugsfälle als auch nicht bestätigte Verdachtsfälle) »geimpft« werden, hierin denkbare Muster entdecken und die Basisdaten mit neuen Verdachtsfällen abgleichen.

Um Fehlalarme auf ein Minimum zu reduzieren und auch False Negatives zu vermeiden, sollen möglichst alle verfügbaren Daten in den Lernprozess eingehen. Hierbei sind nicht nur Daten zu einer Transaktion relevant, sondern auch z.B. Daten zum Umfeld, in dem diese stattfindet. So könnte beispielsweise das Auftreten vieler Bestellungen mit kleinen Bestellmengen bei ebenfalls kleinen Lieferanten im Umkreis von 50 Kilometern der Betriebsstätte für einen Tagebau in Nordamerika verdächtig sein, während genau das gleiche Muster an einem südafrikanischen Standort einem ganz normalen Geschäftsgebaren entspräche. Basierend auf derartigen Einsichten, sollen Ermittler in der Lage sein, eine Feinjustierung der Alarmierungsregeln – unter Berücksichtigung der jeweiligen Umstände – vorzunehmen.

▸ **Status übersichtlich darstellen**
Nachdem das System erst einmal implementiert wurde, sollen Mitarbeiter in den Bereichen Risikomanagement und Revision ihren Arbeitstag mit einem Blick auf ein Dashboard beginnen. Dieses Dashboard soll sowohl aktive, zu untersuchende Fälle als auch neue Verdachtsfälle übersichtlich darstellen. Ermittler müssen also

zukünftig nicht mehr auf Hinweise aus dem Finanzbereich oder Untersuchungsaufträge des Managements warten. Stattdessen hält das System selbst Ausschau nach fragwürdigen Mustern.

Im Kontext unseres Beispiels zu den Förderkosten bei IB könnte eine Warnung nicht erst nach der Auswertung von Quartalsberichten, sondern unverzüglich nach Auftreten der ersten Unregelmäßigkeiten erfolgen (vorausgesetzt, der Kostenanstieg entspricht historischen Fraud-Mustern und die Replikation der Daten erfolgt in Echtzeit).

▶ **Abwicklungsprozess unterstützen**
Der Revisor soll nicht nur bei der Entdeckung, sondern auch bei der Bearbeitung gemeldeter Verdachtsfälle systemseitig unterstützt werden. Diese Unterstützung soll z.B. die folgenden Funktionalitäten abdecken:

- ▶ Durchführung weiterer fallspezifischer Analysen (z.B. zur Frage, warum ein bestimmter Alarm gemeldet wurde)
- ▶ Überwachung des Ermittlungsprozesses (Arbeitsablauf)
- ▶ automatische Auslösung von Ereignissen in operativen Systemen (z.B. Zahlungssperren)
- ▶ Dokumentation von Fällen (für straf- und zivilrechtliche Schritte und zukünftige Lernläufe des Systems)
- ▶ Verbesserung betroffener interner Prozesse

▶ **Fälle bewerten**
Die meisten Abteilungen, die sich mit dem Risikomanagement beschäftigen, sind ständig mit der Priorisierung von Fällen beschäftigt. Es ist unmöglich, jede verdächtige Aktivität bis in die letzte Verzweigung hinein zu untersuchen. Andererseits ist es oft nicht optimal, betrügerische Aktivitäten im Nachhinein aufzudecken. Viel günstiger ist es, Missetäter auf frischer Tat und in Echtzeit zu erkennen und zu stoppen.

Um das zu berücksichtigen, braucht es eine Lösung, die Verdachtsfälle bewertet und in eine Rangordnung bringt. So kann sichergestellt werden, dass Ermittlungsressourcen (zeitnah) dort eingesetzt werden, wo sie am meisten Schaden verhindern können.

▶ **Fraud vorhersehen**
Die »Kür« für IB wäre es, Schwindeleien nicht nur nach deren Auftreten zu erkennen, sondern sogar vorhersehen zu können, ganz

so wie in dem bereits erwähnten Film *Minority Report* Verbrechen vorausgesagt und verhindert werden. Risikomanager wären dann in der Lage, verdächtige Verhaltensmuster zu erkennen, *bevor* es zu irgendwelchen betrügerischen Aktivitäten kommt.

Wenn IB diese Fähigkeit besäße, könnte das Unternehmen schon im Vorfeld nicht nur finanzielle Verluste, sondern auch Gefahren für Leib und Leben von Menschen vermeiden. IB, seine Mitarbeiter und andere betroffene Interessengruppen blieben so von den (möglicherweise Leben gefährdenden) Auswirkungen krimineller Aktivitäten verschont. Solcherlei Überlegungen werfen jedoch komplizierte ethische, politische und rechtliche Fragen auf. Derlei Fragen werden uns zwar in der Big-Data-Welt immer häufiger begegnen, überschreiten aber den Umfang dieses Kapitels; wir gehen deshalb auf die Vision einer Vorhersage von Fraud nicht weiter ein.

10.4.3 Bausteine der Lösung

Entsprechend den im vorangehenden Abschnitt formulierten fachlichen Anforderungen beinhaltet unsere Lösung für IB die folgenden Bestandteile.

Daten replizieren

Schnelle Datenlogistik

Wenn es um die Aufdeckung neuer Muster geht, ist im Voraus nicht bekannt, welche Parameter sich als Frühindikatoren eignen. Anders als bei einer statischen, rein regelbasierten Lösung werden also tendenziell eher mehr als weniger Daten aus den Anwendungen zur Datenerzeugung (z.B. aus dem ERP-System) übernommen. Man braucht an dieser Stelle also ein besonders leistungsfähiges Produkt für die Datenlogistik. Ob diese Lösung daneben Daten auch noch bereinigen bzw. transformieren können muss, hängt von der Homogenität bzw. der Qualität der Daten aus den SAP- oder Nicht-SAP-Quellsystemen ab.

Erfahrungen nutzen

Entwicklung neuer Modelle

Bei der Nutzung von Erfahrungsdaten zum Finden neuer Muster geht es ähnlich wie im Fallbeispiel in Kapitel 5, »Reisekosten und Reisezeiten reduzieren«, darum, Abhängigkeiten aufzuspüren, zu formulieren und zu überwachen. Anders gesagt: Wir wollen Zusammenhänge erkennen, basierend auf diesen Zusammenhängen Modelle entwickeln und diese Modelle fortlaufend überwachen/verbessern/verfeinern.

Durch die Analyse von Daten zu erfolgreich aufgedeckten Betrugsfällen im Vergleich zu »sauberen« Transaktionen sollen Korrelationen zwischen Diebstählen und bestimmten Mustern in den Daten gefunden werden. So könnte z. B. ein ungewöhnlich hoher Treibstoffverbrauch bei IB ein Indikator dafür sein, dass Dieselkraftstoff gestohlen wird. Während Führungskräfte vor Ort bislang dachten, der hohe Verbrauch sei dem schlechten Wartungszustand der Fahrzeuge geschuldet, stellt sich vielleicht in Wirklichkeit heraus, dass der Kraftstoff abgezogen und auf dem Schwarzmarkt verkauft wird. Folglich kommen zur Bedienung dieser speziellen fachlichen Anforderung ähnliche Verfahren infrage wie im Reisekosten-Beispiel in Abschnitt 5.4.3, »Bausteine der Lösung«. Wir gehen an dieser Stelle nicht noch einmal auf diese Verfahren ein.

Abhängigkeiten quantifizieren

Neben der Entwicklung von Modellen müssen die Modelle selbst überwacht werden. Auf den Aspekt der Modellüberwachung sind wir bereits in Kapitel 4, »Planung flexibel gestalten«, eingegangen. Bei der Verbesserung von Modellen (die wir in Kapitel 4 nur am Rande angesprochen haben) könnten auch Methoden aus dem Bereich der *Bayesschen Statistik* zum Einsatz kommen.

Bayessche Statistik

Bayessche Statistik

[«]

Unter Bayesscher Statistik versteht man Verfahren und Algorithmen, die sich damit befassen, bestehende Annahmen über Wahrscheinlichkeiten unter Verwendung neuer Informationen zu verbessern. Ihre Bezeichnung verdankt die Bayessche Statistik dem englischen Geistlichen Thomas Bayes. Dieser schuf mit dem sogenannten *Bayes-Theorem* bereits im 18. Jahrhundert die Grundlagen; erstmalig mathematisch sauber ausformuliert wurden seine Überlegungen durch den französischen Mathematiker Pierre-Simon Marquis de Laplace.

Ein (klassisches) Beispiel: Eine Urne enthält schwarze und weiße Kugeln. Aus dieser Urne werden nun Kugeln gezogen. Die Bayessche Statistik beschäftigt sich mit der Frage, inwieweit (und auch wie sicher) man aus der Anzahl gezogener weißer und schwarzer Kugeln auf das Mischungsverhältnis in der Urne schließen kann. Logischerweise wird diese Schlussfolgerung mit jeder gezogenen Kugel zuverlässiger. Eine gute Einführung in die Bayessche Statistik (auf Basis der Sprache Python) bietet Allen B. Downey, *Think Bayes – Bayesian Statistics in Python* (O'Reilly 2013).

Status übersichtlich darstellen

Für Berichte aus dem Fraud Management dürfte es mehrere Benutzergruppen geben:

▶ **Führungskräfte**

Führungskräfte (im Risikomanagement und in anderen Bereichen) benötigen einen allgemeinen Überblick zum Thema Fraud. Sie werden sich unter anderem für die folgenden Fragen interessieren:

- ▶ Wie viele Verdachtsfälle gab/gibt es (Status, zeitlicher Verlauf, Trend)?

- ▶ Um wie viel Geld geht/ging es hierbei (Status, zeitlicher Verlauf, Trend)?

- ▶ Welche Bereiche des Unternehmens sind/waren wie stark betroffen (Status, zeitlicher Verlauf, Trend)?

- ▶ Wie haben sich etwaige Maßnahmen ausgewirkt?

- ▶ Auf welche neuen Muster ist das System gestoßen?

- ▶ Wie sieht die Performance der Lösung aus? Wie schnell wird Fraud erkannt, wie viele Fehlalarme gibt es (Status, zeitlicher Verlauf, Trend)?

▶ **Ermittler/Revisoren**

Auch für Ermittler dürften die genannten aggregierten Informationen von Interesse sein. Daneben werden Revisoren anders als Führungskräfte aber auch mehr Details sehen wollen:

- ▶ Wie (das heißt aufgrund welcher Regeln) wurde ein Verdachtsfall entdeckt?

- ▶ Wie wahrscheinlich ist es, dass in einem bestimmten Fall Fraud vorliegt (*Fraud-Wahrscheinlichkeit*, *Fraud-Rating* oder *Fraud-Score*)?

- ▶ Gibt es vergleichbare historische Fälle? Wie sahen diese genau aus?

- ▶ Um welche Beträge geht es in den einzelnen Fällen?

- ▶ Um welche Art von Fraud (Interessenkonflikt, überhöhte Rechnungen, Unregelmäßigkeiten bei Reisekosten, Bestechung/Bestechlichkeit) geht es im jeweiligen Fall? Diese Frage spielt bei Entscheidungen über weiterführende Ermittlungen oder eine Einbindung der Strafverfolgungsbehörden eine Rolle.

▶ Wie weit sind die Untersuchungen zu einzelnen Verdachtsfällen fortgeschritten?

▶ Welche unmittelbaren Maßnahmen wurden ergriffen (z. B. Zahlungssperren im ERP-System, zusätzliche Mechanismen in *SAP Process Control*)?

▶ Welche Dokumente/Belege stehen in anderen Systemen zur Verfügung?

▸ **Andere Beteiligte**
Andere Interessengruppen benötigen gegebenenfalls spezielle Auszüge der genannten Daten.

▶ Mitarbeiter des CFOs (insbesondere im Controlling) wollen wissen, welche finanziellen Auswirkungen Fraud in der Vergangenheit hatte oder aktuell hat.

▶ Die Leiter bestimmter Abteilungen oder Funktionsbereiche (z. B. der Beschaffung) brauchen Informationen zu den Volumina betrügerischer Aktivitäten in ihren Bereichen und zu Mustern, auf die sie ein Auge haben sollten.

▶ Experten der Rechtsabteilung wollen sicherstellen, dass das Unternehmen sich in angemessener Form darum kümmert, Unregelmäßigkeiten, die hohe Haftungsrisiken nach sich ziehen können, nach bestem Wissen und Gewissen zu bekämpfen (explodierende Kaffeemaschinen oder einstürzende Gänge in einer Mine).

Insofern wird es in Sachen Berichtswesen darum gehen, ein ganzes Portfolio von Dashboards bereitzustellen. Idealerweise sollten diese Dashboards untereinander konsistent und mit Funktionen zum Absprung in andere Dashboards oder aus Übersichtsberichten in Detaillisten und umgekehrt versehen sein. Die Berichte sollten möglichst einfach und leicht bedienbar sein und könnten entweder hierarchisch (in Form eines Berichtsbaums) oder als Geflecht aus gleichwertigen Berichten (also als Berichtsnetz) konzipiert werden.

Netz aus Berichten

Führungskräfte und Ermittler sind häufig unterwegs; alle relevanten Berichte müssen daher auch mobil verfügbar sein. Aufgrund der Vielzahl möglicher Benutzerschnittstellen ist es sinnvoll, hierbei auf offenen, auch mobil verwendbaren Standards aufzusetzen (HTML5).

Mobile Benutzerschnittstellen

Fälle bewerten

Scoring-Systeme für
die Bewertung

Bei der Bewertung von Fällen geht es um die schon erwähnten Fraud-Scores. Diese Werte könnten sich an Wahrscheinlichkeiten, möglichen Schadenshöhen, Schwellenwerten, nominalen Größen (z.B. Personenschaden denkbar: ja/nein) oder einer Kombination aus all dem orientieren. Hierfür existiert eine Vielzahl sogenannter *Scoring-Verfahren* in unterschiedlichsten Bereichen (z.B. Kreditwürdigkeitsprüfung, Medizin).

[»]

> ### Scoring
>
> Im Scoring geht es darum, eine mehr oder weniger große Anzahl kardinaler, ordinaler oder nominaler Werte durch einen Algorithmus zu einer einzigen Zahl zu verdichten, dem *Score*. Dieser Score wird dann verwendet, um Entscheidungen (z.B. Kreditvergabe: ja/nein) zu treffen. Scoring-Verfahren sind im Prinzip nichts anderes als Modelle; ihre Leistungsfähigkeit kann daher mit den in Kapitel 4, »Planung flexibel gestalten«, beschriebenen Werkzeugen überwacht werden.
>
> Beim Scoring stößt man immer wieder auf drei Probleme:
>
> ▸ Es werden Einzelwerte verdichtet, die sich eigentlich gar nicht aggregieren lassen. Es liegt in der Natur der Dinge, dass das nicht immer funktioniert.
>
> ▸ Durch die Aggregation einzelner Werte verliert man Informationen. Außerdem werden qualitative, nicht quantifizierbare Sachverhalte entweder »mit Gewalt« quantifiziert oder gar nicht berücksichtigt.
>
> ▸ Ein Scoring-Verfahren, das an einem Ort und zu einer bestimmten Zeit sehr gute Ergebnisse lieferte, kann anderswo oder am nächsten Tag nutzlos sein. Im militärmedizinischen Bereich (in denen Scores im Rahmen der sogenannten *Triage* zum Einsatz kommen) fallen z.B. die Heilungschancen einer Wunde in den feuchtwarmen Tropen ganz anders aus als in der Antarktis. Unter Triage versteht man die Einschätzung der Überlebenswahrscheinlichkeit und -dauer eines Patienten; Sinn ist es, bei beschränkten Ressourcen zu entscheiden, wer zuerst behandelt werden muss.

Abwicklungsprozess unterstützen

Integration mit
Prozess-
orchestrierung

Die Dashboards für Ermittler bzw. Revisoren sollten den Status einzelner Fälle nicht nur zeigen, sondern auch vollständig in Lösungen zur Steuerung von Arbeitsabläufen (wie SAP Process Control oder *SAP Audit Management*) integriert sein. Für die Auslösung von Ereignissen in operativen Systemen braucht es geeignete Schnittstellen. Es geht hier also nicht nur um die Modellierung, sondern auch um die Implementierung systemübergreifender Prozesse.

Fraud vorhersehen

Auch der Blick in die Zukunft basiert auf Modellen, nur sucht man jetzt nach Abhängigkeiten mit Zeitversatz. Man möchte also wissen, ob bestimmte Parameter zum Zeitpunkt t zu einem (aus Sicht von t) zukünftigen Zeitpunkt $t + x$ Auswirkungen auf bestimmte andere Parameter haben. Je größer x ist, desto schwieriger werden natürlich solche Prognosen. Wir alle wissen dies von der Wettervorhersage. Grundsätzlich jedenfalls kommen auch an dieser Stelle wieder die in Kapitel 5, »Reisekosten und Reisezeiten reduzieren«, bereits erwähnten Verfahren zur Identifikation von Abhängigkeiten und zur Entwicklung von Modellen zum Einsatz.

Abhängigkeiten mit Zeitversatz

10.4.4 Nutzenpotenziale und Werttreiber

Auch beim Thema Fraud stehen die klassischen, generischen Werttreiber Aufwand, Ertrag und Ungewissheit/Risiko im Vordergrund. Beim Aufwand geht es beispielsweise um den Wert gestohlener Materialien oder um überhöhte Einkaufspreise, aber auch um die Kosten für Aufdeckung, Dokumentation und Verfolgung entsprechender Fälle. Hinsichtlich des Ertrags können z.B. Mindererlöse relevant sein, die dadurch entstehen, dass Produkte oder gebrauchte Fahrzeuge unter ihrem Marktwert abgegeben werden.

Aufwand und Ertrag

Speziell in Bezug auf die Risiken kommen aber noch zwei weitere wichtige Punkte hinzu:

Personen- und Umweltschäden

▶ **Personenschäden und Versicherungsprämien**
Wir haben darauf hingewiesen, dass Betrug, Diebstahl oder Korruption auch zu Personenschäden führen können. Hierdurch ergeben sich Schadenersatzrisiken, die, wenn überhaupt, nur teilweise und gegen sehr hohe Prämien durch Versicherungen abgedeckt werden.

▶ **Umweltschäden und Versicherungsprämien**
Neben Personenschäden spielen – gerade in der Schwerindustrie – auch denkbare Umweltschäden eine große Rolle. Solche Umweltschäden können leicht Dimensionen erreichen, die die Existenz

des Unternehmens gefährden; ferner sind Mitarbeiter aller Ebenen dem Risiko einer strafrechtlichen Verfolgung ausgesetzt.

Außerdem kommen gerade im Bergbau auch Werttreiber aus den Bereichen »Wahrnehmungen, Erwartungen und Vorlieben« ins Spiel:

- ▸ **Reputation**
  Viele Unternehmen in der Schwerindustrie legen großen Wert auf ihre Reputation. Bergbaukonzerne geraten immer wieder wegen schlechter Arbeitsbedingungen, Beeinträchtigungen der Umwelt oder wegen der Herkunft ihrer Produkte (die oft aus politisch instabilen Regionen stammen, Stichwort Blutdiamanten) in die Kritik.

  Wie wir in Abschnitt 1.4.3, »Wie Sie Werttreiber identifizieren«, unter der Überschrift »Wahrnehmungen, Erwartungen und Vorlieben« festgehalten haben, hat auch die öffentliche Wahrnehmung eines Unternehmens einen Einfluss auf dessen Aktionärswert.

  Große Abnehmer wiederum (in jüngerer Zeit z.B. BMW mit einer unternehmensweiten Initiative) achten im Interesse ihres eigenen Aktionärswerts auf ethische Mindeststandards innerhalb ihrer Lieferkette. Der Ruf eines Unternehmens, das wie IB Eisenerz an Stahlhersteller und damit indirekt auch an die Automobilindustrie liefert, kann also auch durch höhere Standards von Kunden in nachgelagerten Verarbeitungsstufen unter Druck geraten.

- ▸ **Motivation der Mitarbeiter**
  Wir haben bereits erwähnt, dass auch die Motivation eigener Mitarbeiter unter falschen Anschuldigungen im Zusammenhang mit Fraud leidet. Durch weniger Fehlalarme verringert man auch dieses Risiko und die sich daraus ergebenden negativen Auswirkungen auf die Wertschöpfung.

Abbildung 10.3 zeigt zusammenfassend die erwähnten Werttreiber. Da weder die Geschäftsprozesse, in denen Unregelmäßigkeiten vorkommen können, noch die Untersuchung von Betrügereien an sich neu sind, haben wir alle Werttreiber in der linken Spalte der Matrix aufgeführt. Auch die mithilfe eines Big-Data-basierten Fraud Managements zu erzielenden Erkenntnisse sind nicht grundsätzlich neu; Einsichten werden lediglich in höherer Qualität und mit weniger False Positives bzw. Negatives, mit weniger Aufwand oder schneller gewonnen; die erste Zeile der Matrix ist daher ebenfalls leer.

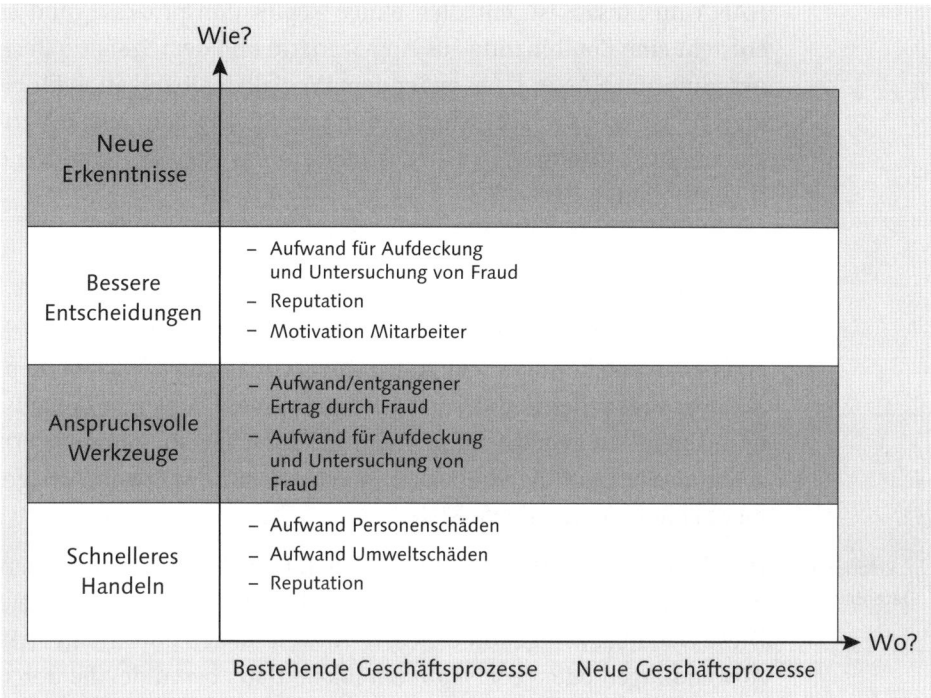

Abbildung 10.3 Nutzen-Werttreiber-Matrix »Betrug und Diebstahl erkennen«

10.5 Implementierungsszenario und Architektur mit SAP HANA

Abgesehen von der Informationsweitergabe an Workflow-Lösungen oder ERP-Systeme (z. B. für Zahlungssperren), sprechen wir im Fraud Management im Wesentlichen von einer Analyse replizierter Daten. Wenn ein Großteil der benötigten Informationen aus Anwendungen der SAP Business Suite stammt und diese ohnehin auf SAP HANA läuft, ist für diese Daten zwar keine Replikation erforderlich; aber selbst dann stützen sich Analysen im Fraud Management in der Regel ergänzend auf Nicht-SAP-Datenquellen und lokale Dateien.

Heterogene Datenquellen

10.5.1 Implementierungsszenario und Rahmenarchitektur

Die für SAP Fraud Management gängigste Architekturvariante dürfte daher das App-Szenario sein (siehe Abschnitt 2.2.1, »Replikationsszenarien«). Wenn die SAP Business Suite auf SAP

App-Szenario passt am besten

HANA im Einsatz ist, entfallen einige Replikationsprozesse, und es entsteht eine Kombination aus App-Szenario und dem Szenario Business Suite auf HANA. Da es außer dem Wegfall der Replikation für einige Daten keine wesentlichen Unterschiede zwischen beiden Varianten gibt, konzentrieren wir uns hier auf das App-Szenario (siehe auch Abbildung 8.8).

Datenbanken

Wir haben zwar mehrfach auf die Vorteile hingewiesen, die sich ergeben, wenn betrügerische Aktivitäten zeitnah aufgedeckt werden, man wird hier allerdings in den seltensten Fällen von einer ereignisbezogenen Datenverarbeitung in *Echtzeit* sprechen können. Insofern spielt die Beschaffung von Daten in Echtzeit für das Fraud Management eine untergeordnete Rolle.

Relationale Datenbanken

Die für die Auswertungen benötigten Daten dürften in den allermeisten Fällen aus klassischen, relationalen Datenbanken stammen. Diese Datenbanken gehören zu SAP-Anwendungen oder Nicht-SAP-Anwendungen oder repräsentieren lokale Datenbestände, die durch eigene Recherchen der Ermittler entstanden sind. Zukünftig dürfte aber die Auswertung anders strukturierter Datenbestände an Bedeutung gewinnen. Wenn es z.B. um die Aufdeckung von Beziehungen zwischen Einkäufern und Lieferanten geht, lassen sich solche Daten vielleicht – rechtliche Aspekte einmal außen vor – aus sozialen Netzwerken extrahieren; möglicherweise kommen also *Graphdatenbanken* (Datenbanken für die Speicherung von Beziehungen, z.B. in sozialen Netzwerken) ins Spiel. Die Frage, wie die benötigten Daten aussehen, ist aber nicht Gegenstand der hier betrachteten Lösung. Wir gehen in allen Fällen davon aus, dass unsere Daten in Form (nach SAP HANA) replizierbarer Datenbestände zur Verfügung stehen.

Datenübernahme

Die Übernahme dieser Daten in SAP HANA wird abhängig von der Frage, woher diese stammen und ob bzw. inwieweit sie bearbeitet werden müssen, über unterschiedliche Datenlogistiklösungen erfolgen (siehe auch Abschnitt 2.2.1 unter der Überschrift »Werkzeuge für die Replikationsszenarien«):

- ▸ SAP Landscape Transformation Replication Server
- ▸ SAP Replication Server
- ▸ SAP Data Services

- Daten, die sich (als Datenbestand der SAP Business Suite oder von SAP BW oder aus anderen Gründen) bereits in SAP HANA befinden, können, müssen aber nicht repliziert werden. Für die Repräsentation dieser Daten in SAP HANA bieten sich z.B. virtuelle Tabellen an.

Produkte zur Datenerzeugung

Wie die benötigten Daten erzeugt werden, ist für uns an dieser Stelle vor allem hinsichtlich der Entscheidung relevant, ob wir es mit einem »reinen« App-Szenario oder mit einer Mischform aus App-Szenario und SAP Business Suite auf HANA zu tun haben. Darüber hinaus ist die Datenerzeugung nicht Bestandteil der hier diskutierten Lösung.

Produkte zur Datenverwertung

Die Verwertung der Daten kann mit SAP Fraud Management erfolgen. Hierbei kommen ergänzend die folgenden Lösungen zum Einsatz:

SAP Fraud Management

- gegebenenfalls SAP Predictive Analysis (PAL)
- gegebenenfalls Produkte der Firma *KXEN* (*InfiniteInsight Modeler*, *InfiniteInsight Scorer*, *InfiniteInsight Factory* etc.), die SAP 2013 übernommen hat

SAP Fraud Management stellt einen Bestand von aktuell etwa 50 fertigen »Regeln« bereit, die für die Aufdeckung von Unregelmäßigkeiten verwendet werden können. Dieser Vorrat an Regeln deckt unterschiedliche Branchen und Prozesse ab und wird fortlaufend erweitert; all diese Regeln sind aber zunächst einmal statisch. Insofern unterscheidet sich SAP Fraud Management noch nicht von anderen Produkten zur Betrugsprävention (wie z.B. *RiskShield* von der *INFORM GmbH*).

Im SAP Fraud Management kann der Regelbestand aber flexibel und teilautomatisch erweitert werden; das kann z.B. dadurch geschehen, dass Verfahren zur Aufdeckung von Zusammenhängen aus SAP PAL oder aus dem InfiniteInsight Modeler zum Einsatz kommen. Ergänzend unterstützen SAP PAL (z.B. mit der Funktion SUBSTITUTE_MISSING_VALUES) oder KXEN (mit dem Produkt *InfiniteInsight Explorer*) Sie bei der Vorbereitung von Datenbeständen für entsprechende

Aufdeckungsstrategie

Analysen. Ausgelieferte und neu entwickelte Regeln können in einer einheitlichen *Aufdeckungsstrategie* (Detection Strategy) verarbeitet werden. Die Aufdeckungsstrategie dient im SAP Fraud Management der Zusammenfassung von *Aufdeckungsmethoden* (Detection Method). Aufdeckungsmethoden wiederum entsprechen den Regeln des Fraud Managements. In technischer Hinsicht stehen hinter den Aufdeckungsmethoden Prozeduren, die in der Sprache SQLScript implementiert werden. Die vorkonfigurierten Regeln stehen also in der Form von Aufdeckungsmethoden zur Verfügung.

Die Aufdeckungsmethoden verarbeiten einzelne *Aufdeckungsobjekte* (Detection Object) und ermitteln für jedes betroffene Aufdeckungsobjekt einen Score. Aufdeckungsobjekte sind vereinfacht gesagt Datensätze, die im Rahmen des Fraud Managements geprüft werden sollen, also z.B. ein Unteranspruch im Rahmen eines Versicherungsschadensfalls. Das hierzu erforderliche Scoring sowie die Überwachung und Weiterentwicklung von Modellen können schließlich außer mit den in Kapitel 4, »Planung flexibel gestalten«, diskutierten Ansätzen auch mit InfiniteInsight Scorer bzw. InfiniteInsight Factory umgesetzt werden.

Ergänzende Implementierungen in R

Sofern die Funktionalitäten von SAP PAL und InfiniteInsight Modeler nicht ausreichend sind, steht immer noch die Option eigener Implementierungen in R zur Verfügung (z.B. die Pakete `arm` oder `bayesSurv` für die Bayessche Statistik). Für die Implementierung von Scoring-Verfahren mit R finden sich viele praxisnahe Anleitungen im Internet.

Für die Weitergabe von Informationen an ERP-Anwendungen (z.B. die bereits erwähnten Anweisungen zur Zahlungssperre) existieren im SAP Fraud Management entsprechende SOA-Bausteine. Die korrespondierende Entwicklung in SAP ERP muss allerdings (zum heutigen Stand) noch durch den Kunden erfolgen. Eventuell ist an dieser Stelle auch der Einsatz von Entscheidungstabellen in SAP HANA oder die Nutzung des Lösungspakets *SAP Process Orchestration* denkbar. Die Nutzung von SAP Fraud Management setzt übrigens als Plattform SAP NetWeaver 7.4 voraus.

Client

Visualisierungen in SAP Business-Objects

In Abschnitt 10.4.3, »Bausteine der Lösung«, haben wir unter der Überschrift »Status übersichtlich darstellen« erläutert, welche Bedeutung der Benutzerschnittstelle bei der Fraud-Prävention zukommt. Die im Standard in SAP Fraud Management verfügbaren Berichte basieren ausschließlich auf SAPUI5 und benötigen daher keine Komponenten aus SAP BusinessObjects. Wir gehen allerdings davon aus, dass ein Einsatz von SAP BusinessObjects aus drei Gründen sinnvoll ist:

▶ Die horizontalen (Inhalte) und vertikalen (Detaillierungsgrad) Überlappungen zwischen den Berichtsanforderungen der unterschiedlichen Zielgruppen legen es nahe, nicht jeden Bericht isoliert zu betrachten, sondern die Berichte aus klar strukturierten Quellen (z.B. *Universen* aus dem SAP*BusinessObjects Information Design Tool*) zu versorgen.

▶ Auch an die Einbettung in eine unternehmensweite Gesamtdatenarchitektur ist zu denken. Hier könnten ebenfalls SAP-BusinessObjects-Werkzeuge (aus dem Bereich Enterprise Information Management) im Einsatz sein.

▶ Zumindest die Ermittler sollten in der Lage sein, schnell neue eigene Auswertungen zu erstellen. Das funktioniert z.B. mit *SAP BusinessObjects WebIntelligence* oder SAP Lumira.

Daneben haben Kunden natürlich auch die Möglichkeit, das Berichtsportfolio selbst durch SAPUI5- bzw. HTML5-Lösungen zu erweitern.

SAPUI5-Entwicklungen

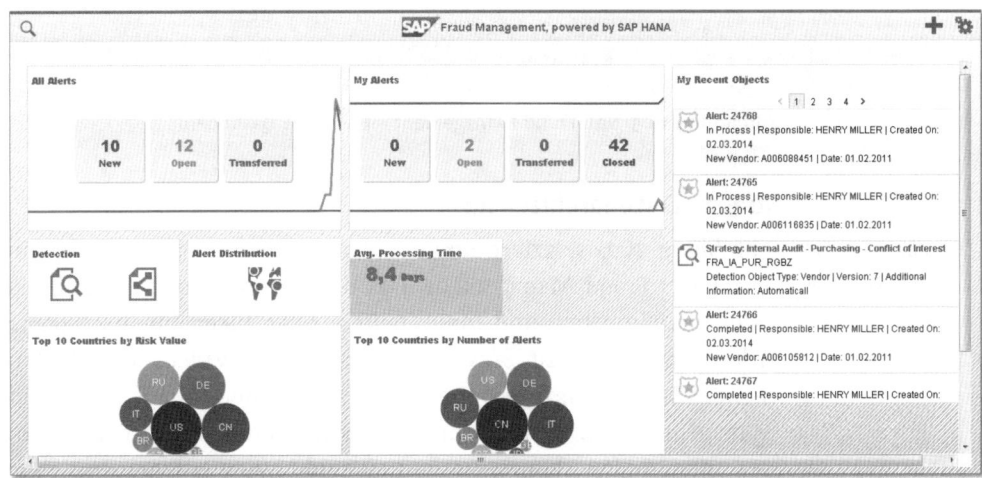

Abbildung 10.4 SAP Fraud Management – Startbild

Abbildung 10.4 und Abbildung 10.5 zeigen zwei exemplarische (Standard-)Dashboards aus dem SAP Fraud Management. Das Start-

Dashboards aus SAP Fraud Management

bild zeigt in unserem Beispiel die Anzahl der offenen Alarme (ALL ALERTS), die Anzahl der durch den aktuellen Benutzer zu bearbeitenden Alarme (MY ALERTS), die durchschnittliche Bearbeitungszeit der Alarme (AVG. PROCESSING TIME) und die am stärksten von Alarmen betroffenen Länder (nach finanziellem Risiko – TOP 10 COUNTRIES BY RISK VALUE – sowie nach Anzahl der Alarme – TOP 10 COUNTRIES BY NUMBER OF ALERTS). Vom Startbild aus kann man in die Pflege der Aufdeckungsstrategien (linkes Icon unter DETECTION), in die Pflege der Aufdeckungsmethoden (rechtes Icon unter DETECTION) oder zu einer detaillierten Kartendarstellung (ALERT DISTRIBUTION, siehe Abbildung 10.5) abspringen.

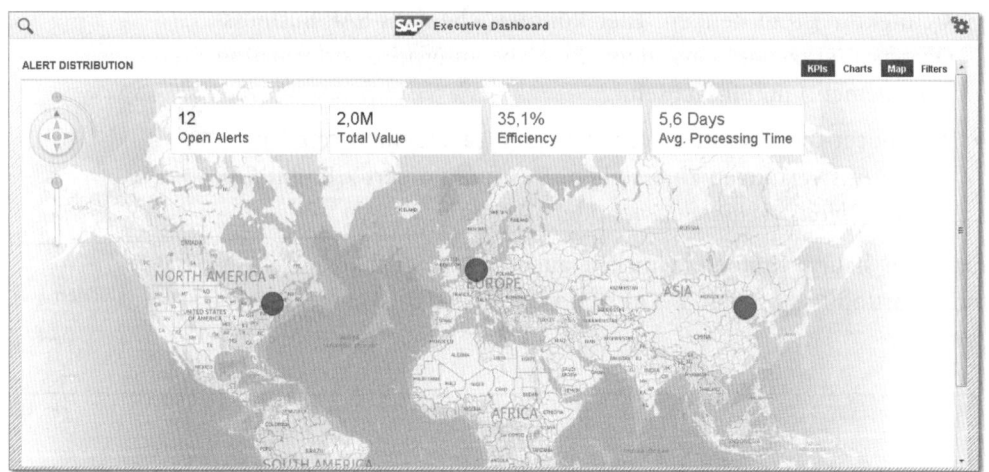

Abbildung 10.5 SAP Fraud Management – Executive Dashboard

10.5.2 Datenarchitektur

Lernfähiges Fraud Management

Abbildung 10.6 skizziert eine denkbare Rahmenarchitektur für ein *lernfähiges* Fraud Management. Das dargestellte Modell soll Ihnen Denkanstöße geben und Ihnen helfen, neue Ideen für Ihre eigene Arbeitsumgebung zu entwickeln. Zahlreiche Videos und Dokumente von SAP im Internet erklären, wie basierend auf SAP Fraud Management ein System zur Erkennung verdächtiger Transaktionen eingerichtet, konfiguriert und kalibriert werden kann. Eine Schritt-für-Schritt-Anleitung in Form von Bildschirmaufzeichnungen finden Sie z.B. im SAP Community Network (SCN) unter *http:// wiki.scn.sap.com/wiki/x/jgEjFg*. Dort wird ein System gebaut, das Bestellungen als verdächtig einstuft, wenn größere Abweichungen zwischen Bestellmenge, Liefermenge und Rechnungsmenge auftreten. Wir beziehen uns auf dieses Beispiel und erklären darauf basierend einige Spezifika unseres Datenmodells.

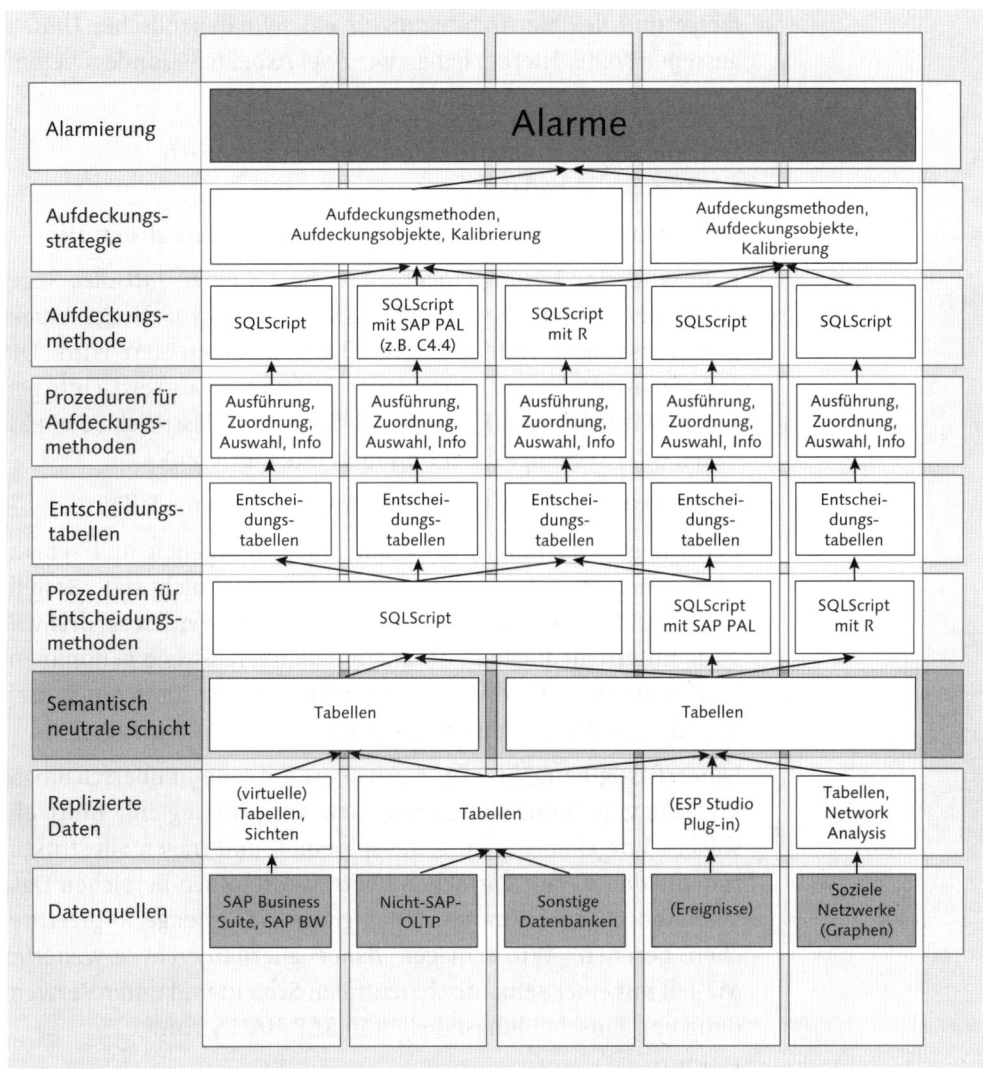

Abbildung 10.6 Rahmendatenarchitektur »Betrug und Diebstahl erkennen«

Unser Ansatz in Abbildung 10.6 unterscheidet sich in zweierlei Hinsicht vom genannten Beispiel (und von vielen anderen ähnlichen Demos im Internet):

Spezifika unseres Datenmodells

▶ **Flexibilität**

In Kapitel 6, »Datenmodelle flexibel und einheitlich gestalten«, und Kapitel 8, »Sensordaten auswerten und Metadaten automatisch erheben«, beschreiben wir im Detail, wie eine anpassungsfähige und flexible Architektur für ein sehr dynamisches Umfeld aussehen sollte. Hierbei haben wir zwei Aspekte besonders betont:

▶ automatische Generierung von Datenflüssen

▶ Trennung von inhaltsbezogenen und semantisch neutralen Metadaten

Das Beispiel aus dem SCN ist grundsätzlich anders strukturiert:

▶ Es wird eine Lösung eingerichtet, die auf einer *statischen* Regel (Aufdeckungsmethode) basiert. Der einzige dynamische Aspekt ist, dass diese Aufdeckungsmethode parametrisiert wird: Die prozentuale Abweichung, ab der Differenzen als verdächtig gelten, wird als Input-Parameter definiert und lässt sich so anpassen oder systemgestützt optimieren (kalibrieren).

▶ Der Datenfluss wird manuell entwickelt und modelliert.

▶ Auch eine Trennung zwischen inhaltsbezogenen und semantisch neutralen Metadaten findet im Beispiel nicht statt. Bestellmenge, Liefermenge und Rechnungsmenge werden als drei völlig unterschiedliche Kennzahlen behandelt. Streng genommen, dürften aber alle drei Parameter hinsichtlich ihrer semantisch neutralen Metadaten identisch sein.

Längerfristig betrachtet (und erweitert auf eine unüberschaubare Vielzahl von Aufdeckungsmethoden und -strategien), führt ein solches Vorgehen zu den intransparenten und trägen Silostrukturen, die den Verantwortlichen heute schon in den Bereichen Data Warehousing und Business Intelligence eine Menge Kopfzerbrechen bereiten. Wir schlagen daher alternativ ein erweitertes Modell mit einer semantisch neutralen Schicht und unter Verwendung von Entscheidungstabellen in SAP HANA vor.

▶ **Induktiver Ansatz**

In Abschnitt 5.4, »Lösung: Induktion statt Deduktion«, haben wir die Nachteile einer deduktiven Vorgehensweise herausgearbeitet und Optionen für die Implementierung induktiver Modelle besprochen. Ergänzend hierzu haben wir in Kapitel 7, »Kundenverhalten steuern«, betont, dass Annahmen über bestimmte Sachverhalte (konkret: das Verhalten der Kunden) nicht einfach vorausgesetzt und statisch modelliert, sondern empirisch ermittelt und dynamisch umgesetzt werden sollten, am besten in Echtzeit. Im genannten Beispiel wird die Antwort auf die Frage, wie verdächtige Bestellungen zu identifizieren sind, nicht anhand der Daten beantwortet, sondern als bekannt vorausgesetzt (zumindest ist eine entsprechende Analyse nicht in den Aufzeichnungen enthalten). Aber woher weiß man eigentlich, dass die Abweichungen zwischen Bestellmenge, Liefermenge und Rechnungsmenge maßgeblich sind? Vielleicht kommt es ja auch auf die absolute Höhe der drei Mengen an. Vielleicht besteht eine (mathematisch formulierbare) Abhängigkeit zwischen den drei Mengen, und Verletzungen dieses Abhängigkeitsmodells (also Ausreißer) sind viel bessere Indikatoren für verdächtige Vorgänge.

Man könnte natürlich beliebig viele Aufdeckungsmethoden anlegen und diese in die Aufdeckungsstrategien aufnehmen, was jedoch viel Arbeit für die mit der Einrichtung des Systems betrauten Mitarbeiter mit sich bringt und letztendlich einem »Herumstochern im Datennebel« gleichkommt. Die Nutzenpotenziale von Big Data bzw. SAP HANA werden so bestenfalls teilweise ausgeschöpft. Wir halten es für sinnvoller, das Modell von Anfang an wesentlich flexibler zu gestalten und durch einen höheren Abstraktionsgrad den Raum für die Suche nach Fraud-Indikatoren großzügiger zu gestalten.

Flexibles Datenmodell

Unser Architekturvorschlag in Abbildung 10.6 besteht aus insgesamt neun (exemplarischen) Schichten, von denen sieben (alle außer der untersten und der obersten Schicht) in SAP HANA bzw. im SAP Fraud Management abzubilden sind. Diese Schichten beschreiben wir kurz.

Neunschichtiges Architekturmodell

Datenquellen

Wir gehen davon aus, dass die HANA-Umgebung bei IB mit Daten aus der SAP Business Suite, SAP BW, anderen ERP- bzw. OLTP-Lösungen, sonstigen Datenbanken oder lokalen Dateien sowie mit Daten aus sozialen Netzwerken beliefert wird. Die Daten aus sozialen Netzwerken dienen z.B. dazu, Beziehungen zwischen Einkäufern, zwischen Lieferanten oder zwischen Einkäufern und Lieferanten offenzulegen. Daneben haben wir auch noch einen Datenfluss für Ereignisse (z.B. für Tweets) aufgenommen, jedoch in Klammern gesetzt, weil wir hier eigentlich nicht von einer Echtzeitlösung im engeren Sinn sprechen. SAP Fraud Management bietet zwar auch die Möglichkeit, Verdachtsfälle online und in Echtzeit zu identifizieren, wir gehen aber davon aus, dass z. B. eine Bearbeitung von über Nacht erkannten Verdachtsfällen erst am nächsten Tag erfolgt und Echtzeitgeschäftsprozesse zumindest für die erste Zeit eine untergeordnete Rolle spielen.

Replizierte Daten

Datenbeschaffung über Sichten

Die Daten der Datenquellen werden mit den in Abschnitt 10.5.1, »Implementierungsszenario und Rahmenarchitektur«, beschriebenen Mechanismen in SAP HANA repliziert. Wenn Daten aus einer SAP Business Suite oder SAP BW auf SAP HANA verarbeitet werden sollen, müssen diese nicht repliziert werden. Hier reicht es aus, die Daten (eventuell anders strukturiert und selektiert) in Sichten abzubilden.

Bei eventbasierten Daten aus SAP Event Stream Processor (ESP) ist eine Nutzung des *ESP Studio Plug-ins für SAP HANA* sinnvoll. Dieses Plug-in erleichtert den Zugriff auf Daten in SAP ESP direkt aus der Modellierungsumgebung des SAP HANA Studios heraus. Bei Daten aus sozialen Netzwerken können die Daten vielleicht schon unmittelbar nach der Replikation aufbereitet, analysiert oder angereichert werden. Sowohl SAP Fraud Management (*Netzwerkanalyse*) als auch SAP PAL (Funktion LINKPREDICTION) bieten entsprechende Werkzeuge. In R existiert ein sehr mächtiges Paket (igraph) für die Netzwerkanalyse.

Semantisch neutrale Schicht

Metadaten-Repositories

Wir streben danach, Daten vorurteilsfrei zu betrachten und Metadaten in inhaltsbezogene und semantisch neutrale Metadaten aufzuteilen. Wir haben daher unmittelbar über der Schicht der replizierten Daten eine semantisch neutrale Schicht vorgesehen. Dabei gehen wir von der Annahme aus, dass IB über geeignete Werkzeuge (z. B. Metadaten-Repositories) verfügt, in denen die inhaltsbezogenen und die semantisch neutralen Metadaten abgelegt werden können. In der semantisch neutralen Schicht wären z. B. die drei Kennzahlen Bestellmenge, Liefermenge und Rechnungsmenge in gleichartig strukturierten Tabellen (oder sogar in ein und derselben Tabelle) abgelegt. Anhand einer ID im Schlüssel der Tabelle könnte man unterscheiden, zu welcher Kennzahl die Werte gehören. Die ID verweist auf inhaltsbezogene Metadaten und ein (für alle drei Kennzahlen identisches) Metadatenobjekt mit semantisch neutralen Metadaten.

Es entsteht also wieder ein mehr oder minder umfangreicher Raum der Möglichkeiten (siehe auch Abschnitt 6.4.2, »Fachliche Anforderungen«), der von einer Big-Data-Lösung (automatisch) nach tatsächlichen Abhängigkeiten durchkämmt werden kann. Die semantisch neutrale Schicht dient dazu, das Datenrohmaterial aus der darunterliegenden Schicht (replizierte Daten) mit inhaltsbezogenen Metadaten anzureichern und in semantisch neutrale Metadaten und generische, semantisch neutrale Daten aufzuspalten. In der Schicht selbst sind nur diese semantisch neutralen Daten enthalten, alle Metadaten werden in andere Lösungen ausgelagert.

Anreicherung mit Metadaten

Prozeduren für Entscheidungstabellen

Die Daten in der semantisch neutralen Schicht werden nun verwendet, um hieraus die Fakten im Raum der Möglichkeiten zu erzeugen. Diese Fakten werden auf Abhängigkeiten, Auffälligkeiten, Muster und Zusammenhänge hin »durchkämmt«. Das ganze Arsenal der in den Kapiteln 5 bis 7 beschriebenen Verfahren kann hierbei zum Einsatz kommen. Das heißt, die hier eingesetzten Prozeduren können auf SQLScript, SAP PAL und/oder R basieren. In der Praxis wird dies nicht in nur einer Schicht, sondern verteilt über mehrere Schichten geschehen.

Für die Generierung des »Raums der Möglichkeiten« ist es sinnvoll, auch RDL einzusetzen. RDL stellt eine Metasprache zur Generierung von Datenbankobjekten aus Entity-Relationship-Modellen dar und kann daher genutzt werden, um (auf Basis der semantisch neutralen Metadaten) Datenstrukturen und Objekte in SAP HANA zu erzeugen. RDL erzeugt dann aus den semantisch neutralen Metadaten die technischen Objekte im Raum der Möglichkeiten.

Datenbankobjekte generieren

Entscheidungstabellen

In Abschnitt 7.5, »Implementierungsszenario und Architektur mit SAP HANA«, haben wir Entscheidungstabellen als eine Option für die Auslagerung von Entscheidungslogik aus einem System zur Datenerzeugung nach SAP HANA betrachtet. Es ist aber ebenso möglich, Entscheidungslogik innerhalb von SAP HANA anstatt in Prozeduren in Entscheidungstabellen zu modellieren.

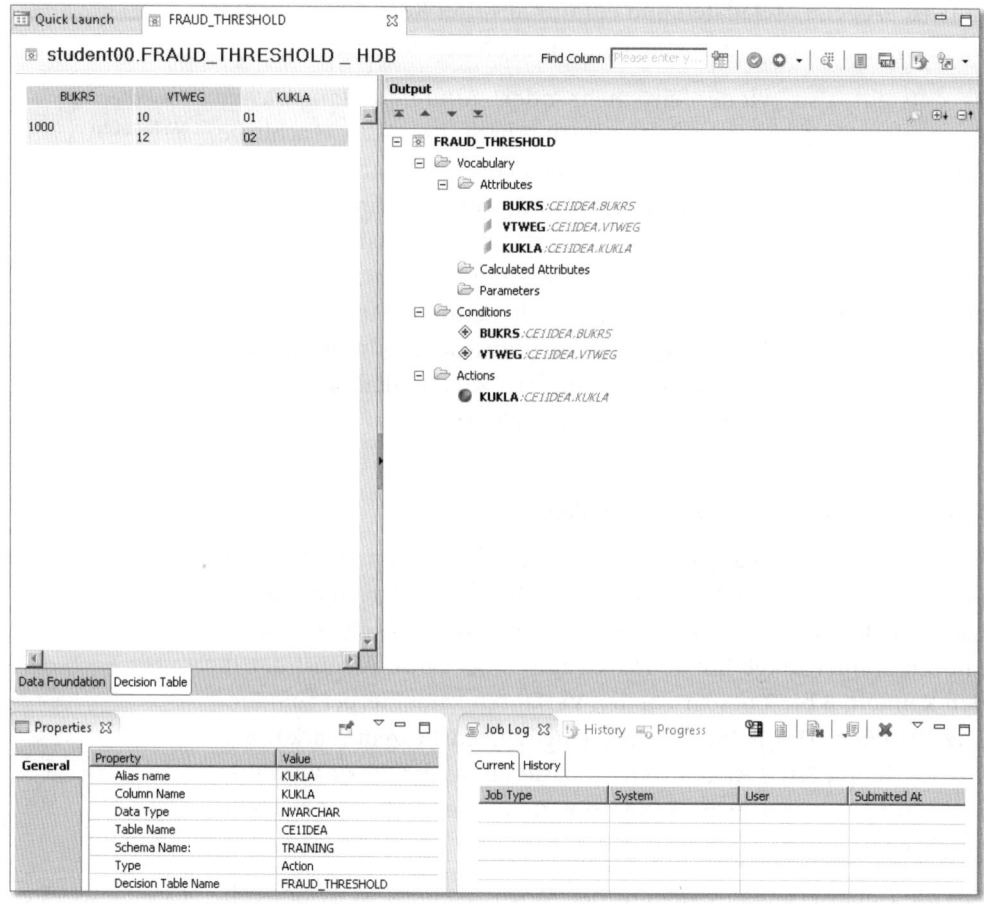

Abbildung 10.7 Entscheidungstabelle in SAP HANA

Ermittlung von Kundenklassen

Die Entscheidungstabelle FRAUD_THRESHOLD in Abbildung 10.7 verwendet den Buchungskreis (BUKRS) und den Vertriebsweg (VTWEG) aus einer Tabelle (CE1IDEA) in der Ergebnisrechnung von SAP ERP, um hieraus eine Kundenklasse (KUKLA) zu ermitteln (die z. B. später relevant ist, um einen Schwellenwert für verdächtige Transaktionen zu ermitteln). Eine solche Entscheidungstabelle kann entweder von Hand oder durch Prozeduren gefüllt/gepflegt werden. Eine Entscheidungstabelle ordnet bestimmten *Bedingungen* (CONDITIONS) bestimmte *Aktionen* (ACTIONS) zu. Die Bedingungen können dabei Felder einer Tabelle oder aus diesen Feldern berechnete Werte sein (CALCULATED ATTRIBUTES). Die Struktur der Entscheidungstabelle wird im Bereich OUTPUT definiert, die Inhalte der Tabelle werden im Bereich links davon gepflegt. Nach Aktivierung der Tabelle erzeugt

SAP HANA automatisch eine dieser Tabelle zugeordnete Prozedur, die die Logik der Entscheidungstabelle implementiert.

In unserem Datenmodell werden die Inhalte der Entscheidungstabellen nicht von Hand eingegeben. Stattdessen sollen uns die beschriebenen Prozeduren Regeln liefern, anhand derer wir Verdachtsfälle für Fraud identifizieren können. Diese Regeln sollen sie in Entscheidungstabellen und gegebenenfalls noch in statistischen Modellen ablegen, z.B. in Entscheidungsbäumen. Im ersten Fall haben wir es mit einfachen Entscheidungstabellen zu tun, im zweiten Fall verweisen die Inhalte der Entscheidungstabellen auf die zu verwendenden Modelle. Wenn Grund zu der Annahme besteht, dass sich das Verhalten potenzieller Betrüger verändert hat, müssen im vorgeschlagenen Datenmodell nur die entsprechenden Prozeduren in der Schicht »Prozeduren für Entscheidungstabellen« neu gestartet und die Inhalte der Entscheidungstabellen an die aktuellen Gegebenheiten angepasst werden. Die Schichten oberhalb der Entscheidungstabellen sind von solchen Veränderungen nicht betroffen. Schlimmstenfalls ist eine neue Kalibrierung erforderlich, die aber ebenfalls automatisiert werden kann. Genau das macht unser Datenmodell besonders anpassungsfähig und pflegeleicht.

Prozeduren liefern Regeln für Entscheidungstabellen

Prozeduren für Aufdeckungsmethoden

Aufdeckungsmethoden im SAP Fraud Management basieren auf Prozeduren (in SQLScript). Je nachdem, ob Verdachtsfälle online, im Batch oder online und im Batch aufgedeckt werden sollen, braucht man unterschiedliche Prozeduren:

Online- oder Batch-Aufdeckung

▶ Eine *Online-Aufdeckung* (eine Aufdeckung von Verdachtsfällen in Echtzeit) benötigt zwei Prozeduren:

  ▶ *Ausführungsprozedur*: Die Ausführungsprozedur enthält die eigentliche Logik für die Aufdeckung von Verdachtsfällen (im Beispiel mit den Bestellungen würde in der Ausführungsprozedur geprüft, ob Bestellmenge, Liefermenge und Rechnungsmenge zu stark voneinander abweichen).

  ▶ *Zuordnungsprozedur*: Die Zuordnungsprozedur stellt die Verbindung zwischen der Datenbasis (z.B. aus den Transaktionsdaten des Systems zur Datenerzeugung) und den von der Ausführungsprozedur benötigten Daten her. Sie stellt also die relevanten Daten in dem von der Ausführungsprozedur benötigten Format bereit.

▸ Eine Aufdeckung in einem *Sammellauf* (im Batch) benötigt ebenfalls zwei Prozeduren:

  ▸ *Ausführungsprozedur*: Die Ausführungsprozedur entspricht der Ausführungsprozedur bei der Online-Aufdeckung.

  ▸ *Auswahlprozedur*: Die Auswahlprozedur wählt die zu verarbeitenden Transaktionen (Aufdeckungsobjekte) aus.

▸ Soll eine Aufdeckungsmethode sowohl für die Online-Aufdeckung als auch für Sammelläufe verwendet werden, braucht man für die Aufdeckungsmethode drei Prozeduren:

  ▸ Ausführungsprozedur

  ▸ Zuordnungsprozedur

  ▸ Auswahlprozedur

▸ Optional kann zusätzlich noch eine *Prozedur für zusätzliche Informationen* existieren und in die Aufdeckungsmethode mit eingebunden werden. Eine solche Prozedur dient der Berechnung zusätzlicher Werte, z. B. eines Risikowerts. (Wie hoch ist das finanzielle Risiko, falls es sich bei einer Transaktion um Fraud handeln sollte?)

[+] **(Teilweise) dynamische Aufdeckungsregeln im Standard**

In der Online-Hilfe zum SAP Fraud Management findet sich unter dem Stichwort *Vorhersagemodelle unter Verwendung der Predictive Analysis Library (PAL)* ein Hinweis dazu, wie Aufdeckungsmethoden mit wenig Aufwand dynamisch gestaltet werden können. Die dort beschriebene Vorgehensweise basiert auf der Möglichkeit, eine Aufdeckungsmethode mit einem in SAP PAL erstellten und immer wieder neu trainierbaren Entscheidungsbaum zu verknüpfen. Sie können sich aber vorstellen, dass unser Datenmodell, in dem Ihnen nicht nur Entscheidungsbäume, sondern praktisch alle denkbaren statistischen Verfahren aus SAP PAL und R zur Verfügung stehen, wesentlich mehr Optionen bietet. Im Standard werden Ausführungsprozeduren parametrisiert, in unserem Datenmodell basieren diese aber auf Entscheidungstabellen oder statistischen Modellen jedweder Art.

Eine Aufdeckungsmethode im SAP Fraud Management basiert auf mindestens zwei und maximal vier Prozeduren in SQLScript. Die Besonderheit unseres Datenmodells ist, dass diese Prozeduren wiederum Entscheidungstabellen verwenden, die von anderen Prozeduren gepflegt werden. Unser Modell ist daher nicht statisch, sondern dynamisch.

Aufdeckungsmethoden

Eine Aufdeckungsmethode im SAP Fraud Management besteht im Wesentlichen aus den im vorangegangenen Abschnitt »Prozeduren für Aufdeckungsmethoden« genannten Prozeduren und den gegebenenfalls in diesem Zusammenhang erforderlichen Parametern. Sie liest die Daten der zu prüfenden Transaktionen (*Aufdeckungsobjekte*) und liefert im Wesentlichen einen Score, das heißt eine Art Risikopunktzahl. Unser Datenmodell unterscheidet sich in dieser Schicht nicht vom gängigen Standard.

Score je Aufdeckungsobjekt

Aufdeckungsstrategien

Eine Aufdeckungsstrategie umfasst eine oder mehrere Aufdeckungsmethoden und aggregiert die von den einzelnen Aufdeckungsmethoden gelieferten Scores je Aufdeckungsobjekt. So entsteht ein Gesamt-Score, der wiederum mit einem in der Aufdeckungsstrategie definierten Schwellenwert verglichen wird. Bei einer Überschreitung des Schwellenwertes wird ein Alarm ausgelöst.

Generierung eines Gesamt-Scores

Für Aufdeckungsstrategien kann (manuell oder automatisch) eine *Kalibrierung* durchgeführt werden. Die Kalibrierung dient dazu, die Parameter der Aufdeckungsmethoden, die Gewichtung der Einzel-Scores (zur Ermittlung des aggregierten Gesamt-Scores) und die Schwellenwerte zu optimieren. Hierzu wird eine bestimmte Kombination von Parametern, Gewichtungsfaktoren und Schwellenwerten eingestellt und auf historische Daten angewandt, für die bekannt ist, ob es sich um echte Betrugsfälle oder Fehlalarme handelte. Auf dieser Basis wird ermittelt, wie viele echte Betrugsfälle mit diesen speziellen Einstellungen erkannt worden und wie viele Fehlalarme aufgetreten wären. Ziel der Kalibrierung ist es, diejenigen Einstellungen zu finden, mit denen möglichst viele echte Betrugsfälle erkannt und möglichst wenige Fehlalarme ausgelöst werden. Manchmal kann es auch sinnvoll sein, die Zahl echter erkannter Betrugsfälle nicht zu maximieren, sondern auf einem konstant hohen Niveau zu halten. Schließlich stehen Ihnen für die Abklärung von Verdachtsfällen nicht unbegrenzt viele Ermittler zur Verfügung. Durch eine regelmäßige

Kalibrierung

Kalibrierung lässt sich erreichen, dass die »Sensibilität« des Systems an die Kapazität Ihrer Ermittler angepasst wird.

Die Kalibrierung von Aufdeckungsstrategien entspricht ebenfalls dem Standardansatz im SAP Fraud Management. Unser Datenmodell weist in dieser Hinsicht keine Besonderheiten auf. Die Kalibrierung kann (ähnlich wie eine Optimierung in Microsoft Excel) auch vollautomatisch erfolgen.

Alarmierung

Eine Alarmierung von Ermittlern, Managern oder Revisoren kann zunächst einmal über das Berichtswesen des SAP Fraud Managements selbst erfolgen. Die aufgetretenen Verdachtsfälle werden z.B. in den in Abbildung 10.4 und Abbildung 10.5 gezeigten Dashboards dargestellt. Daneben existieren auch noch andere Zugangspfade, z.B. der sogenannte *Auffälligkeitsarbeitsvorrat* für Sachbearbeiter.

Aktivitäten auslösen

Besonders interessant ist aber der Gedanke, als Resultat von Alarmen im SAP Fraud Management auch Aktivitäten in anderen Systemen auszulösen. Als Beispiel haben wir Zahlungssperren in Systemen zur Datenerzeugung erwähnt. SAP Fraud Management unterstützt in der Online-Aufdeckung die Kommunikation mit Fremdsystemen über XML. Lösungen zur Datenerzeugung (aus dem Haus SAP oder nicht) können also via XML Anfragen an das SAP Fraud Management senden und erhalten eine Antwort ebenfalls via XML. Damit wird es möglich, nicht einfach nur Berichte zu generieren, sondern Systeme jedweder Art als Clients anzubinden. Die oberste Schicht in unserem Datenmodell (die Alarme) entspricht also nicht nur einer reinen Berichtsebene, sondern kann auch für den Versand von Nachrichten an andere Lösungen stehen.

Fazit: Flexibles Schichtenmodell

Mit unseren Anmerkungen zur Datenarchitektur haben wir ein gegenüber den geläufigen Darstellungen für das SAP Fraud Management etwas erweitertes und flexibleres Szenario vorgestellt und angedeutet, was mit SAP HANA tatsächlich möglich ist. Auch ohne die von uns ergänzend modellierten Schichten ist SAP Fraud Management auf SAP HANA leistungsfähiger und flexibler als viele andere, ähnliche Lösungen, die feste, durch den Kunden nicht anpassbare Regeln nutzen. Zudem haben Sie durch die Nutzung von SAP PAL und R auf derselben Datenbank die Möglichkeit, Ihre Transaktionen mit allen denkbaren Verfahren zu analysieren und so Ihre eigenen Ideen für neue Auswertungsmethoden und -strategien, das heißt Regeln, zu entwickeln.

Standardfunktionen wie das Durchspielen einer großen Anzahl von Einstellungen in der Kalibrierung von Aufdeckungsstrategien sind lediglich die Spitze des Eisbergs. Wirklich spannend wird das Ganze, wenn Sie nicht nur mit statischen Regeln in Echtzeit agieren, sondern sogar die Regeln selbst in Echtzeit anpassen können. Und um beim Bild des Eisbergs zu bleiben: Wenn Sie, was die schöne neue Welt von Big Data betrifft, nicht in Seenot geraten wollen, könnte ein erster Blick unter das, was offen sichtbar an der Wasseroberfläche schwimmt, durchaus sinnvoll sein.

»Männer kann man analysieren, Frauen... nur anbeten.«

Oscar Wilde, »Ein idealer Gatte«, 1894

11 Service Level Management automatisieren

Nachdenklich blickte Norbert in das tiefblaue Augenpaar am Fußende seiner Gartenliege. Er hatte kurz von seinem E-Reader aufgeschaut, nach dem Weinglas gegriffen und bemerkt, dass Ginas Augen zwar fast geschlossen waren, ihn aber trotzdem im Blick behielten, ihn sogar vollständig durchschauten. Umgekehrt war ihm die weibliche Psyche stets ein Rätsel geblieben. In den System- und Rechnernetzen, mit denen er den größten Teil seiner Tage verbrachte, hatte alles seine logische Erklärung. Man drückte eine Taste oder gab einen Befehl, und der vorhergesehene Effekt trat ein. Meistens jedenfalls. Wenn nicht, ließ sich hierfür immer eine ebenso logische Ursache finden. Bei Gina war das anders. Ihr Verhalten schien nicht auf den Regeln von Ursache und Wirkung zu basieren, war zwar beobachtbar, aber nicht erklärbar. Irgendwann hatte er den Versuch aufgegeben, Wesen mit zwei X-Chromosomen zu verstehen.

Der Text auf seinem Display kreiste um die schöne neue Welt der großen Daten und beschrieb den Paradigmenwechsel, den neue Auswertungsmöglichkeiten mit sich brachten. In vielen Bereichen zählte nicht mehr das »Warum«, sondern nur das »Was«. Es war nett, wenn man Zusammenhänge verstand, aber niemand hatte mehr die Zeit oder das Budget, sie systematisch aufzuklären. Andererseits war es auch in der Vergangenheit mit unserem menschlichen Wissen nicht allzu weit her gewesen. Adam und Eva hatten vom Baum der Erkenntnis genascht, aber göttliche Weisheit war ihren Nachfahren verwehrt geblieben. Newton hatte – angeblich ebenfalls unter einem Apfelbäumchen – das Gravitationsgesetz entdeckt, aber bis heute wusste kein Physiker auf der Welt, was genau eigentlich die Ursache der Schwerkraft war. Trotzdem verließen wir uns im Alltag einfach darauf, dass die Gravitation sich schon an Newtons Regeln halten würde.

Norbert nahm die Tube Malt-Soft neben seinem Glas, strich sich ein wenig von dem braunen Zeug auf seinen Zeigefinger und hielt in Gina auffordernd vor die Nase. Normalerweise war sie verrückt danach, nur heute schien es ihr nicht einmal der Mühe wert, den Kopf auch nur um ein paar Millimeter anzuheben. Seufzend wischte er sich die fettige Paste von den Fingern. Immerhin: Ausgehend von seinen empirisch begründeten Erkenntnissen, hatte er eine 73 %ige Chance, dass sie ihn nachher in den Schlaf schnurren würde. Warum er allerdings an den übrigen Tagen allein einschlafen musste und wovon ihre Entscheidungen in dieser Hinsicht abhingen, blieb im Dunkeln. Vielleicht hatte das ja irgendetwas mit dem Apfelbäumchen im Paradies zu tun.

Abbildung 11.1 Gina

Zusammenhänge zwischen Daten

In den meisten der bislang behandelten Fallbeispiele haben wir uns auf die eine oder andere Art mit Zusammenhängen zwischen Daten beschäftigt. Es ging darum, welche Wetterphänomene einen Einfluss auf Reisezeiten haben, wie Kunden auf Preisveränderungen reagieren oder aufgrund welcher Muster bei Körperfunktionen oder Vitalzeichen wir eine gesundheitliche Krise prognostizieren können. In diesem Kontext haben wir immer wieder unterstrichen, dass wir unter »Zusammenhängen« Korrelationen und nicht Kausalbeziehungen verstehen.

Auch die von uns bislang vorgestellten Verfahren sind natürlich immer noch mit gewissen Voraussetzungen oder Annahmen behaftet. Zwar sind viele der diskutierten Algorithmen, z.B. die multiple Regression, durchaus in der Lage, mehr als nur zwei Parameter miteinander zu verknüpfen oder auch nicht lineare Beziehungen zu erkennen. Spitzenanwendungen im Bereich Big Data gehen aber noch einen Schritt weiter: Offen ist nicht nur die Frage nach bestimmten Parametern eines Modells, sondern sogar die Frage, welche Art von Modell man überhaupt verwenden sollte.

In diesem Kapitel beschäftigen wir uns mit einer Fragestellung, die Ihnen sicher schon einmal begegnet ist: Welche Parameter müssen Outsourcing-Anbieter und ihre IT-Systeme berücksichtigen, um bestimmte Aufgaben mit einer bestimmten Geschwindigkeit erfüllen zu können? Und wo mus man ansetzen, um die Performance eines bestehenden Systems mit minimalem Kostenaufwand zu steigern? Im professionellen Bereich stellt sich diese Frage beim sogenannten *Service Level Management*: Welche Ressourcen müssen eingesetzt werden, um bestimmte Datenvolumina zu verarbeiten und dabei bestimmte Antwortzeiten sicherzustellen?

> Leistung von IT-Outsourcing steigern

Dienstgüte (Service Level)

Unter der Dienstgüte oder dem Service Level einer Dienstleistung versteht man eine messbare Größe, anhand derer die Qualität der Arbeit beurteilt werden kann. Service Level lassen sich für praktisch jede Art von Dienstleistung definieren. Häufig stellt ihre Messbarkeit und Aggregierbarkeit (ebenso wie bei Werttreibern oder Scores) jedoch ein Problem dar. Sie sind vor allem im IT-Support, im IT-Betrieb und bei der Auslagerung generischer Services (Lohn- und Gehaltsabrechnung, Buchhaltung, Gebäudereinigung, Instandhaltung) von großer Bedeutung.

Bei der Auslagerung von Dienstleistungen wird die erwartete Dienstgüte im Rahmen sogenannter *Service Level Agreements* festgehalten, die eine Schlüsselrolle bei der Standardisierung von Dienstleistungen spielen.

[«]

Das Thema Dienstgüte hat in den letzten Jahrzehnten gewaltig an Gewicht gewonnen. Der technische Fortschritt und die Standardisierung von IT- oder prozessbezogenen Dienstleistungen haben dazu geführt, dass nicht nur Hersteller von Produkten, sondern auch Dienstleister auf der ganzen Welt heute in direktem Wettbewerb zueinander stehen. Die Kosteneffizienz in der eigenen IT spielt sowohl für das klassische IT-Outsourcing als auch für Anbieter von geschäftsprozessbezogenen Dienstleistungen eine spielentscheidende Rolle. Allerdings fällt die Dimensionierung von IT-nahen Leistungen oft wesentlich schwerer ist als die Auslegung von Produktionsmitteln und Maschinen.

> Service Level im internationalen Wettbewerb

An einem Beispiel aus dem Geschäftsprozess-Outsourcing erläutern wir zunächst die Problematik. Wir gehen auf einige Ansätze ein, die die Dimensionierung von Hardware unterstützen sollen, und erklären, warum deren deduktiv orientierter Ansatz rasch an seine Grenzen stößt. Nach einigen unternehmerischen Betrachtungen befassen wir uns damit, wie Big-Data-Lösungen aussehen müssen, die auch bei der Auswahl einer Vorgehensweise aus einer Vielzahl unterschiedlicher Modellvarianten Hilfestellung leisten können. Wir betrachten passende Produkte aus der SAP-Welt und Nutzenpotenziale und geben Ihnen einige Hinweise zur Implementierung einer entsprechenden Anwendung. Auch dieses Fallbeispiel weist über das konkrete Szenario hinaus: Letztendlich geht es um die Suche nach Zusammenhängen, die man nicht einmal hinsichtlich ihrer Art oder ihres Typus beschreiben kann. Wir erweitern also den Brute-Force-Ansatz aus Kapitel 6, »Datenmodelle flexibel und einheitlich gestalten«, in dem wir uns auf Entscheidungsbaum-Algorithmen konzentriert haben, das heißt auf die Auswahl der Algorithmenklasse.

11.1 (IT-)Dienstleistungen als Massengut

Remote-Dienstleistungen

Einstmals rückständige Schwellenländer wie Indien oder Malaysia verdanken ihren Aufstieg in die erste Liga der Technologienationen unter anderem den rasanten Fortschritten in der Informations- und Kommunikationstechnologie. IT-bezogene Dienstleistungen wie Programmierung, Projektabwicklung oder Benutzerunterstützung lassen sich heute von praktisch jedem Ort der Welt erbringen. Für Anwender ist es kein großer Unterschied, ob ihm ein Kollege aus dem Büro nebenan bei der Problemlösung über die Schulter sieht oder ob sich ein Experte aus Bangalore via *TeamViewer* auf seinen Desktop schaltet.

Standardisierte Kundenansprüche

Das Internet, schnelle Netzwerke und neue Softwarelösungen haben offensichtlich einen wesentlichen Beitrag zu diesen Entwicklungen geleistet. Eine andere Revolution, die parallel hierzu stattgefunden hat, wird häufig unterschätzt. Wir sprechen von der Standardisierung und Industrialisierung von Dienstleistungen im EDV-Bereich. Global akzeptierte Normen und Best Practices wie *ITIL* (eine Sammlung von Empfehlungen für das IT-Servicemanagement) oder auch *PRINCE2* (eine Methode für das Projektmanagement) haben überhaupt erst die Grundlage dafür geschaffen, dass Schwellenländer auf Dienstleistungsmärkten ihre Kostenvorteile ausspielen können. Einer der wichtigsten, von ITIL betrachteten Prozesse ist das sogenannte *Dienstgüte-* oder *Service Level Management*.

11.1.1 IT-Dienstleistungen und Prozess-Outsourcing

Wer heute IT-Dienstleistungen ausschreibt und einkauft, tut dies auf Basis klar definierter Service Level. Betriebliche Parameter werden vertraglich fixiert und später im laufenden Betrieb gemessen. Auf dieser Basis lassen sich die Angebote unterschiedlicher Dienstleister im In- und Ausland vergleichen und – für den Fall späterer Abweichungen – Vertragsstrafen vereinbaren. Vorausgesetzt, die Service Level messen wirklich, was sie messen sollen (das ist leider nicht immer der Fall), werden Angebote so auf der gleichen Basis bewertet. Maßgeblich ist am Schluss nur noch der Preis.

Einheitliches Bewertungssystem

Sicher spielen für viele Kunden auch heute noch weiche Faktoren wie die Reputation potenzieller Partner eine Rolle. Vertragsstrafen werden sinnlos, wenn die Gefahr besteht, dass Ansprüche vor ausländischen Gerichten nicht durchgesetzt werden können oder die andere Partei sich rechtzeitig in ein vertracktes, fremdes Insolvenzrecht flüchten könnte. Schweizerischen Banken ist bei dem Gedanken unwohl, dass die Daten ihrer Kunden und die E-Mails ihrer Kadermitglieder auf chinesischen, deutschen oder schlimmer US-amerikanischen Servern lagern. Aber abgesehen von besonders empfindlichen Branchen, agieren auch indische Newcomer wie *Infosys*, *Tata Consultancy Services* oder *HCL Technologies* in puncto Verlässlichkeit mittlerweile auf Augenhöhe mit etablierten Dienstleistern wie *Accenture* oder *TDS*.

Weiche Faktoren

Viele IT-Prozesse sind heutzutage mehr oder weniger ein »Massengut«. Bei der Entscheidung, zu wem Prozesse ausgelagert werden sollen, gewinnt im Regelfall der günstigste Anbieter. Die Beschaffung von IT-Dienstleistungen entspricht in dieser Hinsicht mehr oder weniger dem Einkauf von Stahlschrauben oder Schüttgütern wie Kunststoffgranulaten.

11.1.2 Kunde und IT-Dienstleister sprechen unterschiedliche Sprachen

Aller Standardisierung zum Trotz gibt es immer noch einen wesentlichen Unterschied zwischen dem Einkauf von Rohstoffen und der Auslagerung von Geschäftsprozessen. Beim Einkauf von Schrauben können Kunden ihre speziellen Anforderungen meist ganz gut in technische Spezifikationen übersetzen. Da die Kunden selbst umfassende Erfahrungen mit unterschiedlichen Materialien haben, wissen

Problem der Anforderungs-formulierung

sie auch relativ genau, welche Legierung mit welchen Belastungseigenschaften für einen bestimmten Einsatzzweck verwendet werden sollte. Im IT-Bereich fällt es demgegenüber den meisten Kunden deutlich schwerer, ihre (prozessspezifischen) Anforderungen in technische Vorgaben zu konvertieren.

Fachlich orientierte Anforderungen

Einen Kunden, der den Betrieb einer CRM-Anwendung (Customer Relationship Management), einer Business Suite auf SAP HANA oder sogar aller Prozesse in der Materialdisposition auslagern will, interessieren vielleicht die folgenden Parameter:

- ▶ Wie lange dauert es, bis die Stammdaten und die Historie eines anrufenden Kunden auf dem Bildschirm im Callcenter erscheinen?
- ▶ Wie viele Kundenstammdatensätze können pro Monat bereinigt werden?
- ▶ Wie viel Zeit verstreicht zwischen der Eröffnung eines Tickets und einem Rückruf des zuständigen Hotline-Mitarbeiters?
- ▶ Wie lange dauert die Lösung eines technischen Problems im Durchschnitt?
- ▶ Wie zufrieden sind die eigenen Mitarbeiter mit den Leistungen des externen Anbieters?
- ▶ Wie genau sind die Bedarfsprognosen in der Materialwirtschaft, und wie viel Kapital ist im Fertigwarenlager gebunden?

Systemnahe Messwerte

Ein IT-naher Dienstleister orientiert sich demgegenüber an systemnahen Größen:

- ▶ Wie viele Server mit wie vielen CPU-Kernen müssen bereitgestellt werden?
- ▶ Was wird an Arbeitsspeicher benötigt? Wie sind *L1-*, *L2-* und *L3-Cache* (die Pufferspeicher zwischen Prozessor und Arbeitsspeicher) auszulegen?
- ▶ Welche Netzwerkgeschwindigkeiten und Datenübertragungsraten sind erforderlich?
- ▶ Welche Lösungen sollen für die Sicherstellung der Datenqualität eingesetzt werden?
- ▶ Wie viele Mitarbeiter und wie viele Telefonleitungen werden im Support benötigt?

Natürlich haben die systemnahen Größen einen Einfluss auf die für
den Kunden relevanten Services, aber der Kunde kann nicht mit
Sicherheit sagen, ob eine Verbesserung der Antwortzeiten um 10 %
eher mit mehr CPU-Kernen oder eher mit mehr Arbeitsspeicher
bewerkstelligt werden könnte und wie viele CPU-Kerne oder wie
viel Arbeitsspeicher man zusätzlich bräuchte.

11.1.3   IT-Systeme sind komplex

Nicht nur Kunden, sondern auch IT-erfahrene Serviceanbieter sind
häufig damit überfordert, aus technischen Daten die Dienstgüte
bestimmter Prozesse abzuleiten. Manchmal (wenn man Glück hat)
stehen zur Lösung dieses Problems statistische Verfahren zur Verfügung. Mit den sogenannten *Erlang-Formeln* (*Erlang-B-Formel* und
Erlang-C-Formel, die auf der *Erlang-Wahrscheinlichkeitsverteilung*
basieren) lässt sich beispielsweise abschätzen, wie viele Mitarbeiter
ein Callcenter braucht, damit maximal 10 % der Kunden länger als
zehn Sekunden auf die Beantwortung ihrer Anrufe warten müssen.
Das R-Paket `queueing` bietet über diese zwei relativ einfachen Formeln hinaus noch eine Vielzahl anderer Berechnungsmöglichkeiten
für Warteschlangenmodelle.

Statistik kommt erneut ins Spiel

Derlei Fragestellungen sind aber eher simple Sonderfälle. Insbesondere die Güte mehr oder weniger automatisch erbrachter Dienstleistungen hängt nicht nur an einem einzigen Einflussfaktor. Systeme
aus vielen einzelnen Hard- und Softwarekomponenten sind nicht
nur *kompliziert*, sondern sogar *komplex*.

Kompliziertheit ist nicht gleich Komplexität

Komplexität   [«]

Im alltäglichen Sprachgebrauch verwenden wir die Begriffe Kompliziertheit und Komplexität meist mehr oder weniger synonym. Allerdings
haben die beiden Termini eine sehr unterschiedliche Bedeutung. Kompliziert ist ein System, ein Problem oder ein Sachverhalt, wenn viele
unterschiedliche Faktoren zusammenwirken und es schwierig ist, den entsprechenden Wirkmechanismus zu verstehen. Dies ist aber stets nur ein
Problem mangelnden Wissens. Wenn wir mehr wüssten und alle Zusammenhänge kennten, wären wir in der Lage vorherzusagen, wie ein kompli-
ziertes System sich verhalten wird.

Bei einem komplexen System ist das anders. Selbst wenn wir alles über
die Bausteine des Systems und die Wechselwirkungen zwischen den Bausteinen wüssten, könnten wir das Verhalten des Gesamtsystems immer
noch nicht prognostizieren. Ein Grund hierfür ist, dass ein komplexes Sys-

tem mehr ist als nur die Summe seiner Einzelteile. Ein Beispiel aus dem Automobilbau: Ein Fahrzeug der Oberklasse enthält heutzutage ca. 100 elektronische Steuergeräte, die – jedes für sich genommen – auf purer Logik basieren und klaren Regeln folgen. Trotzdem kommt es im Zusammenspiel der Systeme immer wieder zu praktisch unvorhersehbaren Ereignissen. So könnte es bei einer gleichzeitigen Aktivierung mehrerer Innenlampen durch den Fahrer zu plötzlichen Spannungsschwankungen kommen, die ihrerseits wiederum zu fehlerhaften Messwerten bei Sensoren führen, die den Schlupf der Antriebsräder messen. Das wiederum könnte ein Eingreifen der Antischlupfregelung (in Form einer Reduktion der Motorleistung oder eines gezielten Bremseingriffs) nach sich ziehen.

Theoretisch wären natürlich auch solche Zusammenhänge beschreibbar und prognostizierbar. In der Praxis kann man aber weder alle denkbaren Fahrsituationen definieren noch vorhersagen, ob und wann diese auftreten werden. Im Endeffekt bedeutet dies, dass man bei der Beschreibung der Ausfallwahrscheinlichkeit komplexer Systeme nicht deterministisch arbeiten kann, sondern auf statistische Modelle angewiesen ist.

11.2 Szenario: Dimensionierung eines IT-Systems

IT-Serviceanbieter SAP-Tuc-Tuc

In Kapitel 5, »Reisekosten und Reisezeiten reduzieren«, hatten wir es schon einmal mit dem Serviceanbieter SAP-Riksha zu tun. Neben dem klassischen SAP-Outsourcing bietet die SAP-Riksha-Holding in Mumbai ihren Kunden auch die Abwicklung kompletter betriebswirtschaftlicher Prozesse (*Business Process Outsourcing*) an. Hierzu betreibt SAP-Riksha Tochtergesellschaften in mehreren Ländern. Jede dieser Tochtergesellschaften hat sich auf bestimmte Geschäftsprozesse spezialisiert. Eine dieser Niederlassungen (in der thailändischen Provinzhauptstadt Chiang Mai) namens SAP-Tuc-Tuc (TT) konzentriert sich auf Materialbedarfsplanung und Materialdisposition.

Dienstgüte bei der Materialbedarfsplanung

Vor einigen Monaten hat TT den Auftrag erhalten, für einen großen deutschen Sanitärhersteller, der im nicht allzu weit entfernten China mehrere Werke betreibt, die dortige Materialbedarfsplanung zu optimieren. Die diesbezüglichen Verhandlungen und die Ermittlung geeigneter Größen zur Messung der erbrachten Dienstgüte haben sich als außerordentlich kompliziert erwiesen. Während der Kunde zunächst eine Minimierung des in den Lägern gebundenen Umlaufvermögens bei gleichzeitig hoher Lieferbereitschaft als Ziel formulieren wollte, war TT davon ausgegangen, seine Leistungen anhand der eingesetzten Kapazitäten (Anzahl der Disponenten, Anzahl der Server, Anzahl der Softwarelizenzen) zu bewerten. Letztendlich hat man sich auf einen Kompromiss geeinigt: In einer ersten Findungsphase soll die Materialdisposition noch beim Kunden liegen. Experten im deutschen Hauptquartier des Sanitärherstellers sollen von TT Daten zur aktuellen Absatzsituation und zu diesbezüglichen Prognosen erhalten; anhand dieser Daten lösen die Experten im deutschen Stammhaus dann Bestellungen aus. Außerdem wird TT anfangs keine eigenen Prognoseverfahren oder Algorithmen entwickeln, sondern zunächst ein in Deutschland bereits aufgebautes System implementieren, das auf dem *SAP Demand Signal Management* (einer HANA-basierten Lösung für die Analyse von Absatzdaten) basiert.

Als Qualitätskriterien für die Leistungsfähigkeit von TT hat man längerfristig zwei Parameter auserkoren:

Qualitätskriterien im Fallbeispiel

- ▸ die Güte der gelieferten Absatzprognosen, das heißt die monatlichen prozentualen Abweichungen zwischen prognostizierten und später tatsächlich verkauften Mengen
- ▸ die Schnelligkeit bei der Datenverarbeitung, das heißt die Zeit, die zwischen dem Eingang neuer Daten und deren Berücksichtigung in einer Prognose verstreicht

Die Qualität der gelieferten Absatzprognosen hat viel mit den eingesetzten Algorithmen, der Erkennung von Mustern und Zusammenhängen und der rechtzeitigen Identifikation von Ausreißern zu tun. All das sind Themen, mit denen wir uns in den vorangegangenen Kapiteln bereits beschäftigt haben; außerdem soll TT erst frühestens in einem Jahr Verbesserungen der Prognoselösung ins Auge fassen. In der vorliegenden Fallstudie konzentrieren wir uns daher auf das zweite Qualitätskriterium, die Geschwindigkeit bei der Datenverarbeitung. Bei gegebener Software und gegebenen Datenvolumina wird also das von TT erbrachte Service Level primär von der Auswahl, vom *Sizing* (der Dimensionierung) und von der Konfiguration der eingesetzten Hardware abhängen. Bei der Auswahl des Hardwareanbieters, der Entscheidung über die Anzahl einzusetzender Server und CPUs sowie des benötigten Arbeitsspeichers hat TT (innerhalb der SAP-seitig für die Appliance vorgegebenen Grenzen) freie Hand.

Geschwindigkeit der Datenverarbeitung

Auch für die Beschaffung der Absatzdaten ist TT nicht verantwortlich. Diese werden in Kooperation mit einem chinesischen Mobilfunkanbieter aus den POS-Systemen (Point of Sale) der Vertriebspartner vor Ort beschafft und bei TT angeliefert. Auch die Datenlieferung nach Deutschland liegt nicht in der Verantwortung von TT. Maßgeblich für die Messung der Schnelligkeit von TT ist der Zeitraum, der zwischen dem Eingang von mindestens zehn neuen Datensätzen in Chiang Mai (Zeitstempel) und der Bereitstellung einer aktualisierten Absatzprognose auf einem Server im selben Gebäude verstreicht. Dabei besteht eine Bedarfsprognose nicht nur aus einer Zahl, sondern aus einem genau definierten Satz von textorientierten Berichten, Diagrammen und Dashboards. Die Abholung der Daten von diesem Server liegt in der Verantwortung der Kunden-IT.

11.3   Sizing-Hilfen der SAP

Das Sizing von IT-Umgebungen ist ein Problem, das CIOs und Beratern schon seit den Anfangstagen der EDV im Magen liegt. Bei neuen Anwendungen weiß kaum jemand, was an Rechenkraft und Speicherplatz benötigt wird. Und selbst wenn schon erste Erfahrungen mit einer Anwendung vorliegen wie in diesem Fall, ist es extrem schwierig, den Grenznutzen weiterer CPUs gegen den Leistungsertrag von 10 % mehr Arbeitsspeicher abzuwägen.

Quick Sizer noch nicht HANA-orientiert

Für die Dimensionierung einer HANA-Umgebung bietet SAP ein Werkzeug an, den sogenannten *Quick Sizer* (*http://service.sap.com/quicksizer*). Dessen Dimensionierungsfunktionen für SAP HANA sind allerdings sehr eingeschränkt. Am ehesten lässt sich der Quick Sizer noch im Zusammenhang mit SAP BW verwenden. Für viele andere Anwendungen (bei der SAP Business Suite auf SAP HANA und auch beim SAP Demand Signal Management) gelangt man derzeit mit den entsprechenden Hyperlinks in der Navigationsleiste links lediglich zu Marketingbroschüren, nicht aber zu nennenswerten Sizing-Funktionen (siehe Abbildung 11.2).

Online-Informationen zum HANA-Sizing

Auf der SAP-Website zu SAP HANA finden sich ebenfalls zahlreiche Hyperlinks (*http://www.saphana.com/docs/DOC-2114*), die sich mit den Hardwareanforderungen in Abhängigkeit von allen möglichen Gegebenheiten auseinandersetzen. Viele dieser Hinweise sind interessant und aufschlussreich, reichen aber für eine verlässliche Dimensionierung einer HANA-Appliance für das SAP Demand Signal Management nicht aus.

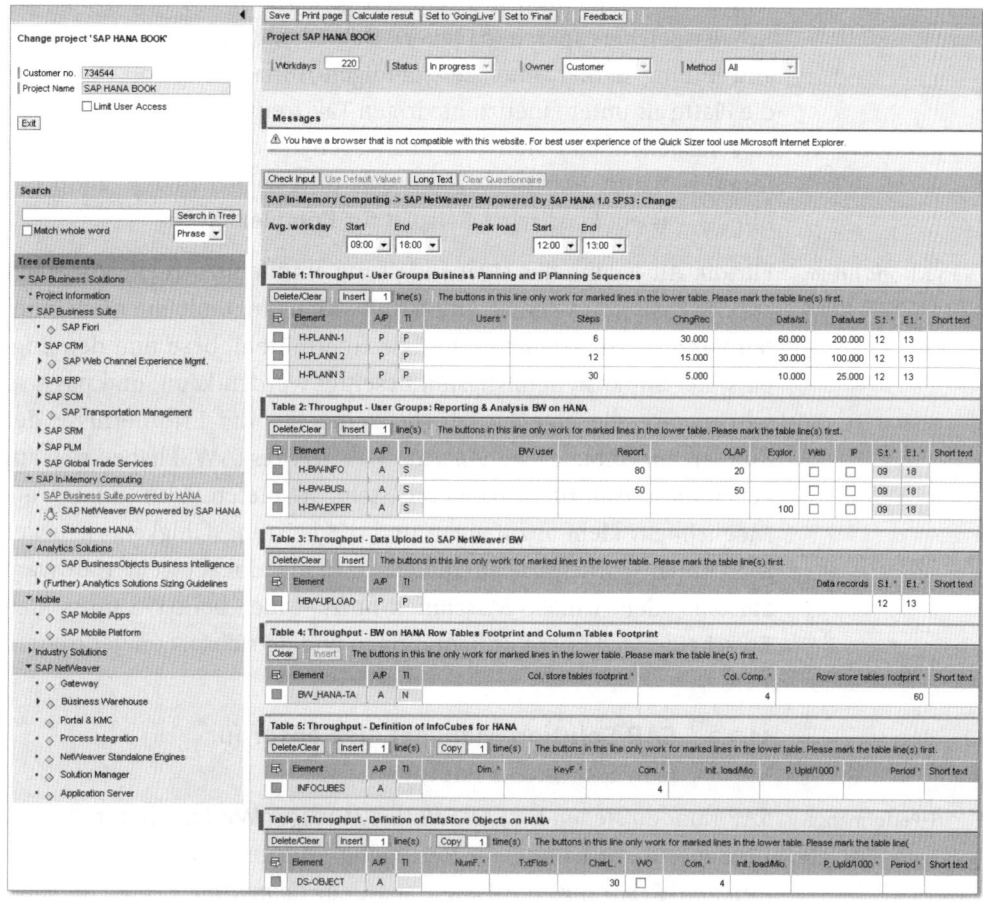

Abbildung 11.2 SAP Quick Sizer

11.3.1 Problem: Komplexität bei IT-Systemen erschwert Modellierung

Es gibt einen guten Grund dafür, dass sich sowohl SAP als auch deren Partner in Sachen Sizing nicht aus der Deckung wagen: Die Zusammenhänge zwischen CPU-Kernen, Arbeitsspeicher oder Cache je Prozessorkern sind mehr als vage. Manchmal bringt eine Erhöhung der Anzahl der Prozessorkerne um 10 % mehr Leistung als die Verdoppelung des Arbeitsspeichers, manchmal ist genau das Gegenteil der Fall. Außerdem verändert sich die Leistung eines Systems nicht

Sizing bleibt fallspezifisch

545

linear, sondern exponentiell, umgekehrt exponentiell oder sprung-haft.

Aus der Werbung für Heim-PCs wissen wir, dass Hersteller gerne mit hohen Taktfrequenzen protzen und gleichzeitig bei der Größe des Arbeitsspeichers sparen (da teuer). Dabei leidet so manch eine Heim-anwendung stärker unter der ständigen Auslagerung von Daten auf die Platte als unter einer zu niedrigen Taktfrequenz. Wenn die bei TT zu verarbeitenden Datenvolumina wegen des chinesischen Neujahrs-festes plötzlich wachsen, zeigt sich dort vielleicht ein ähnlicher Effekt, was ein klassisches Beispiel für Komplexität ist.

Versuch und Irrtum beim Sizing
Für die Auslegung der eigenen Lösung empfiehlt sich ein Vorgehen auf der Basis von Versuch und Irrtum. Man fängt mit einer bestimm-ten Variante an, versucht Engpässe zu ermitteln, bestimmt den Eng-pass, der am kostengünstigsten beseitigt werden kann, und passt so schrittweise die eigenen Möglichkeiten an die Erfordernisse der Kunden an. Anbieter wie *Amazon Web Services* (AWS) haben sich auf genau diese Anforderungen eingestellt; sie bieten ihren Kunden die Möglichkeit, klein anzufangen und die Leistungsfähigkeit virtueller Maschinen schrittweise auszubauen. Ob man lokal eigene Hardware aufstellt oder virtuelle Maschinen nutzt – auch bei AWS muss man Entscheidungen über Konfigurationen und Betriebsparameter treffen.

11.3.2 SAP Solution Manager als Sensor für Run SAP like a Factory

IT-Performance-Reporting
SAP-Kunden stehen im *SAP Solution Manager* Werkzeuge für die Per-formanceüberwachung zur Verfügung. Mit der Komponente *IT-Per-formance-Reporting*, die Daten aus dem *Computing Center Manage-ment System* (CCMS) sammelt, unterstützt der SAP Solution Manager die Überwachung von Systemzustand und -leistung. Insofern erfüllt der SAP Solution Manager im Hinblick auf ein IT-System die gleichen Funktionen wie die Fahrzeugsensoren in Kapitel 8, »Sensordaten auswerten und Metadaten automatisch erheben«, für ein Auto und wie die Körpersensoren in Kapitel 9, »Gesundheitsvorsorge als Dienstleistung«, für Ärzte und Behandler. Allerdings wollen wir in diesem Fallbeispiel weder die möglichen Risiken von »Unfällen« schätzen noch Systemkrisen rechtzeitig prognostizieren. Uns geht es darum, den Grenznutzen unterschiedlicher Veränderungen am Sys-

tem zu messen und zu erkennen, wo eine Investition am ehesten eine signifikante Verbesserung der Performance nach sich zieht.

Im SAP-Consulting hat man hierauf schon vor einiger Zeit mit dem Konzept *Run SAP like a Factory* (*https://service.sap.com/runfactory*) reagiert. Anders als im CCMS rücken bei diesem Ansatz nicht nur technische Leistungsdaten, sondern auch Geschäftsprozesse in das Zentrum der Aufmerksamkeit. Daten über die Dienstgüte von Geschäftsprozessen werden in SAP BW gespeichert und analysiert. Durch Deduktion versucht man, den wahren Ursachen von Problemen auf den Grund zu kommen, Maßnahmen abzuleiten und durchzuführen und dann vor dem Hintergrund dieser Maßnahmen zu prüfen, ob sich Verbesserungen ergeben haben.

Run SAP like a Factory

Mehr lokale als globale Optima

Betriebsdaten werden bei Run SAP like a Factory allerdings nicht automatisch und ergebnisoffen untersucht und durchforstet. Stattdessen gelangen erfahrene Experten in einem sogenannten *Operations Control Center* (OCC) aufgrund früherer Erfahrungen *deduktiv* zu Hypothesen über Abhängigkeiten, die dann (wiederum deduktiv oder auch *spekulativ*) zu Hypothesen über Grundursachen (*Root Causes*) führen, an denen man arbeiten sollte. Dieser Ansatz kann durchaus zu Erfolgen führen, verhält sich aber zu einer systematischen Suche wie eine Versuchsbohrung im Wüstensand zu einer gründlichen seismischen Analyse. Man mag Verbesserungen erzielen, die Gefahr ist allerdings sehr groß, dass man bei lokalen Optima hängen bleibt und die viel größeren Potenziale globaler Optima nicht einmal erahnt.

Deduktive Vorgehensweise im OCC

Eine Analogie aus der Landwirtschaft: Es besteht ein Zusammenhang zwischen der pro Hektar und Jahr eingesetzten Menge an Düngemitteln und den Erträgen. Allerdings lassen sich Erträge mit immer mehr Dünger nicht beliebig steigern, irgendwann schlägt der Effekt sogar ins Negative um, und die Böden sind versalzen. In den Wirtschaftswissenschaften spricht man in diesem Zusammenhang vom sogenannten *Ertragsgesetz* oder dem *Gesetz der sinkenden Grenzerträge*, in der Landwirtschaft vom *Bodenertragsgesetz*. Es gibt zwar durchaus eine optimale Menge an Düngemitteln, die den Ertrag auch langfristig steigert, diese optimale Menge führt jedoch nicht zwangsläufig auch zum maximal möglichen Ertrag.

Ertragsgesetz in der Landwirtschaft

Erträge in der Landwirtschaft hängen nicht nur von der Menge an Düngemitteln ab. Ebenso eine Rolle spielen Sonneneinstrahlung, Temperatur, Wasser- oder Regenmenge und Anbaumethoden. Die optimale Kombination all dieser Faktoren führt zu weit höheren Erträgen (globales Optimum) als die optimale Düngemittelmenge für sich genommen (lokales Optimum). Verengt man seinen Blick auf einige wenige Faktoren, wird man nur mit viel Glück zum globalen Optimum gelangen. Der Grund für solche eigentlich kontraproduktiven Vereinfachungen ist, dass viele relevante Faktoren (insbesondere das Wetter) nicht steuerbar und oft nicht einmal zuverlässig prognostizierbar sind. Auch die Wechselwirkung zwischen einzelnen Elementen lässt sich bestenfalls in Form von Wahrscheinlichkeiten prognostizieren. Ein ungewöhnlich warmer Sommer mag das Pflanzenwachstum fördern, aber ab einer gewissen Schwelle führt er auch zu einer Vermehrung von Schädlingen und einer erhöhten Anfälligkeit für Pflanzenerkrankungen.

Vorwissen über Zusammenhänge reicht nicht aus

Auch bei der Suche nach relevanten Einflussfaktoren für die richtige Dimensionierung von IT-Systemen könnte man auf Scoring oder auf Entscheidungsbäume setzen. Dabei stößt man aber auf mehrere Probleme:

- Man weiß über die Zusammenhänge in IT-Systemen nach einem halben Jahrhundert weniger als nach einigen Tausend Jahren Medizingeschichte über den menschlichen Körper.

- Die Architekturen von IT-Umgebungen ändern sich so rasch, dass Erkenntnisse von gestern morgen schon längst veraltet sind.

- Die Zusammenhänge sind – wie schon erwähnt – sowohl komplex als auch kompliziert. Einfache Chi-Quadrat-Tests oder lineare Regressionsmodelle reichen nicht aus.

Grenzen linearer Regressionen Nun kann man zwar mithilfe geeigneter sogenannter *Transformationen* auch nicht lineare Zusammenhänge in (multiplen) linearen Regressionen modellieren. Das Problem hierbei ist jedoch, dass man eine Vorstellung davon haben muss, welcher Art die jeweiligen Zusammenhänge sind, also ob z.B. die benötigte Menge an Arbeitsspeicher mit dem Quadrat oder dem Kehrwert der Antwortzeiten wächst. Zusammenfassend kann man sagen, dass das Vorwissen für eine Anwendung der bisher diskutierten Verfahren nicht ausreicht.

11.3.3 Unternehmerische Überlegungen

Die Situation von TT stellt sich folgendermaßen dar: Wenn TT sich für eine bestimmte Startkonfiguration entscheidet, wird hieraus eine (zu hohe oder zu geringe) Leistung resultieren. Die erste Frage aus betriebswirtschaftlicher Sicht ist daher die Anpassbarkeit der Konfiguration. Wurde zu klein dimensioniert, sind Anbieter in der Regel offen für Erweiterungen. Wenn man mit Kanonen auf Spatzen geschossen hat, bleibt man oft auf der zu großen Anlage sitzen oder kann sich nur mit hohen Verlusten wieder davon trennen. TT legt daher Wert auf Flexibilität, entweder durch entsprechende Verträge mit seinen Lieferanten oder durch eine komplett virtualisierte und frei skalierbare Umgebung.

Betriebswirtschaftliche Zusammenhänge

Bei einer zu vorsichtigen Auslegung besteht für TT die Gefahr von *Pönalen* (Vertragsstrafen). Diese Kosten müssen im entsprechenden Business Case berücksichtigt werden. Hat man zu klein dimensioniert, stellt sich die Frage, welche Eigenschaft der Umgebung man verändern sollte. An welcher Stelle kann man mit einem thailändischen Baht den höchsten Grenznutzen erzielen (z.B. indem man die Zahl der Prozessorkerne anpasst), und ab welcher Investition sinkt der Grenznutzen so stark, dass man an einer anderen Schraube (z.B. Arbeitsspeicher) drehen sollte? Ist man über das Ziel hinausgeschossen, muss man vielleicht abspecken, ohne massiv an Leistung zu verlieren.

Auswirkungen zu großer/kleiner Dimensionierung

Ein weiteres Problem ergibt sich aus der Stetigkeit. Man kann bestimmte Betriebsparameter von IT-Systemen nicht beliebig fein wie mit einem Schieberegler regulieren. Wer schon einmal in seinen Heimcomputer zusätzlichen Arbeitsspeicher eingebaut hat, weiß, dass die Hersteller die Steckplätze so konfigurieren und bestücken, dass Speichererweiterungen immer nur in bestimmten (oft zu großen) Schritten möglich sind. Unter Umständen gelangt man irgendwann an einen Punkt, an dem selbst die Investition mit dem günstigsten Verhältnis von Baht pro Millisekunde Beschleunigung teurer wird als die entsprechenden Pönale. In diesem Fall bleiben dann nur vier Möglichkeiten:

Nicht alle Parameter regelbar

- ▸ Vertragsstrafen zahlen (was aber längerfristig den Kunden trotzdem verärgern wird)
- ▸ Investieren und Verluste machen
- ▸ Vertrag neu verhandeln
- ▸ Rückzug aus dem Geschäft

Entsprechende Überlegungen (z.B. die Tatsache, dass man Speicherplatz nur in Schritten von x GB erhöhen kann) müssen auch bei der Modellierung berücksichtigt werden.

11.3.4 Schlussfolgerungen: Noch mehr Realitätsnähe und Offenheit

Auswahl-
algorithmus
für Modelle

SAP-Tuc-Tuc braucht eine Art Auswahlalgorithmus für Modelle, der die folgenden Funktionalitäten bereitstellt:

▸ Es muss möglich sein, möglichst viele unterschiedliche (lineare oder nicht lineare) Zusammenhänge zwischen Input-Parametern (z.B. Zahl der Prozessorkerne, Arbeitsspeicher) und Output-Parametern (maßgeblich ist die Auswertungsdauer) zu modellieren. Idealerweise sollte das Modell beliebige Kombinationen von Input- und Output-Parametern bilden und diese auf Abhängigkeiten unterschiedlichster Art testen können.

▸ Variationen bei Betriebsparametern (z.B. die Schritte für die Speicherplatzerhöhung) müssen möglichst realitätsnah abgebildet werden. Sonst werden unter Umständen theoretische Optima gefunden, die gar nicht implementierbar sind.

11.4 Lösung: Datentransformation vor der Analyse

Die realitätsnahe Abbildung der Betriebsparametervariationen ist bei gemessenen Werten per definitionem stets erfüllt. Es kann nichts gemessen werden, was nicht auch implementierbar wäre. Allerdings müssen die entsprechenden Regeln (z.B.: Welche Speichergrößen sind implementierbar?) trotzdem bekannt sein, da sonst gegebenenfalls bei Simulationen falsch gerechnet würde.

Die Modellierung möglichst vieler Zusammenhänge zwischen Input- und Output-Parametern klingt auf den ersten Blick sehr anspruchsvoll, ist aber leichter umzusetzen als gedacht. Der Schlüssel hierzu sind die bereits erwähnten Transformationen. Wir werfen zunächst einen Blick auf passende SAP-Werkzeuge und werden die Anforderungen in Sachen Transformationen etwas genauer an einem Beispiel definieren.

11.4.1 Zugehörige Value Maps im SAP Solution Explorer

Die bereits erwähnte Lösung SAP Demand Signal Management ist für mehr als eine Branche von Bedeutung und findet sich daher sowohl in einigen branchenspezifischen als auch in einer branchenneutralen Wertmatrix, z.B. TECHNOLOGY AND PLATFORM • APPLICATIONS USING BIG DATA • DEMAND SIGNAL CAPTURE. Ergänzend existiert hierzu auch noch eine Rapid Deployment Solution (RDS, siehe Abbildung 11.3).

SAP Demand Signal Management

Abbildung 11.3 RDS »SAP Demand Signal Management«

SAP Solution
Manager Im Kern geht es TT aber (noch) nicht um die Prognose von Bedarfen, sondern um die Optimierung der eigenen Betriebsumgebung. Die hierfür erforderliche Datenbasis (technische Betriebsdaten und Auswertungen zur Dienstgüte) liefern bestimmte Komponenten des SAP Solution Managers. Der SAP Solution Manager ist kein Produkt oder keine Lösung im engeren Sinn, sondern eine (in der Regel) kostenlose Werkzeugsammlung von SAP. Er umfasst unter anderem die folgenden Funktionen:

▶ Implementierung und Upgrade von SAP-Lösungen

▶ Lösungsdokumentation

▶ Testmanagement

▶ Betrieb von Geschäftsprozessen

▶ Systemverwaltung

▶ SAP-Engagement und Servicelieferung

▶ Incident Management

▶ Verwaltung von Änderungsanträgen und Änderungskontrolle

▶ Ursachenanalyse (in eingeschränktem Umfang)

Durch eine Kombination von Input- und Output-Monitoring lassen sich aus dem SAP Solution Manager Daten zu technischen Gegebenheiten und geschäftsprozessorientierten Service Leveln beschaffen. Ein nicht zu unterschätzender Vorteil hierbei ist, dass Messungen aus dem SAP Solution Manager problemlos in SAP BW übernommen und dort ausgewertet werden können (siehe auch *http://help.sap.com/saphelp_nw73/ helpdata/de/db/4f095949ac4fbe9ed3030fd7a62740/content.htm*). Ein HANA-basiertes BW-System bildet also die ideale Plattform für unsere weiteren Überlegungen. Darüber hinaus benötigen wir die SAP Predictive Analysis (PAL), um diese Daten auswerten zu können.

11.4.2 Fachliche Anforderungen

Die inhaltlichen Anforderungen (Bedarfsplanung) spielen für uns bei der Lösung keine Rolle. Für TT geht es zunächst darum, die eigene IT-Ausstattung dynamisch und möglichst genau auf die Erfüllung des Service Level Agreements zuzuschneiden. Das Management hat hierzu einen Workshop organisiert, in dem die in Abschnitt 11.4.1, »Zugehörige Value Maps im SAP Solution Explorer«, vorgestellten Lösungen SAP Solution Manager (in Verbindung mit SAP BW) und SAP PAL in einer Demo präsentiert wurden. Der SAP Solution Manager ist bei allen Töchtern von SAP-Riksha bereits im Einsatz, SAP BW und SAP PAL laufen beim Mutterhaus bereits auf SAP HANA und können von TT verwendet werden. Basierend auf diesen verfügbaren Tools, hat die Geschäftsführung im Anschluss an den Workshop die in den folgenden Abschnitten beschriebenen Anforderungen formuliert.

Daten bereitstellen

Der in SAP BW verfügbare BI Content zum SAP Solution Manager soll identifiziert, aktiviert, falls erforderlich erweitert und an den SAP Solution Manager als Datenquelle angebunden werden. Alle verfügbaren technischen und prozessorientierten Betriebsdaten sollen zentral in SAP BW zur Verfügung stehen.

Bereitstellung der Daten in SAP BW

Restriktionen formulieren

Die in Abschnitt 11.3.4, »Schlussfolgerungen: Noch mehr Realitätsnähe und Offenheit«, erwähnten Restriktionen sollen zumindest einmal formuliert werden. Zu einem späteren Zeitpunkt sollen diese als semantisch neutrale Metadaten erfasst und – ähnlich wie in Kapitel 8, »Sensordaten auswerten und Metadaten automatisch erheben«, beschrieben – Bestandteil der Lösung werden. Dieser Schritt ist momentan aber noch nicht Bestandteil der Lösung.

Input- und Output-Parameter frei kombinieren

Die geplante Anwendung soll in der Lage sein, alle denkbaren Kombinationen von Input- und Output-Parametern zu erzeugen. Unter Input-Parametern versteht TT technische Messdaten zur Performance der Systeme, Output-Parameter sind Daten, die sich auf das Service Level beziehen (die Verarbeitungsdauer). Wenn es drei Input-Parameter (A, B und C) gibt, bestehen $3! \div (3! \times (3 - 3)!) + 3! \div (2! \times (3 - 2)!) + 3! \div (1! \times (3 - 1)!) = 1 + 3 + 3 = 7$ Möglichkeiten, diese zu kombinieren (A/B/C, A/B, A/C, B/C, A, B, C). Diese Zahl schwillt bei einer größeren Menge an Input-Parametern natürlich rasch an.

Messdaten und Evaluierungsmaßstab

Daten auf Abhängigkeiten untersuchen

Die erzeugten Kombinationen aus Input- und Output-Parametern sollen auf Abhängigkeiten hin untersucht werden. Hierbei soll einerseits festgestellt werden, ob überhaupt Abhängigkeiten bestehen, andererseits sollen diese Abhängigkeiten modelliert werden. Dem Management ist es wichtig, dass hierbei nicht nur einfache lineare Beziehungen in Betracht gezogen werden.

11.4.3 Bausteine der Lösung

Auf Basis der im vorangehenden Abschnitt formulierten Anforderungen kann sich eine Lösung für TT aus den folgenden Komponenten zusammensetzen.

Daten bereitstellen

ETL-Prozess in SAP BW

Die Bereitstellung der Daten aus dem SAP Solution Manager erfolgt über ein ETL-Werkzeug (Extraktion, Transformation, Laden). Solange lediglich Daten aus dem SAP Solution Manager benötigt werden, sollte das in SAP BW eingebaute ETL ausreichend sein. Wenn andere Datenquellen in Betracht kommen, steht uns wieder die ganze Bandbreite der in den vorangehenden Kapiteln diskutierten Werkzeuge (SAP Data Services oder SAP Event Stream Processor etc.) zur Verfügung.

Restriktionen formulieren

Forum zur Datensammlung

Da die Restriktionen zunächst einmal nur gesammelt, aber noch nicht aktiv ausgewertet werden sollen, hat sich TT für einen pragmatischen Ansatz entschieden: Alle Mitarbeiter wurden aufgefordert, die technischen Restriktionen, die ihnen bekannt sind, als freien Text zu einem neu eingerichteten Forum im Intranet beizutragen. Die Einträge in diesem Forum sollen später zusammen mit externen Datenquellen durch Methoden der Textanalyse und des Text Minings ausgewertet und Schritt für Schritt in eine strukturierte Form überführt werden. Als Anreiz für die Mitarbeiter werden Smartphones unter denjenigen verlost, die einen aktiven Beitrag leisten. Außerdem wird festgehalten, wer welchen Eintrag verfasst hat (damit man bei einer späteren Strukturierung der Daten nachfassen und Abklärungen vornehmen kann). Weitere Aktivitäten, die in die Richtung der Extraktion von Metadaten gehen, wie in Kapitel 8, »Sensordaten auswerten und Metadaten automatisch erheben«, beschrieben, sind momentan noch nicht vorgesehen.

Input- und Output-Parameter frei kombinieren

Ein Algorithmus soll implementiert werden, der alle Kombinationen von Input-Parametern (oder zumindest eine sehr große zufällige Stichprobe aller denkbaren Kombinationen) zusammenstellt. Der Algorithmus ist eigentlich recht trivial, stellt aber hohe Anforderungen an Rechen- und Speicherkapazität. Bei 100 Input-Parametern kommt man gemäß der in Abschnitt 11.4.2, »Fachliche Anforderungen«, genannten Formel schon auf *1.26765 × 10^{30}* (1¼ *Quintillionen*) Varianten. Da der SAP Solution Manager mehr als nur 100 Input-Parameter liefern kann, wird man sich selbst mit der leistungsfähigsten In-Memory-Datenbank auf eine Stichprobe beschränken müssen.

Algorithmus kann nur Stichproben auswerten

Daten auf Abhängigkeiten untersuchen

Bei der Untersuchung der Daten auf Abhängigkeiten hin kommen jetzt die Transformationen ins Spiel. Wollen wir prüfen, ob die Verarbeitungszeit v (in Sekunden) entsprechend der Formel $v = 27 \div \sqrt{c}$ von der Anzahl der CPU-Kerne abhängen könnte, haben wir dazu die drei Datensätze aus Tabelle 11.1.

Korrelationskoeffizient berechnen

Anzahl CPU-Kerne	Verarbeitungszeit in Sekunden
8	9,54
16	6,75
32	4,77

Tabelle 11.1 Datenreihen zu CPU-Kernen und Verarbeitungszeit

Mit diesen Zahlen entspricht die Abhängigkeit genau unserer Vermutung. Es handelt sich hierbei jedoch nicht um einen linearen Zusammenhang, das heißt, wenn wir diese Zahlen mit einer linearen Regression untersuchen, erhalten wir trotzdem nicht einen Korrelationskoeffizienten von –1, sondern einen von –0,96. –1 stünde für eine hundertprozentige Abhängigkeit. Die Zahl wäre negativ, weil die Verarbeitungszeit mit der Anzahl der CPU-Kerne fällt und nicht steigt. Der Korrelationskoeffizient ist trotzdem noch sehr hoch und sehr nahe bei –1. Das liegt aber an der sehr geringen Zahl von Datenpunkten. Bei 500 Werten nach der genannten Formel würde dieser schon auf –0,60 schrumpfen.

Koeffizient für
linearisierte Daten Allerdings können wir die Werte aus Tabelle 11.1 so transformieren, dass wir aus der nicht linearen eine lineare Abhängigkeit machen. Dazu müssen wir den Zusammenhang zwischen den *Logarithmen* beider Datenreihen betrachten. Hierfür erhalten wir Tabelle 11.2 basierend auf dem Logarithmus zur Basis 10.

log(c)	log(v)
0,00	1,48
0,30	1,28
0,48	1,19

Tabelle 11.2 Logarithmen für die Datenreihen zur Anzahl der CPU-Kerne und zur Verarbeitungszeit

Der Korrelationskoeffizient für diese Datenreihe beträgt exakt −1. Wir haben es also mit einer perfekten linearen Abhängigkeit zu tun.

[+] **Daten anderer Tochtergesellschaften**

TT stehen am Anfang praktisch keine empirischen Daten für derartige Auswertungen zur Verfügung. Es spricht aber nichts dagegen, die Daten der vielen Tochtergesellschaften im Konzern zu nutzen. Zwar laufen dort andere Anwendungen, und die Antwortzeiten selbst mögen für TT keine Bedeutung haben, aber die Abhängigkeiten zwischen bestimmten Betriebsparametern und der Leistung der Systeme dürften zumindest ähnlich sein.

11.4.4 Nutzenpotenziale und Werttreiber

Auch in diesem Fallbeispiel geht es wieder um einen neuen Geschäftsprozess. Damit meinen wir nicht die Bedarfsplanung (hier kommt mit SAP Demand Signal Management lediglich eine neue Lösung für ein altes Problem zum Einsatz). Neu ist die systematische, induktive und sehr offene Untersuchung der Abhängigkeiten zwischen technischen Betriebsparametern und Dienstgütekriterien. Die bisher verfügbaren Ansätze (auch von SAP) basieren auf Erfahrungen und auf deduzierten Regeln. Der SAP Solution Manager beispielsweise wird mit einer Vielzahl von Dashboards ausgeliefert. Allein die Auswahl der Kennzahlen in diesen Dashboards beinhaltet schon Annahmen bezüglich der Frage, welche Parameter worauf Einfluss haben können. Grundsätzlich haben wir nichts gegen Erfahrungswissen. Es spricht ja auch für TT nichts dagegen, die fertig ausgelieferten und konfigurierten Werkzeuge im SAP Solution Manager ergänzend zu unserem Ansatz zu nutzen.

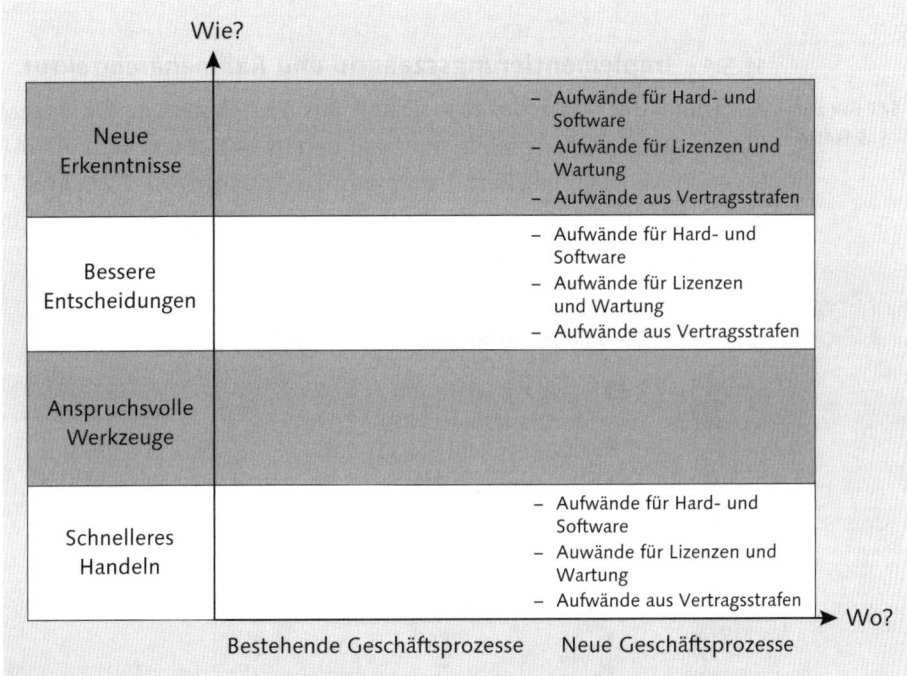

Abbildung 11.4 Nutzen-Werttreiber-Matrix »Service Level Management«

Weil dieser Ansatz im Service Level Management relativ neu ist, haben wir auch in diesem Fallbeispiel wieder alle Werttreiber auf der rechten Seite der Nutzen-Werttreiber-Matrix angesiedelt (siehe Abbildung 11.4). Im Wesentlichen ergeben sich die Auswirkungen auf den Aktionärswert für TT dadurch, dass sich die Aufwände für die Beschaffung von Hard- und Software und die meist daran gebundenen Lizenz- und Wartungsgebühren reduzieren lassen. Außerdem verringert sich das Risiko, dass Vertragsstrafen wegen nicht erfüllter Vorgaben geleistet werden müssen. Die Zeile »Anspruchsvolle Werkzeuge« haben wir leer gelassen, da die multiple lineare Regression nicht neu ist. Mathematiker wie Gauß (1777–1855) haben schon vor Hunderten Jahren mit der Linearisierung nicht linearer Daten gearbeitet.

Geringere Aufwände und Risiken

11.5   Implementierungsszenario mit SAP HANA

Anders als in den übrigen Kapiteln gehen wir im vorliegenden Fallbeispiel davon aus, allein mit SAP-Lösungen auszukommen.

11.5.1   Implementierungsszenario und Rahmenarchitektur

SAP BW auf
SAP HANA

Aufgrund der Tatsache, dass Daten aus ERP-Systemen für unsere
Zwecke keine Rolle spielen, und weil bereits BI Content für den SAP
Solution Manager existiert, halten wir das Szenario SAP BW auf SAP
HANA (siehe Abbildung 11.5) für die am besten geeignete und am
wenigsten aufwendigste Variante.

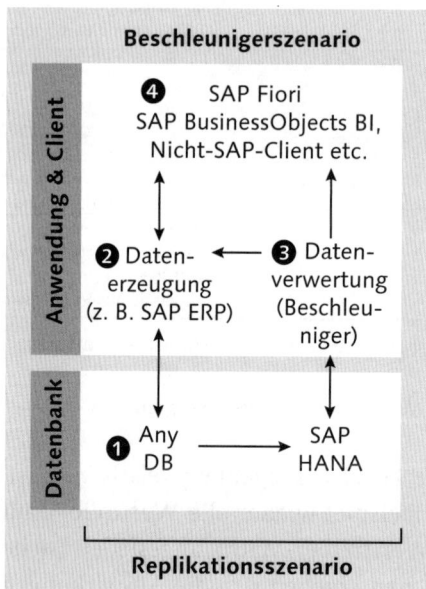

Abbildung 11.5 Implementierungsszenario »Service Level Management«

Datenbanken ❶

Unsere primäre Datenquelle ist der SAP Solution Manager, dessen
relevante Datenbestände sich über seinen BW-Adapter extrahieren lassen. Wir müssen uns daher keine größeren Gedanken über Datenquellen machen und können davon ausgehen, dass die benötigten Daten in
unserem HANA-basierten BW-System bereits vorhanden sind. Falls
dies nicht der Fall ist, stehen uns die in den vorangehenden Kapiteln
angesprochenen Lösungen zur Extraktion zur Verfügung.

Produkte zur Datenerzeugung ❷

Unser primäres Produkt für die Datenerzeugung ist der SAP Solution Manager. Dessen Daten werden über SAP BW extrahiert und landen dann in der HANA-basierten BW-Datenbank. Daher gibt es – wie im Szenario SAP BW auf SAP HANA üblich – keine direkten Datenflüsse zwischen den Datenbanken und auch kein Zurückschreiben von Daten zur Applikation (*Retraktion*).

Keine direkten Datenflüsse

Produkte für die Datenverwertung ❸

Für die Auswertung der Daten wird neben SAP BW noch SAP PAL eingesetzt. Die von uns vorgesehene Transformation der Daten (Linearisierung) kann mit Standardfunktionen von SQLScript erfolgen, die Modellbildung (multiple lineare Regression) für die so linearisierten Daten ist eine Standardfunktion (LRREGRESSION) in SAP PAL. Soll das so erstellte Vorhersagemodell auch noch für Prognosen verwendet werden, z.B. um anhand weiterer Stichproben die Modellqualität zu testen, braucht man zusätzlich die Funktion FORECASTWITHLR.

Linearisierung und Modellbildung

Client ❹

Auch auf der Client-Ebene reichen für unsere Zwecke die Lösungen aus dem SAP-BusinessObjects-Portfolio aus. Zunächst einmal brauchen wir Dashboards, die in Form eines Leitstands die Modellbildung überwachen. In diesem speziellen Fall wäre außerdem noch eine andere Art von Benutzerschnittstelle denkbar. Menschen tun sich manchmal leichter als Maschinen, Abhängigkeiten zwischen Daten zu erkennen. Insofern könnte man sich vorstellen, nicht lineare Rohdaten via Crowdsourcing einer Gemeinschaft zur Verfügung zu stellen und von dieser Gemeinschaft unterschiedliche Ansätze für die Linearisierung der Daten entwickeln zu lassen. Auch die automatisch erstellten Modelle könnte man visualisieren und einer zusätzlichen Prüfung unterziehen. Insofern hätte man interne Clients und Clients, auf die ein Zugriff via Extranet ermöglicht werden muss.

Leitstand zur Überwachung der Modellbildung

11.5.2 Datenarchitektur

Eine denkbare Schichtenarchitektur, die die zwei wichtigsten Schritte unseres Ansatzes (Linearisierung und Regression) umfasst und auch dem beschriebenen teilweise offenen Konzept in Sachen Clients Rechnung trägt, haben wir in Abbildung 11.6 dargestellt.

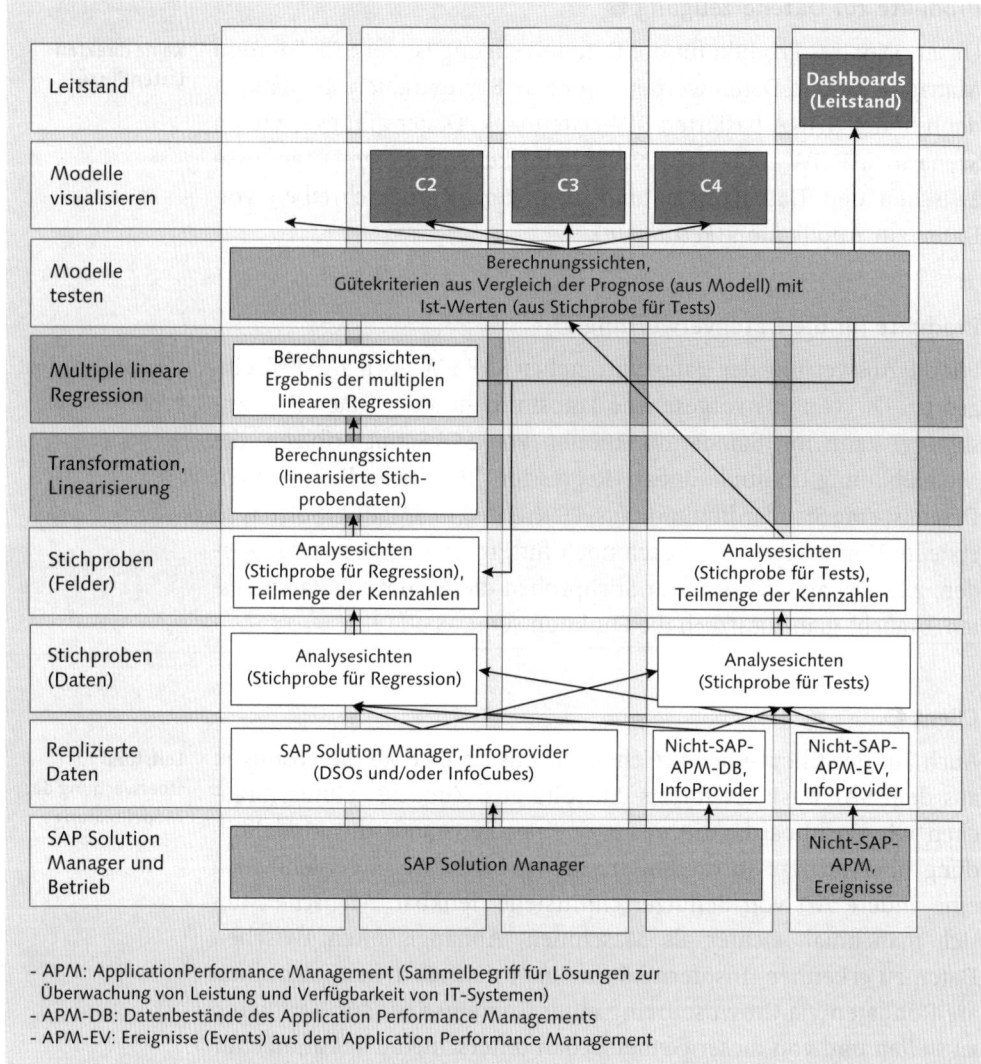

Abbildung 11.6 Rahmendatenarchitektur »Service Level Management«

SAP Solution Manager und Betrieb

Auf der untersten Ebene unserer Architektur finden wir unsere Datenquellen. Unsere primäre Datenquelle ist der SAP Solution Manager. Der Vollständigkeit halber haben wir noch andere Lösungen berücksichtigt. Bei den anderen Lösungen gehen wir davon aus, dass diese entweder Datenbestände in klassischen Datenbanken oder Ereignisströme liefern. Unstrukturierte oder schwach strukturierte Daten dürften an dieser Stelle eher selten sein.

Replizierte Daten

Auf der Ebene darüber finden wir ähnlich wie in Kapitel 7, »Kundenverhalten steuern«, replizierte Daten, wobei wir hier wegen der
Anbindung an SAP BW davon ausgehen, dass diese Daten nicht in
einfachen HANA-Tabellen, sondern in BW-Objekten liegen, z.B. in
DataStore-Objekten, die in SAP HANA als analytische Sicht abgebildet werden. Die Struktur dieser replizierten Daten ergibt sich zumindest teilweise aus dem von SAP bereitgestellten BI Content.

Replizierte Daten in SAP BW

Stichproben (Daten)

Da wir hier ähnlich wic in Kapitel 6, »Datenmodelle flexibel und
einheitlich gestalten«, einerseits Modelle entwickeln und andererseits diese Modelle auch testen wollen, benötigen wir mehr als nur
eine Stichprobe. Auf die Erhebung von Stichproben sind wir ausführlich in Abschnitt 7.4.3 unter der Überschrift »Stichproben bilden« eingegangen.

Vergleichs-stichprobe notwendig

Stichproben (Felder)

Wir haben veranschaulicht, dass die Zahl möglicher Kombinationen
von Input-Parametern bei 100 Feldern schon ziemlich groß werden
kann. Deshalb empfehlen wir, nicht nur eine Teilmenge der Daten,
sondern auch eine Teilmenge der Felder zu betrachten. Die Größe
dieser Teilmenge, das heißt die Anzahl der darin enthaltenen Felder,
wird durch ihre Verarbeitungskapazität bestimmt. Damit Sie überhaupt in der Lage sind, solche Stichproben aus einer Teilmenge der
Felder automatisch zu ziehen, brauchen Sie ein relativ abstraktes
Datenmodell mit einer sauberen Trennung von semantisch neutralen
und inhaltsbezogenen Metadaten. In diesem Fall können Sie einen
Satz von Zufallszahlen verwenden, um die entsprechenden Felder
anzusprechen.

Nur Teilmenge der Felder auswerten

Wenn Sie in der Schicht »Stichproben (Daten)« eine Stichprobe zum
Entwickeln und eine zum Testen gezogen haben, müssen Sie jetzt
entsprechend mehrere Stichproben verarbeiten. Hinsichtlich der in
ihnen enthaltenen Felder sind beide Stichproben jedoch identisch.

Transformation bzw. Linearisierung

Die in der Stichprobe enthaltenen Daten könnten in einfachen linearen oder in komplexen, nicht linearen zueinander Beziehungen ste-

Linearisierungs-algorithmen

hen. Wenn wir aber, wie unter der Überschrift »Daten auf Abhängigkeiten untersuchen« in Abschnitt 11.4.3 beschrieben, mit der linearen Mehrfachregression arbeiten wollen, sollten wir dafür sorgen, dass wir es nur mit linearen Zusammenhängen zu tun haben. Nun wissen wir aber nicht, mit welchen mathematischen Funktionen wir unsere Daten linearisieren können. Die Logarithmusfunktion ist hierbei zwar oft die erste, aber längst nicht die einzige Option. Daher ist es sinnvoll, auch bei der Linearisierung mit Versuch und Irrtum zu arbeiten. Dazu müssen Sie aus dem in Prozeduren abgelegten Portfolio an Linearisierungsalgorithmen wieder eine Stichprobe ziehen und mit diesen Algorithmen einige oder alle Ihre Felder transformieren.

Multiple lineare Regression

Die multiple lineare Regression wird durch eine einzige Funktion in SAP PAL erledigt (LRREGRESSION). Dieser Funktion muss lediglich eine Datenmatrix übergeben werden. Wenn sich bei der linearen Regression herausstellt, dass sich keine sinnvollen Abhängigkeiten finden lassen (gemessen am Korrelationskoeffizienten), kann man sich die Folgeschritte (z.B. den Test der Modelle) zunächst einmal sparen. Stattdessen ist es sinnvoll, anhand der identifizierten Zusammenhänge in der Schicht »Stichprobe (Felder)« eine Bereinigung vorzunehmen, gegebenenfalls einige Felder zu entfernen und dafür weitere hinzuzufügen.

Modelle testen

Modellqualität prüfen — Mit den erstellten Modellen können Sie (via FORECASTWITHLR) Prognosen erstellen, deren Qualität Sie anhand Ihrer für das Testen bestimmten weiteren Stichproben bewerten. Allerdings geht es in diesem Schritt nicht darum, eines von mehreren gleichartigen Modellen auszuwählen. Vielmehr soll das System entscheiden, ob das betrachtete Modell gewissen Mindestanforderungen genügt und eine sinnvolle Basis für Simulationen und Entscheidungen bietet. Ist das nicht der Fall, kann man an dieser Stelle abbrechen und mit einem früheren Schritt (z.B. mit einer anderen Auswahl an Linearisierungsalgorithmen) neu beginnen.

Modelle visualisieren

Wird ein Modell vom System als »interessant« beurteilt, sollte dieses Modell intern oder extern (durch Crowdsourcing) einer Prüfung unterzogen werden. Hierzu sollten sich Ihre Data Artists eine Visualisierungsform überlegen (z.B. ein Dashboard oder eine einfache Grafik), mit der sie das Modell den »Prüfern« präsentieren können.

Die Bewertung der Modelle sollte nach einem standardisierten Schema erfolgen. Wie bei der Texterkennung in Kapitel 8, »Sensordaten auswerten und Metadaten automatisch erheben«, erläutert, ist es sinnvoll, die selben Modelle unterschiedlichen Personen zu präsentieren. Ebenso wie die Modellbewertung durch das System sollte auch die Modellbewertung durch Menschen im System gespeichert und auf der nächsten Ebene (in die Dashboards des Leitstands) einfließen.

Schema zur Modellbewertung

Leitstand

Sinn des Leitstands ist es nicht, die Modelle oder deren Ergebnisse darzustellen. Vielmehr geht es darum, die Funktionalität und die Erfolgsrate des Gesamtsystems zu visualisieren. Anhand der Informationen aus dem Leitstand (in der Regel wird man hier Dashboards verwenden) kann man z.B. die Auswahl der Linearisierungsalgorithmen oder die Größe der daten- oder feldbezogenen Stichproben modifizieren.

Google FluTrends [zB]

Sie mögen einwenden, dass eine derart komplexe oder abstrakte Struktur mit vielen unterschiedlichen Modellen oder Modelltypen praktisch kaum zu implementieren und erst recht nicht zu beherrschen ist. Allerdings gibt es schon erste praktische Anwendungen, die in diese Richtung weisen. Google hat für sein System zur Prognose der Ausbreitung von Grippewellen (Google *FluTrends*, *http://www.google.org/flutrends/*) angeblich 500 Millionen verschiedene Modelle durchgerechnet.

Weder Big Data noch Google sind allerdings unfehlbar: Bei einer rückwirkenden Betrachtung im Jahr 2014 haben viele Wissenschaftsjournalisten genüsslich festgehalten, dass Googles Prognosen immer weiter von der Realität abgedriftet sind (siehe z.B. *http://www.technologyreview.com/view/526416/mistaken-analysis/*). An dieser Stelle wären wir wieder bei unserem allerersten Fallbeispiel zum Thema »Modellüberwachung« in Kapitel 4, »Planung flexibel gestalten«, angekommen.

»Mit Logik kann man Beweise führen, aber keine neuen Erkenntnisse gewinnen, dazu gehört Intuition.«

Henri Poincaré zugeschrieben (1854–1912)

12 Potenziale entdecken, Architekturen gestalten

Matera lag fast schon nicht mehr in Europa. Die Gegend um die berühmten Höhlenwohnungen von Sassi war trocken und staubig, an den felsigen Ufern der Gravina hielten sich vorwiegend Garigue und Macchie, durchsetzt von vereinzelten, widerstandsfähigen Sukkulenten. Die Landschaft wirkte fast schon wüstenartig, und Norbert wunderte es nicht, dass Mel Gibson die meisten Außenszenen für seinen eigentlich in Palästina spielenden Film »Die Passion Christi« hier aufgenommen hatte. Man war 1.200 km von Frankfurt, aber nur etwa halb so weit von der Küste Nordafrikas entfernt.

Eine Hochzeit hatte Norbert hierher verschlagen. Einer seiner Kollegen hatte sich in Brüssel in die heißblütige Tochter eines Fischers aus Süditalien verliebt und ihn zu einer zwei Wochen dauernden Hochzeitsfeier eingeladen. Nach dem langen Junggesellenabschied gestern hatte Norbert ein wenig frische Luft gebraucht und war auf der Suche nach Fotomotiven schließlich in der Materaschlucht gelandet. Bei seinem Streifzug hatte er schmunzeln müssen. Arm mochten die Leute sein, aber unter einem Mangel an Einfallsreichtum litten sie ebenso wenig wie die Menschen auf dem schwarzen Kontinent. Vor ihm lag ein fast senkrechter Hang, an dem der weißgraue Tuff wohl schon häufiger ins Rutschen gekommen war. Rechts lag ein Felsen, der die Steine zurückhielt, weiter links stand eine Mauer aus Beton. Die Lücke dazwischen hatte ein findiger Landbesitzer mit einem Stapel aus etwa zwei Dutzend alten Waschmaschinen geschlossen. Es würde eine Weile dauern, bis das Blech im trockenen Klima weggerostet war, und bis dahin würden ihm die längst ausrangierten Geräte gute Dienste leisten.

Norbert erinnerte sich an einen Vortrag, den er vor einigen Wochen in London zum Thema Big Data gehört hatte. Darin war es um die entscheidenden Erfolgsfaktoren bei der Suche nach dem »Datengold« gegangen. Bis vor einigen Jahren hatte der entscheidende Engpass in den technischen Möglichkeiten gelegen, heute ging es um die Ideenfindung, und morgen würde es um die Herrschaft über Daten gehen.

Abbildung 12.1 Stützmauer bei Matera, Basilikata, Italien

Kampf um das
»Datengold«
In diesem Kapitel fassen wir einige Erkenntnisse aus unseren Fallbeispielen zusammen. Wir gehen darauf ein, warum viele Unternehmen momentan noch vergeblich nach den Vorteilen von Big Data suchen, in welchen Bereichen die wahren Nutzenpotenziale liegen, welche Implementierungsszenarien sich wann eignen und warum Big-Data-Datenarchitekturen neue Denkansätze erfordern. Abschließen werden wir dieses Kapitel und das Buch mit einem kleinen Ausblick auf zukünftige Entwicklungen. Dabei geht es uns allerdings weniger um technische Neuerungen in der Pipeline von SAP, als darum, welche Spielregeln unserer Meinung nach zukünftig den Kampf um das »Datengold« bestimmen werden.

12.1   Geschwindigkeit ist nur Mittel zum Zweck

Geschwindigkeit
und -qualität
nutzen
In Kapitel 1, »Big Data: Mehr als eine Performancefrage«, haben wir betont, dass sich der Nutzen von Big Data (und damit von In-Memory-Datenbanken wie SAP HANA) aus einem Quantensprung in puncto Entscheidungsgeschwindigkeit und Entscheidungsqualität

ergibt. In insgesamt acht Fallstudien haben wir aufgezeigt, wie Sie diese Vorteile für sich nutzen können:

▸ Entscheidungen, die bislang von Menschen getroffen werden müssen, können Sie neu automatisieren.

▸ Entscheidungen, die immer schon automatisch fielen, können Sie auf eine wesentlich breitere Datenbasis stellen.

▸ Entscheidungshilfen und Werkzeuge, die früher nur sporadisch und bestenfalls sehr großen Organisationen zur Verfügung standen (und für deren Bedienung man versierte Mathematiker benötigte), werden jetzt zu Bausteinen gängiger Standardsoftwareprodukte. Damit hat ein viel größerer Kreis von Kunden Zugang zu den entsprechenden Verfahren.

▸ All Ihre Entscheidungen basieren auf Annahmen über maßgebliche Rahmenbedingungen in Gegenwart und Zukunft. Auf Veränderungen dieser Rahmenbedingungen können Sie nun nicht erst nach Tagen oder Wochen, sondern praktisch sofort reagieren.

Die extrem hohe Leistungsfähigkeit der zugrunde liegenden Systeme ist dabei kein Selbstzweck, sondern nur Mittel zum Zweck. Bei der Suche nach Nutzenpotenzialen geht es darum zu erkennen, welche neuen Perspektiven die Technik für die Gestaltung bestehender oder neuer Geschäftsprozesse eröffnet. Von einem Mitarbeiter im Vertrieb eines großen Softwareanbieters hörten wir kürzlich, dass viele seiner Kunden sich beim Thema Big Data noch zurückhielten. Manch einer hätte in den vergangenen Jahren seine IT-Umgebungen vollständig virtualisiert, habe nun genug Verarbeitungskapazität und brauche aufgrund der guten Skalierbarkeit seiner Lösungen keine In-Memory-Datenbank, um sich die benötigten Verarbeitungskapazitäten zu beschaffen. Diese Betrachtungsweise ist aus unserer Sicht zu kurz gedacht: Es geht bei Big Data und SAP HANA nicht darum, dass Berichte tausendmal schneller laufen oder die Aktivierung von Daten in einem DataStore-Objekt in einem HANA-basierten BW nur noch ein Hundertstel der Zeit benötigt. Eine hohe Rechengeschwindigkeit ist zweifelsohne die Vorbedingung für eine Verwendung anspruchsvoller mathematischer, statistischer oder entscheidungsunterstützender Verfahren, aber ohne die Funktionsbibliotheken von SAP Predictive Analysis (PAL), ohne die Integration von R, die Anbindung an Ereignisströme oder an Speichersysteme für schwach strukturierte

Schnelligkeit ist nur der Anfang

567

oder unstrukturierte Daten (HDFS) und ohne neue, relativ abstrakte Sprachoptionen wie RDL würde mehr Geschwindigkeit nur quantitative, aber keine qualitativen Verbesserungen erzielen.

Völlig neue Gestaltungsoptionen

Insofern betrachten wir SAP HANA und auch Big Data insgesamt nicht als ein »Tuning-Werkzeug« für Berichtsempfänger oder Sachbearbeiter, die über lange Antwortzeiten klagen. Vor allem im Topmanagement spielen Sekundenbruchteile beim Reporting keine Rolle. Wann genau ein gestresster CFO sich Vertriebszahlen auf seinem iPad anschaut, hängt wahrscheinlich eher davon ab, wann sich zwischen zwei Flügen in der Lounge die Gelegenheit dazu ergibt. SAP HANA ist eine (relativ kleine) Teilmenge von Big Data, aber bedingt durch seine Einbettung in das Big-Data-Universum und ergänzende Applikationen ein Gesamtkonzept, das eine Chance für grundlegende Veränderungen darstellt. Nutzenpotenziale finden sich immer dort, wo Entscheidungen besser oder schneller bzw. besser und schneller getroffen werden können. Einige Unternehmen werden diese Chance ergreifen, für andere wird sie zu einer existenziellen Bedrohung werden.

12.2   HANA-Architekturen

Für all unsere fiktiven Fallbeispiele haben wir Ihnen Hinweise zu denkbaren Implementierungsszenarien gegeben. Außerdem haben wir (nicht im Detail, sondern auf konzeptioneller Ebene) über mögliche Datenstrukturen nachgedacht. Aus den fallspezifischen Vorschlägen lassen sich einige allgemeine Handlungsanweisungen herleiten.

12.2.1   Implementierungsszenarien

Entscheidungsmatrix

In Abschnitt 2.2, »Implementierungsszenarien für SAP HANA« haben wir insgesamt zehn von SAP entwickelte Implementierungsszenarien vorgestellt, die sich in die drei Gruppen »Replikation«, »Integration« und »Transformation« unterteilen lassen. Die Überlegungen zur Auswahl eines Szenarios fassen wir nun noch einmal in einer Entscheidungsmatrix in Tabelle 12.1 zusammen. Diese Tabelle soll Ihnen Anregungen für geeignete Szenarien für eigene Business Cases geben. Die aufgeführten Kriterien beziehen sich immer darauf, wie sich Ihre neue Anwendung zur Datenverwertung in SAP HANA gegenüber dem Rest Ihrer IT-Umgebung verhalten soll.

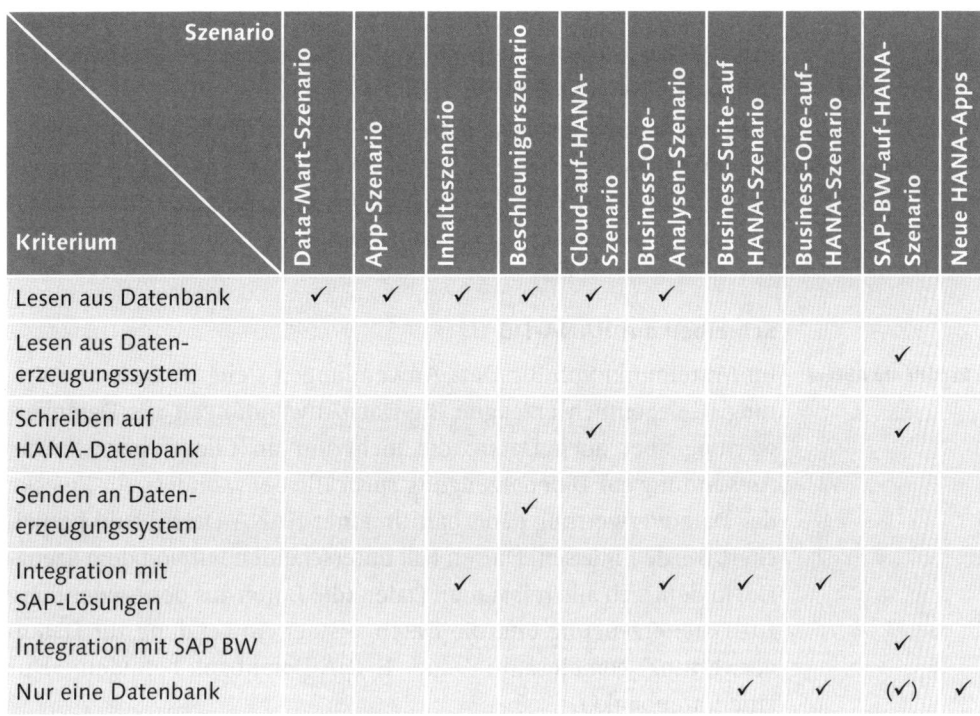

Kriterium \ Szenario	Data-Mart-Szenario	App-Szenario	Inhalteszenario	Beschleunigerszenario	Cloud-auf-HANA-Szenario	Business-One-Analysen-Szenario	Business-Suite-auf-HANA-Szenario	Business-One-auf-HANA-Szenario	SAP-BW-auf-HANA-Szenario	Neue HANA-Apps
Lesen aus Datenbank	✓	✓	✓	✓	✓	✓				
Lesen aus Daten-erzeugungssystem									✓	
Schreiben auf HANA-Datenbank					✓				✓	
Senden an Daten-erzeugungssystem				✓						
Integration mit SAP-Lösungen			✓			✓	✓	✓		
Integration mit SAP BW									✓	
Nur eine Datenbank							✓	✓	(✓)	✓

Tabelle 12.1 Entscheidungsmatrix »Implementierungsszenarien«

Lesen aus Datenbank

Ihre Anwendung zur Datenverwertung soll mit Informationen aus Nicht-HANA-Datenbanken versorgt werden. Den Begriff »Datenbank« haben wir hierbei recht weit gefasst. Es kann sich um klassische, relationale Datenbanken, um persistente NoSQL-Datenbanken, um andere In-Memory-Datenbanken oder auch um Ereignisströme handeln. Maßgeblich ist nur, dass Daten von irgendwoher außerhalb Ihrer eigentlichen (HANA-)Anwendungsdatenbank beschafft und in SAP HANA entweder in Form regulärer Tabellen mit replizierten Daten oder z.B. in Form virtueller Tabellen, die auf entfernte Ziele verweisen, verfügbar gemacht werden sollen.

Externe Datenquellen

Lesen aus Datenerzeugungssystem

Ihre Anwendung erhält Daten *direkt* aus einem System zur Datenerzeugung (z.B. aus einer ERP-Anwendung). Dies ist (zumindest teilweise) bei der Extraktion von Daten aus einer SAP Business Suite

Direkte Kommunikation mit OLTP

oder anderen SAP-Anwendungen über die SAP-Service-API nach SAP BW der Fall (viele Extraktoren greifen zwar direkt auf Datenbanktabellen zu, vor allem selbst erstellte Extraktoren basieren aber oft auch auf Funktionsbausteinen, die aus Anwendungsprogrammen stammen). Neben dem Sonderfall SAP BW sind viele andere Fälle denkbar, in denen SAP- oder Nicht-SAP-Anwendungen Daten direkt an eine neue Anwendung in SAP HANA senden.

Schreiben auf HANA-DB

Persistente Ablage

Im Mittelpunkt von Big-Data-Anwendungen steht die Datenverwertung. Gelegentlich erzeugen Big-Data-Anwendungen zur Datenverwertung aber auch Daten, die nicht nur an Clients oder an die Anwendung zur Datenerzeugung zurückfließen, sondern für Zwecke der Datenverwertung dauerhaft (in einer HANA-Datenbank) gespeichert werden müssen. Diesen Fall unterscheiden wir von dem Szenario, in dem sich alle relevanten Daten (die Daten aus der Anwendung zur Datenerzeugung und die Daten aus der Anwendung zur Datenverwertung) gemeinsam in einer HANA-Datenbank befinden (»Nur eine Datenbank«).

Senden an Datenerzeugungssystem

In einigen Fällen soll Ihre Anwendung zur Datenverwertung einer Lösung zur Datenerzeugung Daten direkt zur Verfügung stellen oder eine Lösung zur Datenerzeugung veranlassen, etwas zu tun (z.B. bestimmte Belege zu sperren oder freizugeben). Da es aus Konsistenzgründen nicht ratsam ist, von einer Anwendung zur Datenverwertung direkt auf die Datenbank eines OLTP-Systems (unter Umständen ein System eines fremden Herstellers) zu schreiben, ist es durchaus denkbar, dass eine Anwendung zur Datenverwendung aus einer HANA-Umgebung heraus direkt mit einer Anwendung zur Datenerzeugung kommuniziert. Ob diese Anwendung zur Datenerzeugung die empfangenen Daten nur zur Laufzeit verwendet oder vielleicht auch in Ihrer eigenen Datenbank ablegt, spielt für dieses Kriterium keine Rolle.

Integration mit SAP-Lösungen

Rasche Integration mit OLTP

Wir haben in Abschnitt 2.1.3, »Abgrenzung von SAP HANA und Big Data«, betont, dass die Integration mit dem Rest der SAP-Welt einer der großen Trümpfe von SAP HANA bei SAP-Bestandskunden ist. Für den Fall, dass bei Ihnen bestimmte andere SAP-Lösungen (SAP Business Suite, SAP Business One, SAP BW, aber auch andere SAP-Produkte, wie z.B. der SAP Solution Manager) im Einsatz sind, können Sie sich unter Umständen viel Integrationsaufwand ersparen. Die entsprechend gekennzeichneten Szenarien profitieren von einer solchen Integrationserleichterung.

Integration mit SAP BW

Es ist (relativ) leicht, ein bestehendes BW-System auf eine HANA-Datenbank zu migrieren. Wenn die Daten, die Sie mit einer neuen Anwendung zur Datenverwertung analysieren wollen, schon in SAP BW verfügbar sind, ist eine solche Migration noch sinnvoller. Diese Überlegung gilt nicht nur für Daten, die Sie vielleicht jetzt schon in SAP BW halten, sondern auch für Daten, die aufgrund existierender Objekte im BI Content leicht in das BW befördert werden können (z.B. für die Daten aus dem SAP Solution Manager im Szenario in Kapitel 11, »Service Level Management automatisieren«).

Rasche Integration mit Data Warehouse

Nur eine Datenbank

Die Daten, die Sie verwerten möchten, befinden sich bereits in derselben HANA-Datenbank, in die Sie auch Ihre neue Anwendung implementieren wollen. Die Folge hiervon ist, dass Sie die benötigten Daten weder extrahieren noch replizieren müssen. Für das BW-auf-HANA-Szenario haben wir das entsprechende Kreuzchen in Klammern gesetzt. Der Grund hierfür: Es gibt zwei »Unterszenarien«:

- Ihr BW-System läuft auf SAP HANA, extrahiert aber Daten aus Systemen, deren Datenbestände noch nicht in SAP HANA (oder in einer getrennten HANA-Datenbank) gehalten werden.

- Sowohl Ihr BW-System als auch die Anwendungen, deren Daten SAP BW verarbeiten soll, halten diese Daten in derselben HANA-Datenbank.

Im letzteren Fall könnte es sich um historisch gewachsene Strukturen handeln, denn wenn Ihre operativen Daten sich bereits in derselbenDatenbank befinden wie die Datenbeschaffungs- oder die Corporate-Memory-Schichten in SAP BW, stellt sich die Frage, warum diese Daten überhaupt noch extrahiert werden sollen. Längerfristig

Neugestaltung der Datenarchitektur

wäre in diesem Fall also über eine Neugestaltung der Datenarchitekturen nachzudenken.

12.2.2 Allgemeine Empfehlungen für die Datenarchitektur

In den einzelnen Fallbeispielen haben wir nicht nur ein Implementierungsszenario ausgewählt, sondern auch über Datenarchitekturen nachgedacht. Abgesehen vom jeweiligen Einzelfall, haben sich dabei einige grundlegende »Prinzipien« oder »Regeln« herauskristallisiert, die wir in den folgenden Abschnitten noch einmal zusammenfassen.

Virtualität

Persistenz als Ausnahme

Datenstrukturen in SAP HANA sind tendenziell weniger dauerhaft als Datenstrukturen in der SAP Business Suite oder auch in SAP BW. Das hat zwei Gründe:

- Die persistenten Strukturen im LSA-Schichtenmodell eines Data Warehouses existieren vor allem, um die Berichtsperformance zu optimieren. Wenn Antwortzeiten aber ohnehin extrem kurz sind, werden solche Strukturen überflüssig. Man kann in diesem Zusammenhang auch spekulieren, ob OLAP-Cubes in Data Warehouses nicht mehr als »Altlasten« sind.

- In vielen unserer Fallbeispiele haben Zwischenergebnisse einen »experimentellen« Charakter. Man führt Hunderte oder Tausende von Tests durch, konstruiert viele verschiedene Entscheidungsbäume oder testet alternativ eine Vielzahl theoretisch denkbarer Modelle. Die meisten der dabei erzeugten Resultate fallen hinterher einer Art »Überlebenskampf« zum Opfer. Oft lohnt es sich also gar nicht, diese Daten in persistenten Strukturen abzuspeichern.

Die Folge: Viele Daten, die man früher persistent gespeichert hätte, existieren jetzt nur noch zur Laufzeit. In einer Lösung, in der »persistent« ja praktisch auch »im Arbeitsspeicher befindlich« bedeutet, wird dieser Unterschied sowieso zusehends verwischt.

Transparenz

Transparente Datenflüsse

In Programmen, Routinen oder Prozeduren verstecktes Wissen bleibt meist undokumentiert, gerät häufig in Vergessenheit und erweist sich oft als fast unüberwindbares Hindernis für Innovation und Veränderung. Denken Sie nur einmal zurück an den Hype um den Millenium-Bug und den Aufwand, der seinerzeit betrieben werden musste, um mögliche Problemstellen zu identifizieren und zu beseitigen. Wenn sich das Verhalten Ihrer Kunden ändert und Ihre (auf dem Kundenverhalten basierenden) Reaktionsmuster sich im Code verstecken, besteht das erste Problem schon darin, alle betroffenen Routinen aufzuspüren (Auswirkungs- oder Impact-Analyse, siehe Abschnitt 8.4.4, »Nutzenpotenziale und Werttreiber«).

Abstraktheit

Je enger sich Ihre Datenstrukturen an aktuelle Gegebenheiten (oder nicht formulierte Annahmen) anlehnen, umso wahrscheinlicher ist es, dass diese Strukturen (und auch Ihr Unternehmen) gemeinsam mit diesen Annahmen untergehen. Die Buchhändler haben nicht damit gerechnet, dass selbst eingefleischte bibliophile Leser langfristig die Vorteile von E-Books erkennen würden, die Musikindustrie hat die Auswirkungen des Internets völlig unterschätzt. Solche Fehleinschätzungen gehen häufig einher mit nicht mehr zeitgemäßen Datenstrukturen. Welche Relevanz haben die Verkaufszahlen von Musiktiteln heute noch für die Hörgewohnheiten potenzieller Musikliebhaber?

Instabile Rahmenbedingungen

Wir haben die Tatsache, dass Datenstrukturen mit den ihnen zugrunde liegenden Umweltbedingungen veralten, am Beispiel von Vielfliegerklassen erläutert: Warum soll eine bestimmte Anzahl von Kundenklassen längerfristig optimal sein, und welche empirischen Belege gibt es, dass eine bestimmte Klassifizierung jemals optimal gewesen ist? Je unabhängiger Sie Ihre Datenwelten von einem bestimmten »Schnappschuss« (oder von einer bestimmten Idee) hinsichtlich der Realität machen, um so leichter wird es Ihnen fallen, Veränderungen zu erkennen und in Ihren Verarbeitungsstrukturen zu modellieren.

Eigene Datenwelten unabhängig gestalten

Semantische Neutralität/Verarbeitungsorientierung

In puncto Abstraktheit haben wir vor allem den Aspekt der semantischen Neutralität hervorgehoben. Natürlich können Sie Datenstrukturen nicht »im luftleeren Raum« gestalten, an irgendwelchen strukturgebenden Kriterien müssen Sie sich orientieren. Wir haben Ihnen in diesem Zusammenhang geraten, sich hierbei auf (höchstwahr-

Auf stabile Eigenschaften stützen

scheinlich) zeitlich stabile und nicht auf flüchtige Eigenschaften zu stützen. Ein Beispiel für zeitlich stabile Eigenschaften haben uns die Skalenniveaus geliefert: Vor 40 Jahren waren vielleicht die Verkaufszahlen in Schallplattenläden ein gutes Maß für den Erfolg eines Musikstücks, einige Jahre später (mit der Verbreitung von Walkman und Tonkassette) vielleicht die Abspielhäufigkeit im Radio, heute die Abrufhäufigkeit bei Streaming-Anbietern wie *Spotify*. Bezeichnung, Inhalt und Datenquellen für die Kennzahl haben sich geändert, aber wir sprechen immer noch von einer kardinalen Größe.

Orientierung an Werttreibern/Entscheidungsoptionen

Werttreiber im Blick behalten

Nach unseren Erfahrungen orientieren sich die Domänen in den Schichten real existierender Data Warehouses (also von Anwendungen zur Datenverwertung) an allen möglichen Kriterien. Quellsysteme, Zeitmerkmale, die aktuelle Unternehmensorganisation, betriebliche Funktionen oder Performanceüberlegungen bestimmen die horizontale Untergliederung. Ein Data Warehouse, dessen Datenflüsse, Schichten und Domänen einen klaren Bezug zu aktionärswertrelevanten Werttreibern aufweisen, ist uns bislang noch nicht begegnet.

In einer relativ stabilen Welt kann man hoffen, dass die so erzeugten Berichte (die ja erfahrungsgemäß bislang das Überleben des Unternehmens gesichert haben) in Entscheidungen münden, die den Aktionärswert erhöhen. Wenn die relevanten Daten sich aber nicht mehr (wie im Beispiel der Schallplattenläden) in Jahresabständen, sondern monatlich, wöchentlich oder täglich ändern, spricht einiges dafür, dass man sich diesbezüglich Illusionen hingibt. Daher sollten sich Auswertungsstrukturen an Werttreibern und werttreiberbezogenen Entscheidungen orientieren. Und wenn sich die relevanten Werttreiber oder Entscheidungen ständig ändern, dann braucht man Strukturen, die mithalten können. Wie solche Strukturen aussehen können, haben wir in Kapitel 6, »Datenmodelle flexibel und einheitlich gestalten«, aufgezeigt.

Flexibilität/Anpassbarkeit (Auslagerung von Entscheidungen)

Customizing neu gedacht

Wir haben (am Beispiel der Preissetzung im Einzelhandel in Kapitel 7, »Kundenverhalten steuern«) erläutert, dass das Customizing in gängigen OLTP-Systemen und somit auch in den entsprechenden Lösungen von SAP den heutigen Anforderungen an die Flexibilität automatisierter Entscheidungen nicht mehr entspricht. Vor 40 Jahren war die Verlagerung von Programmlogik in Konfigurationstabellen durch SAP ein gigantischer Fortschritt, im Kern lag hierin wohl auch ein Grund für den enormen Erfolg des Unternehmens.

Mit der Verlagerung von ablaufrelevanten Informationen in eine In-Memory-Datenbank (Entscheidungstabellen in SAP HANA) geht SAP den nächsten logischen Schritt. Wobei der entscheidende Unterschied nicht ist, dass diese Daten nun im Hauptspeicher gehalten werden. Der »revolutionäre« Unterschied entsteht dadurch, dass diese Tabellen nicht mehr zwangsläufig manuell gefüllt werden müssen, sondern sich in Echtzeit und automatisch durch Algorithmen pflegen lassen. Für SAP-Kunden wird SAP HANA damit gegenüber anderen In-Memory-Datenbanken besonders attraktiv. Denn SAP arbeitet auch selbst mit Hochdruck daran, in ihren Standardanwendungen Verarbeitungslogik aus der Applikationsebene auf die Datenbankebene zu verlagern. Aus unserer Sicht haben noch nicht alle SAP-Kunden diese Option erkannt.

Automatische Datenpflege in Echtzeit

Offenheit für externe Zugriffe (Crowdsourcing, Webdienste)

Wir haben beispielsweise bei der Textanalyse und der Extraktion von Metadaten in Kapitel 8, »Sensordaten auswerten und Metadaten automatisch erheben«, aber auch beim Management der Dienstgüte in Kapitel 11, »Service Level Management automatisieren«, angedeutet, dass man auch mit Big Data nicht alles automatisieren kann. Die am Schluss von Kapitel 11 erwähnte eingetrübte Erfolgsbilanz von Googles Grippeprognoselösung mag in dieser Hinsicht als Warnung dienen.

Allerdings ist – zufälligerweise parallel zur Entwicklung von Big-Data-Lösungen – im Internet eine Reihe von Crowdsourcing-Gemeinschaften entstanden, die genau diese Lücke füllen können. Gleichgültig, ob es nun um die Erkennung einfacher Trends in Diagrammen oder die Entwicklung hochkomplexer Algorithmen geht: Für beide Anforderungen findet man im Web schon jetzt mehrere rasch wachsende Portale. Um diese Potenziale nutzen zu können, muss man in seine Big-Data-Lösungen von vornherein eine gewisse »Offenheit« einbauen. Hierzu gehört die Bereitstellung spezieller

Zugriff für externe Experten

Sichten und Benutzerschnittstellen in Extranets oder sogar im Internet. Und natürlich muss man sich auch darüber Gedanken machen, wie man z. B. Trainingsdaten für Algorithmen bereitstellen kann, ohne vertrauliche Firmen- oder Unternehmensdaten preiszugeben oder sich der Gefahr der De-Anonymisierung von Daten auszusetzen. Insbesondere im Bereich der Anonymisierung gibt es mittlerweile ganz neue Ansätze, bei denen Daten nicht nur umgeschlüsselt, sondern »unscharf« geliefert werden.

Zyklische Strukturen

Bei Bedarf
»zurück auf Los«
In einigen unserer Datenmodelle (so z. B. auch in Kapitel 11, »Service Level Management automatisieren«) haben wir »zyklische« Strukturen vorgesehen, bei denen man an einer bestimmten Stelle abbricht und zu einem früheren Schritt zurückgeht. Es ist ja nicht sinnvoll, die Güte von Modellen zu vergleichen, wenn man bei einem der Modelle schon weiß, dass ein Drittel der darin enthaltenen Daten irrelevant für das Ergebnis ist. In einem solchen Fall geht man dann einfach zu einem früheren Schritt zurück und trifft eine neue Auswahl. Mit den unter »Virtualität« und »Abstraktheit« beschriebenen Strukturen fällt das besonders leicht.

Im Gegenzug heißt das aber nicht, dass man mit Entscheidungen so lange warten muss, bis das System die beste aller möglichen Lösungen (das globale Optimum) gefunden hat. Vielmehr könnte man die Lösung so gestalten, dass für aktuell anstehende Entscheidungen jeweils das beste bislang gefundene Modell herangezogen wird. Wenn zehn Minuten später eine ähnliche Entscheidung (z. B. erneut eine Entscheidung über den Bierpreis) fallen muss, liegt dieser eben ein neues, verbessertes Modell zugrunde.

Induktion statt Deduktion

Vorurteilsfrei
gestalten
Wir haben mehrfach betont (insbesondere in Abschnitt 5.4 »Induktion statt Deduktion«), dass Datenstrukturen nicht auf (unbewiesenen, willkürlichen) Annahmen oder Vorurteilen basieren sollten. Es erscheint uns wenig tragfähig, durch Herleitung (Deduktion) aus Erfahrungswissen Vermutungen zu formulieren und dann (basierend auf diesen Vermutungen) Strukturen zu entwickeln, deren Implementierung Jahre dauern und Millionen Euro Budget verschlingen kann. Jede bestehende Struktur sollten Sie fortlaufend

infrage stellen (siehe Kapitel 4, »Planung flexibel gestalten«). Wenn Sie die Chance hierzu haben, sollten Sie Strukturen automatisch aus beobachteten Sachverhalten herleiten lassen.

Modelloffenheit

In den ersten sieben Fallstudien haben wir Modelle beschrieben, die um Dimensionen flexibler sind als das, was bislang in den meisten Unternehmen (algorithmisch orientierte Profis an den Börsen einmal ausgenommen) vorzufinden ist. Trotzdem haben wir uns in den meisten dieser Fälle auf bestimmte mathematische Verfahren kapriziert und damit natürlich auch noch Einschränkungen hinsichtlich der möglicherweise denkbaren Erkenntnisse in Kauf genommen.

Im letzten Fallbeispiel haben wir auch diese Beschränkung aufgehoben. Wir haben aufgezeigt, dass Sie mit Big-Data-Anwendungen nicht nur einen Modelltypus, sondern eine ganze Klasse von Modellen (multiple, nicht lineare Regression) durchrechnen können. Dieser Ansatz lässt sich natürlich auch auf mehr als nur eine Modellklasse erweitern. Vorstellbar wäre es beispielsweise, in mehreren getrennten Datenflüssen nicht lineare Regression und maschinelles Lernen gegeneinander antreten zu lassen.

12.3 Ausblick: Fantasie, Kreativität und Achtsamkeit

Wir haben einerseits die unseren Datenmodellen zugrunde liegenden Prinzipien genauer erläutert, andererseits aber auch deutlich gemacht, dass wir damit noch lange nicht »am Ende der Fahnenstange« angekommen sind. Die technische Entwicklung wird weitergehen, wir werden bislang kaum vorstellbare Datenvolumina mit Geschwindigkeiten verarbeiten können, von denen wir bislang nur träumen können. Gleichzeitig wird die Kreativität globaler Communities Verfahren hervorbringen, die die Visionen früherer Science-Fiction-Autoren bald schon Realität werden lassen. Mit Programmen wie *iTranslate Voice* sind wir z.B. jetzt schon nicht mehr allzu weit von der Möglichkeit elektronischer Simultanübersetzungen entfernt, und die zugrunde liegenden Algorithmen werden fortlaufend verbessert.

Modelltypen ändern sich

Technische Entwicklung geht weiter

Die dunkle Seite
von Big Data

Gleichzeitig tun sich mit Big Data völlig neue Gefahrenpotenziale auf. Filme wie *MinorityReport* schildern eine düstere Zukunft, in der wir für Verbrechen bestraft werden, die wir (vielleicht) begehen könnten, aber niemals begangen haben. Die dunkle Seite von Big Data ist schon realer, als wir glauben: In den USA werden beispielsweise die Entscheidungen von Bewährungskomitees über vorzeitige Haftentlassungen auf der Basis statistischer Analysen zu Rückfallwahrscheinlichkeiten gefällt. Menschliche Schicksale liegen damit nicht mehr (ausschließlich) in der Hand von Menschen, sondern werden durch Algorithmen bestimmt. Und auch wenn die Fehlerquote dieser Algorithmen geringer sein mag als diejenige menschlicher Entscheider, behält man Menschen in Haft, nur weil ein (weder transparenter noch anfechtbarer) Algorithmus die Wahrscheinlichkeit für zu hoch hält, dass diese Menschen ein Verbrechen begehen könnten. Unabhängig davon, ob man sich nun auf die Chancen oder Risiken von Lösungen wie SAP HANA oder Big Data allgemein konzentriert: Wir stehen hier wohl am Beginn eines qualitativen Sprungs, der sich (wie alle menschlichen Erfindungen) zum Fluch oder zum Segen entwickeln kann.

Ideen sind
der Engpass

Gleichgültig, ob unser Blick sich auf Risiken oder Chancen richtet: Momentan ergeben sich die Begrenzungen bei der Erschließung völlig neuer Anwendungsbereiche von Big Data nicht aus der Rechengeschwindigkeit oder aus den Kosten allfälliger Lösungsansätze. Um spannende Business Cases zu entwerfen und echte Wettbewerbsvorteile zu schaffen, brauchen wir neue Ideen und mehr Fantasie. Wir müssen Denkmuster über Bord werfen, die aus den Anfangszeiten der Datenverarbeitung stammen oder aus nicht mehr vorhandenen Performancebeschränkungen resultieren. Wenn wir achtsam sind und unsere Datenmodelle sich am Gedanken der Achtsamkeit orientieren, gelangen wir vielleicht mit Big Data und SAP HANA zu überraschenden Einsichten, die für uns früher unvorstellbar waren und uns schneller als jemals zuvor wachsen lassen. In diesem Sinn hoffen wir, mit dem vorliegenden Buch auch einen kleinen Beitrag zu Ihrem »Wachstum« leisten zu können.

Die Autoren

Michael Mattern berät seit über 20 Jahren als Projektleiter, Senior Consultant und Enterprise Architect international tätige Unternehmen bei der Einführung und Nutzung von SAP-Lösungen. Er ist Diplom-Ökonom (Schwerpunkt: Operations Research/Statistik) und zertifizierter SAP Associate Enterprise Architect. Als Berater war er unter anderem in Projekten bei Accenture, Bayer, Lufthansa, Nestlé und Vaillant tätig. Seine Schwerpunkte sind die Entwicklung von Berichts- und Planungslösungen, die lösungsübergreifende Abbildung von Geschäftsprozessen sowie der Entwurf flexibler und skalierbarer Datenmodelle. Neben seiner Tätigkeit als Consultant hat er für die SAP AG in Belgien, Deutschland, Großbritannien und der Schweiz öffentliche und kundenspezifische Schulungen in den Bereichen SAP Financials, Data Warehousing und Business Intelligence geleitet und entwickelt. Er lebt mit seiner Frau in Ozeanien und der Schweiz.

Ray Croft ist ein IT-Experte der ersten Stunde; er hat seine Karriere in der Informationsverarbeitung zu einer Zeit begonnen, in der Entwickler noch mit einem Arbeitsspeicher von 1 KB – weniger als eine E-Mail – zurechtkommen mussten. Während seiner beruflichen Laufbahn war Ray als Entwickler, Analytiker und Systemdesigner für führende Unternehmen wie British Aerospace, Citibank und die RSA Insurance Group tätig. Zwei seiner Wissensschwerpunkte sind die Verwendung von künstlicher Intelligenz für die Ressourcenplanung sowie die Entwicklung und Beurteilung diesbezüglicher Business Cases. Ray hat sich vor einigen Jahren aus dem aktiven Berufsleben zurückgezogen, bringt seine umfassenden Erfahrungen aber gelegentlich noch in ausgewählte Projekte ein. Ursprünglich aus England stammend, lebt er heute mit seiner Partnerin in Australien.

Marcia Walker hat zahlreiche Publikationen veröffentlicht und ist eine gefragte Rednerin zu Technologie- und Business-Themen. Sie hat Industriekunden, Regierungsbehörden und Nichtregierungsorganisationen zu ganzheitlichen, informationsgestützten Ansätzen für erfolgreiche Implementierungen in den Bereichen Automatisierung, MES, SAP ERP und Cloud-Technologien beraten. Bevor sie zu SAP wechselte, hat sie Kundenprojekte im Bereich Produktion bei Deloitte Consulting betreut und in verschiedenen Positionen bei Rockwell Automation und Schneider Electric gearbeitet. Marcia hat als Erfinderin mehrere Patente angemeldet und wurde vielfach mit Innovations- und Führungspreisen und darüber hinaus auch als Bloggerin ausgezeichnet. Als Fulbright-Stipendiatin bringt sie eine globale Sichtweise in ihre Arbeit ein und erweitert ihre Technologieempfehlungen um ein vertieftes Verständnis der organisatorischen Dynamiken, die weltweite Umstrukturierungen bereichern oder behindern können. Wenn sie nicht gerade Kunden dabei hilft, ihre geschäftlichen Herausforderungen zu meistern, können Sie sie auf einer örtlichen Bühne finden, wo sie als begeisterte Sängerin und gestandenes Mitglied einer Improvisationstheatergruppe auftritt. Zu diesem Buch hat Marcia Walker Kapitel 10, »Betrug und Diebstahl automatisch erkennen« (Abschnitte 10.1 bis 10.4), beigetragen.

Index